普通高等教育“十一五”计算机类规划教材

汇编语言与计算机系统组成

李心广　张建民　潘智刚　罗海涛　姚敏锋　编　著

赖声礼　主　审

机　械　工　业　出　版　社

本书将“汇编语言程序设计”、“计算机组成原理”及“计算机体系结构”有机地结合于一体。在保证必要的经典内容的同时，力求反映近代理论和先进技术；在理论与应用关系上，力求实用，以应用为主。

本书共分4篇：第1篇为计算机系统组成基础，内容包括计算机系统概论、计算机中的信息表示与运算方法。第2篇为计算机系统分层结构，内容包括CPU组织、指令系统层、80x86汇编语言程序设计。第3篇为存储系统与输入/输出系统，内容包括存储系统介绍、输入/输出系统、计算机I/O设备。第4篇为计算机系统部件设计。

本书可作为高等院校计算机类、自动控制及电子技术应用等专业的教材；也可作为其他理工电气信息类专业教材；还可供从事相关专业的工程技术人员作为参考书。为了方便教学，本书配有教学课件，欢迎选用本书作为教材的老师登录 www. cmpedu. com 下载或发邮件到 llm7785@ sina. com 索取。

图书在版编目（CIP）数据

汇编语言与计算机系统组成/李心广等编著. —北京：机械工业出版社，2009.5（2019.6重印）

普通高等教育“十一五”计算机类规划教材

ISBN 978-7-111-26868-0

Ⅰ.汇… Ⅱ.李… Ⅲ.①汇编语言-程序设计-高等学校-教材②计算机体系结构-高等学校-教材 Ⅳ.TP313 TP303

中国版本图书馆CIP数据核字(2009)第058730号

机械工业出版社(北京市百万庄大街22号　　邮政编码100037)

策划编辑：刘丽敏　　责任编辑：郭　娟　　版式设计：霍永明

责任校对：李　婷　　封面设计：张　静　　责任印制：郜　敏

北京玥实印刷有限公司印刷

2019年6月第1版第4次印刷

184mm×260mm · 25.5印张 · 627千字

标准书号：ISBN 978-7-111-26868-0

定价：44.00元

凡购本书，如有缺页、倒页、脱页，由本社发行部调换

电话服务	网络服务
服务咨询热线：010-88379833	机 工 官 网：www. cmpbook. com
读者购书热线：010-68326294	机 工 官 博：weibo. com/cmp1952
	教育服务网：www. cmpedu. com
封面无防伪标均为盗版	金　书　网：www. golden-book. com

前　言

随着科学技术的不断发展，各学科在教学过程中，都会将本学科最新技术的发展成果增加到教学体系之中。近年来，计算机技术的飞速发展，必然导致与之相关的学科教学内容做出较大幅度的调整。而考虑到以加强学生自主学习、提高学生创新能力为目的的素质教育要求，就必然要减少课堂教学时数。为此，本教材就是为适应这一形势发展而编写的。“汇编语言程序设计”、“计算机组成原理”及“计算机系统结构”是计算机专业的主干课程。这三门课程有相互依赖关系，因此独立开课时难免有重复现象。如果整合则可节省大量的课时。三门课程整合后形成一门课程——“汇编语言与计算机系统组成”。由于该课程涵盖了计算机专业的三门主干课程的教学内容，因此合并决不是简单地将三门课程合起来，而是将合并的原则确定为，既要保证学科的基本知识（保证足够的知识储备，为学生更深入学习该学科提供基础），又要保证知识前后衔接，同时又要将最新的技术融入教学内容中（将大规模集成电路应用技术引入到课程教学之中）。

本书的主要特点如下。

（1）汇编语言程序设计、计算机组成原理及计算机体系结构三门课程的有机结合。学习汇编语言应理解计算机原理，而学习计算机组成原理应懂得汇编语言，三门课程分开教学，势必造成一些教学内容的重复。将这三门课程有机地组合后，可节省教学课时。

（2）将原计算机体系结构课程中的两项主要教学内容：“流水线技术”、“存储层次结构”分散于本书的第3章微体系结构层——CPU的构成、第6章存储系统中。避免了计算机组成及计算机体系结构课程内容的重复，这也方便了相关内容的教学。

（3）将汇编语言程序设计归于计算机系统分层结构中，体现原三门课程的紧密联系。在课程中增加计算机组成部件在大规模集成电路中实现的设计方法，使学生真正体会到现代计算机部件的设计思想。计算机指令集的发展有CISC复杂指令集及RISC精简指令集两个方向。RISC指令集的实现采用组合逻辑电路，而现代组合逻辑电路的实现一般采用VLSI超大规模集成电路实现，因此在教材中加入了在FPGA实现计算机部件的内容。

本书内容结构采用4篇9章的方式：第1篇为计算机系统组成基础，含第1章计算机系统概论，第2章计算机中的信息表示；第2篇为计算机系统分层结构，含第3章微体系结构层——CPU的构成，第4章指令系统层，第5章汇编语言层；第3篇为存储系统与输入/输出系统，含第6章存储系统，第7章输入/输出系统，第8章I/O设备；第4篇为计算机系统部件设计，含第9章现代计算机系统部件设计。

本书可作为高等院校计算机科学与技术、软件工程、网络工程等计算机类专业、自动控制专业以及其他相关专业的教材，也可供从事相关专业的工程技术人员和科研人员作为参考书。

本教材的参考教学学时数为90学时左右，可根据各学校的具体情况调整部分教学内容。

本书编写分工如下：李心广编写第1章，姚敏锋编写第2章，张建民编写第3、7、8章，潘智刚编写第4、5章，罗海涛编写第6、9章。全书由李心广负责修改、统稿、定稿，张晶负责全书版式的检查。感谢华南理工大学赖声礼教授主持全书的审稿工作。

计算机技术的发展日新月异，教学改革任重道远，编者的能力与这两方面所提出的要求相比，还有很大差距。恳请同行及使用者批评指正，以便再版时修正。

电子教案可与出版社联系，相关资料也可与作者联系，联系邮箱：lxggu@163.com。

作　者

目　录

第1篇 计算机系统组成基础

本篇介绍计算机系统概论，计算机中信息的表示与运算方法。

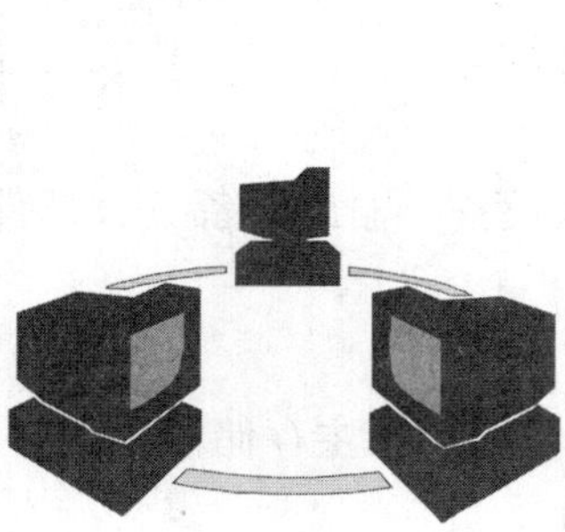

第 1 章　计算机系统概论

本章介绍计算机系统组成的基本概念，计算机中的信息表示，计算机系统的硬、软件组成，计算机的层次结构，计算机的工作过程，数字计算机的特点与性能指标，计算机的发展与应用。

1.1　计算机的基本概念

电子计算机是一种不需要人工直接干预，能够自动、高速、准确地对各种信息进行处理和存储的电子设备。电子计算机从总体上来说可以分为两大类：电子模拟计算机和电子数字计算机。电子模拟计算机中处理的信息是连续变化的物理量，运算的过程也是连续的；而电子数字计算机中处理的信息在时间上是离散的数字量，运算的过程是不连续的。通常所说的计算机都是指电子数字计算机。

1.1.1　存储程序的工作方式

计算机系统由硬件系统和软件系统两大部分组成。美籍匈牙利科学家冯·诺依曼（John von Neumann）奠定了现代计算机的基本结构，其特点是：

1）使用单一的处理部件来完成计算、存储以及通信的工作。

2）存储单元是定长的线性组织。

3）存储空间的单元是直接寻址的。

4）使用低级机器语言，指令通过操作码来完成简单的操作。

5）对计算进行集中的顺序控制。

6）计算机硬件系统由运算器、存储器、控制器、输入设备、输出设备五大部件组成，并规定了它们的基本功能。

7）以二进制形式表示数据和指令。

8）在执行程序和处理数据时必须将程序和数据从外存储器装入主存储器中，然后才能使计算机在工作时能够自动从存储器中取出指令并加以执行。

这就是存储程序概念的基本原理。

1.1.2　信息的数字化表示

计算机除了处理数字信息外，还必须处理用于组织、控制或表示数据的字母、符号、汉字以及控制符号等。

1. 以二进制表示数据

电子计算机处理的信息，都是仅用“0”与“1”两个简单数字表示的信息，或者是用这种数字进行了编码的信息。这种数制叫做二进制。

二进制的优点是：二进制只有“0”和“1”两个数字，很容易表示。电压的高和低、晶体管的截止与饱和、磁性材料的磁化方向等都可以表示为“0”和“1”两种状态。

二进制数的每一位只有0和1两种状态，只需要两种设备就能表示，所以二进制数节省设备。由于状态简单，所以它抗干扰能力强，可靠性高。

2. 字符编码

计算机中的大多数I/O信息是非数字的字符，须按特定的规则用二进制编码在计算机中表示。国际上普遍采用了一些标准代码，如ASCII、EBCDIC（扩展的BCD）等。

ASCII（美国标准信息交换码）由7位二进制数编码字符集组成，共有128个编码，包括大小写字母（各26个）、十进制数码字（10个）、运算符和标识符（33个，如“空格”、*等）、控制符（33个，如“LF”、“CR”等）。例如，字符“Yes OK”可由ASCII表示为“59 65 73 20 4F 48 H”（十六进制）或“89 101 115 32 79 75”（十进制）。又例如，使打印机的打印头或显示器的显示光标返回到第一列的控制符“CR”（0DH），而控制符“LF”（0AH）为换行到下一行。上述控制符表示设备的控制功能，还有部分控制字符用于数据通信的连接。但不同的计算机系统对这些控制字符可分别定义为不同的功能。

一般计算机用一个字节表示一个字符，对7位ASCII，最高位一般取0，但也可以在该位设置特殊位，或编码附加的非ASCII字符（如德、法、俄文字母、制表符号、图形等），或作奇偶校验位，这取决于系统和程序。

EBCDIC编码是用8位二进制数表示一个字符，可以表示256个符号，包括控制符、运算符、标识符、大小写字母、数字等。IBM公司在它的各类大型机上广泛采用EBCDIC编码。例如，0~9的EBCDIC编码为“F0~F9 H”，A为0C1H，a为81H，“LF”为25H。

3. 十进制数编码

十进制数可转化成二进制数进行处理，但不适用于大量I/O、存储及其处理的场合。这就提出了用二进制数表示一位十进制数字的编码方法，即BCD码（Binary Coded Decimal）表示法，它既具有二进制的形式，又具有十进制的特点。常用的是从4位二进制数的16种不同状态中选出10个表示十进制数0~9，可有多种选择的方法。

（1）8421码（BCD）。8421码是一种有权码，从高位开始位权分别是8、4、2、1。特点为：

1）与ASCII码之间转换简单。

0~9的8421BCD是0~9 ASCII的低4位，两者相差30H。

例：“234”转换为对应的BCD码为234。

（ASCII）00110010 00110011 00110100→（BCD）0010 0011 0100

2）加减运算要修正运算结果。

若运算结果产生进位/借位或出现>9的数字（A~FH）时，要对结果进行加6/减6处理。例：9+7=16

$$
\begin{array}{r}
1001 \\
+0111 \\
\hline
10\,000 \\
+110 \\
\hline
1\,0110
\end{array}
\quad \text{有进位，加6修正}
$$

8421 BCD 是最常见的一种 BCD，我们常常直接把 8421 码称为 BCD。现在许多计算机都设计有 BCD 修正指令。

（2）其他有权 BCD。其他有权 BCD 有 2421 码、5211 码、8421 码和 4311 码等。其特点是各种编码的二进制数位的位权是固定的。例如，5211 码的位权分别为 5、2、1、1，即数 8 的 5211 码为 1101。

1.1.3　计算机体系结构、组成与实现

计算机体系结构（Computer Architecture）这个词目前已被广泛使用。Architecture 本来用在建筑方面，译为“建筑学、建筑术、建筑样式、构造、结构”等。这个词被引入计算机领域后，最初的译法也各有不同，后来趋向译为“体系结构”，但关于它的定义仍未统一。

经典的“计算机体系结构”定义是 1964 年 C. M. Amdahl 在介绍 IBM 360 系统时提出的：计算机体系结构是程序员所看到的计算机的属性，即概念性结构与功能特性。

按照计算机系统的多级层次结构，不同级的程序员所看到的计算机具有不同的属性。例如，传统机器语言程序员所看到的计算机主要属性是该机指令集的功能特性。而高级语言虚拟机程序员所看到的计算机主要属性是该机所配置的高级语言所具有的功能特性。显然，不同的计算机系统，从传统机器级程序员或汇编语言程序员来看，是具有不同属性的。但是，从高级语言（如 Visual Basic）程序员来看，它们就几乎没有什么差别，是具有相同属性的。或者说，这些传统机器级所存在的差别是高级语言程序员所“看不见”的，也是不需要他们知道的。在计算机技术中，对这种本来是存在的事物或属性，但从某种角度看又好像不存在的概念称为透明性（Transparency）。通常，在一个计算机系统中，低层机器的属性对高层机器的程序员往往是透明的，如传统机器级的概念性结构和功能特性，对高级语言程序员来说是透明的。由此看出，在层次结构的各个级上都有它的体系结构。Amdahl 提出的体系结构是指传统机器级的体系结构，即一般所说的机器语言程序员所看到的传统机器级所具有的属性。这些属性是机器语言程序设计者（或者编译程序生成系统）为使其所设计（或生成）的程序能在机器上正确运行，所需遵循的计算机属性，包含其概念性结构和功能特性两个方面。目前，对于通用寄存器型机器来说，这些属性主要是指：

（1）数据表示（硬件能直接辨认和处理的数据类型）。

（2）寻址规则（包括最小寻址单元、寻址方式及其表示）。

（3）寄存器定义（包括各种寄存器的定义、数量和使用方式）。

（4）指令集（包括机器指令的操作类型和格式、指令间的排序和控制机构等）。

（5）中断系统（中断的类型和中断响应硬件的功能等）。

（6）机器工作状态的定义和切换（如管态和目态等）。

（7）存储系统（主存容量、程序员可用的最大存储容量等）。

（8）信息保护（包括信息保护方式和硬件对信息保护的支持）。

（9）I/O 结构（包括 I/O 连接方式、处理机/存储器与 I/O 设备间数据传送的方式和格式以及 I/O 操作的状态等）。

这些属性是计算机系统中由硬件或固件完成的功能，程序员在了解这些属性后才能编出在传统机器上正确运行的程序。因此，经典的计算机体系结构概念的实质是计算机系统中

软、硬件界面的确定，其界面之上是软件的功能，界面之下是硬件和固件的功能。

这里比较全面地介绍了经典的计算机体系结构概念。随着计算机技术的发展，计算机体系结构所包含的内容是不断变化和发展的。目前经常使用的是广义的计算机体系结构的概念，它既包括了经典的计算机体系结构的概念范畴，又包括了对计算机组成和计算机实现技术的研究。

因此，计算机体系结构是程序设计者所看到的计算机系统的属性，是计算机的外特性、概念性结构和功能特性，其研究计算机系统的硬、软件的功能划分及接口关系。

计算机组成是指计算机各功能部件的内部构造和相互之间的联系（部件配置、相互连接和作用），强调各功能部件的性能参数相匹配，实现机器指令级的各种功能和特性，是计算机系统结构的逻辑实现。

计算机组成的物理实现，即把一台完成逻辑设计的计算机真正地制作出来，解决各部件的物理结构、器件选择、电源供电、通风与冷却、装配与制造工艺等各个方面的问题。

设计一种新型计算机系统首先面临的问题是什么呢？我们会列举出很多因素，其中最主要的有新型计算机的主要特点和性能。它们具体包括指令集设计、功能组织、逻辑设计、实现技术等。实现技术包括集成电路设计、制造和封装技术、系统制造、供电、冷却技术等。另外，我们往往要求在限定的造价范围内，使新型计算机具有最高的性能。如何采用先进的计算机体系结构和生产技术，制造出具有高性能价格比的计算机系统，是所有通用计算机设计的共同目标。

1.2 计算机系统的硬、软件组成

一个完整的计算机系统应包括硬件系统和软件系统。计算机的硬件是计算机的物质基础。软件是发挥计算机功能，使计算机能正常工作的程序。

1.2.1 计算机硬件系统

硬件通常是指构成计算机的设备实体。一台计算机的硬件系统应由五个基本部分组成：运算器、控制器、存储器、输入和输出设备。这五大部分通过系统总线完成指令所传达的操作。当计算机在接收指令后，由控制器指挥，将数据从输入设备传送到存储器存放，再由控制器将需要参加运算的数据传送到运算器，由运算器进行处理，处理后的结果由输出设备输出。

1. 中央处理器

中央处理器（Central Processing Unit，CPU）由控制器、运算器和寄存器组成，通常集成在一块芯片上，是计算机系统的核心设备。计算机以 CPU 为中心，输入和输出设备与存储器之间的数据传输和处理都通过 CPU 来控制执行。微型计算机的中央处理器又称为微处理器。

2. 控制器

控制器是对输入的指令进行分析，并统一控制计算机的各个部件完成一定任务的部件。它一般由指令寄存器、状态寄存器、指令译码器、时序电路和控制电路组成。计算机的工作方式是执行程序，程序就是为完成某一任务所编制的特定指令序列，各种指令操作按一定的时间关系有序安排。控制器产生各种最基本的不可再分的微操作的命令信号，即微命令，以指挥整个计算机有条不紊地工作。当计算机执行程序时，控制器首先从指令指针寄存器中取得指令的地址，并将下一条指令的地址存入指令寄存器中，然后从存储器中取出指令，由指令译码器对指令进行译码后产生控制信号，用以驱动相应的硬件完成指定操作。简言之，控制器就是协调指挥计算机各部件工作的元件，它的基本任务就是根据各种指令的需要综合有关的逻辑条件与时间条件产生相应的微命令。

3. 运算器

运算器又称为算术逻辑单元（Arithmetic Logic Unit，ALU）。运算器的主要任务是执行各种算术运算和逻辑运算。算术运算是指各种数值运算，比如加、减、乘、除等。逻辑运算是进行逻辑判断的非数值运算，比如与、或、非、比较、移位等。计算机所完成的全部运算都是在运算器中进行的，根据指令规定的寻址方式，运算器从存储器或寄存器中取得操作数，进行计算后，送回到指令所指定的寄存器中。运算器的核心部件是加法器和若干个寄存器，加法器用于运算，寄存器用于存储参加运算的各种数据以及运算后的结果。

4. 存储器

存储器分为内存储器（也称为内存或主存）和外存储器（也称为外存或辅存）。外存储器一般也可作为输入/输出设备。计算机把要执行的程序和数据存入内存中，内存一般由半导体存储器构成。半导体存储器可分为三大类：随机存储器、只读存储器、特殊存储器。

（1）随机存储器。随机存储器（Random Access Memory，RAM）的特点是可以读写，存取任一单元所需的时间相同，通电时存储器内的内容可以保持，断电后，存储的内容立即消失。RAM 可分为动态（Dynamic RAM）和静态（Static RAM）两大类。所谓动态随机存储器是用 MOS 电路和电容来作存储元件的。由于电容会放电，所以需要定时充电以维持存储内容的正确，例如每隔 2ms 刷新一次，因此称之为动态存储器。所谓静态随机存储器是用双极型电路或 MOS 电路的触发器来作存储元件的，它没有电容放电造成的刷新问题。只要有电源正常供电，触发器就能稳定地存储数据。DRAM 的特点是集成密度高，主要用于大容量存储器。SRAM 的特点是存取速度快，主要用于高速缓冲存储器。

（2）只读存储器（Read Only Memory，ROM）只能读出原有的内容，不能由用户再写入新内容。原来存储的内容是由厂家一次性写入的，并永久保存下来。ROM 可分为可编程（Programmable）ROM、可擦除可编程（Erasable Programmable）ROM、电擦除可编程（Electrically Erasable Programmable）ROM。例如，EPROM 存储的内容可以通过紫外光照射来擦除，这使它的内容可以反复更改。

（3）特殊存储器包括电荷耦合存储器、磁泡存储器、电子束存储器等，它们多用于特殊领域内的信息存储。

此外，描述内、外存储容量的常用单位如下。

1）位/比特（bit）：这是内存中最小的单位，二进制数序列中的一个 0 或一个 1 就是一个比特，在计算机中，一个比特对应着一个晶体管。

2）字节（Byte，B）：它是计算机中最常用、最基本的存储单位。一个字节等于 8 个比特，即 1 Byte = 8bit。

3）千字节（Kilo Byte，KB）：计算机的内存容量都很大，一般都是以千字节作单位来表示。1KB = 1024B。

4）兆字节（Mega Byte，MB）：20 世纪 90 年代流行的微机的硬盘和内存等一般都是以兆字节为单位。1MB = 1024KB。

5）吉字节（Giga Byte，GB）：目前市场流行的微机的硬盘已经达到 80GB、120GB、250GB 等规格。1GB = 1024MB。

6）太字节（Tera Byte，TB）：1TB = 1024 GB。

5. 输入/输出设备

输入设备用来接收用户输入的原始数据和程序，并将它们变为计算机能识别的二进制存入到内存中。常用的输入设备有键盘、鼠标、扫描仪、光笔等。

输出设备用于将存储在内存中的由计算机处理的结果转变为人们能接受的形式输出。常用的输出设备有显示器、打印机、绘图仪等。

6. 总线

总线是一组为系统部件之间传送数据的公用信号线。它具有汇集与分配数据信号、选择发送信号的部件与接收信号的部件、总线控制权的建立与转移等功能。一般按信号类型将总线分为三组，即地址总线（Address Bus，AB）、数据总线（Data Bus，DB）和控制总线（Control Bus，CB）。

1.2.2 计算机软件系统

软件是指计算机系统中使用的各种程序及其文档。程序是对计算任务的处理对象和规则的描述，文档是为了便于了解程序所需要的阐述性资料。

1. 软件的作用

计算机的工作是由存储在其内部的程序指挥的，这是冯・诺依曼计算机系统的重要特色，因此程序或者软件质量的好坏将极大地影响计算机性能的发挥，特别是并行处理技术以及 RISC 计算机的出现使软件显得更加重要。软件的具体作用如下：

（1）它在计算机系统中起着指挥和管理的作用。计算机系统中有各种各样的软、硬件资源，必须由相应的软件（特别是操作系统）来统一管理和指挥。

（2）它是计算机用户和硬件的接口界面。用户要使用计算机，必须编制程序使用软件，用户主要通过软件与计算机进行交流。

（3）它是计算机体系结构设计的主要依据。为了方便用户，使计算机系统具有较高的总体效率，在设计计算机时必须考虑软件和硬件的结合，以及用户对软件的要求。

2. 软件的发展过程

软件的发展受计算机硬件发展和应用的推动与制约，其发展过程大致分三个阶段。从第一台计算机上的第一个程序出现到实用的高级语言出现为第一阶段（1946—1956）。这时计算机的应用以科学计算为主，计算量较大，但输入/输出量不大。机器以 CPU 为中心，存储器较小，编制程序工具为机器语言，突出问题是程序设计与编制工作复杂、繁琐、易出错。因此重点考虑程序本身，使它占用内存小，节省运行时间，从而提高效率。这时尚未出现“软件”一词。

从实用的高级程序设计语言出现到软件工程出现以前为第二阶段（1956—1968）。这时除了科学计算外，出现了大量数据处理问题，计算量不大，但输入/输出量较大。机器结构转向以存储器为中心，出现了大容量存储器，输入/输出设备增加。为了充分利用这些资源，出现了操作系统；为了提高程序人员工作效率，出现了高级语言；为了适应大量的数据处理，出现了数据库及其管理系统。这时人们也认识到文档的重要性，出现了“软件”一词。随着软件复杂性的不断提高，甚至出现了人们难以控制的局面，即所谓软件危机。为了克服危机，人们采取了多种方法，特别值得一提的是“软件工程”方法的出现。

软件工程出现以后迄今一直为第三阶段（1968—）。对于一些复杂的大型软件，采用个体或者合作的方式进行开发不仅效率低、可靠性差，且很难完成，必须采用工程方法才能适用。为此，从20世纪60年代末开始，软件工程得到了迅速的发展，还出现了“计算机辅助软件”、“软件自动化”实验系统等。目前，人们除了研究改进软件传统技术外，还在着重研究以智能化、自动化、集成化、并行化、以及自然化为标志的软件新技术。

3. 软件的分类

按功能分，软件大致可以分为三类：系统软件、支撑软件和应用软件。

（1）系统软件：包括操作系统和各类语言的编译程序，它位于计算机系统中最接近硬件的层，其他软件只有通过系统软件才能发挥作用，系统软件与具体应用无关。

1）操作系统：管理整个计算机系统的软、硬件资源，包括对它们进行调度、管理、监视、服务等，以改善人机界面，并提供对应用软件的支持。按功能分，操作系统可以分成多种类型，包括单用户操作系统和批处理操作系统；分时操作系和实时操作系统；网络操作系统、分布式操作系统和并行操作系统等。

2）编译程序：把由程序人员编写的各类高级语言书写的程序翻译成能与之等价的、可执行的机器语言代码。

（2）支撑软件：它是支撑其他软件的开发与维护的软件。数据库管理系统、各类子程序库以及网络软件等均为支撑软件。20世纪70年代中、后期发展起来的软件开发环境则是支撑软件的代表，它主要包括环境数据库、各类接口软件和工具组。

（3）应用软件：各类用户为满足各自的需要开发的各种应用程序。例如，为进行数据处理、科学计算、事务管理、工程设计以及过程控制所编写的各类应用程序。

软件是人类开发的各种程序和书写的文档。它是智力产品，而且随着硬件技术的不断发展和应用要求的日益提高，软件产品越来越复杂、庞大，如何来保证软件的准确性、友善性、高效率以及智能化，是软件工作者始终努力的目标。

1.3 层次结构模型

1.3.1 从语言功能角度划分层次结构

现代计算机系统是由软件和硬/固件组成的十分复杂的系统。为了对这个系统进行描述、分析、设计和使用，人们从不同的角度提出了观察计算机的观点和方法。本节从计算机语言的角度，把计算机系统按功能划分成多级层次结构。

随着计算机系统的发展，人们已设计出一系列语言。从面向机器的语言（如机器语言、汇编语言），到各种高级程序设计语言（如Java、C/C++），到各种面向问题的语言或者叫应用语言（如面向数据库查询的SQL语言，面向数字系统设计的VHDL语言，面向人工智能的Prolog语言）。计算机语言就是这样由低级向高级发展，高级语言的语句相对于低级语言功能更强，更便于应用，但又都是以低级语言为基础的。

计算机语言可分成一系列的层次（Level）或级，最低层语言的功能最简单，最高层语言的功能最强。对于用某一层语言编写程序的程序员来说，他一般不管其程序在机器中是如何执行的，只要程序正确，他总能得到预期的结果。这样，对这层语言的程序员来说，他似乎有了一种新的机器，这层语言就是这种机器的机器语言，该机器能执行用该层语言编写的全部程序。因此计算机系统就可以按语言的功能划分成多级层次结构。每一层以一种不同的语言为特征。这样，可以把现代计算机系统画成如图 1.1 所示的层次结构。

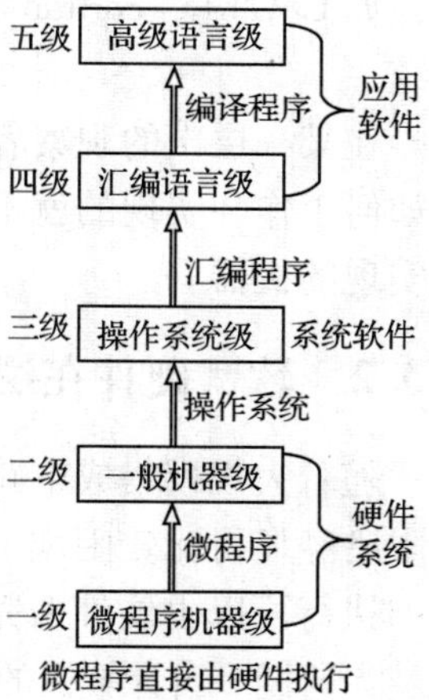

图 1.1 计算机层次结构

图中第四级以上完全由软件实现。我们称由软件实现的机器为虚拟机器（Virtual Machine），以区别于由硬件或固件实现的实际机器。第一级是微程序机器级，这一级的机器语言是微指令集，程序员用微指令编写的微程序一般是直接由硬件解释实现的。

第二级是一般机器级。这一级的机器语言是该机的指令集，程序员用机器指令集编写的程序可以由微程序进行解释。这个解释程序运行在第一级上。微程序解释指令集又称为仿真（Emulation），实际上，在第一级可以有一个或数个能够在它上面运行的解释程序，每一个解释程序都定义了一种指令集。因此，可以通过仿真在一台机器上实现多种指令集。

计算机系统中也可以没有微程序机器级。在这些计算机系统中是用硬件直接实现传统机器的指令集，而不必由任何解释程序进行干预。目前使用的 RISC 技术就是采用这样的设计思想，处理器的指令集全部用硬件直接实现以提高指令的执行速度。

第三级是操作系统虚拟级。从操作系统的基本功能来看，一方面它要直接管理传统机器中的软、硬件资源，另一方面它又是传统机器的引申。它提供了传统机器所没有的某些基本操作和数据结构，如文件结构与文件管理的基本操作、存储体系和多道程序以及多重处理所用的某些操作、设备管理等。

第四级是汇编语言虚拟级。这一级的机器语言是汇编语言，用汇编语言编写的程序，首先翻译成第三级和第二级语言，然后再由相应的机器执行。完成汇编语言翻译的程序就叫做汇编程序。

第四级上出现了一个重要变化。通常的第一、二和三级是用解释（Interpretation）方法实现的，而第四级或更高级则经常是用翻译（Translation）方法实现。

翻译和解释是语言实现的两种基本技术。它们都是以执行一串 N 级指令来实现 N+1 级指令，但二者仍存在着差别：翻译技术是先把 N+1 级程序全部变换成 N 级程序后，再去执行新产生的 N 级程序，在执行过程中 N+1 级程序不再被访问。而解释技术是每当一条N+1级指令被译码后，就直接去执行一串等效的 N 级指令，然后再去取下一条 N+1 级的指令，依此重复进行。在这个过程中不产生翻译出来的程序，因此解释过程是边变换边执行的过程。在实现新的虚拟机器时，这两种技术都被广泛使用。一般来说，解释执行比翻译花的时间多，但存储空间占用较少。

第五级是高级语言虚拟级。这一级的机器语言就是各种高级语言，目前高级语言已达数百种。用这些语言所编写的程序一般是由称为编译程序的翻译程序翻译到第四级或第三级上，如 C/C++、Fortran 等，个别的高级语言也用解释的方法实现，如绝大多数 BASIC 语言系统。

在某一层次的观察者看来，他只需要通过该层次的语言来了解和使用计算机，至于下层是如何工作和实现的就不必关心了，这就是所谓的虚拟计算机的概念。虚拟计算机即是由软件实现的机器。

1.3.2 软、硬件在逻辑上的等价

随着大规模集成电路技术的发展和软件硬化的趋势，要明确划分计算机系统的软、硬件界限已经显得比较困难了，因为任何操作可以由软件来实现，也可以由硬件来实现；任何指令的执行可以由硬件来完成，同样也可以由软件来完成。

当研制一台计算机的时候，确定哪些情况使用硬件，哪些情况使用软件，由当前的硬件发展水平来决定。将程序固定在 ROM 中组成的部件称为固件。固件是一种软件特性的硬件，它既具有硬件的快速性特点，又有软件的灵活性特点。这是软件和硬件相互转化的典型实例。

硬件是计算机系统的物质基础，正是在硬件高度发展的基础上，才有软件赖以生存的空间和活动场所，没有硬件对软件的支持，软件的功能就无从谈起。同样，软件是计算机系统的灵魂，没有软件的硬件“裸机”将不能提供给用户使用，犹如一堆废铁。因此，硬件和软件是相辅相成的、不可分割的整体。当前，计算机的硬件和软件正朝着互相渗透、互相融合的方向发展，在计算机系统中没有一条明确的硬件与软件的分界线。原来一些由硬件实现的功能可以改由软件模拟来实现，这种做法称为硬件软化，它可以增强系统的功能和适应性。同样，原来由软件实现的功能也可以改由硬件来实现，称为软件硬化，它可以显著降低软件在时间上的开销。由此可见，硬件和软件之间的界面是浮动的，对于程序设计人员来说，硬件和软件在逻辑上是等价的。一项功能究竟采用何种方式实现，应从系统的效率、速度、价格和资源状况等诸多方面综合考虑。既然硬件和软件不存在一条固定的一成不变的界限，那么今天的软件可能就是明天的硬件，今天的硬件也可能就是明天的软件。除去硬件和软件以外，还有一个概念需要引起读者的注意，这就是固件（Firmware）。固件一词是 1967 年由美国人 A. Opler 首先提出来的。固件是指那些存储在能永久保存信息的器件（如 ROM）中的程序，是具有软件功能的硬件。固件的性能指标介于硬件与软件之间，吸收了软、硬件各自的优点，其执行速度快于软件，灵活性优于硬件，是软、硬件结合的产物，计算机功能的固件化将成为计算机发展中的一个趋势。

1.4 计算机的工作过程

用计算机解决一个实际问题，通常包含两大过程：一个是上机前的各种准备，另一个是上机运行。

1.4.1 处理问题的步骤

在许多科学技术的实际问题中，往往会遇到复杂的数学方程组，而数字计算机通常只能作加、减、乘、除四则运算，这就要求在上机解题前，先由人工完成一些必要的准备工作。这些工作大致可归纳为建立数学模型、确定计算方法、编制解题程序三个步骤。

1. 建立数学模型

有许多科技问题很难直接用物理模型来模拟研究对象的变化规律，如地球大气环流、原子反应堆的核裂变过程、航天飞行速度对飞行器的影响等。不过，通过大量的实验和分析，总能找到一系列反映研究对象变化规律的数学方程组。通常，把这类方程组叫做被研究对象变化规律的数学模型。一旦建立了数学模型，研究对象的变化规律就变成了解一系列方程组的数学问题，这便可通过计算机来求解。因此，建立数学模型是用计算机解题的第一步。

2. 确定计算方法

由于数学模型中的数学方程式往往是很复杂的，要将它变成适合计算机运算的加、减、乘、除四则运算，还必须确定对应的计算方法。

例如，欲求 sinx 的值，只有采用近似计算方法，用四则运算的式子来求得（因计算机内部没有直接完成三角函数运算的部件）。如：

$$\sin x = x - \frac{x^3}{3!} + \frac{x^5}{5!} - \frac{x^7}{7!} + \frac{x^9}{9!} - \cdots$$

又如，计算机不能直接求解开方 x，但可用迭代公式：

$$y_{n+1} = \sqrt{x} = \frac{1}{2}\left(y_n + \frac{x}{y_n}\right)(n = 0, 1, 2, \cdots)$$

通过多次迭代，便可求得相应精度的 $\sqrt{x}$ 值。

3. 编制解题程序

程序是适合于机器运算的全部步骤，编制解题程序就是将运算步骤用一一对应的机器指令描述。设计算机由运算器、控制器、存储器及输入输出设备组成。

例如，计算 $ax^2 + bx + c$ 可分解为以下步骤：

（1）将 x 取至运算器中。

（2）乘以 x，得 x^2，存于运算器中。

（3）再乘以 a，得 ax^2，存于运算器中。

（4）将 ax^2 送至存储器中。

（5）取 b 至运算器中。

（6）乘以 x，得 bx，存于运算器中。

（7）将 ax^2 从存储器中取出与 bx 相加，得 $ax^2 + bx$，存于运算器中。

（8）再取 c 与 $ax^2 + bx$ 相加，得 $ax^2 + bx + c$，存于运算器中。

可见，不包括停机、输出打印共需 8 步。若将上式改写成（ax + b）x + c，则其步骤可简化为 5 步：

（1）取 x 至运算器中。

（2）乘以 a，得 ax，存于运算器中。

（3）加 b，得 ax + b，存于运算器中。

（4）乘以 x，得（ax + b）x，存于运算器中。

（5）加 c，得（ax + b）x + c，存于运算器中。

操作码	地址码
←6位→	←10位→

图 1.2　某机器指令格式

将上述运算步骤写成某计算机的一一对应的机器指令，就完成了运算程序的编写。

若设某机器的指令字长为 16 位，其中操作码占 6 位，地址码占 10 位，如图 1.2 所示。

操作码表示机器所执行的各种操作，如取数、存数、加、减、乘、除、停机、打印等。地址码表示参加运算的数在存储器内的位置。机器指令的操作码和地址码都采用0、1代码的组合来表示。表1.1列出了某机器与上例有关的各条机器指令的操作码及其操作性质的对应关系。

表1.1　操作码与操作性质的对应表

操作码	操作性质
000001	取数：将指令地址码指示的存储单元中的操作数取到运算器的累加器ACC中
000010	存数：将ACC中的数存至指令的地址码指示的存储单元中
000011	加：将ACC中的数与指令地址码指示的存储单元中的数相加，结果存于ACC中
000100	乘：将ACC中的数与指令地址码指示的存储单元中的数相乘，结果存于ACC中
000101	打印：将指令地址码指示的存储单元中的操作数打印输出
000110	停机

此例中所用到的数a、b、c、x，事先需存入存储器的相应单元内。

按ax^2+bx+c的运算分解，可用上述机器指令编写出一份运算的程序清单，如表1.2所示。

表1.2　计算ax^2+bx+c的程序清单

指令和数据存于主存单元的地址	指令		注释
	操作码	地址码	
0	000001	0000001000	取数x至ACC
1	000100	0000001001	乘a得ax存于ACC中
2	000011	0000001010	加b得ax+b，存于ACC中
3	000100	0000001000	乘x得(ax+b)x，存于ACC中
4	000011	0000001011	加c得ax^2+bx+c，存于ACC中
5	000010	0000001100	存数，将ax^2+bx+c存于主存单元
6	000101	0000001100	打印
7	000110		停机
8	x		原始数据x
9	a		原始数据a
10	b		原始数据b
11	c		原始数据c
12			存放结果

以上程序编完后，便可进入下一步上机。

1.4.2　计算机的解题过程

为了比较形象地了解计算机的解题过程，首先分析一个较为细化的计算机组成框图，如图1.3所示。

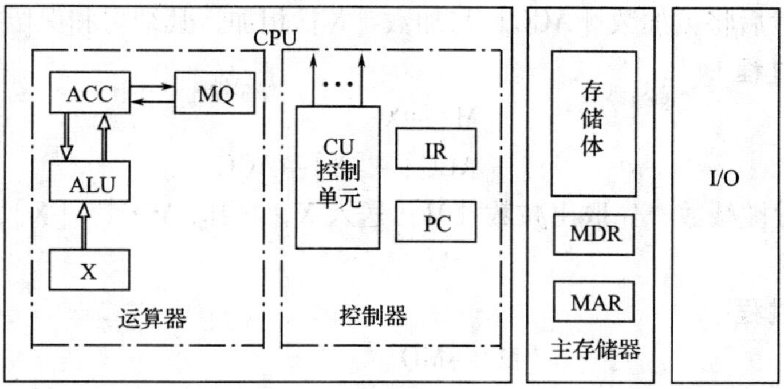

图 1.3 计算机组成框图

运算器包括三个寄存器（现代计算机内部往往设有通用寄存器组）和一个算术逻辑电路 ALU。三个寄存器分别为累加器（Accumulator，ACC），乘商寄存器（Multiplier-Quotient Register，MQ），操作数寄存器 X。这三个寄存器在完成不同的运算时，所存放的操作数类别也各不相同。表 1.3 列出了寄存器存放不同类别操作数的情况。

表 1.3 各寄存器所存放的各类操作数

寄存器 \ 操作数 \ 运算	加法	减法	乘法	除法
ACC	被加数及和	被减数及差	乘积高位	被除数及余数
MQ			乘数及乘积低位	商
X	加数	减数	被乘数	除数

不同机器的运算器结构是不同的。图 1.3 所示的运算器可将运算结果从 ACC 送至存储器中的 MDR，而存储器的操作数也可从它的 MDR 送至运算器中的 ACC、MQ 或 X。有的机器用 MDR 取代 X 寄存器。

下面简要地分析一下这种结构的运算器其加、减、乘、除四则运算的操作过程。

设：M——存储器的任一地址号；

[M] ——对应 M 地址号单元中的内容；

X——X 寄存器；

[X] ——X 寄存器中的内容；

ACC——累加器；

[ACC] ——累加器中的内容；

MQ——乘商寄存器；

[MQ] ——乘商寄存器中的内容。

假设 ACC 中已存有前一时刻的运算结果，并作为下述运算中的一个操作数。则：

1. 加法操作过程

$$[M] \rightarrow X$$

$$[ACC] + [X] \rightarrow ACC$$

即将 [ACC] 看做被加数，先从内存中取一个存放在 M 地址号内的加数 [M]，送至运算器的 X 寄存器中，然后将被加数［ACC］与加数［X］相加，其结果和保留在累加器 ACC 中。

2. 减法操作过程

$$[M] \to X$$
$$[ACC] - [X] \to ACC$$

即将［ACC］看做被减数，先取出减数［M］送入 X，再作[ACC] - [X]，其结果差保留在 ACC 中。

3. 乘法操作过程

$$[M] \to MQ$$
$$[ACC] \to X$$
$$0 \to ACC$$
$$[X] \times [MQ] \to ACC // MQ$$ ㊀

即把［ACC］看做被乘数，先把在 M 号单元中的乘数［M］送入乘商寄存器 MQ，再把被乘数送入 X 寄存器，并将寄存器 A 清“0”，然后［X］和［MQ］相乘，其结果积的高位保留在 ACC 中，积的低位保留在 MQ 中。

4. 除法操作过程

$$[M] \to X$$
$$[ACC] \div [X] \to MQ \qquad \text{余数 R 在 ACC 中}$$

即将［ACC］看做被除数，先将在 M 号单元内的除数［M］送至 X 寄存器，然后［ACC］除以［X］，其结果商暂留于 MQ，［ACC］为余数 R。若需要将商保留在 ACC 中，只需做一步［MQ］→ACC 即可。

为了能实现按地址访问的方式，主存中还必须配置两个寄存器 MAR 和 MDR。MAR（Memory Address Register）是存储器地址寄存器，用来存放欲访问的存储单元的地址，其位数对应存储单元的个数（如 MAR 为 10 位，则有 $2^{10} = 1024$ 个存储单元，记为 1K）。MDR（Memory Data Register）是存储器数据寄存器，用来存放从存储体某单元取出的代码或者准备往某存储单元存入的代码，其位数与存储字长相等。当然，要想完整地完成一个取或存操作，CPU 还需要给主存加以各种控制信号，如读命令、写命令和地址译码驱动信号等。随着硬件技术的发展，主存都制成了大规模集成电路的芯片，而将 MAR 和 MDR 制作在 CPU 芯片中。

早期计算机的存储字长一般和机器的指令字长与数据字长相等，故访问一次主存便可取一条指令或一个数据。随着计算机应用范围的不断扩大，解题精度的不断提高，往往要求指令字长是可变的，数据字长也要求可变。为了适应指令和数据字长的可变性，其长度不是由存储字长来确定，而由字节的个数来表示。1 个字节（Byte）被定义为由 8 位（bit）二进制代码组成。例如，4 字节数据就是 32 位二进制代码；2 字节构成的指令字长是 16 位二进制代码。当然，此时存储字长、指令字长、数据字长三者可各不相同，但它们必须是字节的整数倍。

控制器是计算机组成的神经中枢，由它指挥全机各部件自动、协调地工作。具体而言，它首先要命令存储器读出一条指令，这叫做取指过程（也称取指阶段）。接着，它要对这条

㊀ //表示两个寄存器串接。

指令进行分析，指出该指令要完成什么样的操作，并按寻址特征指明操作数的地址，这叫做分析过程（也称分析阶段）。最后根据操作数所在的地址，取出操作数并完成某种操作，这叫做执行过程（也称执行阶段）。以上就是通常所说的完成一条指令操作的取指、分析和执行三阶段。

控制器由程序计数器（Program Counter，PC）、指令寄存器（Instruction Register，IR）以及控制单元（CU）几部分组成。PC 用来存放当前欲执行指令的地址，它与主存的 MAR 之间有一条直接通路，且具有自动加 1 的功能，即可自动形成下一条指令的地址。IR 用来存放当前的指令，IR 的内容来自主存的 MDR。IR 中的操作码（OP（IR））送至 CU（记作 OP（IR）→CU），用来分析指令；其地址码（Ad（IR））作为操作数的地址送至存储器的 MAR（记作 Ad（IR）→MAR）。CU 用来分析当前指令所需完成的操作，并发出各种微操作命令序列，用以控制所有被控对象。

I/O 子系统包括各种外部设备及相应的接口。每一种设备都是由 I/O 接口与主机联系的，它接收 CU 发出的各种控制命令完成相应的操作，如键盘（输入设备）由键盘接口电路与主机联系，打印机（输出设备）由打印机接口电路与主机联系。

下面结合图 1.3，进一步深入领会计算机解题的全过程。

首先按表 1.2 所列的有序指令和数据，通过键盘输入到主存第 0 号 ~ 第 12 号单元中，并置 PC 的初值为 0（即令程序的首地址为 0）。启动机器后，计算机便自动按存储器中所存放的指令顺序，有序地逐条完成取指令、分析指令和执行指令，直至执行到程序的最后一条指令为止。

例如，启动机器后，控制器立即将程序计数器的内容送至主存的 MAR（记作 PC→MAR）并命令存储器做读操作，此刻主存“0”号单元的内容“0000010000001000”（表 1.2 所示为程序的第一条指令）便被送入 MDR 内。然后由 MDR 送至控制器的 IR（记作 MDR→IR），完成了一条指令的取指过程。经 CU 分析操作码“000001”为取数指令，于是 CU 又将 IR 中的地址码“0000001000”送至 MAR，并命令存储器做读操作，将该地址单元中的操作数 x 送至 MDR，再由 MDR 送至运算器的 ACC（记作 MDR→ACC），完成了此指令的执行过程。此刻，即完成了第一条取数指令的全过程，即将操作数 x 送至运算器 ACC 中。与此同时，PC 完成自动加 1 的操作，形成了下一条指令的地址“1”号。同上所述，由 PC 送至 MAR，命令存储器做读操作，将“0001000000001001”送入 MDR，又由 MDR→IR。接着 CU 分析操作码“000100”为乘法指令，故 CU 又向存储器发出读命令，取出对应地址为“0000001001”单元中的操作数 a，经 MDR 送至运算器 MQ，CU 再向运算器发乘法操作命令，完成 ax 的运算，并把运算结果 ax 存放在 ACC 中。同时 PC 完成一次（PC）+1→PC，形成下一条指令的地址“2”号。依此类推，逐条取指、分析、执行，直至打印出结果。最后执行完停机指令后，机器便自动停机。

1.5 微型计算机的主要技术指标

（1）CPU 类型：它是指微机系统所采用的 CPU 芯片型号，它决定了微机系统的档次。

（2）字长：它是指 CPU 一次最多可同时传送和处理的二进制位数，字长直接影响到计算机的功能、用途和应用范围。

（3）时钟频率和机器周期：时钟频率又称主频，它是指 CPU 内部晶振的频率，常用单位为兆赫兹（MHz），它反映了 CPU 的基本工作节拍。一个机器周期由若干个时钟周期组成，在机器语言中，使用执行一条指令所需要的机器周期数来说明指令执行的速度。一般使用 CPU 类型和时钟频率来说明计算机的档次，如 Pentium Ⅲ 500 等。

（4）运算速度：它是指计算机每秒能执行的指令数，单位有 MIPS（每秒百万条指令）、MFLOPS（每秒百万条浮点指令）。

（5）存取速度：它是指存储器完成一次读取或写存储器操作所需的时间，称为存储器的存取时间或访问时间。而每连续两次读或写所需要的最短时间，称为存储周期。对于半导体存储器来说，存取周期大约为几十到几百毫秒之间。它的快慢会影响到计算机的速度。

（6）内、外存储器容量：它是指内、外存存储容量，即内、外存储器能够存储信息的字节数。外存储器是可将程序和数据永久保存的存储介质，可以说其容量是无限的。如硬盘、光盘已是微机系统中不可缺少的外部设备。迄今为止，所有的计算机系统都是基于冯·诺依曼存储程序的原理。内、外存容量越大，所能运行的软件功能就越丰富。CPU 的高速度和外存储器的低速度是微机系统工作过程中的主要瓶颈现象，不过由于硬盘的存取速度不断提高，目前这种现象已有所改善。

1.6 计算机的发展与应用

目前使用的数字电子计算机（通常称之为计算机）诞生于 1945 年。半个世纪以来，计算机技术一直处于发展和变革之中。

在计算机诞生的头 25 年中，计算机性能增长相对缓慢。在这个过程中，电路技术和体系结构同时发挥着作用，其间充满了尝试和创新。目前广泛使用的存储程序计算机的完整概念就是这个时期产生的，通常称之为冯·诺依曼计算机结构。20 世纪 70 年代以后，由于集成电路的出现，计算机性能出现了极大的飞跃，产生了一系列著名的计算机系统，包括 IBM 360/370 系列、DEC PDP 系列、CDC 6600/7600 系列等。20 世纪 70 年代计算机性能的增长速度达到每年 25% ~30%，这种增长主要归功于以集成电路为代表的电路技术的发展。20 世纪 70 年代末期，出现了微处理器，这是一次计算机设计和制造技术的革命。从 20 世纪 70 年代末到 80 年代中期，采用微处理器的计算机性能增长达到每年 35%。与当时广泛使用的大、中、小型计算机相比，微处理器的性能增长，更多地依赖于集成电路技术的发展。进入 20 世纪 80 年代以后，计算机体系结构产生了一次重大变革，出现了现在称之为精简指令集计算机（Reduced Instruction Set Computer，RISC）的处理器设计技术。此后，计算机体系结构不断变革，在计算机体系结构技术发展的促进下，集成电路技术为计算机设计提供的技术空间得到了充分的发挥，计算机系统的性能以每年 50% 以上的速度增长。20 世纪 90 年代中期以来，尤其是 Intel 公司的 Pentium Pro 的出现，基于 RISC 设计技术的微处理器大批量上市，极大地推动了计算机产业的发展，计算机的系统性能出现全面提升。目前，计算机性能增长达到每年 50% 以上，其中包括器件技术在内的计算机制造技术提供其中约 8%，其余约 42% 的部分主要依靠计算机体系结构发展的支持。

微处理器出现以后，计算机系统设计、计算机市场和计算机应用都出现了较大的变化。首先，计算机用户是最直接的受益者。20 世纪 90 年代中期，采用 Digital 的 Alpha 微处理器构成的计算机系统，其性能已经大大超过20世纪80年代末期的向量巨型计算机，如Cray Y-MP（可能是1988年全世界最快的商用计算机）等，而价格仅仅只有巨型计算机的几十分之一。其次，对于市场而言，大批量的微处理器生产促成了计算机产品的批量化、标准化和市场化，这种变化促进了计算机设计、生产和应用的良性发展。微处理器的使用，使绝大多数计算机系统制造商无需再进行中央处理器的设计和制造，计算机系统设计的复杂性和风险也大大下降。目前，甚至巨型计算机也采用微处理器来实现。再次，大量兼容的微处理器、标准化的接口、高度兼容的计算机系统的出现，避免了系统程序和应用程序的重复开发；操作系统和计算机语言的标准化，降低了采用新型体系结构的费用和风险；高级语言，例如，C/C++语言，成为计算机系统的必备语言，汇编语言的使用减少使应用开发的难度和风险都大大减少了。

计算机系统的这种变化对现实世界的影响是巨大的。20世纪90年代初期，当使用80386微处理器构成的系统时，进行字处理大部分采用字符界面，多媒体和所见即所得的概念刚刚诞生，功能十分有限。一台具有基本配置的80386计算机系统价格在2万元人民币以上，极少有个人购置计算机。32位的80386微处理器，其性能相当于一台百万次计算机。目前广泛使用的基于Pentium Ⅳ微处理器的计算机系统，其性能相当于一台数千万次的32位计算机。多媒体功能已经十分普遍，字符界面几乎淘汰，家庭拥有计算机已经司空见惯，计算机已经可以提供大量非常有用的功能，同时这些功能的使用也相对容易了，这些变化已经使我们的生活出现了更多的所谓数字化的成分。可以预计，在计算机系统设计和计算机应用领域中，基于微处理器的系统将在相当长的时间内占支配和统治地位。这种现状对计算机体系结构的研究影响巨大，本书中所研究的很多概念，都是基于这个出发点的。

1.6.1 电子计算机的诞生

世界上第一台电子计算机是1946年在美国诞生的ENIAC，其设计师是美国宾夕法尼亚大学的莫齐利（Manchly）和他的学生艾克特（Eckert）。莫齐利1932年荣获著名的霍普金斯大学物理学博士学位并留校任教，1941年转入宾夕法尼亚大学。他常常为物理学研究中屡屡出现的大量枯燥、繁琐的数学计算而头痛，渴望电子计算机的帮忙。一天，他偶然发现依阿华州立大学的阿塔纳索夫教授正在试制电子计算机，莫齐利深感鼓舞，立即启程拜访。阿塔纳索夫教授热情地接待了这位志同道合的客人，毫无保留地介绍了他的研制情况，并无私地把有关电子计算机设计的珍贵笔记本郑重地交给了莫齐利。莫齐利认真研究了阿塔纳索夫的方案，凭着他特有的聪明才智，加上雄厚的数学和物理基础，以及电子学方面的丰富实践经验，他于1942年写出了一份题为《高速电子管装置的使用》的报告。该报告很快引起了一个年轻人——23岁的研究生艾克特的兴趣，于是，师生密切协作，开始了计算机历史上流芳百世的故事。当时正值第二次世界大战期间，军方急需一种高速电子装置来解决弹道的复杂计算问题，莫齐利与艾克特的方案得到了军方的支持，经过两年多的努力，这期间又得到了冯·诺依曼的支持，加快了第一台电子计算机的研制速度。1946年2月，美国陆军军械部与摩尔学院共同举行新闻发布会，宣布了第一台电子计算机ENIAC（Electronic Numerical Integrator and Computer）研制成功的信息。ENIAC有5种功能：①每秒5000次加法运算；②每秒50次乘法运算；③平方和立方计算；④sin和cos函数数值运算；⑤其他更复杂的计算。当时用它来进行弹道参数计算，60s射程的弹道计算时间由原来的20min一下子缩短到仅需 30s，ENIAC 的名声不胫而走。当时，它是个庞然大物，耗资 40 万美元，含有 18000 个真空管，重 30t，耗电 150kW，占地面积 $30 \times 50ft^2$。该机正式运行到 1955 年 10 月 2 日，这十年间共运行了 80223h，它的算术运算量比有史以来人类大脑所有运算量的总和还要大得多。

1.6.2 第一代计算机

电子计算机 60 多年的发展历史表明，计算机硬件的发展受电子开关器件的影响极大，为此，人们习惯以元器件的更新来作为计算机技术进步划代的主要标志。从 20 世纪 40 年代起，计算机已经历了第一、二、三、四代发展历程，目前人们正在致力于新一代计算机的研究。

第一代计算机为电子管计算机，其逻辑元件采用电子管，存储器件为声延迟线或磁鼓，典型逻辑结构为定点运算。计算机"软件"一词尚未出现，编制程序所用工具为低级语言。电子管计算机体积大、速度慢（每秒千次或万次）、存储器容量小。典型机器除上述的 ENIAC 外，还有 EDVAC、EDSAC 等。第一台计算机 ENIAC 没有采用二进制操作和存储程序控制，未具备现代电子计算机的主要特征。1945 年 3 月，冯·诺依曼领导的小组发表了二进制的程序存储方式的电子数字计算机方案 EDVAC，宣告了现代计算机结构思想的诞生，但该机直到 1951 年才宣告完成。而英国剑桥大学的 M. V. Wilkes 在 EDVAC 方案的启发下，于 1949 年制成的 EDSAC 成为世界上第一台存储程序式的现代计算机。此外，还有 1951 年制成的 UMVAC－1 和 1956 年的 IBM－704 等。

1.6.3 第二代计算机

第二代计算机为晶体管计算机。1947 年，美国贝尔实验室发明的半导体晶体管为计算机的发展创造了新的物质基础。该实验室于 1954 年制成了晶体管计算机 TRADIC，而麻省理工学院于 1957 年完成的 TX－2 对晶体管机的发展起了重要作用。IBM 公司于 1955 年宣布的全晶体管计算机 7070 和 7090，开始了第二代计算机蓬勃发展的新时期。特别是 1959 年 IBM 推出的商用机 IBM 1401，更以其小巧价廉和面向数据处理而获得广大用户的欢迎，从而也促进了计算机工业的迅速发展。

这一代计算机除了逻辑元件采用晶体管以外，其内存储器由磁芯构成，磁鼓与磁带成为外存储器。计算机典型逻辑结构实现了浮点运算，并提出了变址、中断、I/O 处理等新概念。这时计算机软件也得到了发展，出现了多种高级语言及其编译程序。与第一代电子管计算机相比，第二代晶体管机体积小、速度快、功耗低、可靠性高。

1.6.4 第三代计算机

第三代计算机为集成电路计算机，其逻辑元件与存储器均由集成电路实现，这是微电子与计算机技术相结合的一大突破，从而可以以较低廉的价格来构成运算速度快、容量大、可靠性高、体积小、功耗少的各类计算机。这一代计算机的典型代表是 IBM 公司于 1964 年 4 月宣布的 IBM 360 系统，这是计算机发展史上具有重要意义的事件。该系统采用了计算机科学技术中一系列新技术，包括微程序控制、高速缓存、虚拟存储器、流水线技术等。IBM 公司一次就推出 6 种机型，它们相互兼容，可作科学计算又可用于数据处理；软件首先实现了

360 操作系统，它具有资源调度、人机通信和输入/输出控制等功能。IBM 360 系列的诞生，对计算机的普及和大规模工业生产也产生了重大影响，到 1966 年底，360 系列机的产量已达到每月 400 台，5 年内的总产量超过 33000 台。

这一时期还出现了另外一个重要特点：大型/巨型机与小型机同时发展。1964 年的 CDC 6600 及随后的 CDC 7600 和 CYBER 系列是大型机代表，它们采用多处理结构。巨型机有 CDC STAR－100 和 64 个单元并行操作的 ILLIAC Ⅳ 系列机等。小型计算机的发展，对计算机的推广使用也产生了很大的影响，DEC 公司的 PDP 系列是典型代表。

1.6.5 第四代计算机

20 世纪 70 年代初，微电子学飞速发展创造的大规模集成电路和微处理器给计算机工业注入了新鲜的血液，大规模（LSI）和超大规模（VLSI）集成电路成为计算机的主要器件。其集成度已从 20 世纪 70 年代初的几千个晶体管/片（如 Intel 4004 为 2000 晶体管）到 20 世纪末的千万个晶体管（PⅢ已近 1000 万个晶体管），主频速度也已达到 1kMHz（1GHz）。这里，以最大的微处理器制造商 Intel 产品为例（见表 1.4）可以看出，半导体集成电路的集成度越来越高，其速度也越来越快，其发展遵循一个定律——摩尔定律："由于硅技术的不断改进，每 18 个月，集成度将翻一番，速度将提高一倍，而其价格将降低一半"。戈登·摩尔（Golden Moore）是 Intel 公司的创始人之一，摩尔定律是 1965 年美国《电子》杂志的总编在采访摩尔先生时他对半导体芯片工业发展前景的预测，40 多年来的实践证明，摩尔定律的预测非常准确。摩尔定律对计算机工业的发展具有重要意义：

（1）由于定律预测半导体产品和技术每经过一年半时间将会加倍，因此如果你的发展速度慢于这个定律的指标，那么你将有被淘汰的危险，"逆水行舟，不进则退"。这就迫使你不断地改进技术，提高质量。

（2）芯片价格的持续下降，一方面迫使公司必须采取正确的价格策略，以提高产品的竞争力，另一方面也为计算机的普及创造了有利条件。

（3）定律不仅适用于"硬件"，同时也驱动着软件工业和市场的发展。由于硬件性能的不断改进和提高，软件也必须适应硬件的发展而进行不断地修改与创新，否则，也将面临淘汰的危险。微软公司总裁比尔·盖茨曾经不断地以下面一句话来鞭策下属："微软离破产永远只有一年半时间！"

表 1.4 Intel CPU 芯片性能比较

芯片名	时间	集成度/晶体管个数	主频时钟/MHz	线宽/μm	数据总线宽/位	地址总线宽/位
4004	1971	2000	2	2	4	
8080	1974	8000	4	1.5	8	20
8086	1978	3 万	5～8	1.5	16	24
80286	1984	13 万	10	1～1.5	16	32
80386	1985	27 万	33	1～1.5	32	32
80486	1989	100 万	35～40	1	32	

（续）

芯片名	时间	集成度/晶体管个数	主频时钟/MHz	线宽/μm	数据总线宽/位	地址总线宽/位
Pentium	1993	300 万	60 ~ 150	0.6	64	32
Pentium Pro	1995	550 万	150 ~ 200	0.6	64	32
Pentium Ⅱ	1997	750 万	300 ~ 450	0.35	64	32
Pentium Ⅲ	1999	800 万	600 ~ 1000	0.25	64	32
Pentium Ⅳ	2000	1000 万	1.4 GHZ	0.18	64	32
Itanium 2 9000 双内核	2006	17 亿个	1.6 GHz	0.09	64	64

那么，已过不惑之年的摩尔定律还能风光多久？什么时候该定律将寿终正寝？这早已引起了业界不少人士的关注。摩尔先生本人也在 1995 年国际光学工程协会的一次会议上回顾了半导体芯片的发展历史后承认，如果坚持他的定律所预测的道路，将会面临着越来越多的困难和技术障碍，其中最突出的问题是制造芯片的成本将会大幅增加。专家们认为，摩尔定律面临着四大劫难：

（1）传统工艺难以适应：目前芯片特征尺寸已应用 0.18μm，在 2006 年缩小到 0.1μm，这样的挑战性使常规制造工艺将失灵。一些世界大公司正在另辟蹊径寻找新工艺，但它们技术复杂，成本昂贵。

（2）“门”越来越窄：科学家们早已发现电子能够挖出小小的隧道，从而通过该隧道绕过障碍物从另一侧跑出来。目前芯片的“门”已经小于 2nm，足以在“门”关闭时电子挖出隧道而穿过该门，从而无法阻挡电子。

（3）掺杂的使用接近极限：掺杂混入硅以改善半导体的导电率，增加局部电荷能力。晶体管虽然可缩小，但仍需保持相同的电荷。为了实现这一目的，这种硅必须有较高的搀质原子浓度。但当大于某种极限时，掺杂原子会凝集成块，使导电性能下降，目前芯片已经非常接近该极限。

（4）传统材料难以适用：目前芯片互连大多采用铝，但铝的导电性能容易导致芯片过早失效。因此，近年来芯片中采用铜布线互连已成为半导体产业的一个攻关热点。

以上劫难是“在劫难逃”还是“大难不死”，这就得看世界半导体业界的专家们能否尽快研究开发出更多、更新、更有效的新工艺，新设备和新材料，以使摩尔定律得以战胜劫难，继续灵验。

随着超大规模集成电路与微处理器技术的长足进步和现代科学技术对提高计算能力的强烈要求，并行处理技术的研究与应用以及众多巨型机的产生也成为这一时期计算机发展的特点。1996 年，Cray 公司推出的 Cray - 1 向量巨型机，具有 12 个功能部件，运算速度达每秒 1.6 亿次浮点运算。不少巨型机采用成百上千个高性能处理器组成大规模并行处理系统，其峰值速度已达到每秒几千亿或万亿次，这已成为 20 世纪 90 年代巨型机发展的主流。

第四代计算机时期的一个重要特点是计算机网络的发展与广泛应用。进入 20 世纪 90 年代以来，由于计算机技术与通信技术的高速发展与密切结合，掀起了网络热，大量的计算机联入到不同规模的网中，然后可通过 Internet 与世界各地的计算机相联。这样大大扩展和加速了信息的流通，增强了社会的协调与合作能力，使计算机的应用方式也由个人计算方式向分布式和群集式计算发展，因此，有人曾经这样说过，“计算机就是网络，网络就是计算机”。

1.6.6 新一代计算机

目前，对什么是第五代计算机的看法不一致。上面讲到，以元器件的更新换代作为计算机划代的标志，因此不管是大规模（LSI）、超大规模（VLSI）、甚大规模 ULSI（Ultra Large Scale Integration）甚至极大规模（ELSI）集成电路组成的计算机，它们都是硅组成的半导体器件，且计算机基本结构仍然遵循冯·诺依曼结构体系，我们仍称它们为第四代计算机。多年来，人们在不断努力与探索，以寻找速度更快、功能更强的全新的元器件，如神经元、生物芯片、分子电子器件、超导计算机、量子计算机等。计算机基本结构也试图突破冯·诺依曼结构体系，使其更具智能化。这方面的研究工作已取得了某些重要成果，我们相信在不久的将来，它们一定会成为真正的新一代计算机。

这里介绍一下日本第五代计算机。20 世纪 80 年代初，日本政府制定了一项 10 年研究计划——第五代计算机系统研究计划（1982—1992），计划分三个阶段实施。这一研究计划的制订者和参加者们的共识是：未来信息处理的基本发展方向是知识处理，而并行推理将是未来信息处理的核心。因此，该计划从一开始就以研究开发创新的并行推理实现技术为目的，并以逻辑程序设计语言为推理机的核心语言。所谓第五代计算机指的就是这样一类新的并行逻辑推理机。经过 10 年努力，该计划取得了一些阶段性成果，于 1992 年 10 月宣告结束。该计划的研究方向并不反映当代计算机技术的主要发展方向，更没有直接促进计算机的更新换代，但这一计划对推动人工智能，特别是并行推理技术的发展起了积极作用。

1.6.7 我国计算机的发展

我国古代在计算机理论与计算工具方面曾作出杰出贡献，它们包括：①二进制数的位。易经中的“阴阳八卦”是世界上最早出现的二进制形式。位的表示符号为“爻”，阴爻对应 0，阳爻对应 1，八卦为 3 个爻的集合。②十进制计数系统。据殷墟甲骨文和周代青铜器上的铭文记载，十万以内的自然数可由 1~9 的 9 个符号和表示十、百、千、万位值的 4 个符号来表示。这比当时巴比伦和埃及的计数制更科学；且我国早就把“零”作为数，并出现了负数运算规则。③筹算。利用算筹作为运算工具，春秋战国时期已广泛使用，对我国古代社会的发展起了重要作用。④珠算。它以算盘作为工具，在元代已广泛使用，明代传至日本、朝鲜等国。

我国对现代电子计算机的研究始于 20 世纪 50 年代初。在 1956 年国家制定《1956—1967 年科学技术发展规划》时，将“计算机技术的建立”列为紧急措施之一。国家一面派人去前苏联考察学习，一面在国内开办学习班，积极培养人才。同时，筹建中科院计算技术研究所，开始了计算机的研制工作，并以前苏联资料为蓝本，分别于 1958 年和 1959 年推出了 103 小型数字计算机和 104 大型通用数字计算机，它们属于第一代电子管机。1964 年 5 月和 10 月分别由中科院计算所和华东计算技术研究所自行研制出大型电子管计算机 119 机和 J-501 机。1965~1966 年间分别推出了晶体管计算机 109 机、441B 机、108 机和 X-2 机，标志着我国进入了晶体管机时代。我国集成电路计算机的研究始于 1965 年，直到 1971 年和 1973 年原四机部主持研制 100 系列机和 200 系列机，前者与小型机 NOVA 兼容，后者的指标与 IBM 360 类似，但不兼容，并分别生产了千余台和若干台。从前面的叙述可以看出，我国一、二、三代机的推出比世界上一、二、三代机晚了整整一代，但这些机的推出，对我国计算机工业的诞生与发展，特别是计算机人才的培养起了十分积极的作用。

进入 20 世纪 80 年代，由于改革开放的大好形势，为我国计算机事业的蓬勃发展创造了良好的条件，计算机技术与计算机产业均得到了迅速的发展，逐步跟上了世界的潮流。国防科技大学先后于 1983 年和 1992 年研制成巨型机系统银河Ⅰ和Ⅱ，运算速度都超过亿次。它们均配有操作系统、高级语言编译程序等系统软件，这些机器对国防建设和国民经济建设均起了重要作用。1995 年 5 月，由中科院计算所国家智能计算机研究中心研制的“曙光 1000”大规模并行处理机宣布诞生。该机峰值速度可达每秒 25 亿次单精度浮点运算，内存容量为 1000MB，节点机间总通信容量为每秒 4800MB。该机的研制成功，标志着我国已掌握了大规模并行处理这一 20 世纪 90 年代计算机的尖端技术，进入了这一高技术领域的世界先进行列。在 21 世纪初，该中心又推出了“曙光 3000 超级服务器”。它由 70 台节点计算机组成，有 280 个处理器，峰值浮点运算速度达每秒 4032 亿次，内存容量 160GB，它是我国目前速度最高的服务器，也是世界上最快的计算机之一。

另一方面，这一时期微型计算机工业开始成长。清华大学开发出的中华学习机生产了十万余台，长城计算机公司与清华联合研制的 0520 机成了我国最早的国产微型计算机。随着对微型计算机需求量的日益增长，我国计算机的出机量从 1978 年的 500 台猛增到 1990 年的 50 万台，1996 年的 500 万台，20 世纪末的近千万台。计算机得到了更广泛的普及应用。

思考题与习题

1. 什么是计算机系统、计算机硬件和计算机软件？硬件和软件哪个更重要？
2. 如何理解计算机系统的层次结构。
3. 说明高级语言、汇编语言和机器语言的差别和联系。
4. 计算机的层次结构如何划分？计算机组织与结构有什么不同含义？
5. 冯·诺依曼计算机的主要特点是什么？计算机由哪几部分组成？
6. 画出计算机硬件组成框图，说明各部件的作用及计算机硬件的主要技术指标。
7. 解释下列概念：

主机、CPU、主存、存储单元、存储元件、存储字、存储字长、存储容量、机器字长、指令字长

8. 解释下列英文代号：

CPU、PC、IR、CU、ALU、ACC、MQ、X、MAR、MDR、I/O、MIPS、CPI、FLOPS

9. 简述计算机的解题过程。
10. 电子计算机从诞生到现在已有几代？其分代的主要标志是什么？
11. 摩尔定律的主要含义以及它们的现实定义是什么？
12. 计算机应用技术大致可分哪几个方面？

第2章 计算机中的信息表示

计算机的应用领域极其广泛，但不论其应用在什么地方，信息在机器内部的形式都是一致的，即均为0、1组成的各种编码。本章主要介绍参与运算的各类数据（包括无符号数和有符号数，定点数和浮点数等），以及它们在计算机中的算术运算方法，使读者进一步认识到计算机在自动解题过程中对数据信息的加工处理流程，从而进一步加深对计算机硬件组成及整机工作原理的理解。

2.1 无符号数和有符号数

在计算机中参与运算的数有两大类：无符号数和有符号数。

2.1.1 无符号数

计算机中的数均放在寄存器中，通常称寄存器的位数为机器字长。所谓无符号数即没有符号的数，在寄存器中的每一位均可用来存放数值。当存放有符号数时，则需留出位置存放“符号”。因此，在机器字长相同时，无符号数与有符号数所对应的数值范围是不同的。以机器字长为16位为例，无符号数的表示范围为0~65535，而有符号数的表示范围为-32767~+32767。

2.1.2 有符号数

1. 机器数与真值

对有符号数而言，符号的“正”、“负”机器是无法识别的，但由于“正”、“负”恰好是两种截然不同的状态，如果用“0”表示“正”，用“1”表示“负”，这样符号也被数字化了，并且规定将它放在有效数字的前面，这样就组成了有符号数。

如有符号数（小数）：

+0.1011 在机器中表示为 0|1011（↑小数点位置）

-0.1011 在机器中表示为 1|1011（↑小数点位置）

又如有符号数（整数）：

+1100 在机器中表示为 0|1100（↑小数点位置）

-1100 在机器中表示为 1|1100（↑小数点位置）

把符号“数字化”的数叫做机器数，而把带“+”或“-”符号的数叫做真值。一旦符号数字化后，符号和数值就形成了一种新的编码。在运算过程中，符号位能否和数值部分一起参加运算？如果参加运算，符号位又需作哪些处理？这些问题都与符号位和数值位所构成的编码有关，这些编码就是原码、补码、反码和移码。

2. 原码表示法

原码是机器数中最简单的一种表示形式，其符号位为0表示正数，符号位为1表示负数，数值位即真值的绝对值，故原码表示又称为带符号的绝对值表示。上面列举的4个真值所对应的机器数即为原码。为了书写方便以及区别整数和小数，约定整数的符号位与数值位之间用逗号“，”隔开；小数的符号位与数值位之间用小数点“.”隔开。如上面4个数的原码分别是0.1011、1.1011、0.1100和1.1100。由此可得原码的定义。

整数原码的定义为

$$[x]_{原}=\begin{cases}0, x & 2^n > x \geqslant 0\\ 2^n - x & 0 \geqslant x > -2^n\end{cases}$$

式中 x——真值；

n——整数的位数。

例如，当 $x=+1110$ 时，$[x]_{原}=0.1110$

当 $x=-1110$ 时，$[x]_{原}=2^4-(-1110)=1.1110$

小数原码的定义为

$$[x]_{原}=\begin{cases}x & 1 > x \geqslant 0\\ 1 - x & 0 \geqslant x > -1\end{cases}$$

例如，当 $x=0.1101$ 时，$[x]_{原}=0.1101$

当 $x=-0.1101$ 时，$[x]_{原}=1-(-0.1101)=1.1101$

根据定义，已知真值可求原码，反之已知原码也可求真值。如

当 $[x]_{原}=1.0011$ 时，

由定义得 $x=1-[x]_{原}=1-1.0011=-0.0011$

当 $[x]_{原}=1.1100$ 时，

由定义得 $x=2^n-[x]_{原}=2^4-1.1100=10000-11100=-1100$

当 $[x]_{原}=0.1101$ 时，$x=0.1101$

当 $x=0$ 时，

$[+0.0000]_{原}=0.0000$

$[-0.0000]_{原}=1-(0.0000)=1.0000$

可见 $[+0]_{原}$ 不等于 $[-0]_{原}$，即原码中的“零”有两种表示形式。

原码表示简单明了，并易于和真值转换。但用原码进行加减运算时，却带来了许多麻烦。例如，当两个操作数符号不同且要作加法运算时，先要判断两数绝对值大小，然后将绝对值大的数减去绝对值小的数，结果的符号以绝对值大的数为准。这使得运算步骤既复杂又费时，而且本来是加法运算却要用减法器实现。那么能否在计算机中只设加法器，只作加法操作呢？如果能找到一个与负数等价的正数来代替该负数，就可把减法操作用加法代替。而机器数采用补码时，就能满足此要求。

3. 补码表示法

（1）补数的概念。在日常生活中，常会遇到“补数”的概念。如时钟指示6点，欲使它指示3点，既可按顺时针方向将分针转9圈，又可按逆时针方向将分针转3圈，结果是一致的。假设顺时针方向转为正，逆时针方向转为负，则有

$$\begin{array}{r} 6 \\ -3 \\ \hline 3 \end{array} \qquad \begin{array}{r} 6 \\ +9 \\ \hline 15 \end{array}$$

由于时钟的时针转一圈能指示12h，这个“12”在时钟里是不被显示而自动丢失的，即15-12=3，故15点和3点均显示3点。这样-3和+9对时钟而言其作用是一致的。在数学上称12为模，写作mod 12，而称+9是-3以12为模的补数，记作

$-3\equiv +9 \pmod{12}$

或者说，对模12而言，-3和+9是互为补数的。同理有

$-4\equiv +8 \pmod{12}$

$-5\equiv +7 \pmod{12}$

即对模12而言，+8和+7分别是-4和-5的补数。可见，只要确定了“模”，就可找到一个与负数等价的正数（该正数即为负数的补数）来代替此负数，这样就可把减法运算用加法实现。

例如，设A=9，B=5

求：A-B (mod 12)。

解：A-B=9-5=4（作减法）

对模12而言，-5可以用其补数+7代替，即

$-5\equiv +7 \pmod{12}$

所以 A-B=9+7=16（作加法）

对模12而言，12会自动丢失，所以16等价于4，即$4\equiv 16 \pmod{12}$。

进一步分析发现，3点、15点、27点……在时钟上看见的都是3点，即

$3\equiv 15\equiv 27 \pmod{12}$

也即 $3\equiv 3+12\equiv 3+24\equiv 3 \pmod{12}$

这说明正数相对于“模”的补数就是正数本身。

上述补数的概念可以用到任意“模”上，如

$-3\equiv +7 \pmod{10}$

$+7\equiv +7 \pmod{10}$

$-3\equiv +97 \pmod{10^2}$

$+97\equiv +97 \pmod{10^2}$

$-1011\equiv +0101 \pmod{2^4}$

$+0101\equiv +0101 \pmod{2^4}$

$-0.1001\equiv +1.0111 \pmod{2}$

$+0.1001\equiv +0.1001 \pmod{2}$

由此可得如下结论：

1）一个负数可用它的正补数来代替，而这个正补数可以用模加上负数本身求得。

2）两个互为补数的数，它们绝对值之和即为模数。

3）正数的补数即该正数本身。

将补数的概念用到计算机中，便出现了补码这种机器数。

（2）补码的定义。

整数补码的定义为

$$[x]_{补}=\begin{cases}0,x & 2^n>x\geqslant 0\\ 2^{n+1}+x & 0>x\geqslant -2^n\ (\bmod 2^{n+1})\end{cases}$$

式中 x——真值；

n——整数的位数。

例如，当 x = +1010 时，

$[x]_{补}$ = 0，1010

↑

用逗号将符号位和数值部分隔开

当 x = -1101 时，

$[x]_{补}=2^{n+1}+x=100000-1101=1,0011$

↑

用逗号将符号位和数值部分隔开

小数补码的定义为

$$[x]_{补}=\begin{cases}x & 1>x\geqslant 0\\ 2+x & 0>x\geqslant -1\end{cases}\quad (\bmod 2)$$

式中 x——真值。

例如，当 x = 0.1001 时，$[x]_{补}=0.1001$

当 x = -0.0110 时，

$[x]_{补}=2+x=10.0000-0.0110=1.1010$

当 x = 0 时，

$[+0.0000]_{补}=0.0000$

$[-0.0000]_{补}=2+(-0.0000)=10.0000-0.0000=0.0000$

显然 $[+0]_{补}=[-0]_{补}=0.0000$，即补码中的“零”只有一种表示形式。

对于小数，若 x = -1，则根据小数补码定义，有 $[x]_{补}=2+x=10.0000-1.0000=1.0000$。可见，-1 本不属于小数范围，但却有 $[-1]_{补}$存在（其实在小数补码定义中已指明）。这是由于补码中的零只有一种表示形式，故它比原码能多表示一个“-1”。此外，根据补码定义，已知补码还可以求真值，如

若 $[x]_{补}=1.0101$

则 $x=[x]_{补}-2=1.0101-10.0000=-0.1011$

若 $[x]_{补}=1.1110$

则 $x=[x]_{补}-2^{4+1}=1.1110-100000=-0010$

若 $[x]_{补}=0.1101$

则 $x=[x]_{补}=0.1101$

同理，当模数为 4 时，形成了双符号位的补码。如 x = -0.1001，对 $(\bmod 2^2)$ 而言，$[x]_{补}=2^2+x=100.0000-0.1001=11.0111$

这种双符号位的补码又叫做变形补码，它在阶码运算和溢出判断中有特殊作用，后面有关章节中将详细介绍。

由以上介绍可知，引入补码的概念是为了消除减法运算，但是根据补码的定义，在形成

补码的过程中又出现了减法。如

$x = -1011$

$$[x]_{补} = 2^{4+1} + x = 100000 - 1011 = 1, 0101 \tag{2.1}$$

若把模 2^{4+1} 改写成 $2^5 = 100000 = 11111 + 00001$ 时，则式（2.1）可写成

$$[x]_{补} = 2^5 + x = 11111 + 00001 + x \tag{2.2}$$

又因 x 是负数，若 x 用 $-x_1x_2x_3x_4$ 表示，其中 x_i（i=1，2，3，4）不为 0 则为 1，于是式（2.2）可写成

$$\begin{aligned}[x]_{补} &= 2^5 + x = 11111 + 00001 - x_1x_2x_3x_4 \\ &= 1\,\bar{x}_1\,\bar{x}_2\,\bar{x}_3\,\bar{x}_4 + 00001\end{aligned} \tag{2.3}$$

因为任一位“1”减去 x_i 即为 $\bar{x}_i$，所以式（2.3）成立。

由于负数 $-x_1x_2x_3x_4$ 的原码为 1，$x_1x_2x_3x_4$，因此对这个负数求补，可以看做对它的原码除符号位外，每位求反，末位加 1，简称“求反加 1”。这样，由真值通过原码求补码就可避免减法运算。同理，对于小数也有同样结论，读者可以自行证明。

“由原码除符号位外，每位求反，末位加 1 求补码”这一规则，同样适用于由 $[x]_{补}$ 求 $[x]_{原}$。而对于一个负数，若对其原码除符号位外，每位求反（简称“每位求反”），或是对其补码减去末位的 1，即得机器数的反码。

4. 反码表示法

反码通常用来作为由原码求补码或者由补码求原码的中间过渡。反码的定义如下。

整数反码的定义为

$$[x]_{反} = \begin{cases} 0, x & 2^n > x \geqslant 0 \\ (2^{n+1} - 1) + x & 0 \geqslant x > -2^n (\bmod (2^{n+1} - 1)) \end{cases}$$

式中 x——真值；

n——整数的位数。

例如，当 x = +1101 时，

$[x]_{反} = 0, 1101$

↑

用逗号将符号位和数值部分隔开

当 x = −1101 时，

$[x]_{反} = (x^{4+1} - 1) + x = 11111 - 1101 = 1, 0010$

↑

用逗号将符号位和数值部分隔开

小数反码的定义为

$$[x]_{反} = \begin{cases} x & 1 > x \geqslant 0 \\ (2 - 2^{-n}) + x & 0 \geqslant x > -1 (\bmod (2 - 2^{-n})) \end{cases}$$

式中 x——真值；

n——小数的位数。

例如，当 x = +0.0110 时，$[x]_{反} = 0.0110$

当 x = −0.0110 时，

$[x]_{反} = (2 - 2^{-4}) + x = 1.1111 - 0.0110 = 1.1001$

当 $x = 0$ 时，

$[+0.0000]_{反} = 0.0000$

$[-0.0000]_{反} = (10.0000 - 0.0001) - 0.0000 = 1.1111$

可见 $[+0]_{反}$不等于 $[-0]_{反}$，即反码中的“零”也有两种表示形式。

实际上，反码也可看做是 mod $(2 - 2^{-n})$（对于小数）或 mod $(2^{n+1} - 1)$（对于整数）的补码。与补码相比，仅在末位差 1，因此有些书上称小数的补码为 2 的补码，而称小数的反码为 1 的补码。

综上所述，三种机器数可归纳如下：

(1) 三种机器数的最高位均为符号位。符号位和数值部分之间可用“.”（对于小数）或“,”（对于整数）隔开。

(2) 当真值为正时，原码、补码和反码的表示形式均相同，即符号位用“0”表示，数值部分与真值相同。

(3) 当真值为负时，原码、补码和反码的表示形式不同，但其符号位都用“1”表示，而数值部分有如下关系，即补码是原码的“求反加 1”，反码是原码的“每位求反”。

下面通过实例来进一步理解和掌握三种机器数的表示。

例 2.1 设机器数字长为 8 位（其中一位为符号位），对于整数，当其分别代表无符号数、原码、补码和反码时，对应的真值范围各位为多少？

表 2.1 列出了 8 位寄存器中所有二进制代码组合与无符号数、原码、补码和反码所代表的真值的对应关系。

由此可得出一个结论：由于“零”在补码中只有一种表示形式，故补码比原码和反码可以多表示一个负数。

表 2.1 例 2.1 对应的真值范围

二进制代码	无符号数对应的真值	原码对应的真值	补码对应的真值	反码对应的真值
00000000	0	+0	+0	+0
00000001	1	+1	+1	+1
00000010	2	+2	+2	+2
⋮	⋮	⋮	⋮	⋮
01111110	126	+126	+126	+126
01111111	127	+127	+127	+127
10000000	128	−0	−128	−127
10000001	129	−1	−127	−126
10000010	130	−2	−126	−125
⋮	⋮	⋮	⋮	⋮
11111101	253	−125	−3	−2
11111110	254	−126	−2	−1
11111111	255	−127	−1	−0

例 2.2 已知：$[y]_{补}$，求：$[-y]_{补}$。

解： 设 $[y]_{补} = y_0 y_1 y_2 \cdots y_n$

第一种情况 $[y]_{补}=0.y_1y_2\cdots y_n$ (2.4)

所以 $y=0.y_1y_2\cdots y_n$

故 $-y=-0.y_1y_2\cdots y_n$

则 $[-y]_{补}=1.\bar{y}_1\bar{y}_2\cdots\bar{y}_n+2^{-n}$ (2.5)

比较式（2.4）和式（2.5），发现由 $[y]_{补}$连同符号位在内每位取反，末位加 1 即可得 $[-y]_{补}$。

第二种情况 $[y]_{补}=1.y_1y_2\cdots y_n$ (2.6)

所以 $[y]_{原}=1.\bar{y}_1\bar{y}_2\cdots\bar{y}_n+2^{-n}$

得 $y=-(0.\bar{y}_1\bar{y}_2\cdots\bar{y}_n+2^{-n})$

故 $-y=-0.\bar{y}_1\bar{y}_2\cdots\bar{y}_n+2^{-n}$

则 $[-y]_{补}=0.\bar{y}_1\bar{y}_2\cdots\bar{y}_n+2^{-n}$ (2.7)

比较式（2.6）和式（2.7），发现由 $[y]_{补}$连同符号位在内每位取反，末位加 1 即可得 $[-y]_{补}$。

可见，不论真值是正（第一种情况）或负（第二种情况），由 $[y]_{补}$求 $[-y]_{补}$都是采用“连同符号位在内，每位取反，末位加 1”的规则。这一结论在补码减法运算时将经常用到（详见 2.3 节有关内容）。

有符号数在计算机中除了用原码、补码和反码表示外，在一些通用计算机中还用另一种机器数——移码表示，由于它具有一些突出的优点，目前已被广泛采用。

5. 移码表示法

当真值用补码表示时，由于符号位和数值部分一起编码，与习惯上的表示法不同，因此人们很难从补码的形式上直接判断其真值的大小，如

十进制数 $x=21$，对应的二进制数为 $+10101$，则 $[x]_{补}=0, 10101$；

十进制数 $x=-21$，对应的二进制数为 -10101，则 $[x]_{补}=1, 01011$；

十进制数 $x=31$，对应的二进制数为 $+11111$，则 $[x]_{补}=0, 11111$；

十进制数 $x=-31$，对应的二进制数为 -11111，则 $[x]_{补}=1, 00001$；

上述补码表示中“,”逗号在计算机内部是不存在的，因此，从代码形式看，符号位也是一位二进制数。按这 6 位二进制代码比较其大小，会得出 101011 > 010101，100001 > 011111，其实恰恰相反。

如果对每个真值加上一个 2^n（n 为整数的位数），情况就发生了变化，如

$x=10101$ 加上 2^5可得 $10101+100000=110101$；

$x=-10101$ 加上 2^5可得 $-10101+100000=001011$；

$x=11111$ 加上 2^5可得 $11111+100000=111111$；

$x=-11111$ 加上 2^5可得 $-11111+100000=000001$；

比较它们的结果可见，110101 > 001011，111111 > 000001。这样一来，从 6 位代码本身就可看出真值的实际大小。

由此可得移码的定义

$$[x]_{移}=2^n+x \quad (2^n>x\geqslant -2^n)$$

式中 x——真值；

n——整数的位数。

其实移码就是在真值上加一个常数 2^n。在数轴上移码所表示的范围恰好对应于真值在数轴上的范围向轴的正方向移动 2^n 个单元，如图 2.1 所示，由此而得移码之称。

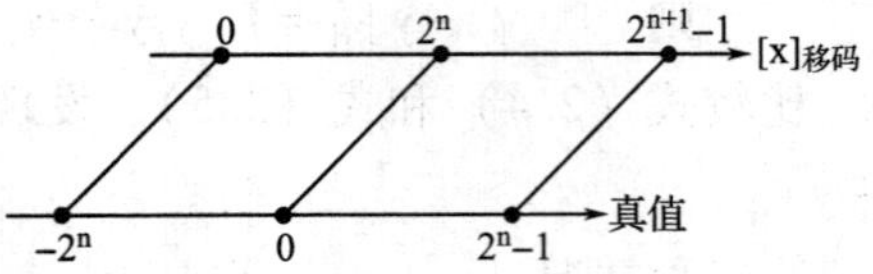

图 2.1 移码在数轴上的表示

例如，x = 10100

$[x]_{移} = 2^5 + 10100 = 1, 10100$

↑

用逗号将符号位和数值部分隔开

x = -10100

$[x]_{移} = 2^5 - 10100 = 0, 01100$

↑

用逗号将符号位和数值部分隔开

当 x = 0 时，

$[+0]_{移} = 2^5 + 0 = 1, 00000$

$[-0]_{移} = 2^5 - 0 = 1, 00000$

可见 $[+0]_{移}$ 等于 $[-0]_{移}$，即移码表示中“零”也是唯一的。

此外，由移码的定义可见，当 n = 5 时，其最小的真值为 $x = -2^5 = -100000$，则 $[-100000]_{移} = 2^5 + x = 100000 - 100000 = 0, 00000$，即最小真值的移码为全 0，这符合人们的习惯。利用移码的这一特点，当浮点数的阶码用移码表示时，就能很方便地判断阶码的大小。

进一步观察发现，同一个真值的移码和补码仅差一个符号位，若将补码的符号位由“0”改为“1”，或从“1”改为“0”，即可得该真值的移码。表 2.2 列出了真值、补码和移码的对应关系。

表 2.2 真值、补码和移码对照表

真值 x	$[x]_{补}$	$[x]_{移}$	$[x]_{移}$对应的十进制整数
-100000	100000	000000	0
-11111	100001	000001	1
-11110	100010	000010	2
⋮	⋮	⋮	⋮
-00001	111111	011111	31
±00000	000000	100000	32
+00001	000001	100001	33
+00010	000010	100010	34
⋮	⋮	⋮	⋮
+11110	011110	111110	62
+11111	011111	111111	63

2.2 数的定点表示和浮点表示

在计算机中，数值中的小数点可不用专门的器件表示，而是按约定的方式指出。表示小数点的方法有两种，定点表示与浮点表示。定点表示的数称为定点数，浮点表示的数称为浮点数。

2.2.1　定点表示

小数点固定在某一位置的数为定点数，有以下两种格式。

当小数点位于数符和第一数值位之间时，机器内的数是纯小数；当小数点位于数值位之后时，机器内的数为纯整数。采用定点数的机器叫做定点机。数值部分的位数 n 决定定点机器中数的表示范围。若机器数采用原码，小数定点机中的数的表示范围是 $-(1-2^{-n})\sim(1-2^{-n})$，整数定点机中的数的表示范围是 $-(2^n-1)\sim(2^n-1)$。

在定点机中，由于小数点的位置固定不变，故当机器处理的数不是纯小数或纯整数时，必须乘上一个比例因子，否则会产生“溢出”。

2.2.2　浮点表示

浮点数即小数点的位置可以浮动的数，如

$$463.58=4.6358\times10^2$$
$$=46.358\times10^1$$
$$=4635.8\times10^{-1}$$

显然，小数点的位置是可以变化的，分别乘以不同的 10 的方幂，故值不变。

通常，浮点数被表示成

$$N=S\times r^J$$

式中　S——尾数（可正可负）；

J——阶码（可正可负）；

r——基数。

在计算机中，基数可取 2、4、8 或 16 等。

以基数 $r=2$ 为例，数 N 可写成下列不同的形式：

$$N=11.0101$$
$$=0.110101\times2^{10}$$
$$=1101.01\times2^{-10}$$
$$=0.00110101\times2^{100}$$

为了提高数据精度以便于浮点数的比较，在计算机中规定浮点数的尾数用纯小数形式，故上例中 0.110101×2^{10} 及 0.00110101×2^{100} 的形式是可以采用的。此外，将尾数最高位为 1 的浮点数称为规格化数，即 $N=0.110101\times2^{10}$ 为浮点数的规格化的形式。浮点数表示成规格化的形式后，其精度最高。

1. 浮点数的表示形式

浮点数在机器中的形式如下所示。采用这种数据格式的机器叫做浮点机。

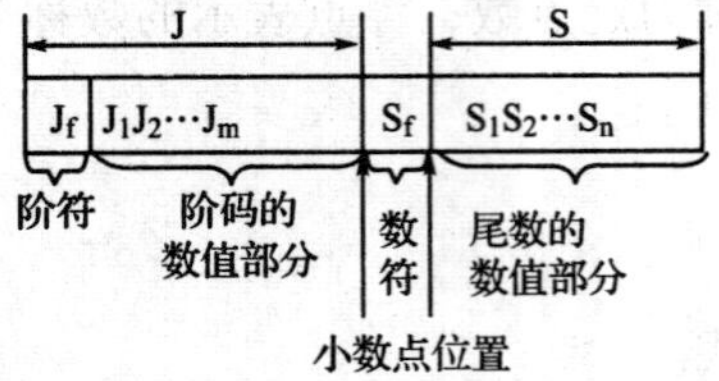

浮点数由阶码 J 和尾数 S 两部分组成。阶码是整数，阶符和阶码的位数 m 合起来反映浮点数的表示范围及小数点的实际位置；尾数是小数，其位数 n 反映了浮点数的精度；尾数的符号 S_f 代表了浮点数的正负。

2. 浮点数的表示范围

以式 $N = S \times r^J$ 为例，设浮点数的阶码的数值位取 m 位，尾数的数值取 n 位，当浮点数为非规格化数时，它在数轴上的表示如图 2.2 所示。

由图 2.2 可见，其最大正数为 $2^{(2^m-1)} \times (1-2^{-n})$；最小正数为 $2^{-(2^m-1)} \times 2^{-n}$；最大负数为 $-2^{-(2^m-1)} \times 2^{-n}$；最小负数为 $-2^{(2^m-1)} \times (1-2^{-n})$。当浮点数阶码大于最大阶码时，称为“上溢”，此时机器停止运算，进行中断溢出处理；当浮点数阶码小于最小阶码时，称为“下溢”，此时“溢出”的数绝对值很小，通常将尾数各位强置为零，按机器零处理，此时机器可继续运行。

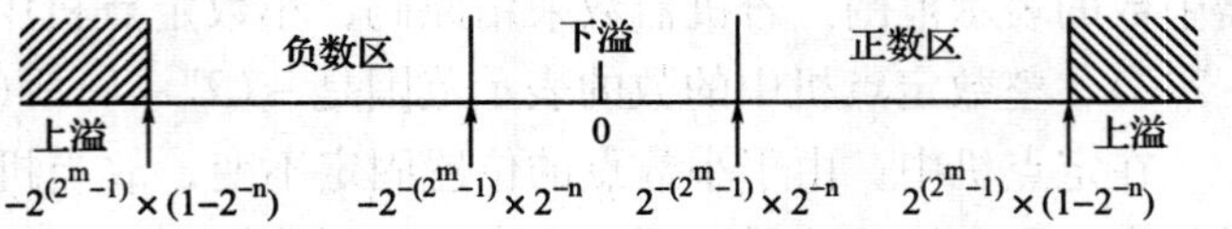

图 2.2　浮点数在数轴上的表示范围

一旦浮点数的位数确定后，能否合理地分配阶码和尾数的位数，将直接影响浮点数的表示范围和精度。通常对短实数（总位数为 32 位），阶码取 8 位（含阶符一位），尾数取 24 位（含数符一位）；通常对长实数（总位数为 64 位），阶码取 11 位（含阶符一位），尾数取 53 位（含数符一位）。

3. 浮点数的规格化

为了提高浮点数的精度，其尾数必须为规格化的数。如果不是规格化的数，通过左右移尾数同时修改阶码的方法，使其变为规格化的数。将非规格化的数转换成规格化数的过程叫做规格化。对于基数不同的浮点数，因其规格化的形式不同，规格化的过程也不同。

当基数为 2 时，尾数的最高位为 1 的数为规格化的数。规格化时，尾数左移一位，阶码减 1（这种规格化叫做向左规格化，简称左规）；尾数右移一位，阶码加 1（这种规格化叫做向右规格化，简称右规）。图 2.2 所示浮点数规格化后，其最大的正数为 $2^{(2^m-1)} \times (1-2^{-n})$；最小的正数为 $2^{-(2^m-1)} \times 2^{-1}$；最大的负数为 $-2^{-(2^m-1)} \times 2^{-1}$；最小的负数为 $-2^{(2^m-1)} \times (1-2^{-n})$。

2.2.3　定点数和浮点数的比较

定点数和浮点数可从如下几个方面进行比较：

(1) 当浮点机与定点机中的数其位数相同时，浮点数的表示范围比定点数大得多。

(2) 当浮点数为规格化数时，其精度远比定点数高。

(3) 浮点数运算要分阶码部分和尾数部分，而且运算结果都要求规格化，故浮点运算步骤比定点数运算步骤多，运算速度比定点数低，运算线路比定点数复杂。

（4）在溢出的判断方法上，浮点数是对规格化的阶码进行判断，而定点数是对数值本身进行判断。如小数定点机中的数其绝对值必须小于1，否则即“溢出”，此时要求机器停止运算，进行处理。为了防止溢出，上机前必须选择比例因子，这个工作比较麻烦，给编程带来不便。而浮点数的表示范围远比定点数大，仅当上溢时机器才停止运算，故一般不必考虑比例因子的选择。

由于浮点数在数的表示范围、数的精度、溢出处理和程序编程方面（不取比例因子）均优于定点数，但在运算规则、运算速度及硬件成本方面不如定点数。因此，究竟选用定点数还是浮点数，应根据具体应用综合考虑。通用的大型机大多采用浮点数，或同时采用定、浮点数；而采用定点数的机器，当需要作浮点运算时，可通过软件实现，也可外加浮点扩展硬件（如协处理器）来实现。

2.2.4 举例

例2.3 将十进制数$+\frac{11}{128}$写成二进制定点数和浮点数（数值部分取10位，阶码部分取4位，阶符和数符各取1位），分别写出它在定点机和浮点机中的机器数形式。

解： 令$x=+\frac{11}{128}$

其二进制形式：$x=0.0001011000$

定点数表示：$x=0.0001011000$

浮点数规格化表示：$x=0.1011000000\times2^{-11}$

定点机中$[x]_原=[x]_补=[x]_反=0.0001011000$

浮点机中

$[x]_原=1$ 0011 0 1011000000或写成1，0011；0.1011000000

$[x]_补=1$ 1101 0 1011000000或写成1，1011；0.1011000000

$[x]_反=1$ 1100 0 1011000000或写成1，1100；0.1011000000

例2.4 将十进制数−54表示成二进制定点数和浮点数，并写出它在定点机和浮点机中的机器数形式（其他要求同上例）。

解： 令$x=-54$

其二进制形式：$x=-110110$

定点数表示：$x=-0000110110$

浮点数规格化表示：$x=-0.1101100000\times2^{110}$

定点机中$[x]_原=1，0000110110$

$[x]_补=1，1111001010$

$[x]_反=1，1111001001$

浮点机中

$[x]_原=0，0110；1.1101100000$

$[x]_补=0，0110；1.0010100000$

$[x]_反=0，0110；1.0010011111$

例2.5 写出对应图2.2所示的浮点数的补码形式。设图中$n=10$，$m=4$，

解：　真值　　　　　　　　　　　　补码

最大正数 $2^{15}\times(1-2^{-10})$　　　　0，1111；0.1111111111

最小正数 $2^{-15}\times2^{-10}$　　　　　1，0001；0.0000000001

最大负数 $-2^{-15}\times2^{-10}$　　　　　1，0001；1.1111111111

最小负数 $-2^{15}\times(1-2^{-10})$　　　0，1111；1.0000000001

计算机中浮点数的阶码和尾数可以采用同一机器数表示，也可采用不同的机器数表示。

例 2.6　设浮点数字长为 16 位，其中阶码为 5 位（含一符号位），尾数为 11 位（含一符号位），写出 $-\frac{53}{512}$ 对应的浮点规格化数的原码、补码、反码和阶码用移码，尾数用补码的形式。

解：设 $x=-\frac{53}{512}=-0.000110101=2^{-11}\times(-0.1101010000)$

$x_{原}=1，0011；1.1101010000$

$x_{补}=1，1101；1.0010110000$

$x_{反}=1，1101；1.0010101111$

$x_{阶移,尾补}=0，1100；1.0010110000$

值得注意的是，当一个浮点数尾数为 0 时，不论其阶码为何值，或阶码等于或小于它所能表示的最小数时，不管其尾数为何值，机器都把该浮点数当做零看待，并称之为“机器零”。如果浮点数的阶码用移码表示，尾数用补码表示，则当阶码为它所能表示的最小数 2^{-m}（式中 m 为阶码的位数）且尾数为 0 时，其阶码（移码）全为 0，尾数（补码）也全为 0，这样的机器零为 0000…0000 全零表示，有利于机器中判“0”电路。

2.2.5　IEEE 754

计算机中的浮点数采用 IEEE 制定的 IEEE 754 国际标准，标准形式如下：

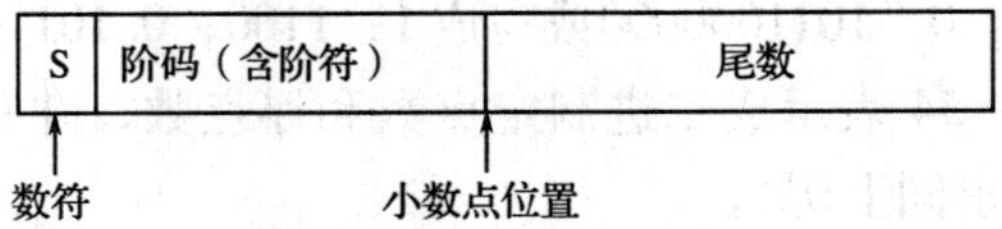

这是为便于软件的移植，给浮点数的表示格式所作的统一标准。该标准规定基数为 2，阶码 E 用移码表示，尾数 M 用原码表示，根据原码的规格化方法，最高数字位总是 1，该标准将这个 1 默认存储。实数的 IEEE 754 标准的浮点数格式为：

短实数也称单精度数，符号位 1 位，阶码 8 位，尾数 23 位。

长实数也称双精度数，符号位 1 位，阶码 11 位，尾数 52 位。

下面举例，将十六进制的 IEEE 单精度数代码 42E48000 转换成十进制数值表示。

第一步：化为二进制 0100 0010 1110 0100 1000 0000 0000 0000 。

第二步：因为 IEEE 754 使用 1 位符号，8 位阶码，23 位尾数，分别在上面提取这些内容。

符号即第 1 位：0 表示正数。

阶码即第 2 ~ 9 位：10000101 为 133，实际的幂值为 133 - 127 = 6。

尾数即第 10 ~ 32 位：11001001000000000000000，实际值为 1.11001001B（1.5 + 0.25 +

0.03125 +0.00390125 =1.78515125）。

第三步：根据公式写出实际数值大小为1110010.01，化为十进制为114.25。

例如，数值 5 的单精度数表示为 0 10000001 01000000000000000000000 = 0100，0000，1010，0000，0000，0000，0000，0000(40A00000H) = 1.25×2^2。

例如，数值5的双精度数表示，因为IEEE 754使用1位符号，11位阶码，52位尾数，分别在上面提取这些内容。符号：第1位：0表示正数，阶码：第2~12位：10000000001为1025，实际的幂值为1025－1023＝2

数值5的双精度数表示为0 10000000001 0100000000000000000000000000000000000000000000000000 =0100,0000,0001,0100,0000,0000,0000,0000,0000,0000,0000,0000,0000,0000,0000,0000 (4014000000000000H) = 1.25×2^2。

2.3 定点运算

2.3.1 移位运算

1. 移位的意义

移位运算在日常生活中很常见，例如15m可写作1500cm。从数字而言，1500相当于数15相对小数点左移了两位，并在小数点前添了两个0；同样15也相当于1500相对于小数点右移了两位，并删除了小数点后面的两个0。可见，当某个十进制数相对于小数点左移n位时，相当于该数乘以10^n；右移n位时，相当于该数除以10^n。

计算机中小数点的位置是事先约定的，因此，二进制表示的机器数在相对于小数点作n位的左移或右移时，其实质就是使该数乘以或除以2^n（n＝1，2，…，n）。

对计算机来说，移位运算有很大的实用价值。例如，计算机中移位运算配合加法运算可实现乘（除）运算。计算机中机器数字长往往是固定的，当机器数左移或右移n位时，必然会使其n位低位或n位高位出现空位。那么对空出的空位应该添补0还是1呢？这与机器数采用有符号数还是无符号数有关。对有符号数移位叫做算术移位。

2. 算术移位规则

对于正数，由于 $[x]_原 = [x]_补 = [x]_反$ ＝真值，故移位后出现的空位均以0补之。对于负数，由于原码、补码和反码的表示形式不同，故当机器数移位时，对其机器数的添补规则各不相同。表2.3列出了三种不同码制的机器数（整数和小数均可）分别对应正数和负数，移位后的添补规则。

表2.3 不同码制的机器数移位后的空位添补规则

	码　制	添补代码
正数	原码、补码、反码	0
负数	原　码	0
	补　码	左移添0
		右移添1
	反　码	1

必须注意的是：不论正数还是负数，移位后的符号位均不变，这是算术移位的重要特点。由表2.3可知：

（1）机器数为正时，不论左移或右移，添补代码均为0。

（2）由于负数的原码其数值部分与真值相同，故在移位时只要使符号位不变，其空位均添 0。

（3）由于负数的反码其各位除符号位外与负数的原码正好相反，故移位时所添代码应与原码相反，即全部添 1。

（4）分析任意负数的补码可发现，当其由最低位向高位找到第一个“1”时，在此 1 的左边的各位均与对应的反码相同，而在此“1”右边各位（包括此“1”在内）均与对应的原码相同。故负数的补码左移时，因空位出现在低位，则添补的代码与原码相同。故负数的补码左移时，即添 0。右移时因空位出现在高位，则添补的代码与反码相同，即添 1。

例 2.7 设机器数字长为 8 位（含一符号位），若 A = ±26，写出三种机器数左、右移一位和两位后的表示形式及对应的真值，并分析结果的正确性。

解：（1）$A = +26 = (+11010)_2$

则$[x]_{原} = [x]_{补} = [x]_{反} = 0,0011010$

移位结果如表 2.4 所示。

表 2.4 对 A = +26 移位后的结果

移位操作	机器数 $[x]_{原} = [x]_{补} = [x]_{反}$	对应的真值
移位前	0，0011010	+26
左移一位	0，0110100	+52
左移两位	0，1101000	+104
右移一位	0，0001101	+13
右移两位	0，0000110	+6

可见，对于正数，三种机器数移位后符号位均不变，左移时最高位丢 1，结果出错；右移时最低位丢 1，影响精度。

（2）$A = -26 = (-11010)_2$

三种机器数的移位结果如表 2.5 所示。

表 2.5 对 A = −26 移位后的结果

移位操作		机器数	对应的真值
移位前	原码	1，0011010	−26
左移一位	原码	1，0110100	−52
左移两位	原码	1，1101000	−104
右移一位	原码	1，0001101	−13
右移两位	原码	1，0000110	−6
移位前	补码	1，1100110	−26
左移一位	补码	1，1001100	−52
左移两位	补码	1，0011000	−104
右移一位	补码	1，1110011	−13
右移两位	补码	1，1111001	−7
移位前	反码	1，1100101	−26
左移一位	反码	1，1001011	−52
左移两位	反码	1，0010111	−104
右移一位	反码	1，1110010	−13
右移两位	反码	1，1111001	−6

可见，对于负数，三种机器数移位后符号位不变。负数的原码左移时，高位丢 1，结果出错；低位丢 1 影响精度。负数的补码左移时，高位丢 0，结果出错；低位丢 1 影响精度。

图 2.3 表示了机器中实现算术左移和右移操作的硬件框图。

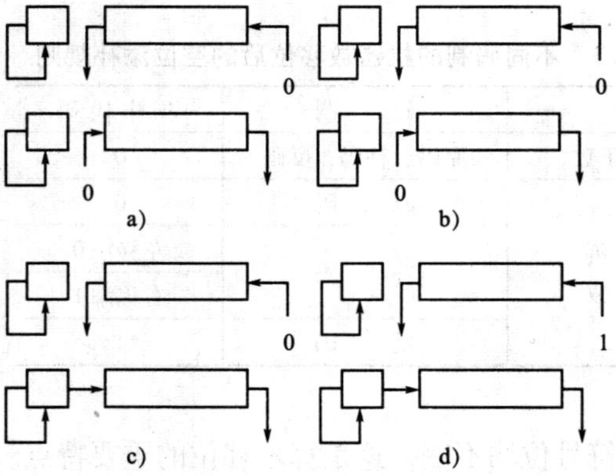

图 2.3 实现算术移位操作的硬件示意图

图 2.3a 表示真值为正的三种机器数的移位操作；图 2.3b 表示负数原码的移位操作；图

2.3c 表示负数补码的移位操作；图 2.3d 表示负数反码的移位操作。

3. 算术移位与逻辑移位的区别

有符号数的移位称为算术移位，无符号数的移位称为逻辑移位。逻辑移位的规则是逻辑左移时，高位移出，低位添 0；逻辑右移时，低位移出，高位添 0。例如，寄存器内容为 01010011，逻辑左移为 10100110，算术左移为 00100110（最高数位“1”移丢）。又如寄存器内容为 10110010，逻辑右移为 01011001。若将其视为补码，算术右移为 11011001。显然两种移位的结果是不同的。上例中为了避免算术左移时最高位丢 1，可采用带进位（CY）的移位，如图 2.4 所示。算术左移时，符号位移至 CY，最高位可避免移出。

2.3.2 加法与减法运算

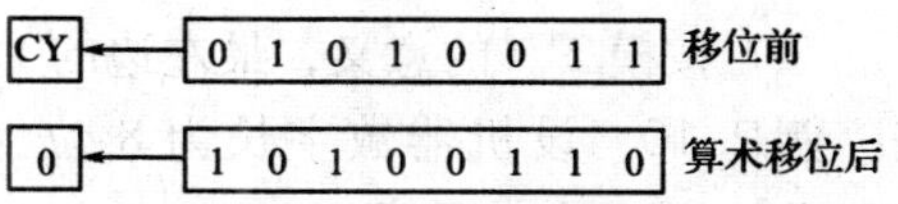

图 2.4 带进位的移位运算

加减法运算是计算机中最基本的运算，因减法运算可看做被减数加上一个减数的负值，即 $A-B=A+(-B)$，故在此将机器中的减法运算和加法运算合在一起介绍。现代计算机中都采用补码作加减法运算。

1. 补码加减法运算的基本公式

补码加法的基本公式为

整数 $[A]_{补}+[B]_{补}=[A+B]_{补} \pmod{2^{n+1}}$

小数 $[A]_{补}+[B]_{补}=[A+B]_{补} \pmod 2$

即补码表示的两个数在进行加法运算时，可以把符号位与数位等同处理，只要结果不超出机器能表示的数值范围，运算后的结果按 2^{n+1} 取模（对于整数）或按 2 取模（对于小数），就能得到本次加法运算的结果。

读者可根据补码定义，按两个操作数的 4 种正负组合情况加以证明。

对于减法 $A-B=A+(-B)$

则 $[A-B]_{补}=[A+(-B)]_{补}$

由补码加法的基本公式可得

整数 $[A-B]_{补}=[A]_{补}+[-B]_{补} \pmod{2^{n+1}}$

小数 $[A-B]_{补}=[A]_{补}+[-B]_{补} \pmod 2$

因此，若机器数采用补码，当求 $A-B$ 时，只需先求 $[-B]_{补}$（称 $[-B]_{补}$ 为求“补后”的减数），就可按补码加法规则进行运算。而 $[-B]_{补}$ 可由 $[B]_{补}$ 连符号位在内，每位按位取反，末位加 1 而得。

例 2.8 $A=0.1011$，$B=-0.0101$，求 $[A+B]_{补}$。

解：

因为 $A=0.1011$，$B=-0.0101$

所以 $[A]_{补}=0.1011$，$[B]_{补}=1.1011$

则 $[A]_{补}+[B]_{补}=0.1011$

$$
\begin{array}{r}
0.1011 \\
+\ 1.1011 \\
\hline
\underline{1}\,0.0110
\end{array}
= [A+B]_{补}
$$

自然丢掉

按模 2 的意义，最左边的 1 丢掉，故 $[A+B]_{补}=0.0110$ 结果正确。

例 2.9　A = -1001，B = -0101，求$[A+B]_{补}$。

解：

因为　A = -1001，B = -0101

所以　$[A]_{补}$ = 1，0111，$[B]_{补}$ = 1，1011

则　$[A]_{补} + [B]_{补}$ = 1，0111

+1，1011

1 1，0010 = $[A+B]_{补}$

自然丢掉

按模 2^{4+1} 的意义，最左边的 1 丢掉，故 $[A+B]_{补}$ = 1，0010 结果正确。

例 2.10　设机器数字长为 8 位（含一位符号位在内），若 A = +15，B = +24，求$[A-B]_{补}$并还原成真值。

解：

因为　A = +15 = +0001111，B = +24 = +0011000

所以　$[A]_{补}$ = 0，0001111，$[B]_{补}$ = 0，0011000，$[-B]_{补}$ = 1，1101000

则　$[A-B]_{补} = [A]_{补} + [-B]_{补}$ = 0，0001111

+1，1101000

1，1110111 = $[A-B]_{补}$

A - B = -0001001 = -9

可见，不论操作数是正是负，在作补码加减法时，只需将符号位和数值部分一起参加运算，并且将符号位产生的进位自然丢掉即可。

例 2.11　设机器数字长为 8 位（含一位符号位在内），若 A = -93，B = +45，求$[A-B]_{补}$并还原成真值。

解：

因为　A = -93 = -1011101，B = +45 = +0101101

所以　$[A]_{补}$ = 1，0100011，$[B]_{补}$ = 0，0101101，$[-B]_{补}$ = 1，1010011

则　$[A-B]_{补} = [A]_{补} + [-B]_{补}$ = 1，0100011

+1，1010011

1 0，1110110 = $[A-B]_{补}$

丢掉

A - B = +1110110 = +118

按模 2^{n+1} 的意义，最左边的 1 丢掉，故 $[A-B]_{补}$ = 0，1110110，还原成真值得 A - B = +118，结果出错，这是因为 A - B = -138 超出了机器字长所能表示的数值范围。在计算机中，这种超出计算机字长的现象叫做溢出。为此，在补码定点加减运算过程中，必须对结果是否溢出作出明确的判断。

2. 溢出判断

对于加法，只有正数加正数和负数加负数两种情况下才可能出现溢出，符号不同的两个数相加是不会出现溢出的。

对于减法，只有在正数减负数或负数减正数两种情况下才可能产生溢出，符号相同的两个数相减是不会出现溢出的。

下面以几个机器字长为4位（含一位符号位）为例，说明机器是如何判断溢出的。

机器字长为4位的补码其所对应的真值范围为 $-8 \sim +7$，运算结果一旦超过这个范围即为溢出。表2.6列出了4种溢出情况。

由于减法运算在机器中是用加法器实现的，因此可得如下结论：不论是作加法还是减法，只要实际参加运算的两个数（减法时即为被减数和“求补”以后的减数）符号相同，结果又与原操作数的符号不同，即为溢出。

表 2.6　补码定点运算溢出判断举例

真　值	补码运算
$A=5$ $+B=4$ $A+B=9>7$　溢出	$[A]_补=0,101$ $+[B]_补=0,100$ $[A+B]_补=1,001$　溢出
$A=-5$ $+B=-4$ $A+B=-9<-8$　溢出	$[A]_补=1,011$ $+[B]_补=1,100$ $[A+B]_补=10,111$　溢出
$A=5$ $-B=-4$ $A-B=9>7$　溢出	$[A]_补=0,101$ $+[-B]_补=0,100$ $[A-B]_补=1,001$ 溢出
$A=-5$ $-B=+4$ $A+B=-9<-8$　溢出	$[A]_补=1,011$ $+[-B]_补=1,100$ $[A-B]_补=10,111$ 溢出

例 2.12　已知：$A=-\frac{11}{16}$，$B=-\frac{7}{16}$，求 $[A+B]_补$。

解：

由 $A=-\frac{11}{16}=-0.1011$，$B=-\frac{7}{16}=-0.0111$

得 $[A]_补=1.0101$，　$[B]_补=1.1001$

$$
\begin{aligned}
所以[A+B]_补 = [A]_补 &= 1.0101 \\
+[B]_补 &= 1.1001 \\
\hline
&\underline{1}\ 0.1110
\end{aligned}
$$

丢掉

两操作数符号均为1，结果的符号为0，故为溢出。

例 2.13　已知：$A=-0.1000$，$B=-0.1000$，求 $[A+B]_补$。

解：

由 $A=-0.1000$，$B=-0.1000$

得 $[A]_补=1.1000$，$[B]_补=1.1000$

$$
\begin{aligned}
所以\ [A+B]_补 = [A]_补 &= 1.1000 \\
+[B]_补 &= 1.1000 \\
\hline
&\underline{1}\ 1.0000
\end{aligned}
$$

丢掉

结果的符号为原操作数符号，故未溢出。

由 $[A+B]_补=1.0000$，得 $[A+B]=-1$，由此可见，用补码表示定点小数时，它能表示 -1 的值。

计算机中采用一位符号位判断时，为了节省时间，通常用符号位产生的进位与最高有效位产生的进位异或操作后，按其结果进行判断。若异或结果为1，即为溢出；异或结果为0，则无溢出。例2.12中符号位有进位，最高有效位无进位，即 $1 \oplus 0=1$，故溢出。例2.13中符号位有进位，最高有效位也有进位，即 $1 \oplus 1=0$，故无溢出。

3. 补码定点加减法所需的硬件配置

图2.5给出了实现补码定点加减法所需的基本硬件配置。

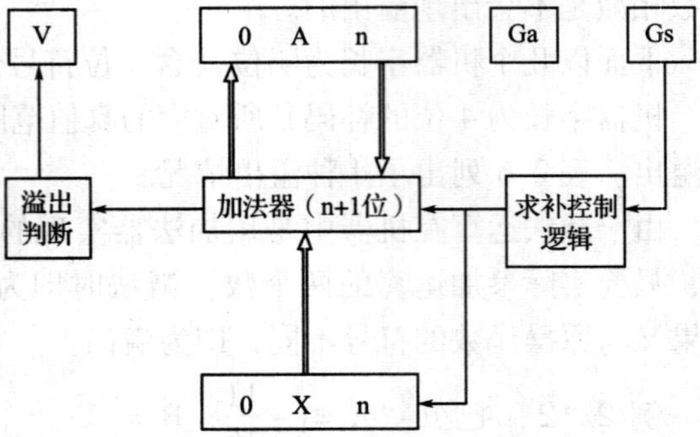

图2.5 补码定点加减法硬件配置

图2.5中A、X及加法器的位数相等，其中A存放被加数（或被减数）的补码。当作减法时，由“求补控制逻辑”将$\overline{X}$送至加法器，并使加法器的最末位外来进位加1，以达到对减数求补的目的。运算结果溢出时，通过溢出判断电路置“1”溢出标志V。Ga为加法标记，Gs为减法标记。

4. 补码加减运算控制流程

图2.6给出了补码加减运算控制流程。

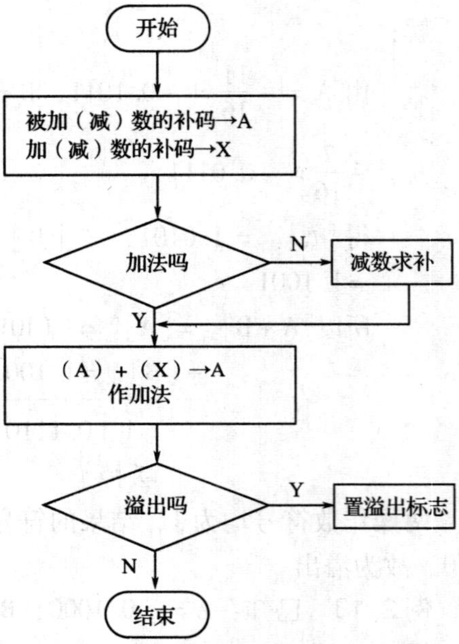

图2.6 补码加减运算控制流程

从图2.6可知，加（减）法运算前，被加（减）数的补码在A中，加（减）数的补码在X中。若是加法直接完成（A）+（X）→A（mod 2或mod 2^{n+1}）的运算；若是减法则需对减数求补，再和A寄存器的内容相加，结果送A。最后完成溢出判断。

2.3.3 乘法运算

在计算机中，乘法运算是一种重要的运算，下面从分析笔算乘法入手，介绍机器中的乘法运算。

1. 笔算乘法

设A=0.1101，B=0.1011，求A×B。

笔算乘法时，乘积的符号由两数符号心算而得：正正得正；其数值部分的运算如下：

$$
\begin{array}{rll}
0.1101 & & \\
\times\ 0.1011 & & \\
\hline
1101 & \text{........}A\times 2^0 & A\text{不移位} \\
1101\ \ & \text{........}A\times 2^1 & A\text{左移1位} \\
0000\ \ \ \ & \text{........}0\times 2^2 & 0\text{左移2位} \\
1101\ \ \ \ \ \ & \text{........}A\times 2^3 & A\text{左移3位} \\
\hline
0.10001111 & &
\end{array}
$$

所以 A×B=+0.10001111

可见，这里包含着被乘数A的多次左移，以及4个位积的相加运算。

若计算机完全模仿笔算乘法步骤，将有如下问题：其一，多个位积的一次相加，机器难以实现；其二，乘积位数增加了一倍，这将造成硬件资源的浪费和运算时间的增加。为此，对笔算乘法应作改进。

2. 笔算乘法的改进

$$
\begin{aligned}
A \cdot B &= A \cdot 0.1011 \\
&= 0.1 \cdot A + 0.00 \cdot A + 0.001 \cdot A + 0.0001 \cdot A \\
&= 0.1 \cdot A + 0.00 \cdot A + 0.001 \cdot (A + 0.1 \cdot A) \\
&= 0.1 \cdot A + 0.01[0 \cdot A + 0.1 \cdot (A + 0.1 \cdot A)] \\
&= 0.1 \cdot \{A + 0.1[0 \cdot A + 0.1 \cdot (A + 0.1 \cdot A)]\} \\
&= 2^{-1} \cdot \{A + 2^{-1} \cdot [0 \cdot A + 2^{-1} \cdot (A + 2^{-1} \cdot A)]\} \\
&= 2^{-1} \cdot \{A + 2^{-1} \cdot [0 \cdot A + 2^{-1} \cdot (A + 2^{-1} \cdot (A + 0))]\} \qquad (2.8)
\end{aligned}
$$

由式（2.8）可知，两数相乘的过程，可视为加法和移位（乘 2^{-1} 相当于做一位右移）两种运算，这对计算机来说是非常容易实现的。

从初始值为0开始，对式（2.8）作分步运算，则

第一步：被乘数加零 $A + 0 = 0.1101 + 0.0000 = 0.1101$

第二步：右移一位，得新的部分积 $2^{-1}(A+0) = 0.01101$

第三步：被乘数加部分积 $A + 2^{-1}(A+0) = 0.1101 + 0.01101 = 1.00111$

第四步：右移一位，得新的部分积 $2^{-1}[A + 2^{-1}(A+0)] = 0.100111$

第五步：被乘数加部分积 $0 \cdot A + 2^{-1}[A + 2^{-1}(A+0)] = 0.100111$

第六步：右移一位，得新的部分积 $2^{-1}\{0 \cdot A + 2^{-1}[A + 2^{-1}(A+0)]\} = 0.0100111$

第七步：被乘数加部分积 $A + 2^{-1}\{0 \cdot A + 2^{-1}[A + 2^{-1}(A+0)]\} = 1.0001111$

第八步：右移一位，得新的部分积 $2^{-1}\{A + 2^{-1}[0 \cdot A + 2^{-1}(A + 2^{-1}(A+0))]\} = 0.10001111$

表2.7列出了式（2.8）的全部运算过程。

上述运算过程可归纳为：

（1）乘法运算可用移位和加法来实现，当两个4位数相乘时，总共需做4次加法和4次移位。

（2）由乘数的末位值确定被乘数是否与原部分积相加，然后右移一位，形成新的部分积；同时乘数也右移一位，由次低位作新的末位，空出的最高位放部分积的最低位。

（3）每次做加法时，被乘数仅仅与原部分积的高位相加，其低位被移至乘数所空出的高位位置。

表2.7 式（2.8）的全部运算过程

部分积	乘数	说明
0.0000 +0.1101	101 $\underline{1}$	初始条件，部分积为0，乘数为1，加被乘数
0.1101 0.01101 +0.1101	10 $\underline{1}$	右移一位，形成新的部分积；乘数同时右移一位，乘数为1，加被乘数
1.00111 0.100111 +0.0000	1 $\underline{0}$	右移一位，形成新的部分积；乘数同时右移一位，乘数为0，加0
0.100111 0.0100111 +0.1101	$\underline{1}$	右移一位，形成新的部分积；乘数同时右移一位，乘数为1，加被乘数
1.0001111 0.10001111		右移一位，形成最终结果

实现这种运算比较容易，用一个寄存器存放被乘数，一个寄存器存放乘积的高位，另一个寄存器存放乘积的低位与乘数。再配上加法器及其他相应电路，就可组成乘法器。又因加法只在部分积的高位进行，故这种算法不仅节省硬件资源，而且缩短运算时间。

3. 原码乘法

由于原码表示与真值极为相似，只差一个符号，而乘积的符号又可通过两数符号的异或求得，因此，上述讨论的结果可以直接用于原码一位乘，只需加上符号位处理即可。

（1）原码一位乘运算规则。

以小数为例

设$[x]_{原}=x_0x_1x_2\cdots x_n$

$[y]_{原}=y_0y_1y_2\cdots y_n$

则$[x]_{原}\cdot[y]_{原}=x_0\oplus y_0.\ (0.x_1x_2\cdots x_n)(0.y_1y_2\cdots y_n)$

式中$0.x_1x_2\cdots x_n$为x的绝对值，记作x^*。

$0.y_1y_2\cdots y_n$为y的绝对值，记作y^*。

原码一位乘的运算规则为：乘积的符号可通过两数符号的异或求得；乘积的数值部分由两数的绝对值相乘，其通式为

$$\left.\begin{aligned}x^*\cdot y^* &= x^*(0.y_1y_2\cdots y_n)\\ &= x^*(y_12^{-1}+y_22^{-2}+\cdots+y_n2^{-n})\\ &= \underbrace{2^{-1}(y_1x^*+2^{-1}(y_2x^*+2^{-1}(\cdots+\underbrace{2^{-1}(y_{n-1}x^*+\underbrace{2^{-1}(y_nx^*+0)}_{z_1}\cdots)}_{z_2}))}_{z_n}\end{aligned}\right\}\quad(2.9)$$

再令z_i表示第i次部分积，式（2.9）可写成递推公式：

$$\left.\begin{aligned}z_0&=0\\ z_1&=2^{-1}\ (y_n\cdot x^*+z_0)\\ z_2&=2^{-1}\ (y_{n-1}\cdot x^*+z_1)\\ &\vdots\\ z_i&=2^{-1}\ (y_{n-i+1}\cdot x^*+z_{i-1})\\ &\vdots\\ z_n&=2^{-1}\ (y_1\cdot x^*+z_{n-1})\end{aligned}\right\}(2.10)$$

例2.14 已知$x=-0.1110$，$y=-0.1101$，求$[x\cdot y]_{原}$。

解：因为$x=-0.1110$

所以 $[x]_{原}=1.1110$，$x^*=0.1110$（为绝对值），$x_0=1$

又因为$y=-0.1101$

所以 $[y]_{原}=1.1101$，$y^*=0.1101$（为绝对值），$y_0=1$

按原码一位乘运算规则，$[x\cdot y]_{原}$的数值部分计算如表2.8所示。

表2.8 例2.14数值部分的运算

部分积	乘数	说明
0.0000 +0.1110	110<u>1</u>	初始条件，部分积为$z_0=0$，乘数为1，加x^*
0.1110 0.01110 +0.0000	11<u>0</u>	右移一位得z_1；乘数同时右移一位，乘数为0，加0
0.0111 0.001110 +0.1110	1<u>1</u>	右移一位得z_2；乘数同时右移一位，乘数为1，加x^*
1.000110 0.1000110 +0.1110	<u>1</u>	右移一位得z_3；乘数同时右移一位，乘数为1，加x^*
1.0110110 0.10110110		右移一位得z_4；形成最终结果

即$x^*\cdot y^*=0.10110110$

乘积的符号位为$x_0\oplus y_0=1\oplus 1=0$

故 $[x \cdot y]_{原} = 0.10110110$

值得注意的是，这里部分积取 n+1 位，以便乘法过程中绝对值大于或等于 1 的值。此外，由于乘积的数值部分是两数绝对值相乘的结果，故原码一位乘法运算过程中的右移操作均为逻辑右移。

(2) 原码一位乘所需硬件配置。

图 2.7 是实现原码一位乘所需硬件配置框图。

图中 A、X、Q 均为 n+1 位的寄存器，其中 X 存放被乘数的原码，Q 存放乘数的原码。移位或加的选择控制电路受乘数末位 Q_n 控制（当 $Q_n=1$ 时，A 和 X 内容相加后，A、Q 右移一位；当 $Q_n=0$ 时，只作 A、Q 右移一位的操作）。计数器 C 用于控制逐位相乘的次数。S 存放乘积的符号。G_M 为乘法标记。运算结束，A、Q 中为乘积，共 2n+1 位。

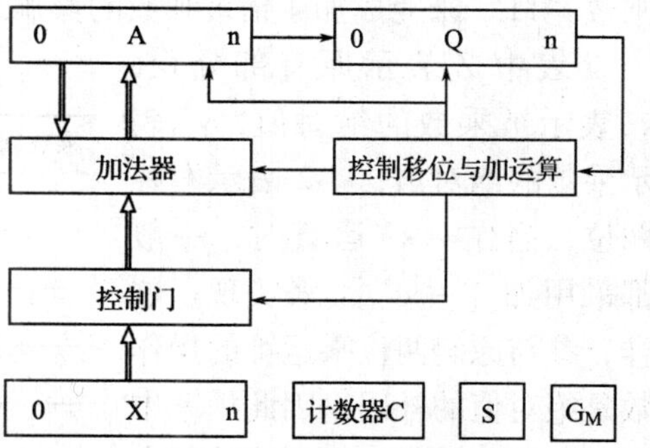

图 2.7 原码一位乘运算基本配置

(3) 原码一位乘控制流程。

图 2.7 所示是原码一位乘运算的控制流程。

作乘法运算前，A 寄存器被清零，作为初始部分积，被乘数原码在 X 中，乘数原码在 Q 中，计数器 C 中存放乘数的位数 n。乘法开始后，首先通过异或运算，求出乘积的符号并存于 S，接着将被乘数和乘数从原码形式变为绝对值。然后根据 Q_n 的状态决定部分积是否加上被乘数，再逻辑右移一位，重复 n 次，即得运算结果。

上述介绍的运算规则同样用于整数原码。为了区别于小数乘法，书写上可将表 2.8 中的“.”改为“,”。

(4) 原码两位乘。

与原码一位乘一样，符号位的运算和数值部分是分开进行的，但原码两位乘是用两位乘数的状态来决定新的部分积如何形成，因此可提高运算的速度。

两位乘数共有 4 种状态，对应这 4 种状态可得表 2.9。

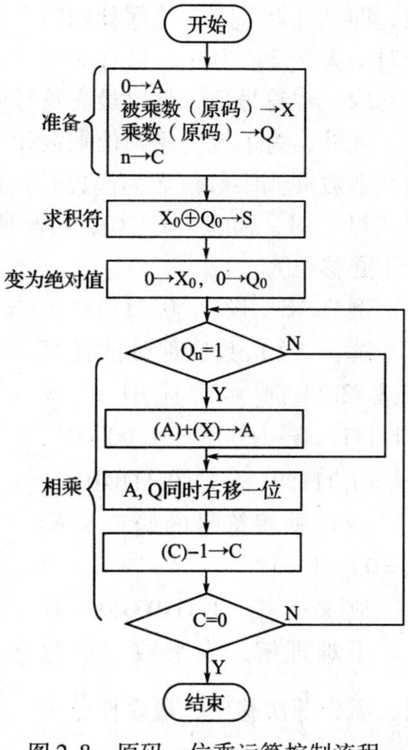

图 2.8 原码一位乘运算控制流程

表中“2 倍被乘数”可对被乘数左移一位实现，但“3 倍被乘数”的获得较难。此时可将 3 视为 4−1(11=100−1)，即把乘以 3 分两步完成，第一步先完成减 1 倍被乘数的操作，第二步完成加 4 倍被乘数的操作。而加 4 倍被乘数的操作实际上是由比

表 2.9 两位乘数所对应新的部分积

乘数 $y_{n-1}y_n$	新的部分积
00	新部分积等于原部分积右移两位
01	新部分积等于原部分积加被乘数后右移两位
10	新部分积等于原部分积加两倍被乘数后右移两位
11	新部分积等于原部分积加 3 倍被乘数后右移两位

"11"高的两位乘数代替完成的，可看做是在高两位乘数上加"1"。这个"1"可暂存在 C_j 触发器中。机器置 C_j 为"1"，即意味着对高两位乘数加1，也即要求高两位乘数代替本两位乘数"11"来完成加4倍被乘数的操作。由此可得原码两位乘的运算规则如表2.10所示。

表2.10 原码两位乘法则

乘数判断位 $y_{n-1}y_n$	标志位 C_j	操作内容
00	0	$Z\to2$，$y^*\to2$，C_j 保持"0"
01	0	$Z+x^*\to2$，$y^*\to2$，C_j 保持"0"
10	0	$Z+2x^*\to2$，$y^*\to2$，C_j 保持"0"
11	0	$Z-x^*\to2$，$y^*\to2$，置"1" C_j
00	1	$Z+x^*\to2$，$y^*\to2$，置"0" C_j
01	1	$Z+2x^*\to2$，$y^*\to2$，置"0" C_j
10	1	$Z-x^*\to2$，$y^*\to2$，C_j 保持"1"
11	1	$Z\to2$，$y^*\to2$，C_j 保持"1"

表中Z表示原有部分积，x^* 表示被乘数的绝对值，y^* 表示乘数的绝对值，→2表示右移两位，当作 $-x^*$ 运算时，一般都采用加 $[-x^*]_补$ 来实现。这样，参与原码两位乘运算的操作数是绝对值的补码，因此运算中右移两位的操作也必须按补码右移规则完成。尤其应注意的是，乘法过程中可能要加2倍被乘数，即 $+[2x^*]_补$，使部分积的绝对值大于2。为此，只有对部分积取三位符号位，且以最高符号位作为真正的符号位，才能保证运算过程正确无误。

此外，为了统一用两位乘数和一位 C_j 共同配合管理全部操作，与原码一位乘不同的是，需在乘数（当乘数位数为偶数时）的最高位前增加两个0。这样，当乘数最高两个有效位出现"11"时，需置"1" C_j，再与所添补的两个0结合呈001状态，以完成加 x^* 的操作（此步不必移位）。

例2.15 设 $x=0.111111$，$y=-0.111001$，用原码两位乘求 $[x\cdot y]_原$。

解：（1）数值部分的计算如表2.11所示，其中 $x^*=0.111111$，$[-x^*]_补=1.000001$，$2x^*=1.111110$，$y^*=0.111001$。

（2）乘积符号的确定 $x_0\oplus y_0=0\oplus1=1$

故 $[x\cdot y]_原=1.111000000111$

表2.11 例2.15原码两位乘数值部分的运算过程

部分积	乘数 y^*	C_j	说明
000.000000 000.111111	001110 <u>01</u>	<u>0</u>	开始，部分积为0，$C_j=0$ 根据 $y_{n-1}y_nC_j=010$，加 x^*，保持 $C_j=0$
000.111111 000.001111 001.111110	110011 <u>10</u>	<u>0</u>	→2位，得新的部分积，乘数同时→2位 根据"100"加 $2x^*$，保持 $C_j=0$
010.001101 000.100011 111.000001	11 011100 <u>11</u>	<u>0</u>	→2位，得新的部分积，乘数同时→2位 根据"110"减 x^*（即加 $[-x^*]_补$），置"1" C_j
111.100100 111.111001 000.111111	0111 000111 <u>00</u>	<u>1</u>	→2位，得新的部分积，乘数同时→2位 根据"001"加 x^*，置"0" C_j
000.111000	000111		形成最终结果

不难理解，当乘数为偶数时，需作 $\frac{n}{2}$ 次移位，最多作 $\frac{n}{2}+1$ 次加法。当乘数为奇数时，乘数高位前只增加一个"0"，此时需作 $\frac{n}{2}+1$ 次加法，$\frac{n}{2}+1$ 次移位（最后一步移一位），如表2.11所示。

虽然两位乘法可提高乘法速度，但它仍基于重复相加和移位的思想，而且随着乘法倍数的增加，重复次数增多，仍然影响乘法速度的进一步提高。采用并行阵列乘法器可大大提高乘法速度。

原码乘法实现比较容易，但由于机器都采用补码作加减运算，倘若做乘法前再将补码转换成原码，相乘之后又要将负积的原码变为补码形式，这样增添了许多操作步骤，反而使运算复杂。为此，有不少机器直接用补码相乘，机器里配置实现补码乘法的乘法器，避免了码制的转换，提高了机器效率。

4. 补码乘法

补码一位乘运算规则：

设被乘数 $[x]_补 = x_0. x_1x_2\cdots x_n$

乘数 $[y]_补 = y_0. y_1y_2\cdots y_n$

(1) 当被乘数 x 符号任意，乘数 y 符号为正时

$$[x]_补 = x_0. x_1x_2\cdots x_n = 2 + x = 2^{n+1} + x \pmod 2$$

$$[y]_补 = y_0. y_1y_2\cdots y_n = y$$

则 $[x]_补 \cdot [y]_补 = [x]_补 \cdot y = (2^{n+1} + x) \cdot y = 2^{n+1} \cdot y + xy$

由于 $y = 0. y_1y_2\cdots y_n = \sum_{i=1}^{n} y_i 2^{-i}$，则 $2^{n+1} \cdot y = 2\sum_{i=1}^{n} y_i 2^{n-i}$，且 $\sum_{i=1}^{n} y_i 2^{n-i}$ 是一个大于或等于 1 的正整数，根据模运算的性质，有 $2^{n+1} \cdot y = 2 \pmod 2$，故

$$[x]_补 \cdot [y]_补 = 2^{n+1} \cdot y + xy = 2 + xy = [x \cdot y]_补 \pmod 2$$

即 $[x \cdot y]_补 = [x]_补 \cdot [y]_补 = [x]_补 \cdot y$

对照原码乘法式 (2.9) 和式 (2.10) 可见，当乘数 y 为正数时，不管被乘数 x 符号如何，都可按原码乘法的规则运算，即

$$\left.\begin{aligned}
&[z_0]_补 = 0\\
&[z_1]_补 = 2^{-1}(y_n[x]_补 + [z_0]_补)\\
&[z_2]_补 = 2^{-1}(y_{n-1}[x]_补 + [z_1]_补)\\
&\cdots\\
&[z_i]_补 = 2^{-1}(y_{n-i+1}[x]_补 + [z_{i-1}]_补)\\
&\cdots\\
&[x \cdot y]_补 = [z_n]_补 = 2^{-1}(y_1[x]_补 + [z_{n-1}]_补)
\end{aligned}\right\} \tag{2.11}$$

当然这里的加和移位都必须按补码运算。

(2) 当被乘数 x 符号任意，乘数 y 符号为负时

$[x]_补 = x_0. x_1x_2\cdots x_n$

$[y]_补 = 1. y_1y_2\cdots y_n = 2 + y \pmod 2$

则 $[y]_补 = [y]_补 - 2 = 1. y_1y_2\cdots y_n - 2 = 0. y_1y_2\cdots y_n - 1$

$x \cdot y = x(0. y_1y_2\cdots y_n - 1) = x(0. y_1y_2\cdots y_n) - x$

故 $[x \cdot y]_补 = [x(0. y_1y_2\cdots y_n)_补] + [-x]_补$

将上式 $0. y_1y_2\cdots y_n$ 视为一个正数，正好与上述情况相同

则 $[x(0. y_1y_2\cdots y_n)]_补 = [x]_补(0. y_1y_2\cdots y_n)$

所以 $[x \cdot y]_补 = [x]_补(0. y_1y_2\cdots y_n) + [-x]_补$ (2.12)

由此可得，当乘数为负时是把乘数的补码 $[y]_补$ 去掉符号位，当成一个正数与 $[x]_补$ 相

乘，然后加上一个 $[-x]_{补}$进行校正，也称校正法，用递推公式表示为

$$\left.\begin{aligned}
&[z_0]_{补}=0\\
&[z_1]_{补}=2^{-1}(y_n[x]_{补}+[z_0]_{补})\\
&[z_2]_{补}=2^{-1}(y_{n-1}[x]_{补}+[z_1]_{补})\\
&\cdots\\
&[z_i]_{补}=2^{-1}(y_{n-i+1}[x]_{补}+[z_{i-1}]_{补})\\
&\cdots\\
&[z_n]_{补}=2^{-1}(y_1[x]_{补}+[z_{n-1}]_{补})\\
&[x\cdot y]_{补}=[z_n]_{补}+[-x]_{补}
\end{aligned}\right\}\quad(2.13)$$

比较（2.13）与（2.11）可见，乘数为负的补码乘法与乘数为正时完全类同，只需最后加上一项校正项 $[-x]_{补}$即可。

例 2.16 已知 $[x]_{补}=1.0101$，$[y]_{补}=0.1101$，求 $[x\cdot y]_{补}$。

解：因为乘数 $y>0$，所以按原码一位乘的算法运算，只是在相加和移位时按补码规则进行，如表 2.12 所示。考虑到运算时可能出现绝对值大于 1 的情况（但此刻并不是溢出），故部分积和被乘数取双符号。

表 2.12 例 2.16 的运算过程

部分积	乘数	说明
00.0000 + 11.0101	110 <u>1</u>	初值 $[z_0]_{补}=0$ $y_4=1$，$+[x]_{补}$
11.0101 11.1010 11.1101 + 11.0101	111 <u>0</u> 011 <u>1</u>	→1 位，得 $[z_1]_{补}$，乘数同时→1 位 $y_3=0$，右移一位，得 $[z_2]_{补}$，乘数同时→1 位 $y_2=1$，$+[x]_{补}$
11.0010 11.1001 + 11.0101	01 001 <u>1</u>	→1 位，得 $[z_3]_{补}$，乘数同时→1 位 $y_1=1$，$+[x]_{补}$
10.1110 11.0111	001 0001	→1 位，得 $[z_4]_{补}$

故乘积 $[x\cdot y]_{补}=1.01110001$。

例 2.17 已知 $[x]_{补}=0.1101$，$[y]_{补}=1.0101$，求 $[x\cdot y]_{补}$。

解：因为乘数 $y<0$，故先不考虑符号位，按原码相乘，然后再加上 $[-x]_{补}$，如表 2.13 所示。

表 2.13 例 2.17 的运算过程

部分积	乘数	说明
00.0000 + 00.1101	0101	初值 $[z_0]_{补}=0$ $y_4=1$，$+[x]_{补}$
00.1101 00.0110 00.0011 + 00.1101	101 <u>0</u> 010 <u>1</u>	→1 位，得 $[z_1]_{补}$，乘数同时→1 位 $y_3=0$，→1 位，得 $[z_2]_{补}$ $y_2=1$，$+[x]_{补}$

（续）

部分积	乘数	说明
01.0000 00.1000 00.0100 +11.0011	 $001\underline{0}$ 0001	→1 位，得 $[z_3]_{补}$，乘数同时→1 位 $y_1=0$，→1 位，得 $[z_4]_{补}$， $+[-x]_{补}$进行校正
11.0111	0001	得最后结果 $[x \cdot y]_{补}$

故乘积 $[x \cdot y]_{补} = 1.01110001$。

由以上两例可见，乘积的符号位在运算过程中自然形成，这是补码乘法和原码乘法的重要区别。

上述校正法与乘数的符号有关，虽然可将乘数和被乘数互换，使乘数保持正不必校正，但当两数均为负数时必须校正。

2.3.4 除法运算

1. 分析笔算除法

以小数为例，设 $x = -0.1011$，$y = 0.1101$，求 x/y。

笔算除法时，商的符号心算而得：负正得负；其数值部分的运算如下面竖式。所以

商 $x/y = -0.1101$，余数 $= -0.00000111$

其特点可归纳如下：

（1）每次上商都是由心算来比较余数（被除数）和除数的大小，确定商为“1”还是“0”。

$$\begin{array}{r l l}
 & 0.1101 & \\
0.1101 \big) & 0.10110 & \\
 & \underline{0.01101} & 2^{-1} \cdot y \\
 & 0.010010 & \\
 & \underline{0.001101} & 2^{-2} \cdot y \\
 & 0.00010100 & \\
 & \underline{0.00001101} & 2^{-4} \cdot y \\
 & 0.00000111 &
\end{array}$$

（2）每做一次减法，总是保持余数不动，低位补 0，再减去右移后的除数。

（3）商符单独处理。

如果将上述规则完全照搬到计算机内，实现起来有一定困难，主要问题是：

（1）机器不能“心算”上商，必须通过比较被除数（或余数）和除数绝对值的大小来确定商值，即 $|x| - |y|$，若差为正（够减）上商 1，差为负（不够减）上商 0。

（2）按照每次减法总是保持余数不动低位补 0，再减去右移后的除数这一规则，则要求加法器的倍数必须为除数的两倍。仔细分析发现，右移除数可以用左移余数的办法代替，其运算结果是一样的，但对线路结构更有利。不过此刻所得到的余数不是真正的余数，只有将它乘上 2^{-n}才是真正的余数。

（3）笔算求商时是从高位向低位逐位求得，而要求机器把每位商直接写到寄存器的不同位也是不可取的。计算机可将每一位商直接写到寄存器的最低位，并把原来的部分商左移

一位。

综上所述，便可得原码除法运算规则。

2. 原码除法

原码除法和原码乘法一样，符号位是单独处理的。以小数为例

设$[x]_{原} = x_0.x_1x_2\cdots x_n$

$[y]_{原} = 0.y_1y_2\cdots y_n$

$$\left[\frac{x}{y}\right]_{原} = (x_0 \oplus y_0).\frac{0.x_1x_2\cdots x_n}{0.y_1y_2\cdots y_n}$$

式中 $x_0.x_1x_2\cdots x_n$——x 的绝对值，记作 x^*；

$0.y_1y_2\cdots y_n$——y 的绝对值，记作 y^*。

即商符由两数符号位“异或”运算求得，商值由两数绝对值相除（x^*/y^*）求得。

小数定点除法对被除数和除数有一定的约束，即必须满足下列条件：

0 <|被除数|≤|除数|

实现除法运算时，还应避免除数为0或者被除数为0。前者结果为无限大，不能用机器的有限位数表示；后者结果总是0，这个除法操作等于白做，浪费了机器时间。至于商的位数一般与操作数的位数相同。

原码除法中由于对余数的处理不同，又可分为恢复余数法和不恢复余数法（加减交替法）两种。

(1) 恢复余数法。恢复余数法的特点是，当余数为负时，需加上除数，将其恢复成原来的余数。

由上所述，商值的确定是通过比较被除数和除数的绝对值大小，即 $x^* - y^*$ 实现的，而计算机内只设加法器，故需将 $x^* - y^*$ 操作变为 $[x^*]_补 + [-y^*]_补$ 的操作。

例 2.18 已知：$x = -0.1011$，$y = -0.1101$，求$\left[\frac{x}{y}\right]_{原}$。

解：

由 $x = -0.1011$，$y = -0.1101$

得 $x^* = 0.1011$，$[x]_{原} = 1.1011$

$y^* = 0.1101$，$[-y^*]_补 = 1.0011$，$[y]_{原} = 1.1101$

表 2.14 列出了例 2.18 商值的求解过程。

故商值为 0.1101

商的符号位为 $x_0 \oplus y_0 = 1 \oplus 1 = 0$

表 2.14 例 2.18 恢复余数法求解过程

被除数（余数）	商	说明
0.1011 + 1.0011	0.0000	$+[-y^*]_补$(减去除数)
1.1110 + 0.1101	0	余数为负，上商0 恢复余数 $+[y^*]_补$
0.1011 1.0110 + 1.0011	0	被恢复的被除数 ←1 位 $+[-y^*]_补$(减去除数)
0.1001 1.0010 + 1.0011	01 01	余数为正，上商1 ←1 位 $+[-y^*]_补$(减去除数)
0.0101 0.1010 + 1.0011	011 011	余数为正，上商1 ←1 位 $+[-y^*]_补$(减去除数)
1.1101 + 0.1101	0110	余数为负，上商0 恢复余数 $+[y^*]_补$
0.1010 1.0100 + 1.0011	0110	被恢复的余数 ←1 位 $+[-y^*]_补$(减去除数)
0.0111	01101	余数为正，上商1

所以$\left[\frac{x}{y}\right]_{原}=0.1101$

由此可见，共上商5次，第一次上的商在商的整数位上，这对小数除法而言，可用它作溢出判断。即当该位为“1”时，表示此除法溢出，不能进行，应由程序进行处理；当该位为“0”时，说明除法合法，可以进行。

在恢复余数法中，每当余数为负时，都需恢复余数，这就延长了机器除法的时间，操作也很不规则，对线路结构不利。加减交替法可克服这些缺点。

（2）加减交替法。加减交替法又称不恢复余数法，可以认为它是恢复余数法的一种改进算法。

分析原码恢复余数法得知：

当余数$R_i>0$时，可上商“1”，再对R_i左移一位后减除数，即$2R_i$。

当余数$R_i<0$时，可上商“0”，然后先做R_i+y^*，即完成恢复余数的运算，再做$2(R_i+y^*)-y^*$，即$2R_i+y^*$。

可见，原码恢复余数法可归纳为：

当余数$R_i>0$时，上商“1”，做$2R_i-y^*$的运算。

当余数$R_i<0$时，上商“0”，做$2R_i+y^*$的运算。

这里已经看不出余数的恢复问题了，而只是做加y^*或减y^*，因此，一般把它叫做加减交替法或不恢复余数法。

例2.19 已知：$x=-0.1011$，$y=0.1101$，求$\left[\frac{x}{y}\right]_{原}$。

解：

由$x=-0.1011$，$y=0.1101$

得$[x]_{原}=1.1011$，$x^*=0.1011$

$[y]_{原}=0.1101$，$y^*=0.1101$，

$[-y^*]_{补}=1.0011$

表2.15列出了此例商值的求解过程。

商的符号位为$x_0\oplus y_0=1\oplus 1=0$

所以$\left[\frac{x}{y}\right]_{原}=1.1101$

分析此例可见，n位小数的除法共上商n+1次，第一次商用来判断是否溢出。倘若比例因子选择恰当，除数结果不溢出，则第一次商肯定是0。如果省去这位商，只需上商n次即可，此时除法运算一开始应将被除数左移一位减去除数，然后再根据余数上商，如表2.15所示。读者可以自己练习。

表2.15 例2.19加减交替法运算过程

被除数（余数）	商	说明
0.1011 +1.0011	0.0000	$+[-y^*]_{补}$（减除数）
1.1110 1.1100 +0.1101	0 0	余数为负，上商0 ←1位 $+[y^*]_{补}$（加除数）
0.1001 1.0010 +1.0011	01 01	余数为正，上商1 ←1位 $+[-y^*]_{补}$（减除数）
0.0101 0.1010 +1.0011	011 011	余数为正，上商1 ←1位 $+[-y^*]_{补}$（减除数）
1.1101 1.1010 +0.1101	0110 0110	余数为负，上商0 ←1位 $+[-y^*]_{补}$（加除数）
0.0111	01101	余数为正，上商1

(3) 原码加减交替法所需的硬件配置。图 2.9 是实现原码加减交替除法运算的基本硬件配置框图。图中 A、X、Q 均为 n+1 位寄存器，其中 A 存放被除数的原码，X 存放除数的原码。移位和加控制逻辑受 Q 的末位 Q_n 控制。(Q_n=1 作减法，Q_n=0 作加法)，计数器 C 用于控制逐位相除的次数 n，G_D 为除法标记，V 为溢出标记，S 为商符。

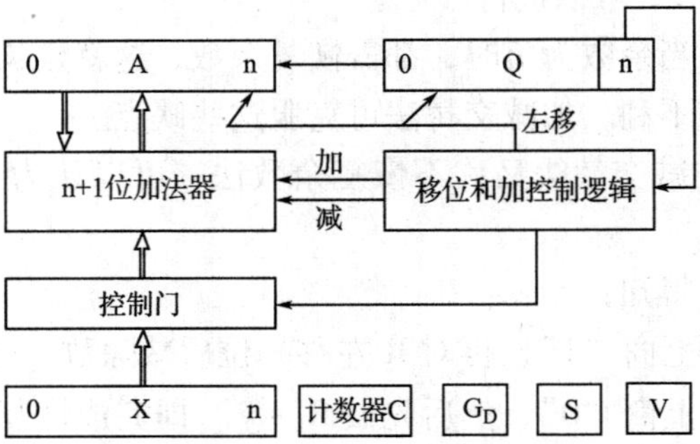

图 2.9　原码加减交替除法运算的基本硬件配置

除法开始前，Q 寄存器被清 0，准备接收商，被除数的原码放在 A 中，除数的原码放在 X 中，计数器 C 中存放除数的倍数 n。除法开始后，首先通过异或运算求出商符，并存于 S。接着将被除数和除数变为绝对值，然后开始用第一次上商判断是否溢出，若溢出，则置溢出标记 V 为 1，停止运算，进行中断处理，重新选择比例因子；若无溢出，则先上商，接着 A、Q 同时左移一位，再根据上一次商值的状态，决定是加还是减除数。这样重复 n 次后，再上最后一次商（共上商 n+1 次），即得运算结果。

对于整数除法，要求满足以下条件：

$$0 < |除数| \leq |被除数|$$

因为这样才能得到整数商。通常在做整数除法前，先要对这个条件进行判断，若不满足上述条件，机器发出出错信号，程序要重新设定比例因子。

上述介绍的小数除法完全适用于整数除法，只是整数除法的被除数位数可以是除数的两倍，且要求被除数的高 n 位要比除数（n 位）小，否则即为溢出。如果被除数和除数的位数都是单字长，则要在被除数前面加上一个字的 0，从而扩展成双倍字长再进行运算。

2.4　浮点四则运算

从 2.2 节浮点数的介绍可知，机器中任何一个浮点数都可写成 $x = S_x \cdot r^{j_x}$ 的形式，其中 S_x 为浮点数的尾数，一般为绝对值小于 1 的规格数（补码表示时允许为 -1），机器中可用原码或补码表示；j_x 为浮点数的阶码，一般为整数，机器中大多用补码或移码表示。r 为浮点数的基数，常用 2、4、8 或 16 表示。以下以基数为 2 进行介绍。

2.4.1　浮点加减运算

设两个浮点数　　$x = S_x \cdot r^{j_x}$

$$y = S_y \cdot r^{j_y}$$

由于浮点数尾数的小数点均固定在第一数值位前，所以尾数的加减运算规则与定点数完全相同。但由于其阶码的大小又直接反映尾数有效值的小数点位置，因此当两浮点数阶码不等时，两尾数小数点的实际位置不一样，尾数部分无法直接进行加减运算。因此，浮点数加减运算必须按以下几步进行：

（1）对阶，使两数的小数点位置对齐。

（2）尾数求和，将对阶后的两尾数按定点加减运算规则求和（差）。

（3）规格化，为增加有效数字的位数，提高运算精度，必须将求和（差）后的尾数规格化。

（4）舍入，为提高精度，要考虑尾数右移时丢失的数值位。

（5）判断结果，即判断结果是否溢出。

1. 对阶

对阶的目的是使两操作数的小数点位置对齐，即使两数的阶码相等。为此，首先要求出阶差，再按小阶向大阶看齐的原则，使阶小的尾数向右移位，每右移一位，阶码加1，直到两数的阶码相等为止。右移的次数正好等于阶差。尾数右移时可能会发生数码丢失，影响精度。

例如，两浮点数 $x=0.1101\times2^{01}$，$y=(-0.1010)\times2^{11}$，求 $x+y$。

首先写出x、y在计算机中的补码表示。

$[x]_{补}=00,01;00.1101$，$[y]_{补}=00,11;11.0110$

在进行加法前，必须先对阶，故先求阶差：

$[\Delta_j]_{补}=[j_x]_{补}-[j_y]_{补}=00,01+11,01=11,10$

即 $[\Delta_j]_{补}=-2$，表示x的阶码比y的阶码小，再按小阶码向大阶码看齐的原则，将x的尾数右移两位，其阶码加2。

得$[x]'_{补}=00,11;00.0011$

此时，$[\Delta_j]=0$，表示对阶完毕。

2. 尾数求和

将对阶后的两个尾数按定点加（减）运算规则进行运算。

如上例中的两数对阶后得：

$[x]'_{补}=00,11;00.0011$

$[y]_{补}=00,11;11.0110$

则求 $[S_x+S_y]_{补}$为：

$$\begin{array}{rl} 00.0011 & [S_x]'_{补} \\ +11.0110 & [S_y]'_{补} \\ \hline 11.1001 & [S_x+S_y]_{补} \end{array}$$

即求 $[x+y]_{补}=00,11;11.1001$

3. 规格化

由前面已知，尾数S的规格化形式为

$$\frac{1}{2}\leqslant|S|<1 \tag{2.14}$$

如果采用双符号位的补码，则

当 $S>0$ 时，其补码规格化形式为

$[S]_{补}=00.1\mathrm{X}\,\mathrm{X}\cdots\mathrm{X}$ (2.15)

当S<0时，其补码规格化形式为

$[S]_{补}=11.0\mathrm{X}\,\mathrm{X}\cdots\mathrm{X}$ (2.16)

可见，当尾数的最高位数值与符号不同时，即为规格化形式，但对S<0时，有两种情况需特殊处理。

$S=-\frac{1}{2}$，则 $[S]_{补}=11.100\cdots0$。此时对于真值 $-\frac{1}{2}$ 而言，它满足式（2.14），对于补码 $[S]_{补}$ 而言，它不满足于式（2.16）。为了便于硬件判断，特规定 $-\frac{1}{2}$ 不是规格化的数（对补码而言）。

$S=-1$，则 $[S]_{补}=11.00\cdots0$。因小数补码允许表示 −1，故 −1 视为规格化的数。

当尾数求和（差）结果不满足式（2.15）或式（2.16）时，则需规格化。

（1）左规。

当尾数出现 $00.0\mathrm{X}\,\mathrm{X}\cdots\mathrm{X}$ 或 $11.1\mathrm{X}\,\mathrm{X}\cdots\mathrm{X}$ 时，需左规。左规时尾数左移一位，阶码减1，直到符合式（2.15）或式（2.16）为止。

如上例求和结果为

$[x+y]_{补}=00，11；11.1001$

尾数的第一数值位与符号位相同，需左规，即将其左移一位，同时阶码减1，

得 $[x+y]_{补}=00，10；11.0010$，则 $x+y=(-0.1110)\times2^{10}$。

（2）右规。

当尾数出现 $01.\mathrm{X}\,\mathrm{X}\cdots\mathrm{X}$ 或 $10.\mathrm{X}\,\mathrm{X}\cdots\mathrm{X}$ 时，表示尾数溢出，这在定点加减运算中是不允许的，但在浮点运算中不算溢出，可通过右规处理。右规时尾数右移一位，阶码加1。

例2.20 已知：两浮点数 $x=0.1101\times2^{10}$，$y=0.1011\times2^{01}$，求 x+y。

解： x、y在机器中以补码表示为

$[x]_{补}=00，10；00.1101$

$[y]_{补}=00，01；00.1011$

（1）对阶：

$[\Delta_j]_{补}=[j_x]_{补}-[j_y]_{补}$

$=00，10+11，11=00，01$

即 $[\Delta_j]=1$，表示y的阶码比x的阶码小1，因此将y的尾数向右移1位，阶码相应加1，即

$[y]'_{补}=00，10；00.0101$

这时 $[y]'_{补}$ 的阶码与 $[x]_{补}$ 的阶码相等，阶差为0，表示对阶完毕。

（2）求和：

00.1101	$[S_x]'_{补}$
+00.0101	$[S_y]'_{补}$
01.0010	$[S_x+S_y]_{补}$

即 $[x+y]_{补}=00，10；01.0010$

（3）右规：运算结果两符号不等，表示尾数之和绝对值大于1，需右规，即将尾数之和

向右移1位，阶码加1，故得

$$[x+y]_{补}=00,11;00.1001$$

则 $x+y=0.1001\times2^{11}$

4. 舍入

在对阶和右规的过程中，可能会将尾数的低位丢失，引起误差，影响了精度。为此可用舍入法来提高尾数的精度。常用的舍入方法有两种。

（1）“0舍1入”法。“0舍1入”法类似于十进制运算中的“四舍五入”法，即在尾数右移时，被移去的最高数值位为0，则舍去；被移去的最高数值位为1，则在尾数的末位加1。这样又可能使尾数溢出，此时需再做一次右规。

（2）“恒置1”法。尾数右移时，不论丢掉的最高数值位是“1”或“0”，都使右移后的尾数末位恒置“1”。这种方法同样有使尾数变大和变小的两种可能。

综上所述，浮点加减运算经过对阶、尾数求和、规格化和舍入等步骤，与定点加减运算相比，显然要复杂得多。

例2.21 设 $x=2^{-101}\times(-0.101000)$，$y=2^{-100}\times(+0.111011)$，并假设阶符取2位，阶码取3位，数符取2位，尾数取6位，求 $x-y$。

解：

由 $x=2^{-101}\times(-0.101000)$，$y=2^{-100}\times(+0.111011)$

得 $[x]_{补}=11,011;11.011000$，$[y]_{补}=11,100;00.111011$

（1）对阶：

$[\Delta_j]_{补}=[j_x]_{补}-[j_y]_{补}=11,011+00,100=11,111$

即 $[\Delta_j]=-1$，则x的尾数向右移一位，阶码相应加1，即

$[x]'_{补}=11,100;11.101100$

（2）求和：

$$\begin{aligned}[S_x]'_{补}-[S_y]_{补}&=[S_x]'_{补}+[-S_y]_{补}\\&=11.101100+11.000101\\&=10.110001\end{aligned}$$

即 $[x-y]_{补}=11,100;10.110001$

尾数符号出现“10”，需右规。

（3）规格化：

右规后得

$[x-y]=11,101;11.011000$

（4）舍入处理：

采用0舍1入法，其尾数右规时末位丢1，则有

$$\begin{array}{r}11.011000\\+\qquad\qquad 1\\\hline 11.011001\end{array}$$

所以 $[x-y]_{补}=11,101;11.011001$。

$x-y=11,011;11.100111=2^{-011}\times(0.100111)$。

5. 溢出判断

与定点加减法一样，浮点加减运算最后一步也需判断溢出。在浮点规格化中已指出，当尾数之和（差）出现01. x x … x 或 10. x x … x 时，并不表示溢出，只有将此数右规后，再根据阶码来判断浮点运算结果是否溢出。

若机器数为补码，尾数取 n 位，则它们能表示的补码在数轴上的表示范围如图 2.10 所示。

图中 A、B、a、b 的坐标均为补码表示，分别对应最小负数、最大正数、最大负数和最小正数。它们所对应的真值分别是：

A（最小负数）为 $2^{+127} \times (-1)$。

B（最大正数）为 $2^{+127} \times (1-2^{-n})$。

a（最大负数）为 $2^{-128} \times (-2^{-1}-2^{-n})$。

b（最小正数）为 $2^{-128} \times 2^{-1}$。

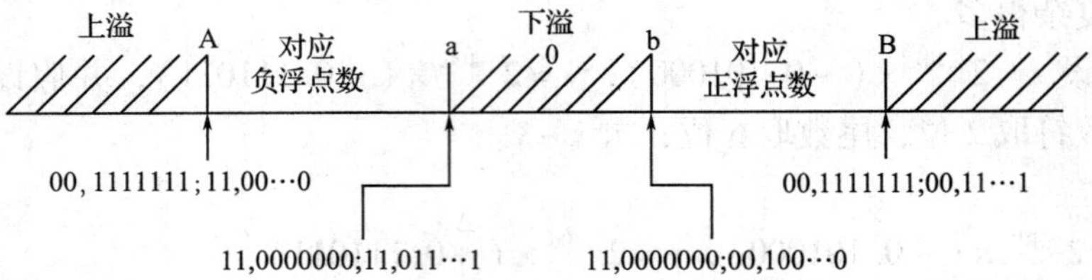

图 2.10　补码在数轴上的表示

请读者注意，由于图 2.10 所示的 A、B、a、b 均为补码规格化的形式，故其对应的真值与图 2.2 所示的结果有所不同。

图 2.10 中 a、b 之间的阴影部分，对应阶码小于 −128 的情况，叫做浮点数的下溢。下溢时，浮点数值趋于零，故机器不作溢出处理，仅把它作为机器零。

图 2.10 中 A、B 两侧阴影部分，对应阶码大于 +127 的情况，叫做浮点数的上溢。此刻，浮点数真正溢出，机器需停止运算，作溢出中断处理。一般说浮点溢出，均是指上溢。

可见，浮点机的溢出与否可由阶码的符号决定。即

阶码 $[j]_补 = 01$，x x … x 为上溢

阶码 $[j]_补 = 10$，x x … x 为下溢，按机器零处理

当阶码为“01”时，需作溢出处理。

例 2.22　经舍入处理后得 $[x-y]_补 = 11，101；11.011001$，阶符为“11”，不溢出，故最终结果为

$x - y = 2^{-011} \times (-0.100111)$

当计算机中阶码用移码表示时，移码运算规则参见浮点乘除运算。

最后可得浮点加减运算的流程。

6. 浮点加减运算流程

图 2.11 为浮点补码加减运算的流程图。

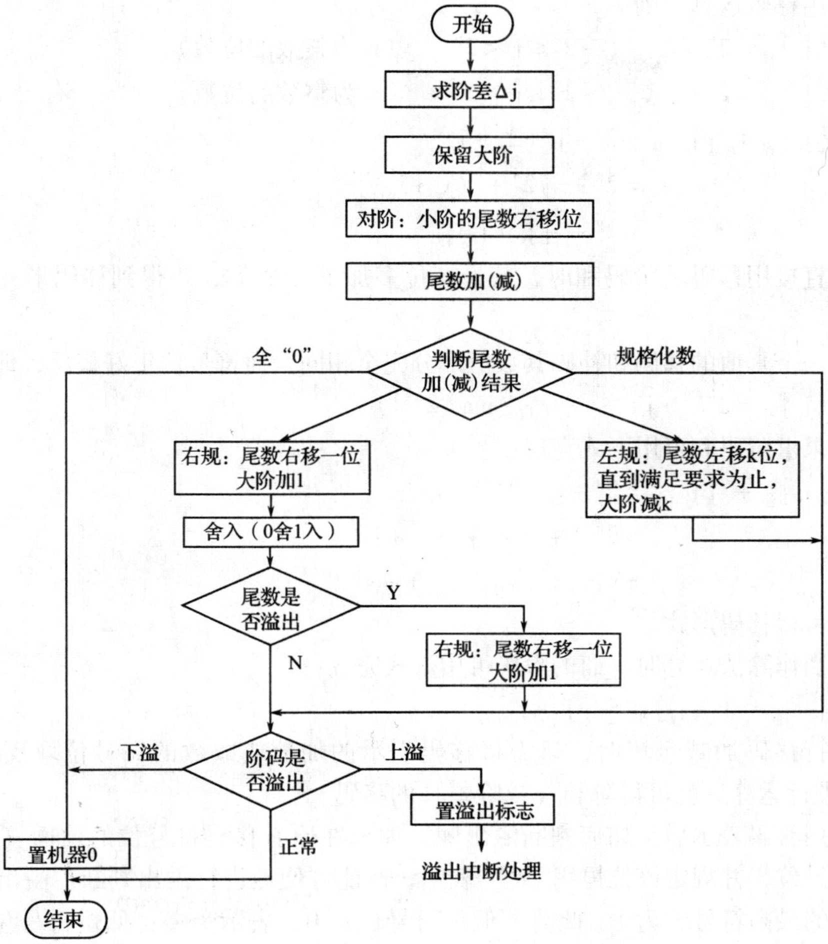

图 2.11　浮点补码加减运算的流程图

2.4.2　浮点乘除运算

两个浮点数相乘，其乘积的阶码为相乘两数的阶码之和，其乘积的尾数应为相乘两数的尾数之积。两个浮点数相除，商的阶码为被除数的阶码减去除数的阶码，其尾数为被除数的尾数除以除数的尾数所得的商。可用下式描述。

设两浮点数　$x = S_x \cdot r^{j_x}$

$y = S_y \cdot r^{j_y}$

则 $x \cdot y = (S_x \cdot S_y) \times r^{j_x + j_y}$

$$\frac{x}{y} = \frac{S_x}{S_y} \cdot r^{j_x - j_y}$$

在运算中也要考虑规格化和舍入问题。

1. 阶码运算

若阶码用补码运算，乘积的阶码为 $[j_x]_补 + [j_y]_补$，商的阶码为 $[j_x]_补 - [j_y]_补$。两个同号的阶码相加或异号的阶码相减可能产生溢出，此时应作溢出判断。

若阶码用移码运算，则

因为 $[j_x]_{移}=2^n+j_x \quad -2^n \leqslant j_x<2^n$ （n 为整数的位数）

$[j_y]_{移}=2^n+j_y \quad -2^n \leqslant j_y<2^n$ （n 为整数的位数）

所以 $[j_x]_{移}+[j_y]_{移}=2^n+j_x+2^n+j_y$

$=2^n+[2^n+(j_x+j_y)]$

$=2^n+[j_x+j_y]_{移}$

可见，直接用移码求阶码和时，其最高位多加了一个 2^n，要得到移码形式的结果，必须减去 2^n。

由于同一个真值的移码和补码其数值部分完全相同，而符号位正好相反，即

$[j_y]_{补}=2^{n+1}+j_y \quad (\bmod 2^{n+1})$

因此如果求阶码和可用下式完成：

$[j_x]_{移}+[j_y]_{补}=2^n+j_x+2^{n+1}+j_y$

$=2^{n+1}+[2^n+(j_x+j_y)]$

$=[j_x+j_y]_{移} \quad (\bmod 2^{n+1})$

则直接可得移码形式。

同理，当作除法运算时，商的阶码可用下式完成：

$[j_x]_{移}+[-j_y]_{补}=[j_x-j_y]_{移}$

可见进行移码加减运算时，只需将移码表示的加数或减数的符号位取反（即变为补码），然后进行运算，就可得阶和（或阶差）的移码。

阶码采用移码表示后又如何判断溢出呢？如果在原有移码符号位的前面（即高位）再增加一位符号位，并规定该位恒用“0”表示，便能方便地进行溢出判断。溢出的条件是运算结果移码的最高符号位为 1。此时若低位符号位为 0，表示上溢；低位符号位为 1，表示下溢。如果运算结果移码的最高符号位为 0，即表示没溢出。此时若低位符号位为 1，表明结果为正；低位符号位为 0，表明结果为负。

例如，若阶码取 3 位（不含符号位），则其对应的真值范围是 −8 ~ 7。

当 $[j_x]=+101$，$[j_y]=100$ 时，则有

$[j_x]_{移}=01,101$； $[j_y]_{补}=00,100$

故 $[j_x+j_y]_{移}=[j_x]_{移}+[j_y]_{移}=01,101+00,100=10,001$ 结果上溢

$[j_x-j_y]_{移}=[j_x]_{移}+[-j_y]_{移}=01,101+11,100=01,001$ 结果为 +1

当 $[j_x]=-101$，$[j_y]=-100$ 时，则有

$[j_x]_{移}=00,011$； $[j_y]_{补}=11,100$

故 $[j_x+j_y]_{移}=[j_x]_{移}+[j_y]_{移}=00,011+11,100=11,111$ 结果下溢

$[j_x-j_y]_{移}=[j_x]_{移}+[-j_y]_{移}=00,011+00,100=00,111$ 结果为 −1

2. 尾数运算

浮点乘法的尾数运算。两个浮点数的尾数相乘，可按下列步骤进行：

（1）检测两个尾数中是否有一个为 0，若有一个为 0，乘积必为 0，不再作其他操作；如果两尾数均不为 0，则可进行乘法运算。

（2）两个浮点数的尾数相乘可以采用定点小数的任何一种乘法运算来完成。相乘结果

可能要进行左规，左规时调整阶码后如果发生下溢，则作机器零处理；如果发生上溢，则作溢出处理。此外，尾数相乘会得到一个双倍字长的结果，若限定只取 1 倍字长，则乘积的若干低位将会丢失。如何处理丢失的各位值，通常有两种办法。

其一，无条件地丢掉正常尾数最低位之后的全部数值，这种办法被称为截断处理，其优点是处理简单，但影响精度。

其二，按浮点加减运算介绍的两种舍入原则进行舍入处理。对于原码，采用 0 舍 1 入法时，不论其值是正数或负数，“舍”使数的绝对值变小，“入”使数的绝对值变大。对于补码，采用 0 舍 1 入法时，若丢失的位不是全 0，对正数来说，“舍”、“入”的结果与原码分析正好相同；对负数来说，“舍”、“入”的结果与原码分析正好相反，即“舍”使绝对值变大，“入”使绝对值变小。为了使原码、补码舍入处理后的结果相同，对负数的补码可采用如下规则进行舍入处理。

（1）当丢失的各位均为 0 时，不必舍入。

（2）当丢失的各位数中的最高位为 0 时，且以下各位不全为 0；或丢失的各位数中的最高位为 1，且以下各位均为 0 时，则舍去被丢失的各位。

（3）当丢失的各位数中的最高位为 1，且以下各位又不全为 0 时，则在保留尾数的最末位加 1 修正。

例如，对下列 4 个补码进行只保留小数点后 4 位有效数字的舍入操作如表 2. 16 所示。

如果将上述 4 个补码变成原码后再舍入，其结果列于表 2. 17。

表 2. 16　补码舍入操作实例

$[x]_补$舍入前	舍　入　后	对应真值 x
1. 01110000	1. 0111（不舍不入）	−0. 1001
1. 01111000	1. 0111（舍）	−0. 1001
1. 01110101	1. 0111（舍）	−0. 1001
1. 01111100	1. 1000（入）	−0. 1000

表 2. 17　原码舍入操作实例

$[x]_原$舍入前	舍　入　后	对应真值 x
1. 10010000	1. 1001（不舍不入）	−0. 1001
1. 10001000	1. 1001（入）	−0. 1001
1. 10001011	1. 1001（入）	−0. 1001
1. 10000100	1. 1000（舍）	−0. 1000

比较表 2. 16 和表 2. 17 可见，按照上述的约定对负数的补码进行舍入处理，与对其原码进行舍入处理后的真值是一样的。

2. 4. 3　浮点运算所需的硬件配置

由于浮点运算分阶码和尾数两部分，因此浮点运算器的硬件配置比定点运算器复杂。分析浮点四则运算发现，对于阶码只有加减运算，对于尾数则有加、减、乘、除 4 种运算。可见浮点运算器主要由两个定点运算部件组成，一个是阶码运算部件，用来完成阶码加、减，以及控制对阶时小阶的尾数的四则运算和规格化时对阶码的调整；另一个是尾数运算部件，用来完成尾数的四则运算以及判断尾数是否已规格化，此外，还需有判断运算结果是否溢出的电路等。

现代计算机可把浮点运算部件做成独立的选件，或叫协作处理器，用户可根据需要选择，不用选件的机器，也可用编程的办法来完成浮点运算，不过这将会影响机器的运算速度。

例如，Intel 80287 是浮点协处理器。它可与 Intel 80286 或 80386 微处理器配合处理浮点数的算术运算和多种函数运算。

2.5 算术逻辑单元

针对每一种算术运算，都必须有一个相对应的基本硬件配置，其核心部件是加法器和寄存器。当需完成逻辑运算时，势必需要配置相应的逻辑电路，而 ALU 电路是既能完成算术运算又能完成逻辑运算的部件。

2.5.1 ALU 电路

图 2.12 所示为 ALU 框图。图中 A_i和 B_i为输入变量；k_i为控制信号，k_i的不同取值可决定该电路作哪一种算术运算或哪一种逻辑运算；F_i是输出函数。

现在 ALU 电路已制成集成电路芯片，如 74181 是能完成4 位二进制代码的算术逻辑运算部件，其外特性如图 2.13 所示。

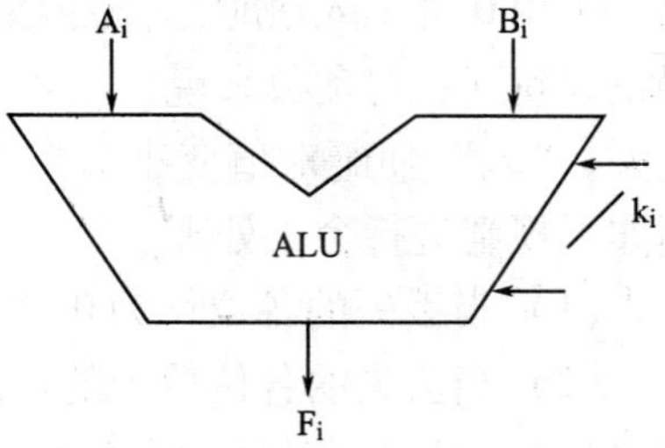

图 2.12　ALU 框图

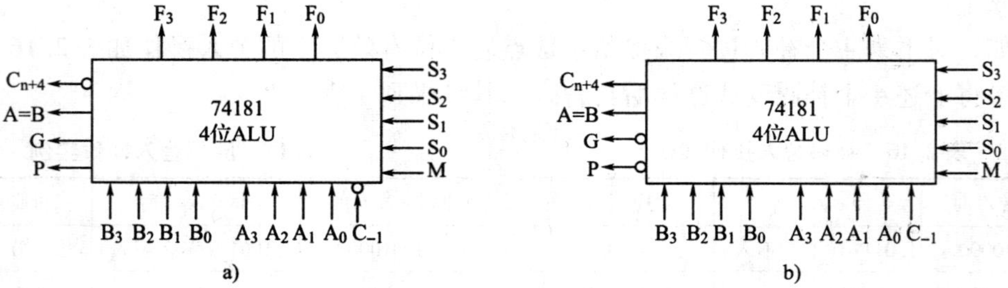

图 2.13　74181 外特性示意图

74181 有两种工作方式：正逻辑和负逻辑，图 2.13a、b 分别示意了这两种方式。表 2.18 列出了其算术/逻辑运算功能。

表 2.18　74181ALU 的算术/逻辑运算功能

功能表				
工作方式选择输入 $S_3S_2S_1S_0$	负逻辑输入或输出		正逻辑输入或输出	
	逻辑运算（M=1）	算术运算（M=0）（C_{-1}=0）	逻辑运算（M=1）	算术运算（M=0）（C_{-1}=0）
0000	$\overline{A}$	A 减 1	$\overline{A}$	A
0001	$\overline{AB}$	AB 减 1	$\overline{A+B}$	A+B
0010	$\overline{A}+B$	A$\overline{B}$减 1	$\overline{A}+B$	A+$\overline{B}$
0011	逻辑 1	减 1	逻辑 0	减 1
0100	$\overline{A+B}$	A+(A+$\overline{B}$)	$\overline{AB}$	A+A$\overline{B}$
0101	$\overline{B}$	AB+(A+$\overline{B}$)	$\overline{B}$	(A+B) 加 A$\overline{B}$
0110	$\overline{A\oplus B}$	A 减 B 减 1	$A\oplus B$	A 减 B 减 1

（续）

功 能 表				
工作方式选择输入 $S_3S_2S_1S_0$	负逻辑输入或输出		正逻辑输入或输出	
	逻辑运算（M=1）	算术运算（M=0）（C_{-1}=0）	逻辑运算（M=1）	算术运算（M=0）（C_{-1}=0）
0111	$A+\overline{B}$	$A+\overline{B}$	$A\overline{B}$	$A\overline{B}$减1
1000	$\overline{A}B$	A加（A+B）	$\overline{A}+B$	A加AB
1001	$A\oplus B$	A加B	$\overline{A\oplus B}$	A加B
1010	B	$A\overline{B}$加（A+B）	B	（$A+\overline{B}$）加AB
1011	A+B	A+B	AB	AB减1
1100	逻辑0	A加A*	逻辑1	A加A*
1101	$A\overline{B}$	AB加A	$A+\overline{B}$	（A+B）加A
1110	AB	$A\overline{B}$加A	A+B	（$A+\overline{B}$）加A
1111	A	A	A	A减1

注：1. 1=高电平；0=低电平。

2. *表示每一位均移到下一个更高位，即 A* =2A。

以正逻辑为例，$B_3\sim B_0$和$A_3\sim A_0$是两个操作数，$F_3\sim F_0$为输出结果。C_{-1}表示最低位的外来进位，C_{n+4}是74181向高位的进位；P、G可供先行进位使用（有关P、G的具体含义参见2.5.2节）。M用于区别算术运算还是逻辑运算；$S_3\sim S_0$的不同取值可实现不同的运算。例如，当M=1，$S_3\sim S_0$=0110时，74181作逻辑运算$A\oplus B$；当M=0，$S_3\sim S_0$=0110时，74181作算术运算。由表2.18可见，在正逻辑条件下，M=0，$S_3\sim S_0$=0110，且C_{-1}=1时，完成A减B减1的操作。若想完成A减B运算，可使C_{-1}=0。请读者注意，74181算术运算是用补码实现的，其中减数的反码是由内部电路形成的，而末位加“1”，则通过C_{-1}=0来体现（图2.13a中C_{-1}输入端处有一个小圈，意味着C_{-1}=0反相为1）。尤其要注意的是，ALU为组合逻辑电路，因此实际应用ALU时，其输入端口A和B必须与锁存器相连，而且在运算过程中锁存器的内容是不变的。其输出也必须送至寄存器中保存。现在有的芯片将寄存器和ALU电路集成在一个芯片内，如29C101，其框图如图2.14所示（图中ALU的控制端$I_8\sim I_0$未画出）。

该芯片的核心部件是一个容量为16字的双端口RAM和一个高速ALU电路。

RAM可视为由16个寄存器组成的寄存器堆。只要给出A_i口或B_i口的4位地址，就可以从A_0出口或B_0出口读出对应口地址的存储单元内容。写入时，只能写入到由B_i口指定的那个单元内。参与操作的两个数分别由RAM的A_0、B_0出口输出至两个锁存器中。

ALU受$I_8\sim I_0$控制，I_1、I_0控制ALU的数据源；I_5、I_4、I_3控制ALU所能完成的3种算术运算和5种逻辑运算；$I_8\sim I_6$用来控制RAM和Q移位器，决定是否移位以及Y口输出是来自RAM的A出口还是ALU的F出口。

ALU的C_{in}为低位来的外来进位，C_{n+16}为向高位的进位，可供29C101级联时用。ALU结果为0时，F=0可直接输出，OVR为溢出标记。而$\overline{P}$、$\overline{G}$与74181的P、G含义相同，它们可供先行进位方式时使用。ALU的输出可直接通过移位器存入RAM，也可通过选通门在$\overline{OE}$有效时从$Y_{15\sim 0}$输出。Q寄存器主要为乘法和除法服务，$D_{15\sim 0}$为16位立即数的输入口。

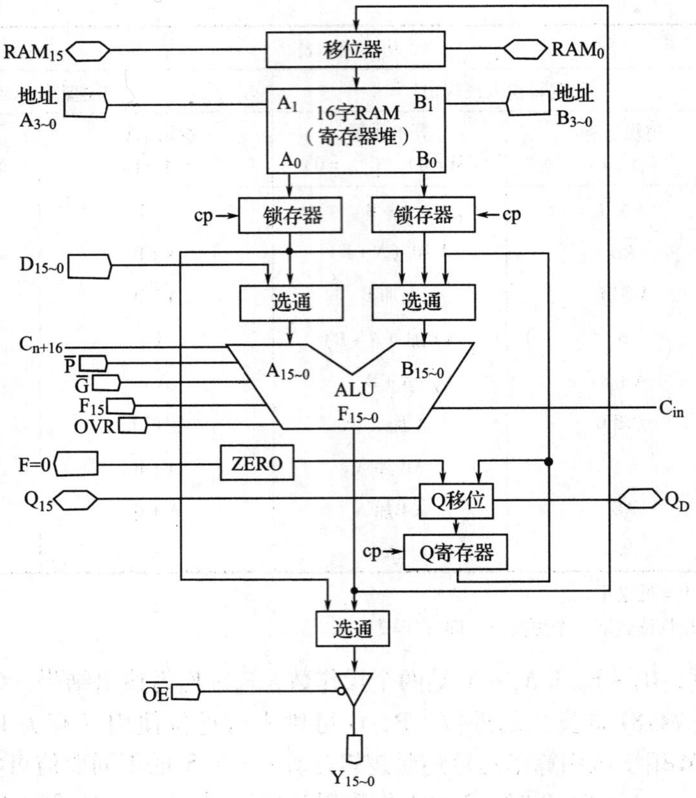

图 2.14　29C101 的框图

2.5.2　快速进位链

随着操作数位数的增加，电路中进位的速度对运算时间的影响也越大，为了提高运算速度，本节将通过对进位过程的分析设计快速进位链。

1. 并行加法器

并行加法器由若干全加器组成，如图 2.15 所示。n + 1 个全加器级联，就组成了一个 n + 1位的并行加法器。

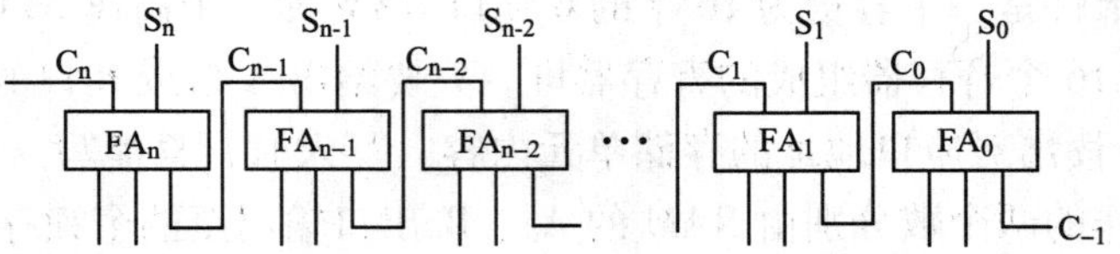

图 2.15　并行加法器示意图

由于每位全加器的进位输出是高一位全加器的进位输入，因此当全加器进位，这种一级一级传递进位的过程，将大大影响运算速度。

由全加器的逻辑表达式可知

和　　$S_i = \overline{A_i}\,\overline{B_i}\,C_{i-1} + \overline{A_i}\,B_i\,\overline{C_{i-1}} + A_i\,\overline{B_i}\,\overline{C_{i-1}} + A_i\,B_i\,C_{i-1}$

进位　$C_i = \overline{A_i}\,B_i\,C_{i-1} + A_i\,\overline{B_i}\,C_{i-1} + A_i\,B_i\,\overline{C_{i-1}} + A_i\,B_i\,C_{i-1}$

$$= A_i B_i + (A_i + B_i) C_{i-1}$$

可见，C_i进位由两部分组成：本地进位$A_i B_i$，可记作 d_i，与低位无关；传递进位（$A_i + B_i$）C_{i-1}，与低位有关，可称$A_i + B_i$为传递条件，记作 t_i，则 $C_i = d_i + t_i C_{i-1}$。

由 C_i组成可以将逐级传递进位的结构，转换为以进位链的方式实现快速进位。目前进位链通常采用串行和并行两种。

2. 串行进位链

串行进位链是指并行加法器中的进位信号采用串行传递，图 2.15 所示就是一个典型的串行进位加法器。

以 4 位并行加法器为例，每一位的进位表达式可表示为

$$\left.\begin{aligned} C_0 &= d_0 + t_0 C_{-1} \\ C_1 &= d_1 + t_1 C_0 \\ C_2 &= d_2 + t_2 C_1 \\ C_3 &= d_3 + t_3 C_2 \end{aligned}\right\} \quad (2.17)$$

由式（2.17）可见，采用与非逻辑电路可方便地实现进位传递，如图 2.16 所示。

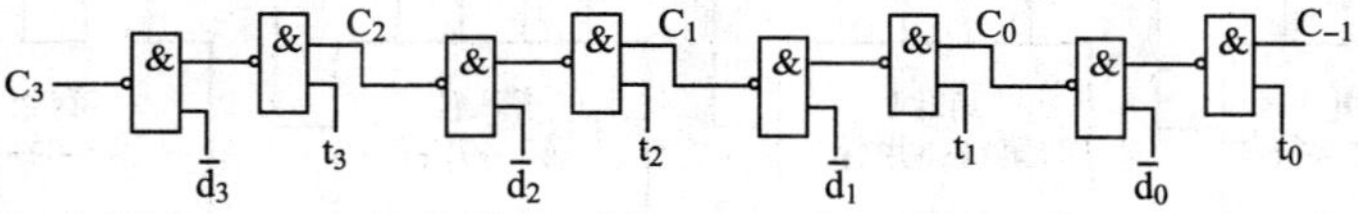

图 2.16　4 位串行进位链

若设与非门的级延迟时间为 t_y，那么当 d_i、t_i形成后，共需 $8t_y$便可产生最高位的进位。实际上每增加一位全加器，进位时间就会增加 $2t_y$。n 位全加器的最长进位时间为 $2nt_y$。

3. 并行进位链

并行进位链是指并行加法器中的进位信号是同时产生的，又称先行进位、跳跃进位等。理想的并行进位链是 n 位全加器的 n 位进位同时产生，但实际实现有困难。通常并行进位链有单重分组和双重分组两种实现方案。

（1）单重分组跳跃进位就是将 n 位全加器分成若干小组，小组内的进位同时产生，小组与小组之间采用串行进位，这种进位又有组内并行、组间串行之称。

以 4 位加法器为例，对式（2.17）稍作变换，便可获得并行进位表达式

$$\left.\begin{aligned} C_0 &= d_0 + t_0 C_{-1} \\ C_1 &= d_1 + t_1 C_0 = d_1 + t_1 d_0 + t_1 t_0 C_{-1} \\ C_2 &= d_2 + t_2 C_1 = d_2 + t_2 d_1 + t_2 t_1 d_0 + t_2 t_1 t_0 C_{-1} \\ C_3 &= d_3 + t_3 C_2 = d_3 + t_3 d_2 + t_3 t_2 d_1 + t_3 t_2 t_1 d_0 + t_3 t_2 t_1 t_0 C_{-1} \end{aligned}\right\} \quad (2.18)$$

按式（2.18）可得与其对应的逻辑图，如图 2.17 所示。

设与或非门的级延迟时间为 $1.5t_y$，与非门的级延迟时间仍为 $1t_y$，则 d_i、t_i形成后，只需 $2.5t_y$就可产生全部进位。

如果将 16 位的全加器按 4 位一组分组，便可得单重分组跳跃进位链框图，如图 2.18 所示。

不难理解在 d_i、t_i形成后，经 $2.5t_y$可产生 C_3、C_2、C_1、C_0这 4 个进位信息，经 $10t_y$就可

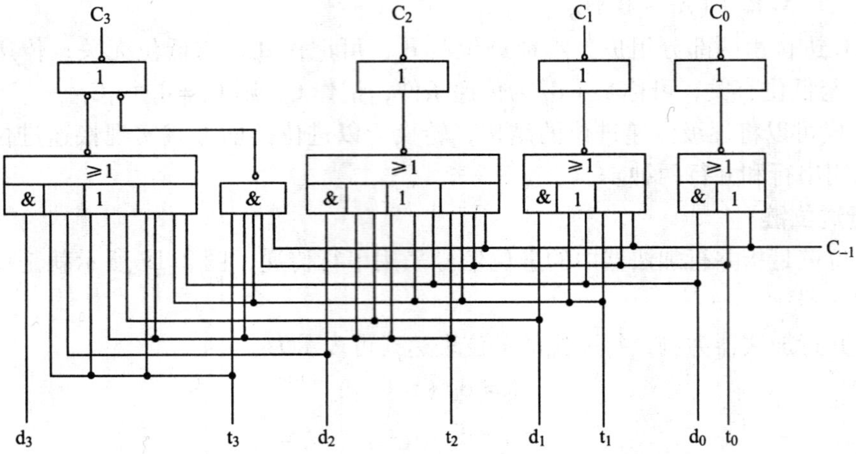

图 2.17　4 位一组并行进位链

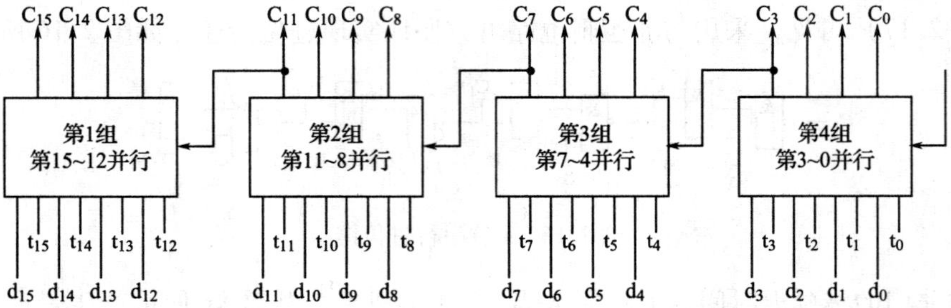

图 2.18　单重分组跳跃进位链框图

产生全部进位，而 n = 16 的串行进位链的全部进位时间为 $32t_y$，可见单重分组方案进位时间仅为串行进位链的 1/3。

但随着 n 的增大，其优势便很快减弱，如当 n = 64 时，按 4 位分组，共为 16 组，组间有 16 位串行进位，在 d_i、t_i形成后，还需经 $40t_y$才能产生全部进位，显然进位时间太长。如果能使组间进位也同时产生，必然会更大地提高进位速度，这就是组内、组间均为并行进位的方案。

（2）双重分组跳跃进位就是将 n 位全加器分成几个大组，每个大组又包含几个小组，而每个大组内所包含的各个小组的最高位是同时形成的，大组与大组间采用串行进位。因各个小组最高进位是同时形成的，小组内的其他进位也是同时形成的（注意：小组内的其他进位与小组的最高位进位并不是同时产生的），故又有组（小组）内并行、组（小组）间并行之称。图 2.19 是一个 32 位并行加法器双重分组跳跃进位的框图。

图中共分两大组，每个大组内包含 4 个小组，第一大组内的 4 个小组的最高位 C_{31}、C_{27}、C_{23}、C_{19}是同时产生的；第二大组内 4 个小组的最高位 C_{15}、C_{11}、C_7、C_3是同时产生的，而第二大组向第一大组的进位 C_{15}采用串行进位方式。

以第二大组为例，分析各进位的逻辑关系。

按式（2.18），可写出第八小组的最高进位表达式：

$$C_3 = d_3 + t_3 C_2 = d_3 + t_3 d_2 + t_3 t_2 d_1 + t_3 t_2 t_1 d_0 + t_3 t_2 t_1 t_0 C_{-1} = D_8 + T_8 C_{-1}$$

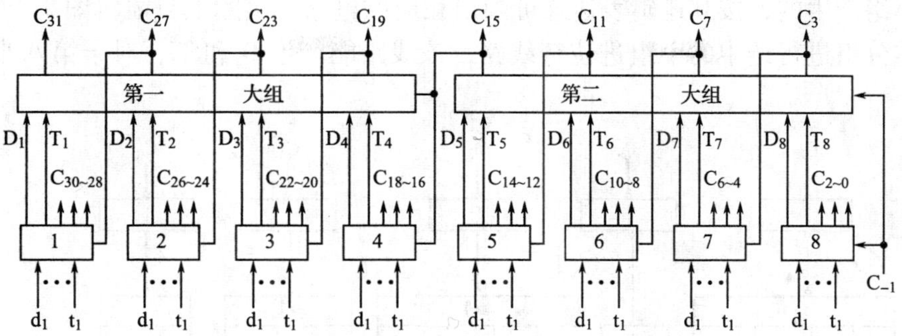

图 2.19　32 位并行加法器双重分组跳跃进位链框图

式中$D_8 = d_3 + t_3 d_2 + t_3 t_2 d_1 + t_3 t_2 t_1 d_0$ 仅与本小组内的 d_i、t_i有关，不依赖外来进位 C_{-1}，故称 D_8为第八小组的本地进位；$T_8 = t_3 t_2 t_1 t_0$ 是将低位进位 C_{-1}传到高位小组的条件，故称 T_8为第八小组的传送条件。

同理可写出第五、六、七组的最高进位表达式：

$$
\left.\begin{array}{ll}
\text{第七小组} & C_7 = d_7 + t_7 d_6 + t_7 t_6 d_5 + t_7 t_6 t_5 d_4 + t_7 t_6 t_5 t_4 C_3 = D_7 + T_7 C_3 \\
\text{第六小组} & C_{11} = d_{11} + t_{11} d_{10} + t_{11} t_{10} d_9 + t_{11} t_{10} t_9 d_8 + t_{11} t_{10} t_9 t_8 C_7 = D_6 + T_6 C_7 \\
\text{第五小组} & C_{15} = d_{15} + t_{15} d_{14} + t_{15} t_{14} d_{13} + t_{15} t_{14} t_{13} d_{12} + t_{15} t_{14} t_{13} t_{12} C_{11} = D_5 + T_5 C_{11}
\end{array}\right\} \quad (2.19)
$$

进一步展开又得：

$$
\left.\begin{array}{l}
C_3 = D_8 + T_8 C_{-1} \\
C_7 = D_7 + T_7 C_3 = D_7 + T_7 D_8 + T_7 T_8 C_{-1} \\
C_{11} = D_6 + T_6 C_7 = D_6 + T_6 D_7 + T_6 T_7 D_8 + T_6 T_7 T_8 C_{-1} \\
C_{15} = D_5 + T_5 C_{11} = D_5 + T_5 D_6 + T_5 T_6 D_7 + T_5 T_6 T_7 D_8 + T_5 T_6 T_7 T_8 C_{-1}
\end{array}\right\} \quad (2.20)
$$

可见，式（2.20）和式（2.18）极为相似，因此，只需将图 2.17 中的 d_0、d_1、d_2、d_3改为 D_8、D_7、D_6、D_5，再将 t_0、t_1、t_2、t_3改为 T_8、T_7、T_6、T_5便可构成第二重跳跃进位链，即大组跳跃进位链，如图 2.20 所示。由图 2.20 可见，当 $D_i T_i$($i = 5 \sim 8$) 及外来进位 C_{-1}形成后，再经过 $2.5t_y$ 便可同时产生 C_{15}、C_{11}、C_7、C_3。至于 D_i和 T_i可由式（2.19）求得，它

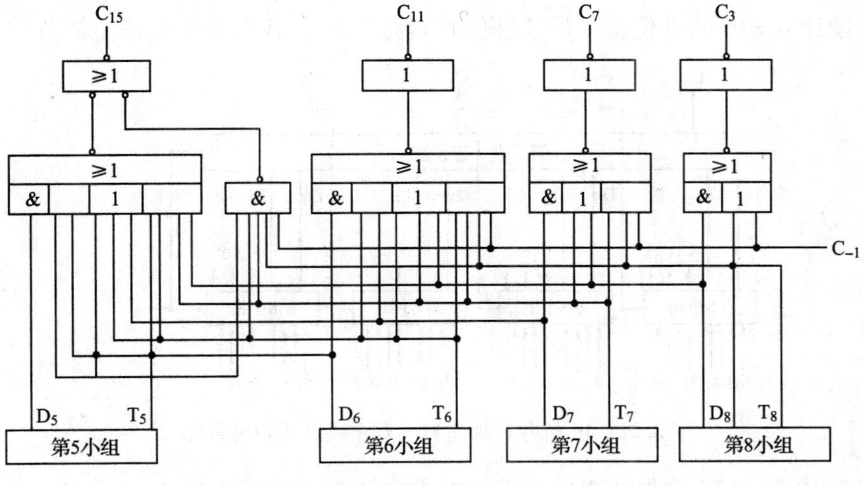

图 2.20　双重分组跳跃进位链的大组进位线路

们都是由小组产生的，按其逻辑表达式可画出相应的电路。实际上只需将图 2.17 略作修改便可得双重分组进行链中的小组进位链线路，该线路能产生 D_i 和 T_i，对于第八小组，如图 2.21 所示。

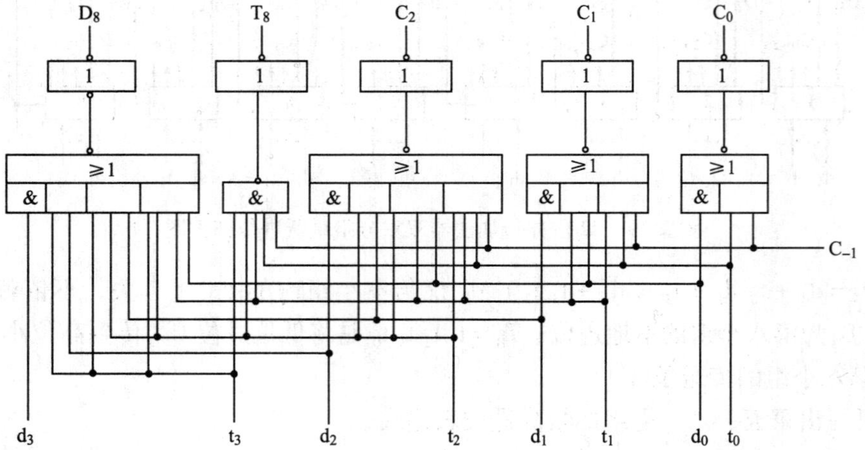

图 2.21　双重分组跳跃进位链的小组进位线路

可见，每小组可产生本小组的本地进位 D_i 和传送条件 T_i 以及组内的各低位进位，但不能产生组内最高位进位，即

第五组形成 D_5、T_5、C_{14}、C_{13}、C_{12}，不产生 C_{15}；

第六组形成 D_6、T_6、C_{10}、C_9、C_8，不产生 C_{11}；

第七组形成 D_7、T_7、C_6、C_5、C_4，不产生 C_7；

第八组形成 D_8、T_8、C_2、C_1、C_0，不产生 C_3。

图 2.20 和图 2.21 两种类型的线路可构成 16 位并行加法器的双重跳跃进位链框图，如图 2.22 所示。

由图 2.20 ~ 图 2.22 可计算出从 d_i、t_i 及 C_{-1}（外来进位）形成后开始，经 $2.5t_y$ 形成 C_2、C_1、C_0 和全部 D_i、T_i。经过 $2.5t_y$ 形成大组内的 4 个进位 C_{15}、C_{11}、C_7、C_3，再经过 $2.5t_y$ 形成第五、六、七小组的其余进位 C_{14}、C_{13}、C_{12}、C_{10}、C_9、C_8、C_6、C_5、C_4，可见，按双重分组设计 $n=16$ 的进位链，最长进位时间为 $7.5t_y$，比单重分组进位链节省了 $2.5t_y$。

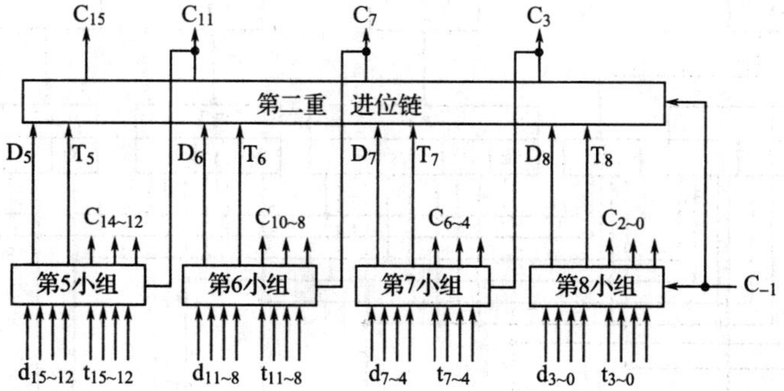

图 2.22　16 位并行加法器的双重跳跃进位链框图

对应图 2.19 所示 32 位加法器的双重分组进位链，不难理解从 d_i、t_i、C_{-1} 形成后算起，

经2.5t_y产生C_2、C_1、C_0及$D_{1\sim8}$、$T_{1\sim8}$；再经2.5t_y后，产生C_{15}、C_{11}、C_7、C_3；再经过2.5t_y后产生$C_{18}\sim C_{16}$、$C_{14}\sim C_{12}$、$C_{10}\sim C_8$、$C_6\sim C_4$及C_{31}、C_{27}、C_{23}、C_{19}；最后再经2.5t_y产生$C_{30}\sim C_{28}$、$C_{26}\sim C_{24}$、$C_{22}\sim C_{20}$，可见产生全部进位的最长时间为10t_y。若采用单重分组进位链，仍以4位一组分组，则产生全部进位时间为20t_y，比双重分组多1倍。显然，随着n的增大，双重分组的优越性显得格外突出。

机器究竟采用哪种方案，每个小组内应包含几位，应根据运算速度指标及所选元件等诸多方面因素综合考虑。

由上述分析可知，D_i和T_i均是小组进位链产生的，它们与低位进位无关。而D_i和T_i又是大组进位链的输入，因此，引入D_i和T_i可采用双重分组进位链，大大提高了运算速度。

2.5.1节介绍的74181芯片是4位ALU电路，其4位进位是同时产生的，多片74181级联就犹如本节介绍的单重分组跳跃进位，即组内（74181片内）并行，组间（74181片内）串行。74181芯片的G、P输出就如本节介绍的D、T。当需要进一步提高进位速度时，将74181与74182芯片配合，就可组成双重分组跳跃进位链，如图2.23所示。

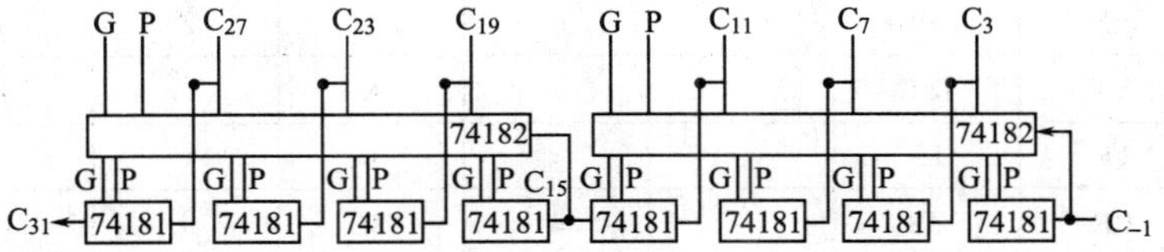

图2.23 由74181和74182组成的双重分组跳跃进位链

图2.23中74182为先行进位部件，两片74182和8片74181组成32位ALU电路，该电路采用双重分组先行进位方案，其原理与图2.19类似，其不同点是74182还提供了大组的本地进位G和大组的传送条件P。

2.6 字符的表示

计算机中除了能处理数值型数据信息外，还能处理大量的非数值型数据，如字符、图像及汉字信息等，这些信息在计算机中也必须用二进制代码形式表示。本节主要介绍字符型数据的表示。

2.6.1 ASCII码

西文是由拉丁字母、数字、标点符号及一些特殊符号所组成的，它们统称为“字符”(Character)。所有字符的集合叫做“字符集”。字符不能直接在计算机内部进行处理，因而也必须对其进行数字化编码，字符集中每一个字符都有一个代码（二进制编码的0/1序列），这些代码具有唯一性，互相区别，构成了该字符集的代码表，简称码表。

字符集有多种，每一个字符集的编码方法也多种多样。字符主要用于外部设备和计算机之间交换信息。一旦确定了所使用的字符集和编码方法后，计算机内部所表示的二进制代码和外部设备输入、打印和显示的字符之间就有唯一的对应关系。

目前计算机中使用得最广泛的西文字符集及其编码是ASCII码，即美国标准信息交换码(American Standard Code for Information Interchange，ASCII)，ASCII字符编码如表2.19所示。

表 2.19　ASCII 码表

	$b_6b_5b_4$ =000	$b_6b_5b_4$ =001	$b_6b_5b_4$ =010	$b_6b_5b_4$ =011	$b_6b_5b_4$ =100	$b_6b_5b_4$ =101	$b_6b_5b_4$ =110	$b_6b_5b_4$ =111
$b_3b_2b_1b_0$ =0000	NUL	DLE	SP	0	@	P	`	p
$b_3b_2b_1b_0$ =0001	SOH	DC1	!	1	A	Q	a	q
$b_3b_2b_1b_0$ =0010	STX	DC2	“	2	B	R	b	r
$b_3b_2b_1b_0$ =0011	ETX	DC3	#	3	C	S	c	s
$b_3b_2b_1b_0$ =0100	EOT	DC4	$	4	D	T	d	t
$b_3b_2b_1b_0$ =0101	ENQ	NAK	%	5	E	U	e	u
$b_3b_2b_1b_0$ =0110	ACK	SYN	&	6	F	V	f	v
$b_3b_2b_1b_0$ =0111	BEL	ETB	‘	7	G	W	g	w
$b_3b_2b_1b_0$ =1000	BS	CAN	(	8	H	X	h	x
$b_3b_2b_1b_0$ =1001	HT	EM	)	9	I	Y	i	y
$b_3b_2b_1b_0$ =1010	LF	SUB	*	:	J	Z	j	z
$b_3b_2b_1b_0$ =1011	VT	ESC	+	;	K	[	k	{
$b_3b_2b_1b_0$ =1100	FF	FS	,	<	L	\	l	|
$b_3b_2b_1b_0$ =1101	CR	GS	–	=	M	]	m	}
$b_3b_2b_1b_0$ =1110	SO	RS	.	>	N	^	n	~
$b_3b_2b_1b_0$ =1111	SI	US	/	?	O	_	o	DEL

从表 2.19 中可看出每个字符都由 7 个二进位 $b_6b_5b_4b_3b_2b_1b_0$表示，其中 $b_6b_5b_4$是高位部分，$b_3b_2b_1b_0$是低位部分。一个字符在计算机中实际上是用 8 位表示的。一般情况下，最高一位 b_7为“0”。在需要奇偶校验时，这一位可用于存放奇偶校验值，此时称这一位为奇偶校验位。7 个二进位 $b_6b_5b_4b_3b_2b_1b_0$从 0000000 到 1111111 共表示 128 种编码，可用来表示 128 个不同的字符，其中包括 10 个数字、26 个小写字母、26 个大写字母、算术运算符、标点符号、商业符号等。表中共有 95 个可打印（或显示）字符和 33 个控制字符。这 95 个可打印（或显示）字符在计算机键盘上能找到相应的键，按键后就可将对应字符的二进制编码送入计算机内。表中第 0 列和第 1 列以及第 7 列最末一个字符（DEL）称为控制字符，共 33 个，它们在传输、打印或显示输出时起控制作用。

从表 2.19 中可看出这种字符编码有两个规律。

（1）字符 0 ~ 9 这 10 个数字字符的高三位编码为 011，低四位分别为 0000 ~ 1001。当去掉高三位时，低四位正好是二进制形式的 0 ~ 9。这样既满足了正常的排序关系，又有利于实现 ASCII 与二进制数之间的转换。

（2）英文字母字符的编码值也满足正常的字母排序关系，而且大、小写字母的编码之间有简单的对应关系，差别仅在 b_5这一位上，若这一位为 0，则是大写字母；若为 1，则是小写字母。这使得大、小写字母之间的转换非常方便。

西文字符集的编码不止 ASCII 码一种，较常用的还有一种是用 8 位二进制数表示一个字符的 EBCDIC 码（Extended Binary Coded Decimal Interchange Code），该码共有 256 个编码状态，最多可表示 256 个字符，但这 256 个编码并没有全部被用来表示字符。0 ~ 9 10 个数字字符的高四位编码为1111，低四位还是分别对应0000~1001。大、小写英文字母字符的编码也是仅一位（第2位）不同。

2.6.2 Unicode编码

随着国际互联网的迅速发展，要求进行数据交换的需求越来越大。不同的编码体系越来越成为信息交换的障碍，而且多种语言共存的文档不断增多，单靠代码页已很难解决这些问题。于是Unicode应运而生。

Unicode（统一码、万国码、单一码）是一种在计算机上使用的字符编码。它为每种语言中的每个字符设定了统一并且唯一的二进制编码，以满足跨语言、跨平台进行文本转换、处理的要求。这种编码从1990年开始研发，1994年正式公布。随着计算机工作能力的增强，Unicode也在问世以来的十多年里得到普及。

Unicode是基于通用字符集（Universal Character Set）的标准来发展的，并且同时也以书本的形式（The Unicode Standard，目前第5版由Addison-Wesley Professional出版，ISBN-10：0321480910）对外发表。

UNICODE使任何语言的字符都可以被机器更容易地接受，UNICODE由UC（UNICODE协会）管理并接受其技术上的修改。包括Java、Ldap、Xml这样的技术标准中均要求得到UNICODE的支持。UNICODE的字符被称为代码点（Code Points），用U后面加上XXXX来表示，其中，X为十六进制的字符。

对于英文来说，ASCII码0~127就足以代表所有字符，对于中文而言，则必须使用两个字节（Byte）来代表一个字符，且第一个字节必须大于127（所以有些程序判断中文都是以ASCII码大于127作为条件）。以上用两个字节来表示一个中文的方式，在习惯上称为双字节（Double-Byte Character Set，DBCS），而相比之下，英文的字符码就称为单字节（Single-Byte Character Set，SBCS）。

虽然双字节DBCS足以解决中英文字符混合使用的情况，但对于不同字符系统而言，必须经过字符码转换，这非常麻烦。例如，中英文混合情况、日文、韩文等。为解决这个问题，国际标准组织于1984年4月成立ISO/IEC JTC1/SC2/WG2工作组。针对各国文字、符号进行统一性编码。1991年美国跨国公司成立Unicode Consortium，并于同年10月与WG2达成协议，采用同一编码字集。目前Unicode是采用16位编码体系。其字符集内容与ISO10646的BMP（Basic Multilingual Plane）相同。Unicode于1992年6月通过DIS（Draf International Standard）。版本V2.0于1996年公布。其内容包含符号6811个，汉字20902个，韩文拼音11172个，造字区6400个，保留20249个，共计65534个。

Unicode有双重含义。首先Unicode是对国际标准ISO/IEC10646编码的一种称谓（ISO/IEC10646是一个国际标准，也称大字符集。它是ISO于1993年颁布的一项重要国际标准，其宗旨是全球所有文种统一编码）。另外，它又是由美国的HP、Microsoft、IBM、Apple等大企业组成的联盟集团的名称，成立该集团的宗旨就是要推进多文种的统一编码。

Unicode的最初目标是用一个16位的编码来为超过65000个的字符提供映射。但这还不够，它不能覆盖全部历史上的文字，也不能解决传输的问题（Implantation Head-ache's），尤其是在那些基于网络的应用中。因此，Unicode用一些基本的保留字符制定了三套编码方式，它们分别是UTF-8，UTF-16和UTF-32。顾名思义，在UTF-8中，字符是以8位序列来编码的，用一个或几个字节来表示一个字符。这种方式的最大好处是保留了 ASCII 字符的编码作为它的一部分。例如，在 UTF－8 和 ASCII 中，“A”的编码都是 0x41。UTF-16 和 UTF-32 分别是 Unicode 的 16 位和 32 位编码方式。考虑到最初的目的，通常说的 Unicode 就是指 UTF-16。

Unicode 国际组织制定了可以容纳世界上所有文字和符号的字符编码方案。Unicode 用数字 0～0x10FFFF 来映射这些字符，最多可以容纳 1114112 个字符，或者说有 1114112 个码位。码位就是可以分配给字符的数字。UTF-8、UTF-16、UTF-32 都是将数字转换到程序数据的编码方案。

Unicode 字符集可以简写为 UCS（Unicode Character Set）。早期的 Unicode 标准有 UCS-2、UCS-4 的说法。UCS-2 用两个字节编码，UCS-4 用 4 个字节编码。UCS-4 根据最高位为 0 的最高字节分成 $2^7=128$ 个 group。每个组（group）再根据次高字节分为 256 个平面（plane）。每个平面根据第 3 个字节分为 256 行（row），每行有 256 个码位（cell）。组（group）0 的平面 0 被称作 BMP（Basic Multilingual Plane）。将 UCS-4 的 BMP 去掉前面的两个零字节就得到了 UCS-2。

每个平面有 $2^{16}=65536$ 个码位。Unicode 计划使用 17 个平面，一共有 $17\times65536=1114112$ 个码位。在 Unicode 5.0 版本中，已定义的码位只有 238605 个，分布在平面 0、平面 1、平面 2、平面 14、平面 15、平面 16。其中平面 15 和平面 16 上只是定义了两个各占 65534 个码位的专用区（Private Use Area），分别是 0xF0000～0xFFFFD 和 0x100000～0x10FFFD。所谓专用区，就是保留给大家放自定义字符的区域，可以简写为 PUA。

2.6.3 汉字编码简介

西文是一种拼音文字，用有限的几个字母可以拼写出所有单词。因此西文中仅需要对有限个少量的字母和一些数学符号、标点符号等辅助字符进行编码，所有西文字符集的字符总数不超过 256 个，所以使用 7 个或 8 个二进位就可表示。中文信息的基本组成单位是汉字，汉字也是字符。但汉字是表意文字，一个字就是一个方块图形。计算机要对汉字信息进行处理，就必须对汉字本身进行编码，但汉字的总数超过 6 万字，数量巨大，这给汉字在计算机内部的表示、汉字的传输与交换、汉字的输入和输出等带来了一系列问题。为了适应汉字系统各组成部分对汉字信息处理的不同需要，汉字系统必须能处理以下几种汉字代码，即输入码/内码/字模点阵码。

1. 汉字的输入码

由于计算机最早是由西方国家研制开发的，最重要的信息输入工具——键盘是面向西文设计的，一个或两个西文字符对应着一个按键，非常方便。但汉字是大字符集，专门的汉字输入键盘由于键多、查找不便、成本高等原因而几乎无法采用。怎样向计算机输入汉字呢？一种是手写汉字联机识别输入，一种是印刷汉字扫描输入后自动识别，这两种方法现均已达到实用水平。现在还有一种用语音输入汉字的方法，虽然简单易操作，但离实用阶段还相差很远。目前来说，最简便、最广泛采用的汉字输入方法是利用英文键盘输入汉字。由于汉字字数多，无法使每个汉字与西文键盘上的一个键相对应，因此必须使每个汉字用一个或几个键来表示，这种对每个汉字用相应的按键进行的编码表示就称为汉字的“输入码”，又称外码。因此汉字的输入码的码元（即组成编码的基本元素）一定是西文键盘中的某个按键。

汉字的输入编码方案有几百种之多，能够被广泛接受的编码方案应具有的特点是易学习、易记忆、效率高（击键次数较少）、重码少、容量大（包含汉字的字数多）等。到目前为止，还没有一种在所有方面都很好的编码方法，真正推广应用较好的也只有少数几种。汉字输入编码方法大体分成 4 类。①数字编码：用一串数字来表示汉字的编码。例如，电报码、区位码等，它们难以记忆，不易推广。②字音编码：基于汉语拼音的编码。它简单易学，适合于非专业人员。缺点是同音字引起的重码多，需增加选择操作。例如，现在常用的微软拼音输入法和智能 ABC 输入法等。③字形编码：将汉字的字形分解归类而给出的编码。这种编码重码少、输入速度快，但编码规则不易掌握。例如，五笔字形法和表形码就是这类编码。④形音编码：将汉字读音和形状结合起来考虑的编码。它吸取了字音编码和字形编码的优点，使编码规则简化、重码减少，但不易掌握。

2. 字符集与汉字内码

汉字通过输入码从键盘，或通过语音识别从传声器，或通过联机手写，或印刷体文字扫描输入等各种手段被输入到计算机内部后，就按照一种被称为“内码”的编码形式在系统中进行存储、查找、传送等处理。对于西文字符数据，它的内码就是 ASCII 码。对于汉字内码的选择，我们必须考虑以下几个因素：①不能有二义性，即不能和 ASCII 码有相同的编码。②要与汉字在字库中的位置有关系，以便于汉字的处理、查找。③编码应尽量短。

为了适应计算机处理汉字信息的需要，1980 年我国颁布了《信息交换用汉字编码字符集・基本集》（GB2312—1980）。该标准选出 6763 个常用汉字，为每个汉字规定了标准代码，以供汉字信息在不同计算机系统之间交换使用。这个标准称为国标码，又称国标交换码。

GB2312 国标字符集由三部分组成：第一部分是字母、数字和各种符号，包括英文、俄文、日文平假名与片假名、罗马字母、汉语拼音等共 687 个；第二部分为一级常用汉字，共 3755 个，按汉语拼音排列；第三部分为二级常用字，共 3008 个，因不太常用，所以按偏旁部首排列。

GB2312 国标字符集中为任意一个字符（汉字或其他字符）规定了一个唯一的二进制代码。码表由 94 行（十进制编号 0 ~ 93 行）、94 列（十进制编号 0 ~ 93 列）组成，行号称为区号，列号称为位号。每一个汉字或符号在码表中都有各自的位置，因此各有一个唯一的位置编码，该编码用字符所在的区号及位号的二进制代码表示，7 位区号在左、7 位位号在右，共 14 位，这 14 位代码就叫该汉字的“区位码”。因此区位码指出了该汉字在码表中的位置。

汉字的区位码并不是其国标码（即国标交换码）。由于信息传输的原因，每个汉字的区号和位号必须各自加上 32（即 16 进制的 20h），这样区号和位号各自加上 32 后相应的二进制代码才是它的“国标码”，因此在“国标码”中区号和位号还是各自占 7 位。在计算机内部，为了处理与存储的方便，汉字国标码的前后各 7 位分别用一个字节来表示，所以共需两个字节才能表示一个汉字。因为计算机中的中西文信息是混合在一起进行处理的，所以汉字信息如不予以特别的标识，则它与单字节的 ASCII 码就会混淆不清，无法识别。这就是前面给出的第一个要考虑的因素。为了解决这个问题，采用的方法之一，就是使表示汉字的两个字节的最高位（b_7）总等于“1”。这种双字节（16 位）的汉字编码就是其中的一种汉字“机内码”（即汉字内码）。目前 PC 中汉字内码的表示大多数都是这种方式。例如，汉字

“大”的国标码为3473h（0011 0100 0111 0011B），前面的34h和字符“4”的ACSII码相同，后面的73h和字符“s”的ACSII码相同，将每个字节的最高位各设为“1”后，就得到其机内码：B4F3h（1011 0100 1111 0011B）。这样就不会和ASCII码混淆了。应当注意，汉字的区位码和国标码是唯一的、标准的，而汉字内码可能随系统的不同而有差别。

随着亚洲地区计算机应用的普及与深入，汉字字符集及其编码还在发展。国际标准ISO/IEC 10646提出了一种包括全世界现代书面语言文字所使用的所有字符的标准编码，每个字符用4个字节（称为UCS-4）或两个字节（称为UCS-2）来编码。我国（包括香港、台湾地区）与日本、韩国联合制订了一个统一的汉字字符集（CJK编码），共收集了上述不同国家和地区的共约两万多汉字及符号，采用2字节（即UCS-2）编码，现已被批准为国家标准（GB13000）。美国微软公司在Windows 95和Windows NT操作系统（中文版）中也已采用了中西文统一编码，收集了中、日、韩三国常用的约两万汉字，称为“Unicode”（2字节编码），它与ISO/IEC 10646的UCS-2编码一致。

汉字输入码与汉字内码、汉字交换码完全是不同范畴的概念，不能把它们混淆起来。通过使用不同的输入编码方法输入到计算机中的汉字，它们的内码、交换码还是一样的。

3. 汉字的字模点阵码和轮廓描述

经过计算机处理后的汉字，如果需要在屏幕上显示出来或用打印机打印出来，则必须把汉字机内码转换成人们可以阅读的方块字形式，若输出内码则很难看懂。

每一个汉字的字形都必须预先存放在计算机内，一套汉字（例如GB2312国标汉字字符集）的所有字符的形状描述信息集合在一起称为字形信息库，简称字库（Font）。不同的字体（如宋体、仿宋、楷体、黑体等）对应着不同的字库。在输出每一个汉字的时候，计算机都要先到字库中去找到它的字形描述信息，然后把字形信息送到相应的设备输出。

汉字的字形主要有两种描述的方法：字模点阵描述和轮廓描述。字模点阵描述是将字库中的各个汉字或其他字符的字形（即字模），用一个其元素由“0”和“1”组成的方阵（如16×16、24×24、32×32甚至更大）来表示，汉字或字符中有黑点的地方用“1”表示；空白处用“0”表示，我们把这种用来描述汉字字模的二进制点阵数据称为汉字的字模点阵码。汉字的轮廓描述方法比较复杂，它把汉字笔画的轮廓用一组直线和曲线来勾画，记下每一直线和曲线的数学描述公式。目前已有两类国际标准，即Adobe Type1和True Type。这种方式精度高，字形大小可以任意变化。目前字模点阵描述和轮廓描述这两种类型的字库都被广泛使用。

2.7 指令信息的表示

存储程序是计算机最基本的结构特征之一，程序员用各种语言编写的程序最后要翻译（解释或编译）成以指令形式表示的机器语言以后，才能在计算机上运行。计算机的指令有微指令、机器指令和宏指令之分。微指令是微程序级的命令，属于硬件；宏指令是由若干机器指令组成，属于软件；机器指令介于二者之间，因而是硬件和软件的界面。

一台计算机能执行的机器指令全体称为该机的指令系统。它是软件编程的出发点和硬件设计的依据，它能衡量机器硬件的功能，反映硬件对软件支持的程度。

2.7.1 指令格式

机器指令必须规定硬件要完成的操作，并指出操作数或操作数地址。指令一般的格式如下：

操作码	地址码

按指令包含的地址的个数可分为以下几种。

1. 三地址指令

最初的机器指令包含3个地址，即存放第一个操作数的单元地址、存放第二个操作数的单元地址和存放操作结果的单元地址，格式如下：

OP	A1	A2	A3

执行（A1）OP（A2）→A3。

表示地址为A1的单元内容和地址为A2的单元内容执行OP操作，结果存入地址为A3所指出的单元。

三地址指令中的地址太多，使指令字长过长，占用存储器空间较多，运行效率低，现在不常使用。

2. 二地址指令

操作结果可放回某一个操作数单元，这个操作数称为目标操作数，另一个操作数称源操作数，这样，就产生二地址指令：

OP	A1	A2

执行（A1）OP（A2）→A2。

3. 单地址指令

如果用CPU中一个专用寄存器A（称累加器）作为目标操作数，又可以省去一个地址，这样，就产生单地址指令：

OP	A1

执行（A1）OP（A）→A。

单地址指令短，由于一个操作数已经在CPU内，所以执行速度也较快。

4. 零地址指令

这类指令无操作数，所以无地址码。例如，空操作、停机等不需要地址的指令，或者操作数隐含在堆栈中，其地址由栈指针给出。

OP

5. 指令长度

指令长度的原则如下。

（1）指令长度应为存储器基本字长的整数倍。如果指令长度任意，就会产生指令跨存储字边界存放的情况，即有时一条指令存放在几个存储字中，而有时一个存储字中又存放若干指令。这将给取指令带来很大不便，影响指令的执行速度。因此，指令长度应为存储器基本字长的整数倍。另外，指令长度有固定长指令和可变长指令两类。例如，DJS－130小型机，指令固定长为16位；又如PDP－1小型机，基本指令长度也是16位。IBM360/370机指令长度有16位、32位和48位，Pentium机指令长度也可变。由于可变长指令比较灵活，所以采用较多。

(2) 指令字长应尽量短。指令短有利于提高程序的效率，即减少所需存储量和加快运行速度。指令短有利于减少所需存储量是显而易见的。指令短为什么能加快指令执行速度呢？因为指令短，从存储器中取出指令的时间一般就会少一些，分析指令的时间一般也会短一些。目前，为了使指令长度缩短，采取了一系列措施。例如，用指令指针PC（IP）指出下一条指令的地址，用累加器A隐含一个操作数，地址隐含在某个寄存器中，以及采用RISC技术等。

当然，不能为了使指令短而影响指令系统的完备性和规整性。指令系统的完备性差，机器的功能受影响；规整性差，分析指令的时间必然加长。

2.7.2 常用的寻址方式

前面已经讲过，指令不仅要规定所执行的操作，还要给出操作数或操作数的地址。指令如何指定操作数或操作数地址称为寻址方式。寻址方式也是指令系统的一个重要内容。确定一台计算机指令系统的寻址方式时，有以下几点必须考虑：

(1) 希望指令内所含地址尽可能短。

(2) 希望能访问尽可能大的存储空间。

(3) 寻址方法尽可能简单。

(4) 在不改变指令的情况下，仅改变地址的实际值，从而能方便地访问数组、串、表格等较复杂的数据。

常用的寻址方式有以下几类。

1. 立即寻址

指令直接给出操作数本身，这种寻址方式称为立即寻址。

存储器地址	存储器内容
n	操作码
n+1	8位立即数
n+2	下条指令

a)

存储器地址	存储器内容
n	操作码
n+1	立即数低8位
n+2	立即数高8位
n+3	下条指令

b)

图2.24　按字节编址的机器中的立即寻址指令

a) 8位立即数　b) 16位立即数

在按字节编址的机器中，8位和16位立即数指令的格式如图2.24所示。

2. 直接寻址

指令直接给出操作数地址，称为直接寻址。

在按字节编址并采用16位地址的机器中，直接寻址指令的格式如图2.25所示。

存储器地址	存储器内容
n	操作码
n+1	操作数地址低8位
n+2	操作数地址高8位
n+3	下条指令

图2.25　按字节编址的机器中的直接寻址指令

3. 间接寻址

指令给出存放操作数地址的存储单元地址，称为间接寻址。

其中@是间接寻址标志。单级间接寻址过程如图2.26所示。计算机中还可以有多重间接寻址。指令在存储器中的存放形式与直接寻址类似。

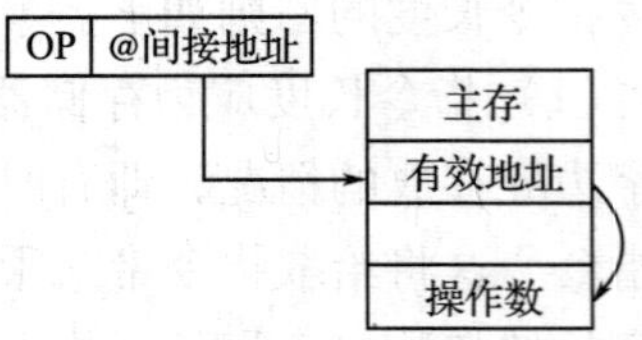

图2.26　单级间接寻址

4. 寄存器（直接）寻址

操作数在指令指定的CPU的某个寄存器中，称为寄存器（直接）寻址。

寄存器寻址有以下优点：

（1）CPU寄存器数量远小于内存单元，所以寄存器号比内存地址短，因而寄存器寻址方式指令短。

（2）操作数已在CPU中，不用访存，因而指令执行速度快。

5. 寄存器间接寻址

操作数地址在指令指定的CPU的某个寄存器中，称为寄存器间接寻址。如8086指令MOV AX，[BX]，将以寄存器BX内容为地址，读出该内存单元内容送入AX寄存器。寄存器间接寻址指令也短，因为只要给出一个寄存器号而不必给出操作数地址。指令长度和寄存器寻址指令差不多，但由于要访问内存，寄存器间接寻址指令执行的时间比寄存器寻址指令执行的时间长。

6. 寄存器变址寻址

指令指定一个CPU寄存器（称为变址寄存器）和一个形式地址，操作数地址是二者之和，称为寄存器变址寻址。

一般格式如图2.27所示。

例如，8086指令MOV AL，[SI+1000H]。其中SI为变址器，1000为形式地址（或称位移量）。变址寄存器的内容可以自动“+1”或“-1”，以适合于选取数组数据，如图2.27所示。形式地址指向数组的起始地址，变址器SI自动“+1”，可以选取数组中所有元素。另外，某些计算机中还允许变址与间址同时使用。如果先变址、后间址，称为前变址；而先执行间址，后再变址，则称为后变址。

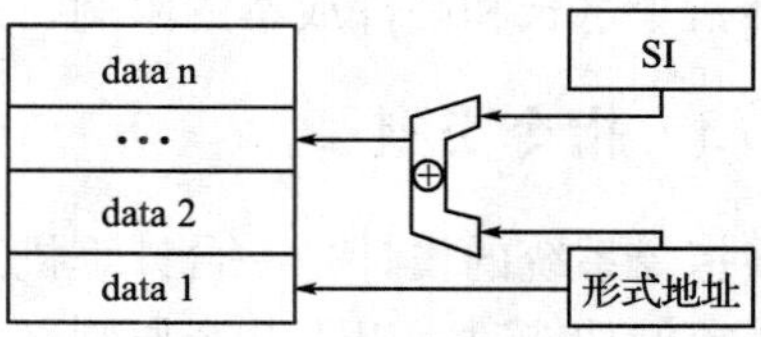

图2.27　变址寻址选择数组数据

7. 相对寻址

相对寻址是指把程序计数器PC中的内容，加上由指令给出的形式地址而形成操作数地址。相对寻址实际上是规定了操作数和指令的相对位置，因而得名。采用相对寻址便于编制可浮动程序，这种程序随便放在内存什么位置，都能正常运行。和变址寻址计算地址的方法相比较，可以看出相对寻址是以程序计数器PC作为变址寄存器的特殊变址寻址的情况。

8. 基址寻址

基址寻址是指把由指令中给出的地址（或称位移量）与CPU中的某个基址寄存器中内容相加而得到实际的操作数地址。

这种寻址方式看起来与变址寻址相同，两者都是把某个寄存器内容和指令给出的地址相加得到实际的操作数地址，但实际用法却不同。

变址寻址主要解决程序内部的循环问题，例如“循环取数组中一个元素”等问题。而基址寻址则要求基址寄存器的内容能提供整个主存范围的寻址能力，指令给出的位移地址实际上指出了相对于基址的位移量。基址寻址为逻辑空间到物理空间的地址变换提供了支持，以便实现程序的动态再定位。例如，在多道程序运行环境下，每一个用户程序给定一个基地址，只要改变基址内容，就可以方便地实现程序的再定位。

9. 隐含寻址方式

隐含寻址方式指的是指令没有明显地给出操作数地址，而在操作码中隐含着操作数地址。例如，单地址指令中只给出一个操作数地址，另一个操作数规定为累加器，它的地址就是隐含的。另外，如堆栈指令，其操作数在堆栈内，指令中无需指出具体地址。

10. 其他寻址方式

有的计算机指令系统中还有更复杂的寻址方式，如基址变址寻址、位寻址、块寻址、串寻址等，这里不再赘述。

从以上介绍可以看出，往往一台计算机的指令系统的寻址方式多种多样，这给程序员编程带来了方便，但是也给计算机控制器的实现带来了一定的复杂性。在具体实现时，有些机器的指令中，专门有寻址方式字节，这样，寻址方式一般不受操作码的限制。而有的机器或同一机器的其他指令将寻址方式隐含在操作码中，这样就不是每条指令都能采用该机指令系统中提供的所有寻址方式。例如，在 Pentium 机的指令系统中传数指令（MOV）的寻址方式比较多，有立即寻址、直接寻址、寄存器间接寻址等，具体寻址方式由寻址方式字节指定；而有的指令（如输入、输出指令）所能用的寻址方式只有直接端口寻址和寄存器间接寻址两种，寻址方式隐含在操作码中。因此，在使用这类机器时，不仅要了解该机总体上有哪些寻址方式，还应了解各指令具体有哪些寻址方式。当然，这对编程来讲是不方便的，但由于机器指令字长和硬件成本的限制，这类不足是难免的。

2.7.3 指令类型

指令系统的设计是一台计算机系统结构设计的关键之一。因此，在设计一台计算机的指令系统的功能时，以下几个原则必须考虑：

（1）完备性或完整性：即指令系统的功能应尽量完备，这会给用户的使用带来方便。但是，如果指令系统太复杂，也会给指令的硬件实现增加困难。因此，较复杂的功能可以通过程序实现。

（2）兼容性：特别是在考虑系列机的设计实现时，往往高档机的指令系统兼容以前低档机的指令系统，这会给软件资源重复利用带来方便。例如，Pentium 机的指令系统，与以前 80×86 指令系统具有很好的兼容性。

（3）均匀性：数据处理指令能对多种类型的数据进行处理，包括三种整数（字节、字、双字）和两种浮点数（单精度和双精度浮点数）。

（4）可扩充性：操作码字段要保留一定的空间，以便需要时进行功能扩充。

1. 按功能将指令分类

（1）算术和逻辑运算指令。这类指令有加（ADD）、减（SUB）、比较（CMP）、乘（MUL）、除（DIV）、与（AND）、或（OR）、取反（NOT）、变补（NEG）、异或（XOR）、加 1（INC）、减 1（DEC）等。为了方便多字长数据的运算，大多数机器还设置了带进位的加（ADC）和带借位的减（SBB）指令等。在算术运算指令中，有的计算机还专门设置了十进制数的运算指令。

（2）移位指令和循环指令。这类指令有算术移位、逻辑移位、环移、半字交换等。

1）算术移位。

算术左移：如图 2.28a 所示。操作数的各位依次向左移一位，最低位补零。大多数机器的算术左移操作还将原操作数的最高位移入 C 标志位（进位标志）。

算术右移：操作数的各位依次向右移一位，最高位（符号位）不变。原操作数的最低位移入 C 标志位，如图 2. 28b 所示。

2）逻辑移位。

逻辑左移：操作同算术左移，大多数机器一般不再专门设置此指令。

逻辑右移：操作数的各位依次向右移一位，最高位补零。原操作数的最低位移入 C 标志位，如图 2. 28b 所示。

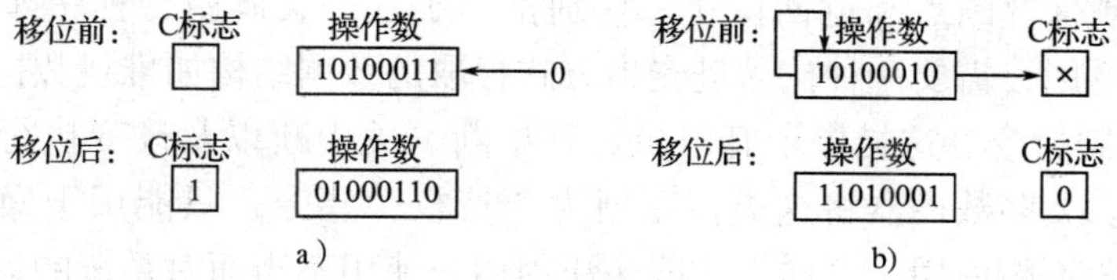

图 2. 28　算术移位

a）算术左移　b）算术右移

3）环移。

• 小环移。

小循环左移，最高位移入 C 标志，同时移入最低位。

小循环右移，最低位移入 C 标志，同时移入最高位。

• 大环移。

大循环左移，操作如图 2. 29a 所示。最高位移入 C 标志，而 C 标志移入最低位。

大循环右移，操作如图 2. 29b 所示。最低位移入 C 标志，而 C 标志移入最高位。

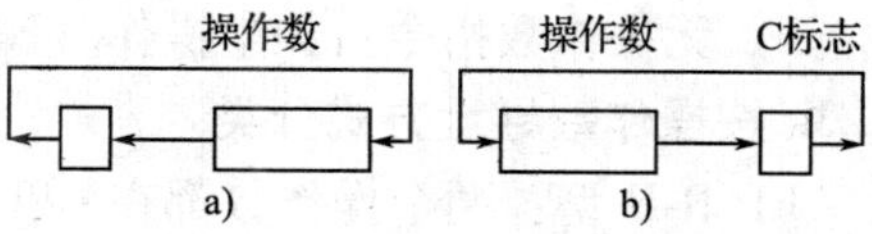

图 2. 29　大环移

a）大循环左移　b）大循环右移

4）半字交换，操作如下所示。

交换前：	01001000	01101110
交换后：	01101110	01001000

（3）传送类指令。这类指令有传送（MOV）（源操作数→目标操作数）、取数（LDA）（数由内存→CPU 寄存器）、存数（STA）（数由 CPU 寄存器→内存）、交换（XCHG）（源操作数和目标操作数交换）等。

（4）串指令：对字符串进行操作的指令。如串传送、比较、检索、传送转换等指令。

（5）顺序控制指令：用来控制程序执行的顺序。如条件转移、无条件转移（JMP）、跳步（SKIP）、转子（CALL）、返主（RET）等指令。

转移指令的操作是将转移地址送到 PC 中去，转移地址可用直接寻址方式给出（又称绝对转移），或由相对寻址方式给出（又称相对转移）。有的机器还可以用寄存器寻址方式或寄存器间接寻址方式给出转移地址。

无条件转移指令无论上条指令执行的结果是什么都要执行转移操作，而条件转移指令仅仅在特定条件满足时才执行转移操作。转移条件一般是某个标志位置位或复位，或者由两个或两个以上的标志位组合而成。如进位标志 C = 1 转或 C = 0 转、或 C = 1 且 Z（零标志位）= 1 转等。跳步是转移的一种特例，它使 PC 再增加一个定值，这个定值一般是指令字所占用的存储字个数。应该注意的是，取指令时 PC 已增量过了，因此跳步指令实际上就是跳过下条指令。

转子指令和转移指令的根本区别在于，执行转子指令时必须记住下条指令的地址（称为断点或返回地址）。这类指令用于子程序的调用，当子程序执行完毕时，仍返回到主程序的断点继续执行。而转移指令则不保存断点。返主指令（又叫返回指令）的操作是在子程序执行完毕时，将事先保存的主程序的断点（由转子指令保存）送到 PC，这样程序将回到转子指令的下条指令继续执行。

为了便于实现保存断点和返回操作，特别是当子程序又调用子程序即所谓子程序嵌套时，能保证顺利返回，需要一种按后进先出方式存取的数据结构如堆栈数据结构。

（6）CPU 控制指令。这类指令有停机、开中断、关中断以及改变执行特权、进入特殊处理程序等指令。大多数机器将这类指令划为“特权”指令，只能用于操作系统等系统软件，用户程序一般不能使用。这样，才能防止因用户使用不当而对系统的运行造成危害。

（7）输入、输出指令。这类指令用于完成 CPU 与外部设备交换数据或传送控制命令及状态信息。大多数机器都设置了这类指令，但是它们的寻址方式一般较少，常见的只有直接寻址和寄存器间接寻址等。有的机器不设置这类指令，用访内存指令完成其操作（当然这样一来需要给各外设安排特殊的存储器地址）。

2. 按操作数个数分类

（1）双操作数指令：如 ADD、SUB、AND 等。

（2）单操作数指令：如 NEG、NOT、INC、DEC 等。

（3）无操作数指令：如空操作（NOP）、停机、开中断、关中断等。

3. 按操作数寻址方式分类

（1）R-R 型：两个操作数都在 CPU 的寄存器中。

（2）R-S 型：两个操作数中一个在 CPU 寄存器中，另一个在内存中。

（3）S-S 型：两个操作数都在内存中。

2.7.4 Pentium 指令格式

1. 指令格式

Pentium 采用可变长指令格式，最短的指令只有一个字节，最长的指令可有十几个字节。其指令由以下几个部分组成。

前缀：位于指令操作码前，各类前缀的字节数如下。

前缀类型：	指令前缀	段前缀	操作数长度	地址长度
字节数：	0 或 1	0 或 1	0 或 1	0 或 1

指令：指令各部分的长度和含义如图 2.30 所示。

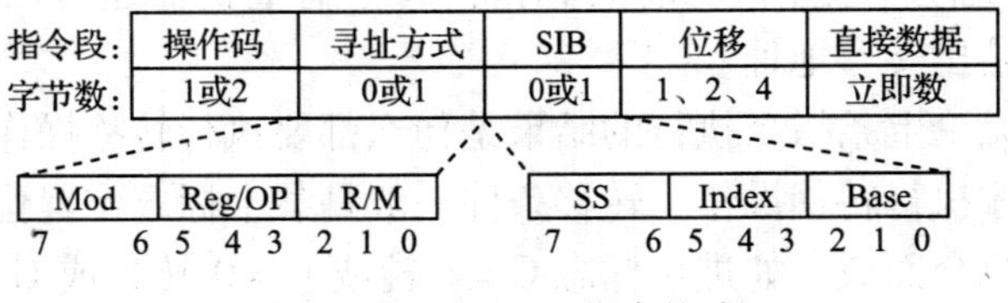

图 2.30　Pentium 指令格式

（1）前缀。前缀不是每条指令必须有的。如果有，各种前缀也都是可选的。

1）指令前缀：指令前缀由LOCK前缀和重复操作前缀组成。LOCK前缀在多机环境下规定是否对共享的存储器以独占方式使用；重复操作前缀表示重复操作的类型，如REP、REPZ、REPE、REPNZ、REPNE。

2）段前缀：如果有段前缀，则指令采用段前缀指定的段寄存器，而不用该指令默认值规定的段寄存器。

3）操作数长度前缀：如果有该前缀，操作数长度将采用它规定的操作数长度处理，而不用该指令默认值规定的操作数长度，以便操作数在16位和32位之间进行切换。

4）地址长度前缀：如果有该前缀，地址长度将采用它规定的地址长度而不用该指令默认值规定的地址长度，以便处理器用16位或32位地址来寻址存储器。

（2）指令。

1）操作码：1～2字节，操作码除了指定指令的操作外，还有如下信息：数据是字节还是全字长；数据传送的方向，即寻址方式字节中REG字段指定的寄存器是源还是目标；指令中如果有立即数，是否对它进行符号扩展。

2）寻址方式字节：由MOD、reg/OP和R/M三个段组成，由MOD和R/M联合指定8种寄存器寻址和24种变址寻址方式，reg/OP指定某个寄存器为操作数或作为操作码的扩展使用。

3）SIB：由SS（两位）、Index、Base三部分组成。SS指定比例系数（变址寻址方式时，变址寄存器内容要乘以该系数）；Index指定变址寄存器；Base指定基址寄存器。

4）位移量：指令中如果有位移量，可以是1、2或4个字节。

5）直接数据：指令中如果有立即数，可以是1、2或4个字节。

2. 寻址方式

（1）Pentium物理地址的形成。Pentium物理地址按图2.31所示方法形成。Pentium的逻辑地址包括段和偏移量，段号经过段表直接得到该段的首地址，和有效地址（即段内偏移）相加形成一维的线性地址。如果采用页式存储管理，线性地址再转化为实际的物理地址。后一个步骤与指令系统无关，由存储管理程序实现，对程序员来讲是透明的，因此下面介绍的寻址方式仅涉及线性地址的产生。

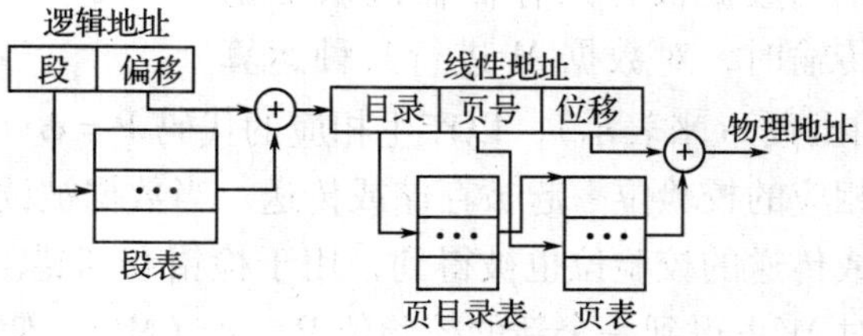

图2.31 Pentium物理地址的形成

（2）Pentium的寻址方式。表2.20列出了Pentium的主要寻址方式。

表2.20 Pentium的寻址方式

寻址方式	说明
立即寻址	指令直接给出操作数
寄存器寻址	指定的寄存器R的内容为操作数
位移	LA=(SR)+A
基址寻址	LA=(SR)+(B)

（续）

寻址方式	说明
基址加位移	LA = (SR) + (B) + A
比例变址加位移	LA = (SR) + (I) × S + A
基址加变址加位移	LA = (SR) + (B) + (I) + A
基址加比例变址加位移	LA = (SR) + (B) + (I) × S + A
相对寻址	LA = (PC) + A

注：LA—线性地址　SR—段寄存器　PC—程序计数器　A—指令中给定地址段的位移量
B—基址寄存器　I—变址寄存器　S—比例系数

2.8 校验技术

数据在计算机内部计算、存取和传送的过程中，由于元器件故障或噪声干扰等原因会出现差错。为了减少和避免这些错误，一方面要从计算机硬件本身的可靠性入手，在电路、电源、布线等各方面采取必要的措施，提高计算机的抗干扰能力；另一方面就是要采取相应的数据检错和校正措施，自动地发现并纠正错误。

目前为止提出的数据校验方法大多采用一种“冗余校验”的思想，即除原数据信息外，还增加若干位编码，这些新增的代码被称为校验位。图 2.32 所示为一般情况下的处理过程。

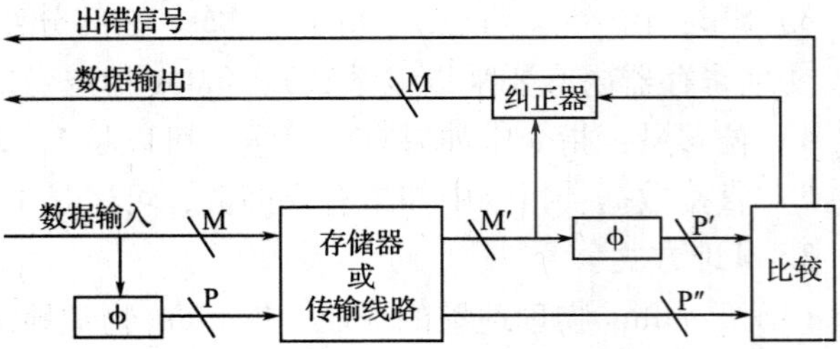

图 2.32　数据校验过程示意图

当数据被存入存储器或从源部件传输时，对数据 M 进行某种运算（用函数 ϕ 来表示），以产生相应的代码 P = ϕ（M），这里 P 就是校验位。这样原数据信息和相应的校验位一起被存储或传送。当数据被读出或传送到终部件时，和数据信息一起被存储或传送的校验位也被得到，用于检错和纠错。假定读出后的数据为 M′，通过同样的运算 ϕ 对 M′也得到一个新的校验位 P′ = ϕ（M′）。假定原来被存储的校验位 P 取出后其值为 P″，将校验位 P″与新生成的校验位 P′进行某种比较，根据其比较结果确定是否发生了差错。比较的结果为以下三种情况之一。

（1）没有检测到错误，得到的数据位直接传送出去。

（2）检测到差错，并可以纠错。数据位和比较结果一起送入纠错器，然后将产生的正确数据位传送出去。

（3）检测到错误，但无法确认哪位出错，因而不能进行纠错处理，此时，报告出错情况。

为了判断一种码制的冗余程度，并估计它的查错和纠错能力，引入了“码距”的概念。由若干位代码组成的一个字叫“码字”，将两个码字逐位比较，具有不同代码的位的个数叫做这两个码字间的“距离”。一种码制可能有若干个码字，而且，其中任意两个码字之间的距离可能不同，我们将各码字间的最小距离称为“码距”，它就是这个码制的距离。例如

“8421”编码中，2（0010）和3（0011）之间距离为1，所以“8421”码制的码距为1，记作 $d=1$。在数据校验码中，一个码字是指数据位和校验位按照某种规律排列得到的代码。

码距与检错、纠错能力的关系为：

（1）如果码距 d 为奇数，则能发现 $d-1$ 位错，或者能纠正 $(d-1)/2$ 位错。

（2）如果码距 d 为偶数，则能发现 $d/2$ 位错，并能纠正 $(d/2-1)$ 位错。

常用的数据校验码有奇偶校验码、海明校验码和循环冗余校验码。

2.8.1 奇偶校验码

最简单的一种数据校验方法是奇偶校验。奇偶校验法的基本思想是通过在原数据信息中增加一位奇校验位（或偶校验位），然后将原数据和得到的奇（偶）校验位一起进行存取或传送，对存取后或在传送的终部件得到的相应数据和奇（偶）校验位，再进行一次编码，求出新的奇校验位（或偶校验位），最后根据得到的这个新的校验位的值，确定是否发生了错误。

奇偶校验码的实现原理如下：假设将数据 $B=b_{n-1}b_{n-2}\cdots b_1b_0$ 从源部件传送至终部件。在终部件接收到的数据为 $B'=b_{n-1}'b_{n-2}'\cdots b_1'b_0'$。为了判断数据 B 在传送中是否发生了错误，可以按照如下步骤进行，通过最终得到的奇（偶）校验位 P^* 来判断是否发生了数据传送错误。

第一步：在源部件求出奇（偶）校验位 P。

若采用奇校验位，则 $P=b_{n-1}\oplus b_{n-2}\oplus\cdots\oplus b_1\oplus b_0\oplus 1$。即若 B 有奇数个 1，则 P 取 0，否则，P 取 1。若采用偶校验位，则 $P=b_{n-1}\oplus b_{n-2}\oplus\cdots\oplus b_1\oplus b_0$。

例如，若传送的是字符 A：1000001，则增加奇校验位后的编码为：11000001，而加上偶校验位后的编码为：01000001。

第二步：在终部件求出奇（偶）校验位 P'。

若采用奇校验位，则 $P'=b_{n-1}'\oplus b_{n-2}'\oplus\cdots\oplus b_1'\oplus b_0'\oplus 1$。

若采用偶校验位，则 $P'=b_{n-1}'\oplus b_{n-2}'\oplus\cdots\oplus b_1'\oplus b_0'$。

第三步：计算最终的校验位 P^*，并根据其值判断有无奇偶错。

P 与 B 是一起从源部件传到终部件的，假定 P 在终部件接收到的值为 P″，则采用异或操作 $P^*=P'\oplus P''$，对 P′和 P″进行下列比较，确定有无奇偶错。

（1）若 $P^*=1$，则表示终部件接受的数据有奇数位错。

（2）若 $P^*=0$，则表示终部件接受的数据正确或有偶数个错。

在奇偶校验码中，若两个数据中有奇数位不同，则它们相应的校验位就不同；若有偶数位不同，则虽校验位相同，但至少有两位数据位不同。因而任意两个码字之间至少有两位不同，所以码距 $d=2$。由于只能发现奇数位出错，不能发现偶数位出错，而且也不能确定发生错误的位置，因而不具有纠错能力。但奇偶校验法所用的开销小，它常被用于存储器读写检查或按字节传输过程中的数据校验。因为一字节长的代码发生错误时，一位出错的概率较大，两位以上出错则很少，所以奇偶校验码用于校验一字节长的代码还是有效的。

2.8.2 循环冗余校验码

循环冗余校验码（Cyclic Redundancy Check，CRC），简称 CRC 码，是一种具有很强检错、纠错能力的校验码。循环冗余校验码常用于外存储器的数据校验，在计算机通信中，也被广泛采用。在数据传输中，奇偶校验码是在每个字符信息后增加一位奇偶校验位来进行数据校验的。这样在对大批量传输数据进行校验时，会增加大量的额外开销，尤其是在网络通信中，传输的数据信息都是二进制比特流，因而没有必要将数据再分解成一个个字符，这样也就无法采用奇偶校验码，因此，通常采用CRC码进行校验。

由于CRC码的编码原理复杂，这里仅对其编码方式和实现过程作简单介绍，而不详细进行数学推导。

前面所介绍的奇偶校验码是以奇偶检测为手段的，而循环冗余校验码则是通过某种数学运算来建立数据和校验位之间的约定关系。

1. CRC码的检错方法

假设要进行校验的数据信息M（x）为一个n位的二进制数据，将M（x）左移k位后，用一个约定的“生成多项式”G（x）相除，G（x）必须是一个k+1位的二进制数，相除后得到的k位余数就是校验位。这些校验位拼接到M（x）的n位数据后面，形成一个n+k位的代码，称这个代码为循环冗余校验码，也称（n+k，n）码，如图2.33所示。一个CRC码一定能被生成多项式整除，所以当数据和校验位一起送到接收端后，只要将接收到的数据和校验位用同样的生成多项式相除，如果正好除尽，表明没有发生错误；若除不尽，则表明某些数据位发生了错误。

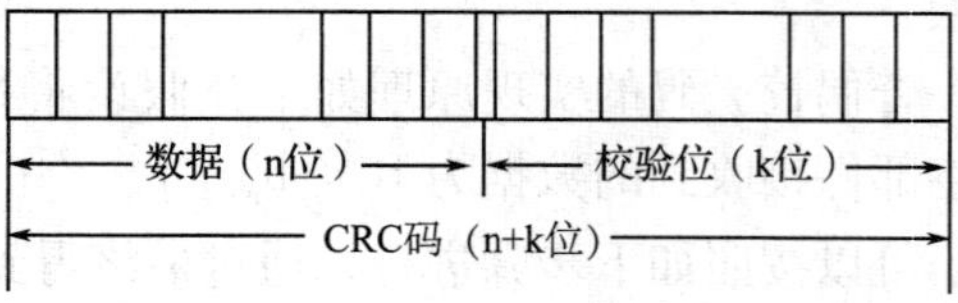

图2.33　CRC码的组成

2. 校验位的生成

下面用一个例子来说明校验位的生成过程。假设要传送的数据信息为1100，即报文多项式为$M(x)=x^3+x^2$，若约定的生成多项式为$G(x)=1011=x^3+x+1$，则数据信息位数$n=4$，生成多项式位数为4位，所以校验位位数$k=3$。生成校验位时，用$x^3\cdot M(x)$去除以G（x），相除时采用“模2运算”的多项式除法。模2运算时不考虑加法进位和减法借位，进行模2除法时，上商的原则是当部分余数首位是1时商取1，反之商取0。然后按模2相减原则求得最高位后面几位的余数。这样当被除数逐步除完时，最后的余数位数比除数少一位。这样得到的余数就是校验码，此例中最终的余数有3位。

下面的式子说明利用“模2”多项式除法计算$x^3\cdot M(x)\div G(x)$的过程。

$$X^3\cdot M(x)\div G(x)=(x^6+x^5)\div(x^3+x+1)=x^3+x^2+x$$

```
          1110
1011 / 1100000
       1011
       ----
        1110
        1011
        ----
         1010
         1011
         ----
          010  ---------------- 校验位
```

所以校验位为010，CRC码为1100 010。如果要校验CRC码，则可将CRC码用同一个多项式相除，若余数为0，则说明无错；若余数不为0，则说明有错。例如，若在接收方的

CRC 码与发送方一致，即为 1100 010 时，用同一个多项式相除后余数为 0；若在接收方的 CRC 码有一位出错而变为 1100 011 时，用同一个多项式相除后余数不为 0。

```
        111                                  1110
1011 ⟌ 1100010                      1011 ⟌ 1100011
        1011                                  1011
        ─────────                             ─────────
         1110                                  1110
         1011                                  1011
         ─────────                             ─────────
          1011                                  1011
          1011                                  1011
          ─────────                             ─────────
          0000 ………………… 余数为 0                 0001
                                                0000
                                                ─────────
                                                 001 ………………… 余数不为 0
```

3. CRC 码的纠错

在接收方将收到的 CRC 码用约定的生成多项式 G（x）去除，如果码字没有错误，则余数为 0，若有一位出错，则余数不为 0，而且不同的出错位置其余数不同。更换不同的码字，余数和出错位的关系不变，只和码制与生成多项式有关。例如，表 2.21 给出了（7，4）循环码中生成多项式 G(x) = 1011 时出错位置与余数的关系。表中给出两种不同的码字，可以看出其出错位置与余数的关系是相同的。对于其他码制或选用其他生成多项式，出错位置与余数的关系可能发生改变。

表 2.21　码字、余数和出错位的关系

	码字举例		余　数	出错位
	N_1 N_2 N_3 N_4 N_5 N_6 N_7	N_1 N_2 N_3 N_4 N_5 N_6 N_7		
正确	1 0 1 0 0 1 1	1 1 0 0 0 1 0	000	无
错误	1 0 1 0 0 1 0	1 1 0 0 0 1 1	001	7
	1 0 1 0 0 0 1	1 1 0 0 0 0 0	010	6
	1 0 1 0 1 1 1	1 1 0 0 1 1 0	100	5
	1 0 1 1 0 1 1	1 1 0 1 0 1 0	011	4
	1 0 0 0 0 1 1	1 1 1 0 0 1 0	110	3
	1 1 1 0 0 1 1	1 0 0 0 0 1 0	111	2
	0 0 1 0 0 1 1	0 1 0 0 0 1 0	101	1

如果 CRC 码中有一位出错，用特定的 G（x）作模 2 除，则会得到一个不为 0 的余数。若对余数补 0 后继续除下去，则会出现一个有趣的现象：各次余数将会按照一个特定的顺序循环。例如在上表所示的例子中，若将第 7 位出错时对应的余数 001 后面补 0，继续再除一次，则会得到新余数 010，在 010 后补 0，继续再除一次，则会得到下一个余数 100，如此继续下去，依次得到 011、110、111……反复循环。这就是称为“循环”冗余码的由来。利用这种特点，能方便地对出错码字进行纠错，所用硬件开销小。在大批量数据传输校验中，能有效地降低硬件成本。这是它为何被广泛使用的主要原因。

4. 生成多项式的选取

并不是任何一个 k 位多项式都能作为生成多项式。从查错和纠错的要求来看，选取的一个生成多项式应满足以下几个条件：

（1）任何一位发生错误时，都应使余数不为 0。

（2）不同位发生错误时，余数应该不同。

（3）对余数作模2除时，应使余数循环。

将这些条件用数学方式描述起来比较复杂，对一个（n，k）码来说，可将（x^n-1）按模2运算分解为若干质因子，根据所要求的码距，选取其中的因式或若干因式的乘积作为生成多项式。例如，若要求对一个（7，k）码选取相应的生成多项式，可以按上述方法对（x^7-1）分解质因子。

$x^7-1=(x+1)(x^3+x+1)(x^3+x^2+1)$（模2运算）

若选择G（x）$=x+1=11$，则可构成（7，6）码，只能发现一位错。若选择$G(x)=x^3+x+1=1011$或$G(x)=x^3+x^2+1=1101$，则可构成（7，4）码，能纠正一位错或发现两位错。若选择$G(x)=(x+1)(x^3+x+1)=11101$，则可构成（7，3）码，能纠正一位错并发现两位错。

下面是几种常用的生成多项式。

CRC-CCITT：　$G(x)=x^{16}+x^{12}+x^5+1$

CRC-16：　$G(x)=x^{16}+x^{15}+x^2+1$

CRC-12：　$G(x)=x^{12}+x^{11}+x^3+x^2+x+1$

CRC-32：　$G(x)=x^{32}+x^{26}+x^{23}+x^{16}+x^{12}+x^{11}+x^{10}+x^8+x^7+x^5+x^4+x^2+x+1$

思考题与习题

1. 设机器数长为8位（含一位符号位在内），写出对应下列各真值的原码、补码和反码。

$-\frac{13}{64}$；$\frac{29}{128}$；100；−87。

2. 写出下列各数的原码、反码、补码表示（用8位二进制数），其中MSB是最高位（又是符号位），LSB是最高位。如果是小数，小数点在MSB之后；如果是整数，小数点在LSB之后。

（1）−35/64；（2）23/128；（3）−127；（4）用小数表示−1；（5）用整数表示−1。

3. 已知$[X]_补$，求$[X]_原$和X。

$[X]_补$	$[X]_原$	X
1.1100		
1.1001		
0.1110		
1.0000		
1，0101		
1，1100		
0，0111		
1，0000		

4. 当十六进制数9B和FF分别表示为原码、补码、反码、移码和无符号数时，所对应的十进制数各为多少（设机器数采用一位符号位）。

5. 设机器数字长为8位（含一位符号位），用补码运算规则计算下列各题。

（1）$A=\frac{9}{64}$，$B=-\frac{13}{32}$，求A+B；

(2) $A=\frac{19}{32}$，$B=-\frac{17}{128}$，求 A－B；

(3) $A=-\frac{3}{16}$，$B=\frac{9}{32}$，求 A＋B；

(4) A＝－87，B＝53，求 A－B；

(5) A＝115，B＝－24，求 A＋B。

6. 有一个字长为32位的浮点数，符号位一位，阶码8位，且移码表示，尾数23位，用补码表示；基数为2。请写出：(1) 最大数的二进制表示；(2) 最小数的二进制表示；(3) 规格化数所能表示数的范围。

7. 将下列十进制数表示成IEEE 754标准的32位浮点规格化数。

(1) 27/64；(2) －27/64。

8. 已知x和y，用变形补码（两位符号位，以下同）计算x－y，同时指出运算结果是否溢出。

(1) x＝0.11011，y＝－0.11111；

(2) x＝0.10111，y＝0.11011；

(3) x＝0.11011，y＝－0.10011。

9. 已知两个十进制数：x＝－41，y＝＋101，试用8位二进制变形补码形式运算x＋y，并讨论结果的正确性。

10. 已知两个十进制数：x＝－41，y＝－101，试用8位二进制变形补码形式运算x＋y，并讨论结果的正确性。

11. 已知两个二进制数：x＝0.11001，y＝0.00111，试用变形补码形式运算x＋y，并讨论结果的正确性。

12. 已知两个二进制数：x＝0.11001，y＝－0.10111，试用变形补码形式运算x＋y，并讨论结果的正确性。

13. 已知两个二进制数：x＝110011，y＝101101，试用变形补码形式运算x＋y，并讨论结果的正确性。

14. 已知两个二进制数：x＝110011，y＝101101，试用变形补码形式运算x－y，并计论结果的正确性。

15. 已知两个二进制数：x＝0.11001，y＝0.00111试用变形补码形式运算x－y，并讨论结果的正确性。

16. 已知x和y，用变形补码计算x＋y，同时指出结果是否溢出。

(1) x＝0.11011，y＝0.00011；

(2) x＝0.11011，y＝－0.10101；

(3) x＝－0.10110，y＝－0.00001。

17. 已知x和y，用变形补码计算x－y，同时指出运算结果是否溢出。

(1) x＝0.11011，y＝－0.11111；

(2) x＝0.10111，y＝0.11011；

(3) x＝0.11011，y＝－0.10011。

18. 已知两个无符号二进制数：x＝1001，y＝1101，用原码一位乘法完成x×y。

19. 已知两个无符号二进制数：x＝1101，y＝1010，用原码一位乘法完成x×y。

20. 用原码乘法、补码乘法分别计算x×y（选做）。

(1) x＝0.11011；y＝－0.11111；

(2) x＝－0.11111；y＝－0.11011。

21. 用原码除法计算x÷y（选做）。

(1) x＝0.11000，y＝－0.11111；

(2) x＝－0.01011，y＝－0.11001；

(3) x＝－0.11111，y＝－0.11011。

22. 设阶码3位，尾数6位，按浮点运算方法，完成下列取值的[x＋y]，[x－y]运算。

(1) $x=2^{-011}\times 0.100101$，$y=2^{-010}\times(-0.011110)$；

（2） $x=2^{-101}\times(-0.010110)$，$y=2^{-100}\times(0.010110)$。

23. 设数的阶码为3位，尾数为6位，用浮点运算方法，计算下列各式。

（1） $(2^3\times13/16)\times[2^4\times(-9/16)]$；

（2） $(2^{-2}\times13/32)\div(2^3\times15/16)$。

24. 某加法器进位链小组信号为 $C_4C_3C_2C_1$，低位来的进位信号为 C_0，请分别按下述两种方法写出 $C_4C_3C_2C_1$ 逻辑表达式。

（1） 串行进位方式；（2） 并行进位方式。

25. 若给定全加器、半加器和门电路，请设计实现余3码的十进制加法器的逻辑线路。

26. 设有寄存器、74181和74182器件，请设计具有并行运算功能的16位（含一位符号位）补码二进制加减法运算器，画出运算器的逻辑框图。

27. 设有效信息为110，试用生成多项式 $G(x)=11011$，将其编成循环冗余校验码。

28. 有一个（7，4）码，其生成多项式 $G(x)=x^3+x+1$，写出代码1001的循环冗余校验码。

第2篇 计算机系统分层结构

在第1篇第1章中，我们知道计算机自下而上分为5层。本篇将从微体系结构层、指令系统层及汇编语言层介绍计算机系统的组成。

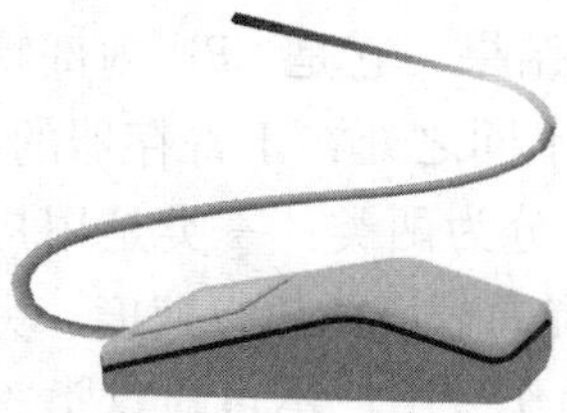

第 3 章　微体系结构层——CPU 的构成

3.1　CPU 的组成和功能

3.1.1　CPU 的组成

一个典型的 CPU 包括 4 个主要部分：寄存器组、算术逻辑单元、控制器及内部总线，如图 3.1 所示。

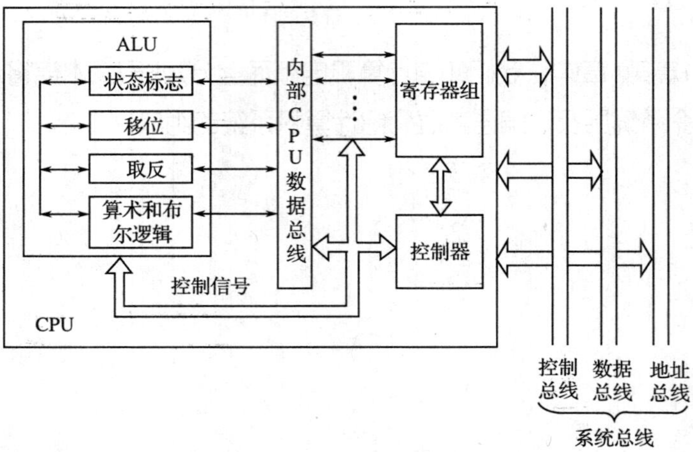

图 3.1　CPU 的组成框图

（1）寄存器组：用于存放指令、指令地址、操作数及运算结果，它是 CPU 内部特别快速的存储单元。不同的计算机体系结构的寄存器组互不相同，不同之处在于寄存器的数量、寄存器的类型、寄存器的容量及用途。CPU 中的寄存器大致可分为两类：一类是用户可见寄存器，用户可对这类寄存器编程，减少对主存的访问，从而提高程序的执行速度；另一类是控制和状态寄存器，控制部件使用这类寄存器控制 CPU 的操作，用户不可对这类寄存器编程，但带有特权的操作系统程序可以使用这类寄存器控制程序的执行。

用户可见的寄存器如下。

1）通用寄存器：可用于多种目的，由程序员分配多种功能。既可以存放数据，也可以存放地址。通用寄存器的数目一般有 8 个、16 个、32 个，甚至更多，例如，80x86 系列 CPU 的通用寄存器有 EAX、EBX、ECX、EDX、ESP、EBP、ESI、EDI。

2）段寄存器：为了支持分段，处理器发出的地址由段号（基地址）和在该段内的偏移量（位移量）组成，段寄存器保存了这个段的地址。例如，80x86 系列 CPU 的段寄存器有 CS（代码段）、DS（数据段）、ES（数据段）、SS（堆栈段）、FS（数据段）、GS（数据段）。

3）标志寄存器：通常包括状态标志位、控制标志位和系统标志位，用于指示处理器的状态并控制处理器的操作。例如，80x86 系列 CPU 标志寄存器的状态标志位包括进位标志（CF）、奇偶标志（PF）、辅助进位标志（AF）、零标志（ZF）、符号标志（SF）和溢出标志（OF）（这些位也叫做条件码位，是 CPU 根据运算结果由硬件设置的位，在程序中可以被测试作为分支操作的依据，此外它们也可以被置位或复位；控制标志位包括陷阱标志（单步操作标志）（TF）、中断标志（IF）和方向标志（DF）等。

控制和状态寄存器如下。

1）存储器访问寄存器：在存储器读写操作中有两个寄存器是必需的，即存储器地址寄存器（MAR）和存储器数据寄存器（MDR）。在进行存储器访问时，必须将要访问单元的地址放入存储地址寄存器，以便选中要访问的单元。在进行存储器写操作时，必须将要写入存储单元的数据字放入存储器数据寄存器；在进行存储器读操作时，从存储器读出的数据也会首先放入存储器数据寄存器。

2）取指令寄存器：在取指令的过程中要用到两个寄存器，即程序计数器（PC）和指令寄存器（IR）。PC 是保存即将取出的下一条指令地址的寄存器，取指令时按 PC 的值所指定的地址取指令，计算机运行程序时，通过改变 PC 的值来改变程序的执行顺序。而指令被取出后则要放入 IR 寄存器中，以便译码执行。

寄存器可用 D 触发器构成。目前常用中规模集成的高速随机访问存储器（RAM）构成寄存器组，一个存储单元相当于一个寄存器。如采用单口 RAM，每次只能访问其中一个寄存器；如采用双口 RAM，则一次可读取两个寄存器的内容。

（2）算术逻辑单元（ALU）：用于执行指令中所需的算术、逻辑和移位操作。详见“2.5　算术逻辑单元”。

（3）控制器（CU）：产生一系列控制信号，以控制计算机中各部件从存储器中取出将要执行的指令进行译码，然后执行该指令的操作。详见“3.3　组合逻辑控制器原理”和“3.4　微程序控制器原理”。

（4）CPU 内部总线：在 CPU 内部，该总线用于连接寄存器组、ALU 和 CU，为数据和控制信号的传输提供通路。为了减轻总线负载且避免多个部件同时占用总线，要求在每个需要将信息送至总线的寄存器输出端接三态门，由三态门控制端控制什么时刻由哪个寄存器输出。当控制端无效时，寄存器和总线之间呈高阻状态。

3.1.2　CPU 的功能

CPU 的功能就是通过程序指令的执行，控制各部件协调工作，以达到完成程序所指定的功能。具体可以归结为以下几个方面。

（1）指令控制：CPU 必须具有控制程序执行顺序的功能。按照“存储程序控制”的概念，程序被装入主存后，计算机应能按其预先规定的顺序有序地执行，这样才能完成程序指定的功能。

（2）操作控制：CPU 必须具有产生完成每条指令所需的控制命令的功能。一条指令的执行，需要计算机中的若干个部件协同工作。CPU 必须产生相应的控制命令传送给这些部件，并能检测这些部件的状态，使它们有机地配合起来，共同完成指令的功能。

（3）时间控制：CPU 必须具有对各种操作实施时间上控制的能力。由于计算机高速地进行工作，每一个动作的时间是非常严格的，不能有任何差错，因此对各种操作信号的产生时间、稳定时间、撤销时间及相互之间的关系都必须有严格的规定，才能保证计算机的正常工作。

（4）数据加工：CPU 必须具有对数据进行算术运算和逻辑运算的功能。数据加工处理是完成程序功能的基础，它是 CPU 最基本的任务。

（5）处理中断：CPU 必须具有对异常情况和外来请求处理的功能。当机器出现某些异常情况，诸如算术运算的溢出和数据传送的奇偶错等，或者某些外来请求，诸如设备完成、程序员从键盘上送入命令等，那么 CPU 应能在执行完当前指令后响应这些请求。

3.1.3 指令的执行过程

计算机运行程序的过程遵循“取指—译码—执行”这样一个基本的循环过程。

（1）取指：将程序计数器（PC）的内容传送到存储器地址寄存器（MAR）（即 PC→MAR），按照 PC 的内容访问内存，取出一条指令，放入存储器数据寄存器（MDR）（即 M（MAR）→MDR），然后将其传送到指令寄存器 IR（即 MDR→IR）准备进入译码阶段。同时，PC 自动加 1（即 PC + 1→PC），使计算机能够实现顺序执行。另外，当一个程序被启动执行时，它的入口地址必须被装入 PC。

（2）译码：或叫分析指令、解释指令等。对指令寄存器（IR）中指令的操作码进行识别和解释，在时序系统的配合下，按时序产生相应的控制信号，这些控制信号被连接到相应的控制对象。若是微程序控制器系统，由微地址形成部件根据（IR）中指令的操作码形成该指令对应的微程序段的首地址，通过微程序的执行产生相应的控制信号序列。

（3）执行：根据译码阶段产生的控制信号序列，通过 CPU 及输入输出设备的执行，实现具体指令的功能，其中还包括对计算结果的处理以及转移地址的形成等。通常在每条指令的结束时刻，CPU 都要发出查询信息看有无中断请求，若有中断请求，则转入中断处理阶段，否则，则转入下条指令的取指阶段，重复“取指—译码—执行”这一基本的循环过程。

3.2 CPU 模型机的数据通路及指令流程分析

CPU 可以分为数据部分和控制部分。数据部分即数据通路，包括寄存器和 ALU。数据通路对数据项执行某些操作。控制部分主要是控制器，用来向数据通路发出控制信号。在寄存器间以及 ALU 和寄存器间的内部数据传送可以采用不同的结构，包括单总线结构、双总线结构和三总线结构等。在数据传输频繁的两个部件之间也可以采用专用数据通路，以加快指令在这部分的执行速度。

指令流程即指令的操作过程。指令流程会受到多种因素的影响，例如，指令功能、寻址方式、数据通路、ALU 的功能、指令执行的基本步骤等。

3.2.1 单总线结构

单总线是指在 CPU 寄存器和 ALU 之间采用单一总线传输数据的结构，这条总线称为 ALU 总线，也称为 CPU 内总线。

1. 单总线结构的数据通路及控制信号

由于一条总线在一个时钟周期只能处理一次数据传送，则对于 ALU 的两个操作数的操作就需两个时钟周期，同时也需要额外的寄存器用来给 ALU 暂存数据。图 3.2 所示为 CPU 单总线模型机数据通路及控制信号。

这种结构的优点是总线结构简单，花费最小。缺点是限制了在同一时钟周期内数据传输的数量，从而降低了 CPU 总体的性能。

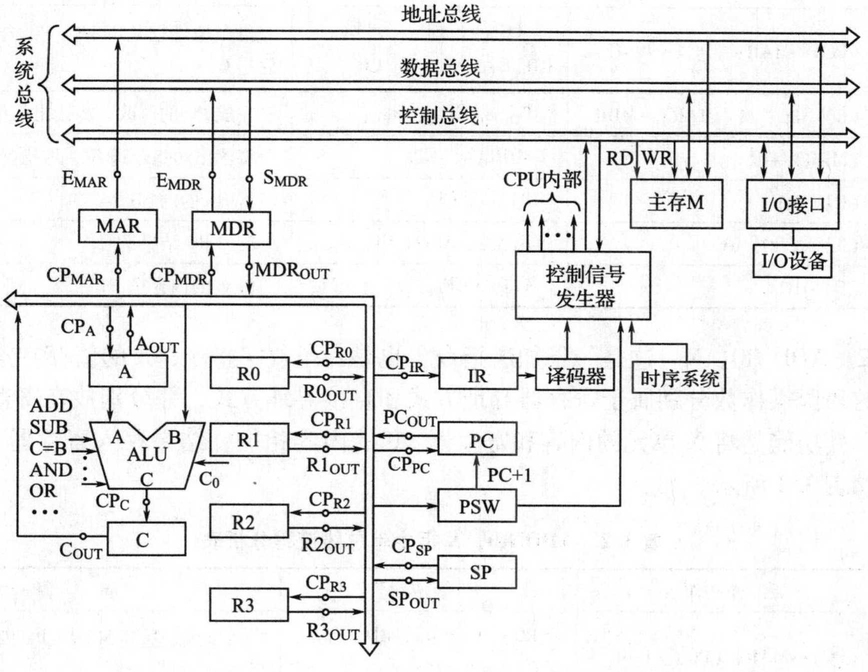

图 3.2 CPU 单总线模型机数据通路及控制信号

在图 3.2 中，许多寄存器都与 ALU 总线相连，那么在什么时刻哪个寄存器来接收总线上的信息呢？这就需要同步脉冲将 ALU 总线上的数据打入到相应的寄存器中。实际上，往往利用脉冲的边沿（即正向或负向跳变）来进行同步，起定时作用。在此图中的打入信号有 CP_{MAR}、CP_{MDR}、CP_{A}、CP_{C}、CP_{R0}、CP_{R1}、CP_{R2}、CP_{R3}、CP_{IR}、CP_{PC}、CP_{SP}等。

在 CPU 内总线上挂有许多寄存器，但同一时刻只允许一个寄存器向总线上发送信息，因为在寄存器的输出端和总线之间必须要加三态门来控制，而控制这些三态门的信号就是控制器根据指令操作码等产生的控制信号（也叫微操作信号）。在图 3.2 中包括的各种寄存器输出到 ALU 总线的控制信号有 MDR_{OUT}、A_{OUT}、C_{OUT}、$R0_{OUT}$、$R1_{OUT}$、$R2_{OUT}$、$R3_{OUT}$、PC_{OUT}、SP_{OUT}等。

除了上面的两类控制信号外，还有以下的控制信号。

1）ALU 运算控制信号：ADD、SUB、AND、OR、XOR 等。

2）程序计数器的计数控制信号：PC +1。

3）MAR 和 MDR 输出到系统总线的控制信号：E_{MAR}、E_{MDR}。

4）寄存器置入控制信号：S_{MDR}、S_{PSW}。

5）主存的读写信号：RD、WR。

2. 单总线结构的指令流程分析

例 3.1 ADD R1，R0。这是一条加法指令，属于寄存器寻址方式，操作数和结果都存在寄存器中。其功能是将寄存器 R0 和 R1 的内容相加，结果存入寄存器 R1 中。其指令流程如表 3.1 所示。

表 3.1 ADD R1，R0 指令单总线流程分析表

步骤	微操作	控制信号	解释
(1)	(PC)→MAR；(PC)+1→C	PC_{OUT}、CP_{MAR}、E_{MAR}、RD、+1、C=B、CP_C	指令地址送到 MAR，PC 内容和 1 相加后送 C
(2)	(C)→PC；M [MAR]→MDR	C_{OUT}、CP_{PC}、S_{MDR}	完成 PC 的修改，将读出的指令送 MDR
(3)	(MDR)→IR	MDR_{OUT}、CP_{IR}	将读出的指令送 IR，取指阶段完成
(4)	(R1)→A	$R1_{OUT}$、CP_A	将 R1 的内容送 A
(5)	(A)+(R0)→C	$R0_{OUT}$、ADD、CP_C	A 加 R0 结果送 C
(6)	(C)→R1	C_{OUT}、CP_{R1}	将 C 的内容送 R1

例 3.2 ADD R0，X。这是一条加法指令，也是一条双字指令，X 的值存在第 2 个指令字中，目的和源操作数分别属于寄存器寻址方式和直接寻址方式，并分别放在寄存器和存储器单元中。其功能是将 X 单元的内容和寄存器 R0 的内容相加，结果存入寄存器 R0 中。其指令流程如表 3.2 所示。

表 3.2 ADD R0，X 指令单总线流程分析表

步骤	微操作	控制信号	解释
(1)	(PC)→MAR；(PC)+1→C	PC_{OUT}、CP_{MAR}、RD、E_{MAR}、+1、C=B、CP_C	指令地址送到 MAR，PC 内容和 1 相加后送 C
(2)	(C)→PC；M [MAR]→MDR	C_{OUT}、CP_{PC}、S_{MDR}	完成 PC 的修改，将读出的指令送 MDR
(3)	(MDR)→IR	MDR_{OUT}、CP_{IR}	将读出的指令送 IR，取指阶段完成
(4)	(PC)→MAR；(PC)+1→C	PC_{OUT}、CP_{MAR}、RD、E_{MAR}、+1、C=B、CP_C	X 的地址送到 MAR，PC 内容和 1 相加后送 C
(5)	(C)→PC；M[MAR]→MDR	C_{OUT}、CP_{PC}、S_{MDR}	完成 PC 的修改，将读出的操作数地址送 MDR
(6)	(MDR)→MAR	MDR_{OUT}、CP_{MAR}、E_{MAR}、RD	将读出的操作数地址送 MAR
(7)	M[MAR]→MDR	S_{MDR}	将读出的操作数送 MDR
(8)	(MDR)→A	MDR_{OUT}、CP_A	将读出的操作数送 A
(9)	(A)+(R0)→C	$R0_{OUT}$、ADD、CP_C	A 加 R0 结果送 C
(10)	(C)→R0	C_{OUT}、CP_{R0}	将 C 的内容送 R0

3.2.2 双总线结构

1. 双总线结构的数据通路及控制信号

相对于单总线结构而言，采用双总线结构是一种较快的解决方案。在双总线情况下，通用寄存器与两条总线相连，数据可以同时从两个不同的寄存器传送到 ALU 的输入点，因此，双操作数的操作可以在同一时钟周期取得两个操作数。当两条总线忙于传送两个操作数时，需要额外的缓冲寄存器来保存 ALU 的输出。CPU 双总线模型机数据通路及控制信号，如图 3.3 所示。

双总线的优点是对于两个操作数的操作，加快了数据到达 ALU 输入点的速度。缺点是增加了总线的数目，增加了硬件的复杂性。

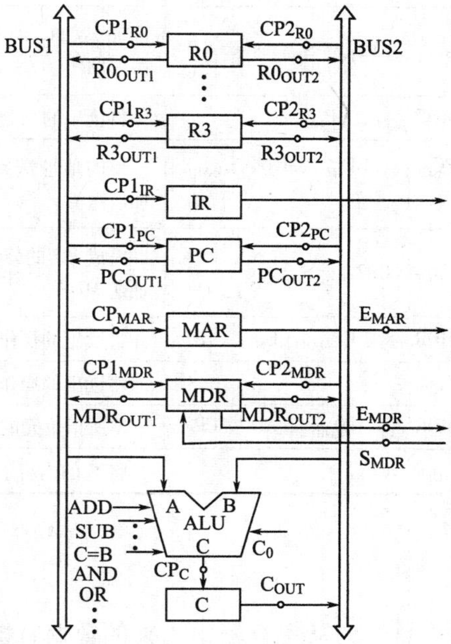

图 3.3 CPU 双总线模型机数据通路及控制信号

2. 双总线结构的指令流程分析

例 3.3 ADD R1，R0。这是一条加法指令，属于寄存器寻址方式，操作数和结果都存在寄存器中。其功能是将寄存器 R0 和 R1 的内容相加，结果存入寄存器 R1 中。其指令流程如表 3.3 所示。

表 3.3 ADD R1，R0 指令双总线流程分析表

步骤	微操作	控制信号	解释
(1)	(PC)→MAR；(PC)+1→C	PC_{OUT1}、CP_{MAR}、E_{MAR}、RD、+1、CP_C	指令地址送到 MAR，PC 内容和 1 相加后送 C
(2)	(C)→PC；M[MAR]→MDR	C_{OUT}、$CP2_{PC}$、S_{MDR}	完成 PC 的修改，将读出的指令送 MDR
(3)	(MDR)→IR	MDR_{OUT1}、$CP1_{IR}$	将读出的指令送 IR，取指阶段完成
(4)	(R1)+(R0)→C	$R1_{OUT1}$、$R0_{OUT2}$、ADD、CP_C	将 R1 与 R0 的内容相加送 C
(5)	(C)→R1	C_{OUT}、$CP2_{R1}$	将 C 的内容送 R1

例 3.4 ADD R0，X。这是一条加法指令，也是一条双字指令，X 的值存在第二个指令字中，目的和源操作数分属于寄存器寻址方式和直接寻址方式，并分别放在寄存器和存储器

单元中。其功能是将 X 单元的内容和寄存器 R0 的内容相加，结果存入寄存器 R0 中。其指令流程如表 3.4 所示。

表 3.4　ADD R0，X 指令双总线流程分析表

步　骤	微 操 作	控 制 信 号	解　释
(1)	(PC)→MAR；(PC)+1→C	PC_{OUT1}、CP_{MAR}、RD、E_{MAR}、+1、CP_C	指令地址送到 MAR，PC 内容和 1 相加后送 C
(2)	(C)→PC；M[MAR]→MDR	C_{OUT}、$CP2_{PC}$、S_{MDR}	完成 PC 的修改，将读出的指令送 MDR
(3)	(MDR)→IR	MDR_{OUT1}、CP_{IR}	将读出的指令送 IR，取指阶段完成
(4)	(PC)→MAR；(PC)+1→C	PC_{OUT1}、CP_{MAR}、RD、E_{MAR}、+1、CP_C	X 的地址送到 MAR，PC 内容和 1 相加后送 C
(5)	(C)→PC；M[MAR]→MDR	C_{OUT}、$CP2_{PC}$、S_{MDR}	完成 PC 的修改，将读出的操作数地址送 MDR
(6)	(MDR)→MAR	MDR_{OUT1}、CP_{MAR}、E_{MAR}、RD	将读出的操作数地址送 MAR
(7)	M[MAR]→MDR	S_{MDR}	将读出的操作数送 MDR
(8)	(MDR)+(R0)→C	MDR_{OUT1}、$R0_{OUT2}$、ADD、CP_C	X 所指单元的值加 R0 结果送 C
(9)	(C)→R0	C_{OUT}、CP_{R0}	将 C 的内容送 R0

3.2.3　三总线结构

在三总线结构中，两条总线作为出总线，从寄存器中出来的数据直接到这两条总线，第三条总线作为入总线，通过这条总线将数据输入到寄存器中。图 3.4 所示为 CPU 三总线模

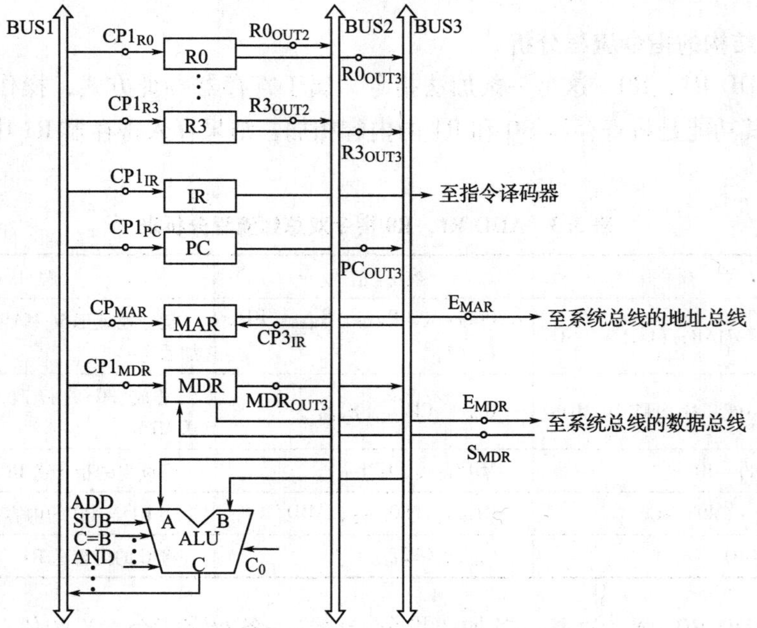

图 3.4　CPU 三总线模型机数据通路及控制信号

型机数据通路及控制信号。

1. 三总线结构的数据通路及控制信号

ALU 的两个输入点分别与两条出总线相连，ALU 的输出点直接连到入总线上。

三总线结构的优点是，在单一时钟周期可以将两个数据送到 ALU 的两个输入点，节省了时间，提高了系统的效率。缺点是由于总线数量的增加使得硬件的复杂性随之增加。

2. 三总线结构的指令流程分析

例 3.5 ADD R1，R0。这是一条加法指令，属于寄存器寻址方式，操作数和结果都存在寄存器中。其功能是将寄存器 R0 和 R1 的内容相加，结果存入寄存器 R1 中。其指令流程如表 3.5 所示。

表 3.5 ADD R1，R0 指令三总线流程分析表

步骤	微操作	控制信号	解释
(1)	(PC)→MAR；(PC)+1→PC	PC_{OUT3}、C=B、CP_{MAR}、E_{MAR}、RD、+1、$CP1_{PC}$	指令地址送到 MAR，PC 内容和 1 相加后送 PC
(2)	M[MAR]→MDR	S_{MDR}	将读出的指令送 MDR
(3)	(MDR)→IR	MDR_{OUT3}、$CP1_{IR}$	将读出的指令送 IR，取指阶段完成
(4)	(R1)+(R0)→R1	$R1_{OUT2}$、$R0_{OUT3}$、ADD、$CP1_{R1}$	将 R1 与 R0 的内容相加送 R1

例 3.6 ADD R0，X。这是一条加法指令，也是一条双字指令，X 的值存在第二个指令字中，目的和源操作数分属于寄存器寻址方式和直接寻址方式，并分别放在寄存器和存储器单元中。其功能是将 X 单元的内容和寄存器 R0 的内容相加，结果存入寄存器 R0 中。其指令流程如表 3.6 所示。

表 3.6 ADD R0，X 指令三总线流程分析表

步骤	微操作	控制信号	解释
(1)	(PC)→MAR；(PC)+1→PC	PC_{OUT3}、C=B、CP_{MAR}、RD、E_{MAR}、+1、$CP1_{PC}$	指令地址送到 MAR，PC 内容和 1 相加后送 PC
(2)	M[MAR]→MDR	S_{MDR}	将读出的指令送 MDR
(3)	(MDR)→IR	MDR_{OUT3}、$CP1_{IR}$	将读出的指令送 IR，取指阶段完成
(4)	(PC)→MAR；(PC)+1→PC	PC_{OUT3}、C=B、CP_{MAR}、RD、E_{MAR}、+1、$CP1_{PC}$	X 的地址送到 MAR，PC 内容和 1 相加后送 PC
(5)	M[MAR]→MDR	S_{MDR}	将读出的操作数地址送 MDR
(6)	(MDR)→MAR	MDR_{OUT3}、C=B、CP_{MAR}、E_{MAR}、RD	将读出的操作数地址送 MAR
(7)	M[MAR]→MDR	S_{MDR}	将读出的操作数送 MDR
(8)	(MDR)+(R0)→R0	MDR_{OUT3}、$R0_{OUT2}$、ADD、$CP1_{R0}$	X 所指单元的值加 R0 结果送 R0

3.3 组合逻辑控制器原理

3.3.1 模型机的指令系统

1. 模型机指令的基本格式

此模型机的指令格式为单字指令格式，如表 3.7 所示。

表 3.7 模型机指令的基本格式

<table>
<tr><td>31 27</td><td>26 22</td><td>21 17</td><td>16 12</td><td>11 5</td><td>4 2 0</td></tr>
<tr><td rowspan="4">OP
（操作码）</td><td rowspan="4">ra（目标寄存器）</td><td colspan="4">C1 （长偏移地址）</td></tr>
<tr><td rowspan="3">rb（源寄存器 1、地址索引、分支目标）</td><td colspan="3">C2 （短偏移地址、立即数）</td></tr>
<tr><td rowspan="2">rc（源寄存器 2、条件测试、C3 为零时移位位数）</td><td rowspan="2">未用</td><td>C3（移位位数）</td></tr>
<tr><td>C4（测试条件）</td></tr>
</table>

其中：

1）操作码（OP）占 5 位，从 00000 ~ 11111 最多可以容纳 32 条指令。

2）目标寄存器编号（ra）占 5 位，从 00000 ~ 11111 共为 32 个通用寄存器的编号。

3）源寄存器 1、地址索引寄存器、分支目标寄存器（rb）占 5 位，从 00000 ~ 11111 共为 32 个通用寄存器的编号。

4）源寄存器 2、条件测试寄存器、C3 为零时的移位位数寄存器（rc）占 5 位，从 00000 ~ 11111 共为 32 个通用寄存器的编号。

5）长偏移地址（C1）占 22 位，相对 PC 寻址。

6）短偏移地址（C2）占 17 位，直接寻址或和 R［rb］变址寻址。

7）移位位数（C3）占 5 位，移位指令用来规定移位的位数。

8）测试条件（C4）占 5 位，用来指定条件的“真”、“假”或对 R［rc］进行什么样的条件测试。

2. 模型机的指令系统

此模型机的指令系统包括加载指令、存储指令、条件分支指令、加法指令、减法指令、逻辑操作指令、移位指令、不操作指令和停机指令等。其具体格式及功能等如表 3.8 所示。

表 3.8 模型机的指令系统

指令名称	具体格式	指令功能	指令举例
加载	LOAD R[ra]，C2；(if rb = 0) LOAD R[ra]，C2(R[rb])	R[ra]←M[C2] R[ra]←M[C2 + R[rb]]	LOAD R3，A LOAD R3，4(R5)
相对加载	LOADR R[ra]，C1	R[ra]←M[PC + C1]	LOADR R5，10
存储	STORE R[ra]，C2；(if rb = 0) STORE R[ra]，C2(R[rb])	M[C2]←R[ra] M[C2 + R[rb]]←R[ra]	STORE R3，A STORE R3，4(R5)
相对存储	STORER R[ra]，C1	M[PC + C1]←R[ra]	STORER R5，10
加载偏移地址	LOADA R[ra]，C2；(if rb = 0) LOADA R[ra]，C2(R[rb])	R[ra]←C2 R[ra]←C2 + R[rb]	LOADA R3，A LOADA R3，4(R5)

（续）

指令名称	具体格式	指令功能	指令举例
加载相对地址	LOADAR R[ra]，C1	R[ra]←PC + C1	LOADAR R5，10
条件分支	BRXX R[rb]，R[rc]	PC←R[rb] IF R[rc] = XX	BRZR R4，R0
条件分支和链接	BRLXX R[ra]，R[rb]，R[rc]	R[ra]←PC; PC←R[rb] IF R[rc] = XX	BRLNZ R6，R4，R0
加法	ADD R[ra]，R[rb]，R[rc]	R[ra]←R[rb] + R[rc]	ADD R2，R3，R4
加立即数	ADDI R[ra]，R[rb]，C2	R[ra]←R[rb] + C2	ADDI R2，R3，10
减法	SUB R[ra]，R[rb]，R[rc]	R[ra]←R[rb] - R[rc]	SUB R2，R3，R4
变符号	NEG R[ra]，R[rc]	R[ra]←- R[rc]	NEG R5，R6
逻辑与	AND R[ra]，R[rb]，R[rc]	R[ra]←R[rb] ∧ R[rc]	AND R2，R3，R4
逻辑与立即数	ANDI R[ra]，R[rb]，C2	R[ra]←R[rb] ∧ C2	ANDI R2，R3，10
逻辑或	OR R[ra]，R[rb]，R[rc]	R[ra]←R[rb] ∨ R[rc]	OR R2，R3，R4
逻辑或立即数	ORI R[ra]，R[rb]，C2	R[ra]←R[rb] ∨ C2	ORI R2，R3，10
求反	NOT R[ra]，R[rc]	R[ra]←¬R[rc]	NOT R5，R6
逻辑右移	SHR R[ra]，R[rb]，C3 SHR R[ra]，R[rb]，R[rc] (IF C3 = 0)	R[ra]←(C3@0)#R[rb] <31…C3 > R[ra]←(R[rc] <4..0 >@0)#R[rb] <31…R[rc] <4..0 >>	SHR R5，R6，6 SHR R5，R6，R8
算术右移	SHRA R[ra]，R[rb]，C3 SHRA R[ra]，R[rb]，R[rc] (IF C3 = 0)	R[ra]←(C3@R[rb] <31 >) #R[rb] <31…C3 > R[ra]←(R[rc] <4..0 >@R[rb] <31 >) # R[rb] <31…R[rc] <4..0 >>	SHRA R5，R6，6 SHRA R5，R6，R8
逻辑左移	SHL R[ra]，R[rb]，C3 SHL R[ra]，R[rb]，R[rc] (IF C3 = 0)	R[ra]←R[rb] <31-C3…0 >)#(C3@0) R[ra]←R[rb] <31-R[rc] <4..0 >…0 >)#(R[rc] <4..0 >@0)	SHL R5，R6，6 SHL R5，R6，R8
循环左移	ROL R[ra]，R[rb]，C3 ROL R[ra]，R[rb]，R[rc] (IF C3 = 0)	R[ra]←R[rb] <31-C3…0 > #R[rb] <31…32-C3 > R[ra]←R[rb] <31-R[rc] <4..0 >…0 >) #R[rb] <31…32-R[rc] <4..>0 >	ROL R5，R6，6 ROL R5，R6，R8
不操作	NOP		NOP
停机	STOP	Run←0	STOP

关于表 3.8 的几点说明如下：

(1) 条件分支、条件分支和链接指令中的 XX：当 C4 = 0 时，XX 为“F”（假）；当 C4 = 1 时，XX 为“T”（真）；当 C4 = 2 时，XX 为“Z”（零）；当 C4 = 3 时，XX 为“NZ”（非零）；当 C4 = 4 时，XX 为“S”（负）；当 C4 = 5 时，XX 为“NS”（正）。

(2) 0≤ra≤31；0≤rb≤31；0≤rc≤31。

(3) R5 <31…n> 表示 R5 寄存器的第 31 位 ~ 第 n 位。

(4) m@0 表示将 0 重复 m 次。

(5) #表示连接。

3. 模型机寻址方式

(1) 寄存器寻址。例如，ADD R2，R3，R4。

(2) 直接寻址。例如，LD R3，A。

(3) 立即数寻址。例如，ADDI R2，R3，10。

(4) 相对寻址。例如，LDR R5，10。

(5) 变址寻址。例如，LD R3，4（R5）。

3.3.2 模型机的时序系统与控制方式

1. 时序系统

时序系统是控制器的心脏，由它为指令的执行提供各种定时信号。

(1) 工作周期（又称为机器周期或 CPU 周期）的划分。从取指令、分析指令到执行完一条指令所需的全部时间称为指令周期。

由于各种指令的操作功能不同，繁简程度不同，因此各种指令的指令周期也不尽相同。

通常把指令周期分为几个工作阶段，每个工作阶段也称为一个工作周期。在此模型机中共设置了 6 个工作周期，即取指周期 FT、取源操作数周期 ST、取目的操作数周期 DT、执行周期 ET、中断响应周期 IT 和 DMA 传送周期 DMAT。

每个工作周期设置一个周期标志触发器与之对应（如图 3.5 所示），机器运行于哪个周期，与其对应的周期标志触发器被置为“1”。显然，机器运行的任何时刻都只能建立一个周期标志，因此同一时刻只能有一个周期标志触发器被置为“1”。

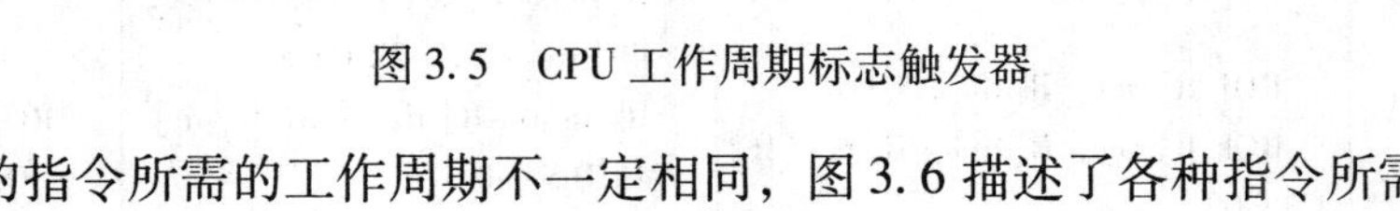

图 3.5　CPU 工作周期标志触发器

不同类型的指令所需的工作周期不一定相同，图 3.6 描述了各种指令所需的工作周期的变化情况。

(2) 节拍。把一个工作周期等分成若干个时间区间，每一时间区间称为一个节拍。一个节拍对应一个电位信号，控制一个或几个微操作的执行。

在同一个工作周期中，不同指令所需的节拍数可以不同，因此模型机采用的节拍发生器产生的节拍数是可变的。节拍发生器由计数器 T 与节拍译码器组成。当工作周期开始时，

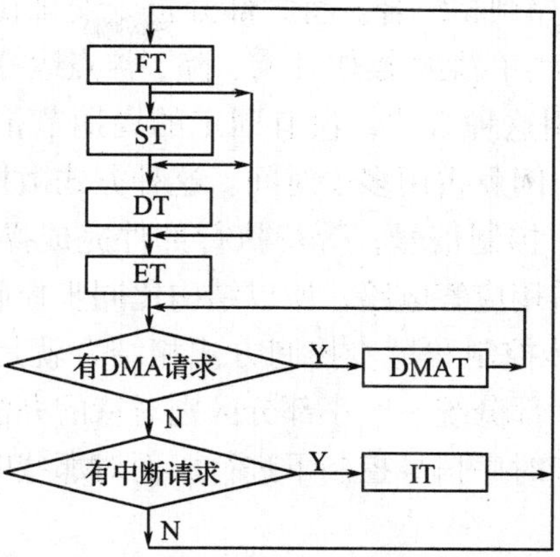

图3.6 CPU工作周期的控制流程

T=0，若本工作周期还需延长，则发出命令T+1，计数器将继续计数，表示进入一个新的节拍。若本工作周期应当结束，则发出命令T=0，计数器复位，从T=0开始一个新的计数循环，进入新的工作周期。计数器的状态经译码后产生节拍（时钟周期）状态，如T0、T1、T2、…，作为分步操作的时间标志。

（3）脉冲（定时脉冲）。节拍提供了一项基本操作所需的时间分段，但有的操作如打入寄存器，还需严格的定时脉冲，以确定在哪一时刻打入。节拍的切换，也需要严格的同步定时。所以在一个节拍内，有时还需要设置一个或几个工作脉冲，用于寄存器的复位和接收数据等。

常见的设计是在每个节拍的末尾发一次工作脉冲，脉冲前沿可用来打入运算结果（或传送），脉冲后沿则实现周期的切换。有的计算机也会在一个节拍中先后发出几个工作脉冲，有的脉冲位于节拍前端，可用作清除脉冲；有的脉冲位于中部，用作控制外围设备的输入/输出脉冲；有的脉冲位于尾部，前沿用作CPU内部的打入，后沿实现周期切换。

周期、节拍、脉冲构成了三级时序系统，它们之间的关系如图3.7所示。图中包括两个工作周期M1、M2，每个工作周期包含4个节拍W0～W3，每个节拍内有一个脉冲P。

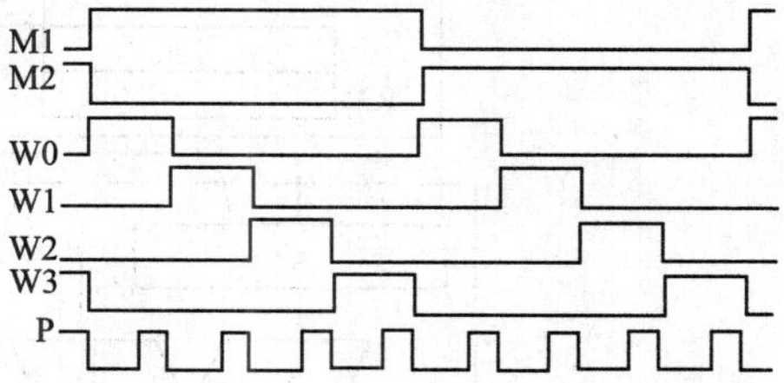

图3.7 三级时序系统

2. 控制方式

控制不同操作序列时序信号的方式，称为控制器的控制方式。

（1）同步控制方式即固定时序控制方式，各项微操作都由统一的时序信号控制，在每个工作周期中产生统一数目的节拍电位和工作脉冲。

为了提高CPU的效率，在同步控制中又有三种方案。

1）采用完全统一的工作周期和节拍。这种方案一律以最长的微操作序列和最繁的微操作作为标准，采用完全统一的、具有相同时间间隔和相同数目的节拍作为工作周期来运行各种不同的指令。显然，对于微操作序列较短的指令来说，会造成时间上的浪费。

2）采用不同节拍的工作周期。将大多数操作安排在一个较短的工作周期内完成，对某些复杂的微操作，采用延长工作周期或增加节拍的办法来解决。

3）采用中央控制和局部控制相结合。将大部分指令安排在固定的工作周期内完成，称为中央控制。对少数复杂指令中的某些操作（乘、除、浮点运算）采用局部控制方式来完成。

（2）异步控制方式。采用这种方式，没有固定的周期节拍和严格的时钟同步，执行每条指令和每个操作需要多少时间就占用多少时间。这种方式微操作的时序由专门的应答线路控制。当控制器发出某一操作控制信号，等待执行部件完成操作后发回“回答”信号，再开始新的操作。这种方式因采用应答电路，所以结构比同步控制方式复杂。

（3）联合控制方式。同步控制和异步控制方式相结合就是联合控制方式。这种方式对各种不同指令的微操作实行大部分统一、小部分区别对待的办法。即大部分微操作安排在一个固定工作周期中，并在同步时序信号控制下进行；而对那些时间难以确定的微操作则采用异步控制的方式，如 I/O 操作。

（4）人工控制方式。为了调机和软件开发的需要，在计算机面板或内部往往设置一些开关或按键以进行人工控制。最常见的有 reset 按键、连续执行或单条指令执行的转换开关、符合停机开关等。

3.3.3 模型机主要组成部分的门级设计及控制信号

1. 一个简单的 32 位 RISC 机的 CPU 总视图

如图 3.8 所示，这个总视图由 32 位单总线、32 个通用寄存器组、ALU 及其寄存器、程序计数器（PC）、条件形成逻辑、IR 寄存器及其逻辑、存储器地址寄存器（MA）、存储器数据寄存器（MD）、移位计数逻辑等组成。

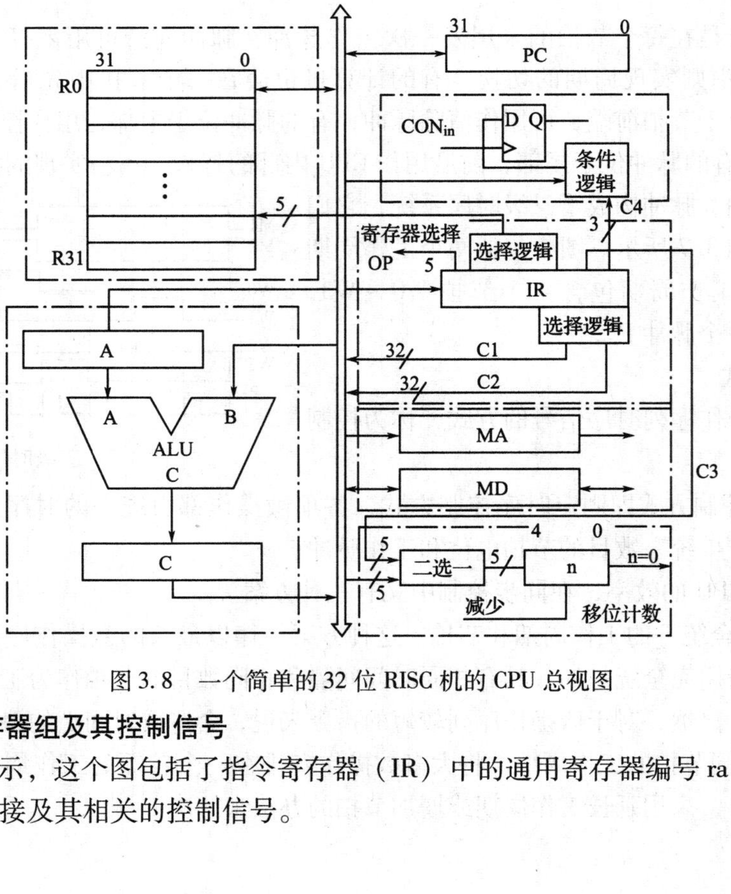

图 3.8 一个简单的 32 位 RISC 机的 CPU 总视图

2. 通用寄存器组及其控制信号

如图 3.9 所示，这个图包括了指令寄存器（IR）中的通用寄存器编号 ra、rb、rc 如何与各通用寄存器连接及其相关的控制信号。

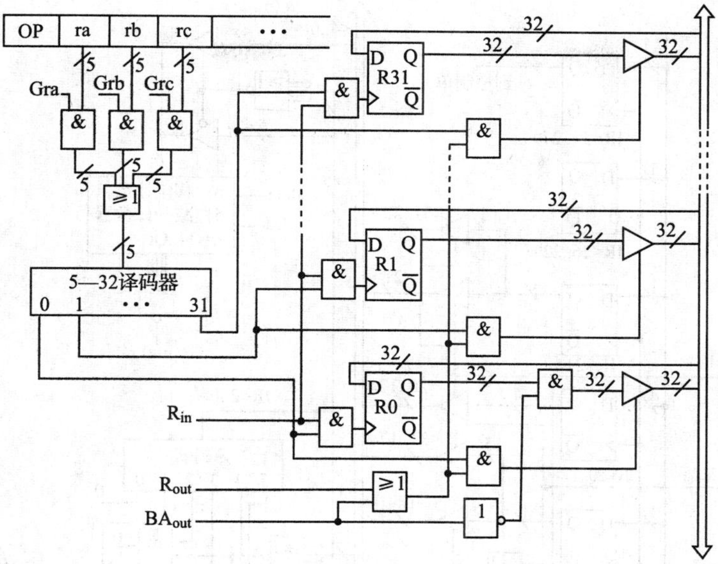

图 3.9 通用寄存器组及其控制信号

3. CPU 与主存接口及其控制信号

如图 3.10 所示，这个图包括了 CPU 和主存间如何通过存储器地址寄存器（MA）和存储器数据寄存器（MD）交换信息及其相应的控制信号。

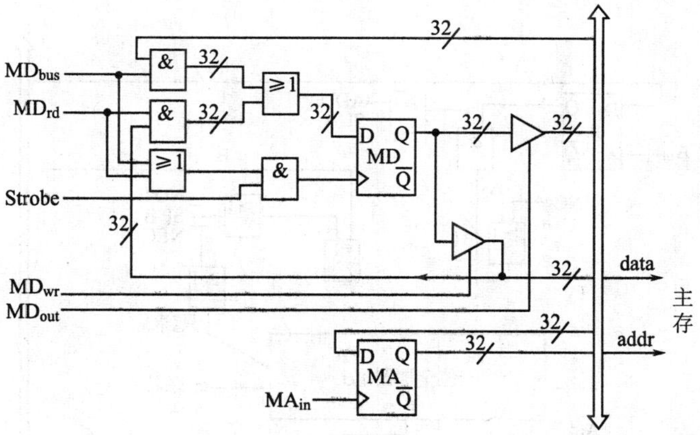

图 3.10 CPU 与主存接口

4. 从 IR 中提取各字段、条件形成逻辑、移位计数逻辑及其控制信号

如图 3.11 所示，这部分包括如何从 IR 寄存器中提取出 C1、C2、C3、C4 字段；移位计数逻辑（由 C3 字段和 R［rc］形成移位位数）；条件形成逻辑（由 C4 控制对 R［rc］进行什么样的条件测试以形成测试结果）。

5. 一位 ALU 的逻辑设计图及其相应的控制信号

如图 3.12 所示，这部分包括了一位 ALU 的逻辑设计图及其相应的控制信号。对于与 CPU 有关的指令如何实现相应的计算，都有详细的逻辑电路及其控制信号。

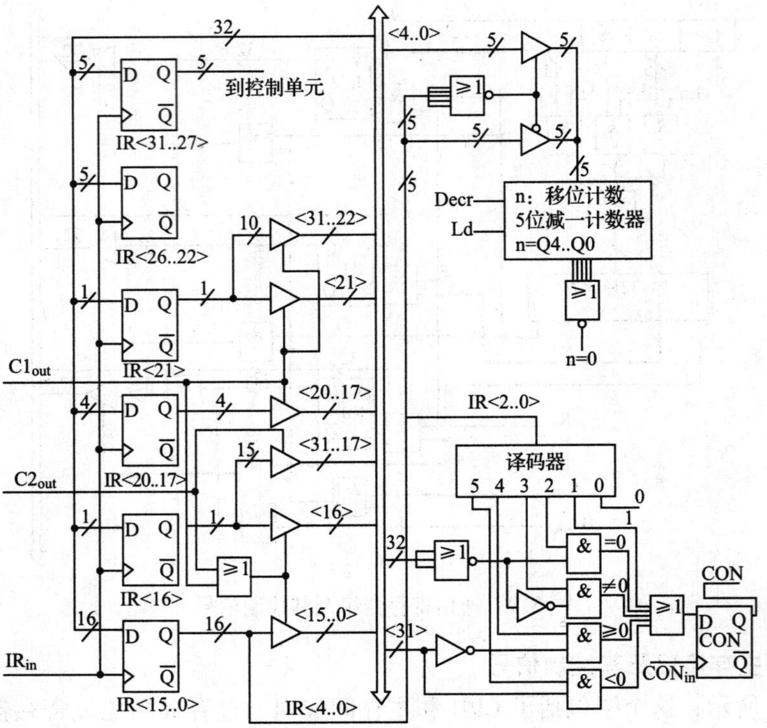

图 3.11　从 IR 中取出 C1、C2 及移位计数、条件逻辑

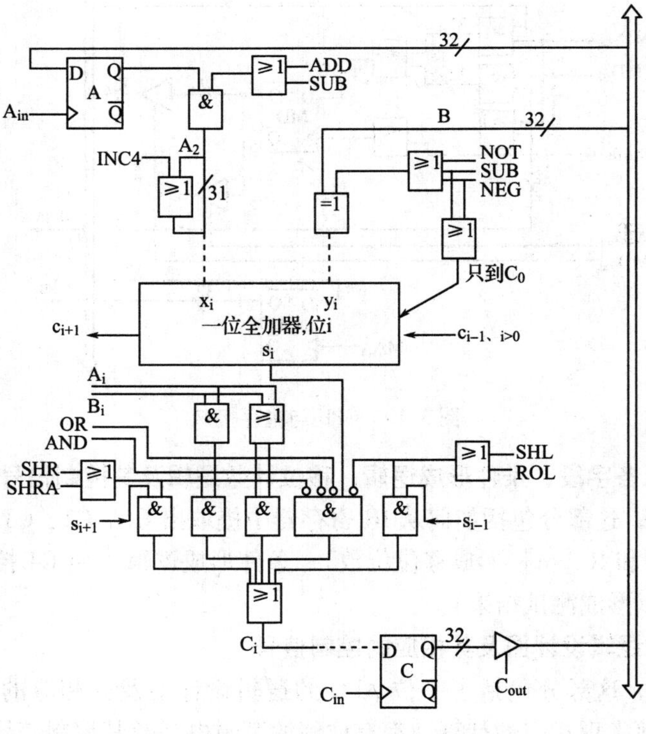

图 3.12　一位 ALU 的逻辑设计图

3.3.4 指令流程及控制信号序列

分析指令的执行步骤，绘制指令操作流程表并写出控制信号的序列是计算机组合逻辑控制器设计的第一步。

指令流程表指的是根据机器指令的结构格式、数据表示方式及各种运算的算法，把每条指令的执行过程分解成若干功能部件能实现的基本微操作，并以表的形式排列成有先后次序、相互衔接配合的流程。它可以比较形象、直观地表明一条指令的执行步骤和基本过程。

控制信号流程是指由控制器发出的出现在数据通路逻辑中的控制信号的列表。

为了便于微操作控制信号的综合、化简，取得优化的结果，在绘制指令流程表时通常以周期为线索，按工作周期拟定各类指令在本周期内的操作流程，再以操作时间表的形式列出各个节拍内所需的控制信号及它们的条件。

1. 取指周期（FT）微操作及控制信号流程表

取指周期是每条指令的第一个工作周期，它对于每条指令都是一样的，属于公共操作。其微操作序列及控制信号如表 3.9 所示。

表 3.9 取指周期（FT）微操作及控制信号流程表

节　拍	微操作序列	控制信号
FT0	MA←PC；C←PC+4；	PC_{out}，MA_{in}，INC4，C_{in}
FT1	MD←M[MA]；PC←C；	MD_{rd}，Strobe，Read，C_{out}，PC_{in}
FT2	IR←MD；	MD_{out}，IR_{in}

2. 加法指令（ADD）的微操作及控制信号流程表

加法指令的功能是将寄存器 R[rb]的内容和寄存器 R[rc]的内容相加，结果存到 R[ra]寄存器中，其微操作序列及控制信号如表 3.10 所示。

表 3.10 加法指令（ADD）的微操作及控制信号流程表

节　拍	微操作序列	控制信号
FT0～FT2	取指令（见表 3.9）	取指令（见表 3.9）
ET0	A←R[rb]；	Grb，R_{out}，A_{in}
ET1	C←A+R[rc]；	Grc，R_{out}，ADD，C_{in}
ET2	R[ra]←C；	C_{out}，Gra，R_{in}

3. 加立即数指令（ADDI）的微操作及控制信号流程表

加立即数指令是将寄存器 R［rb］的内容和立即数 C2 相加，结果存到 R［ra］寄存器中，其微操作序列及控制信号如表 3.11 所示。

表 3.11 加立即数指令（ADDI）的微操作及控制信号流程表

节　拍	微操作序列	控制信号
FT0～FT2	取指令（见表 3.9）	取指令（见表 3.9）
ET0	A←R[rb]；	Grb，R_{out}，A_{in}
ET1	C←A+C2；	$C2_{out}$，ADD，C_{in}
ET2	R[ra]←C；	C_{out}，Gra，R_{in}

4. 加载指令（LOAD）的微操作及控制信号流程表

加载指令首先判断 rb 的值，若 rb 等于 0，用 C2 的值作为有效地址访存，将取出的数据送到 R［ra］；若 rb 不等于 0，用 C2 + R［rb］的值作为有效地址访存，将取出的数据送到 R［ra］。其微操作序列及控制信号如表 3. 12 所示。

表 3. 12　加载指令（LOAD）的微操作及控制信号流程表

节　拍	微操作序列	控 制 信 号
FT0 ~ FT2	取指令（见表 3. 9）	取指令（见表 3. 9）
ST0	A←((rb = 0)→0：(rb≠0)→R[rb])；	Grb，BA_{out}，A_{in}
ST1	C←A + C2；	$C2_{out}$，ADD，C_{in}
ST2	MA←C；	C_{out}，MA_{in}
ST3	MD←M[MA]；	MD_{rd}，Strobe，Read
ET0	R[ra]←MD	MD_{out}，Gra，R_{in}

5. 存储指令（STORE）的微操作及控制信号流程表

存储指令首先判断 rb 的值，若 rb 等于 0，用 C2 的值作为存数的有效地址，将 R［ra］的内容存入此地址单元中；若 rb 不等于 0，用 C2 + R［rb］的值作为存数的有效地址，将 R［ra］的内容存入此地址单元中。其微操作序列及控制信号如表 3. 13 所示。

表 3. 13　存储指令（STORE）的微操作及控制信号流程表

节　拍	微操作序列	控 制 信 号
FT0 ~ FT2	取指令（见表 3. 9）	取指令（见表 3. 9）
DT0	A←((rb = 0)→0：(rb≠0)→R[rb])；	Grb，BA_{out}，A_{in}
DT1	C←A + C2；	$C2_{out}$，ADD，C_{in}
ET0	MA←C；	C_{out}，MA_{in}
ET1	MD←R[ra]；	Gra，R_{out}，MD_{bus}，Strobe
ET2	M[MA]←MD；	MD_{wr}，Write

6. 相对存储指令（STORER）的微操作及控制信号流程表

相对存储指令将 C1 + PC 的值作为存数的有效地址，将 R［ra］的内容存入此地址单元中。其微操作序列及控制信号如表 3. 14 所示。

表 3. 14　相对存储指令（STORER）的微操作及控制信号流程表

节　拍	微操作序列	控 制 信 号
FT0 ~ FT2	取指令（见表 3. 9）	取指令（见表 3. 9）
DT0	A←PC；	PC_{out}，A_{in}
DT1	C←A + C1；	$C2_{out}$，ADD，C_{in}
ET0	MA←C；	C_{out}，MA_{in}
ET1	MD←R[ra]；	Gra，R_{out}，MD_{bus}，Strobe
ET2	M[MA]←MD；	MD_{wr}，Write

7. 分支指令（BR）的微操作及控制信号流程表

分支指令由C4控制对R［rc］进行什么样的条件测试以形成测试结果（见图3.11中的条件逻辑），若测试结果为真，则将R［rb］的内容作为分支地址送PC。其微操作序列及控制信号如表3.15所示。

表3.15 分支指令（BR）的微操作及控制信号流程表

节 拍	微操作序列	控制信号
FT0～FT2	取指令（见表3.9）	取指令（见表3.9）
ET0	CON←cond（R［rc］）；	Grc，R_{out}，CON_{in}
ET1	CON→PC←R［rb］；	Grb，R_{out}，CON→PC_{in}

8. 逻辑右移指令（SHR）的微操作及控制信号流程表

逻辑右移指令首先判断C3（即IR<4..0>）的值，若为零，则以R［rc］<4..0>的值作为逻辑右移的位数n，否则以IR<4..0>的值作为逻辑右移的位数n，然后将R［rb］的内容逻辑右移n位，结果送到R［ra］。其微操作序列及控制信号如表3.16所示。

表3.16 逻辑右移指令（SHR）的微操作及控制信号流程表

节 拍	微操作序列	控制信号
FT0～FT2	取指令（见表3.9）	取指令（见表3.9）
ET0	n←（（IR<4..0>=0）→R［rc］<4..0>： （IR<4..0>≠0→IR<4..0>））；	Grc，R_{out}，Ld
ET1	C←R［rb］；	Grb，R_{out}，C=B，C_{in}
ET2	Shr(：= n≠0→(C<31…0>←0#C<31…1>： n←n-1；Shr))	n≠0→（C_{out}，SHR，C_{in}，Decr，Goto ET2）
ET3	R[ra]←C；	C_{out}，Gra，R_{in}

注：Goto ET2为一个控制节拍发生器的信号。

3.3.5 组合逻辑控制器的设计步骤

1. 编排控制信号时间表

将上一节列出来的每条指令的控制信号归纳成一张控制信号时间表，表的每一列为指令的名称，表的每一行为各工作周期中节拍及各节拍中的控制信号，表的行列交叉处用“1”表示该行左边的控制信号在该列上边的指令中出现，用“0”表示没有出现。设计这一张表的目的是为了方便找出每个控制信号在所有指令中的出现位置，为下一步设计该控制信号的逻辑表达式做准备。

表3.17是根据“3.3.4 指令流程及控制信号序列”中列出的几条指令画出的表格（不全），若要画出整个指令系统所有的控制信号时间表，表格就显得比较大，查找起来不太方便，可以利用数据库软件将该表格建成一个数据表，然后用数据库的查找命令进行查找。

表 3.17　每条指令对应的控制信号时间表

工作周期	节拍	控制信号	机器指令							
			ADD	ADDI	LOAD	STORE	STORER	BR	SHR	…
FT 取指周期	T0	PC_{out}	1	1	1	1	1	1	1	
		MA_{in}	1	1	1	1	1	1	1	
		INC4	1	1	1	1	1	1	1	
		C_{in}	1	1	1	1	1	1	1	
	T1	MD_{rd}	1	1	1	1	1	1	1	
		Strobe	1	1	1	1	1	1	1	
		Read	1	1	1	1	1	1	1	
		C_{out}	1	1	1	1	1	1	1	
		PC_{in}	1	1	1	1	1	1	1	
	T2	MD_{out}	1	1	1	1	1	1	1	
		IR_{in}	1	1	1	1	1	1	1	
ST 取源操作数周期	T0	Grb			1					
		BA_{out}			1					
		A_{in}			1					
	T1	$C2_{out}$			1					
		ADD			1					
		C_{in}			1					
	T2	C_{out}			1					
		MA_{in}			1					
	T3	MD_{rd}			1					
		Strobe			1					
		Read			1					
DT 取目的操作数周期	T0	Grb				1				
		BA_{out}				1				
		A_{in}				1	1			
		PC_{out}					1			
	T1	$C1_{out}$					1			
		$C2_{out}$				1	1			
		ADD				1	1			
		C_{in}				1	1			
ET 执行周期	T0	Grb	1	1						
		R_{out}	1	1				1	1	
		A_{in}	1	1						
		MD_{out}			1					
		Gra			1					

（续）

工作周期	节拍	控制信号	机器指令							
			ADD	ADDI	LOAD	STORE	STORER	BR	SHR	…
ET 执行周期	T0	R_{in}			1					
		C_{out}				1	1			
		MA_{in}				1	1			
		Grc						1	1	
		…								

2. 根据控制信号时间表写出各控制信号的逻辑表达式

对于每一个控制信号，找出它在控制信号时间表中的每一个出现位置，记住与此位置相关的指令、周期与节拍，然后将它们之间的关系用与或逻辑表达式表示出来。例如，控制信号 C_{OUT} 的逻辑表达式可以表示为

$$C_{OUT} = FT \cdot T1 + ST \cdot T2 \cdot LOAD + ET \cdot (T0 \cdot (STORE + STORER) + T2 \cdot (ADD + ADDI) + T3 \cdot SHR) + \cdots$$

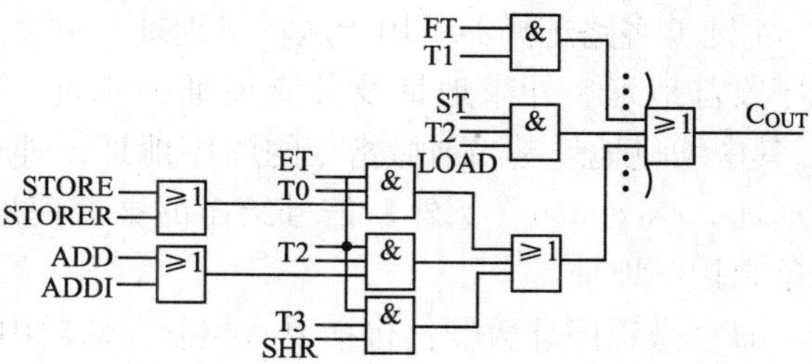

图 3.13 控制信号 C_{OUT} 的逻辑图

3. 画出控制信号的逻辑图

根据各控制信号的逻辑表达式画出相应的逻辑图。例如，控制信号 C_{OUT} 的逻辑图如图 3.13 所示。

3.4 微程序控制器原理

微程序控制器的思想是由 M. V. Wilkes 在 20 世纪 50 年代早期提出的。为了降低组合逻辑控制器的复杂性而促成了微程序方法。

3.4.1 微程序控制的基本概念

微程序控制是将微操作控制信号以编码字（即微指令）的形式存放在控制存储器中。执行指令时通过依次读取一条条微指令，产生一组组操作控制信号，控制有关功能部件完成一组组微操作。因此，又称为存储逻辑。

应该强调的是，如果同样的模型机执行同样的指令系统，那么微程序控制器发出的控制信号序列应该与组合逻辑控制器相同，只是两种控制器设计方法产生控制信号序列的方式不同。也就是说，本节仍然介绍上一节的单总线模型机及其相应的指令系统，那么前一节分析的控制信号序列就是本节微程序控制器所发出的控制信号序列，区别仅在于产生控制信号的方式不同。

1. 微程序控制器的组成及工作原理

下面以微程序控制器的框图（如图 3.14 所示）为例，说明其基本组成与工作原理。

微程序控制器主要由 IR（指令寄存器）、操作码到微程序地址的映像机构、4 选 1 多路选择器、μPC 微程序计数器、控制存储器、μIR 微指令寄存器、增量器及定序器（Sequencer）等组成。

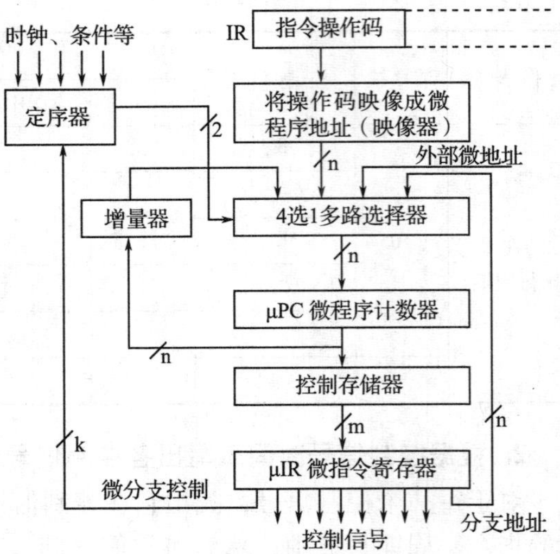

图 3.14　微程序控制器

IR（指令寄存器）：用于存放当前正在执行的指令。

操作码到微程序地址的映像机构（映像器）：就像查找表一样，通常采用 ROM，用指令操作码作为地址，地址单元的内容为对应该指令的微程序段首地址，这样就很容易将指令操作码映像到微程序段的首地址。

4 选 1 多路选择器：用于从增量地址、微程序段首地址、外来地址及分支地址中 4 选 1，其中增量地址是当前微指令的顺序地址；外来地址包括 Reset（复位）信号给出的微程序地址、Exception（例外）信号给出的微程序地址等；分支地址为当前微指令中指定的下一条微指令地址。

μPC 微程序计数器：包括要从控制存储器中取出的下一条微指令的地址。

控制存储器（CM）：它是微程序控制器的核心，用于存放取指令的微程序、指令系统中所有指令执行阶段的微程序、例外处理的微程序等（如图 3.15 所示）。控制存储器可用只读存储器（ROM）构成。若采用可擦除可编程只读存储器（EPROM），则有利于微程序的修改和动态微程序设计。

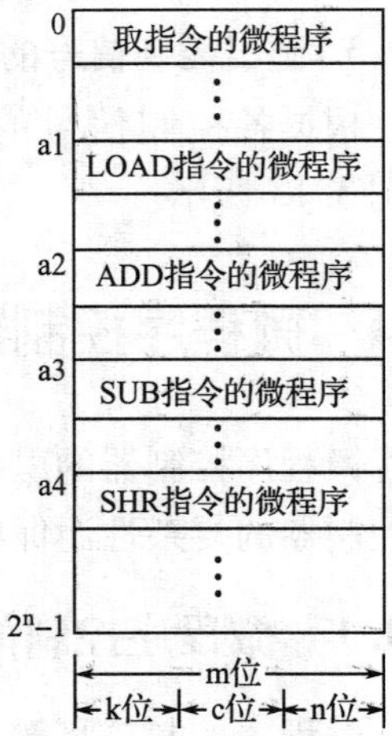

图 3.15　控制存储器框图

μIR 微指令寄存器：根据微程序计数器提供的地址从控制存储器中读出的微指令存放在 μIR 微指令寄存器中，它由三个字段组成。

（1）控制信号字段：该字段包括当前微指令要发出的控制信号，例如，C_{OUT}、CP_{DR} 等。这些控制信号就是上一节介绍的控制信号。

（2）分支地址字段：该字段包括一个分支地址。

（3）分支控制字段：该字段包括控制分支的信号。

增量器：对 μPC 微程序计数器的值作加 1 操作，以便微程序中的微指令能顺序执行。

定序器：以微指令字中的控制分支信号及运算器输出的标志信号作为输入，产生对 4 选 1 多路选择器的控制信号，用于控制多路器从 4 个输入中选择 1 个作为输出。

2. 几个常用术语

（1）微命令与微操作。

微命令：就是控制信号，它由控制器通过控制线发向各个被控制的部件。例如，打开或关闭某个控制门的电位信号、某个寄存器的打入脉冲等。

微操作：它是由微命令控制实现的最基本的操作过程。

（2）微指令与微周期。

微指令：以二进制编码形式存放在控制存储器的一个单元中，用来实现指令中的某一步操作。微指令由三个部分组成，即控制信号字段、分支地址字段及分支控制字段。

微周期：通常指从控制存储器中读取一条微指令并执行相应的微操作所需的时间。

（3）微程序与微程序设计。

微程序：一个有序的微指令序列。

微程序设计：它是将传统的程序设计方法运用到控制逻辑的设计中，在微程序中也可以有微子程序、循环、分支等结构。

3.4.2 微指令的编码方式

微指令的编码方式又叫做微指令的控制方式，它是指如何对微指令的控制信号字段进行编码，以形成控制信号。

1. 直接编码（直接控制）方式

直接编码方式是指在微指令的控制信号字段中，每一位代表一个控制信号（微命令），该位为“1”表示该控制信号有效，该位为“0”表示该控制信号无效，如图 3.16 所示。

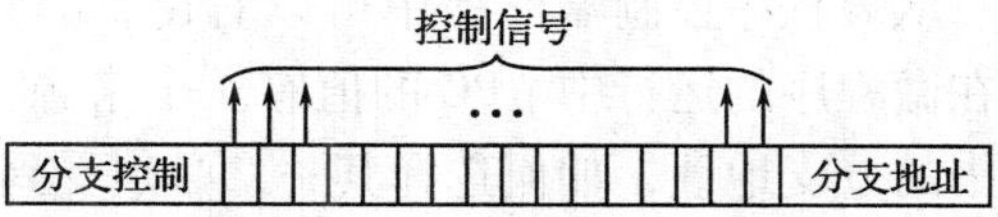

图 3.16 直接编码方式

对于此种编码方式，微指令寄存器中的控制位可直接与模型机数据通路中相应的控制点相连，不需要译码，它的优点是速度快。但每一个控制信号必须在微指令字中对应一个控制位，就会由于系统中的控制信号很多而增加微指令的长度，造成控制存储器的容量很大。

2. 字段直接编码方式

字段直接编码方式是指将微指令中的控制信号字段分成若干个小段，每个小段内通过编码放入一组互斥的控制信号（微命令），在执行微指令时，通过译码电路对每个小段进行译码，一个小段同一时刻只能译出一个控制信号（微命令），如图 3.17 所示。这种方式又叫做显式编码方式或单重定义编码方式。

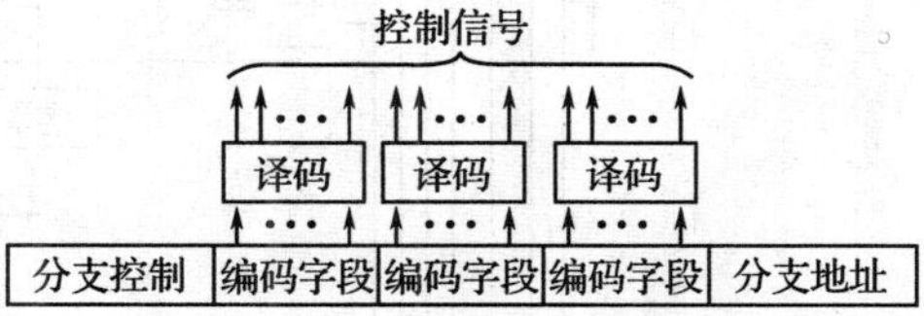

图 3.17 字段直接编码方式

采用字段直接编码方式可以用较少的二进制位表示较多的控制信号，这样就缩短了微指令的长度。例如，3 位二进制编码从 000 ~ 111 共 8 种状态，可以表示 7 个互斥的控制信号及一个不发控制信号的状态。相比之下，直接编码方式用 3 位二进制位表示 3 个控制信号，而字段直接编码方式用 3 位二进制位表示 7 个控制信号，这样就等于将微指令的长度缩短了 4 位。当然这是它的优点，但由于字段直接编码方式必须对编码字段进行译码才能发出控制信号，这样与直接编码方式相比，速度就会稍微慢一些。

3. 字段间接编码方式

字段间接编码方式是指一个字段的某些编码不能独立地定义某些控制信号（微命令），而需要与其他字段的编码来联合定义，因此又称为隐式编码或多重定义编码，如图 3.18 所示。

图中的字段 A（3 位）所产生的控制信号还要受到字段 B 的控制。当字段 B 发出 b_1 信号时，字段 A 与其合作产生 a_{11}、a_{21}、…、a_{71} 中的一个控制信号；而当 B 发出 b_2 信号时，字段 A 与其合作产生 a_{12}、a_{22}、…、a_{72} 中的一个控制信号。这种方式进一步减少了微指令的长度，但通常可能会削弱微指令的并行控制能力，且译码电路相应地会较复杂，因此，它只作为字段直接编码方式的一种补充。

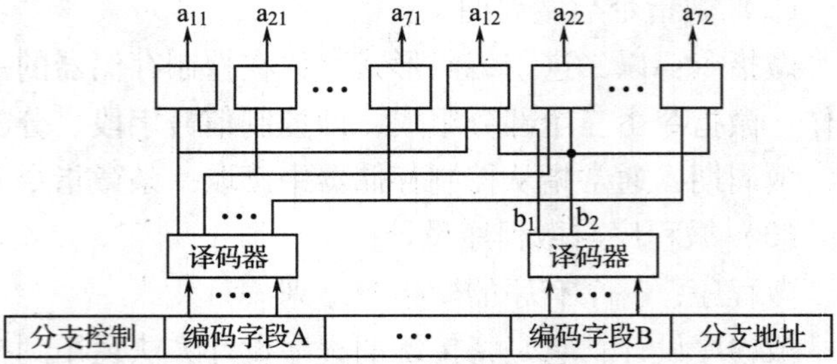

图 3. 18　字段间接编码方式

3. 4. 3　微程序控制器中的分支控制

从微程序控制器框图中可以看出，μPC 微程序计数器用来提供下一条微指令的地址，而在微程序的运行中 μPC 的值有 4 个来源：增量地址、微程序段首地址、外来地址及微指令中的分支地址，如何选择其一，必须受到定序器的控制。下面以微程序控制器中的分支控制图（如图 3. 19 所示）及一个微程序段实例进行说明。

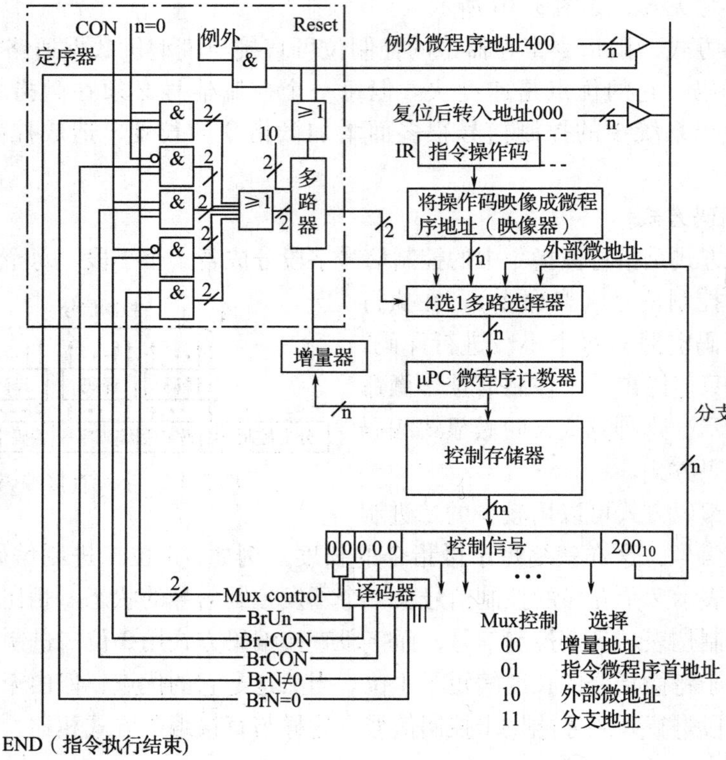

图 3. 19　微程序控制器的分支控制

1. 微程序控制器中的分支控制图

在微程序控制器的分支控制图中，微指令寄存器的最左两位为多路控制“Mux 控制”，它规定多路选择器应该选择哪一路输入（见图3. 19 的右下角），紧接着的5 位给出在选择该路输入时应该满足的条件：BrUn 为无条件；Br ¬CON 为条件不成立时；BrCON 为条件成立时；BrtN≠0 为 N 不等于零时；BrN = 0 为 N 等于零时。从图中的点画线框可以看出，定序器的输入除了上述 7 位信号外，还有“CON”和“n = 0”两个输入（分别为从条件逻辑的输出及移位计数器的输出），当例外和 Reset 有效时，4 选 1 多路器选择外部地址作为下条微指令地址。

2. 分支控制在微程序段中的应用举例

表 3. 18 为一个分支控制在微程序段中应用的例子。

表 3. 18　微程序段中的分支控制

微指令地址	Mux Cti	BrUn	Br ¬CON	BrCON	BrN≠0	BrN = 0	控制信号	分支地址	分支动作的说明
200	00	0	0	0	0	0	…	×××	顺序执行，到微地址 201
201	01	1	0	0	0	0	…	×××	到映像器输出的指令微程序首地址
202	10	0	0	1	0	0	…	×××	如果条件成立，到外部微地址，否则顺序
203	11	0	0	0	1		…	300	如果 N≠0，到 300，否则到 204
204	11	0	0	0	0	1	0…0	206	如果 N = 0，到 206，否则到 205
205	11	1	0	0	0	0	…	204	到微地址 204

关于表 3. 18 的相关解释如下。

在微指令地址为 200 的微指令中，两位多路控制及 5 个条件位都为零表示使多路器选择增量器这一路输入提供给 μPC（201），从而实现微程序的顺序执行。

在微指令地址为 201 的微指令中，两位多路控制为“01”，BrUn 为“1”，其他条件位为“0”，表示无条件使多路器选择映像器这一路输入，使 μPC 的值为指令寄存器 IR 中的指令操作码映像的地址，从而转移到对应指令的微程序段首地址。

在微指令地址为 202 的微指令中，两位多路控制为“10”，BrCON 为“1”，其他条件位为“0”，表示当条件成立时使多路器选择外部微地址这一路输入提供给 μPC，否则选择增量器这一路输入提供给 μPC（203）。

在微指令地址为 203 的微指令中，两位多路控制为“11”，BrN≠0 为“1”，其他条件位为“0”，表示当 N≠0 时使多路器选择分支地址（300）这一路输入提供给 μPC，否则选择增量器这一路输入提供给 μPC（204）。

在微指令地址为 204 的微指令中，两位多路控制为“11”，BrN = 0 为“1”，其他条件位为“0”，表示当 N = 0 时使多路器选择分支地址（206）这一路输入提供给 μPC，否则选择增量器这一路输入提供给 μPC（205）。

在微指令地址为 205 的微指令中，两位多路控制为“11”，BrUn 为“1”，其他条件位为“0”，表示无条件使多路器选择分支地址（204）这一路输入提供给 μPC。

实际上，微地址 204 及 205 的两行微指令实现了一个“while”循环结构。

3.4.4 微指令格式

微指令格式的设计除了要实现计算机的整个指令系统之外，还要考虑具体的数据通路、控制存储器速度以及微程序的编制等因素。

不同机器有不同的微指令格式，但从其所具有的共性来看，通常可分为两大类。

1. 水平型微指令

水平型微指令是指一次能定义并执行多个操作微命令的微指令。从编码方式看，直接编码、字段直接编码及字段间接编码都属于水平型微指令。水平型微指令一般具有以下特点：

（1）微指令字较长，定义的微命令较多，一般为几十位到上百位。如VAX—11/780微指令字长为96位。巨型机ILLAIAC—Ⅳ微指令字长达280位。微指令字较长，也意味着控制存储器的横向字长较长。

（2）微指令中微操作并行能力强，在一个微周期中，一次能定义并执行多个并行操作微命令。

（3）微指令编码简单，一般采用直接控制方式和字段直接编码法，微命令与数据通路各控制点之间有比较直接的对应关系。

水平型微指令的优点是微指令条数少、灵活性好、执行效率高，但其指令字较长，复杂程度高，难以实现微程序设计的自动化。

2. 垂直型微指令

垂直型微指令类似于机器指令格式，它通常有一个微操作码字段、源地址字段、目的地址字段及某些扩展操作字段。它一次只能控制信息从源部件到目的部件的一两种信息传送过程。

根据垂直型微指令的微操作码字段可以将其划分为以下几种：传送型微指令、运算控制型微指令、移位控制型微指令、访存微指令、无条件转移微指令及条件转移微指令。

垂直型微指令一般具有以下特点：

（1）微指令直观、规整，易于编制微程序，易于实现设计自动化。

（2）微指令字的微操作并行能力弱，一条微指令定义的微操作少，编制的微程序长，要求控存的纵向容量大。

（3）微指令字短，一般为10～20位左右，使控制存储器的横向容量少。

3.4.5 模型机的微指令格式设计及微程序编写

在介绍了“3.3.4　指令流程及控制信号序列”后，设计微程序控制器的主要任务就成了微指令格式的设计及微程序的编写。

1. 模型机的微指令格式设计

为了缩短微指令字的长度，采用字段直接编码方式来设计微指令的格式。

首先要对“3.3.4　指令流程及控制信号序列”部分列出的所有控制信号的互斥性及相容性进行分析，将所有互斥的信号放在一组，相容的信号放在不同组，这是字段直接编码方式所要求的。下面就对这些控制信号进行分组。

第1组：多路控制信号（Mux Ctl）。用来控制4选1多路器的选择，只需两位就可对4个输入进行选择，编码为00～11。

第 2 组：分支控制信号（Branch Control）。有 BrUn、Br $\overline{\text{CON}}$、BrCON、BrN = 0 和 BrN ≠0 5 个分支控制信号，再加一个无控制信号的状态 None 共 6 个状态，这一组用 3 位二进制表示，编码依次为 000 ~ 101。

第 3 组：输出控制信号（Out Signals）。这一组为输出到总线的控制信号，因为同一时刻只允许有一个信号发送到总线，因此这些信号是互斥的。它们是 PC_{OUT}、C_{OUT}、MD_{OUT}、R_{OUT}、BA_{OUT}、$C1_{OUT}$、$C2_{OUT}$等，再加一个无控制信号的状态 None，共 8 个，必须用 3 位二进制才能表示，编码依次为 000 ~ 111。

第 4 组：输入控制信号（In Signals）。这一组为寄存器的同步打入控制信号，有 MA_{in}、PC_{in}、IR_{in}、A_{in}、R_{in}、MD_{in}、L d等，再加一个无控制信号的状态 None，共 8 个，必须用 3 位二进制才能表示，编码依次为 000 ~ 111。

第 5 组：通用寄存器字段选通信号（Gate Registers）。这一组用来为指令中规定的寄存器字段选择某个通用寄存器，包括 Gra、Grb 和 Grc 信号，再加一个无控制信号的状态 None，共 4 个，用两位二进制表示就可以了，编码依次为 00 ~ 11。

第 6 组：ALU 的控制信号，包括 ADD、SUB、C = B、AND、OR、XOR、INC4、COM、ASR、SHL 及 SHR 等 15 个控制信号，再加上无控制信号的状态 None，必须用 4 位二进制才能表示，编码依次为 0000 ~ 1111。

第 7 组：最后由于不能互斥而无法放在前面几组中的其他控制信号，包括 Read、Write、Wait、Decr、CONin、Cin、Stop 等，再加上无控制信号的状态 None，共 8 个，用 3 位二进制表示，编码依次为 000 ~ 111。

第 8 组：分支地址 n 位，根据总的微程序的行数来定。假如有 1K 行，n 应该为 10 位，编码依次为 0000000000 ~ 1111111111。

根据上面的分组情况可以写出如表 3. 19 所示的微指令格式。

表 3. 19 微指令格式

2 位	3 位	3 位	3 位	2 位	2 位	3 位	10 位
多路控制	分支控制	输出控制	输入控制	通用寄存器字段选通	ALU 控制信号	其他控制信号	分支地址

2. 模型机的微程序编写

微指令的格式设计好后，就可以按照“3. 3. 4 指令流程及控制信号序列”中所列出的控制信号序列来编写微程序了，每行控制信号序列对应一条微指令。编写时首先要找出本行各控制信号在微指令格式中的分组及编码，然后将编码填入该分组中，无对应控制信号的分组选择 None 的编码。对于多路控制、分支控制及分支地址中的内容根据编写微程序的需要而定。

3. 5 精简指令系统计算机

精简指令系统计算机（Reduced Instruction Set Computer，RISC）的起源要追溯到 20 世纪 70 年代中期。可以说 IBM 公司的 John Coke 的早期工作撒下了 RISC 的种子，他在 1975 年开始建造实验模型 801 主机，这个系统最初几乎没有受到人们的关注，直到许多年后机器的细节才被公开。20 世纪 80 年代中期，加州大学伯克利分校制造出了 RISC-I 机、斯坦福大学制造出了 MIPS 机，这两个机器就是最初制造的实际 RISC 机器。

3.5.1 RISC 与 CISC 的概念

RISC 设计的最初想法是只提供一组能够执行所有最基本操作的最小指令系统：数据移动、ALU 操作和分支转移。只允许显式的 LOAD 和 STORE 指令访问存储器。

CISC（Complex Instruction Set Computer）的设计最初是因存储器的成本过高而引起的。如果每条指令的复杂程度越高，就意味着程序变得越小，从而占用更少的存储空间。随着 VLSI 技术的迅速发展，硬件成本不断下降，软件成本不断上升，促使人们在指令系统中增加更多和更复杂的指令，以适应不同应用领域的需要。特别是系列机，为了保证向上兼容，致使同一系列机的指令系统变得越来越复杂，还有人们通过增加了复杂指令来缩小指令系统与高级语言语义的差距。所有这些做法都使得指令系统越来越复杂，如 DEC 公司的 VAX－11/780 机有 303 条指令，18 种寻址方式。这类计算机就称为复杂指令系统计算机。

3.5.2 精简指令系统计算机的技术特点

精简指令系统计算机的主要特点是减少指令系统中指令的条数及降低复杂性。RISC 的设计者在设计时使用了很多技术，下面将一一列出这些技术，但对于一个具体的 RISC 来讲，不可能使用下面列出的全部技术。

1. 一个时钟周期完成一条指令

RISC 的早期定义要求每条指令在单个时钟周期内完成，随着流水线技术的使用，当前的目标是每个时钟周期从流水线流出一条指令。由于程序的执行时间依赖于流水线的流量，而不是单个指令的执行时间，因此正确的目标是按照平均速率每个时钟周期流出一条指令，这就要求指令要简单，而不是加长时钟周期。

2. 固定的指令长度

要想在每个时钟周期流出一条指令，就必须限制指令的长度，通常为一个字。

3. 仅 LOAD 和 STORE 指令访问内存

由于访问主存花费的时间较长，为了达到按照平均速率每个时钟周期流出一条指令就不能有太多的指令访问内存，因此将可以访问内存的指令限制到最少，只有 LOAD 和 STORE 指令，而其他指令只对放在寄存器中的操作数进行操作。

4. 简单的寻址方式

复杂的寻址方式意味着有许多地址计算需要完成，这样就必须花费更长的时钟周期，因此 RISC 通常限制寻址方式为 2～3 种简单的寻址方式，例如，寄存器寻址方式、寄存器间接寻址方式、变址寻址方式（变址值通常在寄存器中或作为立即数在指令字中）。

5. 指令数量少，且简单

由于任何复杂的指令都能够被分解成简单指令的序列，这样就可选取使用频率最高的一些简单指令，以及很有用但不复杂的指令。

6. 延时转移技术

在流水线中，取下一条指令是同上一条指令的执行并行进行的，当遇到转移指令时，流水线就可能断流。在使用延迟转移方法的 RISC 中，当遇到转移指令时，编译程序自动在转移指令之后，插入一条（或几条，根据流水线情况而定）空指令，以延迟后继指令进入流水线的时间。同样对于 LOAD 和 STORE 两个需要执行时间长的访存指令，也可以采用此办法。

7. 预取和预测执行

当指令进入流水线的时候，RISC 可以检查该指令是否包含操作数访问或分支，如果包含，即可采用预取技术立即取出相应的操作数或分支目标，这样就可以节省出这部分时间。当分支目标地址可用后，处理器可以在分支条件判断之前，执行分支目标地址单元的指令，如果之后判断的分支条件不满足，即可放弃前面执行的结果。这个被称为预测执行。

8. 编译程序优化

RISC 将原 CISC 中的复杂指令变成了简化后的短、小的指令，这样就会增加指令间的相关性。为了提高流水线的执行效率、有效地完成延时转移等技术，专门为 RISC 所设计的编译程序能够使用优化技术，调度指令的执行次序，充分发挥机器内部操作的并行性。

3.6 指令流水技术

前面讲的指令的执行方式是一种顺序串行执行的方式，即先取一条指令，然后分析执行这条指令，当这条指令执行完后，才能取出下一条指令，再分析执行。这种方式控制简单，但速度慢，机器中的取指部件和执行部件是在交替工作、交替休息，并没有被充分利用起来。为了加快指令的执行速度，使机器中的各部件都能忙起来，利用指令流水技术可以达到这个效果。

3.6.1 流水线的基本概念

计算机中的指令流水线类似于工厂中的生产流水线。假如工厂中要加工一个零件，需要取原料、打孔、切割、抛光及包装 5 个步骤，那么随着生产流水线的流动就会有 5 个零件分别处在不同的加工位置，这样也就让所有的加工设备都忙起来了，提高了生产的效率。同样，计算机中的指令流水线也将一条指令的执行过程分成大致相等的几个子过程，每一个子过程由一个部件来完成，让指令在各个子过程连成的线路上连续流动，这样所有部件并行工作，同时执行多条指令，就会大大提高机器的吞吐量。

假如将一条指令的执行过程分为取指令（IF）、指令译码（ID）、指令执行（IE）和指令结果存储（IS）4 个子过程，每个子过程分别由不同的功能部件来完成，就可以构成一个如图 3.20 所示的指令的四级流水结构。假设每个子过程所需的时间大致相等，即为一条指令执行过程的四分之一，这样从理论上来讲，有了流水线后的机器执行指令的速度是无流水线机器串行执行指令的速度的 4 倍。

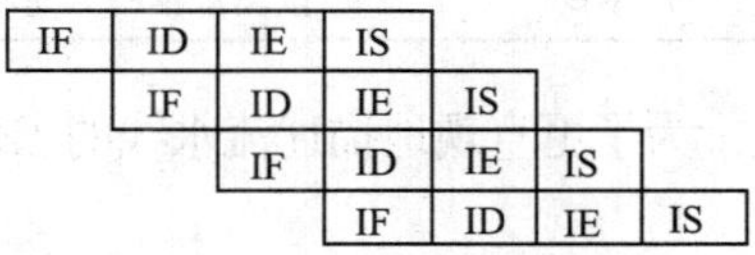

图 3.20 指令的四级流水结构

3.6.2 DLX 流水线

DLX 是一种虚拟的 32 位微处理机系统结构，它的指令系统具有简单的 Load/Store 指令集；注重指令流水效率；简化指令的译码；高效支持编译器。图 3.21 是 DLX 基本指令流水线结构。

流水线由 5 段组成，它们分别为取指令（IF）、指令译码（ID）、访存有效地址计算或

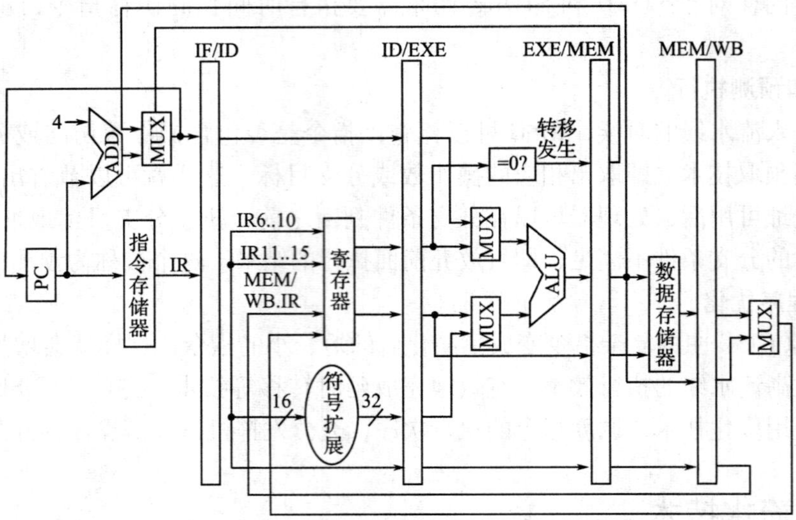

图 3.21　DLX 基本指令流水线结构

指令执行（EXE）、访存读或写（MEM）、结果写回寄存器（WB）。与非流水线数据通路相比，流水线数据通路在段与段之间加入了流水线寄存器。

假设有三类指令，它们分别为取数/存数（LOAD/STORE）指令、算术逻辑（ALU）指令、转移分支（BRANCH）指令。对于这三类指令在 DLX 五级流水线中每一级的具体操作如表 3.20 所示。

表 3.20　三类指令在五级流水线中的具体操作

指令 / 流水线级	LOAD/STORE	ALU	BRANCH
IF	取指令	取指令	取指令
ID	译码、读寄存器	译码、读寄存器	译码、读寄存器
EXE	计算机访存有效地址	执行	计算转移目标地址、设置条件码
MEM	对数据存储器读或写	空操作	若条件成立，将转移地址送 PC
WB	读出数据写入寄存器	结果写入寄存器	空操作

为了更直观地描述流水线的工作过程，下面画出 DLX 基本流水线的时空图，如图 3.22 所示。

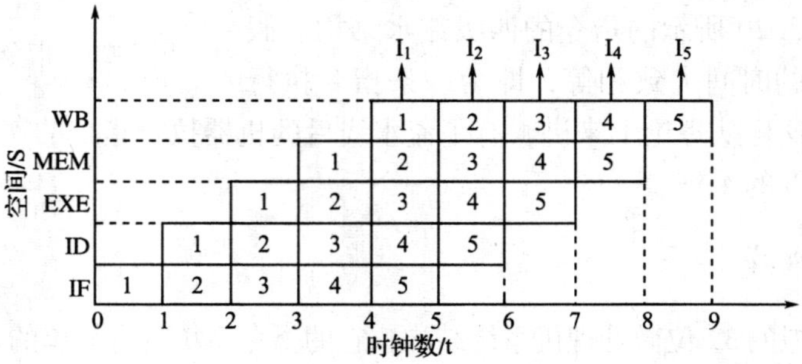

图 3.22　DLX 基本流水线的时空图

在时空图中，横坐标表示时间，即输入到流水线的各任务所经过的时间，这里表示时钟数；纵坐标表示空间，即流水线的每一个流水段；$I_1 \sim I_5$表示第 1 ~5 条指令。

从时空图可以看出，在 DLX 的流水线中，从第 5 个时钟开始，每个时钟周期完成一条指令，而对于串行执行方式，每条指令均需要 5 个时钟周期，从理论上讲使用流水线后执行指令的速度是未使用流水线之前的 5 倍。

3.6.3 流水线的效率

流水线的效率是指流水线中各功能段设备的利用率。在时空图上，流水线的效率定义为完成 n 个任务占用的时空区有效面积与 n 个任务所用的时间和 k 个流水段所围成的矩形时空区总面积相比。由于流水线有建立和排空时间，因此各功能段设备不可能一直在工作，总有一段空闲时间。

流水线效率的一般公式可以表示为

$$E = \frac{\text{n 个任务占用的时空区有效面积}}{\text{n 个任务所有的时间和 k 个流水线段所围成的时空区总面积}}$$

如果流水线的各功能段执行时间均相等，而且输入的 n 个任务是连续的，则一条具有 k 级流水段处理 n 个任务的流水线的效率计算公式为

$$E = \frac{kn\Delta t}{k(k+n-1)\Delta t} = \frac{n}{k+n-1}$$

3.6.4 流水线中的相关

流水线中的相关是指相邻或相近的指令因存在某种关联，后面的指令不能在原来指定的时钟周期开始执行。一般来说，流水线中的相关主要分为三种类型，即结构相关、数据相关和控制相关。

1. 结构相关

如果某些指令组合在流水线中重叠执行时，产生资源冲突，则称该流水线有结构相关。

许多流水线机器都是将数据和指令保存在同一存储器中。如果在某个时钟周期内，流水线既要完成某条指令对数据的存储器访问操作，又要完成取指令的操作，那么将会发生存储器访问冲突问题。如表 3.21 所示，在时钟 4 时，因第 I_1条指令要读存储器，同时取出第 I_4条指令也要访存，假如指令和数据都存在同一存储器中，就会产生结构相关。

表 3.21 两条指令同时访存产生结构相关

时钟 / 指令	1	2	3	4	5	6	7	8	9
I_1（LOAD）	IF	ID	EXE	MEM	WB				
I_2		IF	ID	EXE	MEM	WB			
I_3			IF	ID	EXE	MEM	WB		
I_4				IF	ID	EXE	MEM	WB	
I_5					IF	ID	EXE	MEM	WB

解决存储器争用冲突的办法如下。

(1) 流水线气泡。让流水线完成前一条指令对数据的存储器访问时，暂停（空闲）一个时钟周期再对后一条指令进行访存的操作，暂停周期一般也称为流水线气泡。

(2) 使用双端口存储器。如果指令和数据放在同一个存储器中，可使用双端口存储器，一个端口取指令，另一个端口存取数据。

(3) 使用两个存储器。像 DLX 机器一样，使用两个存储器，一个为指令存储器，另一个为数据存储器。

如果结构相关发生在其他功能部件中，可以采用与上述相似的思路解决。

2. 数据相关

当指令在流水线中重叠执行时，流水线有可能改变指令读/写操作数的顺序，使得读/写操作顺序不同于它们非流水实现的顺序，这将导致数据相关。

首先考虑下列指令在流水线中的执行情况，如表 3.22 所示。

ADD R1, R2, R3; (R2)+(R3)→R1

AND R6, R1, R7; (R1)∧(R6)→R7

表 3.22 数据相关

时钟 指令	1	2	3	4	5	6	7	8	9
ADD	IF	ID	EXE	MEM	WB				
AND		IF	ID	EXE	MEM	WB			

从表 3.22 中可以看出，ADD 指令在时钟 5 将结果写入寄存器 R1，而 AND 指令在时钟 3 读寄存器 R1 的内容，很显然这时 R1 的数据是错误的数据，这就产生了数据相关。

根据指令间对同一寄存器读和写操作的完成次序关系，可将数据相关性分为写后读（RAW）、读后写（WAR）和写后写（WAW）三种类型。

对于程序中的两条指令 i 和 j，假设 i 先于 j，数据相关产生的数据冒险（Hazard）如下。

- 写后读（RAW）：j 试图在 i 写一个数据之前读取它，于是 j 得到的是错误的值。例如：

MUL R1, R2; (R1) × (R2) →R1

ADD R3, R1; (R1) + (R2) →R3

这两条指令在寄存器 R1 上出现了先读后写数据相关。

- 读后写（WAR）：j 试图在 i 读之前写入一个值，于是 i 读取的是错误的值。例如：

MUL R1, R2; (R1) × (R2) →R1

MOV R2, #00H; 0→R2

若第二条指令先得到执行，这两条指令就在 R2 上出现了先写后读数据相关。

- 写后写（WAW）：j 试图在 i 写一个数据之前写该数据。这样，写操作是按错误的顺序进行的，最后本应留下 j 写的结果，但实际留下的却是 i 写的结果。例如：

MUL R1, R2; (R1) × (R2) →R1

MOV R1, #00H; 0→R1

若第二条指令先得到执行，这两条指令就在 R1 上出现了先写后写数据相关。

解决数据相关的办法有：

（1）旁路技术法。旁路技术又称为定向技术或专用通路技术，其基本思想是，如果后续指令要使用前面指令的运算结果值，则通过硬件专门电路将该运算结果值传送到有关缓冲寄存器，使后续指令得以不停顿地进入流水线，并及时得到所需要的操作数。

（2）空闲周期法。这是一种用装入延迟的方法来解决数据相关冲突。为了解决数据相关，可使用流水线联锁硬件来检测这种相关情况，检测到后使流水线暂停流动一个时钟周期。这种停顿延迟周期称为流水线的空闲周期。

（3）编译程序优化法。由编译程序来检测程序运行中可能出现的数据相关性，然后通过重新调整指令的顺序来解决指令间的数据相关。

3. 控制相关

如果一条指令要等前一条（或几条）指令作出转移方向的决定后，才能进入流水线，便产生了控制相关。引起这类相关的是转移类指令，它在执行过程中可能会改变程序的方向，造成流水线的断流水。

数据相关影响到的仅仅是本条指令附近少数几条指令，所以称为局部相关。而控制相关影响的范围大得多，所以称为全局相关。

控制相关最典型的就是由条件转移指令引起的。表 3.23 表示了条件转移的情况。

表 3.23 条件转移引起的控制相关

时钟 指令	1	2	3	4	5	6	7	8	9	10	11	12
指令 1	IF	ID	EXE	MEM	WB							
指令 2		IF	ID	EXE	MEM	WB						
条件转移			IF	ID	EXE	MEM	WB					
指令 4				IF	ID	EXE						
指令 5					IF	ID						
指令 6						IF						
指令 15							IF	ID	EXE	MEM	WB	
指令 16								IF	ID	EXE	MEM	WB

从表中可以看到，条件转移指令必须等到指令 2 的结果出现后（第 6 个时钟）才能决定下一条指令是第 4 条（条件不满足时），还是第 15 条（条件满足时）指令。由于结果无法预测，流水线继续预取指令，当最后条件满足时，发现从第 4 ~ 6 条指令所做的操作全部报废，在第 7 个时钟，第 15 条指令进入流水线。这就是由于控制相关造成的在第 8 ~ 10 个时钟期间无指令完成，使流水线性能下降。

为了减轻因控制相关引起的流水线性能下降，可采用如下方法：

（1）加快和提前形成条件码。有些指令的条件码可以提前形成，如乘、除法指令，它们的结果是正或负的条件码就可以在相乘或相除前由两个操作数的符号形成。

（2）转移预测法。用硬件的方法，依据指令过去的行为来预测将来的行为。通过使用转移取和顺序取两路指令预取队列器，以及目标指令 Cache，可将转移预测提前到取指令阶段进行，以获得良好的效果。

（3）优化延迟转移技术。这是一种软件方法，它由编译程序重排指令序列来实现。其基本思想是“先执行再转移”，即发生成功转移时并不排空指令流水线，而是让紧跟在转移指令之后进入流水线的少数几条指令继续完成，如果这些指令是与转移指令结果无关的有用指令，那么延迟损失时间正好得到了有效的利用。

思考题与习题

1. 一个典型的 CPU 通常包括哪几个主要部分？各部分的作用是什么？

2. CPU 的功能具体包括哪几个方面？请详细说明。

3. 计算机运行程序遵循什么样的一个循环过程？PC 寄存器和 IR 寄存器在这个过程中起的作用是什么？

4. CPU 内部的数据通路可以采用几种不同的方式，对比单总线数据通路、双总线数据通路和三总线数据通路，说明它们的优缺点。

5. 按照图 3.2 所示的单总线数据通路，写出 SUB　R2，R3 指令取指阶段和执行阶段的微操作序列。

6. 按照图 3.3 所示的双总线数据通路，写出 SUB　R2，R3 指令取指阶段和执行阶段的微操作序列。

7. 按照图 3.4 所示的三总线数据通路，写出 SUB　R2，R3 指令取指阶段和执行阶段的微操作序列。

8. 根据表 3.7 的分析，参考表 3.8，说明此模型机有几种指令格式。

9. 根据“3.3.1　模型机的指令系统”中列出的寻址方式，详细说明各寻址方式是如何寻址的。

10. 在模型机中将指令周期分为哪几个工作周期？

11. 三级时序系统中的三级是指哪三级？每一级的作用是什么？

12. 某机 CPU 的主频为 8MHz，其时钟周期是多少微秒？若已知每个机器周期平均包含 4 个时钟周期，该机的平均指令执行速度为 0.8MIPS，试问：

（1）平均指令周期是多少微秒？

（2）平均每个指令周期含有多少个机器周期？

（3）若改用时钟周期为 0.4 μs 的 CPU 芯片，则计算机的平均指令执行速度又是多少 MIPS？

（4）若要得到 40 万次/s 的指令执行速度，则应采用主频为多少兆赫兹的 CPU 芯片？

13. 指令和数据都存放在主存中，计算机在执行程序时是如何区分哪个地址单元存的是指令，哪个地址单元存的是数据？

14. 控制不同操作序列时序信号的方式分为哪几种？

15. 根据“3.3.3　模型机主要组成部分的门级设计及控制信号”部分所提供的几个逻辑图，写出 SUB 指令的微操作流及控制信号流程表。

16. 根据“3.3.3　模型机主要组成部分的门级设计及控制信号”部分所提供的几个逻辑图，写出 SHL 指令的微操作流及控制信号流程表。

17. 组合逻辑控制器的设计分为哪几步？每步的具体内容是什么？

18. 根据表 3.17 写出控制信号 MD_{OUT} 的逻辑表达式及逻辑图。

19. 什么是组合逻辑控制？什么是微程序控制？它们的特点是什么？

20. 解释名词：微命令、微操作、微指令、微周期、微程序、微程序设计。

21. 什么是微指令的编码？它共有哪几种方式？

22. 控制存储器和主存的区别是什么？

23. 结合图 3.19，说明微程序对一条机器指令的解释执行过程。

24. 某机有 5 条微指令，每条微指令发出的控制信号如表 3.24 所示。采用直接控制方式设计微指令的控制字段，要求其位数最少，而且保持微指令本身的并行性。

表 3.24 指令 $I_1 \sim I_5$ 的控制信号

微指令	激活的控制信号									
	a	b	c	d	e	f	g	h	i	j
I_1	✓		✓		✓		✓		✓	
I_2	✓	✓		✓		✓		✓		✓
I_3	✓			✓	✓	✓				
I_4	✓									
I_5	✓			✓						✓

25. 说明微程序的编写过程。
26. 按照表 3.19 所提供的微指令格式，写出 ADD 指令的微程序。
27. 什么是 RISC？什么是 CISC？它们各自的特点是什么？
28. 什么是指令流水？画出指令的四级流水结构图。
29. 什么是流水线中的相关？其相关的主要类型有哪几种？
30. 在流水线中有哪几种数据相关？这几种数据相关分别发生在什么情况下？
31. 为了减轻因控制相关引起的流水线性能下降，可采用哪几种方法？解释这几种方法的具体做法。

第4章 指令系统层

指令系统层（The Instruction Set Architecture Level，也叫机器语言层）是位于微体系结构层之上的一个抽象层。在现代计算机的多层次结构模型中，该层有特别重要的意义：指令系统层是硬件和编译器之间的接口，各种高级语言都能翻译到指令系统层，而指令系统层的指令、程序能被硬件——微体系结构层直接执行。

由于篇幅的限制，本章主要以 Intel 80x86 为例介绍指令系统层，不涉及指令系统层的设计分析。目标是通过学习本章，读者能熟悉 IA-32 结构（Intel Architecture，32 位），加深对指令系统层的理解。

4.1 概述

上一章微体系结构层中，我们介绍了 CPU 执行机器指令的详细过程。但对程序设计者来说，比如编译器设计者、汇编语言程序设计者等，他们眼中的微处理器和计算机设计者眼中的是不同的，程序设计者需要知道的并非指令执行的详细过程，而是诸如指令要完成何种操作，从哪里取得操作数据，又把结果存放在哪里等信息。指令系统层本质上就是反映了程序设计者如何看待微处理器，它提供了与 CPU 互动所需的信息，而隐藏了 CPU 是如何设计、实现和执行的细节。

指令系统层主要包括指令集（Instructions Set）、执行环境（Execution Environment）和数据类型（Data Types）。

指令集（也称为指令系统）指 CPU 所能执行的全部指令，具体内容包括指令格式、寻址方式、指令类型和功能。它是指令系统层的核心内容，也集中反映了 CPU 的功能。这部分内容已在第 2 章介绍过。

执行环境说明了 CPU 支持的操作模式（Operation Mode）、存储器组织和寄存器结构。

操作模式确定哪些指令和结构特性可以使用。现代的电子计算机大多具有至少两种操作模式，通常有内核模式（Kernel Mode）和用户模式（User Mode）。前者用于运行操作系统，该模式下可以运行所有指令；后者则用于运行用户应用程序，这种模式下某些特殊敏感指令（如管理 Cache 指令等）不允许运行。在支持多任务（Multitasking）的系统中，这样可避免由于某一用户应用程序不当使用某些指令而导致整个系统崩溃。

处理器在它的地址总线上寻址的存储器称为物理存储器。物理存储器由具有连续地址的存储单元组织而成。存储单元是可寻址访问的最小单位，每个存储单元有唯一的地址。因为 ASCII 码有 7 位二进制信息，所以绝大部分计算机把存储单元取为 8 位，称为一个字节（Byte），再把若干个（一般为 2 的整数次幂个）字节组为一个字（Word），这样既可按字节又可按字访问内存。有些处理器（如 80x86）具有存储管理部件，可供操作系统和执行程序使用，以允许有效和可靠地管理存储器。

指令系统层可见的寄存器是指程序可访问的寄存器，它们用于控制程序的执行、存放中间结果和其他目的，通常可分为通用寄存器和专用寄存器两大类。有很多用于特殊目的的寄存器，比如控制 Cache、I/O 设备和其他硬件性质的寄存器，只能在内核模式下由操作系统使用。

指令系统层的数据类型是硬件支持的数据类型，即机器指令所要求的特别形式的数据。比如 8086 支持 16 位整型数据，16 位（二进制）整数的加法可直接用一条指令完成；但如果要计算两个 64 位（二进制）整数的和，由于 8086 不支持 64 位整型数据，就需编写一段程序通过软件来实现。

现代的计算机内存都是按字节编址的，当要存储多字节数据时，就产生各字节的排列问题，这就是所谓字节序（Byte Order）问题。如图 4.1 所示，字节序有大端（Big Endian）和小端（Little Endian）两种排列方式。所有计算机都选择其中之一作为标准，相应地称为大端机器（如图 4.1a，高位字节具有小地址）或小端机器（如图 4.1b，高位字节具有大地址）。

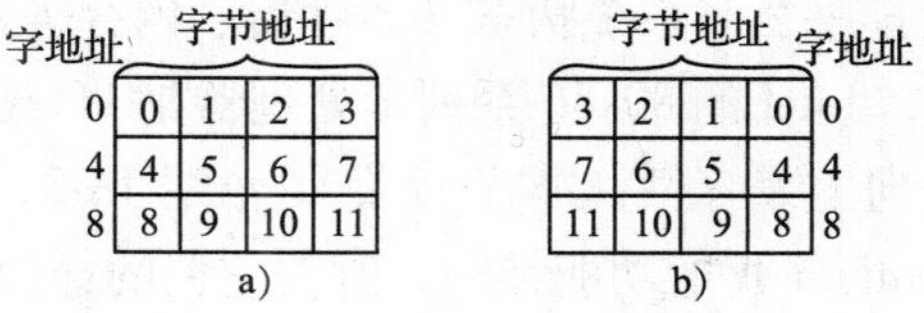

图 4.1 字节寻址的主存地址分配

另一个和数据存储有关的是对准（Alignment）问题。如图 4.2 所示的例子，计算机存储器的字长为 4 个字节，可按字节、半字（两个字节）、字或双字访问，现在要存储一个字的数据。有的计算机为便于硬件实现，要求多字节数据按边界对准存放（如图 4.2a 所示）。此时半字地址是 2 的整数倍，字地址是 4 的整数倍，而双字的则是 8 倍。当数据的字节数目不是 1、2、4 或 8 时，可填充一个或多个空白字节。要读取一个字的数据，只要按字访问内存一次即可。如果是允许边界不对准的计算机，字数据可如图 4.2b 阴影所示存放，要读取该数据则要按半字访问两次内存，并对字节顺序进行调整。由于早期的处理器支持的是字节数据，有的处理器基于向上兼容性（Backward Compatibility，即同一系列中，为旧机器编写的程序可不用修改直接在新机器上运行）的考虑，采用边界不对准方式。由上面介绍可知，即使在不要求边界对准的计算机中，数据的存储也尽量采用边界对准方式，以节省访存时间。

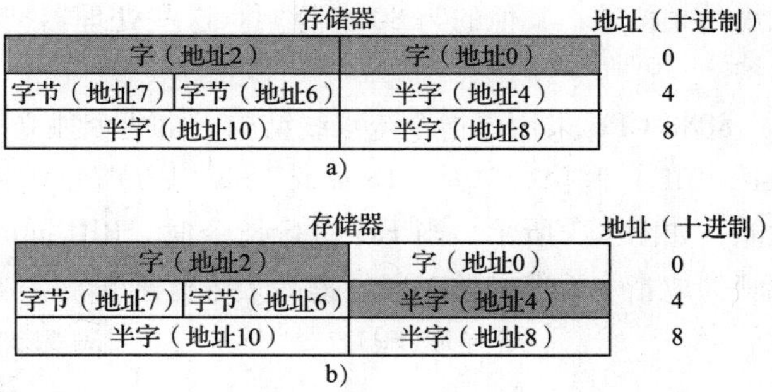

图 4.2 存储器中数据的存放

a）边界对准 b）边界不对准

正如我们在第 3 章所学到的，微体系结构层的结构是由其功能决定的。指令系统层一方面反映了编译器设计者看到的机器的抽象属性，另一方面也界定了微体系结构层的功能，是微体系结构层硬件逻辑设计的基础。所以在设计指令系统层时就要折中两方的意见。设计时还要受到向上兼容性的限制，这一点对商用计算机尤为重要。

一个好的指令系统层应该定义一套在当前和将来技术条件下，能够高效率实现的指令集，从而使低成本高效率的设计可用于今后的若干代计算机中；还应该为编译器提供明确的编译目标，使编译结果具有规律性和完整性。

4.2 80x86 CPU

微处理器的功能结构是属于微体系结构的内容。把有关介绍放在指令系统层的一个理由是，随着深度流水线、多层次 Cache、微指令重排序（Microinstruction Reordering）等技术在微体系结构层的实现，一些由它们引起的特性会在指令系统层显现出来。比如由于采用深度流水线技术，使得运行程序速度提高了一倍，这对程序设计者是“可见的”。又比如微指令重排序，对系统状态（寄存器、内存等）更新方式的不同实现，会直接影响编译器的设计。

Intel 的 80x86 系列微处理器是 PC 使用最多的 CPU 之一，该系列的新机型保持对旧机型的向上兼容性。本节仅简要介绍 IA-32 结构微处理器中的 8086/8088、80386、Pentium 和 Pentium Ⅳ的功能结构，有关它们的详细介绍请参考有关文献。

4.2.1 8086/8088 微处理器

8086 是 16 位微处理器，具有 16 位外部数据总线和 20 位地址总线。8088 除了外部数据总线为 8 位外，其他的与 8086 相同。这些处理器把段（Segmentation）的概念引入到 IA-32 结构。

8086 CPU 采用单指令流水线结构，由两个独立的单元，即总线接口单元（Bus Interface Unit，BIU）和执行单元（Execute Unit，EU）分别完成取指令（或操作数）与执行指令的功能，如图 4.3 所示。当 EU 执行指令时，BIU 同时预取后继指令到指令队列中，减少了 CPU 为取指令而等待的时间，提高了运行速度。

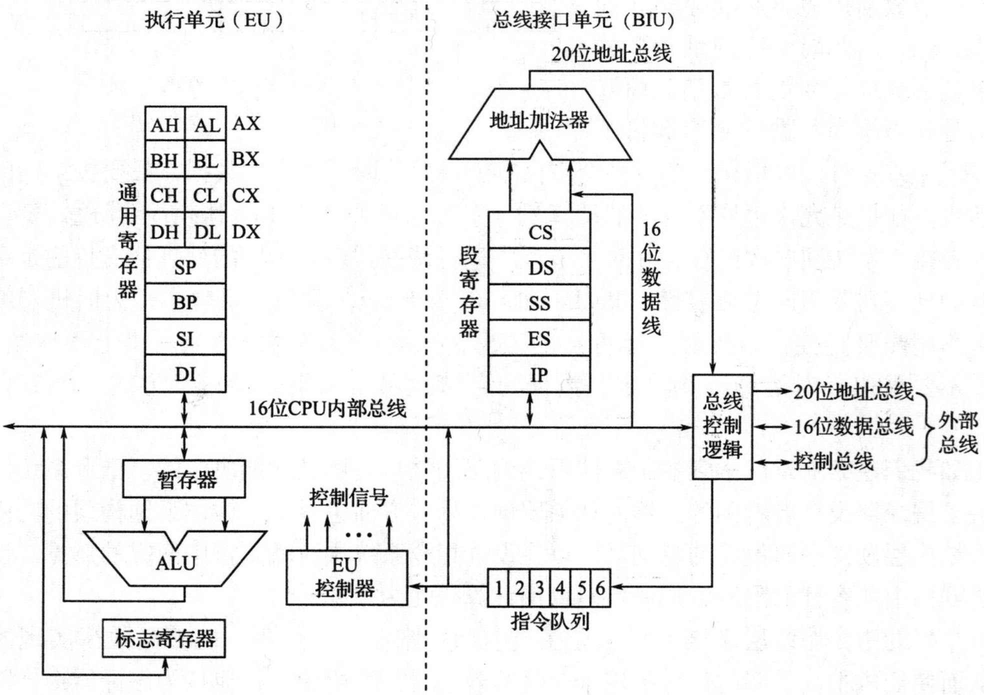

图 4.3 8086 CPU 结构框图

BIU 与外部总线连接，为 EU 完成全部的总线操作，并计算、形成 20 位的存储器的物理地址。具体地说，就是 BIU 负责从内存的指定部分读取指令送到指令队列中排队（8086 的指令队列是 6B，8088 为 4B）；执行指令时所需的操作数、指令执行结果的存储也要通过 BIU 来完成。EU 用于控制、执行指令。

4.2.2 80386 微处理器

Intel 80386 微处理器是 IA-32 结构中的第一个 32 位处理器。外部数据总线和地址总线都是 32 位。80386 为 IA-32 结构引入了虚拟 86（Virtual-8086）模式和内存管理的分页（Paging）机制。

80386 CPU 的结构如图 4.4 所示，由 6 个按流水线结构设计的，能并行操作的功能部件组成。指令的预取、译码、执行等步骤都由各自的处理部件并行处理。这样可同时处理多条指令，提高了微处理器的处理速度。

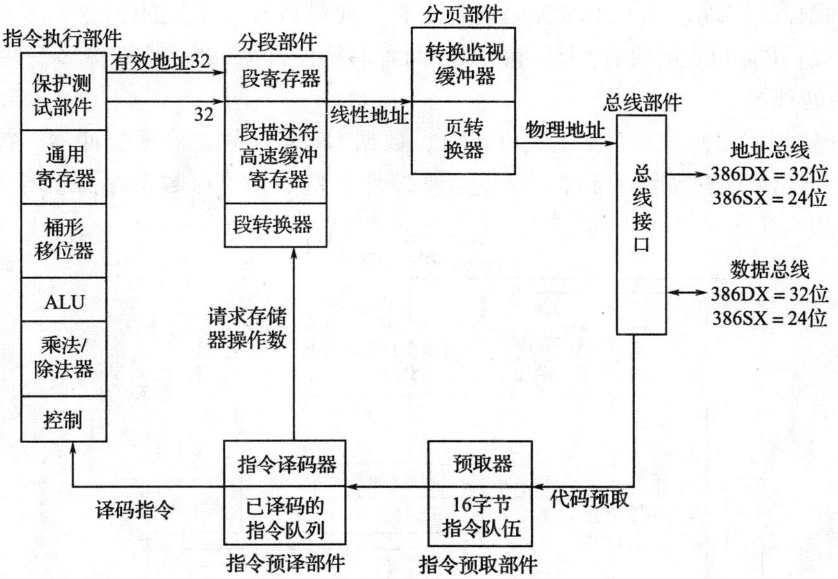

图 4.4 80386CPU 结构示意图

总线接口单元提供了微处理器与外部环境的高速接口（80386 总线周期仅为两个时钟），在操作时对相应信号进行驱动。

指令预取部件（Instruction Prefetch Unit，IPU）包含一个 16 字节的预取队列寄存器，一般能存放 5 条指令。IPU 会在总线空闲时把指令流的 4 个字节读出，存到预取队列寄存器中。

指令预译部件（Instruction Predecode Unit）对指令操作码进行预译码，完成从指令到微指令的转换，并将其存放在已译码队列中，供执行部件使用。

执行部件中除一个乘/除法器和 ALU 外，还有 8 个 32 位的通用寄存器用于数据操作或地址计算，以及一个 64 位的桶形移位器（Barrel Shifter），用于加速移位、循环以及快速的乘除法操作。

分段部件（Segmentation Unit，SU）通过计算有效地址，实现从逻辑地址到线性地址的转换，同时由保护测试部件（Protection Test Unit）完成总线周期分段的违法检查。然后把转换后的线性地址和总线周期事务处理信息发送到分页部件。SU 可实现任务之间的隔离，也可实现指令和数据区的再定位。

分页部件（Paging Unit，PU）的功能是将线性地址转换成物理地址。有两种情况：如果无分页特征，则线性地址就是物理地址；如果有分页特征，则将线性地址按页存储方式转换成物理地址页，长度为 4KB，最后将物理地址送给 BIU。分页管理比 8086 地址空间的分段管理更有效，并且对应用程序而言是完全透明的，也不会降低应用程序的执行速度。

4.2.3 Pentium 微处理器

Pentium 微处理器内部的主要寄存器宽度为 32 位，外部数据总线宽度为 64 位。地址总线宽度为 36 位，但一般仅用 32 位，故物理地址空间为 4096MB；采用 2MB 页面的分页模式时才使用 36 位地址总线。控制器采用硬布线控制和微程序控制相结合的方式。大多数简单指令用硬布线控制实现，在一个时钟周期内完成。通过微程序实现的指令也多在 2 ~ 3 个时钟周期内完成。Pentium 虽兼有 CISC 和 RISC 两者的特性，但 CISC 特性更多一些，仍被视为 CISC 结构的处理器。

Pentium 处理器由总线部件、指令 Cache、数据 Cache、分支目标缓冲器、控制 ROM 部件、预取缓冲部件、整数运算部件、浮点运算部件、整数和浮点数寄存器组等 10 个功能部件组成，如图 4.5 所示。

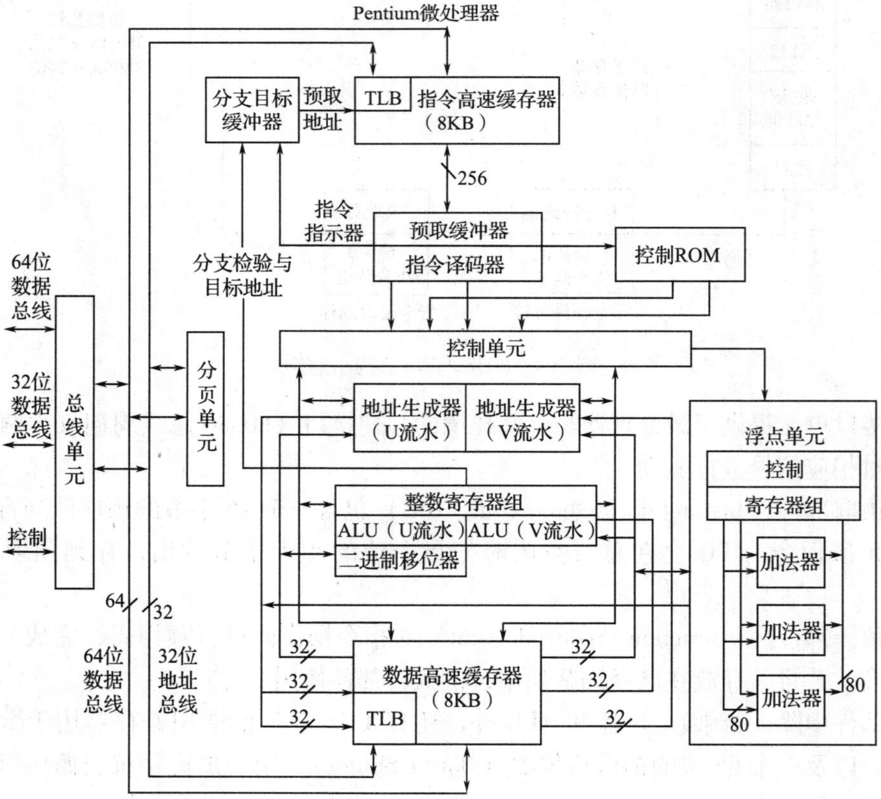

图 4.5　Pentium 的结构框图

它有如下的特点：

1. 超标量结构

由两条并行的整数流水线（U 流水线和 V 流水线）构成超标量流水线结构，其中每条流水线都有指令预取、指令译码、地址生成、指令执行和回写 5 级。在指令配对的条件下，在每个时钟周期内能执行两条简单的整数指令，极大地提高了指令的执行速度。

2. 浮点流水线

Pentium 处理器的浮点流水线共有 8 级。前 4 级（指令预取、指令译码、地址生成和取操作数）利用 U 流水线来完成，后 4 级（执行 1、执行 2、结果回写寄存器组和错误报告）则在浮点运算部件中完成。浮点部件中对常用的浮点指令（如 Load、ADD、MUL 等）采用硬件电路执行而非由微码执行，提高了运行速度。

3. 双路 Cache

指令 Cache 和数据 Cache 各为 8KB。前者为单端口只读，后者为双端口可读写。数据 Cache 通过双端口分别与 U、V 流水线相连，能同时与这两条独立的流水线交换数据。数据 Cache 除能设置为写直达方式外，还能设置为数据回写方式，从而节省处理时间。

独立的指令 Cache 与数据 Cache 对流水线提供了有力的支持，使指令预取和数据读写能无冲突地并行工作。

4. 分支预测

为避免在遇到转移指令时使流水线断流，Pentium 引入了分支目标缓冲器（Branch Target Buffer，BTB）来动态地预测程序的分支操作。当一条指令导致程序转移时，BTB 记录这条指令和转移目标的地址，并在再次遇到该条指令时用这些信息预测产生分支时的路径，预先从该处预取，使流水线的指令预取步骤不会空置。如果预测正确，流水线不会停顿，从而提高了流水线的工作效率。

Pentium 的后期版本，Pentium with MMX（“多能奔腾”）引入 MMX 技术，是对 IA-32 指令系统的有力扩充。MMX 指令采用单指令多数据流（SIMD）技术，能在运行单条指令时并行处理 4 种类型，最多达 64 位宽度的数据，极大地增强了计算机处理多媒体信息和通信的能力。

4.2.4 Pentium Ⅳ微处理器

Intel 在 2000 年发布了 Pentium Ⅳ系列处理器，其中的早期版本属于 IA-32 结构的 32 位机器（Pentium Ⅳ 5xx 和 6xx 系列为 Intel 64 结构）。外部数据总线宽度为 64 位，地址总线宽度 36 位（最低 3 位总为 0），物理地址空间最大为 64GB。

为追求更高的性能，让 CPU 工作于更高的时钟频率，Pentium Ⅳ引入了以深度指令流水线（Pentium Ⅳ的流水线达到 24 级）为特点的 NetBurst 架构，使得 CPU 主频可达 3.8GHz。Pentium Ⅳ还引入 SSE2 和 SSE3（Streaming SIMD Extensions，SSE）指令来加速、提高处理计算、多媒体、3D 图像和游戏等的能力。Pentium Ⅳ可以支持超线程技术（Hyper-Threading Technology），使得物理上的一个 CPU 能像两个逻辑、虚拟的 CPU 共享执行资源地并发工作，提高了 IA-32 处理器执行多线程操作系统或多任务环境下的单线程应用程序的能力。

Pentium Ⅳ具有 RISC 内核，因为所有的机器指令最终都被译码为类似于 RISC 指令的微操作（μop），这些微操作能被硬件直接高效执行。

图 4.6 为 Pentium Ⅳ的简化结构图。Pentium Ⅳ可划分为 4 个主要的子系统：内存子系统、前端、乱序控制（the Out-of-order Control）和执行单元。

内存子系统主要包括系统接口、L2 Cache 和指令预取单元（与 Cache 相连，图中没有标出）。L2 Cache 是统一、回写式 Cache，且 L2 Cache 和其他 Cache 间的数据传输带宽极高（主频 3GHz 时，带宽高达 96GB/s）。指令预取单元通过系统接口从内存取回的指令就存放于 L2 Cache 中。

前端子系统主要包括取指/译码单元、跟踪 Cache（Trace Cache，即第一级指令 Cache）、微码 ROM（μROM）和分支预测单元。取指/译码单元从 L2 Cache 取回机器指令，并进行译码。如果是简单的指令就在取指/译码单元内将其转换为微操作序列，否则要从 μROM 中查找和该指令对应的微操作序列。不论采用哪种方式，最终都要把得到的微操作序列传输到跟踪 Cache。分支预测单元保证了在遇到分支转移时，跟踪 Cache 有很高的命中率。

乱序控制子系统是 NetBurst 流水线的重要组成部分，它主要由调度器和退出单元（Retirement Unit）构成。微操作是按对应的机器指令顺序（也即应用程序的顺序）由跟踪 Cache 传输到调度器的，但为了保持高并行性，并不一定必须按机器指令的顺序来执行。当某一微操作由于资源（寄存器、功能单元等）不可用而不能执行时，调度器就将它保存起来，转而先处理资源可用的后续微操作。

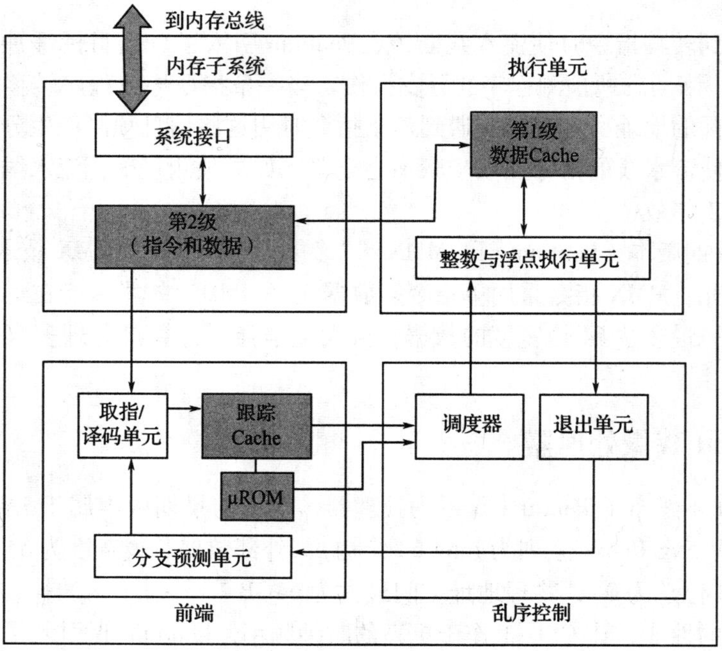

图 4.6　Pentium Ⅳ框图

退出（Retirement）是指微操作或机器指令执行完毕，执行结果存入缓存器或内存中。因为微操作可乱序执行，为处理中断的需要，退出单元的任务是保证微操作的退出必须按照对应的机器指令的顺序。这样，如果在某一特定点发生了中断，就可保证该断点之前的机器指令全部完成，后面的指令则不受影响。

执行单元完成整数、浮点数计算及其他指令。执行单元有多个，并能并行工作。L1 数据 Cache 负责为执行单元提供操作数。

Pentium Ⅳ的设计受限于要在一个现代的、高度并行的 RISC 内核上执行古老的 Pentium 指令集的要求，所以其微体系结构高度复杂。

4.3 基本执行环境

从本节开始介绍有关 80x86 CPU 的指令系统层的内容。但仅限于最基本、常用的部分，其他内容可在需要时查阅文献。

4.3.1 操作模式

1. 保护模式

386 以上 CPU 具有保护模式（Protected Mode）。这种方式支持多任务，提供了一系列的保护机制——任务地址空间分离、4 个特权级、特权指令、段和页的访问权限和段限检查等。

这里简单介绍保护的概念。在程序的运行中，应防止应用程序破坏系统程序，某一应用程序破坏了其他应用程序，错误地把数据当程序运行等情形的出现。为避免出现这些情形所采取的措施称为“保护”。

IA-32 处理器有多种保护方式，其中最突出的是特权级（Privilege Level，PL）方式，如图 4.7 所示。4 种特权级别由程序状态字的对应位控制。其中第 0 级，所有的指令和特性都可用，可完全控制计算机。这一级供操作系统使用，相当于其他计算机的内核模式。第 3 级则用于运行用户应用程序，屏蔽了某些特殊的关键指令，并限制对某些寄存器的访问，以免被程序误用导致整个系统崩溃。其他两级不常用。

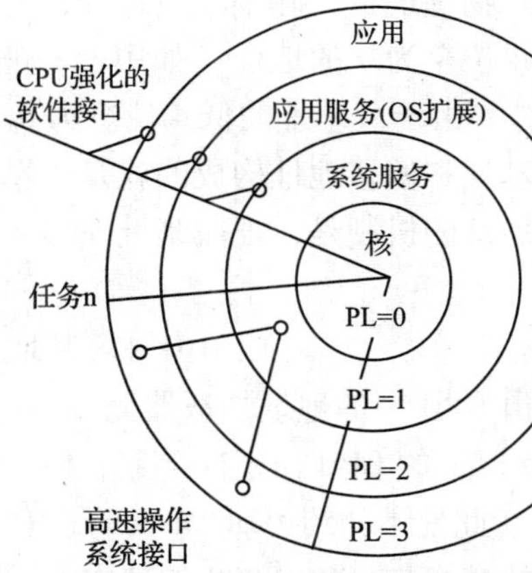

图 4.7 特权级层次结构

所谓虚拟 8086 方式实质上并非 CPU 的一种独立的操作方式，而是指在保护模式下，操作系统创建了一个独立的 8086 运行环境来运行老的 8086 程序。比如在 Windows 系统下启动一个 MS—DOS 窗口时，这个 MS—DOS 程序就是用虚拟 8086 方式启动的。这种方式可以保证当 MS—DOS 程序出错时，Windows 系统本身不受影响。

2. 实地址模式

实地址模式（Real-address Mode）实现了 8086 CPU 的编程环境，还能转换为保护模式或系统管理模式。所有 Intel CPU 启动时都先进入该模式，比如想让系统运行于保护模式，启动程序（系统初始化或引导）也要在实模式下进行，以便初始化保护模式。

3. 系统管理模式

系统管理模式（System Management Mode）为操作系统提供一种“透明”机制来实现电源管理和系统安全等特殊功能。

4.3.2 存储管理

1. 地址空间

80x86 处理器最小的内存寻址单位是字节，把连接到 CPU 地址总线上的全部存储器所提供的字节称为物理地址空间。当 CPU 的 32 位地址信号有效时所能访问的最大存储空间，就称为线性地址空间，大小为 $2^{32}=4GB$，它也等于 80386 和 80486 所能达到的最大物理地址空间。程序员用来编写程序的地址空间则是虚拟地址空间或逻辑地址空间，在保护模式下逻辑地址空间为 64TB（2^{46}）。通常逻辑地址空间远大于物理地址空间，而物理地址空间才是真正存储、运行程序的空间，这就需要根据某种规则把按逻辑地址编写的程序装入到物理内存中去，还需要把逻辑地址变换成物理地址，程序才能运行。80386 以上的微处理器的存储管理部件正是以一种“透明”的机制完成这种地址变换的。

2. 实模式下的存储管理

8086/8088 只能工作于实模式。8086/8088 的地址线为 20 位，最大的物理地址空间为 1MB。但 8086/8088 主要的寄存器是 16 位，只能寻址 64KB 的范围。为了用 16 位的寄存器能够访问 1MB 的内存，采用了对存储器地址分段的方法。即把存储器划分成段，每段的大小为 0 ~ 64KB，这样段内地址（即相对于每段开始地址——段基址的地址差值，又叫偏移地址）就可以用 16 位来表示。

为确定物理地址，除偏移地址外，还要给出段基址。机器规定：段基址只能是 20 位地址中的低 4 位全为 0 的地址（如用十六进制表示地址则最低位为 0，十进制表示的地址则是 16 的倍数）。由于段基址的低 4 位全为 0，可以只用高 16 位来表示。

由段基址和偏移地址构成的就是逻辑地址，表示形式为段基址：偏移地址。逻辑地址转换成物理地址的机制是，把段基址左移 4 位再加上偏移地址就形成 20 位的物理地址，用公式表示

$$10H \times 段基址 + 偏移地址 = 物理地址$$

这个过程由 CPU 中的地址加法器完成，但对用户透明。

80286 以上的 CPU 由于向上兼容性，也都可工作于实模式，此时只能访问物理内存的前 1MB 空间（此处不介绍 High Memory，有兴趣者请参考有关文献）。逻辑地址的构成及其向物理地址的变换与 8086/8088 的基本相同。

实模式下，80x86 微处理器的段基址放在段寄存器中。代码段存放正在执行的程序，段基址放入 CS，数据段存放当前程序的操作数据。如果程序中使用了串操作指令，则其源操作数也放在数据段，数据段的段基址存放在 DS，堆栈段的段基址放在 SS。附加段是辅助数据区，也是串操作指令的目的操作数存放区，它的段基址应放在 ES。在一般情况下，各段在存储器中的分配由操作系统负责，即各段寄存器的值由操作系统给定。在 80386 及其后继的 80x86 中，除上述 4 个段寄存器外，又增加了两个段寄存器 FS 和 GS，它们也是附加的数据段寄存器，所以 8086 ~ 80286 的程序允许 4 个存储段，而后继的 80x86 程序可允许 6 个存储段。

偏移地址也可存放在寄存器中，但使用时应尽量遵守段寄存器和存放偏移地址的寄存器的默认组合关系。具体的默认组合关系如表 4.1、表 4.2 所示。在默认组合下，程序中不必专门指明组合关系，但如用到非默认组合关系，则必须用段跨越前缀（即必须给出相应段寄存器名）加以说明。

表4.1 80x86微处理器默认的16位段+偏移寻址组合

段寄存器	偏移地址	主要用途
CS	IP	指令寻址
SS	SP或BP	堆栈寻址
DS	BX, DI, SI或16位数	数据寻址
ES	（用于串指令）DI	目标串寻址

表4.2 80386~Pentium Ⅳ微处理器默认的32位段+偏移寻址组合

段寄存器	偏移地址	主要用途
CS	EIP	指令寻址
SS	ESP或EBP	堆栈寻址
DS	EAX, EBX, ECX, EDX, EDI, ESI, 8位或32位数	数据寻址
ES	（用于串指令）EDI	目标串寻址
FS	无默认	一般寻址
GS	无默认	一般寻址

例4.1 如果代码段中的程序占有8KB（2000H）的存储区，数据段占有2KB（800H）的存储区，堆栈区只占有256B的存储区。此时操作系统安排的段区分配可如图4.8所示。这里有三点要注意：首先，段基址最低位一定是0（十六进制表示）；其次，每个区段的大小可以根据实际需要来分配，而非一定要占有64KB的最大段空间，图中程序区只有8KB，程序区结束后的第一个地址0400H刚好可以作为数据段的起始地址，这种情形下代码段与数据段发生“重叠”，当然这里每个存储单元的内容都不允许发生冲突；最后，段区的分配工作实际上是由操作系统完成的，但系统也允许程序员在必要时可指定所需占用的内存区。

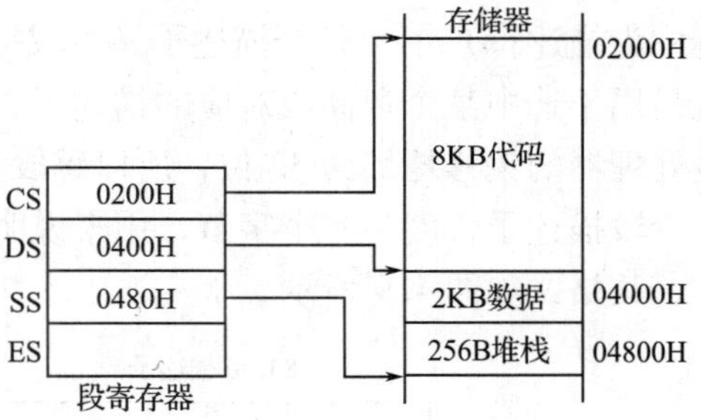

图4.8 段分配示意图

例4.2 某些寻址方式下，偏移地址可能是一个16位数字与某个寄存器的内容的和。比如（DS）=4000H，（SI）=3000H，数据的偏移地址是0F000H与（SI）的和。那么该数据的逻辑地址是4000：2000，物理地址是42000H。偏移地址的计算：3000H+F000H=12000H，偏移地址为16位，需要把最高的进位1丢掉，即为2000H。

例4.3

```
1  MOV AX，[BX]        ；默认组合关系，DS作为段寄存器，偏移地址存在BX中
                       ；寻址的单元内容送入AX寄存器
2  MOV AX，DS：[BX]    ；DS作为段寄存器，偏移地址存在BX中
                       ；寻址的单元内容送入AX寄存器
3  MOV EAX，ES：[BP]   ；非默认组合关系，ES作为段寄存器，偏移地址存在BP中
                       ；寻址的单元内容送入EAX寄存器
```

说明：1 和 2 的效果一样，采用默认组合可不指明段寄存器（DS）。

利用分段机制管理内存的一个优点是允许程序和数据的重定位。程序可重定位是指一个程序不加修改在另外一个不同存储区仍可正常运行。数据可重定位是指数据可以存在不同存储区，且可不加修改地为程序所用。前述的段加偏移方案由于利用偏移地址在段内寻址，因此在不同存储区只需修改段寄存器内容就可实现程序和数据的重定位。

3. 保护模式下的存储管理

存储管理包括两大机制：地址转换机制和保护机制。地址转换机制使操作系统可灵活地把存储区域分配给各个任务，而保护机制用来避免系统中的一个任务越权访问属于另一个任务的存储区域或属于操作系统的存储区域。下面的介绍主要集中在不采用分页机制的地址转换机制，有关分页机制和保护机制请参考操作系统等有关课程。

80286 以上的微处理器可工作于保护模式，此时支持的物理地址空间远大于 1MB，这样实模式的存储管理机制就不能直接套用。但是其中的主要思想：存储空间分段、逻辑地址包含段的首地址和段内偏移地址，以及逻辑地址向物理地址的转换采用透明机制，很容易推广并与保护机制结合而用于保护模式。事实上，从编程者的角度看两者，主要有两点不同。第一，保护模式下段寄存器存放的不再是段基址，而是选择子（Selector）。那么如何由选择得到段基址呢？存储段的位置、长度和访问权限等有关信息，都包括在描述子（Descriptor，也称为描述符）中，各个描述子又组成描述子表（Descriptor Table）存放在内存里。选择子就是用于选中某个存储段对应的描述子，从而获得包括段基址在内的信息。第二，386 以上微处理器的偏移地址为 32 位，所以每段长度可达 4GB。

段描述子长度为 8 个字节，用来说明段的起始地址、段的长度及有关的控制和状态信息子，其格式如图 4.9 所示。

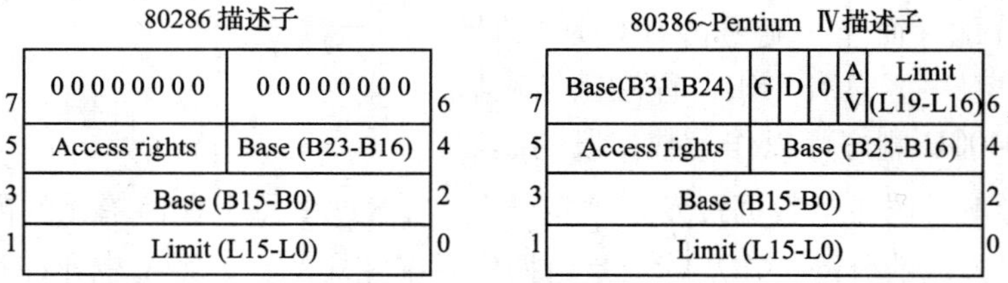

图 4.9　80286 和 80386 到 Pentium Ⅳ描述子格式

其中：

Base——段基址，即段的起始地址。可以为任何地址，不需要为 16 的倍数（十进制表示）。

Limit——段限，段的长度、范围边界。80286 为 1B ~ 64KB；386 以上，G = 0 时，1B ~ 1MB，G = 1 时，4KB ~ 4GB。

G——粒度位（Granularity Bit），段限所用单位（或叫步距）。G = 0 时，单位为字节；G = 1，单位为页（Page，大小为 4KB）。

AV——仅由操作系统使用。AV = 1 表示该段可用，AV = 0 则表示不可用。

D——表示下列三种情形中的默认操作位数。代码段的描述子中，D = 1 表示指令使用 32 位地址和 32 位的操作数，D = 0 表示指令使用 16 位地址和 16 位（或 8 位）的操作数。向下扩展（指偏移地址必须大于段限）数据段的描述子中，D = 1 表示偏移地址的上限为

0FFFFFFFFH（32 位），D =0 表示偏移地址的上限为 0FFFFH（16 位）。堆栈段的描述子中，D =1 表示使用 32 位的堆栈指针 ESP，D =0 表示使用 16 位的堆栈指针 SP；如果堆栈段是向下扩展的，D 位还同时确定偏移地址的上限，方式与数据段中的一样。

访问权字节（Access Rights Byte）各位的意义如图 4.10 所示。这一字节说明了该段在系统中的功能和有关的控制信息。

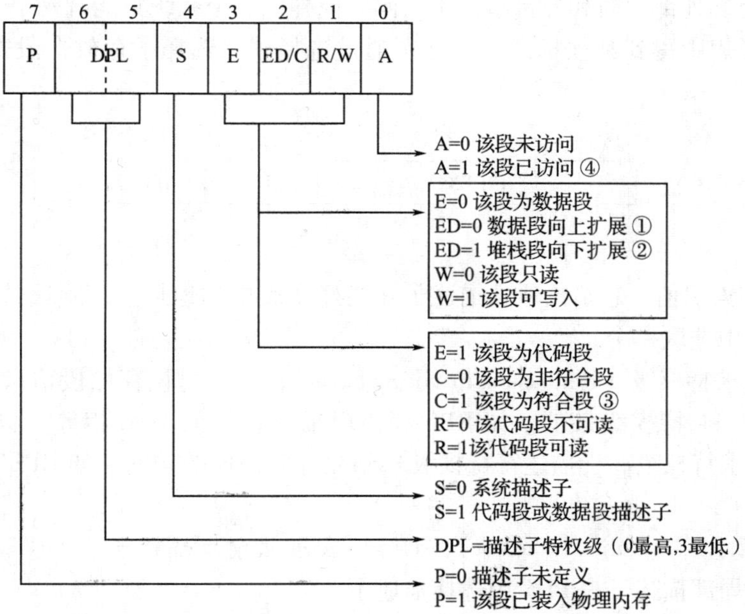

注：① 向上扩展指偏移地址不能大于段限。
② 向下扩展指偏移地址大于段限，其取值的上限由描述子的D位决定。
③ 符合（Conforming）段允许特权级与它相同或比它低的程序调用或通过JMP指令转入。
④ 当把描述子的相应段选择子装入到段寄存器时，A=1。

图 4.10 80286 ~ Pentium Ⅳ访问权字节

在保护模式下，386 以上微处理器常用 4 类描述子——全局描述子、局部描述子、TSS 描述子和中断描述子。全局描述子所定义的段可用于所有程序，局部描述子所定义的段通常只用于一个用户程序（或称一个任务），TSS 描述子所定义的任务状态段（TSS）存储了恢复一个任务所需的信息。这些描述子分别存放在三种描述子表——全局描述子表（GDT）、局部描述子表（LDT）和中断描述子表（IDT）之中。所有这些表都是变长的数组（比如，GDT 和每个 LDT 最多可容纳 8K 个描述子），存放在内存中。为提高计算机性能，它们在内存中的存放应对齐 8 字节边界。由于用户程序使用的逻辑存储空间由 GDT 和 LDT 定义的存储分段组成，而每段最大可寻址空间是 4GB，所以处理器为用户程序提供了 2 ×8K ×4G = 64TB 的逻辑（虚拟）地址空间。

GDT 定义了能被系统中所有任务公用的存储分段，可以避免对同一系统服务程序不必要的重复定义和存储。GDT 中包含了操作系统和除中断服务程序所在段以外的各任务公用的描述子，通常包括了使用的代码段、数据段、TSS 和系统中各个 LDT 所在段的描述子，一个系统只能有一个 GDT。

LDT 用于存放各个任务私有的描述子，如本任务的代码段、数据段的描述子等。在设计操作系统时，通常每个任务有一个独立的 LDT。LDT 提供了将一个任务的代码段、数据段与操作系统的其余部分相隔离的机制。LDT 本身也是一个存储段，所以每个 LDT 都有相应的描述子。

IDT 最多包含 256 个中断服务程序位置的描述子。为容纳 Intel 保留的 32 个中断描述子，IDT 至少应有 256 个字节。系统所使用的每种类型的中断在 IDT 中必须有一个描述子项，每个通过中断指令、外部中断和异常事件来访问。同样，一个系统只能有一个 IDT。

要从描述子表中得到某项描述子，必须通过选择子。选择子存放在段寄存器中，格式如下：

15　　　　　　　　3	2	1　　0
INDEX	TI	RPL

其中：

INDEX——索引值，它给出所选描述子在描述子表中的地址。该字段共 13 位，可从表中 8K 个描述子中选取一个。

RPL——请求特权级（Requested Privilege Level），这是对该存储段请求访问的特权级。00 特权级最高，11 特权级最低。如 RPL 和该段描述符中的 DPL 相等（同一特权级）或 RPL < DPL（请求特权级高于描述符特权级）则允许对该段的访问。如 RPL = 2，DPL = 3 则允许访问该段。

TI——表指示符（Table Indicator），TI = 0 表示从全局描述子表 GDT 中选择描述子；TI = 1 则表示从局部描述子表 LDT 中选择描述子。

要用选择子从描述子表中选择一个描述子，首先要确定描述子表在内存中的位置，这是由下述对用户程序透明的机制实现的。

CPU 中的 GDTR 和 IDTR 两个寄存器分别用来保存 GDT 和 IDT 所在段的 32 位段基址以及 16 位的段限值。当使用保护模式工作时，由系统将 GDT 和 IDT 的段基址以及段限分别填入 GDTR 和 IDTR 中。

LDT 的定位与 GDT 不同。LDT 作为一个特殊的系统段，其段基址与段限由所在段的描述子表示，该描述子存放在 GDT 中。要定位 LDT 就必须先得到该 LDT 段的描述子，为此 CPU 中有一个 16 位的 LDTR 寄存器存放当前任务 LDT 段的选择子。在初始化或任务切换过程中，将局部描述子对应任务的 LDT 段的选择子装入 LDTR，再根据该选择子从 GDT 中取出对应的描述子对 LDT 进行访问，并根据有关信息进行合法性检查。系统段 TSS 的定位与 LDT 相同，也需要一个 16 位的 TR 寄存器存放相应的选择子。

为了提高保护模式存储器寻址的速度，CPU 内部为 6 个段寄存器、LDTR 和 TR 各设置了一个 64 位的描述子缓存器，用来存放对应段的描述子。每当段寄存器装入一个新的选择子，硬件就会自动把对应的 8 字节描述子装入到相应的描述子缓存器中，以后每当出现对该段存储器的访问时，就可直接使用相应的描述子缓存器中的段基址进行线性地址的计算，不需要在内存中（描述子表）查找段基址，因此加快了存储器物理地址的形成。

至此简要介绍了保护模式下的存储器寻址，如图 4.11 所示。

与实模式下的存储管理类似，存放选择子的段寄存器和存放偏移地址寄存器间有默认的组合关系，如表 4.3 所示。

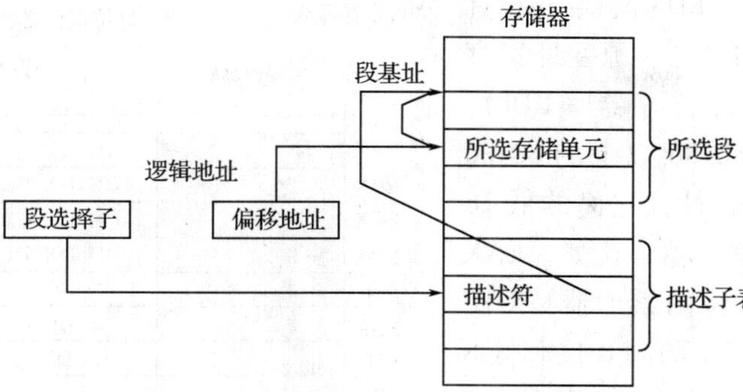

图 4.11　保护模式下的存储器寻址

表 4.3　逻辑地址的来源

序　号	操 作 类 型	逻 辑 地 址		
		选择子		偏移地址
		默认来源	允许替代来源	
1	取指令	CS	无	IP 或 EIP
2	堆栈操作	SS	无	SP 或 ESP
3	取源串	DS	CS、SS、ES	SI 或 ESI
4	存目的串	ES	无	DI 或 EDI
5	以 BP 作基址	SS	CS、DS、ES	有效地址 EA
6	存取存储器操作（上述 3、4、5 项除外）	DS	CS、SS、ES	有效地址 EA

4.3.3　80x86 CPU 的寄存器结构

1. 80x86 CPU 的寄存器分类

可以从多个角度对寄存器进行分类，比如可见还是不可见等。在指令系统层我们只关心可见（包括系统程序可见和用户程序可见）的寄存器。

80x86 CPU 的内部寄存器可分为以下三大类。

基本结构寄存器组：通用寄存器、指令指针寄存器、标志寄存器、段寄存器。

系统级寄存器组：系统地址寄存器、控制寄存器、测试寄存器、调试寄存器。

浮点寄存器组：数据寄存器、标记字寄存器、指令和数据指针寄存器、控制字寄存器。

在一般应用程序设计中只能访问基本结构寄存器组和浮点寄存器组；而系统级寄存器组仅能由系统程序访问，且程序的特权级必须为 0。上一小节介绍过的 GDTR、IDTR、LDTR 和 TR 就属于系统级寄存器。

本小节只介绍基本结构寄存器组。系统级寄存器的进一步内容和浮点寄存器组请参阅有关文献。

2. 基本结构寄存器

80x86 CPU 有 16 个基本结构寄存器，如图 4.12 所示。这 16 个寄存器按用途分为通用寄存器、专用寄存器和段寄存器三类。

（1）通用寄存器。通用寄存器有累加器（EAX）、基址寄存器（EBX）、计数寄存器

(ECX)、数据寄存器（EDX)、堆栈指针(ESP)、基址指针（EBP)、源变址寄存器（ESI）和目的变址寄存器（EDI)。32位的寄存器用于80386以上的80x86 CPU。为保持向上兼容性，它们的低16位构成相应的16位寄存器，比如，EAX的低16位可作为16位的累加器AX使用；更进一步地说，AX的高8位和低8位可分别作为两个8位寄存器AH和AL使用，以便于处理字节数据。

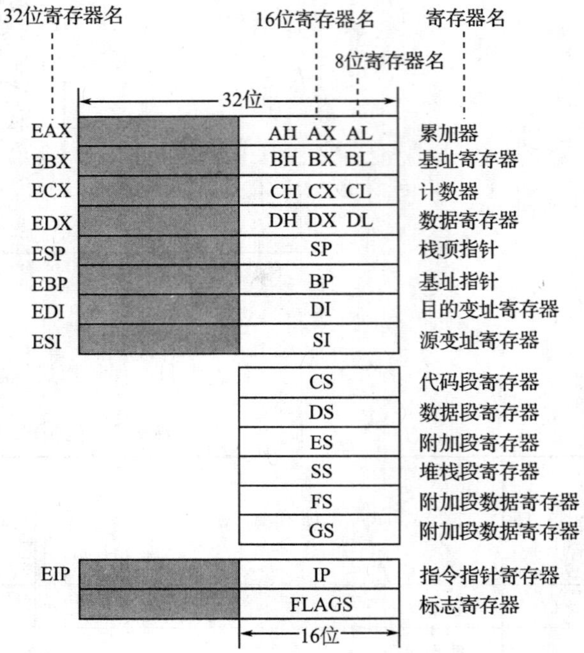

图4.12　80x86微处理器基本结构寄存器

在80x86指令系统中，某些指令的操作数只能用一个特定的寄存器或寄存器组来表示，所以这些通用寄存器具有一些隐含用法，先小结如下，在指令系统一节再作说明。

1）数据寄存器。

EAX——算术运算的主要寄存器，操作数和结果数据的累加器。

EBX——常用做基址寄存器，作DS段的数据指针。

ECX——串和循环操作的计数器。

EDX——I/O指针，也常用于数据寄存。

2）指针及变址寄存器。

ESI——DS段的数据指针，串操作的源指针。

EDI——ES段的数据指针，串操作的目标指针。

ESP——栈顶指针（SS段中），存放栈顶地址。

EBP——SS段数据指针（不一定指向栈顶）。

（2）段寄存器。6个16位的段寄存器分别是CS（代码段寄存器)、DS（数据段寄存器)、SS（堆栈段寄存器)、ES（附加段寄存器）和FS以及GS附加段寄存器（80386以上CPU才有FS和GS)。段寄存器在实模式下存放段基址，保护模式下则存放选择子，它们的作用在上一小节已作介绍。段寄存器和存放偏移地址的其他通用寄存器的默认组合关系见表4.1和表4.2。

（3）控制寄存器。控制寄存器有两个：EIP（指令指针）和FLAGS（状态和控制寄存器，也称为标志寄存器)。

EIP（16位机则是IP）存放将要执行的下一条指令的偏移地址（相对于当前代码段的段基址)。除转移控制指令（JMP、CALL和RET等)、中断和异常（Exception）外，程序不能对EIP（IP）进行直接的存取操作。

FLAGS是一个存放条件码标志、控制标志和系统标志的寄存器。标志寄存器同样具有向上兼容性，即在标志寄存器的发展过程中，不改变已有标志位的位置和意义，只增加新的标志位。FLAGS各标志位的定义如图4.13所示。

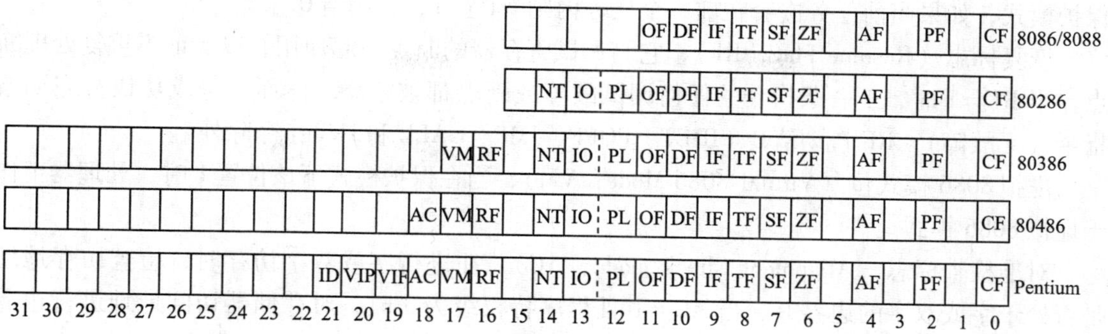

图 4.13　80x86 CPU 的标志寄存器

1）条件码标志包括以下 6 位。

进位标志（Carry Flag，CF），在进行算术运算时，如最高位（对字操作是第 15 位，对字节操作是第 7 位）产生进位或借位时，则 CF 置 1；否则置 0。在移位类指令中，CF 用来存放移出的代码（0 或 1）。这个标志常用于指示无符号数溢出和多字节数的加减运算。

奇偶标志（Parity Flag，PF），用来为机器中传送信息时可能产生的代码出错情况提供检验条件。当操作结果的最低位字节中 1 的个数为偶数时置 1，否则置 0。

辅助进位标志（Auxiliary Carry Flag，AF），在进行算术运算时，如低字节中低 4 位（第 3 位向第 4 位）产生进位或借位时，则 AF 置 1；否则 AF 置 0。AF 主要用于 BCD 码十进制运算的校正。

零标志（Zero Flag，ZF），如指令执行结果各位全为 0 时，则 ZF 置 1；否则 ZF 置 0。

符号标志（Sign Flag，SF），其值等于运算结果的最高位。如果把指令执行结果看做带符号数，就是结果为负，SF 置 1；结果为正，SF 置 0。

溢出标志（Over Flow Flag，OF），将参加算术运算的数看做带符号数，如运算结果超出补码表示数的范围 N，即溢出时，则 OF 置 1；否则 OF 置 0。对于字节运算有 $-128 \leqslant N \leqslant +127$；对于字运算有 $-32768 \leqslant N \leqslant +32767$。

2）控制标志位只有 1 位，方向标志（Direction Flag，DF），它用于串处理指令中控制处理信息的方向。当 DF 位为 1 时，每次操作后使变址寄存器 SI 和 DI 减小，这样就使串处理从高地址向低地址方向处理。当 DF 位为 0 时，则使 SI 和 DI 增大，使串处理从低地址向高地址方向处理。可用 STD 和 CLD 分别对 DF 设 1 或清 0。

3）系统标志位有 10 位。

陷阱标志（Trap Flag，TF），用于调试时的单步方式操作。TF = 1 时，每条指令执行完之后产生陷阱，由系统控制计算机；TF = 0 时，CPU 正常工作，不产生陷阱。

中断允许标志（Interrupt Flag，IF），IF = 1 时，允许 CPU 响应外部的可屏蔽中断请求；IF = 0 时，则禁止 CPU 响应外部的可屏蔽中断请求，但对内部产生的中断不起作用。可用 STI 和 CLI 分别对其设 1 或清 0。

I/O 特权级标志（I/O Privilege Level，IOPL），用来指示 I/O 设备特权级（00 最高，11 最低）。IOPL 用于保护模式，如果当前程序或任务的 CPL（现行特权级）高于 I/O 设备的特权级，则可访问 I/O；否则产生异常中断（异常 13 故障），使任务挂起。

嵌套任务标志（Nested Task，NT），用来表示当前的任务是否嵌套在另一任务内。用于保护模式，如果当前任务嵌套在前一个任务内则 NT 置 1，否则清 0。

恢复标志（Resume Flag，RF），它与调试寄存器的断点一起使用，以保证不重复处理断点。当 RF=1 时，下一条指令的任何调试故障或断点都被忽略。然而，每成功执行完一条指令（无故障），RF 自动清 0（IRET、POPF、JMP、CALL 和 INT 指令除外）。

虚拟 8086 模式位（Virtual-8086 Mode，VM），当在保护模式下该位置 1 时，处理器工作于虚拟 8086 模式。

对准检查标志（Alignment Check mode，AC），在进行字或双字访存时，检查访存地址是否处于字或双字的边界上。当 AC=1 且程序特权级为 3 时，对存储器访问地址进行边界对准检查，否则不检查。

虚拟中断标志（Virtual Interrupt Flag，VIF），虚拟方式下 IF 的映像。

虚拟中断挂起标志（Virtual Interrupt Pending flag，VIP），置 1 表示中断挂起，而无中断挂起则清 0。与 VIF 一起使用。

标识标志（IDentification flag，ID），程序有设置和清除 ID 标识的能力，以指示处理器对 CPUID 指令的支持。

4.4 80x86 CPU 的指令系统

80x86 CPU 的指令集是在 8086/8088 CPU 的指令系统上发展起来的。8086/8088 指令系统是基本指令集，80286 ~ Pentium Ⅳ指令系统是在基本指令集上进行了扩充，在支持的数据类型、寻址方式和指令类型方面都进行了扩充。扩充指令的一部分是增强的 8086/8088 基本指令和一些专用指令；另一部分是系统控制指令，即特权指令，它们对 80286 以上 CPU 保护模式的多任务、存储器管理和保护机制提供了控制能力。

4.4.1 80x86 数据类型

1. 基本数据类型

所谓基本数据类型可作如下理解：一个属于基本数据类型的信息就是一串 0 或 1 信号，而不作附加解释（比如把它看成是代表了一个字符或者一个正数等）。

IA-32 结构的基本数据类型是字节、字、双字、四字和双四字，如图 4.14 所示。

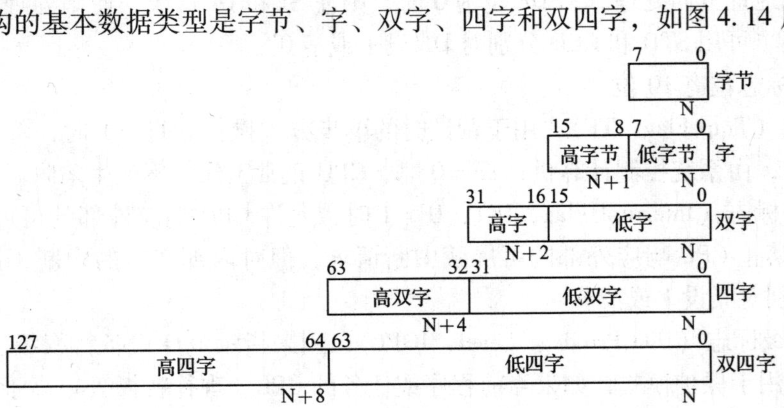

图 4.14 基本数据类型

一个字节是8位，一个字是两个字节（16位），双字是4个字节（32位），四字是8字节（64位），双四字是16字节（128位）。 四字是80486引入，双四字是具有SSE扩展的Pentium Ⅲ引入IA-32结构的。

80x86处理器的字节序是采用小端排列方式，即低字节（位0～位7）占内存中的最小地址，该地址也就是此操作数的地址。

字、双字和四字数据在内存中并不要求对齐至自然边界（字、双字和四字的自然边界是指它们的地址要分别能被2、4和8除尽）。但为了改进程序性能，减小访存次数，数据结构（特别是堆栈）只要有可能就应该对齐在自然边界上。有些操作双四字的指令要求存储器操作数对齐在自然边界上（双四字的自然边界是指它的地址要能被16除尽），如果操作数的存储没有对齐边界，会产生异常中断。

2. 数字数据类型

某些指令支持对基本数据类型附加解释为数字数据类型，这些数字数据类型如图4.15所示。

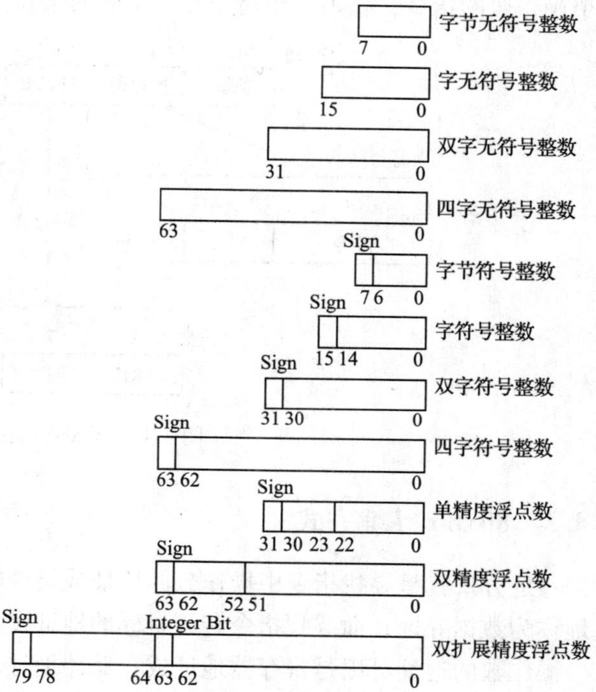

图4.15 数字数据类型

其中整数包括了无符号整数和符号整数，符号整数用补码表示。浮点数据类型包括单精度浮点数、双精度浮点数和双扩展精度浮点数，浮点数的格式满足IEEE754标准。

3. 指针数据类型

指针即内存单元的地址，IA-32结构定义了两类指针：近指针（Near Pointer，32位）和远指针（Far Pointer，48位），如图4.16所示。近指针是段内的32位偏移地址（也称为有效地址），用于平面存储模式的存储器访问或分段存储模式中同一段内的访存。远指针是一个48位的逻辑地址，包括了16位的选择子和32位的偏移地址，用于在分段存储模式中的跨段访存。

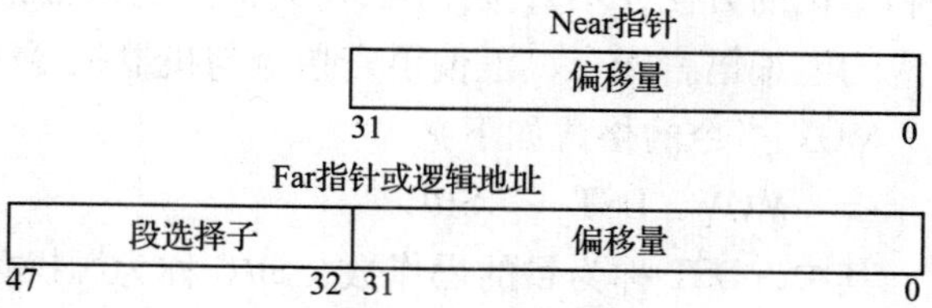

图4.16 指针数据类型

4. 位字段数据类型

一个位字段（bit field）是指连续的位序列。它可以在内存中任何字节的任一位置开始并能包含最多至32位。

5. 串数据类型

串是位、字节、字或双字的连续序列。位串能在内存中任何字节的任一位置开始并能包含最多至 $2^{32}-1$ 位。字节串能包含字节、字或双字，其范围能从 $0\sim2^{32}-1$ B（4GB）。

4.4.2 80x86 指令格式

80x86 CPU 采用了变字长的机器指令格式，由 1 ~ 17 个字节组成一条指令。一般格式如图 4.17 所示。

80x86 机器指令格式的简要说明：在指令格式的 6 个部分，除操作码外其余可缺；具有两个操作数的指令，除串操作指令外，不能两个操作数都存放在内存。

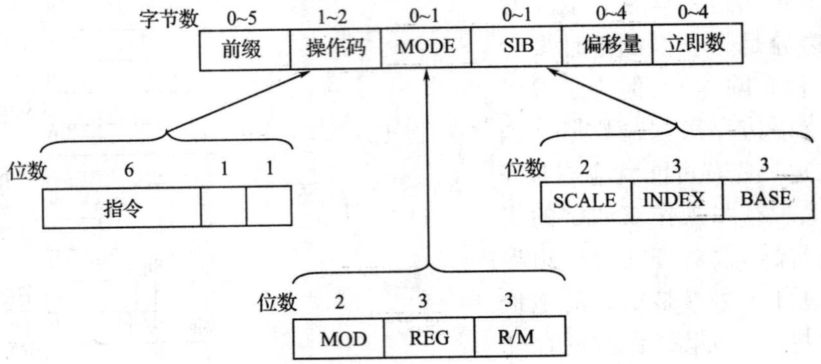

图 4.17 80x86 的指针格式

4.4.3 80x86 寻址方式

寻址方式就是寻找指令中操作数的地址或指令转移目标地址的方式，寻找指令操作数的地址称为数据寻址，而寻找指令转移目标的地址则称为程序寻址。

操作数的地址可以是寄存器地址或存储器地址。这里的存储器地址是指存储单元的偏移地址，又叫有效地址（EA），有关存储器操作数的寻址就是要求得有效地址。

为了使数据寻址的解释直观一点，使用了一条机器指令——MOV 指令作例子。为了书写和记忆的方便，不直接使用 MOV 指令的机器语言形式（一长串 0 或 1 的信息），而采用相应的汇编语言指令，汇偏语言指令与机器指令一一对应。

MOV 指令的格式如下：

```
MOV   DST,   SRC
```

其中，DST 称为目的操作数，SRC 称为源操作数。

该指令的功能是把源操作数传送到目的操作数，而源操作数中的内容不变。

例如，MOV AX，BX 的含义是将 BX 寄存器的内容传送到 AX，而 BX 的内容不变。

又如，MOV [1000H]，32 的含义为将数字 32 送入偏移地址为 1000H 的内存单元。

1. 数据寻址方式

数据寻址方式共有以下 8 种。

（1）立即数寻址方式。操作数直接存放在指令代码中，随着取指令一起取到 CPU 中，这种操作数称为立即数。

立即数用来表示常数，它经常用于给寄存器赋初值，并且只能用于源操作数字段，不能用于目的操作数字段，且源操作数长度应与目的操作数长度一致。表 4.4 是一些立即数寻址方式的例子。

表 4.4 立即数寻址方式的例子

指令	含义	结果
MOV BL, 44	十进制数 44 传送到 BL	BL = 44
MOV AX, ‘AB’	字符串‘AB’的 ASCII 码传送到 AX	AX = 4241H
MOV EAX, 123400FEH	十六进制数 123400FEH 传送到 EAX	EAX = 123400FEH

（2）寄存器寻址方式。寄存器寻址是指指令所需的操作数存放在 CPU 的寄存器中，通过指令中的寄存器地址去找到操作数。这种寻址方式由于操作数在 CPU 内部的寄存器中，因而运算速度较高。表 4.5 是一些寄存器寻址方式的例子。

表 4.5 寄存器寻址方式的例子

指令	含义	备注
MOV BL, AL	寄存器 AL 的内容传送到 BL	8 位寄存器之间数据传送
MOV AX, CX	寄存器 CX 的内容传送到 AX	16 位寄存器之间数据传送
MOV EBP, EDX	寄存器 EDX 的内容传送到 EBP	32 位寄存器之间数据传送

（3）直接寻址方式。直接寻址是指指令所需的操作数存放在存储单元中，操作数的有效地址直接由指令代码中的位移量提供。表 4.6 是一些直接寻址方式的例子。

表 4.6 直接寻址方式的例子

指令	含义
MOV BL, [2000H]	数据段 2000H 单元中的字节数据传送到 BL 中
MOV AX, [2000H]	数据段 2000H 单元中的字数据传送到 AX 中
MOV NUMBER, BX	BX 中的内容传送到数据段 NUMBER（字）单元
MOV [3000H], EAX	EAX 中的内容传送到数据段 3000H（双字）单元

（4）寄存器间接寻址方式。寄存器间接寻址是指指令的操作数在存储单元中，操作数的有效地址存放在寄存器（基址寄存器或变址寄存器）中，即该寄存器可看成是一个地址指针。有关段寄存器与存放 EA 的寄存器的默认组合关系参考表 4.1 和表 4.2。表 4.7 是一些寄存器间接寻址方式的例子。

表 4.7 寄存器间接寻址方式的例子

指令	含义
MOV CX, [BX]	数据段中由 BX 内容指定的字存储单元的内容传送到 CX 中
MOV [DI], ‘A’	字符 A 的 ASCII 码传送到由 DI 内容指定的字节存储单元中
MOV ECX, [EDX]	数据段中由 EDX 内容指定的双字存储单元的内容传送到 ECX 中

这种寻址方式可以用于表（可看成一维数组）的处理，在程序中只要修改间址寄存器的内容，就可以用同一条指令访问不同的存储单元。具体例子参考第 5 章。

（5）寄存器相对寻址方式。寄存器相对寻址方式是指指令的操作数存储在存储单元中，操作数的有效地址是两个地址分量之和：基址寄存器（或变址寄存器）的内容与指令中指定的位移量之和。表 4.8 是一些寄存器相对寻址方式的例子。

表 4.8 寄存器相对寻址方式的例子

指　　令	含　　义
MOV　BL，[DI+100H]	将数据段中 EA = DI+100H 的存储单元的字节数据传送到 BL 中
MOV　LIST [SI+2H]，AX	将 AX 的内容传送到数据段中 EA = LIST + SI + 2H 的字存储单元中
MOV　DI，SETS [EBX]	将数据段中 EA = EBX + SETS 的字存储单元的数据传送到 DI 中
MOV　EAX，[EDX+100H]	将数据段中 EA = EDX + 100H 的双字存储单元的数据传送到 EAX 中

表 4.8 中的 LIST 和 SETS 称为符号地址，分别代表了一个偏移地址值，其中的原因在第 5 章说明；DI+100H 表示 DI 寄存器中的内容与 100H 的和，其余类似。

在实模式下，如果 EA（也即偏移地址）是多个量的和，要把位 15 产生的进位丢掉，请参考例 4.2。

（6）基址变址寻址方式。指令所需的操作数在主存单元中，操作数的有效地址是三个地址分量之和，即基址寄存器内容、变址寄存器内容与指令中的位移量（0 位、8 位、16 位或 32 位）之和，称为基址变址寻址方式。

在 8086 ~ 80286 中，两个寄存器只能分别从基址寄存器（BX 或 BP）与变址寄存器（SI 或 DI）各选其一。80386 以上微处理器则可选取任意两个 32 位通用寄存器的组合（但 ESP 不能作变址寄存器）。表 4.9 给出了一些基址变址寻址方式的例子。

表 4.9 基址变址寻址方式的例子

指　　令	含　　义
MOV　DX，[BX+DI]	将数据段中 EA = BX + DI 的字存储单元的数据传送到 DX 中
MOV　200H [BX] [SI]，AX	AX 的内容传送到数据段中 EA = BX + SI + 200H 的字存储单元中
MOV　BL，[BX+SI+100H]	将数据段中 EA = BX + SI + 100H 的字节存储单元的数据传入 BL 中
MOV　EAX，ARRAY [EBX] [ECX]	数据段中 EA = ARRAY + EBX + ECX 的双字存储单元的数据送到 EAX

由于基址变址寻址方式中有两个地址分量可以在程序执行过程中进行修改，因此常用来访问存放在主存中的二维数组。

（7）比例变址寻址方式。80386 以上 CPU 为使处理元素大小为 2、4、8 字节的数组更方便，引入比例变址寻址方式，能以 1、2、4 或 8 的比例因子（默认值为 1）对变址值进行换算，以便于对数组结构的寻址。

比例变址寻址方式是指指令操作数在内存单元中，操作数的有效地址是变址寄存器的内容乘以指令中指定的比例因子再加上位移量之和。表 4.10 给出了一些比例变址寻址方式的例子。

表 4.10 比例变址寻址方式的例子

指　　令	备　　注
MOV　EAX，[4 * EBX]	源操作数 EA = 4 × EBX 的内容
MOV　EAX，COUNT [ESI * 4]	源操作数 EA = 4 × ESI 的内容 + 符号地址 COUNT
MOV　AX，[1000H + 2 * EDI]	源操作数 EA = 2 × EDI 的内容 + 1000H

用于处理一维数组时可在变址寄存器中存放数组下标，比例因子取为数组元素字节数，

则可由比例变址寻址方式直接把下标值转换为变址值。

（8）基址比例变址寻址方式。指令的操作数在内存单元中，操作数的有效地址是变址寄存器的内容乘以比例因子，加上基址寄存器的内容，再加上位移量（0位、8位、16位或32位）之和。表4.11是一些基址比例变址寻址方式的例子。

表4.11 基址比例变址寻址方式的例子

指 令	备 注
MOV EAX，[ECX+4*EBX]	源操作数 EA=ECX 的内容+4×EBX 的内容
MOV EAX，TABLE [EBP] [ESI*4]	源操作数 EA=符号地址 TABLE+EBP 的内容+4×ESI 的内容
MOV AX，[100H+EBX+2*EDI]	源操作数 EA=100H+EBX 的内容+2×EDI 的内容

基址比例变址寻址方式可用于处理元素大小为2、4、8字节的二维数组。

所有涉及存储器的寻址方式中，有效地址都可用下式来计算：

$$EA = 基地址 + 变址量 \times 比例因子 + 位移量$$

上式中，基地址和变址量要分别存放在寄存器中，4个量中的每一个都可空缺。80386以上CPU才能使用比例因子，且一定要和变址量同时使用。一旦确定了有效地址，系统就可按4.3.2节的机制将其转换为物理地址。

2. 程序存储器寻址

程序存储器寻址用来确定转移指令和子程序调用指令的转向地址，用于JMP和CALL指令。有关细节说明在介绍这两条指令时才进行。

4.4.4 80x86 CPU指令的分类

80x86的指令集包含了大量的指令，这些指令按操作数地址个数可划分为三种。

（1）双地址指令：OPR DEST，SRC。OPR表示指令操作码，指令中给出两个操作数地址；SRC表示源操作数地址，简称源地址；DEST表示目的操作数地址，简称目的地址。

（2）单地址指令：OPR DEST。指令中只给出一个操作数地址DEST。若指令只需一个操作数，则该地址既是源地址又是目的地址；若指令需两个操作数，则另一个操作数地址由指令隐含指定。

（3）无地址指令：OPR。一种情况是指令未给出操作数地址，但隐含指定了操作数的存放处；另一种情况是指令本身不需要操作数。

80x86指令又可按功能可分为六大类：

（1）传送类指令（Transfer Instructions）。

（2）算术运算类指令（Arithmetic Instructions）。

（3）逻辑类指令（Bit Manipulation Instructions）。

（4）串操作类指令（String Instructions）。

（5）程序转移类指令（Program Transfer Instructions）。

（6）处理器控制类指令（Processor Control Instruction）。

本节将分别介绍这几类中常用的指令。为便于书写和记忆，采用指令的汇编码（即汇编语言指令）而非指令的机器码来进行介绍。在指令的学习中要注意掌握指令的格式、功能和对状态标志位的影响。实际应用中，在一些对性能要求很高的场合，还要注意指令长度、执行时间等，尽可能使用长度短的、执行时间短的指令。

1. 传送类指令

传送类指令可分为5种：数据传送指令、地址传送指令、标志位传送指令、类型转换指令和I/O指令。这一类指令除了SAHF、POPF外，其余指令对标志位均无影响。

（1）数据传送指令。

1）MOV指令。

格式：MOV DEST，SRC

功能：DEST⇐（SRC），即将源地址的内容（源操作数）传送到目的地址中。传送指令执行完后源操作数保持不变。

例4.4

```
MOV AL，44              ；为AL寄存器赋值44
MOV DS，AX              ；两寄存器之间字数据传送
MOV [2000H]，ECX        ；内存与寄存器之间双字数据传送
```

注意：

a. MOV指令不破坏源操作数内容，这里的传送实质上是“复制”，即把源操作数复制到目的操作数；

b. MOV指令不允许从存储单元直接传送至存储单元；

c. 源操作数和目的操作数的长度应相等；

d. 立即数不能作目的操作数；

e. 不能用立即数为段寄存器赋值；

f. 不能用MOV指令为CS赋值，因CS和IP指示了下一条指令的地址；

g. 32位指令只能为80386以上CPU使用（这一点对全部指令适用，以后不再重复）。

例4.5 判断下列指令的对错，错的指明原因。

```
MOV [DI]，[SI]          ；错，两个内存单元间直接进行数据传送。
MOV CX，AH              ；错，目的操作数为16位，源操作数为8位。
MOV 20，DL              ；错，目的操作数为立即数。
MOV CS，BX              ；错，用MOV指令为CS赋值。
MOV DS，1000H           ；错，不能用立即数为段寄存器赋值。
MOV DS，AX              ；对。
```

例4.6 把DS：[SI]字单元传送到ES：[DI]字单元可用如下两条MOV指令实现：

```
MOV AX，DS：[SI]
MOV ES：[DI]，AX
```

例4.7 将立即数1000H传送给DS可按下面的方式实现：

```
MOV AX，1000H
MOV DS，AX
```

2）MOVSX带符号扩展传送指令（80386及后继机型可用）。

格式：MOVSX DEST，SRC

功能：DEST⇐符号扩展（SRC）。该指令的源操作数可以是8位或16位的寄存器或存储单元的内容，而目的操作数必须是16位或32位寄存器，传送时将源操作数进行符号扩展

后送入目的寄存器，8 位数据可以符号扩展到16 位或32 位，是16 位数据也可以符号扩展到32 位。

例4.8 如果(CL)＝F0H，执行“MOVSX EAX，CL”后，(EAX)＝0FFFFFFF0H。又如果内存单元DS：[100H] 的内容为7ABCH，则执行“MOVSX EDX，DS：[100H]”后，(EDX)＝00007ABCH。

注意：源操作数长度一定要小于目的操作数；目的操作数要在寄存器；源操作数不能为立即数。

3）MOVZX 带零扩展传送指令（80386 及后继机型可用）。

格式：MOVZX DEST，SRC

功能：DEST⇐零扩展（SRC）。类似于 MOVSX 指令，只是 MOVZX 的源操作数是无符号整数，作零扩展，即不管源操作数的符号位是否为1，高位均扩展为0。

例4.9 如果（CL）＝F0H，执行“MOVZX EAX，CL”后，（EAX）＝000000F0H。又如果内存单元DS：[100H] 的内容为7ABCH，则执行“MOVZX EDX，DS：[100H]”后，(EDX)＝00007ABCH。

4）PUSH 类指令。

堆栈是以“后进先出”（LIFO）方式工作的一个存储区，它必须存在于堆栈段中，栈顶地址较小（低端），栈底不变，SS 存储其段基址。堆栈操作只能在栈顶进行，因此使用堆栈指针 SP 或 ESP 来指示栈顶单元的地址，当堆栈地址长度为16 位时用 SP，当堆栈地址长度为32 位时用 ESP。

格式：PUSH SRC/PUSHA/PUSHAD/PUSHF/PUSHFD

功能：PUSH 类指令自动修改堆栈指针，并将源操作数内容压进堆栈。各指令具体形式和功能如表4.12 所示。

表4.12 PUSH 类指令格式及功能

格 式	功 能
PUSH reg16	SP 或 ESP⇐（SP 或 ESP）－2，栈顶字单元⇐16 位寄存器内容
PUSH reg32	ESP⇐ESP－4，栈顶双字单元⇐32 位寄存器内容
PUSH mem16	SP 或 ESP⇐（SP 或 ESP）－2，栈顶字单元⇐字存储单元内容
PUSH mem32	ESP⇐ESP－4，栈顶双字单元⇐双字存储单元内容
PUSH seg	SP 或 ESP⇐（SP 或 ESP）－2，栈顶字单元⇐段寄存器内容（FS、GS 有例外）
PUSH imm8	SP⇐（SP）－2 或 ESP⇐ESP－4， 栈顶单元⇐8 位立即数符号扩展后
PUSH imm16	SP⇐（SP）－2 或 ESP⇐ESP－4， 栈顶单元⇐16 位立即数或者符号扩展后
PUSH imm32	ESP⇐ESP－4，栈顶双字单元⇐32 位立即数
PUSHA	AX，CX，DX，BX，SP（该指令执行前值），BP，SI，DI 按次序进栈，SP⇐（SP）－16
PUSHAD	EAX，ECX，EDX，EBX，ESP（该指令执行前值），EBP、ESI、EDI 依次进栈，ESP⇐（ESP）－32
PUSHF	SP⇐（SP）－2，栈顶字单元⇐FLAGS 标志寄存器内容
PUSHFD	ESP⇐（ESP）－4，栈顶双字单元⇐EFLAGS 标志寄存器 VM、RF 位清0 后的内容

注意：

a. 8086 ~ 80286 总是将 16 位数据压栈，80386 以上 CPU 可将 16 位或 32 位数据压栈；

b. 堆栈指针为 SP 时，每把一个数据压栈，SP 减小 2；ESP 作堆栈指针时，压一个 16 位数据进栈，ESP 减小 2，如果压一个 32 位数据进栈，则 ESP 减小 4；

c. 堆栈指针为 SP，压入 16 位数据时，操作顺序：SP - 1，数据的高位字节⇒SP - 1 指向的字节单元；SP - 2，数据的低位字节⇒SP - 2 指向的字节单元。执行指令后，SP = 该指令执行前的 SP - 2。ESP 的情况类推；

d. 任何段寄存器的内容都可以压入堆栈。但压入 FS 或 GS 时，如果堆栈地址长度为 32 位，要先把 FS 或 GS 零扩展为 32 位才压栈；

e. 8086 不能把立即数压进堆栈；

f. 保护模式下，如果 PUSH 指令中的立即数不足 32 位，先符号扩展为 32 位才压栈；实模式下，立即数默认为 16 位，如果 PUSH 指令中的立即数不足 16 位，先符号扩展为 16 位才压栈；

g. PUSH SP 或 PUSH ESP 指令的执行结果：8086/8088 是将 SP - 2 压入堆栈，而 80286 以上 CPU 则是将指令执行前的 ESP 或 SP 内容压入堆栈；

h. PUSH 指令使用以 ESP 作为基址寄存器的存储器寻址时，用指令执行前的 ESP 值计算有效地址。

5）POP 类指令。

格式：POP DEST/POPA/POPAD/POPF/POPFD

功能：POP 类指令从堆栈弹出数据，实现与 PUSH 类指令相反的操作。首先将 SP 或 ESP 指向的栈顶单元的内容弹出到目的寄存器或存储单元中，然后修改 SP 或 ESP 指向栈顶。具体的格式和功能如表 4.13 所示。

表 4.13　POP 类指令格式及功能

格　式	功　能
POP reg16	16 位寄存器⇐栈顶字单元内容，SP 或 ESP⇐（SP 或 ESP）+2
POP reg32	32 位寄存器⇐栈顶双字单元内容，ESP⇐ESP + 4
POP mem16	字存储单元⇐栈顶字单元内容，SP 或 ESP⇐（SP 或 ESP）+2
POP mem32	双字存储单元⇐栈顶双字单元内容，ESP⇐ESP + 4
POP seg	段寄存器⇐栈顶字单元内容，SP 或 ESP⇐（SP 或 ESP）-2（FS、GS 有例外）
POPA	DI、SI、BP、SP、BX、DX、CX、AX 依次序出栈，SP⇐（SP）+16
POPAD	EDI、ESI、EBP、ESP、EBX、EDX、ECX、EAX 依次序出栈，ESP⇐（ESP）+32
POPF	FLAGS 寄存器⇐栈顶字单元内容，SP⇐（SP）+2
POPFD	EFLAGS 寄存器⇐栈顶双字单元内容，SP⇐（SP）+4

注意：

a. POP 指令的操作顺序与 PUSH 指令相反；

b. 当堆栈地址长度为 16 位时用 SP，当堆栈地址长度为 32 位时用 ESP；

c. 立即数不能作为 POP 指令的操作数；

d. 代码段寄存器 CS 不能作为 POP 指令的操作数；

e. ESP 作堆栈指针，FS 或 GS 作为 POP 指令的操作数时，弹出栈顶字单元内容进段寄存器，但 ESP 加 4；

f. POP ESP 指令执行后，ESP 存放的是原来的栈顶内容，因为操作时是先修改了 ESP 再把旧的栈顶内容存进 ESP；

g. POP 指令使用以 ESP 作为基址寄存器的存储器寻址时，用指令执行后的 ESP 值计算有效地址；

h. POPA/POPAD 执行时，SP/ESP 的出栈只是修改了指针使其后的 BX/EBX 能顺利出栈，栈中存放的原 SP/ESP 内容丢弃而不装入 SP/ESP 中；

i. POPF/POPFD 执行后影响标志位，但 POPFD 不影响 VM、RF、IOPL、VIF 和 VIP 的值。

例 4.10 （AX）=EE11H，（SP）=100H，执行下列三条指令：

```
PUSH AX
PUSH 88H
POP AX
```

执行后，（AX）=0088H，（SP）=00FEH。

6）XCHG 交换指令。

格式：XCHG DEST，SRC

功能：（DEST）⇔（SRC）。将源地址的内容与目的地址的内容相互交换。

注意：数据交换只能在通用寄存器之间或通用寄存器与存储单元之间进行，不允许使用段寄存器；指令允许字或字节操作，80386 及其后继机型还允许双字操作。

例 4.11 判断下列指令的对错，错的指明原因。

```
XCHG  EAX，EDX        ；对。
XCHG  35，DL          ；错，操作数使用了立即数。
XCHG  AX，DS          ；错，操作数使用了段寄存器。
XCHG  AL，[SI]        ；对。
XCHG  [BX]，[DI]      ；错，两个操作数都是存储单元。
XCHG  EAX，CX         ；错，两个操作数宽度不同。
```

7）XLAT　换码指令。

格式：XLAT 或者 XLAT SRC

功能：将 AL 与 BX 寄存器内容之和作为偏移地址所指向的内存单元内容送入 AL 寄存器。

该指令常用于通过查表方式进行代码转换工作，如 ASCII 码和 BCD 码的互换、BCD 码到 7 段 LED 码（用于数码管显示数字）的转换等。使用该指令时，要先将数据表的首地址送入 BX，被转换的代码（通常设计为相对于表首地址的偏移量）送入 AL。指令执行后，AL 的内容即为转换后的代码。指令中的 SRC 为数据表的首地址，可省略，因为 XLAT 指令并不能将 SRC 自动装入 BX，设置的目的只是提高程序的可读性。

（2）地址传送指令。

1）LEA 有效地址送寄存器指令。

格式：LEA DEST，SRC

功能：DEST⇐SRC 的 EA，即将源操作数的有效地址传送到目的地址（16 位或 32 位通用寄存器）中。

注意：

a. LEA 指令的源操作数必须是存储器操作数，而目的地址只能是 16 位或 32 位通用寄存器名，不能使用段寄存器；

b. 当目的寄存器为 16 位，源操作数地址为 32 位时，把有效地址的低 16 位送目的寄存器；当目的寄存器为 32 位，源操作数地址为 16 位时，把有效地址零扩展后送目的寄存器。

例 4.12 （AX）＝A234H，DS：［100H］字节单元的内容是 41H，则执行 LEA AX，DS：［100H］后，（AX）＝100H。

2）LDS、LES、LFS、LGS、LSS 指令。

这几个指令的功能类似，就是从作为地址指针的 4（或 6）个字节存储单元中，同时取出段基址（或段选择子）与偏移地址，分别送到段寄存器和指定通用寄存器中。指令的具体格式和功能如表 4.14 所示。

表 4.14　LDS、LES、LFS、LGS、LSS 指令的格式与功能

格　式	功　能
LDS DEST，SRC	DEST⇐（SRC），DS⇐（SRC＋2）（偏移地址 16 位）或 DS⇐（SRC＋4）（地址 32 位）
LES DEST，SRC	DEST⇐（SRC），ES⇐（SRC＋2）（偏移地址 16 位）或 ES⇐（SRC＋4）（地址 32 位）
LFS DEST，SRC	DEST⇐（SRC），FS⇐（SRC＋2）（偏移地址 16 位）或 FS⇐（SRC＋4）（地址 32 位）
LGS DEST，SRC	DEST⇐（SRC），GS⇐（SRC＋2）（偏移地址 16 位）或 GS⇐（SRC＋4）（地址 32 位）
LSS DEST，SRC	DEST⇐（SRC），SS⇐（SRC＋2）（偏移地址 16 位）或 SS⇐（SRC＋4）（地址 32 位）

注意：

a. 源操作数必须是存储器操作数，而目的地址只能是 16 位或 32 位的通用寄存器的名字；

b. LFS、LGS 和 LSS 只能用于 80386 以上 CPU；

c. LSS 常用于保存旧的堆栈区地址，然后建立新的堆栈区地址。

例 4.13 指令“LDS DI，LIST 的执行的结果是将存储在 LIST 单元的两个字节送 DI 寄存器，将存储在 LIST＋2 单元的两个字节作为段基址送 DS 寄存器。

例 4.14 指令“LSS ESP，MEM”把 MEM 单元中存放的 4 个字节作为偏移地址送入 ESP，将 MEM＋4 单元的两个字节作为段选择子送入 SS 寄存器中；其效果是建立了新的堆栈区。

（3）标志位传送指令。

这种指令用于对标志寄存器进行存取操作，都是无操作数指令。

1）LAHF 标志送 AH 指令。

格式：LAHF

功能：AH⇐FLAGS 的低字节，即将标志寄存器的低 8 位内容传送到 AH 寄存器中，也就是把标志位 SF、ZF、AF、PF、CF 送至 AH 中的第 7、6、4、2、0 位。

2）SAHF AH 送标志寄存器指令。

格式：SAHF

功能：FLAGS 的低字节⇐（AH），即将 AH 寄存器的内容传送给标志寄存器的低 8 位。

影响标志位[㊀]：SF、ZF、AF、PF、CF。

SAHF 指令用以设置或恢复 SF、ZF、AF、PF、CF 这 5 个标志位。它只影响标志寄存器的低 8 位，对高 8 位标志无影响。

（4）类型转换指令。

1）CBW 字节转换为字指令。

格式：CBW

功能：将 AL 符号扩展到 AH，形成 AX 中的字。即如果（AL）的最高有效位为 0，则（AH）=0；如果（AL）的最高有效位为 1，则（AH）=0FFH。

2）CWD/CWDE 字转换为双字指令。

格式：CWD

功能：扩展 AX 的符号到 DX，形成 DX：AX 中的双字。即如果（AX）的最高有效位为 0，则（DX）=0；如果（AX）的最高有效位为 1，则（DX）=0FFFFH。

格式：CWDE

功能：扩展 AX 的符号到 EAX，形成 EAX 中的双字。

3）CDQ 双字转换为 4 字指令。

格式：CDQ

功能：扩展 EAX 的符号到 EDX，形成 EDX：EAX 中的 4 字。

4）BSWAP 字节交换指令。

格式：BSWAP r32

功能：使指令指定的 32 位寄存器（r32 指 32 位寄存器）的字节次序变反。具体操作为 1、4 字节互换；2、3 字节互换。该指令只能用于 80486 及其后继机型。

例 4.15　（EAX）=12345678H，执行 BSWAP EAX 后，（EAX）=78563412H。

（5）I/O 指令。

Intel 80x86 所用到的 I/O 专用指令只有两个：IN 和 OUT。这两个指令的目标寄存器（IN 指令）和源寄存器（OUT 指令）必须是 AL（8 位端口）、AX（16 位端口）或 EAX（32 位端口）。端口地址在 8 位以下（即端口地址不超过 FFH）的，可以使用直接寻址方式寻址外设，对端口地址是 16 位的，要用 DX 进行间接寻址。

1）IN 指令。

格式：IN DEST，PORT

　　　IN DEST，DX

功能：从端口地址 PORT（8 位地址）或 DX 指定的外设中输入数据到累加器 AL/AX/EAX 中。

2）OUT 指令。

格式：OUT PORT，SRC

　　　OUT DX，SRC

功能：把累加器 AL/AX/EAX 中的数据向端口地址 PORT 或 DX 指定的外设输出。

㊀ 即根据指令的执行结果设置标志寄存器的有关标志位，下文同。

例 4.16

OUT 61H，AL　　　；将 AL 内容输出到 61H 端口（61H 端口为 DOS 下的扬声器端口）

IN AX，DX　　　；从 DX 指向的 16 位端口读入字数据

IN AL，DX　　　；从 DX 指向的 8 位端口读入字节数据

IN EAX，DX　　　；从 DX 指向的 32 位端口读入双字数据

OUT DX，EAX　　　；把双字数据输出到 DX 指向的 32 位端口

有关 I/O 指令的详细介绍请参考第 7 章。

2. 算术运算类指令

算术运算类指令包括加、减、乘、除 4 种指令，这类指令可以对字节、字或双字数据进行运算。算术运算分为二进制算术运算和十进制算术运算。二进制算术运算又分为无符号数运算和带符号数运算。参加十进制算术运算的操作数用非压缩（Unpacked）BCD 码或压缩（Packed）BCD 码表示。算术运算类指令中既有双操作数指令，也有单操作数指令。双操作数指令的两个操作数不能同时为存储器操作数，且只有源操作数可为立即数。单操作数指令不允许使用立即数寻址方式。算术运算指令根据操作结果的某些特征设置标志寄存器的 6 个标志位（CF、AF、SF、ZF、PF 和 OF）。

（1）加法运算指令。

1）ADD 加法指令。

格式：ADD DEST，SRC

功能：DEST⇐（SRC）+（DEST），即源操作数与目的操作数相加，其和送入目的地址中。该指令执行后，源操作数保持不变。

影响的标志位：OF、SF、ZF、AF、PF 和 CF。

例 4.17　求在 NUM 和 NUM+1 单元内字节数据和的程序段：

MOV AL，0　　　；AL 清 0

ADD AL，[NUM]；相加，和存放在 AL

ADD AL，[NUM+1]

2）ADC 带进位加法指令。

格式：ADC DEST，SRC

功能：DEST⇐（SRC）+（DEST）+CF，即在完成两个操作数相加的同时，将标志位 CF 的值（处于位 0）加上，求出的和数送入目的地址中。

影响的标志位：OF、SF、ZF、AF、PF 和 CF。

例 4.18　在 8086/80286 中实现两个双精度数的加法。有两个 32 位无符号数分别存放在 DX-AX（表示高 16 位放 DX，低 16 位放 AX）和 CX-BX 中，计算两数之和，结果存放在 DX-AX 中，可用以下指令来实现：

ADD AX，BX　　　；低 16 位相加，如果最高位（位 15）产生进位，CF=1

ADC DX，CX　　　；高 16 位相加，并加上低 16 位和的进位

8086/80286 为 16 位机，硬件不支持 32 位数的相加，但可利用 ADC 指令通过软件来实现，这种方法也可用于 80386 以上机型。

3）INC 加 1 指令。

格式：INC DEST

功能：DEST⇐（DEST） +1，即目的操作数加1后送回目的地址中。

影响的标志位：OF、SF、ZF、AF和PF。

注意：

a. INC指令执行结果不影响CF；

b. INC指令只有一个操作数，操作数可以是字节、字或双字，且被当做无符号数。

INC指令主要用于计数器的计数或修改地址指针。

4）XADD交换并相加指令

格式：XADD　DEST，SRC

功能：TEMP⇐(SRC)+(DEST)，SRC⇐(DEST)，DEST⇐(TEMP)。即将目的操作数送入源地址，并把源和目的操作数之和送目的地址。

影响的标志位：OF、SF、ZF、AF、PF和CF。

注意：

a. 该指令的源操作数只能用寄存器寻址方式，目的操作数则可用寄存器或任一种存储器寻址方式；

b. 该指令只能用于80486及其后继机型。

例4.19　(BL)=12H，(DL)=02H。执行XADD BL，DL后，(BL)=14H，(DL)=12H。

（2）减法运算指令。

1）SUB减法指令。

格式：SUB　DEST，SRC

功能：DEST⇐(DEST)-(SRC)，即完成从目的操作数中减去源操作数，其差值送入目的地址中。

影响的标志位：OF、SF、ZF、AF、PF和CF。

例4.20　(AL)=36H，执行SUB AL，48H后，(AL)=EEH，标志位变化如下：

ZF=0　　（结果不等于0）

CF=1　　（最高位有借位）

AF=1　　（低4位向高4位有借位）

SF=1　　（结果为负）

OF=0　　（结果在符号字节数-128~+127范围内，没有溢出）

PF=1　　（结果所处字节中有偶数个1）

2）SBB带借位减法指令。

格式：SBB DEST，SRC

功能：DEST⇐（DEST）-（SRC）-CF，即在完成两个操作数相减的同时，还要减去借位CF，相减结果送入目的地址中。

影响的标志位：OF、SF、ZF、AF、PF和CF。

与ADC类似，SBB指令多用于软件实现多精度的减法。

3）DEC减1指令。

格式：DEC　DEST

功能：DEST⇐（DEST） -1，即目的操作数减1后送回目的地址中。

影响的标志位：OF、SF、ZF、AF和PF。

注意：

a. DEC 指令执行结果不影响 CF；

b. DEC 指令只有一个操作数，操作数可以是字节、字或双字，且被当做无符号数。

DEC 指令主要用于计数器的计数或修改地址指针，修改方向恰好与 INC 相反。

4）NEG 求补指令。

格式：NEG　DEST

功能：DEST⇐0 -（DEST），即把操作数（视为补码表示的符号数）的相反数（补码表示）送回目的地址中。

影响的标志位：OF、SF、ZF、AF、PF 和 CF。

注意：

a. NEG 指令属单操作数指令，操作数可以是字节、字或双字，且被当做补码表示的带符号数；

b. 如操作数为零，则标志位 CF 置 0；否则 CF 置 1。

5）CMP 比较指令。

格式：CMP DEST，SRC

功能：(DEST) -（SRC)，两个操作数相减后，仅按相减结果设置标志位 OF、SF、ZF、AF、PF 和 CF，而不保留两数相减的差。

影响的标志位：OF、SF、ZF、AF、PF 和 CF。

注意：CMP 指令与 SUB 指令的不同之处是，运算结果不送回目的地址中。因此 CMP 指令执行后，两个操作数都不变，只影响状态标志位。

CMP 指令后往往跟着一个条件转移指令，它把 CMP 指令执行后标志位作为分支转移的判定条件。常用到的标志位是 ZF、CF 或 SF，具体例子见第 5 章。

6）CMPXCHG 比较并交换指令。

格式：CMPXCHG DEST，SRC

功能：累加器 AL/AX/EAX 与（DEST）比较。如果（累加器）=（DEST），则 ZF = 1，DEST⇐（SRC）；否则 ZF = 0，累加器⇐（DEST）。

影响的标志位：OF、SF、ZF、AF、PF 和 CF。

注意：该指令只能用于 80486 及其后继机型。累加器可为 AL、AX 或 EAX 寄存器，SRC 只能用 8 位、16 位或 32 位寄存器，DEST 则可用寄存器或任一种存储器寻址方式。

7）CMPXCHG8B 比较并交换 8 字节指令。

格式：CMPXCHG8B　DEST

功能：把 EDX：EAX 内的 64 位数与存储器操作数 DEST 相比较。如果相等，则 ZF = 1，DEST⇐（ECX：EBX）；否则 ZF = 0，EDX：EAX⇐（DEST）。

影响的标志位：ZF。

注意：该指令只能用于 Pentium 及其后继机型。操作数均为 64 位数，目的操作数必须采用存储器寻址方式确定一个 64 位数。

（3）乘法指令。

1）MUL 无符号数乘法指令。

格式：MUL SRC

功能：字节操作数　　AX⇐（AL）*（SRC）

　　　字操作数　　　DX：AX⇐（AX）*（SRC）

　　　双字操作数　　EDX：EAX⇐（EAX）*（SRC）

以双字操作为例说明：32 位被乘数 EAX 与 32 位乘数 SRC 相乘，乘积高 32 位放 EDX，低 32 位放 EAX。

影响的标志位：CF 和 OF。

具体规则如下：MUL 指令执行后，如果乘积的高一半为 0，即 AH（字节乘）、DX（字乘法）或 EAX（双字乘）全为 0，则 CF = 0，OF = 0；否则 CF = 1，OF = 1（表示 AH、DX 或 EDX 中有乘积的有效数字）。

注意：

a. 被乘数置于隐含的操作数——累加器（AL/AX/EAX）中，乘数 SRC 可存放在寄存器或存储器中，但不能为立即数；

b. 双字乘法用于 80386 以上机型。

2）IMUL 带符号数乘法指令。

格式：IMUL　SRC

功能：与 MUL 相同，但 IMUL 指令的操作数和乘积必须是带符号数且用补码表示。

影响的标志位：CF 和 OF。

IMUL 指令执行后，如果乘积的高一半是低一半的符号扩展，则 CF 和 OF 均为 0；否则均为 1。

注意：双字乘法用于 80386 以上机型；IMUL 指令有三操作数形式，但应用不广，此处不作介绍，请参考有关文献。

（4）除法指令。

1）DIV 无符号数除法指令。

格式：DIV SRC

功能：将隐含存放在 AX（字节除）、DX：AX（字除）或 EDX：EAX（双字除）中的被除数除以除数（SRC），除后的商和余数送入隐含指定的寄存器中，具体规则如下。

字节操作：AL⇐（AX）/（SRC）的商

　　　　　AH⇐（AX）/（SRC）的余数

字操作：　AX⇐（DX：AX）/（SRC）的商

DX⇐（DX：AX）/（SRC）的余数

双字操作：EAX⇐（EDX：EAX）/（SRC）的商

EDX⇐（EDX：EAX）/（SRC）的余数

OF、SF、ZF、AF、PF 和 CF 的值不确定。

注意：

a. 字节除法中，如果被除数不足 16 位，要先进行零扩展到 16 位，才执行 DIV 指令。其余情况类推（参考例 4.21）；

b. 如果商超出其目标寄存器的容量或除数为 0，将产生 0 型中断（除法出错中断）；

c. 除数 SRC 可存放在寄存器或存储器中，但不能为立即数；

d. 32 位除法只适用于 80386 以上 CPU。

例 4.21 将 AX 中的无符号数 8AH 除以 CX 中无符号数 33。

```
MOV DX, 0            ; 被除数 DX:AX 高 16 位为 0
DIV CX               ; DX:AX 内容除以 CX 内容，商放 AX 中，余数放 DX 中
```

2）IDIV 带符号数除法指令

格式：IDIV SRC

功能：与 DIV 相同，但操作数、商和余数必须是带符号数且用补码表示，余数的符号与被除数的符号相同。

OF、SF、ZF、AF、PF 和 CF 的值不确定。

注意：

a. 字节除法中，如果被除数不足 16 位，要先进行符号扩展到 16 位，才执行 IDIV 指令。其余情况类推（参考例 4.22）；

b. 如果商超出其目标寄存器的容量或除数为 0，将产生 0 型中断（除法出错中断）；

c. 32 位除法只适用于 80386 以上 CPU。

例 4.22 将 AX 中的符号数 8AH 除以 CX 中符号数 33。

```
CWD          ; 将 AX 符号扩展为 DX:AX
IDIV CX      ; DX:AX 内容除以 CX 内容，商放 AX 中，余数放 DX 中
```

（5）BCD 码校正指令。

80x86 CPU 对用 BCD 码表示的十进制数进行运算所采用的方法是，先用二进制数的加、减、乘、除指令对 BCD 码进行运算，但运算结果不一定是合法的 BCD 码，所以要用 BCD 码校正指令对运算结果进行校正，把其转换为正确的 BCD 码。

1）AAA 非压缩 BCD 码加法校正指令。

格式：AAA

功能：对存放在 AL 中的两个非压缩 BCD 码的和进行校正，把结果存回 AL。校正后如产生向高位的进位则 AH 增大 1，CF = 1，AF = 1；否则 AH 不变，CF = 0，AF = 0。

影响的标志位：CF 和 AF。

注意：

a. 只有紧跟在以 AL 作目的寄存器的 ADD/ADC 指令（求两个非压缩 BCD 码的和）后，AAA 指令才起作用；

b. 校正处理只和 ADD/ADC 指令执行后的 AF 标志和 AL 的低 4 位有关（AL 的高 4 位清 0）；

c. AAA 指令可用于 ASCII 码加法的校正（参考例 4.24）。

例 4.23 DL 存放了一位非压缩 BCD 码 6，把它加上 8，结果要求为非压缩 BCD 码，并存入 DX 中。

```
MOV AX, 8      ; AAA 要求跟在以 AL 作目的寄存器 ADD 指令后，所以把其中一个加
               ; 数 8 存入 AL，同时 AH 清 0
ADD AL, DL     ; 相加结果为 01101110，不是和 14 的非压缩 BCD 码
AAA            ; 校正。结果：(AL) = 04H，(AH) = 01H  为正确的非压缩 BCD 码
MOV DX, AX
```

例 4.24 求两个一位 ASCII 码数字“8”和“5”的和，结果仍用 ASCII 码表示。

0～9 的 ASCII 码比相应的非压缩 BCD 码大 30H；即两种码低 4 位相同，非压缩 BCD 码高 4 位为 OH，而 ASCII 码高 4 位为 3H。可利用这点进行 ASCII 码的加法：

```
MOV AX, 38H        ; 38H 为 8 的 ASCII 码，存入 AL，同时 AH 清 0
ADD AL, 35H        ; 35H 为 5 的 ASCII 码
AAA                ; 由于 AL 的高 4 位不参与校正，实质相当于校正非压缩 BCD 码
                   的和
ADD AX, 3030H      ; 把校正后的两位 BCD 码（个位存在 AL，十位存在 AH）转换为
                   ASCII 码
```

讨论 ASCII 码加法的意义在于：使用 I/O 指令在不少外设与主机间传输数据时，数据采用 ASCII 码形式。

2）DAA 压缩 BCD 码加法校正指令。

格式：DAA

功能：对存放在 AL 中的两个压缩 BCD 码的和进行校正，把结果存回 AL。校正后如 AL 的低 4 位向高 4 位有进位，AF＝1，否则 AF＝0；校正后如 AL 向高位进位，CF＝1，否则 CF＝0。

影响的标志位：CF、AF、SF、ZF 和 PF。

注意：只有紧跟在以 AL 作目的寄存器的 ADD/ADC 指令（求两个压缩 BCD 码的和）后，DAA 指令才起作用。

例 4.25 求两个 4 位压缩 BCD 码 1234 和 3099 的和，结果仍用压缩 BCD 码表示并存入 CX。

```
MOV AL, 34H        ; 1234 低字节的压缩 BCD 码装入 AL
ADD AL, 99H        ; 两数的低字节的压缩 BCD 码相加
DAA                ; 低字节和校正，若校正后压缩 BCD 码有向高位进位则 CF＝1，
                   否则 CF＝0
MOV CL, AL
MOV AL, 12H        ; 1234 高字节的压缩 BCD 码装入 AL
ADC AL, 30H        ; 两数的高字节与低字节来的进位相加
DAA                ; 高字节和的校正
MOV CH, AL
```

3）AAS 非压缩 BCD 减法校正指令。

格式：AAS

功能：对存放在 AL 中的两个非压缩 BCD 码的差进行校正，把结果存回 AL。校正后如产生向高位的借位则 AH 减小 1，CF＝1，AF＝1；否则 AH 不变，CF＝0，AF＝0。

影响的标志位：CF 和 AF。

注意：

a. 只有紧跟在以 AL 作目的寄存器的 SUB/SBB 指令（求两个非压缩 BCD 码的差）后，AAS 指令才起作用；

b. 校正处理只和 SUB/SBB 指令执行后的 AF 标志和 AL 的低 4 位有关（AL 的高 4 位清 0）；

c. AAS 指令可用于 ASCII 码减法的校正。

例4.26　用非压缩BCD码减法计算15-6。

```
MOV AX, 105H     ; 15的非压缩BCD码0105H存入AX
SUB AL, 06H      ; 5-6=-1 (0FFH)
AAS              ; 0FFH在AL中校正为09H，校正后AL产生借位；AH减1。结果AX=09H
```

4）DAS压缩BCD码减法校正指令。

格式：DAS

功能：对存放在AL中的两个压缩BCD码的差进行校正，把结果存回AL。校正后如AL的低4位向高4位有借位，AF=1，否则AF=0；校正后如AL向高位借位，CF=1，否则CF=0。

影响的标志位：CF、AF、SF、ZF和PF。

注意：只有紧跟在以AL作目的寄存器的SUB/SBB指令（求两个压缩BCD码的差）后，DAS指令才起作用。

3. 逻辑类指令

这类指令包括逻辑运算指令、位测试指令、位扫描指令和移位指令。

（1）逻辑运算指令。

逻辑运算指令对操作数按位进行运算，操作数可以是字节、字或双字。

注意：除NOT指令不影响标志位外，其他逻辑指令都使CF和OF清0，AF不定，并根据一般规则设置SF、ZF和PF。

1）AND逻辑与指令。

格式：AND DEST，SRC

功能：将源操作数和目的操作数按位进行逻辑与运算，并将结果送入目的操作数。

AND指令的用途之一是屏蔽，即将一个二进制数某些位清零。

例4.27　将一位数字的ASCII码转换为非压缩BCD码。

```
MOV AL, 32H     ; 2的ASCII码为32H
AND AL, 0FH     ; 0FH=00001111B，屏蔽AL的高4位。  结果（AL）=02H
```

2）NOT逻辑非指令。

格式：NOT DEST

功能：将给定的操作数按位求反。

注意：操作数不能为立即数。

3）OR逻辑或指令。

格式：OR DEST，SRC

功能：将源与目标操作数按位逻辑或运算，结果送目标操作数。

利用OR指令可将一个二进制数某些位置1。

例4.28　将一位数字的非压缩BCD码转换为ASCII码。

```
MOV AL, 06H
OR AL, 30H      ; 结果（AL）=36H
```

4）XOR逻辑异或指令。

格式：XOR DEST，SRC

功能：将源与目标操作数按位逻辑异或运算，结果送目标操作数。

利用 XOR 指令可测试两操作数是否相等、给寄存器清 0 和给一个二进制数某些位取反。

例 4.29 判断 EAX 的内容是否为 12345678H，可利用 XOR EAX，12345678H。如果两者相等，ZF = 1；否则，ZF = 0。

例 4.30 可用 XOR CH，CH 将 CH 清 0。这条指令两个字节长，而指令 MOV CH，00H 长为 3 个字节，两者执行时间基本相同，所以一般采用 XOR 指令来清 0。

例 4.31 把 DX 的最高 2 位与最低 3 位取反可用指令 XOR DX，0C007H 实现。

5）TEST 测试指令。

格式：TEST DEST，SRC

功能：将两个操作数按位进行逻辑与运算，不存结果，只根据特征设置状态位。

TEST 指令通常用于条件转移指令 JZ/JNZ 前，以产生转移的条件；TEST 指令还可判断二进制数某些位是否为 1。

例 4.32 测试 AL 的位 2 是否为 1，若为 1，则转移到 EXIT 执行。

```
TEST AL，04H    ；AL 位 2 为 1 则 ZF = 0，否则 ZF = 1
JNZ EXIT        ；ZF = 0 就跳转到 EXIT 执行，否则顺序执行
```

（2）位测试指令。

位测试指令有 4 条，格式与功能如表 4.15 所示。

表 4.15 位测试指令格式与功能

格　式	功　能
BT OPR1，OPR2	测试 OPR1 中由 OPR2 指定的位，将测试位传送至 CF
BTC OPR1，OPR2	测试 OPR1 中由 OPR2 指定的位，测试位传送至 CF 并对测试位求反
BTR OPR1，OPR2	测试 OPR1 中由 OPR2 指定的位，测试位传送至 CF 并对测试位清 0
BTS OPR1，OPR2	测试 OPR1 中由 OPR2 指定的位，测试位传送至 CF 并对测试位置 1

注意：

a. 这组指令用于 80386 以上 CPU；

b. 指令只影响 CF 标志位；

c. OPR1 可以是字或双字的寄存器或存储器操作数，OPR2 可以是 8 位的立即数或与 OPR1 长度相等的寄存器操作数；由于 OPR1 长度最大为 32 位，OPR2 的取值范围可取 0 ~ 31。

例 4.33 （CX）= 1248H，运行下列程序段后：

```
BTC CX，12    ；位 12 取反
BTR CX，6     ；清位 6
BTS CX，7     ；置位 7
BT CX，12     ；位 12 送 CF
```

结果：（CX）= 0288H，CF = 0。

（3）位扫描指令。

位扫描指令有两条，格式与功能如表 4.16 所示。

表 4.16　位测试指令格式与功能

格　式	功　能	影响标志位
BSF OPR1，OPR2	从右至左扫描 OPR2 第一个含 1 的位，位号送 OPR1	ZF（ZF = 1，若 OPR2 = 0）
BSR OPR1，OPR2	从左至右扫描 OPR2 第一个含 1 的位，位号送 OPR1	ZF（ZF = 1，若 OPR2 = 0）

注意：

a. OPR1 只能是 16 位或 32 位寄存器，OPR2 可以是 16 位或 32 位的寄存器或存储器操作数；OPR1 与 OPR2 长度必须相等；

b. 这组指令用于 80386 以上 CPU。

例 4.34　设 AX 中存有 16 位图形信息，要求对其处理只保留可能有的最左和最右各一位 1。

```
       XOR DX, DX      ; DX 清 0
       BSF CX, AX      ; 扫描 AX，取最右一位 1 的位置送 CX，如 AX 全 0，ZF = 1
       JZ DONE         ; AX 全 0 就跳转至 DONE 处指令
       BTS DX, CX      ; 对 DX 相应位置设 1
       BSR CX, AX      ; 扫描 AX，取最左一位 1 的位置送 CX
       BTS DX, CX      ; 对 DX 相应位置设 1
DONE:  MOV AX, DX      ; 结果放入 AX
```

（4）移位指令。

移位指令有 10 条。

1）SHL/SAL/SHR/SAR　单精度移位指令。

SHL/SHR 是逻辑移位指令，SAL/SAR 是算术移位指令。这 4 条指令的格式和功能如表 4.17 所示，操作示意图如图 4.18 所示，影响 CF、OF、SF、ZF 和 PF 标志位。

表 4.17　单精度移位指令的格式和功能

格　式	功　能
SHL OPR，CNT	把 OPR 左移 CNT 位，每次移位把最高位移入 CF，空出的最低位补 0
SAL OPR，CNT	同上
SHR OPR，CNT	把 OPR 右移 CNT 位，每次移位把最低位移入 CF，空出的最高位补 0
SAR OPR，CNT	把 OPR 右移 CNT 位，每次移位把最低位移入 CF，空出的最高位保持原值

注意：

a. OPR 只能为 8/16/32 位通用寄存器或存储器操作数，不能为立即数；80386 以上 CPU 才能用 32 位操作数；

b. 对于 8086/80286，移动一位，CNT 可为立即数 1；若移多位，用 CL 作 CNT，移位次数置于 CL 中。而 80386 以上 CPU 除可用 CL 来移位多位外，还可使用 8 位立即数；

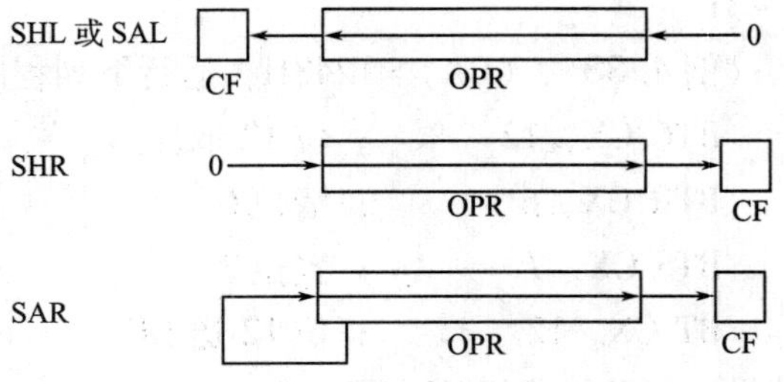

图 4.18　单精度移位操作

c. OF 仅当 CNT 为 1 时有效，若移位后最高位发生变化，OF = 1，否则 OF = 0；当移动次数为0时，不影响标志位。

SHL/SAL左移指令相当于把无符号/符号操作数乘以2，而SHR/SAR右移指令相当于把无符号/符号操作数除以2。

例4.35 AX中存放一个符号数，若要完成（AX）×3÷2运算，可用以下程序段实现：

```
MOV DX, AX
SAL AX, 1          ; 乘2⇒AX
ADD AX, DX         ; 乘3⇒AX
SAR AX, 1          ; 完成（AX）×3÷2
```

例4.36 设DL中有一个压缩BCD码，将其转换为两位ASCII码，结果存入AX。

```
MOV AH, DL
SHR AH, 4          ; 高位压缩BCD码移入AH低4位
OR AH, 30H         ; 转换成ASCII码
AND DL, 0FH        ; 屏蔽DL高4位，得低位压缩BCD码
OR DL, 30H         ; 转换成ASCII码
MOV AL, DL
```

2）ROL/ROR/RCL/RCR循环移位指令

这4条指令的格式和功能如表4.18所示，操作示意图如图4.19所示，影响CF和OF标志位。

表4.18 循环移位指令的格式和功能

格　式	功　能
ROL OPR，CNT	把OPR左环移CNT次：每次移位最高位移入CF，其他位顺序左移一位，空出的最低位由新的CF值（即原最高位）填入
ROR OPR，CNT	把OPR右环移CNT次：每次移位最低位移入CF，其他位顺序右移一位，空出的最高位由新的CF值（即原最低位）填入
RCL OPR，CNT	把OPR连同CF一起左环移CNT次：每次移位CF移入OPR的最低位，OPR的最高位移入CF，其他位顺序左移一位
RCR OPR，CNT	把OPR连同CF一起右环移CNT次：每次移位CF移入OPR的最高位，OPR的最低位移入CF，其他位顺序右移一位

注意：

a. OPR只能为8/16/32位通用寄存器或存储器操作数，不能为立即数；80386以上CPU才能用32位操作数；

b. 对于8086/80286，移动一位，CNT可为立即数1；若移多位，用CL作CNT，移位次数置于CL中。而80386以上CPU除可用CL来移位多位外，还可使用8位立即数；80286以上CPU限制移位次数不超过31；

c. OF仅当CNT为1时有效，若移位后最高位发生变化，OF=1，否则OF=0；当移动次数为0

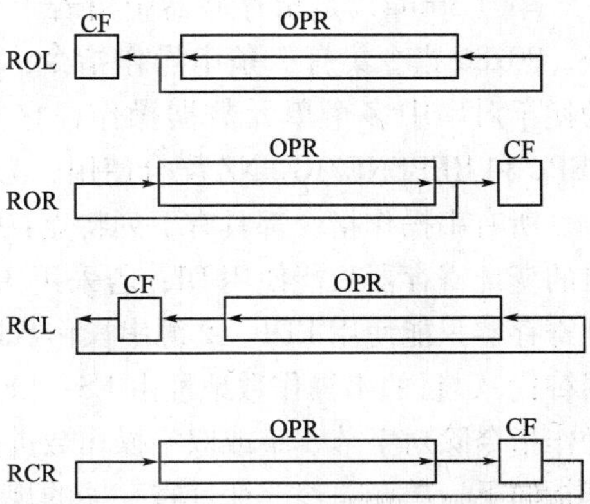

图4.19 循环移位操作

时，不影响标志位。

例 4.37 用带进位循环移位指令实现 DX：AX 联合算术右移 1 位，即将 DX、AX 当做一个整体进行算术右移。

```
SAR DX, 1
RCR AX, 1
```

3）SHLD/SHRD 双精度移位指令。

双精度左移 SHLD 指令。

格式：SHLD DEST，SRC，CNT

功能：将 DEST 指定的 8/16/32 位寄存器或存储器操作数左移 CNT 次，同时将 SRC 指定的寄存器的高位依次左移到 DEST 的低位中，且 SRC 内容保持不变，参考图 4.20a。

双精度右移 SHRD 指令。

格式：SHRD DEST，SRC，CNT

功能：将 DEST 指定的 8/16/32 位寄存器或存储器操作数右移 CNT 次，同时将 SRC 指定寄存器的低位依次右移到 DEST 的高位中，且 SRC 内容保持不变，参考图 4.20b。

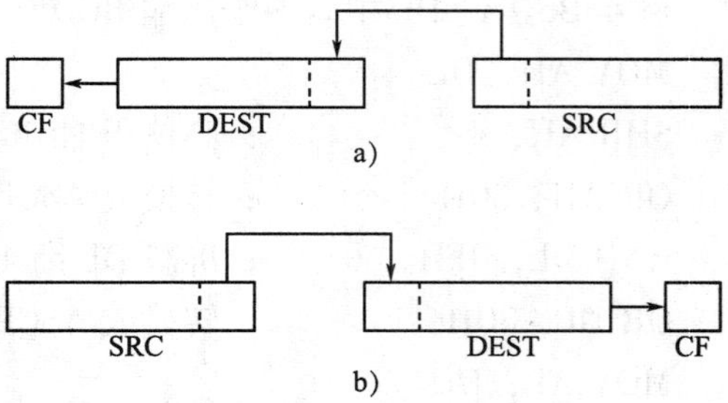

图 4.20 双精度移位指令操作

a）SHLD b）SHRD

影响标志位：CF、OF、SF、ZF 和 PF。

注意：

a. 这是一组双操作数指令，其中 DEST 可以用除立即数以外的任一种寻址方式指定字或双字操作数；SRC 则只能使用寄存器寻址方式指定与目的操作数相同长度的字或双字。CNT 用来指定移位次数，它可以是一个 8 位的立即数，也可以是 CL，用其内容存放移位次数。移位次数的范围应为 1～31，对于大于 31 的数，机器则自动取模 32 的值来取代。

b. OF 仅当 CNT 为 1 时有效，若移位后最高位发生变化，OF＝1，否则 OF＝0；当移动次数为 0 时，不影响标志位；

c. 这组指令为 80386 以上 CPU 特有。

4. 串操作类指令

串（String）是指存储器中由若干个字符或数据（字节、字或双字均可）组成的数据块。80x86 指令集有 7 条串操作指令：MOVS、CMPS、SCAS、LODS、STOS、INS 和 OUTS，为便于对串中多个单元数据操作，它们还可以与表示重复执行的 3 条前缀 REP、REPE/REPZ 和 REPENE/REPNZ 配合使用，为处理串带来很大便利。

所有串操作指令都具有下列特点：①若采用 16 位寻址方式，源变址寄存器只能使用 SI，目的变址寄存器只能使用 DI；若采用 32 位寻址方式，源变址寄存器只能使用 ESI，目的变址寄存器只能使用 EDI。②源串操作数地址由 DS：［ESI/SI］表示（DS 可以由其他段寄存器替代），目的串操作数地址由 ES：［EDI/DI］表示（ES 可以由其他段寄存器替代）。③串操作指令除对字节、字或双字操作数进行相应操作外，同时自动修改变址寄存器的内容，使其指向下一单元。修改变址寄存器的规则：如方向标志位 DF＝0，则变址寄存器加 1（字节串）、加 2（字串）或加 4（双字串）；否则减 1（字节串）、减 2（字串）或减 4（双字串）。

④它们都是零地址指令。

（1）LODS 取串指令。

格式：LODS SRC　　；取源串

　　　LODSB　　；取字节串

　　　LODSW　　；取字串

　　　LODSD　　；取双字串（80386 及其后继机型可用）

功能：字节操作　　AL⇐（DS：（SI/ESI）），SI/ESI⇐（SI/ESI）±1

　　　字操作　　AX⇐（DS：（SI/ESI）），SI/ESI⇐（SI/ESI）±2

　　　双字操作　　EAX⇐（DS：（SI/ESI）），SI/ESI⇐（SI/ESI）±4

　　　影响标志位：无。

注意：该指令隐含的目的操作数是累加寄存器（AL/AX/EAX），隐含的源操作数为 SI/ESI 所指目的串；LODS SRC 格式中的 SRC 是供给汇编程序进行类型检查用的，它要向汇编程序表明是进行字节、字还是双字操作，汇编成其他三种格式之一（机器语言形式）。其他串指令中的 SRC、DEST 也是如此。

（2）STOS 存串指令。

格式：STOS DEST　　；存目的串

　　　STOSB　　；存字节串

　　　STOSW　　；存字串

　　　STOSD　　；存双字串（80386 及后继机型可用）

功能：字节操作　　ES：（DI/EDI）⇐（AL），DI/EDI ⇐（DI/EDI）±1

　　　字操作　　ES：（DI/EDI）⇐（AX），DI/EDI ⇐（DI/EDI）±2

　　　双字操作　　ES：（DI/EDI）⇐（EAX），DI/EDI ⇐（DI/EDI）±4

　　　影响标志位：无。

（3）MOVS 串传送指令。

格式：MOVS DEST，SRC

　　　MOVSB　　；字节串传送

　　　MOVSW　　；字串传送

　　　MOVSD　　；双字串传送（80386 及后继机型可用）

功能：字节操作　　ES：（DI/EDI）⇐（DS：（SI/ESI））

　　　　　　　　SI/ESI⇐（SI/ESI）±1；DI/EDI⇐（DI/EDI）±1

　　　字操作　　ES：（DI/EDI）⇐（DS：（SI/ESI））

　　　　　　　　SI/ESI⇐（SI/ESI）±2；DI/EDI⇐（DI/EDI）±2

　　　双字操作　　ES：（DI/EDI）⇐（DS：（SI/ESI））

　　　　　　　　SI/ESI⇐（SI/ESI）±4；DI/EDI⇐（DI/EDI）±4

　　　影响标志位：无。

（4）CMPS 串比较指令。

格式：CMPS DEST，SRC

　　　CMPSB　　；字节串比较

　　　CMPSW　　；字串比较

CMPSD ；双字串比较（80386 及其后继机型可用）

功能：字节操作 （DS：（SI/ESI））－（ES：（DI/EDI））

SI/ESI⇐（SI/ESI）±1；DI/EDI⇐（DI/EDI）±1

字操作 （DS：（SI/ESI））－（ES：（DI/EDI））

SI/ESI⇐（SI/ESI）±2；DI/EDI⇐（DI/EDI）±2

双字操作 （DS：（SI/ESI））－（ES：（DI/EDI））

SI/ESI⇐（SI/ESI）±4；DI/EDI⇐（DI/EDI）±4

注意：CMPS 指令在比较时，将源变址寄存器指向数据段中的一个单元数据减去目的变址寄存器指向附加段中的一个单元数据，不保留相减结果，但设置标志位 OF、SF、ZF、AF、PF 和 CF。

（5）SCAS 串搜索指令。

格式：SCAS DEST

SCASB ；字节串搜索

SCASW ；字串搜索

SCASD ；双字串搜索

功能：字节操作 （AL）－（ES：（DI/EDI））；

DI/EDI⇐（DI/EDI）±1

字操作 （AX）－（ES：（DI/EDI））；

DI/EDI⇐（DI/EDI）±2

双字操作 （EAX）－（ES：（DI/EDI））；

DI/EDI⇐（DI/EDI）±4

注意：SCAS 指令在目的串中查找 AL、AX 或 EAX 指定的内容，即用 AL、AX 或 EAX 的内容减去目的变址寄存器指向附加段中的一个字节（或字，或双字），不保留相减结果，但设置标志位 OF、SF、ZF、AF、PF 和 CF。

（6）重复操作前缀。

前述串操作指令执行一次只能处理一个单元的数据，如果在串操作指令前加上表示重复的前缀，就可以对串中连续的单元数据依次进行相同的处理，进行重复操作的次数要预先放在 ECX/CX 中（16 位寻址使用 CX，32 位寻址用 ECX）。

1）REP。

格式：REP string primitive

其中 string primitive 可为 MOVS、STOS、LODS、INS 和 OUTS 指令。

功能：

a. 如（CX/ECX）=0，则退出 REP，否则往下执行；

b. （CX/ECX）⇐（CX/ECX）－1；

c. 执行其后的串指令；

d. 重复 a ~ c 步骤。

2）REPE/REPZ。

格式：REPE string primitive

REPZ string primitive

其中 string primitive 可为 CMPS 和 SCAS 指令。

功能：

a. 如(CX/ECX) =0 或 ZF =0 时退出，否则往下执行；

b. (CX/ECX)⇐(CX/ECX) -1；

c. 执行其后的串指令；

d. 重复 a ~ c 步骤。

注意：这个前缀中文中可称为“相等时重复前缀”，即只在计数到零或遇到不相等数据时才结束操作。

3）REPNE/REPNZ。

格式：REPNE　string primitive

　　　REPNZ　string primitive

功能：除退出条件为（CX/ECX）=0 或 ZF =1 外，其他操作与 REPE 完全相同。

注意：这个前缀中文中可称为“不相等时重复前缀”，即只在计数到零或遇到相等数据时才结束操作。

例 4.38　将 DS 段 DATA1 单元起的 10 个字节数据传送到 ES 段 DATA2 单元开始的缓冲区。

```
CLD              ; DF 清 0，增址方式修改 SI、DI
LEA SI, DATA1    ; 源串首地址送入 SI
LEA DI, DATA2    ; 目的串首地址送入 DI
MOV CX, 10       ; 串长度
REP MOVSB        ; 重复执行 10 次字节传送
```

5. 处理器控制类指令

（1）标志位操作指令。

80x86 提供了一组设置或清除标志位的指令，它们只影响本指令指定的标志，而不影响其他标志位。这些指令是无操作数指令，指令中未直接给出操作数的地址，但隐含指出操作数在某个标志位上。能直接操作的标志位有 CF、IF、DF。

CLC 清除进位标志指令（CLear Carry flag）CF⇐0

STC 进位标志置位指令（SeT Carry flag）CF⇐1

CMC 进位标志取反指令（CoMplement Carry flag）CF 取反

CLD 清除方向标志指令（CLear Direction flag）DF⇐0

STD 方向标志置位指令（SeT Direction flag）DF⇐1

CLI 清除中断标志指令（CLear Interrupt-enable flag）IF⇐0

STI 中断标志置位指令（SeT Interrupt-enable flag）IF⇐1

注意：上述指令只对指定标志位操作，而不改变其余标志位。

（2）其他处理器控制指令。

以下这些指令可控制处理器状态，但不影响条件码。

1）NOP（No OPeration）空操作。

该指令不执行任何操作，其机器码只占一个字节。在调试程序时往往用这个指令占有一定的存储单元，以便在正式运行时用其他指令代替。

2）HLT（HaLT）停机。

该指令可使机器暂停工作，使处理器处于停顿状态以便等待一次外部中断的到来，中断结束后可继续执行下面的程序。

3）WAIT（WAIT）等待。

该指令使处理器处于空转状态，它也可用于等待外部中断发生，但中断结束后仍返回WAIT指令继续等待。

4）LOCK（LOCK）封锁。

该指令是一种前缀，它可以与其他指令联合，用来维持总线的锁存信号直到与其联合的指令执行完为止。当CPU与其他处理器协同工作时，该指令可避免破坏有用信息。

5）BOUND界限（80286以上CPU可用）。

该指令检查给出的数组下标是否在规定的上下界内。如在上下界内，则执行下一条指令；如超出了范围，则产生中断5。如发生中断，则中断返回时返回地址仍指向BOUND指令而非下一条指令。

6）ENTER建立堆栈帧（80286以上CPU可用）。

该指令用于过程调用时为便于过程间传递参数而建立堆栈帧所用。

7）LEAVE释放堆栈帧（80286以上CPU可用）。

该指令在程序中位于退出过程的RET指令之前，用来释放由ENTER指令建立的堆栈帧存储区。

思考题与习题

1. 什么是“程序可见”的寄存器？

2. 80x86微处理器的基本结构寄存器组包括哪些寄存器？各有何用途？

3. 80x86微处理器标志寄存器中各标志位有什么意义？

4. 画出示意图，简述实模式下存储器寻址的过程。

5. 画出示意图，简述保护模式下（无分页机制）存储器寻址的过程。

6. 比较实模式和保护模式下的逻辑地址的异同。

7. 保护模式下，段描述子表有几种？它们分别是什么？它们的作用又分别是什么？

8. 请写出一个Pentium Ⅳ的内存段的段描述子。该内存起始地址是03000000H，结束地址是05FFFFFFH；该内存段是一个用户程序的可写的数据段。

9. 80386的段描述子中段基址为10000000H，段限为001FFH，计算在G=0和1两种情形下该段的起始地址和结束地址。

10. 系统工作于实模式下，假定（DS）=2000H，（ES）=2100H，（SS）=1500H，（SI）=00A0H，（BX）=0100H，（BP）=0100H，试指出下列指令源操作数的寻址方式和物理地址：

（1）MOV AX，0BAH	（2）MOV AX，[100H]
（3）MOV AX，[BX+SI]	（4）MOV AX，ES：[BX]
（5）MOV AX，[BP]	（6）MOV AX，BP
（7）MOV AX，[BX+5]	（8）MOV AX，[BX+SI+5]

11. 系统工作于实模式下，假定（EAX）=00001000H，（EBX）=00002000H，（DS）=0010H。试指出下列指令中内存操作数的寻址方式和物理地址：

（1）MOV ECX，[EAX+EBX]

（2）MOV [EAX +2 * EBX]，CL

（3）MOV DH，[EBX +4 * EAX +1000H]

12. 写出把首地址为TABLE的字数组的第5个字送到DX寄存器的指令（或指令序列）。要求使用以下几种寻址方式：

（1）寄存器间接寻址

（2）寄存器相对寻址

（3）基址变址寻址

13. 系统工作于实模式下，（SS）=0100H，（SP）=00FEH。试画出执行下列程序段后，堆栈区和SP的内容变化过程示意图（标出存储单元的物理地址）：

```
MOV AX，1234H
MOV BX，5678H
PUSH AX
PUSH BX
POP CX
```

14. 比较两条指令 MOV DI，[1000H] 和 LEA DI，[1000H]。

15. 系统工作于实模式下，（DS）=091DH，（SS）=1E4AH，（AX）=1234H，（BX）=0024H，（CX）=5678H，（BP）=0024H，（SI）=0012H，（DI）=0032H，[09226H]=00F6H，[09228H]=1E40H，[1E4F6H]=091DH。指出下列各指令或程序段的执行结果。

（1）MOV CL，[BX +20H][SI]

（2）MOV [BP][DI]，CX

（3）LEA BX，[BX +20H][SI]

MOV AX，[BX +2]

（4）LDS SI，[BX][DI]

MOV [SI]，BX

（5）XCHG CX，[BX +32H]

XCHG [BX +20H][SI]，AX

16. 阅读下列各程序段，在空格填上执行结果。

（1）MOV BL，85H

MOV AL，17H

ADD AL，BL

DAA

（AL）=________，（BL）=________，SF =________，ZF =________，PF =________，

CF =________，AF =________，OF =________。

（2）MOV AX，BX

NOT AX

ADD AX，BX

INC AX

（AX）=________，CF =________，ZF =________。

（3）MOV AX，0FF60H

STC

MOV DX，96

XOR DH，0FFH

SBB AX，DX

(AX) =________，CF =________。

(4) MOV BX，0FFFEH

MOV CL，2

SAR BX，CL

(BX) =________，CF =________。

(5) MOV BX，12FFH

MOV AX，0FFH

MOV CL，8

ROL BX，CL

AND BX，AX

CMP BX，AX

(BX) =________，(AX) =________，ZF =________，CF =________。

(6) MOV AL，90H

ADD AL，0E0H

RCL AL，1

(AL) =________，CF =________。

17. 按下列要求分别编制程序段：

(1) 把标志寄存器中的符号位标志 SF 置 1；

(2) 寄存器 AL 中的高、低 4 位互换；

(3) 假设有三个字存储单元 A、B、C，在不使用 ADD 和 ADC 指令的情况下，实现 (A) + (B) ⇒C；

(4) 把 DX、AX 中的 32 位无符号数右移两位；

(5) 用一条指令把 CX 中的整数转变为奇数；

(6) 把 AX 中的第 1、3 位求反，其余各位保持不变；

(7) 根据 AX 中有 0 的位对 BX 中的对应位求反，其余各位保持不变。

18. 编写程序段实现：不改变 DH 的内容，但清除其最左边三位的值，结果存入 BH 寄存器。

19. 试给出下列各指令序列执行后目的寄存器的内容：

(1) MOV BX，-12

MOVSX EBX，BX

(2) MOV AH，7

MOVZX ECX，AH

(3) MOV AX，99H

MOVZX EBX，AX

20. 假设使用 8086 指令集，下列各指令语法是否有错；若有错，指明是什么错误。

(1) MOV 35，BL

(2) XLAT

(3) MOV AX，DL

(4) ADD [BX] [BP]，BX

(5) POP CS

(6) DIV AX，BL

(7) MUL 8

(8) TEST [BP]，DL

(9) SBB 15H，CL

(10) MOV AL, 1000H
(11) LEA ES, [BX]
(12) OR CH, CL
(13) SHL DI, 2
(14) MOV DS, 1234H
(15) DAA AL
(16) PUSH AL
(17) MOV SP, 1000H
(18) MOV [SI], [DI]
(19) NOT AL, BL
(20) DEC CX, 1

第5章　汇编语言层

现代的计算机系统几乎都具有汇编语言层。在现代计算机的多层次结构模型中，汇编语言层位于操作系统层和面向问题语言层之间。这一层和它下面的操作系统层、指令系统层和微体系结构层有两点显著的不同：首先，操作系统层、指令系统层和微体系结构层这三层主要面向计算机设计者和系统程序员，用于支持汇编语言层和面向问题语言层；而从汇编语言层起的高两层则主要面向应用程序员，用于解决具体问题。其次，汇编语言层和面向问题语言层通过翻译的方式（汇编或编译）由其下层支持，而操作系统层和指令系统层则是由解释方式支持。

本章介绍汇编语言层，主要介绍80x86汇编语言及其程序设计方法。

5.1　概述

从汇编语言层看，每一种计算机都有自己的一套汇编语言和把其翻译为机器语言的汇编程序（或叫汇编器），以及相应的程序设计方法。虽然从汇编语言层与从指令系统层看计算机系统有很多相似之处，比如同样的编程环境（寄存器结构、存储器组织、支持的数据等几乎一样），同样由指令系统刻画了CPU功能等，但跟其他层次一样，汇编语言层也对其下面层次进行了抽象，隐藏了许多汇编语言程序员不需要知道的细节。

试比较一下我们很熟悉的两条汇编指令MOV CX，50、MOV AX，0和分别与它们对应的机器语言代码（十六进制表示）B90032H、B80000H。显然机器语言指令运用起来很不方便，不利于理解和记忆。碰到陌生的机器代码，要弄清其意义，就要根据机器指令格式查出前缀、操作码、寻址方式和地址各部分含义才行，所以用机器语言编制程序是非常困难的，调试和维护就更难了。

汇编语言用类似自然语言的“缩记符”——汇编指令来代替机器代码，汇编指令比机器代码更利于理解和记忆，而且汇编指令和机器代码是“一一对应”的，即每一条汇编指令都是一个机器代码的缩记符，反过来也一样（这也是能在第4章用汇编指令代替机器代码介绍指令系统的原因）。所以用汇编语言编制的程序与用机器语言编制的程序是一样的，这也正是汇编语言的优点。

在汇编语言程序编制过程中，会遇上一些常见的硬件资源和软件资源的操作，比如访问I/O设备、常见中断的处理和文件操作等，这时可以使用操作系统提供的系统调用和中断。汇编语言程序并不能直接由计算机执行，要经过一个“翻译”过程，即由汇编程序将其汇编为机器语言程序，才能被计算机执行。为减轻汇编语言程序编制工作的繁重，人们希望能把一部分工作交给汇编程序来代替人工完成，为此设计了伪指令和宏指令，并开发出相应的汇编程序，这些伪指令和宏指令本身并无对应的机器代码，它们只是向汇编程序提供有关的信息，以便把汇编语言程序汇编为机器语言程序。

汇编语言大体上包括了汇编指令、系统调用和中断、伪指令和宏指令，汇编语言是强烈依赖硬件和汇编环境的。比如，Sun Ultra-SPARC Ⅲ处理器与 Intel Pentium Ⅳ处理器指令系统不同，它们的汇编语言也不同。又比如，同是 Intel 80x86 系列的处理器，由于使用不同的汇编程序，汇编语言也不同（Windows 系统多采用 MASM，Linux 系统可用 gas），它们最大的差异在于伪指令和宏指令不同。通常汇编语言程序设计是以某一系列计算机和汇编程序为背景进行的。本章所介绍的汇编语言程序设计就是以 80x86 CPU 为硬件背景，以MASM5.0 ~6.15为汇编器。

汇编语言是面向机器结构的，其学习和使用比高级语言困难。为什么要学习和使用汇编语言程序设计呢？有三方面的原因。第一，高性能（指程序运行速度快且代码短）。比如，高级语言程序要经编译为机器语言后才能执行，而且编译是经过优化的，但优化可能不是针对当前的问题。为进一步提高运行速度（假设程序已采用最优的算法），可把可执行代码反汇编，把对影响运行速度最大的小部分程序段用汇编语言重写，以提高程序的整体运行速度。再比如智能卡中的程序、手机中的程序、设备驱动程序、BIOS 程序等为保证高性能必须用汇编语言编程。第二，对计算机的完全控制。例如，操作系统中的低级中断和陷阱处理程序，以及嵌入式实时系统中的设备控制程序。第三是教育上的价值，学习和研究汇编语言可使读者清楚地了解实际计算机的结构，理解计算机的工作原理和过程。计算机公司通常喜欢雇用一些具有汇编语言背景的程序员，并非因他们需要汇编语言程序员，而是因为他们需要一些理解计算机体系结构的程序员，以便使写出的程序更高效，运行更加顺畅。

因汇编指令已在第 4 章介绍，本章则主要介绍伪指令、宏指令和基本程序结构及相应的程序设计方法。

5.2 汇编语言语句类型及格式

5.2.1 语句类型

汇编语言程序由语句（Statements）构成，共有三类语句，其中前两种是最基本、最常用的。

（1）指令语句（Instructions）：指令语句就是在第 4 章介绍的指令系统中的汇编指令，它们能汇编成机器代码，由 CPU 执行完成一定的操作功能。

（2）伪指令语句（Directives）也称为指示性语句：伪指令指句不由 CPU 执行，只为汇编程序在汇编源程序时提供有关信息，如程序如何分段，有哪些逻辑段，定义了哪些数据单元和数据，内存单元如何分配等。伪指令语句除其所定义的具体数据要生成目标代码外，其他项均不生成目标代码。也就是说，伪指令语句的功能是由汇编程序在汇编源程序时，通过执行汇编程序的某些程序段来实现的。

（3）宏指令语句（Marcos）：宏指令语句可看成是由若干条指令语句形成的语句，一条宏指令语句的功能相当于若干条指令语句的功能。支持宏指令语句的汇编程序称为宏汇编，比如 MASM。

5.2.2 语句格式

指令语句和伪指令语句均由 4 个字段（Fields）组成。

指令语句格式：

[标号:] 操作码 [操作数 [, 操作数]] [; 注释]

例如： START： XOR AX, AX ; START 是指令语句的标号

INC CX

伪指令语句格式：

[名字] 伪操作 [操作数 [, 操作数, …]] [; 注释]

例如： DATAB DB 18H, -1, 30 ; DATAB 是变量名，字节操作数

STACK SEGMENT STACK 'STACK'

格式中带方括号的项是可选项，需要根据具体情况而定。注释以分号“;”开始。要注意在输入程序时，格式中的全部符号（“:”、“,”和“;”）都用半角符号，即在英文状态下输入。一条语句写在多行，续行符为（跟在回车换行后的）“&”。

语句各字段的说明如下。

1. 标号和名字

标号是指令的符号地址，它代表一条指令在存储器中所在单元（称为指令单元）的地址（也就是指令的第一个字节单元地址），在代码段使用。标号与所代表的指令之间用冒号分隔。标号主要用于提供转移目标和入口地址，即如果一条指令作为转移指令的转移目标或者是程序段的第一条指令，那么该指令前面应加上标号，否则没必要使用标号。

标号有三个属性。

段属性（SEG）：标号所代表指令单元的段地址，即 CS 的值；表示指令在哪个逻辑段中。

偏移属性（OFFSET）：标号所代表指令单元的段内偏移地址。

类型属性（TYPE）：表示该标号是作为段内转移还是段间转移指令的目标地址。段内转移类型为 NEAR，转移时只改变 EIP/IP 值，不改变 CS 值；段间转移类型为 FAR，转移时既改变 EIP/IP，又改变 CS 值。

伪指令语句中的名字的意义随伪操作的不同而异，它可以是常量名、变量名、段名、过程名等，多数情况下用作变量（名）。

变量代表存放在存储单元中的数据，并用作数据所在存储单元（称为数据单元）的符号地址，可在数据段、附加段和堆栈段中使用，变量与伪指令语句其他字段用空格分隔，不能使用冒号。

变量也有三个属性。

段属性：变量所代表数据单元的段地址，表示数据存放在哪个逻辑段。

偏移属性：变量所代表数据单元的段内偏移地址。

类型属性：用于表示数据单元的字节数目。如字节数据的类型属性为 1，字数据的类型属性为 2，其余类推。

标号和名字统称标识符，它们在程序中只能定义一次，不能重复定义。标识符的定义要满足一定的规则：

- 标识符的最大有效长度为 31，计算机不能识别超过的部分。
- 第一个字符必须是字母或 5 个特殊字符（“?”、“@”、下划线“_”、点号“.”和“$”）之一。

• 从第二个字符开始，可以是字母、数字和5个特殊字符，单独的“?”不能作标识符。

• 不能使用系统专用保留字作标识符，如操作码、伪指令、寄存器名等。

2. 操作码和伪操作

操作码和伪操作是语句中的主要部分。操作码就是指令中的助记符，如ADD、MOV等，用来指明操作的性质和功能。操作码和伪操作用空格与操作数隔开。

3. 操作数

语句中的操作数用来指定参与操作的数据。根据需要可有多个操作数，它们之间用逗号隔开。80x86宏汇编语言能识别的操作数包括常数、变量、标号及由它们构成的表达式。

下面简要介绍常数和表达式。

（1）常数。

数值常数：汇编语言中的数值常数可以是二进制、八进制、十进制和十六进制数，使用时注意书写规则，即二进制数以字母B结尾（如01110001B），八进制数以字母O或Q结尾（如756O或756Q），十进制数可以用字母D结尾或没有结尾字母（如2008D或2008），十六进制数必须以字母H结尾，如果数字以A~F开始，则必须在前面加上数字0（如123AH和0FE1DH）。

字符串（字符）常数：包含在单引号或双引号中的若干个字符形成字符串常数（如只有一个字符可称为字符常数）。这些字符用它们的ASCII码存储在存储单元中。如‘A’和‘AB’存储为41H和4142H。如果字符串常数本身包含有引号，书写格式请参考以下例子。

例5.1 以下两句：This isn’t a test。和Gracie said“Goodnight”。作为字符串常数在80x86宏汇编语言中可写为：

“This isn’t a test.”

‘Gracie said“Goodnight”.’

符号常数：常数用符号名代替就称为符号常数。符号常数在下一节伪指令中介绍。

（2）表达式。表达式就是由运算对象和运算符根据汇编语言语法组成的合法式子，分为数值表达式和地址表达式。数值表达式的运算结果是数值，而地址表达式的运算结果是存储单元的地址。表达式的计算是在把源程序汇编成目标程序时完成，而非在执行目标程序时执行，数值表达式相当于立即数，地址表达式相当于直接寻址。运算符包括算术运算符、逻辑运算符、关系运算符、分析运算符和合成运算符五类。下面介绍前三类，其余两类在下节介绍。

算术运算符主要有：+（加）、-（减）、*（乘）、/（除）和MOD（取余）。算术运算符可用于数值表达式和地址表达式，但用于地址表达式时要避免出现没有物理意义的式子（比如两个地址相乘除）。还要注意，除了加减运算符外，其他运算符只适用于常数运算；算术表达式是整数表达式，即其值是整数。例如：

```
MOV DI, LIST+12               ; 地址表达式
ADD AX, (15*8+2) MOD 5        ; 数值表达式，相当于 ADD AX, 2
MOV [BX], 16/5                ; 数值表达式，相当于 MOV [BX], 3
MOVAL, 22*33                  ; 错误，22*33 超出8位数范围，汇编时给出出错信息
```

逻辑运算符有4个：AND（与）、OR（或）、NOT（非）和XOR（异或）。逻辑运算符

只能用于数值表达式，不能用在地址表达式。例如：

MOV AX，55H AND 0FH

MOV CX，NOT 0FFH

要注意区别逻辑运算符和指令助记符 AND、OR、NOT、XOR，后者是在程序运行时才执行逻辑操作。

关系运算符有 5 个：EQ（相等）、LT（小于）、LE（小于等于）、GT（大于）和 GE（大于等于）。关系运算符用来比较两个数值的大小，结果为逻辑值，用全 1 表示真（比如 32 位时，0FFFFH 表示真），用全 0 表示假（32 位时 0000H 表示假）。用于关系运算的两个操作数要属于同类型，要么同是数值，要么同是同一段内的偏移地址。通常把关系运算符和逻辑运算符一起使用。

例如，指令

MOV BX，（（PORT_ NUM LT 5）AND 20）OR（（PORT_ NUM GE 5）AND 30）

当端口地址 PORT_ NUM 小于 5 时，相当于

MOV BX，20

否则

MOV BX，30

4. 注释

注释由分号"；"开始，提供说明信息，通常用来说明一条指令或一段程序的功能，并不产生机器代码。适当提供注释，可增加程序的可读性，有利于程序的调试、修改和维护。

（注意：汇编器 MASM5. 0 ~ 6. 15 对字母的大小写不敏感，但保留字通常习惯用大写。）

5. 3 80x86 宏汇编伪指令

伪指令用于向汇编程序提供有关信息，如逻辑段的定义、选择何种存储模型、定义变量和创建过程等。汇编后，伪指令并不产生相应的机器指令代码。

本节介绍常用的基本伪指令。

5. 3. 1 符号定义伪指令

如果程序中多次用到同一个表达式（或常数、字符串），为方便起见，可赋予表达式一个特定符号，要使用这个表达式时就用该符号代表它。

1. 等值伪指令 EQU

格式：符号名 EQU 表达式

功能：给符号名定义一个值、别的符号名、表达式或助记符。

例 5. 2 等值伪指令

```
D1 EQU 2555              ; 常数
D2 EQU 25 * 5/13         ; 表达式
D3 EQU <Example>         ; 字符串，要用"< >"代替引号包含字符串
ADR1 EQU DS:[SI]         ; 地址
ADR2 EQU LIST + 2        ; 地址表达式
```

CHA1 EQU CX　　　　；寄存器

CHA2 EQU ADC　　　；指令助记符

注意：EQU 不能对同一符号重复定义，如果非要把同一个符号定义为另一个表达式，可使用解除定义伪指令 PURGE。

格式：PURGE <符号1，符号2，…，符号n>

功能：解除指定符号的定义，使之可用 EQU 重新定义。

例如，　D4　EQU　<GOOD>　　　　；定义 D4 代表 “GOOD”

　　　　PURGE D4　　　　　　　　；解除 D4 的定义

　　　　D4　EQU <GOOD JOB！>　　；重新定义 D4 代表 “GOOD JOB！”

2. 等号伪指令 =

格式：变量 = 表达式

功能：同 EQU 功能类似，都是给符号名定义一个值、别的符号名、表达式或助记符，但等号的指令可给一个符号重复定义。例如：

D1 = 7

D1 = 80H

的定义是正确的。

5.3.2 数据定义伪指令

数据定义伪指令用来定义一个变量的类型，为变量分配存储单元，而且还可给变量赋初值。

格式：[变量名]　伪操作　操作数 [，操作数，…] [；注释]

功能：为操作数分配存储单元，还可为存储单元赋初值并把变量名与存储单元相联系。

常用的数据定义伪操作种类如表 5.1 所示，由于 MASM6 的向上兼容性，DB、DW、DD、DF、DQ 和 DT 在 MASM6 中也可使用。

表 5.1　数据定义伪操作类型

MASM6 形式	含　义	旧版本形式
BYTE	无符号数的字节变量（一个数据占用一个字节的存储单元）	DB
SBYTE	定义符号数的字节变量	
WORD	定义无符号数的字变量	DW
SWORD	定义符号数的字变量	
DWORD	定义无符号数的双字变量	DD
SDWORD	定义符号数的双字变量	
FWORD	定义操作数的三字变量	DF
QWORD	定义操作数的四字变量	DQ
TBYTE	定义操作数的 10 字节变量	DT

数据定义伪操作后面的操作数可以是数据、字符串或表达式。

1. 操作数是数据或表达式

例 5.3　操作数是数据或表达式的定义形式。

```
DATASB  SBYTE   -1, 30*2-7        ; 每个符号操作数占用一个字节单元
DATAB   BYTE    'A', 28H, 80      ; 每个无符号操作数占用一个字节单元
DATAB3  DB      18H, -1, 'a'      ; 每个操作数（无符号或有符号）占用一个字节单元
DATAW   DW      1234H             ; 每个操作数（无符号或有符号）占用一个字单元
DATAD   SDWORD 0E01011FFH, 18     ; 每个符号操作数占用一个双字单元
```

注意：对于 80x86 处理器，操作数存储在存储单元中是采用小端排列方式，即操作数的低位字节占存储单元中最小地址的字节单元。

2. 操作数是地址

例 5.4 操作数是地址的定义形式。

```
ADDR1 WORD NEXT       ; 用字变量存放段内偏移地址
ADDR2 DWORD NEXT      ; 用双字变量存放偏移地址和段地址
…
NEXT: MOV AL, 34H
```

两个变量在内存中的存储情况如图 5.1 所示。

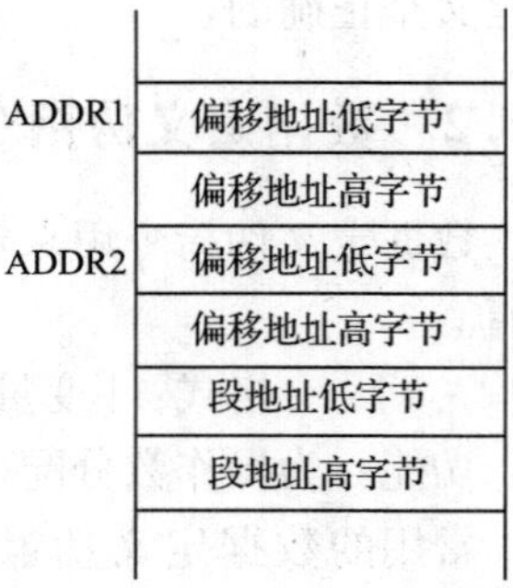

图 5.1 例 5.4 的内存存储情况

3. 操作数是字符串

例 5.5 操作数是字符串的定义形式。

（1）STR1 BYTE 'ABC' ；地址由低到高的字节单元内容依次为 41H，42H，43H

（2）STR1 DB 'A'，'B'，'C'

（3）STR1 BYTE 41H，42H，43H

（4）STR2 BYTE 'BA' ；地址由低到高的字节单元内容依次为 42H，41H

（5）STR2 WORD 'AB'；字变量小端排列字节序，地址由低到高的字节单元内容依次为 42H，41H 其中，（1）~（3）3 个定义是等价的，（4）和（5）两个定义也是等价的。

注意：因为只有 BYTE（DB）才能用于定义超过 2 个字符的字符串（少于 255 个），其他类型只能定义 1 ~2 个字符的字符串，所以应使用 BYTE 或 DB 定义字符串。

4. 操作数是"?"

如果只要求给变量分配内存单元，不定义初值，可使用"?"作操作数。

例 5.6 操作数是"?"的定义形式。

```
BUF1 BYTE 5,?, 7
BUF2 WORD 56H,?, 345FH
```

在内存中的存储情形如图 5.2 所示。

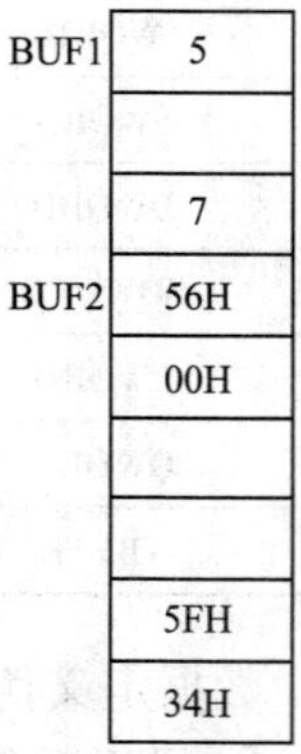

图 5.2 例 5.6 的内存存储情况

5. 操作数使用复制操作符 DUP

如果要在连续的存储单元中重复预置一组数据时，可在操作数中使

用DUP操作符，其格式是：

[变量名] 数据定义伪操作 表达式1 DUP 表达式2

其中，表达式1是重复次数，表达式2是重复的内容。

例5.7 操作数中使用DUP的定义形式。

```
DATA1 BYTE 1, 2, 3 DUP (4)          ; 等价于 DATA1 BYTE 1, 2, 4, 4, 4
DATA2 DWORD 5 DUP (?)               ; 等价于 DATA2 DWORD ?,?,?,?,?
DATA3 DB 2 DUP (5, 3 DUP (7))       ; 等价于 DATA3 DB 5, 7, 7, 7, 5, 7, 7, 7
```

6. 变量（标号）定义后的分析运算

所谓分析运算是利用分析操作符从变量或标号中分解出某些属性数值。分析操作符有5个：TYPE、LENGTH、SIZE、OFFSET和SEG。

格式：TYPE 变量或标号

功能：计算出变量或标号的类型值。对变量而言，类型值等于变量单元所含字节数，如DB类型值为1，DW类型值为2；对标号而言，NEAR和FAR对应的类型值分别为-1和-2。

格式：LENGTH 变量

功能：对于使用DUP定义的变量，计算出分配给该变量的单元数，其他变量的LENGTH值为1。

格式：SIZE 变量

功能：计算出分配给该变量的字节数，其值等于TYPE与LENGTH的乘积。

例5.8 若定义变量如下：

```
VAR1 DWORD 10 DUP (?)
VAR2 WORD 20, 34
VAR3 BYTE 3 DUP (5, 9 DUP (0FFH))
VAR4 BYTE 'ABC'
VAR5 DB 3 DUP (?), 0, 0
```

则 TYPE VAR1 的值是4，LENGTH VAR1 的值是10，SIZE VAR1 为40

TYPE VAR2 的值是2，LENGTH VAR2 的值是1，SIZE VAR2 为2

TYPE VAR3 的值是1，LENGTH VAR3 的值是3，SIZE VAR3 为3

TYPE VAR4 的值是1，LENGTH VAR4 的值是1，SIZE VAR4 为1

TYPE VAR5 的值是1，LENGTH VAR5 的值是3，SIZE VAR5 为3

格式：OFFSET 变量或标号

功能：计算出变量或标号的段内偏移地址。

格式：SEG 变量或标号

功能：计算出变量或标号的段地址。

例5.9 下列两条指令等价：

```
LEA     AX,     VAR1
MOV     AX,     OFFSET VAR1
```

它们都将变量VAR1的偏移地址送入AX。

注意：虽然两条指令功能一样，但第二条指令长度为3B，比第一条指令少了1B；在内存容量小的场合，可考虑用第二条指令。

7. 变量（标号）定义后的合成运算

合成运算是指利用合成操作符（又叫属性操作符）改变变量或标号的原来类型。合成操作符中有PTR。

格式：类型 PTR 表达式

功能：给表达式（一般为变量或标号）指定新的类型。对变量可以指定的类型为BYTE、WORD 和 DWORD；对标号可以指定的类型是 NEAR 或 FAR。

例 5.10 下列两个语句构成的程序段不正确：

```
DATA1 WORD 1234H      ；定义字变量 DATA1
MOV AL，DATA1         ；目的操作数为字节操作数，源操作数是字操作数，不匹配
```

可把第二个语句改为：

```
MOV AL，BYTE PTR DATA1      ；源操作数型类改为字节数据
```

执行后，（AL）=34H。

例 5.11 分析下列三个语句的含义：

```
VAR1 WORD 1234H，5678H
VAR2 EQU BYTE PTR VAR1
VAR3 EQU VAR2 +1
```

VAR1 代表一个字单元，VAR2、VAR3 分别代表一个字节单元，三者有相同的段地址，VAR1 和 VAR2 还有相同的偏移地址。

例 5.12 分析下列两条指令可能的错误原因。

MOV [BX]，5　　；两个操作数，一为间接寻址，另一为立即数，无法判断存储器操作数类型

INC [SI]　　；INC 的单操作数为间接寻址的存储器操作数，无法判断其类型

应该指明寄存器间接寻址的操作数的类型，如

```
MOV WORD PTR [BX]，5
INC BYTE PTR [SI]
```

8. LABEL 伪指令

使用 LABEL 伪指令能对变量（或标号）定义另外的变量名（或标号）和类型，它的格式如下：

变量名或标号　LABEL　类型

其中，对变量而言，类型可以是 BYTE、WORD、DWORD 或 QWORD；对标号而言，类型为 FAR 和 NEAR。使用时 LABEL 语句必须和数据定义语句或带标号的语句配合使用。

例 5.13 LABEL 伪指令与数据定义语句配合使用。

```
DATA_ B     LABEL BYTE；其后必须跟一条数据定义语句
DATA1       WORD 25F6H；定义字变量 DATA1
…
            MOV AX，DATA1；（AX）=25F6H
            MOV BL，DATA_ B；（BL）=F6H
            MOV BH，DATA_ B +1；（BH）=25H
```

DATA_ B 与 DATA1 有相同的偏移地址（和段基址），因为使用 LABEL 定义变量时，并不会给该变量分配内存空间。

例 5.14 LABEL 伪指令与带标号的指令语句配合使用。

（代码段 1）

```
        …
PROG_ A     LABEL FAR；其后必须跟一条带标号的指令语句
INITI：     MOV AL，12H；标号 INITI 为 NEAR 属性
        …
            JZ INITI；段内跳转
        …
```

（代码段 2）

```
        …
            JZ PROG_ A；段间跳转
```

标号 INITI 与 PROG_ A 有相同的段地址和偏移地址，但 INITI 的类型是 NEAR，PROG_ A 的类型是 FAR。

5.3.3 指令集选择伪指令

虽然 80x86 的指令集向上兼容，但因为后续机型不断增加新指令，所以在编写汇编语言程序时要确定使用哪种指令集，这可通过使用指令集选择伪指令实现。指令集选择伪指令都以“.”作为引导，通常放在程序的开端部分，对整个程序起作用。程序中如果省略了指令集选择伪指令，那么默认使用 8086/8088 指令集和 8087 协处理器指令集。指令集选择伪指令包括有：

.8086	使用 8086/8088 和协处理器 8087 指令集
.286	使用 80286 和协处理器 80287 指令集，不包括特权指令
.286P	使用 80286 和协处理器 80287 指令集，包括特权指令
.386	使用 80386 和协处理器 80387 指令集，不包括特权指令
.386P	使用 80386 和协处理器 80387 指令集，包括特权指令
.486	使用 80486 指令集，不包括特权指令
.486P	使用 80486 指令集，包括特权指令
.586	使用 Pentium 指令集，不包括特权指令
.586P	使用 Pentium 指令集，包括特权指令
.686	使用 Pentium Pro 指令集，不包括特权指令
.686P	使用 Pentium Pro 指令集，包括特权指令

5.3.4 段结构伪指令

汇编语言程序由若干个逻辑段构成，而逻辑段要用段定义伪指令来定义。

1. 段定义伪指令

格式：段名 SEGMENT ［定位类型］［组合类型］［'类别'］［属性类型］

⋮　　（段体）

段名 ENDS

汇编语言源程序每个逻辑段以 SEGMENT 开始，到 ENDS 结束。两者之间称为段体，也就是各种语句的序列。这两个伪指令前的段名必须相同，它也就是所定义的逻辑段的名字，它的命名规则也要遵守一般标识符的命名规则。格式中其他部分为可选项，它们规定了逻辑段的其他属性。

（1）定位类型。定位类型通知汇编程序（实际上是连接程序），逻辑段的目标代码装入内存时，对段起始地址的要求，有 4 种方式，默认为 PARA。

1）PAGE：表示逻辑段从页边界开始，256B 称为 1 页，所以该段起始地址（也就是段基址）最低 8 位二进制数为 0（即以 00H 结尾）。

2）PARA：表示该段从小节的边界开始，16B 称为 1 小节，所以该段起始地址以 0000B（即以 0H）结尾。

3）WORD：表示该段从字的边界开始，2B 称为 1 个字，所以该段起始地址以 0D 结尾。

4）BYTE：表示该段从字节的边界开始，即可以从任何地址开始。此时本段的起始地址紧接在前一个段的后面，两个段之间不留空单元。

（2）组合类型。组合类型指定本段与其他段之间怎样连接和定位，主要用于多模块的程序中，有 6 种方式，默认为 NONE。

1）NONE：表示本段是一个独立的段，与其他段没有连接关系。对不同程序模块中有相同段名的逻辑段也分别作为不同的逻辑段装入内存，不进行组合。

2）PUBLIC：在满足定位类型的条件下，本段将与其他具有 PUBLIC 属性同名段按指定的连接顺序链接成一个新的逻辑段。段的长度为各同名 PUBLIC 段长度之和。

3）COMMON：连接时，本段与其他同名 COMMON 段根据指定的连接顺序从同一段基址开始装入，即各个逻辑段重叠在一起。连接后段的长度为原来最长的同名 COMMON 段的长度。

4）STACK：具有 STACK 属性的逻辑段是堆栈段。连接时，具有同名的 STACK 段连接成一个大的堆栈段。连接后的堆栈段的长度是各同名堆栈段长度之和。

5）MEMORY：连接时，汇编程序把遇到的第一个 MEMORY 段定位在地址最高处，其他 MEMORY 段均当做 COMMON 段处理。

6）AT 表达式：逻辑段定位时，其基地址等于表达式给出的值，它常与 ORG 伪指令配合使用。

（3）类别。类别是用单引号括起来的字符串，长度不超过 40 个字符。设置类别的作用是当几个程序模块连接时，将具有相同类别名的逻辑段按出现的先后顺序依次存放在连续的存储区内，而所有没有类别名的逻辑段也一起连续装入内存。

（4）属性类型。适用于 80386 以上 CPU，有两种方式：

1）USE16：段基址、偏移地址都为 16 位，段的最大长度为 64KB。

2）USE32：段基址（实质是段选择子）为 16 位，偏移地址为 32 位，段的最大长度为 4GB。

2. 段约定伪指令

由段寄存器指向的段称为当前段，只有当前段才能被 CPU 访问、使用。汇编语言源程序中可能包含了多个代码段、多个数据段或多个堆栈段，所以在汇编源程序时，汇编程序必须知道哪些段是当前段，它们由哪个段寄存器指向。段约定伪指令 ASSUME 就是向汇编程序提供有关这方面信息。ASSUME 伪指令格式如下：

ASSUME　　段寄存器名：段名　[，段寄存器名：段名　…]

其中，段寄存器名指 CS、SS、DS 和 ES（80386 以上 CPU 还有 FS 和 GS），段名就是使用段定义伪指令时所定义的段名。例如，源程序中代码段名字是 CODE，数据段名字为 DATA，则可使用下述语句指定段寄存器：

```
ASSUME CS：CODE，DS：DATA，ES：DATA
```

注意：

（1）ASSUME 语句是非执行语句，要求放在代码段中、执行寻址操作之前。习惯上，把 ASSUME 语句作为代码段的第一条语句。

（2）ASSUME 仅约定了对某个逻辑段进行寻址操作时使用哪一个段寄存器，而真正把地址信息装入段寄存器（称为段寄存器的初始化）的操作必须在源程序中用指令设置。

（3）可使用下列语句取消逻辑段与段寄存器的约定关系：

```
ASSUME   NOTHING    ；取消该语句前的所有段寄存器设置
ASSUME ES：NOTHING  ；取消对 ES 的设置
```

3. 段寄存器装载

在 ASSUME 指令设置了段寄存器与逻辑段的约定关系后，就应该对段寄存器 SS、DS、ES、FS 和 GS（80386 以上 CPU 才有 FS 和 GS）进行段地址装载，否则无法对数据进行正确的寻址操作。代码段 CS 是在计算机加载程序后由系统自动装填。

堆栈段寄存器 SS 既可自动装载也可由执行指令手工装载。如果采用自动装载，必须在定义堆栈段时，组合类型选择 STACK 参数。例如：

```
NAME1   SEGMENT   PARA   STACK   'STACK'
        …
NAME1      ENDS
```

当程序装入内存时，系统会自动把堆栈段段地址和堆栈指针装入 SS 和 SP 中。

在程序中用指令装载 DS、ES、SS、FS 和 GS 的方法相同。比如，已用 ASSUME 设置段 DATA 与 DS 的对应关系，把段 DATA 的段基址装入 DS 可用下列指令完成：

```
MOV AX，DATA        ；数据段段地址送入 AX
MOV DS，AX          ；AX 内容送入 DS
```

如果用指令装填 SS 寄存器，必须紧接着用一条指令（比如 MOV）来初始化堆栈指针，中间不要插入其他指令。

5.3.5　定位伪指令

1. 定位伪指令 ORG

格式：ORG　表达式

功能：告知汇编程序，把其后的指令或数据从表达式的值所指定的偏移地址开始存放。表达式是以 65536 为模进行计算的无符号整数（即只能取值 0 ~65535）。

2. 地址计数器 $

汇编程序有一个地址计数器，用来记录正在汇编的数据或指令的目标代码在当前段内的偏移地址，“ $ ” 表示当前地址计数器的值。

例 5.15 使用 ORG 与 $ 的例子。

```
DATA   SEGMENT              ; 数据段开始伪指令
       ORG  100H            ; 以下所定义的第一个变量偏移地址从 100H 开始
VAR1   BYTE  12H, 34H       ; VAR1 的偏移地址为 100H
       ORG   $ +10H         ; 从当前地址开始跳过 10H 个字节单元
STR1   BYTE  'Bye  ! '      ; STR1 的偏移地址为 112H
DATA   ENDS
```

例 5.16 利用 $ 计算数据个数。

```
DATA   SEGMENT
DATA1 BYTE 12H, 34H, …, 0FFH  ; 定义多个字节数据
CNT1   EQU  $-DATA1            ; CNT1 的值即为 DATA1 包含的数据个数
DATA2 WORD 12H, 34H, …, 0EEH  ; 定义多个字数据
CNT2   EQU ( $-DATA2) /2       ; CNT2 的值即为 DATA2 包含的数据个数
DATA   ENDS
```

5.3.6 过程定义伪指令

可以把具有独立功能的程序段定义为过程，供其他程序调用。过程定义伪指令语句格式如下：

```
过程名  PROC    [类型]
        …         ; 过程体
        RET
过程名  ENDP
```

其中，过程名不能省略，且 PROC 与 ENDP 前的过程名必须相同。它的类型有 FAR 和 NEAR 两种，省略时，默认为 NEAR。过程中至少要有一条 RET 指令。

5.3.7 标题伪指令

格式：TITLE　文本

功能：汇编源程序时，在生成的 . lst 文件中的每一页顶行均显示标题中的文本。文本不能超过 60 个 ASCII 字符。文本内容通常是源程序存储在外存上的文件名及程序功能的简单描述。

5.3.8 结束伪指令

任何一个源程序都必须用结束伪指令 END 作为源程序的最后一个语句。其格式为

```
END  地址表达式
```

其中，地址表达式通常是已定义的标号，也可是标号加减一个常数。源程序中 END 伪指令后面的语句都会被汇编程序忽略。

END 伪指令通知汇编程序，源程序到此结束，而用地址表达式指向的指令是程序运行时的进入点，即第一条指令的地址。DOS 操作系统把目标代码装入内存时，自动把地址表达式所在段的段地址赋给 CS，把地址表达式所指向的单元的偏移地址赋给 IP。从而 CPU 自

动地从地址表达式开始的那条指令依次执行程序。例如，

```
DATA    SEGMENT
        …
DATA    ENDS
CODE    SEGMENT
        ASSUME CS：CODE，DS：DATA
START：  MOV AX，DATA      ；程序进入点
        …
CODE    ENDS
        END START         ；程序结束点，END 后的标号与程序进入点的标号相同
```

5.3.9 包含伪指令

格式：INCLUDE　文件名

功能：把指定的文件插入到当前程序中，作为源程序的一个组成部分。通常，指定的文件是一个不含 END 伪指令的汇编源程序。该伪指令通常用于插入一个宏库文件。例如，

```
INCLUDE    FILE. MAC
INCLUDE    A：\ MASM \ ABC. ASM
```

5.3.10 简化段定义伪指令

为方便汇编语言的编程，从 MASM 5.0 开始提供简化段定义伪指令，这些伪指令均以“.”引导。在使用简化段定义伪指令前要先执行内存模式伪指令。

1. 内存模式伪指令 . MODEL

格式：. MODEL　内存模式

功能：指明简化段所用的内存模式，内存模式有 TINY、SMALL、MEDIUM、COMPACT、LARGE 和 HUGE 6种。一般可选用 SMALL。

（1）TINY：所有代码和数据放入不超过 64KB 的同一个物理段内，该模式用于编写较小的源程序，这种源程序用于形成 COM 文件。

（2）SMALL：程序的代码都放入一个 64KB 的段内，所有的数据放入另一个 64KB 的段中。程序只有一个代码段和一个数据段。

（3）MEDIUM：程序的数据都放入一个 64KB 的段内，代码可以放入多个段中。程序只有一个数据段，可有多个代码段。

（4）COMPACT：程序的代码都放入一个 64KB 的段内，数据可以放入多个段中。程序只有一个代码段，可有多个数据段。

（5）LARGE：程序的代码和数据都可以放入多个段中，即程序可以有多个代码段和数据段。

（6）HUGE：与 LARGE 类似，只是数据段大小可超过 64KB。

2. 简化段伪指令

（1）格式：. CODE［名字］

功能：定义一个代码段。如果有多个代码段，需要用名字区别；只有一个代码段时，默

认段名为@ CODE。

（2）格式：. STACK［长度］

功能：定义一个堆栈段，其隐含段名为@ STACK，并形成 SS 及 SP 的初值；“长度”参数指定堆栈段包含的字节数，默认长度为 1KB。

（3）格式：. DATA［名字］

功能：定义一个数据段。如果有多个数据段，需要用名字区别；只有一个数据段时，默认段名为@ DATA。

（4）格式：. STARTUP

功能：指示程序的开始位置。

（5）格式：. EXIT

功能：返回 DOS 系统。

5.4 宏指令

在编写汇编语言程序时，常遇到要多次用到同一程序段的情形。如果能把这一程序段定义为一条“指令”，使得这条“指令”的功能与原来程序段的相同，但书写起来却简单得多，那么就能省去了很多重复编写的工作，还能让源程序更加简洁、易读。宏汇编语言就提供了这样的功能，那种“指令”称为宏指令。在源程序中使用宏指令的过程称为宏调用；宏汇编程序在汇编源程序时自动用宏指令的内容代替宏指令，称为宏展开。

1. 宏指令的使用过程

使用宏指令必须按照宏定义、宏调用和宏展开三步依次进行。

（1）宏定义。宏定义有两种格式：

• 无参数的宏定义

```
宏名    MACRO
        …           ；宏体
        ENDM
```

• 带参数的宏定义

```
宏名    MACRO 形参 1，形参 2，…
        …           ；宏体
        ENDM
```

一个宏定义包含三个部分：宏名、宏伪指令（MACRO 与 ENDM）和宏体。宏名不可省略且不得与其他标号名字等重名；宏体是一个汇编语句序列；形参指示在宏调用时，宏体中能被修改的部分（参见例 5.17），多个形参间要用逗号隔开。

例 5.17 对两个存储单元的内容相互交换的程序段进行宏定义。

```
EXCHANGE    MACRO   MEM1，MEM2，REG
            MOV   REG，   MEM1
            XCHG   REG，    MEM2
            MOV     MEM1，    REG
            ENDM
```

上述宏定义中有三个形参：MEM1、MEM2 和 REG，前两个形参表示要进行数据交换的两个存储单元，最后一个表示在实现两个存储单元的数据交换时使用的寄存器。在调用时要指定用哪些内存单元替换宏体中的 MEM1 和 MEM2，用哪个寄存器替换 REG。

宏定义可以放在源程序的任何位置上。为了便于宏指令语句的使用，通常在源程序的开始处进行宏定义，或者把宏定义集中到一个文件，用 INCLUDE 语句把它包括到源程序中。

（2）宏调用。在进行了宏定义后，就可在源程序的任何位置上调用宏指令语句。与宏定义相对应，宏调用也有两种格式。

- 无参数调用：

  宏名

- 带参数调用：

  宏名　实参 1，实参 2，…

调用带参数的宏指令时，实参可以是数字、符号名等。实参和形参的排列顺序应一致，个数应相等，且每个实参要满足替换形参后在宏体中相应语句的语法规则。如果实参个数比形参个数多，那么多余的实参被忽略；如果实参个数比形参个数少，那么在宏展开时，没有实参替换的形参自动用空白串代替。

例 5.18　下面的源程序对例 5.17 中的宏定义进行了调用。

```
EXCHANGE    MACRO  MEM1, MEM2, REG; 宏定义
            MOV  REG,    MEM1
            XCHG  REG,    MEM2
            MOV  MEM1,    REG
            ENDM
DATA        SEGMENT
VAR1        BYTE  34H
VAR2        BYTE  12H
DATA        ENDS
CODE        SEGMENT
            ASSUME CS: CODE, DS: DATA
START:      MOV AX, DATA
            MOV  DS, AX
            EXCHANGE VAR1, VAR2, AL; 宏调用
CODE        ENDS
            END START
```

实参 VAR1 与 VAR2 分别与形参 MEM1 与 MEM2 对应，实参 AL 与形参 REG 对应。如果宏调用语句改为

EXCHANGE VAR1，VAR2，AX

则不正确，因为 VAR1 与 VAR2 是字节变量，AX 为字操作数，数据宽度不匹配。

（3）宏展开。宏展开是由宏汇编程序完成，而非在运行目标程序时执行。如果宏汇编程序在汇编时扫描到宏指令语句，就把宏定义中宏体的程序段目标代码插入宏指令语句所在位置处。如果是带参数的宏指令语句则还要用实参替换掉宏体的对应部分。

例 5.19 下面是例 5.18 源程序的列表文件，它列出了源程序、偏移地址和目标代码（已省略列表文件中的其他部分），展示了宏指令使用的全过程。

```
Microsoft (R) Macro Assembler Version 6.15.8803      08/06/08   11:49:37
EXAMPLE5.18.asm          Page  1-1
                EXCHANGE  MACRO MEM1, MEM2, REG
                          MOV    REG, MEM1
                          XCHG   REG, MEM2
                          MOV    MEM1, REG
                          ENDM

0000                    DATA SEGMENT
0000   34               VAR1 BYTE  34H
0001   12               VAR2 BYTE  12H
0002                    DATA ENDS

0000                    CODE SEGMENT
                        ASSUME  CS:CODE,   DS:DATA
0000   B8----R          START: MOV   AX, DATA
0003   8E D8                   MOV   DS, AX
                               EXCHANGE  VAR1, VAR2, AL
0005   A0 0000 R        1          MOV   AL,    VAR1
0008   86 06 0001 R     1          XCHG   AL,    VAR2
000C   A2 0000 R        1          MOV VAR1, AL
000F                     CODE   ENDS
                               END START
```

列表文件中的第一列的 4 位数字表示偏移地址，第二列长度不等的数字是汇编指令的机器代码或变量的数值。将列表文件与例 5.18 的源程序比较可看出，列表文件中，中间带“1”的指令是宏汇编程序在宏展开时自动用宏体中程序段替代的指令。如果宏指令语句带参数，那么带“1”的指令都已用实参替换过。宏指令语句本身不生成目标代码，它仅表示调用宏定义的位置。同时还可看出，宏指令的使用并不会缩短目标代码的长度，但可减轻编程时的书写、输入工作。

2. 宏操作符

（1）连接操作符 &。在宏定义时，可以在宏体中的形参前面或后面放置连接操作符 &。在宏展开时，对应形参的实参就与它前面或后面的符号连接在一起，构成一个新的符号。这个连接功能对修改某些符号很有用，比如某些指令的助记符等。

例 5.20 使用连接操作符 & 的宏定义。

```
SHIFT_VAR     MACRO R_M, DIRECT, CNT
              MOV CL, CNT
              S&DIRECT R_M, CL
```

```
        ENDM
```

宏调用 SHIFT_VAR AX，HL，2 的宏展开为

```
    MOV CL，2
    SHL AX，CL
```

其功能就是把 AX 内容逻辑左移两位。类似的宏调用 SHIFT_VAR BX，HR，3 是把 BX 逻辑右移三位。

(2) 表达式操作符%。

格式:% 表达式

功能：告诉宏汇编程序获取表达式的值而非获取表达式本身。多用于宏调用语句的实参前，不允许置于形参前。

例 5.21 宏调用例 5.20 的宏定义。

(代码段)

```
    …
COUNT =2；等号伪指令，符号 COUNT 代表值 2
    …
SHIFT_VAR AX，HL,% COUNT        ；等价于 SHIFT_VAR AX，HL，2
    …
```

使用宏调用 SHIFT_VAR AX，HL,% COUNT 时的宏展开与例 5.20 中的一样；如果使用宏调用 SHIFT_VAR AX，HL，COUNT 则宏展开为

```
MOV CL，COUNT
SHL AX，CL
```

(3) 文本操作符 <>。在宏调用时，如果一个实参是由字符、逗号或空格构成，为避免宏汇编程序把它误认作多个实参，可以用文本操作符把整个实参括起来，作为一个单一的实参使用。

例如，对例 5.17 交换两个存储单元的宏定义进行宏调用：

```
EXCHANGE    < BYTE PTR WORD1 >，< BYTE PTR WORD2 >，AL
```

宏展开的结果是

```
MOV     AL，BYTE PTR WORD1
XCHG    AL，BYTE PTR WORD2
MOV     BYTE PTR WORD1，AL
```

(4) 字符操作符!。

格式:! 字符

功能：宏调用时用于实参，告诉宏汇编程序，符号“!”后的字符不作为转义字符使用，而是当做一般文本字符处理。例如，“! &”表示“&”不作为宏操作的连接操作符使用，只作为字符“&”使用，“!%”表示“%”不作为表达式操作符使用，只作为字符“%”使用。

又例如，宏定义：

```
    PROMPT          MACRO   NUM，TEXT_BUF
                    PROMP&NUM   BYTE    '& TEXT_BUF &'
```

```
        ENDM
```

宏调用：

PROMT 23，<Expression ！ >255 >；“！ >” 中的 “ >” 不是文本操作符的结束符

宏展开：

```
PROMP23    BYTE  'Expression  >255'
```

（5）宏注解符;;。

宏定义中用“;;”引导的注解在宏展开后不会再在源程序中出现。如果希望这些注释在宏展开后也在源程序中出现，这些注释应该用单个分号“;”引导。

3. LOCAL 伪指令

如果宏定义中定义了变量名或标号，且在同一源程序中又多次被宏调用，那么宏汇编程序在宏展开时，要产生多个相同的变量名或标号。这就违反了变量名或标号在同一程序中必须唯一的要求，从而产生汇编出错。为避免这个错误，可以在宏定义中使用 LOCAL 伪指令对变量名或标号进行说明。

格式：LOCAL 符号表

符号表是宏定义中定义的变量名或标号，多个符号之间用逗号隔开。LOCAL 语句应紧跟在 MACRO 语句后。宏汇编程序在宏展开时，对 LOCAL 伪指令指定的变量名和标号自动生成格式为“??XXXX”的符号。其中，后 4 位顺序使用 0000H ~ 0FFFFH 的十六进制数字。

例 5.22 把例 5.19 中的宏定义和源程序略作修改后，宏汇编生成的列表文件如下（已省略列表文件中的偏移地址、目标代码和其他部分）：

```
        EXCHANGE    MACRO MEM1，MEM2，REG        ；宏定义
                    LOCAL  NONSENSE              ；把标号定义为 LOCAL
        NONSENSE：  MOV REG，MEM1                ；语句标号为 NONSENSE
                    XCHG REG，MEM2
                    MOV MEM1，REG
                    ENDM
        DATA      SEGMENT
                  VAR1      BYTE   34H
                  VAR2      BYTE   12H
                  VAR3      BYTE   56H
        DATA      ENDS

        CODE      SEGMENT
                  ASSUME CS：CODE，DS：DATA
        START：   MOV AX，DATA
                  MOV DS，AX
                  EXCHANGE  VAR1，VAR2，AL  ；宏调用
1       ??0000：  MOV AL，VAR1
1                 XCHG AL，VAR2
1                 MOV VAR1，AL
```

```
                        EXCHANGE   VAR2, VAR3, CL   ; 宏调用
1         ??0001:       MOV CL, VAR2
1                       XCHG CL, VAR3
1                       MOV VAR2, CL
                        MOV AH, 4CH                      ; DOS 功能调用，返回 DOS
                        INT 21H                          ; 软件中断
          CODE          ENDS
                        END START
```

上面的宏定义中，给指令 MOV REG，MEM1 添上了标号，在程序中进行了两次宏调用。第一次宏调用和宏展开时用符号?? 0000 替代局部标号 NONSENSE；第二次宏调用和宏展开时，则用符号?? 0001 替代局部标号 NONSENSE。对不同宏定义的宏调用，宏汇编程序总是按照调用的顺序来排列特殊形式符号的序号。

注意：在上面的宏定义中，指令 MOV REG，MEM1 既非程序的第一条指令，亦非指令的转移目标，在这种情形下一般不该赋予它标号。在这里硬给它加上标号是用来说明伪指令 LOCAL 的作用。

4. 宏库

经常把一些常用、编写得好的宏定义以文件形式组成一个宏库，供其他程序使用。当需要宏库文件中的宏定义时，可以在当前编写的源程序中通过使用 INCLUDE 伪指令实现。这样可减少重复编写时的工作量和错误。

5.5 汇编语言程序的设计步骤

汇编语言程序的设计与其他高级语言，如 C 语言的程序设计类似，大致可分成 6 个步骤。

（1）分析问题，建立数学模型。

（2）确定算法，即确定解决数学模型的步骤和方法。

（3）绘制流程图，用图形方式描述算法和整个程序结构，有利于程序的编写和调试。传统的流程图符号如表 5.2 所示。

（4）根据流程图编写汇编源程序。

（5）上机调试程序。

（6）程序通过调试后，还要试运行查看是否确实达到设计要求。

表 5.2 传统流程图常用符号

符号	符号名称	含义
	起止框	表示算法的开始和结束
	输入/输出框	表示输入/输出操作
	处理框	表示对框内的内容进行处理
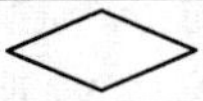	判断框	表示对框内的条件进行判断

（续）

符　号	符号名称	含　义
↓→	流程线	表示流程的方向
○	连接点	表示两个具有同一标记的“连接点”应连成一个点

汇编语言程序设计的上机调试过程简述如下。

（1）使用编辑程序输入、编辑源程序文件，文件的扩展名必须为 . ASM。

（2）使用宏汇编程序 MASM，把源程序（. ASM）汇编成扩展名为 . OBJ 的目标程序文件。

图 5. 3 显示了对例题 5. 22 的源程序文件 EX5-22. ASM 的汇编过程。具体操作：在命令行提示符“ > ”后键入“MASM 文件名”，然后按回车键即可。

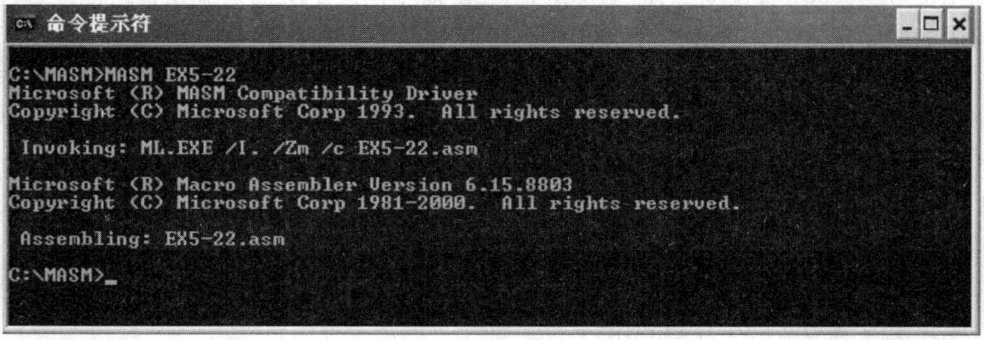

图 5. 3　EX5-22. ASM 文件的汇编

（3）使用连接程序 LINK，把目标程序文件连接装配成扩展名为 . EXE 的可执行文件，如图 5. 4 所示。

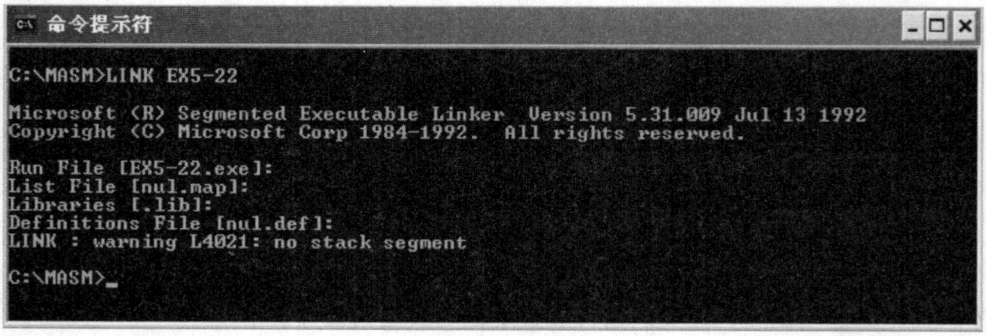

图 5. 4　EX5-22. OBJ 文件的连接

（4）使用调试程序 DEBUG，调试并运行可执行文件（. EXE）。

如图 5. 5 所示，使用 DEBUG 调试 EX5-22. EXE。在 DEBUG 命令提示符“—”下，键入反汇编命令 U，对比源程序确认数据段地址和程序运行的开始和断点地址。

运行程序前可使用显示内存命令 D 查看数据段，如图 5. 6 所示。

使用 G 命令运行程序（从开始的偏移地址 00 至断点 1B 处），然后再用 D 命令查看数据段内容，检查运行结果。如图 5. 7 所示，VAR1 与 VAR2 的内容先交换，VAR2 与 VAR3 的

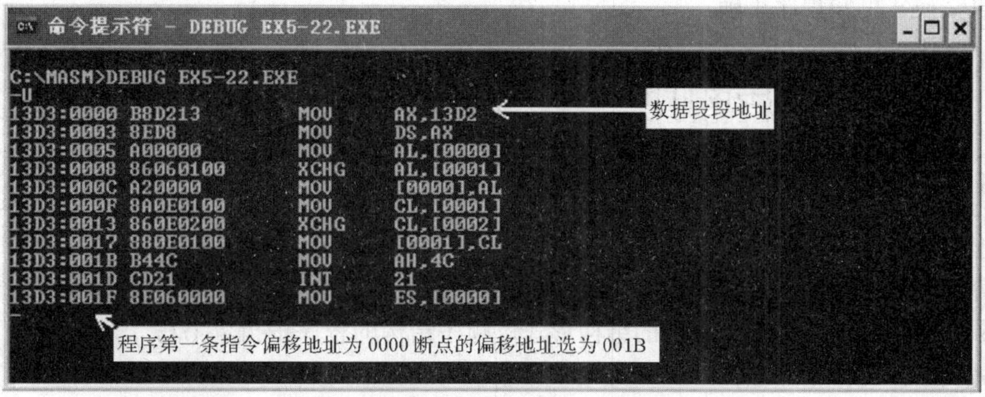

图 5.5　反汇编 EX5-22. EXE 文件

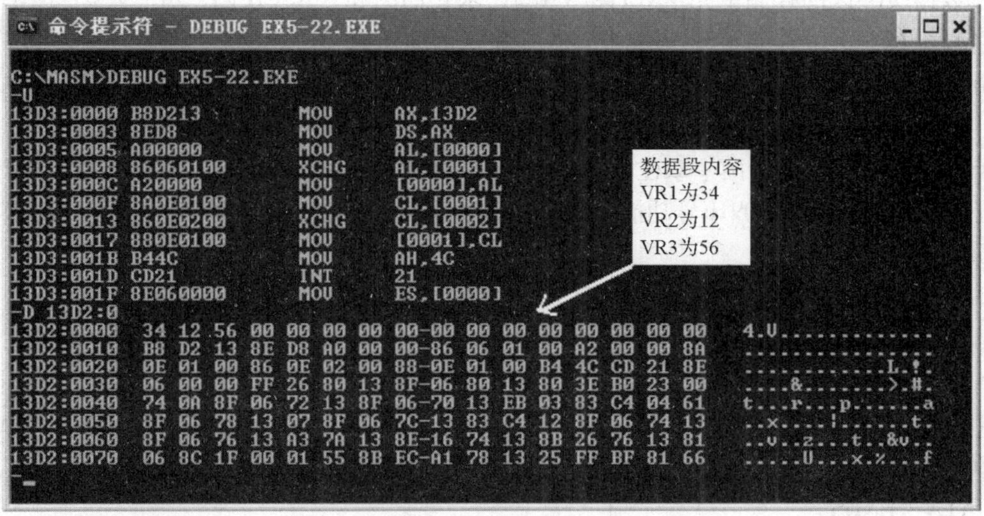

图 5.6　运行程序前查看数据段

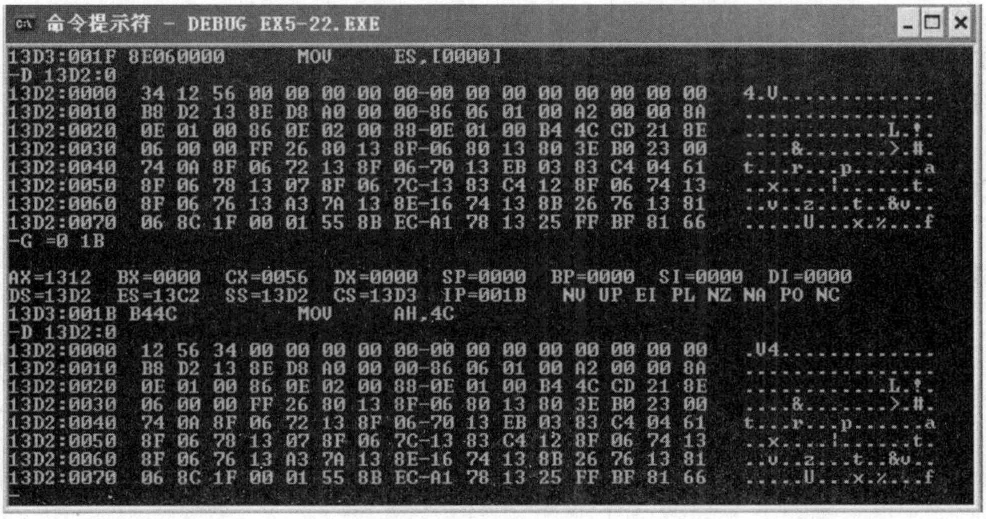

图 5.7　运行程序后查看数据段

内容再交换，可知程序正确。

5.6 汇编语言程序设计的基本技术

5.6.1 顺序结构程序设计

根据结构化程序设计的理论，汇编语言程序可分为三种结构：顺序结构、分支结构和循环结构。

顺序结构是最简单和最基本的结构形式。顺序结构的程序按指令书写的先后次序执行一系列操作，也叫直线式程序，其流程图如图 5.8 所示。

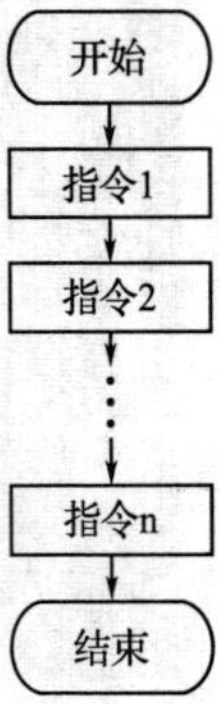

图 5.8 顺序结构程序流程图

例 5.23 从键盘输入的两个双位数字“47”和“69”的 ASCII 码已存放在数据缓冲区的存储单元 VAL1 和 VAL2，求它们的和（ASCII 码）并存入在数据缓冲区的存储单元 RES 中，并在显示器显示结果。

分析：ASCII 码的加法与非压缩 BCD 码的加法类似，先用二进制加法，再用 AAA 指令校正，得到的结果是 BCD 码，再利用 ASCII 码比相应的非压缩 BCD 码大 30H 的事实，将结果转换为 ASCII 码。由于两个双位数相加有可能有向百位的进位，RES 应取三个字节。显示结果是通过 DOS 提供的 09H 号功能调用——显示字符串（必须以“ $ ”字符结尾）实现。

源程序如下：

```
DATA   SEGMENT                          ; 定义数据段
VAL1   BYTE '47'
VAL2   BYTE '69'
RES    BYTE 3 DUP (?)
ECHR   BYTE '$'                         ; 跟在 RES 后作为字符串结束符
DATA   ENDS

STACK  SEGMENT STACK 'STACK'            ; 定义堆栈段
BYTE   100 DUP (?)
STACK  ENDS

CODE   SEGMENT                          ; 定义代码段
       ASSUME CS:CODE, DS:DATA, SS:STACK
START: MOV AX, DATA
       MOV DS, AX                       ; 数据段地址装填
       MOV AX, WORD PTR VAL1            ; 取变量 VAL1, (AH) = '7', (AL) = '4'
       XCHG AH, AL                      ; 交换 AH 与 AL (校正运算只能针对 AL)
       MOV BX, WORD PTR VAL2            ; 取变量 VAL2, (BH) = '9', (BL) = '6'
       ADD AL, BH                       ; 个位数字相加, '7' + '9'
       AAA                              ; 校正为非压缩 BCD 码, 进位加入 AH
       OR AL, 30H                       ; 个位的和转换为 ASCII 码
```

```
        MOV RES+2, AL                ; 保存结果的个位
        MOV AL, AH                   ; 把十位数传送进 AL
        XOR AH, AH                   ; AH 清零，用于放百位数字
        ADD AL, BL                   ; 对十位数字进行加法
        AAA
        OR AX, 3030H                 ; 将百位、十位数字转换为 ASCII 码
        MOV RES+1, AL                ; 保存结果的十位数字
        MOV RES, AH                  ; 保存百位数字
        MOV DX, OFFSET RES           ; 要显示字符串的起始地址（偏移地址）
        MOV AH, 9                    ; 09H 号功能调用，显示字符串
        INT 21H
        MOV AH, 4CH                  ; 4CH 号功能调用，终止用户程序返回 DOS
        INT 21H                      ;
CODE    ENDS
        END START
```

说明：

（1）这段程序使用8086 指令集，工作于实模式。本章中例题如没有另外说明，都采用同样的设置。

（2）显示字符串是软件中断 INT 21H 的 09H 号功能调用，功能号 09H 必须送入 AH 中。其他规定是：DS：DX⇐需要输出字符串的首地址；字符串以字符“ $ ”为结束标志（ $ 不显示）。具体应用参考上面例题。DOS 提供了许多 I/O 功能调用，现阶段只需要通过模仿熟练使用，不必深究其机理。

（3）指令的最后两条指令“MOV AH，4CH”和“INT 21H”是使用了系统功能调用号为 4CH（送入 AH 中）的软件中断指令 INT 21H，作用是终止程序，返回 DOS。

（4）程序中定义的堆栈段并没有实际使用，可以省去。这里添加堆栈段的目的是为避免在使用 LINK 程序连接 . obj 文件时出现提示：“warning L4021：no stack segment”。

（5）本节中的全部例题出于教学目的，为使程序结构清晰、易读，不追求程序性能的优化。

例 5.24 利用查表法把非压缩 BCD 码转换为七段码（Seven-Segment-Code）。

分析：七段码用于控制 LED 或数码管等显示数字。如图 5.9 所示，把某控制位置 1 就能让对应段发光，从而显示 0 ~ 9 或其他简单字符。

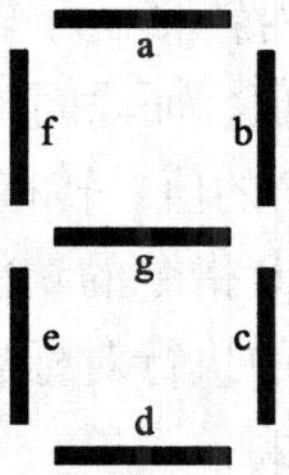

0	g	f	e	d	c	b	a

控制字节

图 5.9 七段显示

源程序如下：

```
. MODEL     SMALL                 ; 设置内存模式
. STACK     64                    ; 定义堆栈段
. DATA                            ; 定义数据段
```

```
TABLE7      BYTE 3FH, 06H, 5BH, 4FH, 66H, 6DH, 7DH, 07H, 7FH, 6FH
                                              ; 对应0~9的七段码
VALBCD      BYTE 05H                          ; 待转换的非压缩BCD码
RES7        BYTE ?
.CODE                                         ; 定义代码段
START:      MOV  AX,   @DATA
            MOV  DS,   AX
            MOV  BX,   OFFSET  TABLE7         ; 表的首地址放入BX
            MOV  AL,   VALBCD                 ; 取数
            XLAT                              ; 查表
            MOV  RES7,      AL                ; 存结果
            MOV  AH,        4CH               ; 系统功能调用号4CH存入AH
            INT  21H                          ; 中断调用，终止程序返回DOS
            END  START
```

上述程序采用简化段结构，减轻了书写（输入）量。查表也可不采用XLAT指令，而利用寄存器间接寻址或基址寻址的方式实现。

查表法广泛用于代码转换及其他不便于实时计算的场合（比如求一个数的对数等），考虑到现在CPU内部数据Cache比较大，只要表格组织得好，查表速度也很快。

5.6.2 分支结构程序设计

在用汇编语言程序解决实际问题时，经常遇到需要针对不同情况做出不同处理的情形。这时用顺序结构就无法解决问题了，而需要使用分支结构程序。在汇编语言中经常使用转移指令来实现分支结构程序的设计。

1. 转移指令

转移指令可分为无条件转移指令和条件转移指令两类，这是根据转移是否依赖于标志寄存器的状态来划分的。还可以根据转移指令与转移目标是否同处一个逻辑段分为段内转移（NEAR）与段间转移（FAR）。段内转移由于转移目标处指令与转移指令同处一个逻辑段，所以发生转移时只需修改EIP/IP的值，而段间转移由于转移目标与转移指令不在同一逻辑段，发生转移时需同时修改CS和EIP/IP的值。转移目标的寻址方式有直接寻址和间接寻址两种。

（1）无条件转移指令JMP。JMP指令的功能是无条件使程序转移到指定的目的地址，并从该地址开始执行新的程序段。它的执行对标志寄存器无影响。

无条件转移指令的机器语言格式：

(a)

EB	DISP

SHORT 转移

(b)

E9	DISP low	DISP high

NEAR 转移

(c)

EA	IP low	IP high	CS low	CS high

FAR 转移

说明：

(a) SHORT转移指令：这是一个段内转移指令，指令长两个字节。EB是操作码；DISP是8位的相对位移量（转移目标地址与当前IP值的差），用补码表示，取值范围－128～

127。该指令的功能就是IP⇐IP+DISP，而CS内不变，从而使指令流控制转移到本程序段内的一个目的地址。

（b）NEAR转移指令：这同样是一个段内转移指令，指令长三个字节。E9是操作码；DISP low与DISP high分列是相对位移量的低8位和高8位，16位的相对位移量用补码表示，取值范围-32768~+32767。该指令功能与SHORT转移指令一样，只是转移范围更大，可跳转到段内任何地方（段的最大长度64KB）。

（c）FAR转移指令：这是一个段间转移指令，指令长5字节。EA为操作码；IP low和IP high分别代表转移目的地的偏移地址的低8位和高8位；而CS low和CS high则分别代表转移目的地所在段的段基址的低8位和高8位。该指令的功能是IP⇐指令中的IP段内容，CS⇐指令中的CS段内容，从而实现段间转移。

这里介绍转移指令的机器语言格式仅是为了更好地理解转移指令，需要掌握的是下面将要介绍的转移指令的汇编语言格式，它们在汇编后都会转换为上述三种形式之一。

1）直接转移指令。

格式：JMP ［类型］ 标号地址

功能：无条件转移到标号地址处的指令，继续执行程序。类型选择是SHORT（段内转移）、NEAR（段内转移）和FAR PTR（段间转移）。省略类型参数，默认为NEAR转移。如果标号地址已定义为FAR类型，则JMP指令中说明为FAR PTR的类型参数可省略。

例如：

```
CODE1   SEGMENT
   …
        XOR   BX,   BX
BEGIN:  AND   AX, 1
   …
        JMP BEGIN              ; 段内转移（NEAR）
   …
NEXT1   LABEL   FAR            ; 标号定义为FAR类型
NEXT:   MOV BX, AX
   …
        JMP SHORT NEXT         ; 段内转移（SHORT）
   …
        ENDS
CODE2   SEGMENT
   …
        JMP NEXT1              ; 段间转移，标号NEXT1（与NEXT代表同一地址）
                                 已定义为FAR类型
   …
        JMP FAR PTR BEGIN      ; 段间转移，标号BEGIN为NEAR类型
   …
        ENDS
```

2）段内间接转移指令。所谓间接转移指令是指目标地址采用间接寻址方式的无条件转移指令。

格式：JMP　字地址指针

功能：IP⇐　指针所指内存字单元的内容。

例如：

```
JMP CX                 ; IP⇐CX
JMP [DX]               ; IP⇐ [DX]（字单元）
JMP WORD PTR [BX]      ; IP⇐ [BX+1] [BX]（BX 指向字节单元数据）
```

3）段间间接转移指令。

格式：JMP　双字地址指针

功能：IP⇐EA 所指内存字单元的内容；

　　CS⇐EA+2 所指内存字单元的内容。

例如：

```
JMP   DWORD PTR [DX]
JMP   JTABLE1 [BX]
```

（2）条件转移指令。条件转移指令以某些标志位或标志位的逻辑运算为判断依据。若满足条件，则转移到指定目标处的指令，否则顺序执行该条指令的下一条指令。条件转移指令只能段内转移，而且都是相对转移（转移目标偏移地址等于由条件转移指令机器码中的相对位移量 DISP 与当前 IP 值之和）。8086～80286 只支持 SHORT 转移，80386 以上 CPU 支持 NEAR 转移。所有条件转移指令的执行不影响标志寄存器。

条件指令格式：

Jxx　　标号

其中 J 后面的 xx 代表由 1～3 个字母表示的转移条件。表 5.3 给出了条件转移指令及其判断条件，按其判断功能划分，可分为三类：简单条件转移、无符号数条件转移和带符号数条件转移。

通常在条件转移指令前使用一些影响标志位的指令，如算术运算、逻辑类指令和串操作中的 CMPS、SCAS 等，以产生判断条件。

表 5.3　条件转移指令及其判断条件

种　类	指　令	转移条件	意　义
简单条件转移指令	JC	CF=1	有进位/有借位
	JNC	CF=0	无进位/无借位
	JE/JZ	ZF=1	相等/等于0
	JNE/JNZ	ZF=0	不相等/不等于0
	JS	SF=1	负数
	JNS	SF=0	正数
	JO	OF=1	有溢出
	JNO	OF=0	无溢出
	JP/JPE	PF=1	有偶数个1
	JNP/JPO	PF=0	有奇数个1

（续）

种　类	指　令	转移条件	意　义
无符号数条件转移指令	JA/JNBE	CF = 0 AND ZF = 0	A > B
	JAE/JNB	CF = 0 OR ZF = 1	A≥B
	JB/JNAE	CF = 1 AND ZF = 0	A < B
	JBE/JNA	CF = 1 OR ZF = 1	A≤B
带符号数条件转移指令	JG/JNLE	SF = OF AND ZF = 0	A > B
	JGE/JNL	SF = OF OR ZF = 1	A≥B
	JL/JNGE	SF≠OF AND ZF = 0	A < B
	JLE/JNG	SF≠OF OR ZF = 1	A≤B

2. 分支结构程序设计

在使用汇编语言程序解决问题时，如遇到必须针对不同情况采用不同的解决方案时，就要使用分支结构。要能正确地利用分支结构的程序解决问题，首先必须能设法利用某些指令执行结果所设置的标志位对不同的情况进行区分，也就是产生转移的判定条件。有多少种不同的情况，就意味着程序有多少个分支。根据分支的个数，分支结构程序可分为双分支结构和多分支结构，双分支结构是基本的，多分支结构可由多个双分支结构实现。

（1）双分支结构程序设计。典型的双分支结构程序流程图如图 5.10 所示。图 5.10a 称为 IF-THEN-ELSE 结构，图 5.10b 称为 IF-THEN 结构。

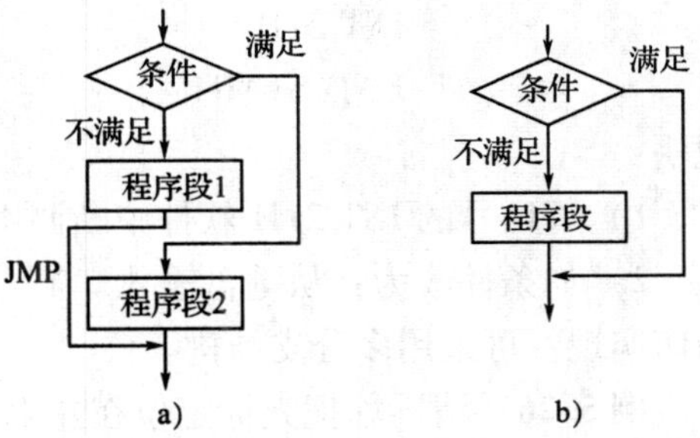

图 5.10　双分支结构

例 5.25　编写程序实现显示字符串 PROMPT1，如果用户从键盘输入“Y”，显示 MESSAGE，输入其他键则显示 PROMPT2。

分析：这个可采用双分支结构来处理，因为有两种情况要分别处理，Y 和非 Y，所以属于 IF-THEN-ELSE 结构。键盘输入字符采用 07H 号 DOS 功能调用实现，键入字符的 ASCII 码送入 AL 中。由于要三次显示字符串，所以可对显示字符串的功能进行带参数的宏定义。

源程序如下：

```
DISP      MACRO STR           ；定义宏，实现显示字符串功能，形参为字符串变量
          MOV DX，OFFSET STR
          MOV AH，9           ；09H 号 DOS 功能调用
          INT 21H
          ENDM
.MODEL    SMALL
.STACK    64
.DATA
PROMPT1   BYTE    'There is a message for you from NEO. '，SPACE
          BYTE    'To read it enter Y'，'$'
```

```
MESSAGE    BYTE    CR, LF, 'HI! I will meet you in the Matrix in 3009.', '$'
PROMPT2    BYTE    CR, LF, 'No more messages for you.', '$'
CR         EQU     0DH        ; 控制字符，表示回车
LF         EQU     0AH        ; 控制字符，表示换行
SPACE      EQU     20H        ; 控制字符，表示空格
.CODE
START:     MOV AX, @DATA
           MOV DS, AX
           DISP PROMPT1       ; 宏调用，显示字符串 PROMPT1
           MOV AH, 7          ; 07H 号 DOS 功能调用，输入字符送入 AL
           INT 21H            ; 软件中断，功能号由 AH 指定
           CMP AL, 'Y'        ; 如果是 Y，顺序执行指令
           JZ OVER
           DISP PROMPT2       ; 如果不是 Y，显示 PROMPT2
           JMP EXIT
OVER:      DISP MESSAGE       ; 显示 MESSAGE
EXIT:      MOV AH, 4CH
           INT 21H
           END START
```

说明：

1）07H 号的 INT 21H 软件中断调用的功能是从键盘读入一个字符送至 AL。

2）如条件改为：从键盘输入"Y"或"y"，显示 MESSAGE，否则显示 PROMPT2，要如何实现？可采用多分支结构。

例 5.26 清屏并把光标定位在左上角，然后以十六进制数字显示内存单元中的一个字节数据。

分析：清屏与光标定位只要调用 BIOS 中断 INT 10H，正确设置参数即可实现，因而把它们定义为宏，以免影响程序主干的阅读。

显示数据可以采用 09H 号 DOS 功能调用——显示字符串的方法，但现在要显示的字符数仅是两个，所以也可以采用两次显示单个字符的方法，即使用 02H 号 DOS 功能调用。调用要求是把要显示字符的 ASCII 码送入 DL，把功能号 02H 送 AH，再执行 INT 21H 软件中断指令。

因为 4 位二进制数字恰好对应一位十六制数字，所以最后一个要解决的问题是如何把 4 位二进制数转换为对应的一位十六进制数字的 ASCII 码。由于数字字符 0 ~ 9 的 ASCII 码比相应的二制数大 30H，而 A ~ F 的 ASCII 码比相应的二制数大 37H，两种情况需分别处理，所以可用双分支结构程序解决。

源程序如下：

```
CLEAR   MACRO                    ; 定义宏，实现清屏功能
        MOV AX, 0600H
        MOV BH, 07
```

```
        MOV CX, 0000
        MOV DX, 184FH
        INT 10H
        ENDM

CURSOR  MACRO COLUMN, ROW          ; 定义宏，光标定位在由形参决定的位置
        MOV AH, 02                 ; 功能号
        MOV BH, 00                 ; 显示页号为00
        MOV DL, COLUMN             ; 光标的列坐标
        MOV DH, ROW                ; 光标的行坐标
        INT 10H                    ; BIOS中断调用
        ENDM

DATA    SEGMENT
D_BUFF  BYTE 9FH                   ; 待显示的数据
DATA    ENDS

CODE    SEGMENT
        ASSUME CS: CODE, DS: DATA
START:  MOV AX, DATA
        MOV DS, AX
        CLEAR                      ; 宏调用，清屏
        CURSOR 0, 0                ; 宏调用，光标定位在左上端
        MOV DL, D_BUFF             ; 取需显示的字节数据
        MOV BL, DL                 ; 备份数据，以减少访存次数
        MOV CL, 4
        SHR DL, CL                 ; 逻辑右移，DL中为原数据的高4位
        CMP DL, 9                  ; 数字不大于9加30H转换为ASCII码
        JBE NEXT1
        ADD DL, 7                  ; 数字大于9加37H转换为ASCII码
NEXT1:  ADD DL, 30H
        MOV AH, 02H                ; 02H号DOS功能调用
        INT 21H                    ; 显示高位ASCII码
        MOV DL, BL
        AND DL, 0FH                ; DL中存放原数据低4位
        CMP DL, 9
        JBE NEXT2
        ADD DL, 7
NEXT2:  ADD DL, 30H
```

```
        MOV AH, 02H           ; 显示低位 ASCII 码
        INT 21H
        MOV AH, 4CH
        INT 21H
CODE    ENDS
        END START
```

说明：

1）清屏、光标定位均是通过文本方式 BIOS 屏幕功能调用实现，清屏是使用了 06H 号窗口上滚的功能来实现，光标定位是使用 02H 号功能。VGA 显示器文本方式下可以显示 80 列 ×25 行字符，其中 0 列 0 行在左上角，79 列 24 行在右下角。

2）例题演示了如何把一个字节的二进制数转换为两位十六进制数（ASCII 码）的方法，可推广到多字节的二进制数。

3）采用例题中的方法可以显示寄存器或存储器中的字节数据，可用于显示程序结果或程序断点的状态。

（2）多分支结构程序设计。多分支结构程序就是程序有两个以上的分支。多分支结构程序的设计可以由多个双分支结构实现。

例 5.27 编写一个程序，判别键盘上输入的字符：若是 0 ~ 9 字符，则显示；若为 A ~ Z 或 a ~ z 字符，均显示“C”；若是回车字符 <CR>（其 ASCII 码为 0DH），则结束程序，若为其他字符则不显示，继续等待新的字符输入。

分析：根据字符的 ASCII 码，需要处理多种情形：00H ~ 29H（等待）、30H ~ 39H（显示数字）、3AH ~ 40H（等待）、41H ~ 5AH（显示 C）、5BH ~ 60H（等待）、61H ~ 7AH（显示 C）和 7BH ~ 7FH（等待），所以需用多分支结构程序解决。流程图如图 5.11 所示，源程序如下：

```
CODE    SEGMENT
        ASSUME CS: CODE
START:  MOV AH, 7             ; 键盘输入字符送入 AL
        INT 21H
        CMP AL, 0DH           ; 回车符，则转 DONE 结束
        JZ DONE
        CMP AL, '0'
        JB START              ; 其他字符，跳转 START，继续等待新的字符输入
        CMP AL, '9'
        JA CHARUP
        MOV DL, AL            ; 0 ~ 9 字符，显示
        MOV AH, 2
        INT 21H
        JMP START
CHARUP: CMP AL, 41H
        JB START              ; 其他字符，跳转 START，继续等待新的字符输入
```

```
         CMP AL, 5AH
         JA CHRDN
DISPC:   MOV DL, 'C'            ; A～Z 字符，显示'C'
         MOV AH, 2
         INT 21H
         JMP START
CHRDN:   CMP AL, 61H
         JB START
         CMP AL, 7AH
         JA START
         JMP DISPC              ; a～z 字符，显示'C'
DONE:    MOV AH, 4CH
         INT 21H
CODE     ENDS
         END START
```

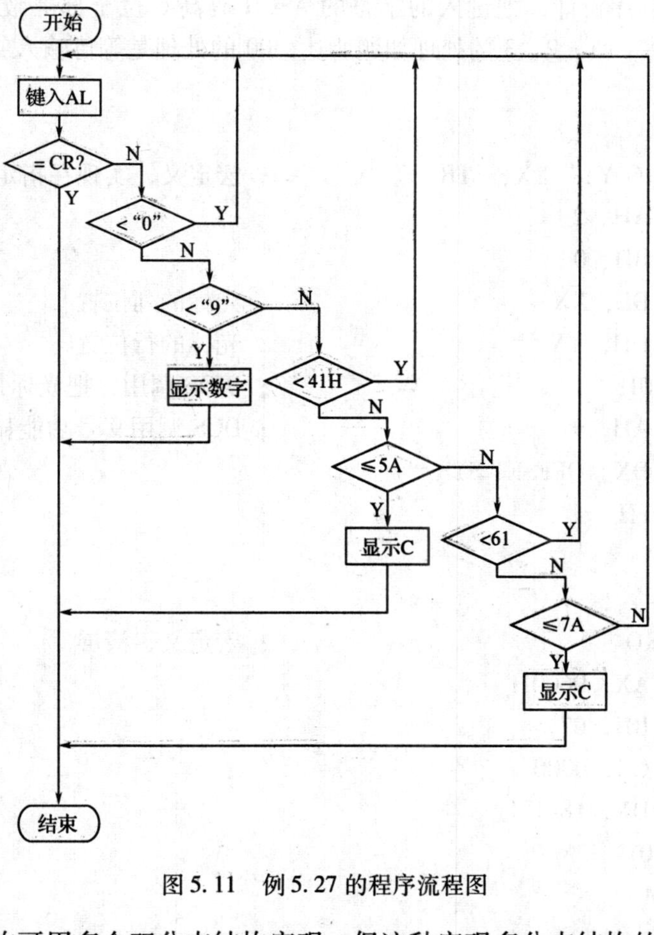

图 5.11　例 5.27 的程序流程图

虽然多分支结构可用多个双分支结构实现，但这种实现多分支结构的方法，一方面程序显得冗长繁琐，另一方面进入各个支路的等待时间也不一致。

如果问题中的多个分支可以用连续的编号进行划分，则这种多分支结构可以采用类似中断处理的中断向量地址表的办法来实现多分支的转移。具体步骤就是在程序中，首先构造一个跳转表，每个表项字节数相同，可以由转移的入口地址（标号）或无条件转移指令组成，存放在数据段中。再用各分支的编号寻找相应分支的跳转表项，从而找到转移的目标地址，然后转到相应位置，实现多分支转移。

例 5.28 设计一个简单的菜单程序，要求主菜单如下所示。用户键入 1 或 2，屏幕中央显示欢迎信息，底部显示“Please strike any key”，用户敲击任意键，程序又转回显示主菜单。键入 3 则返回 DOS。

```
                    MENU
      ************************************
      *     1. NORTH CAMPUS OF GDUFS     *
      *     2. SOUTH CAMPUS OF GDUFS     *
      *     3. RETURN TO DOS             *
      ************************************
                CHOICE (1, 2, 3):
```

分析：为简化程序设计，把键入的字符的 ASCII 码高 6 位全部屏蔽，则任意按键属于 00～11 四种情况之一（1，2，3 的处理如题所述，00 的处理是等待输入），可采用跳转表法实现多分支。

源程序如下：

```
DISP    MACRO YY, XX, STR           ; 宏定义，实现在指定位置显示字符串
        MOV AH, 2
        MOV BH, 0
        MOV DL, XX                  ; 光标的列位置
        MOV DH, YY                  ; 光标的行位置
        INT 10H                     ; BIOS 调用，把光标预置在指定位置
        MOV AH, 9                   ; DOS 调用 9 号功能显示字符串
        MOV DX, OFFSET STR
        INT 21H
        ENDM

CLEAR   MACRO                       ; 宏定义，清屏
        MOV AX, 0600H
        MOV BH, 07
        MOV CX, 0000
        MOV DX, 184FH
        INT 10H
        ENDM

.MODEL SMALL
```

```
. STACK 64
. DATA
CR      EQU 0DH
LF      EQU 0AH
N       EQU 24 DUP ('  ')
L1      BYTE N, '               MENU   ', CR, LF   ; 把整个菜单作为一个字符串
        BYTE N, '***********************************', CR, LF
        BYTE N, '*    1.  NORTH  CAMPUS  OF  GDUFS    *', CR, LF
        BYTE N, '*    2.  SOUTH  CAMPUS  OF  GDUFS   *', CR, LF
        BYTE N, '*    3.  RETURN  TO  DOS              *', CR, LF
        BYTE N, '***********************************', CR, LF
L7      BYTE N, '        CHOICE (1, 2, 3):     ', '$'
MESG1   BYTE 'WELCOME TO NORTH Campus! $'   ; 欢迎信息
MESG2   BYTE 'WELCOME TO SOUTH Campus!  $'
ENDMES BYTE  'Please strike any key  $'
J_ TAB  WORD CH0, CH1, CH2, CH3      ; 地址表，每个表项 2 字节，为语句标号

. CODE
START:  MOV   AX, @DATA
        MOV  DS, AX
        MOV   AX, 2                ; BIOS 屏显功能调用，黑白文本显示方式
        INT   10H
AGAIN:  CLEAR
        DISP   05, 00, L1          ; 宏调用，显示菜单
        DISP   0BH, 00, L7         ; 宏调用，显示提示信息
        MOV   AH, 1                ; 1 号 DOS 功能调用，带回显的键盘字符输入至 AH
        INT   21H
        AND   AL, 3                ; 屏蔽 AL 高 6 位
        XOR   AH, AH               ; AH 清 0
        MOV   BX, AX               ; 分支编号送入 BX
        SHL   BX, 1                ; 编号乘 2 才是相对跳转表首地址的偏移量
        JMP   J_TAB [BX]           ; 间接转移
CH0:    JMP   AGAIN                ; 编号 00 的处理，重新等待输入
CH1:    CLEAR                      ; 编号 01 的处理
        DISP   0CH, 1AH, MESG1        ; 宏调用，显示欢迎信息
        DISP   17, 1FH, ENDMES        ; 宏调用，显示提示信息
        MOV   AH, 7                   ; 等待按键操作
        INT   21H
        JMP   AGAIN
```

```
CH2:    CLEAR                            ; 编号 10 的处理
        DISP  0CH, 1AH, MESG2
        DISP  17, 1FH, ENDMES
        MOV   AH, 7
        INT  21H
        JMP  AGAIN
CH3:    CLEAR
        MOV   AH, 4CH                    ; 编号 11 的处理, 返回 DOS
        INT  21H
        END  START
```

这个程序中的跳转表由地址标号构成，可以改为由无条件转移指令构成。

例 5.29 无条件转移指令构造跳转表的多分支程序设计。

上述程序作如下修改：删去数据段的 J_TAB，代码段作如下修改：

```
.CODE   SMALL
        START: MOV AX, @DATA
        MOV DS, AX
        …
AGAIN:  CLEAR
        …
        MOV AH, 1          ; 1 号 DOS 功能调用, 带回显的键盘字符输入至 AH
        INT 21H
        AND AL, 3          ; 屏蔽 AL 高 6 位
        XOR AH, AH         ; AH 清 0
        MOV BX, AX         ; 分支编号送入 BX
        SHL BX, 1          ;
        ADD BL, AL         ; 编号乘 3 才是相对跳转表首地址的偏移量
        ADD BX, OFFSET J_TAB
        JMP BX             ; 转移至跳转表中
J_TAB:  JMP CH0            ; 跳转表, 每个 JMP 指令 3 字节
        JMP CH1
        JMP CH2
        JMP CH3
CH0:    JMP AGAIN                ; 编号 00 的处理, 重新等待输入
CH1:    CLEAR                    ; 编号 01 的处理
        …
        JMP AGAIN
CH2:    CLEAR                    ; 编号 10 的处理
        …
        JMP AGAIN
```

```
CH3:    CLEAR
        MOV AH, 4CH           ; 编号11的处理，返回DOS
        INT 21H
        END START
```

5.6.3 循环结构程序设计

程序设计中经常会碰到需要多次重复执行的工作，这时可以用循环结构的程序来实现。在循环结构程序中，通过循环控制指令来控制循环。

1. 循环控制指令

(1) 用分支指令控制循环。可以使用分支转移指令实行循环控制。

例5.30 编写程序实现振铃连续发声，直到敲击键盘任一键才停止。

分析：振铃发声可采用02号DOS功能调用显示07H字符（振铃）实现，要检测键盘是否发生按键操作，同时又能连续发声，可调用BIOS的INT 16H中断，其调用参数与功能如下：

```
    MOV AH, 01          ; 功能号01送AH，用于检测按键操作
    INT 16H
```

返回参数：如果有按键操作ZF=0，否则ZF=1。流程图如图5.12所示，源程序如下：

```
.MODEL SMALL
.STACK
.DATA
BEL     EQU 7
MESSAGE BYTE 'TO STOP THE BELL SOUND PRESS ANY KEY $'
.CODE
START:  MOV AX, @DATA
        MOV DS, AX
        MOV AH, 9           ; 显示提示信息
        LEA DX, MESSAGE
        INT 21H
AGAIN:  MOV AH, 2           ; 显示BEL字符，振铃发生
        MOV DL, BEL
        INT 21H
        MOV AH, 1           ; 检测按键操作
        INT 16H
        JZ AGAIN            ; 无按键返回AGAIN连续发声
        MOV AH, 4CH
        INT 21H
        END START
```

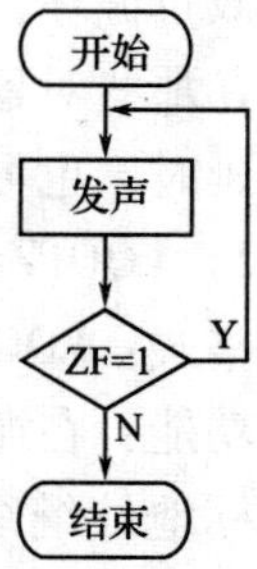

图5.12 例5.30的流程图

本例中用条件ZF是否为0控制循环，循环次数不定。 只要ZF=1，JZ就跳转回AGAIN；一旦ZF=0，就顺序运行结束循环。如此就利用分支转移指令实现了循环控制。事

实上，所有循环结构都可用分支转移指令实现。

（2）专门的循环控制指令。为便于设计程序，指令集提供了三个专门用于控制循环程序的指令。循环控制指令也属于转移类指令，而且也是相对转移。相对转移量是8位二进制补码，转移范围为 -128 ~ +127 个字节距离。这三条指令都隐含使用CX作循环计数器，在执行循环时，CX递减计数，所以必须在进入循环前，先把循环次数送入CX。循环控制指令的执行不影响标志位。

1）LOOP指令。

格式：LOOP 目标地址

功能：在循环计数后（即CX⇐CX-1），判断循环是否结束：如CX≠0，转移至目标地址继续循环；否则退出循环，顺序执行循环控制指令的下一条指令。

一条LOOP指令相当于以下两条指令的组合：

```
DEC CX
JNZ LABEL_DEST
```

LOOP指令主要用于循环次数已知的情况，比如求数组的和、寻找数组中具有某些性质的元素等。

例5.31 软件延时程序。

```
.CODE
START:      MOV CX，立即数N；N为空循环次数
WAIT:       LOOP WAIT
            END START
```

该程序利用指令的多次重复执行，消耗CPU一段时间，从而达到延时的目的。改变立即数N的大小，也就可调整延时的长短。系统主频越高，延时就越短，此时可把上述程序改为双重循环以增加延时。同一个延时程序在主频不同的机器上，延时时间不相同，因此通常只在那些对延时要求不精确的场合使用。较好的方案可利用INT 15H中断的86H号功能实现延时，也可以用其他软硬件结合或硬件的方法实现高精度的延时。

2）LOOPZ/LOOPE指令。

格式：LOOPZ/LOOPE 目标地址

功能：在循环计数后（即CX⇐CX-1），判断循环是否结束：如CX≠0且ZF=1，转移至目标地址继续循环；若CX=0或ZF=0则退出循环，顺序执行循环控制指令的下一条指令。

3）LOOPNZ/LOOPNE指令。

格式：LOOPNZ/LOOPNE 目标地址

功能：在循环计数后（即CX⇐CX-1），判断循环是否结束：如CX≠0且ZF=0，转移至目标地址继续循环；若CX=0或ZF=1则退出循环，顺序执行循环控制指令的下一条指令。

例5.32 在字节数组中找出第一个0数据，找到显示“Y”，否则显示“N”。

分析：为找出第一个0数据，应把0与每一个数据比较，所以程序应采用循环结构。循环结束条件有二：遇到一个0元素，或者扫描了整个数组也没找到，所以使用LOOPNZ指令。源程序如下：

```
.MODEL SMALL
.DATA
BUF     BYTE 12, 23, 46, 0FEH, 0F1H, 3DH, 0, 23, 56, 73, 0FCH, 0, 3
CNT     EQU $-BUF              ; 数组长度
.CODE
START:  MOV AX, @DATA
        MOV DS, AX
        MOV CX, CNT            ; 设置循环计数器
        MOV DI, -1             ; 数组下标从0开始
NEXT:   INC DI
        CMP BUF [DI], 0        ; 和0比较大小
        LOOPNZ NEXT            ; 不为0且没比较完，循环
        JNZ NFIND              ; 比较完但没0数据，转NFIND
        MOV DL, 'Y'            ; 找到，显示Y
        MOV AH, 2
        INT 21H
        JMP EXIT
NFIND:  MOV DL, 'N'            ; 没找到，显示N
        MOV AH, 2
        INT 21H
EXIT:   MOV AH, 4CH            ; 返回DOS
        INT 21H
        END START
```

如果题目改为要找第一个非0数据，则采用LOOPZ指令，对上述程序稍作修改即可。另外，类似于求一个以“$”作字符串结束标志的字符串长度这种问题，就是要找到第一个$，所以也可用类似的方法解决。

2. 循环程序的结构

掌握循环程序的结构有助于编制和阅读循环程序。

一个完整的循环程序由5部分构成，如图5.13所示。

初始化部分：设置循环的初始值，如设置地址指针、循环计数器、累加器和标志位的初值等。

工作部分：通常也称为循环体。它是循环程序的核心部分，动态地执行功能相同的操作。

修改部分：与工作部分协调配合，完成对地址指针及控制量的修改，为下次循环或退出做好准备。通常每执行循环体一次，都要作相应的修改。

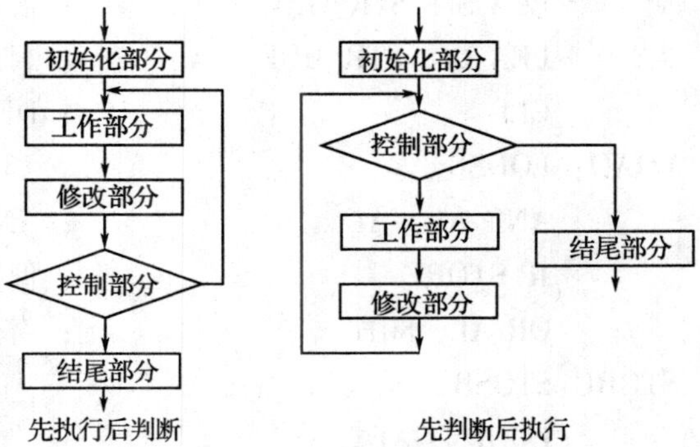

图5.13 循环流程图

控制部分：判断并控制结束还是继续循环。

结束处理部分：对循环结果的操作，比如对运算结果的存储与传输等。

循环结构有两种基本结构形式。先执行后判断的特征是至少执行一次循环，而先判断后执行有可能一次也不执行。在实际编程中可据此选用一种。

3. 循环控制方法

控制循环结束与否主要有两类方法：用计数器控制循环和用条件控制循环。

（1）用计数器控制循环。如果循环次数已知，就可以利用循环次数来控制循环结束与否。由于这种循环至少进行一次，常采用先执行后判断结构。这种易于用循环 LOOP 指令实现，此时要在循环前把循环次数送入 CX。但在某些情形下，不能或不便使用 CX 作计数器（如多重循环的其中某层循环），这时可选另一通用寄存器来作循环计数器与条件转移指令配合来实现循环。在这种情形下，该循环既可使用正计数法（让计数器从0开始计数，每循环一次加1），也可使用倒计数法（计数器从初值计数到0，每循环一次减1）。

例 5.33 一串准备用于通信的字符串，以标准 ASCII 码形式（最高位为0）存储在内存中，要求给它们设置偶校验位。

分析：校验位不能影响原信息，所以应设置在最高位。偶校验是指整个字节（包括校验位）中1的个数为偶数。因为字符串长度已知，所以可用计数器控制的循环实现。

```
DATA        SEGMENT
STR_ORI     BYTE  " All I've done is give you a book. "
            BYTE  " You have to have the courage to learn what's inside it. "
CNT         EQU  $-STR_ORI          ；统计串长度
ORG         100H
STR_BUF     BYTE CNT DUP（?）        ；预留等长的缓冲区，存放结果
DATA        ENDS
CODE  SEGMENT
      ASSUME CS：CODE，DS：DATA，ES：DATA
START：MOV AX，DATA
      MOV DS，AX
      MOV ES，AX
      MOV CX，CNT
      LEA SI，STR_ORI               ；源串首地址送 SI
      LEA DI，STR_BUF               ；目的串首地址送 DI
      CLD                           ；DF=0，增量地址
LOAD：LODSB
      AND AL，AL                    ；AND 结果设置 PF 位
      JP STORE                      ；偶数个1转 STORE
      OR AL，80H                    ；奇数个1校验位置1
STORE：STOSB
      LOOP LOAD
      MOV AH，4CH
```

```
        INT 21H
CODE    ENDS
        END START
```

说明：程序中数据段和附加段共享一个物理段。由于使用了 LODSB 和 STOSB 指令，它们能分别自动修改 SI 和 DI。

（2）用条件控制循环。当实际的循环次数未知或不确定时，比如例 5.30 和例 5.32，就要用某种“条件”来控制循环结束与否。这类循环相比用计数器控制的循环要复杂，常用条件转移指令来实现，有些情形下也可用 LOOPZ/LOOPE 或 LOOPNZ/LOOPNE 指令实现。

例 5.34 求正整数 N 的开平方近似值（整数）。

分析：由 $\sum_{i=0}^{n-1}(2i+1)=n^2$ 得知，N 的平方根近似值等于 N 依次减去前 i 个奇数，一直到不够减为止，所减去的奇数的个数即为 N 的平方根近似值。如 N = 17，N − 1 − 3 − 5 − 7 = 1，不够减下一个奇数 9，总共减了 4 次，所以 $\sqrt{17}\approx 4$。这里够减多少次不能预先确定，所以只能用条件来控制循环，判定条件是当前的差是否不少于要减的奇数。程序如下：

```
.MODEL SMALL
.DATA
VAR          WORD 65002
VAR_SQR      WORD?
.CODE
START:       MOV AX, @DATA
             MOV DS, AX
             MOV AX, VAR           ; AX 存放正整数 N
             XOR CX, CX            ; CX 存放减数个数 i
LOP:         MOV DX, CX            ; DX 存放当前减数
             SHL DX, 1
             INC DX                ; 形成当前减数 2 * i + 1
             SUB AX, DX
             JC EXIT               ; 不够减转 EXIT，结束循环
             INC CX                ; 够减，减数个数加 1
             JMP LOP               ; 转 LOP，继续循环
EXIT:        MOV VAR_SQR, CX
             MOV AH, 4CH
             INT 21H
             END START
```

4. 多重循环

多重循环指循环体内还有循环，也叫循环嵌套。例如，下面是一个二重循环软件延时程序段：

```
        …
        MOV DX, 100
```

```
DELAY：MOV CX，2801
WAIT：  LOOP WAIT
        DEC DX
        JNZ DELAY
        …
```

其中，内循环用LOOP指令实现，外循环不能再用LOOP指令（为什么?)，而采用DX作计数器配合JNZ指令实现循环控制。

对于多重循环要注意以下两个问题:

(1) 内层循环必须完全包含于外层循环内，不允许循环结构交叉。

(2) 转移指令只能从循环结构内转出，或者在同层循环体内转移，而不能从一个循环结构外转入该循环结构内。

例5.35 用冒泡法给数组中的无符号数 a_1，a_2，a_3，…，a_n 由小到大进行排序。

分析：冒泡法有多种算法，其中一种分析如下。

从 a_1 开始把相邻两数比较，如果前数大于后数，则两数交换位置，否则位置不变，需进行 $n-1$ 次比较。为讨论方便，把这种重复进行相邻数比较的操作称为内循环。这里的关键之处在于第一轮 $n-1$ 次内循环完成后，数组中的最大数已处于其正确位置（a_n 位置）上。但前面 $n-1$ 个数可能还未排好序，所以进行第二轮相邻数比较，比较次数为 $n-2$，就可把 $n-1$ 个数中的最大数（也即n个数中次大数）放入 a_{n-1} 位置。把需重复进行的每一轮比较称为一轮外循环，第i轮外循环只需进行 $n-i$ 次内循环就把前 $n-i+1$ 个数中的最大数放入 a_{n-i+1} 位置。显然最多进行 $n-1$ 轮外循环就可把全部n个数排好序，但有可能不用 $n-1$ 轮就已排好序，那么这种情形如何让外循环提前结束呢?

显然，排好序后再进行一轮外循环时，比较相邻数（即内循环）是不会发生交换操作的，所以可设置一个工作标志，内循环前先清0，内循环中有交换就将其设为1，否则保持为0。内循环结束后，如果工作标志为1，就进入下一轮外循环，否则结束。综上所述，外循环的结束条件是已进行了 $n-1$ 轮比较，或工作标志为0。

```
DATA    SEGMENT
BUF     BYTE 1H，3H，56H，67H，35H，99H，33H，0FDH
LENS    EQU $-BUF           ；数据个数
CNT     WORD LENS
DATA    ENDS
CODE    SEGMENT
        ASSUME CS：CODE，DS：DATA
START：  MOV AX，DATA
        MOV DS，AX
        MOV DX，CNT         ；DX作外循环计数器
ELOP：   DEC DX
        JZ DONE             ；已比较CNT-1轮，结束
        XOR BL，BL          ；BL作工作标志，内循环前清0
        MOV CX，DX          ；CX内循环计数器
```

```
         MOV SI, OFFSET BUF
ILOP:    MOV AL, [SI]          ; 取相邻两数比较
         MOV AH, [SI+1]
         CMP AH, AL
         JNC NEXT              ; 前数大于后数，交换，不跳转
         MOV [SI], AH
         MOV [SI+1], AL
         MOV BL, 1             ; 工作标志设为1
NEXT:    INC SI
         LOOP ILOP
         AND BL, BL            ; 判断工作标志是否为1
         JNZ ELOP              ; 工作标志为1，进行下轮比较
DONE:    MOV AH, 4CH
         INT 21H
CODE     ENDS
         END START
```

5. 字符串操作程序

与字符串有关的处理程序往往采用循环结构。前面已有相关的例题，下面再提供两个例题，以熟悉字符串操作程序的编写。

为此先介绍一个 DOS 中断调用，功能号为 0AH。它的功能是从键盘输入字符串。其规定如下。

入口参数：DS：DX = 输入缓冲区首地址

出口参数：接收到的字符串存储到输入缓冲区

说明：

(1) 缓冲区的第一个字节为缓冲区的字节数，也可视为入口参数；缓冲区的第二个字节存放实际读入字符数（不包括回车符），可视为出口参数；从第三个字节起才是存放接收的字符， 最大接收字符数（包括回车符）等于第一个字节中的字节数。

(2) 字符串以回车符结束，回车符是接收到的字符串结束符。

(3) 如果输入的字符数超过缓冲区所能容纳的最大字符数，则随后的输入字符丢弃并且响铃，直到遇到回车符为止。

(4) 如果输入时按〈Ctrl + C〉或〈Ctrl + Break〉键，则结束程序。

调用格式：

```
MOV AH, 0AH
MOV DS, 缓冲区首地址          ; 缓冲区在当前数据段
INT 21H
```

例 5.36 假设从 STRING 单元开始有一源字符串，从键盘输入一个任意长度的子串，编程实现查找源串中包含子串有多少次，并给出结果信息。

分析：当子串长度为 0，或者子串长度超过源串时不需要搜索。搜索次数等于源串长度减去子串长度再加 1。

串比较可以使用带 REPE 前缀的串比较指令实现。如果遇上一次匹配，要把指向源串的指针增加子串长度个字节数。

```
DISP     MACRO  VAR              ; 宏定义，显示字符串功能
         MOV AH, 9
         LEA DX, VAR
         INT 21H
         ENDM
DATA     SEGMENT
STRING   BYTE 'ABABCDABCDGAKCCC'     ; 源串
LENS     EQU $ -STRING               ; 源串长度
IN_BUF   BYTE  LENS +1           ; 输入缓冲区首字节，限制子串长度最大为 LENS
         BYTE ?
         BYTE LENS +1 DUP (?)    ; 预留子串的存储空间
FOUND    BYTE ?                  ; 搜索匹配次数
CR       EQU 0DH
LF       EQU 0AH
MESG1    BYTE 'Please Enter...  $'
MESG2    BYTE LF, CR, 'FOUND $'
DATA     ENDS
CODE     SEGMENT
         ASSUME CS: CODE, DS: DATA, ES: DATA
START:   MOV AX, DATA
         MOV DS, AX
         MOV ES, AX
         DISP MESG1
         MOV AH, 0AH             ; 接收键盘输入子串
         LEA DX, IN_BUF
         INT 21 H
         MOV AL, IN_BUF +1       ; 读取子串长度
         AND AL, AL
         JZ EXIT                 ; 子串长度为 0 转至 EXIT
         XOR DX, DX
         MOV DL, AL              ; 子串长度存放在 DX
         MOV AH, LENS
         SUB AH, AL
         INC AH                  ; 对循环计数器 AH 初始化
         XOR AL, AL              ; AL 记录匹配次数
         CLD                     ; DF 清 0，增址方式
         LEA BX, STRING
```

```
AGAIN:   MOV SI, BX
         LEA DI, IN_BUF+2
         MOV CX, DX          ；设置串比较重复次数
         REPE CMPSB          ；字符串搜索
         JNZ NEXT
         INC AL              ；匹配次数加1
         ADD BX, DX          ；源串指针增加子串长度
         DEC BX
NEXT:    INC BX              ；比较一次，源串指针加1
         DEC AH
         JNZ AGAIN
EXIT:    MOV FOUND, AL       ；存放搜索结果
         DISP MESG2
         MOV DL, FOUND
         OR DL, 30H
         MOV AH, 02H
         INT 21H
         MOV AH, 4CH
         INT 21H
CODE     ENDS
         END START
```

例5.37 在一片内存区中有一数据块，起始地址为BLOCK。要求把其中的负数和非负数分开，分别存放到MINUS_BUF和PLUS_BUF缓冲区中。

分析：取字符串、存字符串可以用相应的串操作指令实现，区分负数和非负数可通过测试符号位解决。难点在于，如果使用串操作指令就一定要用DI作为目的串的指针，但现有两个目的串，那么一个指针如何为两个目的串服务？其中一个解决办法是让DI作当前要访问的目的串的指针，BX作另一个当前不访问的目的串指针；如果访问对象改变，就交换两个指针的内容。

```
DATA      SEGMENT
BLOCK     DB 03H, 46H, 0F4H, 0AFH, 90H, 87H, 50H
          DB 99H, 0FFH, 40H, 77H, 88H, 0B3H, 9EH
          CNT EQU $-BLOCK
          ORG 100H
PLUS_BUF  DB CNT DUP (0FFH)
          ORG 200H
MINUS_BUF DB CNT DUP (01H)
DATA      ENDS
CODE      SEGMENT
          ASSUME CS: CODE, DS: DATA, ES: DATA
```

```
START:      MOV AX, DATA
            MOV DS, AX
            MOV ES, AX
            LEA SI, BLOCK           ; 取源串首地址
            LEA DI, PLUS_BUF        ; 取正数区首地址
            LEA BX, MINUS_BUF       ; 取负数区首地址
            MOV CX, CNT             ; 循环次数
            CLD                     ; 增址方式
NEXT:       LODSB
            TEST AL, 80H            ; 测试正负
            JNZ MINUS
            STOSB                   ; 非负数存正数区
            JMP AGAIN
MINUS:      XCHG BX, DI             ; 交换指针存负数
            STOSB
            XCHG BX, DI
AGAIN:      LOOP NEXT
            MOV AH, 4CH
            INT 21H
CODE        ENDS
            END START
```

5.6.4 子程序设计

编制汇编语言程序时常遇到一些完成一定功能的程序段要重复使用，比如在例题中经常出现的实现显示功能的程序段，并不能用循环结构来解决重复编写的问题。为解决这类重复编制的问题，并节省存储空间，可把这些程序段编制为子程序，供其他程序调用。调用子程序的程序称为主程序。指令流控制在主程序与子程序间转移需使用调用（CALL）指令和返回（RET）指令。

1. 子程序调用指令与返回指令

（1）子程序调用指令。子程序调用指令又叫过程调用指令，主程序调用子程序是通过使用 CALL 指令实现的。它的功能是把当前程序中紧跟 CALL 指令的下一条指令的地址（又叫断点地址或返回地址）压进堆栈，并把被调用过程的第一条指令的地址（即入口地址）送入 IP/EIP，从而转去执行子程序。CALL 指令可分为段内调用（NEAR CALL）和段间调用（FAR CALL）两种。段内调用指调用程序和被调用过程在同一段内，CS 的内容不改变，仅需把返回地址的偏移地址（当前 EIP/IP 内容）压栈，然后将被调用过程的入口地址（偏移地址）送入 IP，从而转去执行子程序。段间调用指调用程序与被调用过程不在同一段，需要把返回地址的信息，即当前 CS 和 EIP/IP 的内容都放入堆栈，把被调用过程入口地址的段基址和偏移地址分别送入 CS 和 EIP/IP。

CALL 指令的汇编语格式有以下三类。

1）直接调用。

格式：CALL　［类型］　过程名

其中类型参数有 NEAR PTR 和 FAR PTR 两种。如果过程名已被定义为 NEAR 或 FAR 类型，则 CALL 指令中的类型参数可以忽略，否则要选用（如果过程名省略类型说明，CALL 指令中也省略类型参数，则当做段内调用）。

- 如果类型参数为 NEAR PTR，或者过程名为 NEAR，则是段内直接调用：

  SP⇐SP－2　(SP)⇐IP；

  IP⇐IP＋D16（D16 为子程序入口地址和当前 IP 间的偏移量，补码表示）

- 如果类型参数为 FAR PTR，或者过程名为 FAR，则是段间直接调用：

  SP⇐SP－2（SP)⇐CS　先压 CS 进栈

  SP⇐SP－2（SP)⇐IP　再压 IP 进栈

  IP⇐入口地址的偏移地址　CS⇐入口地址的段基地址

2）内存间接调用。

格式：CALL　［类型］　存储单元

类型参数有 WORD PTR 和 DWORD PTR 两种。如果存储单元已定义为字或双字类型，则 CALL 指令中的类型参数可以忽略。

- 类型参数为 WORD PTR，或者存储单元为字单元，则是段内间接调用：

  SP⇐SP－2（SP)⇐IP

  IP⇐(EA)

- 类型参数为 DWORD　PTR，或者存储单元为双字单元，则是段间间接调用：

  SP⇐SP－2（SP)⇐CS　先压 CS 进栈

  SP⇐SP－2（SP)⇐IP　再压 IP 进栈

  IP⇐（EA）　CS⇐(EA＋2)

例如，

```
CALL WORD PTR [SI]        ; [SI] 指向字节单元
CALL DWORD PTR [SI]       ; [SI] 指向字节或字单元
CALL DWORD PTR ADDR       ; ADDR 为字节变量
```

3）寄存器间接调用。

格式：CALL 寄存器

这是段内间接调用：

  SP⇐SP－2（SP）⇐IP

  IP⇐（寄存器）

例如，CALL BX。

（2）返回指令

子程序执行完后返回主程序需由返回指令实现。返回指令的功能是从堆栈的栈顶弹出数据作为返回地址。与调用指令相对应，返回指令有段内返回和段间返回。如主程序通过段内调用进入该过程，则返回时属段内返回；同样，如主程序通过段间调用进入该过程，则返回时属段间返回。段内返回是从栈顶弹出一个字数据进 IP；段间返回是从栈顶弹出一个字数据进 IP，再弹出一个字数据进 CS。

RET 指令的汇编语格式有以下两类。

1）格式：RET

- 段内返回　IP⇐（SP）　SP⇐SP+2
- 段间返回　IP⇐（SP）　SP⇐SP+2

　CS⇐（SP）　SP⇐SP+2

2）格式：RET n(正偶数)

- 段内返回　IP⇐（SP）　SP⇐SP+2

　SP⇐SP+n

- 段间返回　IP⇐（SP）　SP⇐SP+2

　CS⇐（SP）　SP⇐SP+2

　SP⇐SP+n

n 的作用是丢弃堆栈顶的 n 个字节数据。

2. 子程序设计

设计子程序是为了实现既具有通用性又相对独立的功能。它的设计与主程序的设计有共通之处，比如，可以采用顺序、分支和循环结构来设计，提供必要的说明、注释信息等。但子程序也有不少与主程序的设计不同之处，要特别注意。

（1）要使用伪指令 PROC/ENDP 来定义。

（2）子程序至少要有一个 RET 指令，通常放在子程序的最后部分。

（3）子程序的开始部分应该对用到的寄存器内容进行保护，返回前恢复，即所谓的现场保护和现场恢复。现场保护和现场恢复一般通过堆栈实现（参考例 5.38）。

（4）如采用堆栈方式进行现场保护，要注意保证堆栈操作正确。

（5）处理好子程序和主程序间的参数传递。

（6）子程序应安排在代码段的主程序之外，最好放在主程序执行终止后的位置（返回 DOS 后，END 伪指令之前)，也可放在主程序开始执行之前。

（7）提供详细、清晰的子程序调用方法说明，包括子程序的目的、入口和出口参数、所用的寄存器和存储单元、所调用的其他子程序和示例，使用户根据调用说明就可方便地调用子程序，而不必逐条读懂子程序本身。

可采取如下的步骤进行设计：

（1）确定子程序的名称，写在第一个语句前。

（2）确定子程序的入口、出口参数。

（3）确定所使用的寄存器和存储单元及其使用目的。

（4）确定子程序的算法，编写源程序。

（5）编写子程序说明文件。

根据以上步骤可把前面例题中一些具有通用性又相对独立的功能编为子程序。

- 输入子程序。

子程序名：SUBIN。

功能：等待直到从标准输入设备（键盘）输入一个字符，不在标准输出设备（显示器）显示。

入口参数：无。

出口参数：输入字符的 ASCII 码存入 AL 寄存器。

子程序：

```
SUBIN   PROC
        MOV AH, 7          ; 07H 号 DOS 功能调用
        INT 21H
        RET
SUBIN   ENDP
```

注意：如果把功能号改为 01H，其他不变，则是带回显的键盘输入，即输入的字符在显示器上回显。

● 输出子程序。

子程序名：SUBOUT。

功能：从标准输出设备（显示器）输出一个字符。

入口参数：输出字符的 ASCII 码送 DL。

出口参数：在显示器上显示单个字符。

子程序：

```
SUBOUT    PROC
          MOV AH, 2
          INT 21H
          RET
SUBOUT    ENDP
```

例 5.38 将 16 位二进制数转为十进制数的 ASCII 码形式。

分析：16 位二进制数最大为 65536。要将它转换为十进制数就是看它包含了多少个 10000、多少个 1000……多少个 1 等（10^5、10^4、……1 称为十进制的位权）。要知道包含多少个 10000，只要连续做减法就可确定，即对某一位权减法次数的计算值就是十进制数的对应位的值。为实现循环的方便，位权存放在缓冲区 DDEC 中，计数器 BL 记录减法次数。

子程序名：DEC16OUT。

功能：将 AX 寄存器中的 16 位二进制数转为十进制数的 ASCII 码形式并显示输出。

入口参数：16 位二进制数存放在 AX 中。

出口参数：以十进制数形式输出该 16 位二进制数。

子程序：

```
DEC16OUT  PROC NEAR/FAR        ; 根据需要选择 NEAR 或 FAR 参数
          PUSH SI              ; 保护现场
          PUSH DI
          PUSH CX
          PUSH DX
          PUSH BX
          MOV CX, 5            ; 十进制数最多 5 位
          LEA SI, DDEC         ; SI 指向存放位权的缓冲区
          LEA DI, TBUFF        ; DI 指向存放十进制数的临时缓冲区
```

```
CONV:      XOR BL, BL           ; 减法次数计数器
           MOV DX, [SI]
REC:       SUB AX, DX           ; 减位权
           JC NEXT              ; 不够减，转去恢复数据
           INC BL               ; 够减，减法次数计数器加 1
           JMP REC
NEXT:      ADD AX, DX           ; 恢复 AX 的数值
           OR BL, 30H           ; 转换为 ASCII 码
           MOV [DI], BL         ; 存入结果单元
           INC SI               ; 修改位权字单元地址
           INC SI
           INC DI               ; 修改结果字节单元地址
           LOOP CONV            ; 未转换完，继续循环
           MOV CX, 5            ; 显示 5 位十进制数字
CRT1:      DEC DI
           MOV DL, [DI]         ; 将待显示字符的 ASCII 码送入 DL
           CALL SUBOUT          ; 调用显示输出子程序，入口参数 DL
           LOOP CRT1
           POP BX               ; 恢复现场
           POP DX
           POP CX
           POP DI
           POP SI
           RET
DEC16OUT   ENDP
```

说明：

代码转换是程序设计的常见内容。上述子程序中如果把位权改为 16^4、16^3、16^2、16^1，结果会如何呢？与例题 5.26 中所用方法比较哪个更好？

子程序中使用了 AX、BX、CX、SI 和 DI 多个寄存器，为保证子程序返回主程序前这些寄存器的内容不被改变，从而不影响主程序对这些寄存器的使用，在子程序开端部分要先使用堆栈指令把通用寄存器内容压栈，实行现场保护（有时还要用 PUSHF 保护标志寄存器的内容），再开始执行子程序具体的功能。在完成子程序的功能后，要先执行出栈指令，把寄存器的原内容送回到各个寄存器中，再执行 RET 指令返回主程序。由于堆栈具有 LIFO（后进先出）的特性，现场保护时寄存器出现的顺序应刚好跟现场恢复时的出现顺序相反。

3. 子程序的调用

子程序不能单独运行，必须通过使用 CALL 指令对其调用才能实现它的功能。子程执行完毕使用 RET 指令返回主程序断点处继续执行主程序。

例 5.39 多字节数相加。

分析：相加用子程序实现，有 4 个入口参数：SI、DI 分别指向两个加数的首地址，BX

指向和的首地址，CX 中存放多字节的长度。

源程序如下：

```
DATA    SEGMENT
VAR1    BYTE 12H，34H，56H，78H  ；低字节在低地址存储单元
VAR2    BYTE 1FH，45H，0EEH，30H
RES     BYTE 4 DUP（?）          ；存放两数之和
DATA    ENDS
STSEG   SEGMENT                  ；该逻辑段用作堆栈段，省略了组合类型参数
STBUF   WORD 100 DUP（?）
TOP     EQU LENGTH STBUF
STSEG   ENDS
CODE    SEGMENT
        ASSUME CS：CODE，DS：DATA，SS：STSEG
        START：MOV AX，DATA
        MOV DS，AX
        MOV AX，STSEG            ；装填 SS 段寄存器
        MOV SS，AX
        MOV SP，TOP              ；初始化堆栈指针
        LEA SI，VAR1             ；SI 指向第一个加数的首地址
        LEA DI，VAR2             ；DI 指向第二个加数的首地址
        LEA BX，RES              ；BX 指向和的首地址
        MOV CX，4                ；字节个数
        CALL MBINADD             ；调用加法子程序
        MOV AH，4CH
        INT 21H
；-------------------------------------------------------------
；子程序名：MBINADD
；功能：将两个多字节二进制数相加
；入口参数：SI、DI 分别指向两个加数的首地址，BX 指向和的首地址，
；CX 中存放多字节的长度
；出口参数：BX 指向和的首地址
        MBINADD PROC             ；子程序定义开始，默认类型参数为 NEAR
        PUSH AX                  ；保护现场
        PUSH BX
        CLC                      ；CF 清 0
LP：    MOV AL，[SI]             ；取第一个加数的一个字节
        ADC AL，[DI]             ；与第二个加数中的对应字节相加
        MOV [BX]，AL             ；存储结果
        INC SI                   ；指针加 1
```

```
        INC DI
        INC BX
        LOOP LP
        POP BX                      ; 恢复现场
        POP AX
        RET                         ; 返回指令
MBINADD  ENDP                       ; 子程序定义结束
; ------------------------------------------------
CODE    ENDS
        END START
```

说明：

1）本例中主程序与子程序之间利用寄存器进行参数传递。由于 BX 既作为入口参数，也作为出口参数，故对 BX 作现场保护和恢复；否则对传递出口参数的寄存器不能进行现场保护和恢复。

2）源程序中，演示了堆栈段在段定义中不使用 STACK 组合类型参数的情形下，如何装填段地址和初始化堆栈指针。这种方法可用于切换堆栈段。

4. 子程序参数传递方法

子程序可分为无参数子程序和有参数子程序两类，有参数子程序的使用更灵活。主程序调用子程序前，把要加工的数据传给子程序，这些数据称为入口参数；子程序执行完后，要把执行结果传回主程序进行处理，这些数据称为出口参数。

参数传递方式主要有三种：通过寄存器传递、通过堆栈传递和通过内存单元传递。

（1）通过寄存器传递参数。

例 5.38 和例 5.39 中，主程序先把入口参数送入某些寄存器，然后才调用子程序。子程序直接使用存放入口参数的寄存器进行处理。子程序处理完数据后，根据需要将执行结果作为出口参数存入寄存器中（例 5.38 不需要把出口参数存入寄存器），才返回主程序。返回主程序后，主程序对存放在寄存器中的出口参数进行相应的处理。要注意，对传递出口参数的寄存器不能进行现场保护和恢复。

用寄存器传递参数方便，执行速度快，但由于寄存器个数有限，只适用于参数较少的情况。

（2）通过堆栈传递参数。

使用堆栈传递参数时，主程序先把入口参数压栈，然后调用子程序。子程序从堆栈中弹出入口参数进行处理。子程序处理完数据后可将执行结果压栈，然后返回主程序，主程序再从堆栈中弹出出口参数进行相应处理。

例 5.40 分别对两个数组的（字节）无符号数求和及计算平均值，结果取为整数（四舍五入）。

分析：求和及平均值用子程序 SMEAN 实现，有两个入口参数：数组的首地址和长度。使用寄存器 AX 把两个参数依次压栈。出口参数直接存放在存储单元。子程序定义在与主程序不同的逻辑段中，主程序对子程序的调用属于段间调用，所以需把子程序定义为 FAR 型。子程序中利用 BP 指针访问堆栈中非栈顶数据。

```
DATA     SEGMENT
ARYA     BYTE 80, 85, 89
SUMA     WORD ?                 ; 存放数组 ARYA 的和，字变量
MEANA    BYTE ?                 ; 存放数组 ARYA 的平均值，字节变量
ARYB     BYTE 80, 81, 80, 80
SUMB     WORD ?
MEANB    BYTE ?
DATA     ENDS
STACK    SEGMENT PARA STACK 'STACK'
         BYTE 100 DUP (?)
STACK    ENDS
CODE     SEGMENT
         ASSUME CS: CODE, DS: DATA
START:   MOV AX, DATA
         MOV DS, AX
         MOV AX, SUMA-ARYA      ; 数组 ARYA 的长度
         PUSH AX                ; 压栈
         MOV AX, OFFSET ARYA    ; 数组 ARYA 的首地址
         PUSH AX                ; 压栈
         CALL SMEAN             ; 调用子程序
         MOV AX, SUMB-ARYB
         PUSH AX
         MOV AX, OFFSET ARYB
         PUSH AX
         CALL SMEAN
         MOV AH, 4CH
         INT 21H
CODE     ENDS
PROCE    SEGMENT
         ASSUME CS: PROCE, DS: DATA
SMEAN    PROC FAR               ; 子程序定义
         PUSH AX                ; 保护现场
         PUSH BX
         PUSH CX
         PUSH DX
         PUSH SI
         PUSH BP
         MOV BP, SP
         MOV CX, [BP+18]        ; 从堆栈中取数组长度送 CX
```

```
        MOV BX, CX              ; 数组长度送 BX
        MOV SI, [BP+16]         ; 从堆栈中取数组首地址送 SI
        XOR AX, AX              ; 累加器清 0
LOP:    ADD AL, [SI]            ; 数组求和
        ADC AH, 0
        INC SI                  ; 指针增 1
        LOOP LOP                ; CX 不为 0 则循环
        MOV [SI], AX            ; 将和存入存储单元
        XOR DX, DX              ; 被除数高 16 位清 0
        DIV BX                  ; 求数组的平均值
        SHL DX, 1               ; 余数乘 2
        CMP DX, BX              ; 2 倍余数与除数比较
        JB NEXT                 ; 2 倍余数比除数小，舍
        INC AX                  ; 2 倍余数比除数大，入（商 AX 增 1）
NEXT:   INC SI
        INC SI                  ; 指针指向存放平均值的存储单元
        MOV [SI], AL            ; 存放平均值
        POP BP                  ; 恢复现场
        POP SI
        POP DX
        POP CX
        POP BX
        POP AX
        RET 4                   ; 带立即数返回
SMEAN   ENDP
PROCE   ENDS
        END START
```

说明：

1）使用堆栈传送参数，编程者在程序的各个阶段应当弄清堆栈区域的参数变化，为减少出错，最好画出堆栈区参数的示意图。

2）在子程序中，使用 BP 访问堆栈中的两个入口参数。使用 BP 访问堆栈取出数据后，入口参数仍保留在堆栈中。如果子程序完成操作后直接返回主程序，那么每次调用后，堆栈中就会增加两个字的数据；若多次调用子程序，最终有可能发生“堆栈溢出”。因此，必须在子程序返回主程序前把入口参数“清除”掉，这可通过使用 RET 4 指令实现：把栈顶的断点地址弹出后，再把 SP 往下调 4 个字节，从而让堆栈恢复到调用子程序前的状态。

3）例题中虽用到了整个数组的数据，但并非把全部的数组元素作为入口参数，而只把数组首地址和长度作为入口参数，这是在要传送较多数据给子程序时常用的方法。

（3）通过存储单元传递参数。

使用存储单元传递参数时，主程序先把入口参数送入存储单元，然后调用子程序。子程

序从存储单元中读出入口参数进行处理。子程序处理完数据后可将出口参数送回存储单元，然后返回主程序。

例 5.41 将两个存放在内存的4位压缩BCD码转换为二进制数，结果放回内存单元中。

分析：4位压缩BCD码转换为二进制的算法：

（（（0×10+千位数）×10+百位数）×10+十位数）×10+个位数

转换功能用子程序BCD2B实现，入口参数为内存单元DBCD，存放4位压缩BCD码；出口参数为内存单元DBIN，存放转换后的二进制数。

```
.MODEL SMALL
.STACK 64
.DATA
BCD1    WORD 1234H
BIN1    WORD ?
BCD2    WORD 5678H
BIN2    WORD ?
DBCD    WORD ?
DBIN    WORD ?
.CODE
START:  MOV AX, @DATA
        MOV DS, AX
        MOV AX, BCD1
        MOV DBCD, AX          ；入口参数存入DBCD
        CALL BCD2B            ；调用子程序BCD2B
        MOV AX, DBIN
        MOV BIN1, AX          ；出口参数送入BIN1
        MOV AX, BCD2
        MOV DBCD, AX
        CALL BCD2B
        MOV AX, DBIN
        MOV BIN2, AX
        MOV AH, 4CH
        INT 21H
BCD2B   PROC NEAR             ；定义子程序
        PUSH AX               ；保护现场
        PUSH BX
        PUSH CX
        PUSH DX
        MOV BX, DBCD          ；取BCD码
        MOV CH, 4             ；循环次数，需处理4位BCD码
        MOV CL, 4             ；循环移位位数
```

```
        XOR AX, AX          ; 累加器清0
LP:     MOV DX, 10
        MUL DX              ; 累加和乘以10送AX
        ROL BX, CL          ; 循环左移4位
        MOV DX, BX          ; BX内容暂存到DX
        AND BX, 0FH         ; 屏蔽BX高12位
        ADD AX, BX          ; 累加1位BCD码
        MOV BX, DX
        DEC CH              ; 循环计数器减1
        JNZ LP              ; 不为0, 则继续循环
        MOV DBIN, AX        ; 存出口参数
        POP DX              ; 恢复现场
        POP CX
        POP BX
        POP AX
        RET
BCD2B   ENDP
        END START
```

使用堆栈或内存单元传递参数时，由于需要访存，因此执行速度不如寄存器传递参数的方式，但便于处理多个参数的情形。

5. 子程序的嵌套

子程序内还包含对其他子程序的调用，称为子程序的嵌套调用，图5.14为子程序的两层嵌套调用。子程序的嵌套调用与一般的调用完全相同。子程序可以多重嵌套，嵌套深度（层次）只受限于所开设的堆栈空间的大小。

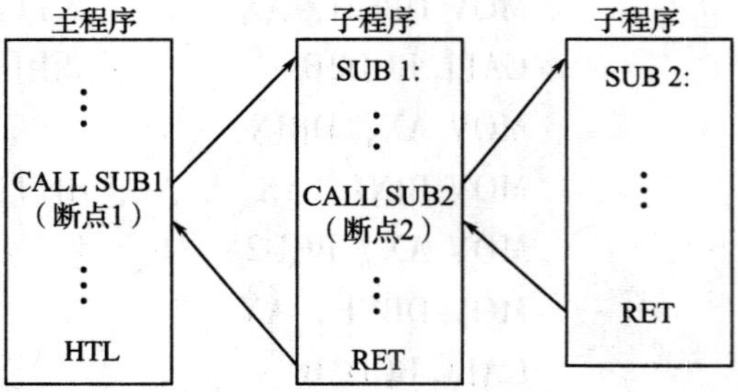

图5.14　子程序的两层嵌套调用

例5.42　将16位二进制数转换为十六进制数送屏幕显示。

分析：可使用02H号DOS功能调用（显示字符）来显示十六进制数。而将4位二进制数转换为对应的一位十六进制数的ASCII码方法已在例5.26中陈述：4位二进制数等于0000～1001时，该数加上30H；4位二进制数等于1010～1111时，该数则要加上37H。程序功能用子程序实现，其中的显示功能通过调用另一子程序实现。

```
.MODEL SMALL
.STACK 64
.CODE
START:  MOV DX, 0F120H       ; 待转换二进制数送入DX
        CALL B2HEX          ; 调用子程序
        MOV AH, 4CH
```

```
        INT 21H
; 子程序名：B2HEX
; 入口参数：待转换二进制数送入 DX
; 出口参数：显示 4 位十六进制数字
B2HEX   PROC NEAR               ; 定义子程序
        PUSH AX                 ; 保护现场
        PUSH CX
        MOV CH, 4               ; 循环次数，需处理 4 位十六进制数字
        MOV CL, 4               ; 循环移位位数
LOP:    ROL DX, CL              ; 循环左移 4 位
        MOV AL, DL
        AND AL, 0FH             ; AL 内容为一位十六进制数字
        CMP AL, 0AH
        JB NEXT                 ; AL 内容大于等于 A，加 37H
        ADD AL, 7
NEXT:   ADD AL, 30H             ; 否则，加 30H
        CALL DISP               ; 调用子程序，显示单个十六进制数字字符
        DEC CH
        JNZ LOP                 ; 计数器 CH 不为 0，则循环
        POP CX                  ; 恢复现场
        POP AX
        RET
B2HEX   ENDP
; 子程序名：DISP
; 入口参数：输出字符的 ASCII 码送 AL
; 出口参数：在屏幕显示单个字符
DISP    PROC NEAR               ; 定义子程序
        PUSH DX                 ; 保护现场
        MOV DL, AL              ; 输出字符的 ASCII 码送 DL
        MOV AH, 2               ; 02H 号 DOS 功能调用
        INT 21H
        POP DX                  ; 恢复现场
        RET
DISP    ENDP
        END START
```

6. 子程序的递归调用

子程序直接或间接地调用自身时，称为递归调用；含有递归调用的子程序称为递归子程序，递归子程序在理论和实用中都有重要的意义。由于篇幅所限，下面以两道题为例，简要介绍递归子程序的设计方法。

例 5.43 用递归子程序实现 NUM（NUM 的值大于 0 且小于 9）的阶乘，结果存入变量 FNUM 单元。

分析：用 F（n）表示 n 的阶乘，根据阶乘的定义有如下递归定义：

$$F(n)=\begin{cases} n\times F(n-1) & n>1 \\ 1 & n=1 \end{cases}$$

可根据此递归定义来编写递归子程序。假设已用递归子程序实现 F（n），入口参数 n 送入 AL，出口参数 n! 送 AX。根据 F（n）的递归定义，当 n > 1 时，要把 n - 1 作为入口参数送 AL，然后调用子程序。为避免把 AX 中原来的内容 n 冲掉，可先把 n 压栈。子程序返回后，把出口参数乘以 n（从堆栈中弹出）即得到 n!。如果 n = 1，则把 1 送 AX，然后返回调用程序。

```
DATA    SEGMENT
NUM     BYTE 8
RES     WORD ?
DATA    ENDS
STSEG   SEGMENT STACK
        BYTE 100 DUP (?)
STSEG   ENDS
CODE    SEGMENT
        ASSUME CS: CODE, DS: DATA
START:  MOV AX, DATA
        MOV DS, AX
        PUSH CX                 ; 保护现场
        PUSH DX
        XOR AH, AH
        MOV AL, NUM             ; 取 NUM，送 AL
        CALL FACT               ; 调用子程序
        MOV RES, AX             ; 存储结果
        POP DX                  ; 恢复现场
        POP CX
        MOV AH, 4CH
        INT 21H
FACT    PROC NEAR               ; 定义子程序
        PUSH AX                 ; AX 内容压栈
        DEC AX
        JNZ NEXT                ; AX 不为 1，继续递归调用
        POP AX                  ; AX 为 0，弹出 1 到 AX
        RET                     ; 返回调用程序
NEXT:   CALL FACT               ; 递归调用子程序，返回的出口参数存于 AX
        POP CX                  ; 弹出栈顶的数据，用于阶乘运算
        MUL CX
```

```
        RET                    ；返回调用程序
FACT    ENDP
CODE    ENDS
        END START
```

说明：

1）通常保护现场和恢复现场都是在子程序中完成。但在上例中，把两者放在主程序中的原因是，开设的堆栈空间不太大，要避免多次递归调用子程序时引起“堆栈溢出”。如果堆栈空间足够大，也可把保护现场和恢复现场放在递归子程序中完成。

2）为加深对递归子程序的理解，请读者画出堆栈操作指令、子程序调用和返回指令处的堆栈示意图。

3）NUM 可取零或更大的值时，程序该如何修改？

例 5.44 采用快速排序（Quick Sort）把一数组元素（无符号数）由小到大排列。

分析：为理解快速排序算法，先考虑日常生活中的例子，如把乱序排列的学生考试试卷按学号由小到大排列（学号范围 20090000 ~ 20091000）。一个可行的方案是：第一步，任选一个学号，比如 20090500，把全部试卷分为学号小于等于 20090500 与学号大于该值的两叠；第二步，再分别对这两叠试卷作类似的操作，即对学号不超过 20090500 的一叠用 20090250 分成 20090000 ~ 20090250 与 20090251 ~ 20090500 的两小叠，学号大于 2009500 的一叠则用 2009750 分为 2009501 ~ 2009750 和 2009751 ~ 20091000 的两小叠；第三步，用同样的方法把这四小叠再分成更小的八叠，……最终经过有限步之后，就可把试卷按学号的增序排好。

快速排序与此类似，其基本思想是任取一个数组元素作为基准值 pivot，通过扫描、交换元素的位置，使基准值处于正确的位置上（假设该位置下标为 k），并把数组 a [0]，a [1]，…，a [n] 分成两子数组，使得下标 0 ~ k - 1 的元素小于等于基准值（称为下段），下标 k + 1 ~ n 的元素大于基准值（称为上段）。如果这两子数组都排好序，则整个数组也就排好序了。为此再分别对两子数组实施同样的操作，重复这一过程，直到子数组中的元素为 1 个（也可能为 0 个），因为当子数组的元素不超过 1 个时，该子数组自然已排序完毕。

这里的关键是如何确定基准值的正确位置和保证下段不超过基准值，而上段大于基准值。假设把 a [0] 取为基准值，排序后正确位置的下标为 k。为确定 k 值，可使用正向扫描指针 SI 从 a [1] 开始往下标增大方向进行正向扫描，还要使用反向扫描指针 DI 从 a [n] 开始往下标减小方向进行反向扫描，具体步骤如下。

(1) 只要 SI 指向的元素不大于基准值或 SI 不大于 DI，SI 就指向下一个元素（SI 增加）。否则，要么 SI 仍处于下段范围，但指向的元素实际上属于上段；要么 SI 已进入上段，此时进入 (2)。

(2) 只要 DI 指向的元素大于基准值，DI 就指向上一个元素（DI 减小）。否则，DI 仍处于上段范围，但指向的元素实际上属于下段；或者 DI 已进入下段范围，此时进入 (3)。

(3) 如果 SI 不大于 DI 就意味着 SI 处于下段而 DI 处于上段，此时交换两者所指向的元素，然后返回 (1)。否则，SI 大于 DI 就意味着 SI 已进入上段范围，由于是先进行正向扫描，所以 DI 所指位置就为上、下段分界位置，也即 k 值，此时进入 (4)。

(4) 交换基准值 a [0] 与 DI 指向的元素，则基准值就处于正确位置上（该元素下标为 k）；同时下标小于 k 的元素均不大于基准值，下标大于 k 的元素都大于基准值。

由上面的分析可知，快速排序便于用递归子程序实现。子程序名为 QSORT，入口参数为数组的第一个元素的地址和最后一个元素的地址，分别送入 SI 和 DI，出口参数则为增序排列的数组。

源程序如下：

```
EXCHG   MACRO   MEM1, MEM2, REG    ；带号数宏定义，交换两内存单元
        MOV REG, MEM1
        XCHG REG, MEM2
        MOV MEM1, REG
ENDM
.MODEL SMALL
.STACK 1024
.DATA
VAL     BYTE 0H, 0H, 1H, 1H, 3H, 2H, 0H
                                   ；待排序数组 a [0], a [1], …, a [n]
VEND    EQU  $ -1                  ；数组最后一个元素的偏移地址
.CODE
START:  MOV AX, @DATA
        MOV DS, AX
        MOV SI, OFFSET VAL         ；SI 指向数组第一个元素
        MOV DI, VEND               ；DI 指向数组最后一个元素
        CALL QSORT                 ；调用子程序 QSORT 对数组排序
        MOV AH, 4CH
        INT 21H
QSORT   PROC NEAR                  ；定义子程序
        PUSH AX                    ；保护现场
        PUSH BX
        PUSH CX
        PUSH SI
        PUSH DI
        CMP DI, SI
        JZ EXIT                    ；数组只有一个元素则转移到 EXIT
        MOV BX, SI                 ；暂存 SI
        MOV CX, DI                 ；暂存 DI
        MOV AL, [SI]               ；基准值送入 AL
        INC SI
        CMP DI, SI
        JNZ SCANU                  ；数组元素个数大于 2 则转移 SCANU
        CMP AL, [DI]               ；否则，比较 a [0] 与 a [1]
        JNA EXIT
```

```
        EXCHG [SI-1], [DI], AH      ; a [0] >a [1] 则交换两者
        JMP EXIT
SCANU:  CMP DI, SI
        JB PIVOT                    ; DI 小于 SI 则转移到 PIVOT
        CMP AL, [SI]                ; 否则，比较基准值与 SI 指向的元素
        JB SCAND                    ; SI 指向元素大于基准值则转移 SCAND
        INC SI                      ; 否则，SI 指向下一个元素
        JMP SCANU                   ; 转移到 SCANU，内循环
SCAND:  CMP AL, [DI]
        JAE SWAP                    ; DI 指向元素不大于基准值则转移 SWAP
        DEC DI                      ; 否则，DI 指向上一个元素
        JMP SCAND                   ; 转移到 SCAND，内循环
SWAP:   CMP DI, SI
        JB PIVOT                    ; DI 小于 SI 就转移到 PIVOT
        EXCHG [SI], [DI], AH        ; 否则，交换 SI 与 DI 指向的数组元素
        INC SI                      ; SI 指向下一个元素
        DEC DI                      ; DI 指向上一个元素
        JMP SCANU                   ; 转移到 SCANU，外循环
PIVOT:  EXCHG [BX], [DI], AH        ; 交换基准值到正确位置
        DEC DI
        CMP DI, BX                  ; (DI+2) -BX 为下段子数组元素个数
        JB SUBLD                    ; 下段元素个数小于 2 转移 SUBLD
        MOV SI, BX
        CALL QSORT                  ; 否则，调用 QSORT 对下段子数组排序
SUBLD:  ADD DI, 2
        CMP CX, DI                  ; CX-DI+1 为上段子数组元素个数
        JBE EXIT                    ; 上段元素个数小于 2 转移 EXIT
        MOV SI, DI
        MOV DI, CX
        CALL QSORT                  ; 否则，调用 QSORT 对上段子数组排序
EXIT:   POP DI                      ; 恢复现场
        POP SI
        POP CX
        POP BX
        POP AX
        RET
QSORT   ENDP
        END START
```

说明：

1）快速排序是目前所有排序方法中最快的一种算法，有关其算法的分析请参考数据结构或算法设计等有关课程。

2）由例题可知使用递归子程序对堆栈的“消耗”相当大，当数组元素个数多时，应开设足够的堆栈空间。

7. 子程序与宏指令的比较

子程序与宏指令的共同点：都可简化程序设计，增强程序的可读性。

子程序与宏指令的不同点：使用子程序编程可减小目标代码的体积，从而节省内存存储空间（存储程序的空间，不包括运行子程序所占用的堆栈空间），而且子程序的调用是由CPU在运行程序时完成的。宏指令不能减小目标代码的体积和节省内存存储空间，宏指令是在汇编时完成展开的。

由于现在计算机的内存很大，且宏指令执行速度快，调用带参数的宏指令比调用带参数的子程序方便，因此在设计大型程序时，宏指令的使用也很广泛。但是宏指令无法完全取代子程序，综合来看，还是子程序用得较多。

5.6.5 系统功能的调用

BIOS和DOS是两组系统服务软件的集合，它们能让程序方便地访问、使用硬件资源，比如从键盘读取字符，在显示器上显示信息，读写磁盘等。在实模式下，要使用硬件资源有三种方式：直接访问硬件、BIOS调用和DOS调用。三种方式在编程的复杂性和程序的可移植性方面各有利弊。

直接访问硬件是指使用I/O类指令（IN和OUT）访问外设，使外设完成指定的操作。这种程序的编写相当繁杂，还要求编程人员对外设硬件非常熟悉。因为直接访问硬件的程序可移植性很差，如果不是为得到更高的执行效率和获得DOS与BIOS不支持的功能，一般情形下，应用程序不应直接与硬件打交道。

BIOS是一组最底层的系统软件程序，固化在系统主板上的只读存储器（ROM）中，计算机加电后，就可以随时调用BIOS程序。BIOS程序通过直接和外设通信，为编程人员提供了一个使用硬件的简单接口。在应用程序中调用BIOS功能可提高编程效率，同时使程序获得较高的运行效率。由于采用BIOS调用的程序在有些80x86兼容机上存在不能运行的风险，除非高运行效率或使用DOS无法提供的功能对程序是至关重要的，否则就应该使用DOS功能调用而非BIOS调用。

DOS曾经是PC上最为广泛使用的操作系统，它为编程人员提供了丰富的服务程序。DOS在更高的层次上提供了与BIOS同样的功能，DOS的许多功能其实就是通过调用BIOS实现的。DOS功能调用比BIOS功能调用更容易使用，且使用DOS功能调用的程序的可移植性更好；但使用DOS功能调用的程序的运行效率比BIOS的低，且DOS提供的功能也没有BIOS的丰富。

1. DOS功能调用

DOS服务程序的作用与子程序类似，但使用时不是通过CALL指令来调用，而是采用软件中断方式来调用。简单地说，中断是让CPU停止当前正在处理的工作，而去运行其他程序（称为中断服务程序）的信号；完成中断服务程序后，CPU执行中断返回指令（IRET）

返回原来被停止的程序继续运行。中断信号可由 CPU 产生（比如除数为0），或由 CPU 外部硬件产生（比如 I/O 设备），也可以用 INT 指令由软件产生。

应用程序通过 INT 21H 软中断指令进行 DOS 系统调用，可采用如下格式：

```
MOV      AH，功能号
设置入口参数
INT      21H
处理出口参数
```

其中21H是中断向量，由它确定“21H 型中断服务程序”的入口地址。“21H 型中断服务程序”包含多个功能子模块，调用时需把相应子模块的功能号作为立即数送入 AH。

本小节主要介绍几个最常用的输入/输出 DOS 功能调用。

（1）输入功能调用。

【功能号：01H】

功能：等待从键盘键入一个字符，并回显该字符（一般在显示屏上）；响应 Ctrl－Break（即从键盘输入 Ctrl－Break，DOS 将调用 INT 23H 中断处理程序，强行结束用户程序）。

入口参数：无。

出口参数：AL＝键入字符的 ASCII 码。若 AL＝0，则表示键入的是一个扩展 ASCII 字符（如功能键、ALT 或光标键），要再次调用本功能才能返回该字符的扩展码部分。

【功能号：08H】

功能：等待从键盘键入一个字符，不回显；响应 Ctrl－Break。

入口参数：无。

出口参数：AL＝键入字符的 ASCII 码。若 AL＝0，则表示键入的是一个扩展 ASCII 字符，要再次调用本功能才能返回该字符的扩展码部分。

【功能号：0AH】

功能：等待从键盘输入一串字符（须以〈Enter〉键作为结束），送入应用程序的数据缓冲区；响应 Ctrl－Break。

入口参数：DS:DX 必须指向从键盘接收字符串的数据缓冲区的首地址（段地址与偏移地址）。此缓冲区长度必须比接收的字符数多两个字节，第一个字节指定缓冲区能接收的字符数（应把结束符的〈Enter〉键计算在内），必须非0。

出口参数：数据缓冲区的第二个字节为实际接收的字符个数，最后一个字节为0DH（〈Enter〉键的 ASCII 码）；其间的字节存放接收的字符的 ASCII 码。

说明：当键入字符数等于数据缓冲区指定的接收字符数减1时，其后键入的字符将被略去并响铃直到接收〈Enter〉键为止。

【功能号：0BH】

功能：查询有无键盘输入；响应 Ctrl－Break。

入口参数：无。

出口参数：AL＝0 表示无键入，AL＝FFH 表示有键入。

（2）输出功能。

【功能号：02H】

功能：屏幕显示一个字符；响应 Ctrl－Break。

入口参数：DL＝待显示字符的 ASCII 码。

出口参数：无。

【功能号：05H】

功能：向打印机发送一个字符。

入口参数：DL＝待发送字符的 ASCII 码。

出口参数：无。

说明：调用该功能时，DOS 自动检测打印机状态；如果打印机未准备就绪，DOS 会在屏幕上显示出错信息。

【功能号：09H】

功能：屏幕显示字符串；响应 Ctrl－Break。

入口参数：DS：DX＝待显示字符串的首地址，字符串须以字符“$”作结束标志（该字符不显示）。

出口参数：无。

（3）结束程序功能。

【功能号：4CH】

功能：终止当前程序的运行，把控制权交给调用它的程序，由被终止程序打开的全部文件都被关闭。该功能把程序占用的内存空间交还给 DOS 另行分配，还根据被终止程序的运行情况返回错误码或在程序中设定的“返回码”。

入口参数：AL＝返回码（或者不设置）。

出口参数：无。

2. BIOS 功能调用

BIOS 功能调用与 DOS 功能调用类似，可采用如下格式调用：

```
MOV AH，功能号
设置入口参数
INT n
处理出口参数
```

其中 INT n 为对应中断类型码 n 的软中断指令。

常用的 BIOS 功能中有相当一部分是实现屏幕的文本方式和图形方式操作的。它们很实用，但使用起来相对复杂一些，请参考有关文献。本小节仅介绍两个常用的有关键盘输入的 BIOS 功能调用。

BIOS 的键盘输入功能使用 INT 16H 调用。

【功能号：00H】

功能：等待从键盘键入一个字符，不回显；响应 Ctrl－Break。

入口参数：无。

出口参数：AL＝键入字符的 ASCII 码。若 AL＝0，则 AH＝键入字符的扩展码。

【功能号：01H】

功能：查询有无键盘输入，不回显；响应 Ctrl－Break。

入口参数：无。

出口参数：

（1）ZF =0，有键输入；AL = 键入字符的 ASCII 码，AH = 键入字符的扩展码。注意，该功能调用结束后，键的 ASCII 码仍保留在键盘分缓冲区中。

（2）ZF =1，无键入。该功能常用于不等待键盘输入的情形，参考例题 5. 30。

思考题与习题

1. 指令语句、伪指令语句和宏指令语句有何区别?

2. 画图说明下列伪指令语句所定义的数据在内存中的存放形式。

```
VAL1    BYTE   '345'
VAL2    BYTE 3DUP(?)
VAL3    WORD  0FE56H,   2  DUP   (12H)
```

并回答:

LENGTH VAL1 = (　　　)

TYPE　VAL1 = (　　　)

LENGTH VAL2 = (　　　)

TYPE　VAL2 = (　　　)

LENGTH VAL2 = (　　　)

TYPE　VAL2 = (　　　)

3. 有伪指令语句如下:

```
DATA_ 1 BYTE 2, 3, 4, '567'
DATA_ 2 BYTE 8, 9, 10
LT1     EQU  $ - DATA_ 1
LT2 EQU DATA_ 2 - DATA_ 1
ORG 4
DATA_ 3 BYTE 0AH, 0BH, 0CH, 0DH
```

则：LT1 = (　　　)

LT2 = (　　　)

DATA_ 2 +1 单元的内容 = (　　　)

4. 说明宏是如何定义、调用和展开的。

5. 编写一个带参数的宏实现求 16 位通用寄存器内容的 3 倍积。要求：结果仍存入原寄存器，不能使用乘法指令。

6. 阅读下列程序，并回答问题（假设 DS =00BFH）:

```
. MODEL SMALL
. DATA
ORG 1000H
NUM     BYTE 48H, 8DH
RES     BYTE ?
. STACK 100
. CODE
START:  MOV AX, @DATA
        MOV DS, AX
        MOV SP, 100H
        LEA BX, NUM
```

```
MOV AL, [BX]
SUB AL, [BX+1]
PUSH AX
PUSHF
ADD AL, AL
POPF
POP AX
MOV [BX+2], AL
MOV AH, 4CH
INT 21H
END START
```

问题：

（1）分析程序运行后，存储器的数据段中数据存放情况，填入具体数据。

（2）分析最后标志位 OF、SF、ZF、AF、PF 和 CF 的状态（其他各位假定为 0）。

（3）分析堆栈进栈情况，进栈后，SP 是多少？堆栈中填入具体数据。

7. 编程实现利用查表法求 73 的平方，假设从 SQTAB 为首地址的内存中放有 0～100 的平方值，结果送入 RES 字单元中。

8. 是否多分支结构程序都可通过双分支结构来实现？试举例说明在什么条件下用地址表法或转移表法实现多分支转移能有较高的运行效率。

9. 阅读程序：

```
.MODEL SMALL
.DATA
AA DB 0A7H, 89H, 23H, 8EH
BB DB 0B0H, 87H, 94H, 62H
CC DB 5 DUP (?)
COUNT EQU 0004H
.CODE
START: MOV AX, @DATA
       MOV DS, AX
       MOV ES, AX
       CLD
       LEA DI, AA
       LEA SI, BB
       AND AX, AX
       MOV BX, OFFSET CC+4
       MOV CX, COUNT
MUL1:  MOV AL, [DI+3]
       ADC AL, [SI+3]
       MOV [BX], AL
       DEC DI
       DEC SI
       DEC BX
       DEC CX
       JNZ MUL1
```

```
        MOV AL, 0
        RCL AL, 1
        MOV [BX], AL
        MOV AH, 4CH
        INT 21H
        END START
```

回答下列问题：

（1）该程序实现什么操作？

（2）程序执行后，CC+3 单元的内容是什么？

（3）程序执行后，BX 所指单元的内容是什么？

（4）程序中，指令 AND AX，AX 的作用是什么？能用其他指令替代吗？

（5）程序中，指令 MOV AL，0 能用 XOR AL，AL 替代吗？为什么？

10. 写一个宏，判断从键盘输入的一个字符是否为大写字母；若是就转换为小写字母，否则不转换。

11. 学生成绩存放在 SCORE 单元（60～100 分），试用地址表法或转移表法实现：100 分，屏幕显示“A+”，90～99 分显示“A”，80～89 分显示“A-”，70～79 分显示“B+”，60～69 分显示“B”。

12. 循环程序由几部分构成？各部分的功能是什么？

13. 常用的循环程序的控制方法有哪几种？分别适用于什么场合？

14. 阅读程序：

```
DATA   SEGMENT
NUM    WORD 8096H
RES    BYTE ?
DATA   ENDS
CODE   SEGMENT
       ASSUME CS: CODE, DS: DATA
START: MOV AX, DATA
       MOV DS, AX
       MOV CX, 16
       MOV AX, NUM
LOP1:  AND AX, AX
       JZ DONE
       SHL AX, 1
       JNC NEXT
       INC CH
NEXT:  DEC CL
       JNZ LOP1
DONE:  MOV RES, CH
       MOV AH, 4CH
       INT 21H
CODE   ENDS
       END START
```

回答下列问题：

（1）该程序的功能是什么？

（2）程序运行结束时，RES 单元的内容是什么？

（3）指令 AND AX，AX 在程序中的作用是什么？

15. 100 个学生某科考试成绩（0 ~ 100 分）存放在以 RECORD 为首的内存单元中，统计 0 ~ 59 分、60 ~ 69 分、70 ~ 79 分、80 ~ 89 分、90 ~ 99 分、100 分的人数；并计算全班的平均成绩，保留整数位，结果四舍五入。

16. 假设 6 位由字母或数字构成的密码（ASCII 码）存储在以 PWRD 为首地址的内存单元中。编程实现：首先显示"Please enter the password:"，然后等待键盘输入字符串，若与存储的密码相符，显示欢迎信息"Welcome!"；否则，再次提示输入，总共有三次输入机会，每次输入错误后，显示出错信息"Wrong password,?? tries left."，?? 用具体数字替代。三次都输入错误，显示"ACCESS DENIED!"并结束程序。

17. 字节数组 DATA1 中，存放有 10 个不等的符号数，编程实现求最大值、最小值，以及两者存放单元的偏移地址。

18. 调用程序与子程序间传递参数有几种常用方式？各有何特点？

19. 试比较子程序与宏指令。

20. 阅读程序，回答问题：

（1）该子程序的功能是什么？

（2）子程序的入口参数、出口参数分别是什么？

```
SUB2   PROC NEAR/FAR
       PUSH CX
       PUSH AX
       MOV CX, 16
BIN1:  ROL BX,    1
       MOV AL, BL
       AND AL, 1
       ADD AL, 30H
       CALL SUBOUT; 调用显示子程，入口参数 AL
       LOOP BIN1
       POP AX
       POP CX
       RET
SUB2   ENDP
```

21. 编写子程序实现两个多字节压缩 BCD 码相减，并显示结果。

22. 编写子程序实现把键盘输入任意组合的 8 位 0、1 字符转换为等值的二进制数，送数据段 BIN1 字节单元。

23. 编写递归子程序，计算 a^n 的值。

24. 试用递归子程序解决"梵塔"问题（The Towers of Hanoi）：

（1）有三根杆子 A、B、C。A 杆上有若干大小不等的碟子，小的叠在大的上面。

（2）每次移动一块碟子，小的只能叠在大的上面。

（3）把所有碟子从 A 杆全部移到 C 杆上。

25. 下列数据段中定义了 0AH 号 DOS 功能调用的键盘输入数据缓冲区 BUF，（a）和（b）的值相同吗？假设要完全接收长度为 5 的字符串（不包括结束的回车符），（a）和（b）的值至少分别为多大？此时缓冲区共有多少个字节？且完成键盘输入后，缓冲区第二个字节的值是多少？

```
DATA    SEGMENT
BUF     BYTE (a),?, (b) DUP (?)
DATA    ENDS
```

第3篇 存储系统与输入/输出系统

存储器是计算机的核心部件之一。CPU与主存储器组成计算机主机。主机与输入/输出设备相连组成完整的计算机系统。

本篇介绍存储系统与输入/输出系统。

第6章　存储系统

我们知道，计算机由5个部分组成。从另一角度看，计算机由三大部分组成：①中央处理单元（CPU），②存储系统（Memory），③I/O接口（I/O Interface）。其中存储系统用于存放程序和数据，是计算机的核心部件之一。处理机在执行程序时，总是从当前程序计数器PC所指定的存储器单元取出指令执行。另外，load指令从存储器中读取数据，由ALU或者浮点部件对其加以运算，并由store指令把运算结果存放到存储器中。

本章重点介绍主存储器的分类、工作原理、组成方式及它与其他部件（如CPU）的联系。此外，还介绍了高速缓冲存储器、磁表面存储器等的基本组成和工作原理。通过介绍使读者建立起存储器层次结构的概念。

6.1　概述

6.1.1　存储器的分类

存储器是计算机系统中的记忆设备，用来存放程序和数据。随着计算机的发展，存储器在系统中的地位越来越重要。由于超大规模集成电路的制作技术，使CPU的速度高得惊人，而存储器的取数和存数的速度与它很难匹配，导致计算机系统的运行速度在很大程度上受存储器速度的制约。此外，由于I/O设备的不断增多，如果它们与存储器打交道都通过CPU来实现，这将大大降低CPU的工作效率。为此，出现了I/O与存储器的直接存取方式（DMA），这也使存储器的地位更为突出。尤其在多处理机系统中，各处理机本身都需要与其主存交换信息，而且各处理机在互相通信中，也都需共享存放在存储器中的数据。因此，存储器的地位就更为重要。可见，从某种意义而言，存储器的性能已经成为计算机系统的核心。

当今，存储器的种类繁多，从不同的角度对存储器可作不同的分类。

1. 按存储介质分类

存储介质是指能寄存“0”、“1”两种代码并能区别两种状态的物质或元器件。存储介质主要有半导体器件、磁性材料和光盘等。

（1）半导体存储器。

存储元件由半导体器件组成的叫半导体存储器。现代半导体存储器都用超大规模集成电路工艺制成芯片，其优点是体积小、功耗低、存取时间短。其缺点是当电源关闭时，所存信息随之丢失，所以，它是一种易失性存储器。近年来已研制出用非挥发性材料制作的半导体存储器，克服了信息易失的弊病。

半导体存储器又可按其材料的不同，分为双极型（TTL）半导体存储器和MOS半导体存储器两种。前者具有高速的特点。后者具有高集成度的特点，并且制造简单、成本低廉、功耗小，故MOS半导体存储器被广泛应用。

（2）磁表面存储器。

磁表面存储器是在金属或者塑料基体的表面上涂一层磁性材料作为记录介质的存储器，这种存储器工作时磁头在磁层上进行读写操作，故称为磁表面存储器。按载磁体形状的不同，可分为磁盘、磁带和磁鼓。现代计算机已很少采用磁鼓。由于磁表面物质为磁性材料，磁化后它们按照剩磁状态的不同而区分“0”和“1”，而且剩磁状态可以长时间保留，不会轻易丢失，故这种存储器具有非易失性的特点。

（3）磁芯存储器。

磁芯是由硬磁性材料制作的环状元件，在磁芯中环绕驱动导线（通电流）和读出导线，这样便可以进行读写操作。磁芯属于磁性材料，故它也是不易失的永久记忆存储器。不过，磁芯存储器的体积过大、工艺复杂、功耗太大，故20世纪70年代后，这种存储器逐渐被半导体存储器取代，目前几乎不再使用。

（4）光盘存储器。

光盘存储器是应用激光在记录介质（磁光材料）上进行读写的存储器，同样具有非易失性的特点。由于光盘具有记录密度高、耐用性好、可靠性高和可互换性强等特点，光盘存储器被越来越多地应用于计算机系统。

2. 按存取方式分类

按存取方式可把存储器分为随机存储器、只读存储器、顺序存储器和直接存取存储器等4类。

（1）随机存储器（Random Access Memory，RAM）。

RAM是一种可读写存储器，其特点是存储器的任何一个存储单元的内容都可以随机存取，而且存取时间与存储单元的物理位置无关。计算机系统中的主存都采用这种随机存储器。由于存储信息原理的不同，RAM又分为静态RAM（用触发器寄存信息）和动态RAM（通过电容充放电寄存信息）两种。

（2）只读存储器（Read Only Memory，ROM）。

只读存储器是能对其存储的内容读出，而不能对其重新写入的存储器。这种存储器一旦存入了信息，在程序执行过程中，只能将其中的信息读出，而不能重新写入新的信息去改变原来的信息。因此，通常用它存放固定不变的程序、常数以及汉字字库等，甚至用于操作系统的固化。它和随机存储器共同作为计算机主存的一部分，统一构成主存的地址域。

早期只读存储器在制作时，厂家根据用户要求采用掩膜工艺，把原始信息记录在芯片中，一旦制作成以后就不能更改，叫做掩膜只读存储器（Masked ROM，MROM）。随着半导体技术的发展和用户需求的变化，只读存储器先后派生出可编程只读存储器（Programmable ROM，PROM）、可擦除可编程只读存储器Erasable Programmable ROM，EPROM）以及电可擦除可编程只读存储器（Electrically Erasable Programmable ROM，EEPROM）。近年来还出现了快擦型存储器（Flash Memory），它具有EEPROM的特点，而速度快得多。

（3）串行访问存储器。

如果对存储单元进行读写操作时，需按其物理位置的先后顺序寻找地址，则称这种存储器为串行访问存储器。显然这种存储器由于信息所在位置不同，使得读写时间均不同。如磁带存储器，不论信息处于什么位置，读写时必须从其介质的开始位置按顺序查找，故这类串行访问的存储器又叫顺序存取存储器。还有一种属于部分串行访问的存储器，如磁盘。在对磁盘读写时，首先直接定位该存储器中的某个小区域（磁道），然后再顺序寻访，直至找到准确位置，故其前段是直接访问，后段是串行访问，称其为直接存取存储器。

3. 按在计算机中的作用分类

按在计算机系统中的作用不同，存储器又可分为主存储器、辅助存储器、缓冲存储器。

主存储器的主要特点是它可以和 CPU 直接交换信息。辅助存储器是主存储器的后援存储器，用来存放当前暂时不用的程序和数据，它不能与 CPU 直接交换信息。两者相比，主存速度快、容量小、每位价格高；辅存速度慢、容量大、每位价格低。缓冲存储器用在两个速度不同的部件中，如 CPU 与主存之间可设置一个快速缓冲存储器（有关内容在 6.3 节讲述），起到缓冲作用。

综上所述，存储器分类如下所示：

- 存储器
  - 主存储器
    - 随机存储器（RAM）
      - 静态 RAM
      - 动态 RAM
    - 只读存储器（ROM）
      - MROM
      - PROM
      - EPROM
      - EEPROM
  - 快擦型存储器（Flash Memory）
  - 辅助存储器
    - 磁盘
    - 磁带
    - 光盘
  - 缓冲存储器

6.1.2 主存的主要技术指标

大容量、高速度、低价格、高可靠的存储器不仅是计算机系统结构设计人员追求的目标，也是用户评价存储器性能的主要技术指标。

1. 存储容量

存放一个机器字的存储单元，称为字存储单元，相应的单元地址称为字地址。存放一个字节的单元，称为字节存储单元，相应的地址称为字节地址。如果计算机中可编址的最小单位是字存储单元，则该计算机称为按字寻址的计算机。如果计算机中可编址的最小单位是字节，则该计算机称为按字节寻址的计算机。一个机器字可以包含数个字节，所以一个字存储单元也可包含数个能够单独编址的字节地址。

一个存储器中的存储单元总数称为该存储器的存储容量。存储容量越大，能够存储的信息就越多。常用的存储容量单位为字（Word）和字节（Byte），如 64K 字、512KB、64MB。外存储器（如硬盘）中为了表示更大的存储容量，采用 GB、TB 等单位。其中 $1KB = 2^{10}B$，$1MB = 2^{20}B$，$1GB = 2^{30}B$，$1TB = 2^{40}B$。B 表示字节，一个字节定义为 8 个二进制位，所以计算机中一个字的字长通常是 8 的倍数。存储容量反映了存储空间的大小。

2. 存取时间

从存储器中读出信息的操作称为读操作。把信息存入存储器的操作称为写操作。读、写操作统称为“访问”。存取时间又称为存储器访问时间（Memory Access Time），是指从存储器接收到读（或写）申请命令到从存储器读出（或写入）信息所需的时间，用 T_A 表示。存取时间 T_A 反映了存储器的存取速度，决定了 CPU 进行一次读写操作必须等待的时间。目前大多数计算机存储器的存取时间为 ns（纳秒）级，$1ns = 10^{-9}s$。

3. 存取周期

存取周期指存储器连续启动两次访问操作所需间隔的最小时间，用 T_M 表示。有些存储器的读出操作是破坏性的，读出信息后，原来的信息会被破坏，所以在读出信息的同时要立即将其重新写回到原来的存储单元中，然后才能进行下一次访问。即使是非破坏性读出的存储器，读出信息后也不能立即进行下一次读写操作，因为存储介质和有关控制线路都需要有一段稳定恢复的时间。所以，存取周期的全部时间是存储器进行连续访问所允许的最小时间间隔。通常，T_M 略大于 T_A，其时间单位为 ns。

4. 存储器带宽

存储器带宽是单位时间里存储器所存取的信息量，用 B_m 表示，通常以 bit/s 或 B/s 为单位。如果存储器传送的数据宽度为 Wbit，一般情况下 W 与存储器字长一致，则存储器被连续访问时，其带宽为

$$B_m = \frac{W}{T_M}(\text{bit/s})$$

5. 价格

价格是衡量经济性能的重要指标。因为各种机型存储容量差别很大，所以通常用每位价格来描述。设 C 是具有 S 位存储容量的存储器总价格，则每位价格 P = C/S。其中，总价格 C 一般与存储器容量成正比，而与存取时间或存取周期成反比：

$$C \propto \frac{S}{\text{存取周期或存取时间}}$$

一般说来，存储器的存取时间越短，存储元件价格越高。所以 P 不仅是存储器每一位的价格，也反映了存储元件的访问速度。

6. 可靠性

存储器的可靠性一般用存储器的平均无故障工作时间（Mean Time Before Failure，MTBF）来衡量。MTBF 越长，表示存储器的可靠性越好。

6.2 存储原理

6.2.1 半导体存储器的存储原理

半导体存储器的核心是存储阵列，它由一系列的基本记忆单元组成。目前广泛使用的半导体存储器是 MOS 半导体存储器和双极型半导体存储器。根据存储信息的原理不同，MOS 半导体存储器又分为静态 MOS 存储器（SRAM）和动态 MOS 存储器（DRAM）。半导体存储器的优点是存取速度快，存储体积小，可靠性高，价格低廉；缺点是断电后存储器不能保存信息。

1. 双极型半导体存储器

图 6.1 是存储二进制一位信息的双极型存储元件电路。T_1、T_2 两只双发射极晶体管交叉

耦合构成触发器，保证在没有外界信号作用时 T_1、T_2 只能处于两种截然相反的稳定状态。设 T_1 截止、T_2 导通，则 C_1 高电平表示存储信息“1”，反之表示存储信息“0”。两管的第 1 发射极 e_1、e_2 分别和位线 $\overline{D}$、D 相连，平时位线维持在高电平。两管的第 2 发射极 e'_1、e'_2 与字选择线相连。如果存储单元没有被选中，那么字选择线为低电平。当存储单元被选中时，字选择线电平变高，第 2 发射极反向截止，C 极上存储的位信息择过导通的第 1 发射极送至位线——读操作，或位线上的位信息通过导通的第 1 发射极写入 C 极——写操作。

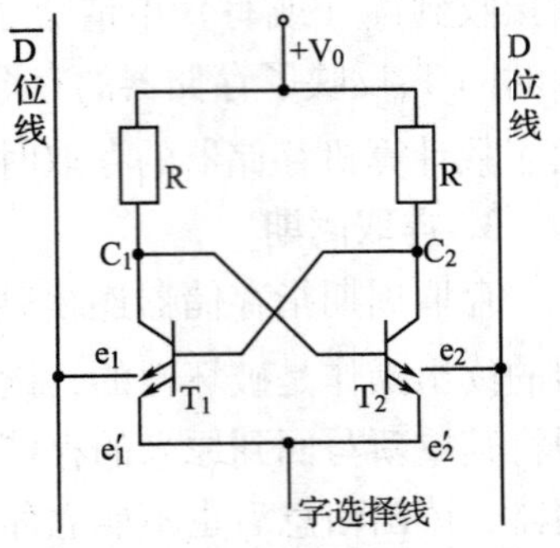

图 6.1　双极型存储元件电路

双极型晶体管的开关时间短，所以存取速度比 MOS 存储器快得多，且电路结构简单、开启电压低，多用于小容量快速缓冲存储器；缺点是功耗较大，多射极间的交叉漏电流容易造成存储元件误动作。

2. SRAM

静态随机访问存储器（Static Random Access Memory，SRAM）是相对于动态而言的，不需要刷新。一位存储单元的结构如图 6.2 所示，它用来存储一位二进制信息“0”或者“1”。图 6.2a 是简化的原理图，两个非门输入输出交叉耦合，构成触发器；图 6.2b 是六管 SRAM 的结构图，由两个 MOS 反相器构成非门。

图中 T_3、T_4 是负载管，T_1、T_2 是工作管。若 T_1 截止，A 点为高电位，使 T_2 管导通，于是 B 点处于低电位，而 B 点的低电位使 T_1 管更加可靠地截止，因此，这是一个稳定的状态。反之，如果 T_1 导通，A 点为低电位，使 T_2 管截止，于是 B 点处于高电位，而 B 点的高电位使 T_1 管更加可靠地导通，因此，这也是一个稳定的状态。所以，该电路有两个稳定的状态，并且 A、B 两点的电位总是相反的。如果 A 点高电位代表“1”，低电位代表“0”，那么，这个触发器电路就能表示一位二进制的“0”和“1”。T_5、T_6、T_7、T_8 为控制管或开关管，用于控制按地址选择存储单元的操作。如果某单元被选中，则 X 地址译码线和 Y 地址译码线均处于高电位，使 T_5、T_6、T_7、T_8 4 个 MOS 管均导通，输入输出电路 I/O 及 $\overline{\text{I/O}}$ 就分别与 A 点和 B 点连接。这样，A 点和 B 点的电位状态信息为“0”或“1”，就能够输入或输出。

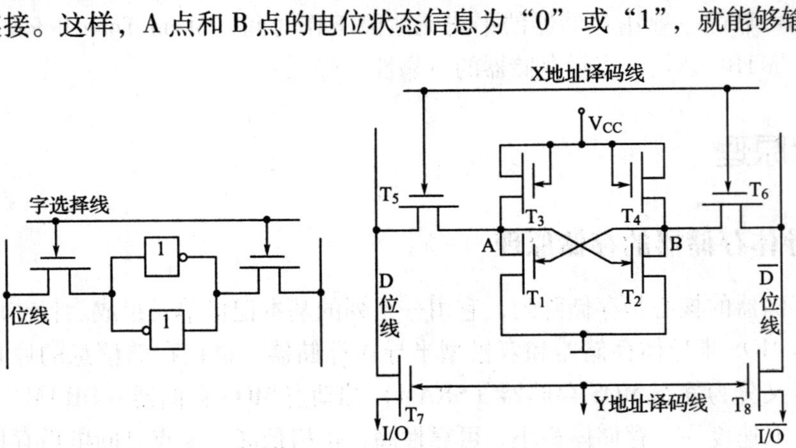

a）　　　　b）

图 6.2　一位存储单元的结构

a）原理图　b）六管 SRAM 的结构图

（1）写操作。

写操作时，如果要写入“1”，则在 I/O 线上输入高电位，而在$\overline{I/O}$线上输入低电位，并开启 T_5、T_6、T_7、T_8 4 个 MOS 管，就会把高、低电位分别加在 A、B 点，从而使 T_1 管截止，T_2 管导通。当输入信息和地址选择信号消失之后，T_5、T_6、T_7、T_8 管都截止，T_1、T_2 管就保持被写入的状态不变，从而将“1”写入存储单元。T_5、T_6、T_7、T_8 管截止后，干扰信号就不能进入 T_1、T_2 管。

写“0”的情况类似，在 I/O 线上输入低电位，而在$\overline{I/O}$线上输入高电位，并开启 T_5、T_6、T_7、T_8 4 个 MOS 管，就会把低、高电位分别加在 A、B 点，从而使 T_1 管导通，T_2 管截止，于是，“0”就被写入了存储单元。

注意，要同时打开 T_5、T_6、T_7、T_8 4 个 MOS 管，必须把 X 地址译码线和 Y 地址译码线同时输入高电位。如果 X 地址译码线和 Y 地址译码线中任何一个为低电位或者同时为低电位，则该存储单元没有被选中。

（2）读操作。

读操作，若选中一个存储单元，则该单元的 T_5、T_6、T_7、T_8 管均导通，于是 A、B 两点与位线 D 和 $\overline{D}$ 连接，存储单元的信息被送至 I/O 和$\overline{I/O}$线上。I/O 和$\overline{I/O}$线连接一个差动读出放大器，从其电流方向可以判断所存信息是“1”还是“0”。

3. DRAM

动态随机访问存储器（Dynamic Random Access Memory，DRAM）和 SRAM 主要区别在于 DRAM 靠电容存储电荷的原理来存储信息。如果电容上存有足够多的电荷则表示存储“1”，否则表示存储“0”。而电容上的电荷一般只能维持 1～2ms，因此即使电源一直不掉电，存储单元中的信息也会自动消失。为此，必须经常性地（如 2ms 内）对其所有存储单元进行一次信息的恢复操作，这个过程称为再生或刷新。

（1）四管动态存储单元。

在六管静态存储单元电路中，信息暂存于 T_1、T_2 管的栅极。因为 MOS 管存在一定的电容，所以负载管 T_3、T_4 用于给这些电容充电。由于 MOS 管栅极电阻很高，故泄漏电流很小，存储信息在一定时间内可以自动维持。为了减少管子的数量以提高集成度，把负载管 T_3、T_4 去掉，就构成了四管动态存储单元电路，如图 6.3a 所示。

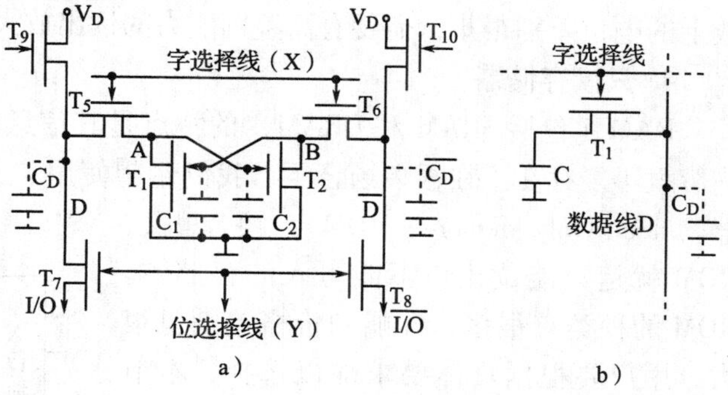

图 6.3 DRAM 存储单元电路图

a）四管动态存储单元 b）单管动态存储单元

T_5、T_6 仍是控制管，由字选择线（X 线）控制。当字选择线为高电位时，T_5、T_6 导通，存储电路的 A、B 点与位线 D、$\overline{D}$ 分别连接，再通过 T_7、T_8 管与外部数据线 I/O 和$\overline{I/O}$连通。同时在一列的位线上接有两个公共的预充管 T_9、T_{10}。

当写入时，I/O 和$\overline{I/O}$仍加相反的电位（例如写入“1”时，I/O =“1”，$\overline{I/O}$ =“0”），字选择线的高电位打开 T_5、T_6 管，因而信息送至 A、B 端，并存储在 T_1、T_2 管的栅极电容上。当 T_5、T_6 截止时，依靠 T_1、T_2 管栅极电容的存储作用，在一段时间内（如 2ms）可以保留写入的信息。

当读出时，先给出预充信号，使 T_9、T_{10} 管导通，于是电源向位线 D 和 $\overline{D}$ 上的电容充电，使它们达到电源电压。当字选择线使 T_5、T_6 管导通时，存储的信息通过 A、B 端向位线输出。若存储的信息为“1”，则电容 C_2 上有电荷，T_2 管导通，而 T_1 管截止，因此 $\overline{D}$ 上的预充电荷经 T_2 管放电，使 $\overline{D}$ = “0”，而 D 仍为“1”，信号通过 I/O 和 $\overline{I/O}$ 线输出。与此同时，D 上的电荷可以通过 A 点向 C_2 充电。故读出数据的同时刷新了存储单元信息。

由于依靠电容来存储信息，时间一长，信息会自动丢失。为此，必须由外界按一定规律不断给栅极进行充电，补充栅极的电容电荷，这就是再生或刷新。四管存储单元的刷新过程并不复杂，在字选择线上加一个脉冲就能自动刷新正确的存储信息。设原来存储的信息为“1”，T_2 管导通，T_1 管截止。若经过一段时间后，T_2 管栅极上电容 C_2 漏失了一部分电荷，使 A 端的电位稍小于存储“1”时的电位。当字选择线上加脉冲使 T_5、T_6 管开启后，A 端与位线 D 连接，电容 C_2 被充电，A 端电位被恢复到存储“1”时的电位，从而刷新了该存储单元。所以，只要定时给全部存储单元电路执行一遍读操作，而信息不向外输出，那么就可以实现信息的再生或刷新。

（2）单管动态存储单元。

为了进一步缩小存储器的体积以提高其集成度，人们设计了单管动态存储单元电路，如图 6.3b 所示。它由一个 MOS 管 T_1 和电容 C 构成。写入时，字选择线为“1”，T_1 管导通，写入信息由位线（数据线）存入电容 C 中；读出时，字选择线为“1”，存储在电容 C 上的电荷通过 T_1 管输出到数据线上，再通过读出放大器即可得到存储信息。

比较四管和单管存储单元电路，它们各有优缺点。四管电路的缺点是管子多，占用的芯片面积大，它的优点是外围电路比较简单，读出过程就是刷新过程，故不需要额外的逻辑电路来实现信息的刷新。单管电路的元件数量少，集成度高，但是读“1”和“0”时，数据线上的电位差别很小，需要有高鉴别能力的读出放大器配合工作，外围电路比较复杂。

4. 只读存储器

RAM（包括 SRAM 和 DRAM）的特点是其信息的“易失性”，即关闭电源，RAM 中的内容就不复存在。在很多场合下，我们希望使用“非易失性”的存储器，这就是只读存储器（Read Only Memory，ROM）。顾名思义，ROM 就是只能读出，不能写入的存储器。ROM 的种类有很多，性能和价格差别也很大，用户要根据具体要求加以选择，本节介绍常用的几种。

（1）MROM。

掩膜 ROM（Mask-programmable ROM，MROM），是价格最便宜的一种只读存储器。图 6.4 所示为 MOS 型掩膜 ROM，其容量为 1K ×1 位，行、列地址线分别经行、列译码器，得到 32 根行、列地址线。行选择线和列选择线交叉处可以有耦合元件 MOS 管，也可以没有，视用户的具体要求

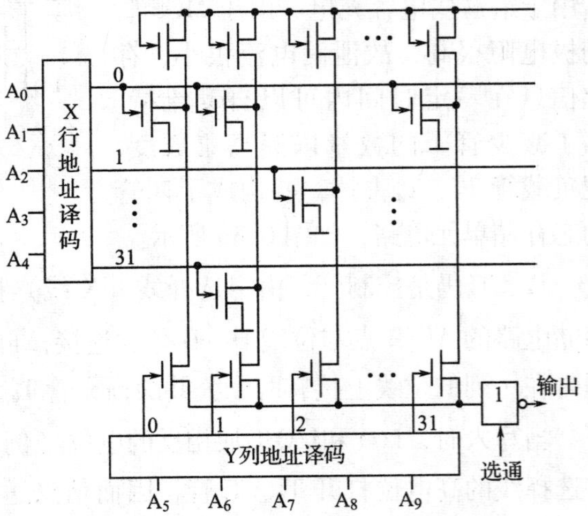

图 6.4　1K ×1 位的 MOS 型掩膜 ROM

而定，即在需要输出“1”的地方使用一个MOS管，需要输出“0”的地方则不用MOS管。每根列选择线控制一个列控制管，32个列控制管的输出端连接一个读出放大器。例如，当地址全为“0”时，第0行、0列被选中，从图中可知，其交叉处有耦合元件MOS管。该管导通，使该列输出为低电位，再经过反相得到高电位输出，即“1”。当地址 $A_4 \sim A_0$ 为“11111”，$A_9 \sim A_5$ 为“00000”时，则第31行、第0列被选中，从图中可知，交叉处没有MOS管，故该列输出高电位，再经过反相得到低电位输出“0”。可见，用行、列交叉处是否有耦合元件MOS管，便可以区分存储的单元信息是“1”还是“0”。显然，这种ROM制作完成后，用户不能再更改其中存储的信息。

（2）PROM。

PROM是可以一次性编程的只读存储器，图6.5所示为一个由晶体管和熔丝构成的PROM基本存储单元电路。

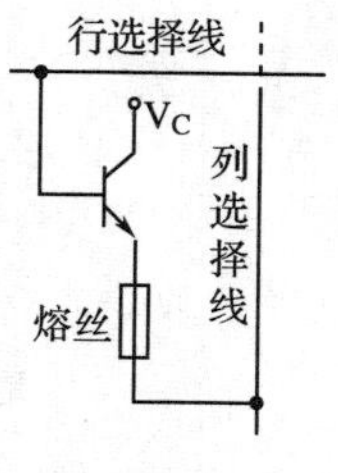

图6.5 PROM基本存储单元电路

在这个电路中，基极由行选择线控制，发射极与列选择线之间形成一条镍铬合金薄膜制成的熔丝，集电极接电源 V_C。用户在使用前，可按需要将信息存入行、列交叉的耦合元件内。如果要存储“0”，则给耦合元件通过一个大电流，将熔丝烧断。如果要存储“1”，则保留熔丝即可。当该单元被选中时，熔丝烧断处将得到数据“0”，熔丝未断处将读得数据“1”。由于烧断的熔丝无法再恢复，故这种ROM只能被编程一次，不能更改。由于其可靠性较差，而且只能一次编程，目前这种ROM已很少采用。

（3）EPROM。

EPROM也是一种可以由用户编程的ROM，但是编程后的内容可以被擦除。也就是说，EPROM是可以由用户多次编程、多次擦除的ROM。EPROM芯片有一个小窗口，通过适当波长的紫外线照射，可以擦除写入EPROM的内容，使芯片恢复到原始状态。

图6.6a所示为N沟道EPROM的基本存储单元电路结构示意图，它与普通N沟道增强型MOS管相似。在P型基片上通过扩散工艺生长了两个高浓度的N型区，它们通过欧姆接触，分别引出源极（S）和漏极（D）。在S极和D极之间，有一个由多晶硅做的栅极，但它是浮空的，被绝缘物 SiO_2 所包围。管子制造完成后，硅栅上没有电荷，因此管子内没有导电沟道，S极和D极之间是不能导通的。

当EPROM管子用于存储矩阵时，一个基本存储单元电路如图6.6b所示，这种电路所组成的存储矩阵输出为全“1”。如果要写入“0”，则在D和S极之间加上25V高压，另外加上编程脉冲（其宽度约为50ms），所选中的单元在这个电压作用下，D和S极之间被瞬时击穿，于是电子通过绝缘层注入硅栅。当高电压去除后，因为硅栅被绝缘层包围，故注入的电子不能泄漏，硅栅带电子变负，于是形成了导电沟道，从而使EPROM存储单元导通，输出为“0”。当用紫外线照射芯片上的石英玻璃窗口时，所有电路中的浮空硅栅上的电荷会形成光电流泄

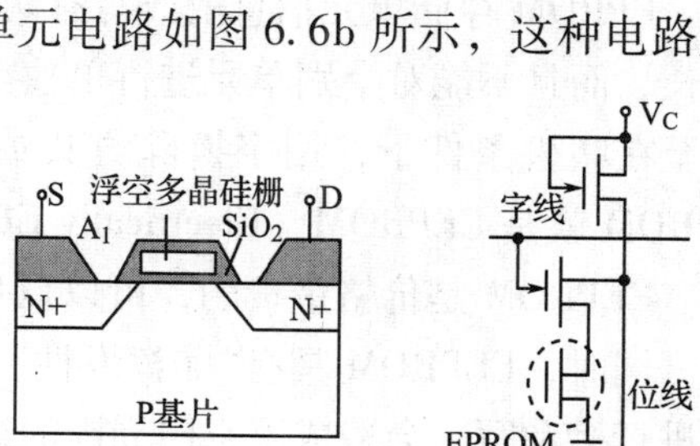

图6.6 N沟道EPROM结构示意图

漏掉，使电路恢复初始状态，从而把写入的信息“0”擦除。经过照射后的 EPROM，还可以再次写入，写入后仍作为只读存储器使用。

图 6.7 为 2716 型 EPROM 的逻辑框图和引脚图。2716 是一个 2K×8 位的 EPROM 芯片，除了地址线、数据线外，还有两个电源引出端 V_{CC} 和 V_{PP}，其中 V_{CC} 接 +5V，V_{PP} 平时接 +5V，当其接 +25V 电源时用来完成编程的需要，V_{SS} 接地。$\overline{CS}$ 为片选端，读出时为低电位，编程写入时为高电位；PD/PGM 为功率下降/编程输入端，在读出时为低电位。当此端为高电位时，可以使 EPROM 芯片功耗由 525mW 降至 132mW。需要编程时，此端加宽度为 50~55ms、+5V 的脉冲。芯片的工作模式选择如表 6.1 所示。

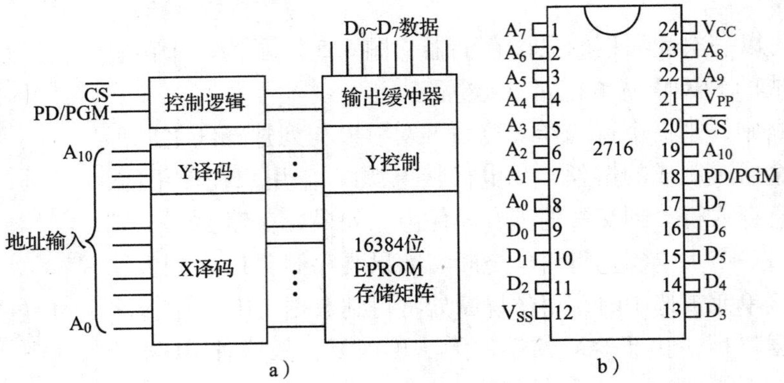

图 6.7　2716 型 EPROM 的逻辑框图及引脚图

a）逻辑框图　b）引脚图

表 6.1　2716 型 EPROM 芯片工作模式选择

引脚 / 操作	PD/PGM	$\overline{CS}$	V_{PP}	V_{CC}	数据输出
读	低	低	+5V	+5V	输出
未选中	无关	高	+5V	+5V	高阻
功率下降	高	无关	+5V	+5V	高阻
编程	由低到高脉冲	高	+25V	+5V	输入

EPROM 存储单元信息的改写有两种方法，一种是前面提及的紫外线照射，但擦除时间较长，而且不能对个别单元进行单独重写。另一种是用电气方法将存储内容擦除，再重写。甚至在联机条件下，用字擦除方式或页擦除方式，既可局部擦写，又可全部擦写，这种 EPROM 就是 EEPROM（Electrically EPROM）。

EEPROM 是价格最贵的，可以以单个字节为单位进行擦除改写，在某些场合应用很方便，同时，EEPROM 具有“非挥发性”的特点。EEPROM 主要的不足之处是：①反复对其单元进行擦和写，会造成浮空门周围的绝缘层被击穿。因此，它的编程次数是有限的，一般单个单元在 1 万 ~ 10 万次左右；②写 EEPROM 的操作时间比较长，写一个字节大约需要 10μs，比 SRAM/DRAM 时间长 100 ~ 1000 倍，擦除一个字节需要的时间更长，约为 10ms。

（4）Flash EPROM。

闪速存储器（Flash EPROM）也是用电信号擦除的，但它以块为单位进行擦除。与 EE-

PROM相比，Flash EPROM具有价格低、容量大的优点。Flash EPROM是20世纪90年代由英特尔公司发明的一种高密度、非易失性的读/写半导体存储器，它是在EPROM和EEPROM工艺基础上产生的一种新型的、性能价格比更高、可靠性更高的存储器。在需要周期性地修改存储信息的应用场合，Flash EPROM是一个理想的器件，因为它至少可以擦写10000次，这足以满足用户需要。它比较适合作为一种高密度、非易失性的数据采集和存储器件。它在便携式计算机、工业控制系统及单片机系统中得到广泛应用。

Flash EPROM存储单元结构和EPROM相似，它的编程和读出与EPROM相同。擦除时把栅极接地，源极加+12V电压，漏极开路。在这种状态下，浮空硅栅中的负电荷通过源极释放出来。Flash EPROM是在EPROM功能基础上增加了电路的电擦除和重新编程能力，例如Flash EPROM芯片28F256A引入一个指令寄存器来实现这种功能。其作用是：①TTL电位的控制信号输入；②在擦除和编程过程中稳定供电；③最大限度地与EPROM兼容。图6.8所示为28F256A的逻辑框图，它的存储容量是32K×8位。除了指令寄存器在内的控制和定时逻辑外，地址锁存器、X和Y译码器、32K×8位的存储矩阵、数据缓冲器、输入/输出缓冲器等部分与一般的半导体存储器结构相似。

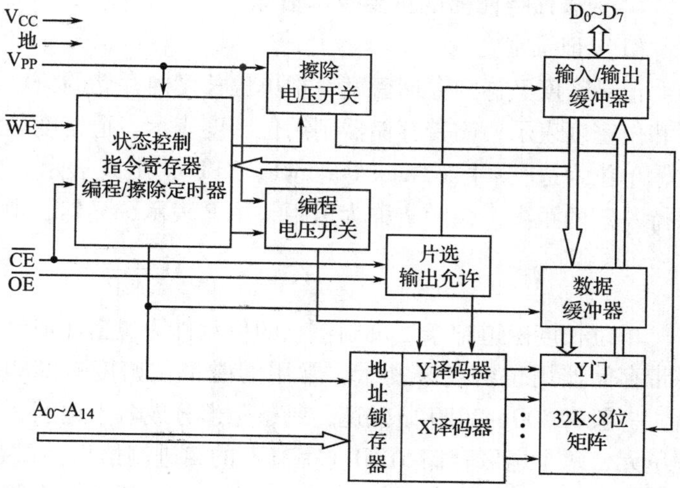

图6.8　28F256A的逻辑框图

芯片的外部引脚有三类信号：地址总线15位（A_0~A_{14}），双向数据总线8位（D_0~D_7），控制总线有片选信号$\overline{CE}$、输出允许信号$\overline{OE}$和写命令信号$\overline{WE}$。另外有电源V_{CC}（+5V）和擦除/编程电源V_{PP}（+12V）以及地线。

非易失性、长期反复使用的大容量Flash EPROM还可以替代软盘或硬盘，作为海量存储器。如在笔记本电脑及掌上型袖珍电脑中都大量采用Flash EPROM做成固态盘替代磁盘，使计算机平均无故障时间大大延长，功耗更低，体积更小，消除了机电式磁盘驱动器所造成的数据瓶颈。

6.2.2　磁表面存储器的存储原理

半导体存储器作为主存储器，其主要作用是向CPU提供程序和数据。目前主存储器因元器件材料、制造工艺、存储特性和价格等诸多因素的限制，还不能完全取代磁表面存储器。磁表面存储器包括硬盘、软盘、磁带等，其优点是：①容量大、每位价格低；②磁介质可以反复使用；③不需要加电就能够长期存放大量的程序和数据；④非破坏性读出。作为计算机的外存储器（或称为辅助存储器），磁表面存储器存取速度较主存慢，机械结构比较复杂，而且一般不能直接和CPU或其他外设交换信息，而只能以直接存储器访问（DMA）方式和内存进行成批的信息交换，再通过内存被CPU或其他外设调用。

磁表面存储器是在不同形状（如盘状、带状）的载体（金属铝或塑料）表面上，涂以一层磁性材料来存储信息，信息被记录在磁道上。工作时，载磁体高速运动，由磁头在磁道上进行读写操作，即从磁层上读出信息或者把信息记录在磁层上。磁盘存储器的磁道是一个个的同心圆，如图 6.9a 所示，磁带的磁道是沿磁带长度方向的直线，如图 6.9b 所示。

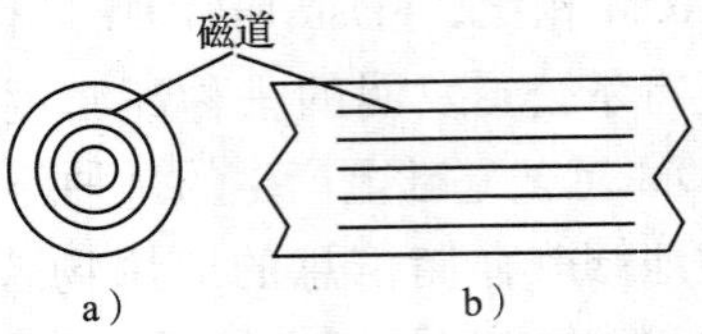

图 6.9　磁盘和磁带的磁道示意图
a）磁盘中的磁道　b）磁带中的磁道

1. 磁表面存储器的主要技术指标

（1）记录密度。

记录密度又称为存储密度，指单位长度内存储的信息量。磁盘存储器的记录密度用道密度和位密度表示；磁带存储器则用位密度表示。道密度是沿磁盘半径方向单位长度上的磁道数，单位为道/英寸（Track Per Inch，TPI），用 D_i 表示。为了避免干扰，相邻磁道之间必须保持一定的距离，该距离称为道距，用 P 表示，显然，道距 P 和道密度 D_i 互为倒数，即

$$D_i = \frac{1}{P}$$

单位长度磁道记录二进制信息的位数称为位密度或线密度，单位是 bpi（Bits Per Inch）。磁带存储器用位密度来衡量，常用的磁带位密度有 800bpi、1600bpi、6250bpi 等。对于磁盘，一般有 500 ~ 2500 条磁道，每条磁道分成若干扇区，扇区是磁盘进行存储分配的基本物理单元，每个扇区存储 512B（字节）的二进制信息。每条磁道一般分为几十到几百个扇区，扇区之间留有空隙。通常情况下，磁盘的所有磁道具有相同数目的扇区。因为靠外面的磁道较长，所以其记录的位密度比靠里面的磁道低。此外，还有一种让外磁道有更多扇区的方式，叫做“等位密度”，即这种磁盘所有的磁道具有近似相同的位密度。

（2）存储容量。

存储容量是指磁盘或磁带所能存储的二进制信息总数量，一般以字节为单位。存储容量有格式化容量和非格式化容量之分。格式化容量是指按照某种特定的记录格式所能存储信息的总量，也就是用户可以真正使用的容量。非格式化容量是磁记录表面可以利用的磁化单元总数。磁表面存储器使用前必须先格式化，然后才能供用户记录信息。格式化容量一般是非格式化容量的 60% ~70%。目前，硬盘的容量可达几十至一二百 GB。

（3）平均存取时间。

磁盘的磁头只能沿磁盘半径方向移动，在读写数据时，磁盘的磁头首先移动到目标磁道，然后磁盘旋转直至找到目标扇区。存取时间是指从发出读写命令开始，到从磁盘表面读出或写入信息所需的时间。存取时间由两部分构成：一个是将磁头定位至目标磁道上所需要的时间，称为定位时间或寻道时间；另一个是寻道完成后至目标扇区旋转到磁头下需要的时间，称为旋转时间或等待时间。这两个时间都是随机变化的，因此往往使用平均值来表示。平均存取时间等于平均寻道时间与平均旋转时间之和。工业界使用的平均寻道时间是统计结果，是磁盘上所有磁道寻道时间的和除以寻道次数（或磁道总数），常见的平均寻道时间为 6 ~20ms，但是由于磁盘访问的局部性（程序局部性所致），实际应用当中的平均寻道时间约为公布值的 25% ~33%。而平均旋转时间主要取决于磁盘旋转速度，目前，大部分磁盘的转速在 3600 ~10000r/min 之间。平均旋转时间是磁盘旋转半圈的时间，故大约在 3.0 ~

8.3ms 之间。

磁带存储器绕在可转动的轴上，由于磁带方便更换，所以其容量几乎没有限制。但是磁带只能采取顺序存取方式，读写信息时磁头不动，磁带移动，尽管不需要寻找磁道，不过每次访问时都可能需要较长的前绕、回绕、退出和加载时间。所以磁带平均存取时间是指磁带空绕至目标记录区段所在的时间，这个时间一般需要数秒。

（4）数据传输率。

数据传输率 D_r 是指单位时间内磁表面存储器向主机传送数据的字节数。传输率与存储设备和主机接口逻辑有关。从主机接口逻辑考虑，应有足够快的传送速度向设备发送/接收信息。磁表面存储器的数据传输率可以写成

$$D_r = D \cdot v(B/S)$$

式中，D 为位密度；v 为磁存储介质移动的线速度。

目前磁盘的数据传输率可达几十兆 B/S。

（5）误码率。

误码率是衡量磁表面存储器出错概率的参数，它等于从存储器读出时，出错信息位数和读出的总信息位数之比。为了减少出错率，磁表面存储器通常采用循环冗余码来发现并纠正错误。

2. 磁存储原理和记录方式

（1）磁存储原理。

磁表面存储器在载体（金属铝或塑料）表面均匀敷一层厚度为 1μm 左右的高导磁硬磁材料作磁层，利用磁层磁化后两种不同的磁化方向来记录信息“0”和“1”。磁头用于形成或者判断磁层中不同的磁化方向。换句话说，写入时，磁头使磁层磁化，读出时，则用磁头来判别磁层上的不同的磁化方向。磁头是由软磁材料做铁心并绕有读写线圈的电磁铁。写入信息的原理如图 6.10 所示。

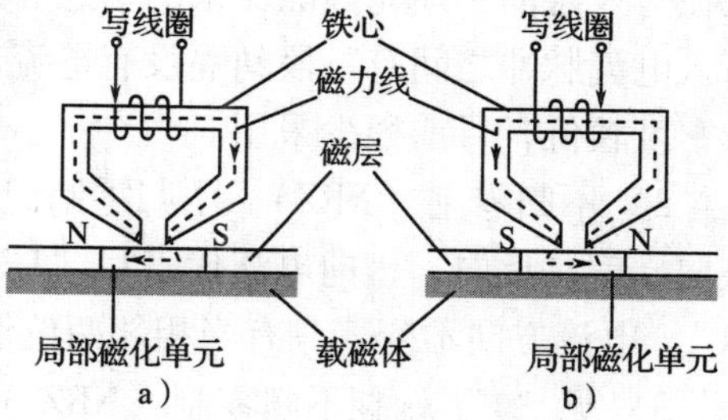

图 6.10 磁头在磁表面写入信息

a) 写入“0” b) 写入“1”

写入时，磁表面介质在磁头下方均匀通过，根据写入数据的要求，写线圈通过一定方向的脉冲电流，铁心内产生一定方向的磁通。由于磁头铁心是高导磁材料，而铁心中间空隙处为非磁性材料，所以磁力线穿透到磁层表面，构成闭合磁力线，将对应磁头下方的微小单元磁化。可以根据写入电流的不同方向，使磁层表面被磁化的极性方向不同，以区别记录“0”和“1”。这里，一个磁化单元就是一个存储单元，存储一位二进制信息。

读出时，写线圈不输入电流，而是根据读线圈的感应电动势（电压）方向来区分读取的信息“0”和“1”，如图 6.11 所示。当记录介质在磁头下方匀速通过时，

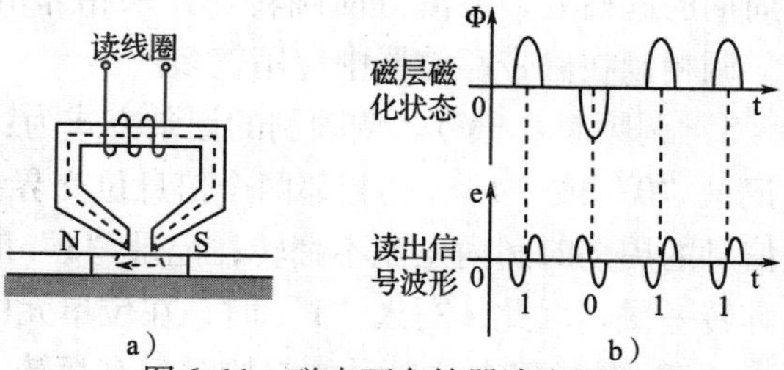

图 6.11 磁表面存储器读出原理

a) 磁头读出信息 b) 读波形

磁头相对于磁化单元做切割磁力线运动，使磁头铁心中磁通产生变化，于是读出线圈中感应出相应的电动势 e，其值为 $e=-k\frac{d\Phi}{dt}$，k 为读出线圈匝数，Φ 为线圈中的磁通，负号表示感应电动势方向与磁通变化方向相反。不同的磁化状态，产生的感应电动势方向不同，就可以区别读出的信息是“0”还是“1”，如图 6.11b 所示。

（2）磁表面存储器的记录方式。

磁记录方式又称为编码方式，它是按照某种规律，将一串二进制数字信息变换成磁表面相应的磁化状态，用读写控制电路实现这种变换。在磁表面存储器中，由于写入电流的幅度、相位、频率变化的不同，从而形成了不同的记录方式。磁记录方式对记录密度和可靠性都有很大影响，常用的记录方式有 6 种，如图 6.12 所示。

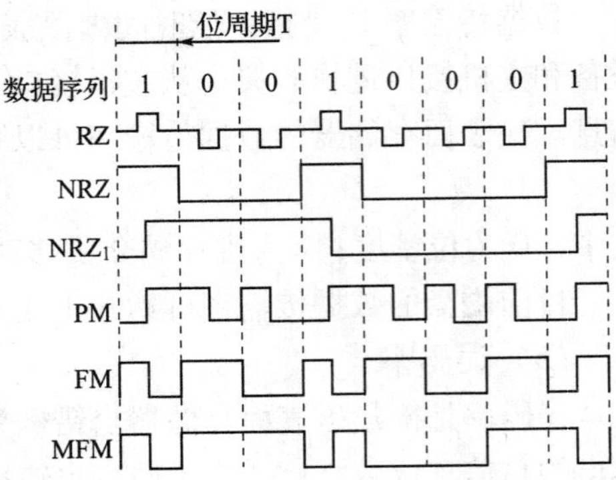

图 6.12　6 种磁记录方式下写入电流的脉冲波形

1）归零制（RZ）。归零制记录“1”时，通以正向脉冲电流，记录“0”时，通以负向脉冲电流，使其在磁表面形成两种不同极性的磁化方向，分别表示“1”和“0”。由于相邻两位信息之间驱动电流归零，故叫归零制记录方式。这种方式在写入信息时很难覆盖原来的磁化区域，所以在写入之前必须先擦除原来的信息。这种记录方式原理简单，实施方便，但由于相邻两个写入电流脉冲之间有一段间隔没有电流，相应的该段磁介质没有被磁化，即该段空白，故记录密度较低，目前很少采用。

2）不归零制（NRZ）。不归零制记录信息的特点是磁头线圈中始终有脉冲电流，不是正向，就是反向。正向电流代表写“1”，反向电流表示写“0”。可见，如果连续写“0”或“1”，电流方向不变，只有当相邻两位信息不同时，写电流才改变方向。

3）见“1”就翻不归零制（NRZ_1）。见“1”就翻不归零制与不归零制的相同之处是磁头线圈中始终有电流通过，不同之处在于，记录“0”时电流方向保持不变，记录“1”时则在位信息周期的中心处电流翻转。

4）调相制（PM）。调相制的记录方式是记录“0”时，在一个位周期的中间位置，写入电流由正变负；记录“1”时，在一个位周期的中间位置，写入电流由负变正，即利用相位的变化写入“0”和“1”。如果连续写入“0”或“1”，则在两位信息的交界处，即一个位周期的起始处，电流方向翻转。如果相邻信息不同，在两位信息的交界处，电流方向不变。调相制在磁带存储器中应用较多。

5）调频制（FM）。调频制的记录方式为：无论记录的信息是“0”还是“1”，或者连续记录“0”或“1”，在相邻两个信息位交界处电流都要翻转。另外，记录“0”时，在一位信息的周期时间内电流不翻转；记录“1”时，则在一位信息的周期时间的中间时刻，电流翻转一次。因此，写入“1”时，在位单元的起始和中间时刻，电流都要翻转一次；而在写入“0”时，仅在位单元的起始时刻有翻转。所以，记录“1”的磁翻转频率是记录“0”的两倍，故又称为倍频制。调频制记录方式广泛应用于硬盘和软盘中。

6）改进调频制（MFM）。改进调频制记录方式与调频制相似，记录“1”时，在位周期的中间时刻电流翻转一次。不同之处在于，连续记录两个或两个以上“0”时，在位周期的起始时刻电流翻转一次，而不是在每个位周期的起始时刻电流都翻转。所以，如果写入同样的数据序列，MFM 比 FM 方式磁翻转次数少，在相同长度的磁层上可记录的信息量增加，从而提高了磁记录密度。

3. 评价记录方式的主要指标

不同的记录方式有不同的特点，评价一种记录方式优劣的标准是编码效率、自同步能力、检读分辨率、信息相关性、抗干扰能力、信道带宽、编码译码电路的复杂性等。

（1）编码效率。

编码效率是指位密度与最大磁化翻转密度之比，就是指每次磁化状态翻转所存储的数据信息位的多少。例如 FM、PM 记录方式中，记录一位数字信息的最大磁化翻转次数达到 2，因此它们的编码效率为 50%，而 MFM、NRZ_1 中由于记录一位数字信息磁化翻转最多为一次，故它们的编码效率为 100%。

（2）自同步能力。

自同步能力是指从单个磁道读出的脉冲序列中提取同步时钟脉冲的难易程度。从磁表面存储器的读出过程可知，为了将数据分离出来，必须有时间基准信号（称为同步信号）。如果同步信号从专门设置用来记录同步信号的磁道中取得，则称为外同步。如 NRZ_1 制采用外同步，图 6.13 画出了 NRZ_1 制的驱动电流、磁通变化、感应电动势、同步脉冲、读出代码等几种波形的对应关系。读出时将读线圈获得的感应信号放大（负波再取反）、整形，于是对于每个记录“1”都会得到一个正脉冲，再将它们与同步脉冲相“与”，即得到读出代码波形。

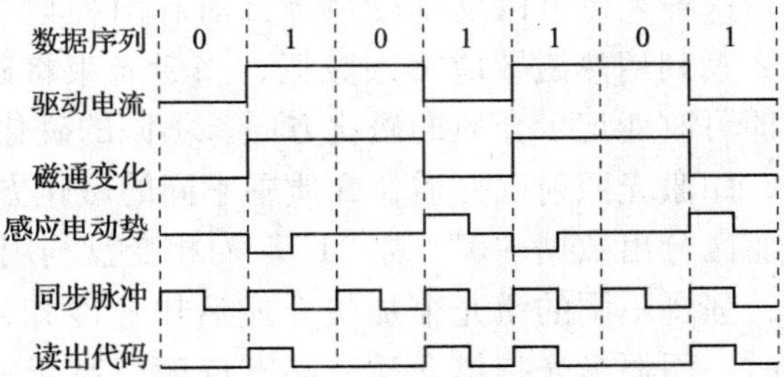

图 6.13　NRZ_1 的读出代码波形

对于高密度的记录方式，通常直接从磁盘读出的信号中提取同步信号，这种方法称为自同步。自同步能力的大小用最小磁化翻转间隔和最大磁化翻转间隔的比值 R 来表示。R 越大，自同步能力越强。例如 PM、FM 和 MEM 记录方式具有自同步能力。其中 FM 记录方式的最大磁化翻转间隔是位周期 T，最小磁化翻转间隔是 T/2，因此 R = 0.5。

（3）检读分辨率。

检读分辨率是指磁记录系统对读出信号的分辨能力，而信息相关性则指漏读或错读一位是否会传播错误，所以是衡量精度的指标。

6.2.3　光存储器的存储原理

1. 光盘的分类

光盘（Optical Disc）是根据光学原理，利用激光读写信息的存储器。20 世纪 80 年代以来，光盘技术的发展非常迅速。光盘最大的特点是存储量大，记录密度高，信息保存时间长，可靠性高，而价格较低，因此获得了极其广泛的应用，并成为计算机系统的标准配置。

光盘盘面可以采用多种存储介质，它们存储信息的原理有很大不同，但都采用激光读写信息。如果光存储介质为磁性材料，即用激光在磁介质上存取信息，称为磁光存储，是第 2

代光存储技术。而采用非磁性介质进行光存储的技术，则是第 1 代光存储技术。第 1 代光存储技术不能把存储的信息擦除重写，而磁光存储技术则可以擦除重写。根据光盘的读写功能的不同，光盘分为三种：只读光盘（Compact Disc-Read Only Memory，CD-ROM）、一次写多次读光盘（Write Once Read Many，WORM）和可擦写型光盘。

（1）只读光盘。

这种光盘内的信息是由生产厂家事先写入的，用户只能读出，不能修改或写入新的内容。它主要用于电视唱片和数字音频唱片，由于存储量大，因而可以获得高质量的图像和声音效果。在计算机领域里，主要用于文献检索数据库或其他数据库，也应用在光盘阵列中。因为它只能读，类似于 ROM，故叫做 CD-ROM。

（2）一次写多次读光盘。

用户可以在这种光盘上写入信息，写入后可多次读出，但记录信息会使介质的物理特性发生永久性的改变，因此只能写一次，如 CD-R 光盘。用户可以在专用的刻录机上向空白的 CD-R 光盘写入数据，制作好的 CD-R 光盘可以在 CD-ROM 驱动器中读出。

（3）可擦写型光盘。

这种光盘可以反复读写。目前有两种典型的产品：磁光盘（MO）和相变盘（PC）。磁光盘利用热磁效应写入数据，当激光束将磁光介质加热到居里点温度以上时，磁场作用即可改变记录介质的磁化方向，不同的磁化方向可以表示信息“0”和“1”。读出信息时，用激光照射磁介质，介质中不同的磁化方向会引起反射光的偏振面发生左旋或右旋，从而区分出数据“0”或“1”。而相变盘利用相变材料的晶态和非晶态来记录信息。写入时，强弱不同的激光束加热介质后快速冷却，介质分别呈现晶态和非晶态两种状态。读出时，用弱激光扫描介质，晶态反射率高于非晶态，根据反射光强弱的变化即可区分出“0”和“1”。

2. 光盘的存储原理

光盘存储器利用激光束在记录介质表面存储信息，根据激光束和反射光的强弱不同，实现信息的读写，属于非接触型读写的存储器。

对于只读型和只写一次的光盘，即 CD-ROM 和 WORM，它们利用极微小的凹坑存储信息。盘片的表面结构和信息排列分别如图 6.14a 和 b 所示，图中盘基为聚碳酸酯，反射层多为铝质，最顶层为印刷的商标。光盘上的信息以坑点形式分布，有坑点表示“1”，无坑点表示“0”，坑点就是光盘的存储单元，一系列的坑点形成信息记录道。写入时，将激光束聚焦成微小光点，融化盘表面的光存储介质薄膜，在薄膜上形成小坑。读出时，在读出激光束的照射下，有凹坑和无凹坑处反射的光强不同，有凹坑的地方将发生衍射，反射率低；而无凹坑的地方大部分光被反射。根据反射光的光强变化并进行光-电转换，即可读出记录信息。通常读出光束的功率只有写入光束的 1/10，因此不会使盘面融化出新的凹坑。

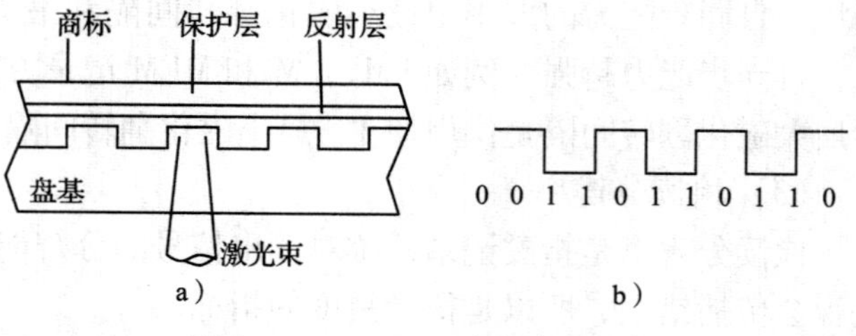

图 6.14　CD-ROM 光盘存储原理

a）盘片的表面结构　b）光盘信息排列

可擦写光盘利用激光在磁性薄膜上产生的热磁效应来记录信息（称为磁光存储）。其原理是在一定温度下，对磁介质表面加一个强度高于该介质磁矫顽力的磁场，就会发生磁化极性翻转。磁矫顽力的大小和温度有关。磁光存储就是根据这一原理来存储信息的，它利用激光照射磁性薄膜，升高照射点温度，以降低磁矫顽力。在外磁场作用下，该点就可以发生磁化极性翻转，即存入信息。而激光没有照射的地方，温度较低，磁矫顽力就比较大，即使施加同样强度的外磁场，由于达不到磁矫顽力，不能使其磁化极性翻转。这种利用激光的热作用改变磁化方向来记录信息的光盘，叫做磁光盘。相变盘的存储原理在前面已有叙述，这里不再重复。无论是磁光盘还是相变盘，介质材料发生的物理特性改变都是可逆的，因此是可重写的。

6.3 主存储器的组织

几乎所有自1975年以来出售的计算机的主存储器（即内存）都采用半导体DRAM芯片构成。而几乎所有的Cache都采用了SRAM。这些存储器芯片是由前面介绍的一系列存储单元外加一些必要的读写控制电路、输入/输出电路组成。随着集成规模的提高，单片存储器容量越做越大，集成的存储单元数量也越来越多。

6.3.1 主存储器的逻辑设计

主存储器的基本结构如图6.15所示。当CPU发出访存地址时，经过地址译码、驱动电路，在存储矩阵中找到所需访问的单元。读出时，经过读出放大器，才能将被选中单元的存储信息送到输入/输出电路。写入时，输入/输出电路中的数据也必须经过读写控制电路才能真正写入到被选中的存储单元中。

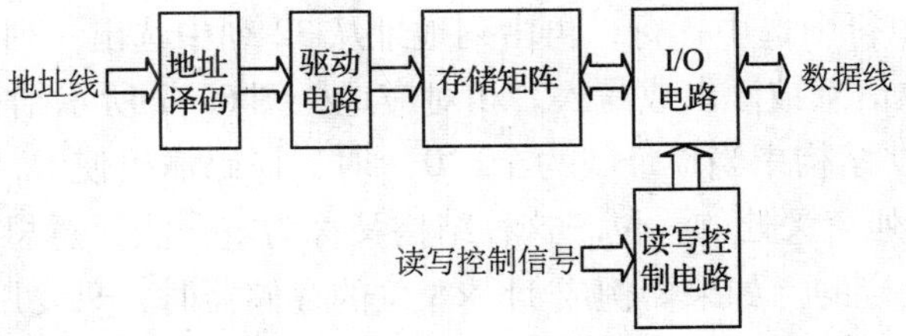

图6.15 主存储器的基本组成

1. 主存中存储单元地址的分配

主存中各存储单元的空间位置是由单元地址编号来表示的，而地址总线用于指出存储单元地址编号，根据该地址可以访问一个存储字。不同机器的存储字长度不同，常用8位二进制数表示一个字节，而存储字长都取8的倍数。通常计算机系统既能够按字寻址，又能够按字节寻址。例如IBM370机器，字长为32位，它可以按字节寻址，即它的一个存储字包含4个可独立寻址的字节，其地址分配如图6.16a所示。字地址用该字高位字节的地址来表示，故其字地址是4的整数倍，于是可以用地址码的最低两位来区分同一个字的4个字节的位置。而对PDP-11机器，其字地址是2的整数倍，它用低位字节的地址来表示字地址，如图6.16b所示。对于图6.16a，如果主存地址线为24位，按字节寻址的范围是$2^{24}=16MB$，按字寻址的范围是$2^{22}=4M$字。对于图6.16b，同样

字地址	字节地址			
0	0	1	2	3
4	4	5	6	7
8	8	9	10	11

a）

字地址	字节地址	
0	1	0
2	3	2
4	5	4

b）

图6.16 主存地址分配

a）IBM370 b）PDP-11

24 位的地址线，按字节寻址的范围仍然是 $2^{24}=16MB$，但按字寻址的范围为 $2^{23}=8M$ 字。

2. SRAM 存储器的逻辑结构

一个 SRAM 存储器由存储矩阵、读写电路、地址译码电路和控制电路等组成，其中存储矩阵是存储单元的集合。一个 SRAM 存储单元电路如图 6.2 所示，用这样的存储单元构成的存储阵列如图 6.17 所示。这种芯片的特点是用一根字选择线（简称字线），直接选中一个存储单元的各位（如图 6.17 所示为 8 位，即一个字节）。这种方式结构较简单，也叫字节线选法，只适于容量比较小的存储芯片。例如，当地址线 $A_3A_2A_1A_0$ 为“0000”时，则第 0 根字线被选中，对应于图 6.17 中第 1 行的 8 位信息就可以被读出或写入。

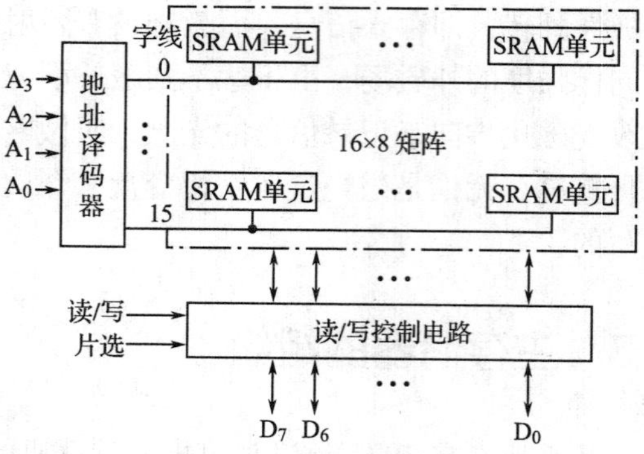

图 6.17　16×8 位存储阵列

如果需要一个 1M×8 位的存储芯片，采用图 6.17 的方法，则需要一个有 20 根输入地址线，2^{20}个译码输出字线的译码器。实际上往往采用如图 6.18 所示的 2D 结构。图中所示为 1K×1 位的存储器，它被组织成 32×32 的矩阵。10 位地址线分为行列两组，每组 5 位。把 $A_4A_3A_2A_1A_0$称为行地址，$A_9A_8A_7A_6A_5$称为列地址，使用两个 5-32 线译码器，由行地址从 32 行中选中一行，再由列地址从 32 列中选出一列，选中的行和列交叉处一个存储单元的一位信息被读出或写入。相对应地，图 6.17 所示结构称为 1.5D 结构。例如，图 6.18 所示的 2D 结构中当地址线为全“0”时，译码输出使 X_0和 Y_0有效，于是选中矩阵中的第 0 行、第 0 列交叉处的一位。这种结构又称为重合法，意思是被选中单元是由 X、Y 两个方向的地址决定的。如果要构成 1K×8 位的存储器时，只要用 8 片图 6.18 所示的芯片即可。

图 6.18 所示的 2D 结构中，每块芯片的每个地址只有一位存储单元，更进一步，可以把存储芯片组织成每个访存地址有多位存储单元，称为 2.5D 结构。2.5D 结构实际上是图 6.17 和图 6.18 两种结构的结合，例如，16K×4 位的存储阵列，总共有 16K 根字线，每字 4 位。而 16K 字由 14 位地址线译码，存储单元矩阵可以这样安排：256 行 ×64 列×4 位/列，即 X 地址线有 8 根，Y 地址线有 6 根。X 译码器为 8-256 线，Y 译码器为 6-64 线。当由 256 行中选中一行、64 列中选中一列时，行列交叉处有 4 位存储信息可以读出或写入。纯粹的 3D 结构的存储单元阵列在目前的产品中比较少见，但较早期的磁心存储器采用的就是 3D 结构。它的地址分为三部分，分别用来选择一行、一列和一层。

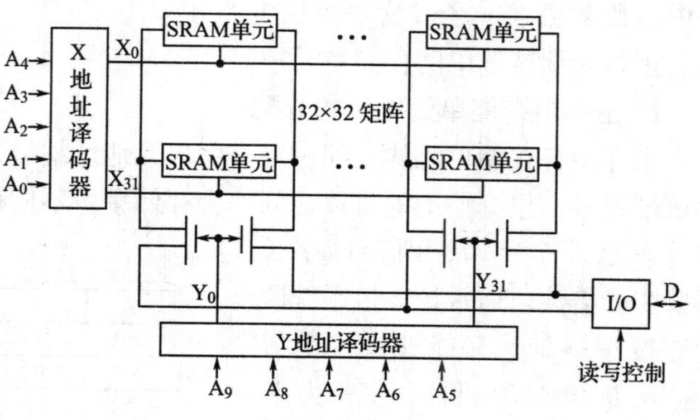

图 6.18　32×32（1K×1 位）存储阵列

从上面的分析可以看出，地址译码有两种方式：一种是单译码方式，适用于小容量存储器；另一种是双译码方式，适用于大容量存储器。单译码方式也称字结构，在这种方式下，地址译码器只有一个，译码器的输出为字选择线，选择某个字的所有位。例如，图 6.17 所示为单译码方式，地址输入经过译码，可译出 16 个状态，分别对应 16 个字地址。为了节省驱动电路，存储器通常采用双译码结构。在双译码方式中，地址译码器分为 X 方向和 Y 方向两个译码器，存储阵列一般设计成方阵。例如，n 根地址线平分成 X 和 Y 向各 n/2 根，可以分别译出 $2^{n/2}$ 个输出状态，所以总共可以有 $2^{n/2} \times 2^{n/2} = 2^n$ 个输出状态，译码输出线为 $2 \times 2^{n/2}$ 根，而如果采用单译码方式，则译码输出线为 2^n 根。图 6.18 的 2D 结构为双译码方式。

无论是单译码方式还是双译码方式，也不论是 2D、2.5D 还是 3D 结构，都需要在译码器输出后加驱动电路，正如图 6.15 所示。因为存储芯片容量越来越大，每个译码输出线控制的存储单元电路越来越多，即带的负载越来越多，所以需要加驱动电路，以驱动每个译码输出线上的所有存储单元电路。图 6.15 中，I/O 电路处于数据总线和被选中的单元之间，用于控制被选中的单元读出或写入信息，并具有放大信息的作用。目前每一个存储芯片的存储容量终究还是有限的，所以需要用一定数量的芯片按照一定的方式连接起来组成一个完整的存储器。这样，每个芯片都需要有片选线和读/写控制电路，在地址选择前，首先要选中芯片。通常用地址译码器的输出和一些控制信号（如读/写命令）来形成片选信号。只有当片选信号有效时，才能选中某一个芯片，该芯片连接的地址线才有效，这样才能对该芯片上的存储单元进行读或写操作。

3. SRAM 存储芯片举例

图 6.19 所示为 Intel 2114 存储芯片引脚图，该芯片的基本存储单元电路由 6 个 MOS 管组成，芯片容量为 1K×4 位。图中 $A_9 \sim A_0$ 为地址线；$I/O_1 \sim I/O_4$ 为数据输入/输出端；$\overline{CS}$ 为片选信号（低电平有效）；$\overline{WE}$ 为写允许信号（低电平为写入）；V_{CC} 为电源端；GND 为地端。Intel 2114 芯片的逻辑结构如图 6.20 所示。图中 $A_9 \sim A_0$ 为 10 根地址线，可寻址 $2^{10} = 1024$（1K）个存储单元。$I/O_1 \sim I/O_4$ 为 4 根双向数据线。写允许控制信号线 $\overline{WE} = 0$ 时为写

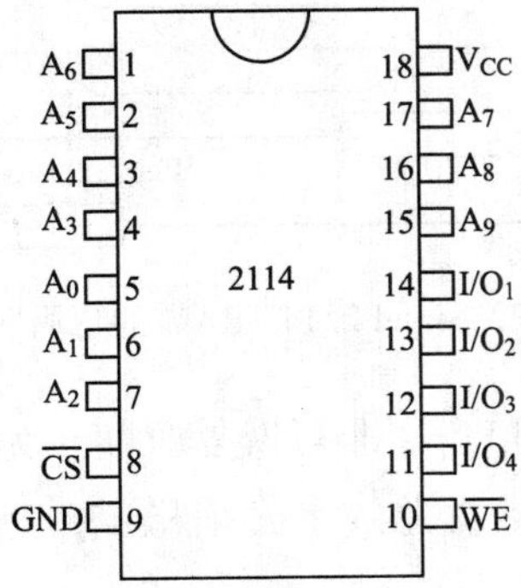

图 6.19 Intel 2114 存储芯片引脚图

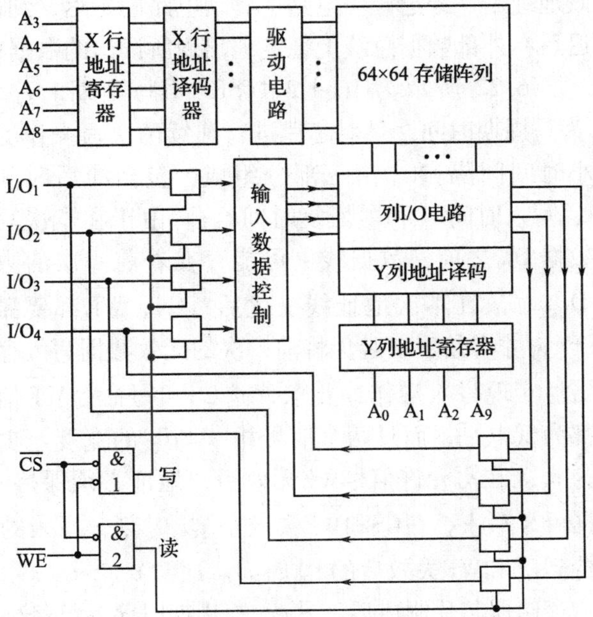

图 6.20 Intel 2114 芯片的逻辑结构图

入；$\overline{WE}=1$ 时为读出。片选信号 $\overline{CS}=0$ 时，该芯片被选中。由于2114的容量为1024×4位，故有4096个基本存储电路，排成64×64的矩阵。用 $A_3 \sim A_8$ 6根地址线作为行译码，产生64根行选择线，用 $A_0 \sim A_2$ 与 A_9 4根地址线作为列译码，产生16根列选择线，而每根列选择线控制一组4位同时进行读或写操作。存储器内部有4路I/O电路以及4路输入/输出三态门电路，并由4根双向数据线 $I/O_1 \sim I/O_4$ 与外部数据总线相连。当 $\overline{CS}=0$ 与 $\overline{WE}=0$ 时，经门1输出线的高电平将输入数据控制线上的4个三态门打开，使数据写入；当 $\overline{CS}=0$ 与 $\overline{WE}=1$ 时，经门2输出的高电平将输出数据控制线上的4个三态门打开，使数据读出。从图中可以看到，输入三态门和输出三态门是互锁的，读出数据时不能写入，写入数据时不能读出。

4. SRAM 存储器的读写周期

图6.21所示为Intel 2114存储器芯片的读周期时序，在整个读周期中 $\overline{WE}$ 始终为高电平，图中略去。读周期 t_{RC} 是指对芯片进行连续两次读操作的最小间隔时间。读时间 t_A 表示从地址有效到数据稳定所需的时间，显然该时间小于读周期时间。t_{CO} 表示片选有效时间；t_{CX} 表示从片选到输出数据有效的时间；t_{OTD} 表示从片选无效到输出数据无效（数据线变为高阻）的时间；t_{OHA} 表示地址改变后有效数据的维持时间。

从图6.21中可以看出，在一个读周期时间 t_{RC} 内，首先应该给出读地址，在经过 $t_A \sim t_{CO}$ 时间后必须给出片选有效信号，再经过 t_{CX} 时间后数据线上的数据有效，t_{CX} 应该比 t_{CO} 小，以保证在片选有效时间内数据线上得到有效数据。在片选信号无效后，数据必须维持一段时间 t_{OTD}，甚至在读地址变更后，数据仍然还要维持一段时间 t_{OHA}，以确保外部电路从数据线读取数据。读出时间 t_A 包括从给出有效地址后，经过译码电路、驱动电路的延迟，到读出所选中单元的内容，再经过I/O电路延迟后在外部数据总线上稳定地出现所读出的数据信息等过程所需要的时间。

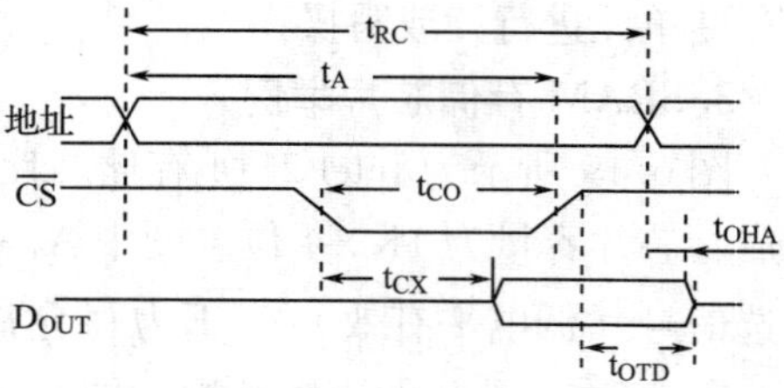

图6.21 Intel 2114存储器芯片的读周期时序

图6.22所示为Intel 2114SRAM写周期时序。t_{WC} 为写周期时间，是对芯片进行连续两次写操作的最小时间间隔。t_{WC} 由三部分组成，包括滞后时间 t_{AW}、写入时间 t_W 和写恢复时间 t_{WR}。由于在本次写入数据 D_{IN} 之前，数据线上可能存在着前一次的数据 D_{OUT}，故在本次地址线变化后，$\overline{CS}$、$\overline{WE}$ 都要滞后于 t_{AW} 才有效，以避免将前一次的无效数据写入存储器。实现写入操作，要求片选 $\overline{CS}$ 和写命令 $\overline{WE}$ 信号都为低电平，而且两个信号相"与"的宽度至少应为 t_W。在写允许信号 $\overline{WE}$ 无效后，地址必须保持一段时间 t_{WR}，即写恢复时间。为了保证数据可靠写入，在 $\overline{CS}$ 和 $\overline{WE}$ 失效前 t_{DW} 时刻，写入的数据在数据总线上必须稳定，并且一直维持到 $\overline{CS}$ 和 $\overline{WE}$ 失效后的 t_{DH} 时间。通常 $t_{WR} > t_{DH}$。

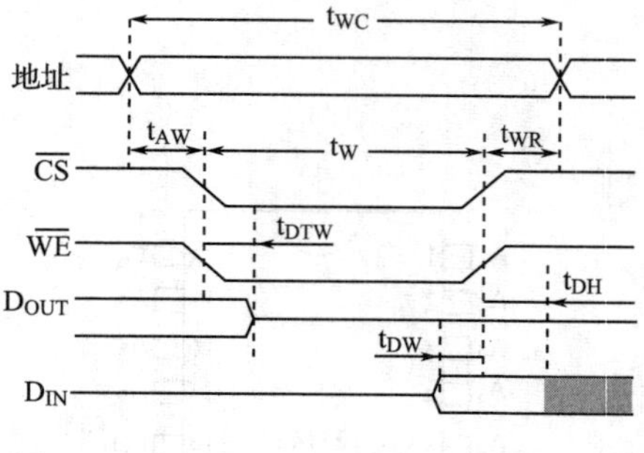

图6.22 Intel 2114 SRAM的写周期时序

存储器芯片制成后，其读/写周期时序就已经确定，因此，将它与CPU连接时，必须注意地址、片选、写入控制、数据等信号的时序匹配关系，才能保证存储器芯片的正常工作。

5. DRAM 存储器的逻辑结构

DRAM 靠电容存储电荷的原理来存储信息，其存储单元有四管式、三管式和单管式结构。若电容存有足够多的电荷表示存“1”，电容上无电荷表示存“0”。由于电容有泄漏电流，电容上的电荷一般只能维持几个毫秒的时间，因此即使电源不掉电，存储的信息也会消失。为此，必须定期对所有存储单元的信息进行恢复操作，这个过程叫再生或刷新。与 SRAM 相比，DRAM 集成度更高，功耗更低，因而目前被广泛应用于各类计算机系统的主存。

DRAM 存储器的逻辑结构与 SRAM 类似，例如，2D 结构的 DRAM 存储器，存储单元以正方形阵列被安排在存储器芯片中，每一条横线是一个字（行）选择线，每一条竖线是一个位（列）选择数据线，行和列的交叉点位置是一位存储单元。根据行地址，行译码器输出一条线为高电平，选择一行；再由列地址译码器输出选中一位，送到外部数据总线。

在逻辑结构上，DRAM 和 SRAM 的不同之处是行/列地址选择。在 DRAM 中，为了提高集成度，减少芯片引脚的数量，地址线被平均分成相等的两部分，分两次从相同的引脚送入芯片，如图 6.23 所示。图 6.23a 所示为 1M×1 位的 DRAM 存储器芯片，$\overline{RAS}$（Row Address Select）和$\overline{CAS}$（Column Address Select）分别为行地址和列地址选择信号，称为行选通和列选通，芯片只有 10 根地址线。20 位地址需要分两次送入存储器芯片，分别由$\overline{RAS}$和$\overline{CAS}$选通。$\overline{WE}$为“0”表示写入，信息由 D_{IN}输入；为“1”表示读出，信息由 D_{OUT}输出。图 6.23b 所示为 1M×4 位的 DRAM 存储器芯片，同样只有 10 根地址线，20 位地址需要分两次送入存储器芯片，由$\overline{RAS}$和$\overline{CAS}$选通。D_0 ~ D_3是双向数据线，$\overline{OE}$为使能端，为“0”时，可以对芯片进行读写操作；为“1”时，数据线悬空。

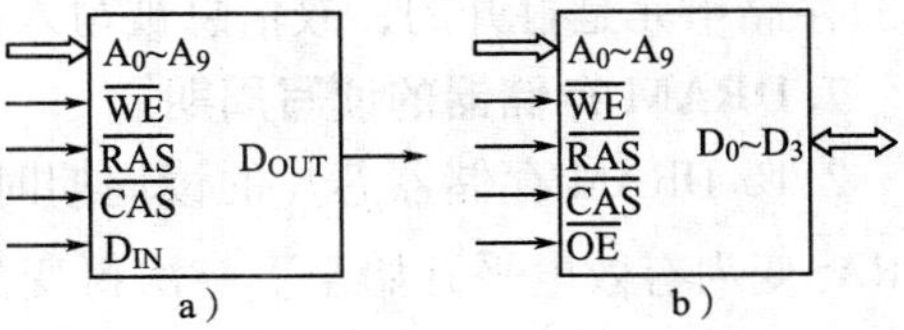

图 6.23　DRAM 存储器芯片的引脚

a）1M×1 位存储器芯片　b）1M×4 位存储器芯片

6. DRAM 存储器芯片举例

DRAM 存储器芯片和 SRAM 相似，均由存储体和一些控制电路构成。不过由于 DRAM 存储器芯片的集成度更高，同时还要定期对芯片进行刷新操作，控制电路要比 SRAM 复杂。图 6.24 所示为 16K×1 位的 DRAM 存储器芯片 2116 逻辑结构示意图。寻址 16K 个存储单元需要 14 条地址线，但该芯片只有 7 条地址线 A_0 ~ A_6，因此，14 位地址需要分两次送入，先传送 7 位行地址，再传送 7 位列地

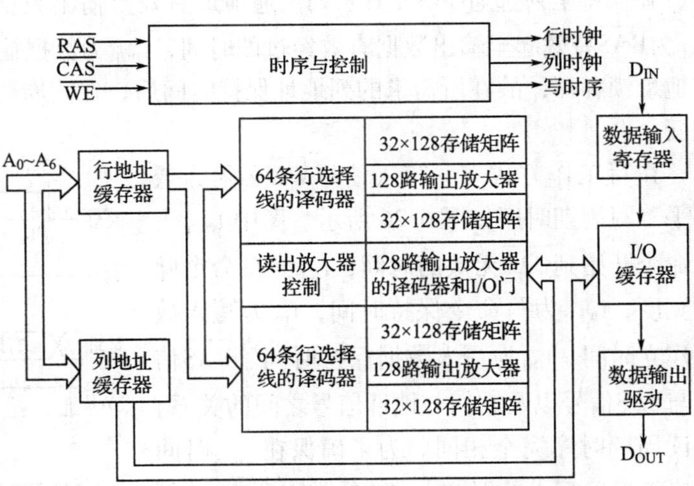

图 6.24　16K×1 位 DRAM 存储器芯片 2116 逻辑结构示意图

址。芯片内有时序电路，它受行选通$\overline{RAS}$、列选通$\overline{CAS}$和写允许信号$\overline{WE}$控制。

16K×1 位的存储器芯片共有 16K 个单管 MOS 存储单元电路，它们排列成 128×128 的矩阵，芯片内有两个地址缓存器，即行地址缓存器和列地址缓存器。芯片通过 7 条地址线接收 DRAM 控制器分时发送来的地址，先由行选通信号$\overline{RAS}$把 7 位地址送至行地址缓存器，再由列选通信号$\overline{CAS}$把随后发送来的列地址送至列地址缓存器。7 条行地址线也用作刷新地址，刷新时地址计数，一行一行地刷新。

7 位行地址经过译码，产生 128 条行选择线，可以从 128 行中选中一行；7 位列地址经过译码，也产生 128 条列选择线，可以从 128 列中选中一列。当某一行被选中时，则该行的 128 个存储单元都被选通到读出放大器，在放大器中每一个存储单元的逻辑电平被鉴别并且锁存和重写。但是列译码器只选通 128 个放大器中的一个，将读出信息 D_{OUT}送至输出锁存器和缓冲器中。写入时，行、列地址也要分别送入芯片的行、列地址缓存器，经过译码可以选中某个存储单元。输入信息 D_{IN}通过数据输入器，经 I/O 缓冲器送至读/写线上，但只有被选中的存储单元是打开的，故信息被写入该单元中。

7. DRAM 存储器的读写周期

2116 DRAM 存储器芯片的读周期时序如图 6.25 所示，图中 t_{CYC}为读周期时间，该时间从$\overline{RAS}$变为有效电平开始至下一次再变为有效电平止，是 DRAM 完成一次读操作所需的最短时间。t_{RAS}为$\overline{RAS}$脉冲宽度，t_{CAS}为$\overline{CAS}$脉冲宽度。行地址必须在行选通信号$\overline{RAS}$有效前一段时间有效，$\overline{RAS}$有效之后还要保持一段时间；同样列地址必须在列选通信号$\overline{CAS}$有效前一段时间有效，$\overline{CAS}$有效之后还要保持一段时间。这样，才能保证行地址与列地址能够正确送入相应的缓存器。写入信号$\overline{WE}$控制在行选通$\overline{RAS}$有效后、列选通$\overline{CAS}$有效前为高电平，并保持至列选通$\overline{CAS}$失效。列选通地址有效至输出数据有效一般需要经过时间 t_{CAC}，而 t_{RAC}为$\overline{RAS}$有效起至输出数据有效经过的时间，t_{DOH}为数据输出保持时间。由于存储器芯片中有地址锁存器，故在所需求的列地址保持时间后，在读周期完成以前，外界的地址总线可以改变。

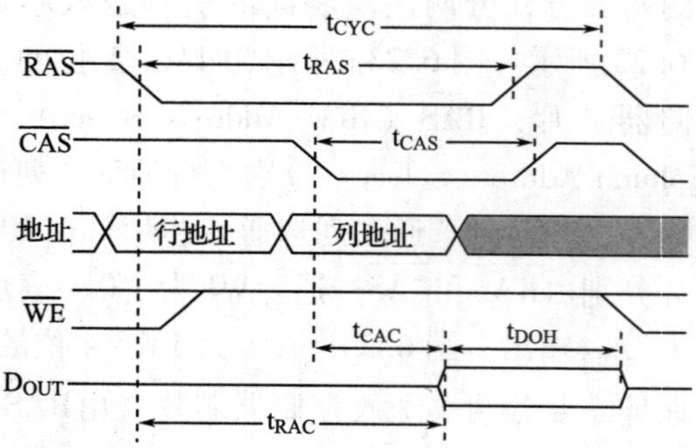

图 6.25　2116 DRAM 存储器芯片的读周期时序

在写工作方式下，写入信号$\overline{WE}$必须为低电平，写周期时序如图 6.26 所示。图中 t_{CWL}为写命令开始到$\overline{CAS}$无效的时间，t_{WP}为写命令脉冲宽度，t_{WCH}为写命令保持时间，t_{DS}为写入数据建立时间，t_{DH}为写入数据保持时间。$\overline{RAS}$信号与$\overline{CAS}$信号以及它们与地址信号之间的关系，与读周期时序完全相同。为了确保在 t_{RAS}时间准确无误地写入数据 D_{IN}，写命令信号$\overline{WE}$必须在$\overline{CAS}$信号有效前有效，而且应该保持一段时

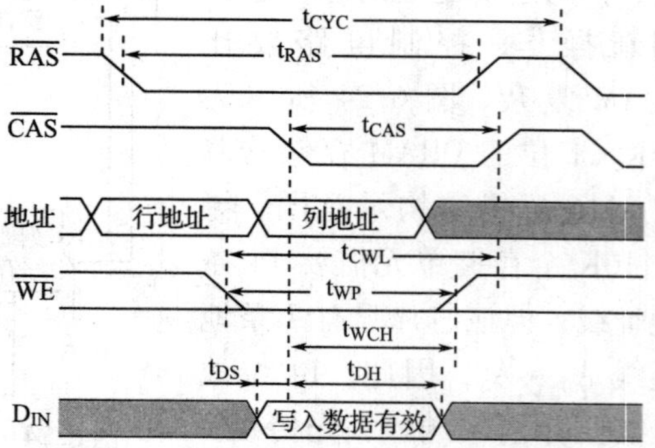

图 6.26　2116 DRAM 存储器芯片的写周期时序

间 t_{WP}。通常，写入数据 D_{IN} 在 $\overline{WE}$ 有效后、在 $\overline{CAS}$ 信号有效前有效，而且一直保持到 $\overline{WE}$、$\overline{CAS}$ 和 $\overline{RAS}$ 信号失效前，即后三个信号有效期应该一直维持到写入数据失效后，以保证数据可靠地写入存储器。

8. DRAM 存储器的刷新

如前所述，DRAM 存储器靠电容来存储信息，所以需要刷新。2116 的存储单元必须每 2ms 刷新一次。在 2116 的刷新周期里，$\overline{RAS}$ 为低电平，而 $\overline{CAS}$ 为高电平，在 $\overline{RAS}$ 有效电平出现前，必须先给出刷新地址，并保持一段时间。一个 $\overline{RAS}$ 刷新周期可以使 DRAM 芯片的一整行信息再生。对 2116 芯片来说，在 2ms 内必须完成 128 个 $\overline{RAS}$ 刷新周期。在刷新周期，必须断开存储器的输出，同时由于控制刷新的需要，DRAM 芯片的控制电路比较复杂。

刷新过程实际上是读/写的过程，先将存储的信息读出，再由刷新放大器形成原信息并重新写入。该过程是一行一行进行的，每次刷新一行。从上一次对整个存储器刷新结束到下一次对整个存储器全部刷新一遍为止，这一段时间间隔叫刷新周期，一般为 2ms、4ms 或 8ms。常用的刷新方式有三种，分别是集中式、分散式和异步式。

集中式刷新是在规定的一个刷新周期内，集中一段时间对全部存储单元逐行进行刷新，刷新时当然要停止读/写操作。如图 6. 27 所示为集中式刷新方式，图中假设对 128 行 × 128 列存储矩阵进行刷新。设读/写周期为 0. 5μs，即刷新一行也需要 0. 5μs 的时间，设刷新周期为 2ms，于是总共有 4000 个周期。在 4000 个周期内，假设前面 3872 个周期为读/写或者维持周期，后 128 个周期对存储器进行刷新，则刷新需要 64μs 的时间。在这段时间内，不能对存储器进行读/写操作，这段时间又称为“死区”。在这个例子中，“死区”占整个刷新周期的比例为 128/4000 = 3. 2% 。

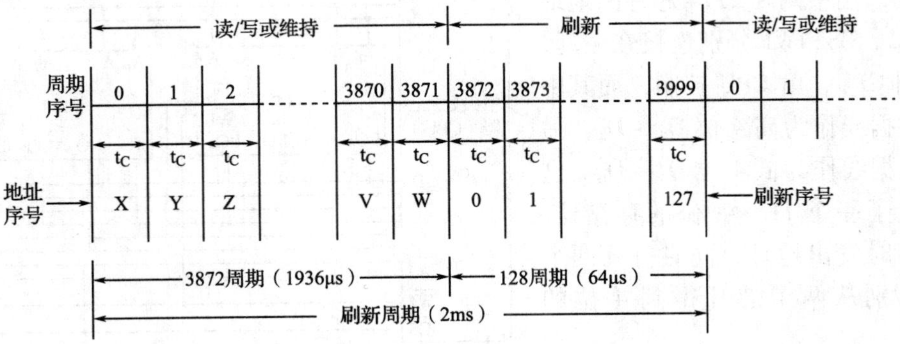

图 6. 27　集中式刷新方式

分散式刷新是指对每行存储单元的刷新操作分散到每个读/写周期，每次对存储器的一行进行读/写操作或者维持信息操作后，就进行一次刷新操作。这种方式相当于把一个存储系统周期 t_C 分为前后两半，周期前半段时间 t_M 用来读/写操作或者维持信息，后半段时间 t_R 作为刷新操作时间，如图 6. 28 所示。这样，每经过 128 个

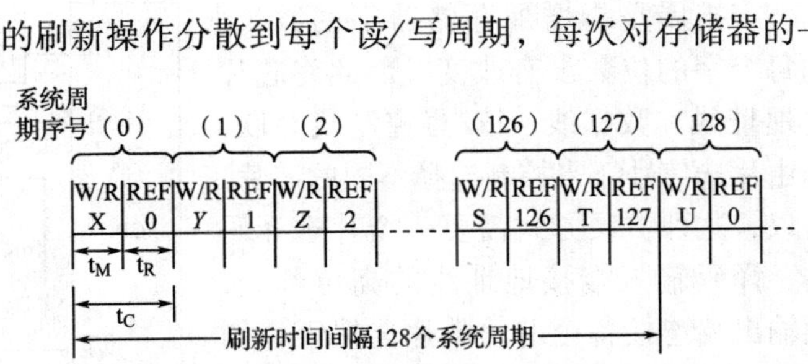

图 6. 28　分散式刷新方式

额外系统周期时间，整个存储器就全部刷新一遍。如果读/写周期仍为0.5μs，那么存储系统周期为1μs，128μs时间就可以把存储器芯片的全部存储单元刷新一遍，比允许的刷新间隔2ms要短得多。这种刷新方式克服了集中刷新出现的“死区”，但它并没有提高存储系统的工作效率。因为尽管刷新分散在读/写周期之后，但刷新同样需要一个读/写周期时间。

异步式刷新方式是前两种方式的结合，例如，对于128×128的存储器芯片，可采取在2ms内对128行刷新一遍，即每隔15.6μs刷新一行，每行的刷新时间仍为0.5μs。这样，对每行来说，刷新周期仍然是2ms，但刷新一行只停止一个读/写周期。如果能够利用CPU对指令的译码阶段（即不访问主存这段时间）进行这种异步刷新操作，那么就避免了集中式刷新方式出现的访存“死区”，同时又避免了分散式刷新单独占用0.5μs的读/写周期来刷新的问题，从而在根本上提高了整机的工作效率。

6.3.2 主存储器与CPU的连接

1. 存储容量的扩展

由于增加芯片引脚数量的代价比较高，很多大容量存储器芯片的数据线只有一位或很少的几位。因此，为了满足数据线宽度的要求，就要进行位扩展（扩展字的宽度）。单片存储器芯片的容量有限，故在存储容量要求大的场合，就要进行字扩展（扩展字的数量）。两种扩展方法都要求把若干存储器芯片连接在一起，以满足实际应用的需要。

（1）位扩展。

位扩展是指增加存储字长，如图6.29所示。图中两片2114芯片的地址线 $A_0 \sim A_9$、$\overline{CS}$和$\overline{WE}$分别连接在一起，并连接到CPU，由CPU控制，而其中一片的数据线作为高4位 $D_7 \sim D_4$，另一片的数据线作为低4位 $D_3 \sim D_0$。这样就构成了一个1K×8位的存储器，CPU访存时发出地址，同时打开两个芯片，分别从两个芯片得到4位的数据。

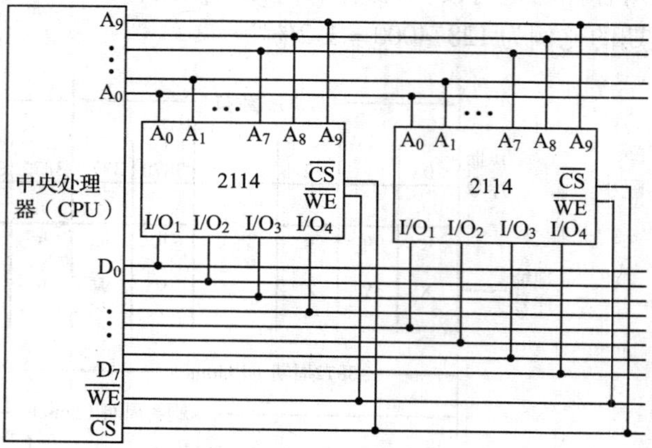

图6.29 两片1K×4位芯片组成1K×8位的存储器

（2）字扩展。

字扩展是指增加存储器字的数量，而每个字的位数没有改变，因此将芯片的地址线、数据线、读/写控制线并联，而由片选信号$\overline{CS}$来控制选择不同的芯片。所以，这种扩展方式需要一个片选译码器，译码输入端接地址线的高位部分，而输出端连接各个芯片的片选端$\overline{CS}$。图6.30所示为16K×8位的芯片采用字扩展法组成64K×8位的存储器示意图。图

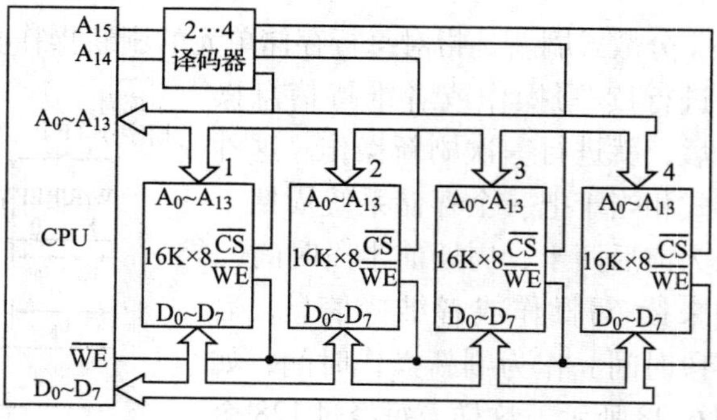

图6.30 4片16K×8位芯片组成64K×8位存储器

中 4 个芯片的数据线连接到数据总线 $D_0 \sim D_7$，地址总线低位部分 $A_0 \sim A_{13}$ 与各芯片的 14 位地址连接，两位高位地址 A_{14}、A_{15} 经过译码器输出到 4 个芯片的片选端 $\overline{CS}$，地址空间分配如表 6.2 所示。

（3）字、位同时扩展。

字、位同时扩展是指既增加存储字的数量，又增加存储字长，即同时采用字扩展和位扩展的方法，增加存储器的容量，以满足应用需求。若单片芯片的容量为 1 字 × k 位，存储器容量要求为 M 字 × N 位（M > 1，N > k），采用字、位同时扩展的方法，则共需要 (M/1) × (N/k) 个存储器芯片。

表 6.2　地址空间分配表

芯片编号	存储器地址		说　明
	片选信号 $A_{15}A_{14}$	片内地址 $A_{13}A_{12}A_{11}\cdots A_2A_1A_0$	
1	0 0 0 0	0 0 0 … 0 0 0 1 1 1 … 1 1 1	最低地址
2	0 1 0 1	0 0 0 … 0 0 0 1 1 1 … 1 1 1	↓
3	1 0 1 0	0 0 0 … 0 0 0 1 1 1 … 1 1 1	↓
4	1 1 1 1	0 0 0 … 0 0 0 1 1 1 … 1 1 1	最高地址

例如，单片芯片容量为 1K 字 × 4 位，要求存储器容量为 4K 字 × 8 位，则需要芯片数量为（4/1）×（8/4）= 8 片，连线图如图 6.31 所示。图中芯片的地址线 $A_0 \sim A_9$ 连在一起，并连至 CPU。两个芯片为一组，8 条数据线形成 8 位数据，连接 CPU 的数据总线。地址线 A_{10}、A_{11} 输入到译码器，4 个译码输出分别连接 8 个芯片的片选端 $\overline{CS}$，每个译码输出连接 2 个 $\overline{CS}$。$\overline{WE}$ 为读/写控制信号。

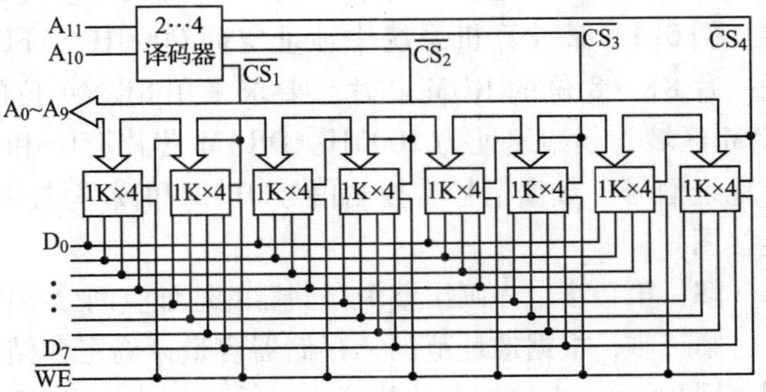

图 6.31　由 8 片 1K × 4 位芯片组成 4K × 8 位存储器

2. 存储器与 CPU 的连接

（1）地址线的连接。

不同容量的存储器芯片，其地址线位数不同，而 CPU 的地址线位数一般比存储器芯片的多。因此，一般将 CPU 地址线的低位地址部分与存储器芯片对应的地址线相连接。CPU 地址线剩余的高位部分用作存储器芯片扩展，或者其他用途。例如，一个 16K × 8 位的存储器芯片共有 14 根地址引脚 $A_0 \sim A_{13}$，应分别与 CPU 的低 14 位地址线 $A_0 \sim A_{13}$ 相连，而 CPU 地址线高位部分则留作存储器字扩展时使用。

（2）数据线的连接。

存储器数据线的位数与存储器芯片的内部结构有关，通常和 CPU 的数据线位数不相等，因此必须对存储器进行位扩展，使两者相等。如 16K×1 位的芯片只有 1 条地址线，如果用 8 片进行位扩展时（扩展存储字长），第 1 片的数据线连到 CPU 的 D_0，第 2 片的数据线连到 CPU 的 D_1，依此类推，第 8 片的数据线连到 CPU 的 D_7。

（3）读/写命令线的连接。

一般情况下，存储器的读/写命令线可以直接连接到 CPU 的读/写控制端，通常高电平为读，低电平为写。需要注意的是，①如果 CPU 和存储器的读、写控制端是分开的，则单独连接即可；②如果 CPU 和存储器的读、写控制端有一个是分开的，另一个是复用的，则需要设计相应的逻辑电路来连接。

（4）片选信号线的连接。

片选信号线的连接是 CPU 与存储器芯片之间能够准确工作的关键，由于实际的存储器通常由多块芯片通过字扩展组成，所以两者的连接一般通过一个译码电路来完成。如在前面提到的，CPU 地址线的高位部分输入到译码器，译码器的输出端连接多个存储器芯片的片选端。另外还要考虑 CPU 访存时，除了发出访存地址外，还发出$\overline{MREQ}$（低电平有效）信号，该信号为低电平时才表示 CPU 要求访存，否则，即使 CPU 发出地址，也不是要求访存。因此，访存控制电路还应该考虑$\overline{MREQ}$信号的作用。

（5）合理的芯片选择。

选择芯片是指芯片类型，如 ROM 和 RAM，及其数量的选择和配合。ROM 通常存放系统程序、标准子程序、引导程序等，而 RAM 则用来组成计算机系统的主存。两类芯片也有不同容量大小可供选择，选择芯片及其数量时应使连接尽可能简单。

例 6.1 某计算机系统中地址空间 0000H～1FFFH（十六进制）分配为 ROM 区域，用一片 8K×8 位的 ROM 芯片。要求采用 8K×4 位的 DRAM 芯片形成一个 16K×8 位的 RAM 区域，起始地址为 2000H。DRAM 芯片有$\overline{CS}$和$\overline{WE}$信号控制端。设 CPU 的接口信号有地址信号、数据信号、控制信号$\overline{MREQ}$和读/写控制信号 $R/\overline{W}$。请画出 CPU 和存储器的连接图。

解： 第一步，先画出整个存储器的地址空间分布图，如图 6.32 所示。

第二步，根据地址范围、存储器容量，确定存储芯片的数量。本例题不用选择芯片类型，用 8K 字×4 位的芯片构成 16K 字×8 位的 RAM 存储区域，需要芯片数量为(16/8)×(8/4)=4 片，每两片为一组，共两组，构成 8 位存储器。

第三步，分配 CPU 的地址线。将 CPU 的低 13 位地址线 A_0～A_{12}与 ROM 和 RAM 芯片的地址线连接；A_{13}、A_{14}用于形成片选信号。

第四步，片选信号的形成。由于 ROM 芯片和两组 RAM 芯片总共需要 3 个片选信号，故采用 2 线—4 线译码器。当地址 $A_{14}A_{13}$为“00”时，译码器输出$\overline{Y}_0$有效，故$\overline{Y}_0$连接 ROM 芯片的片选端；同理，$\overline{Y}_1$连接第 1 组 RAM 芯片的片选端，$\overline{Y}_2$连接第 2 组 RAM 芯片的片选端，$\overline{Y}_3$不用。当地址 $A_{14}A_{13}$为“01”时，选通第 1 组 RAM 芯片；当地址 $A_{14}A_{13}$为“10”时，选通第 2 组 RAM 芯片。译码器的片选信号与 CPU 的控制信号$\overline{MREQ}$连接，接线图如图 6.33 所示。

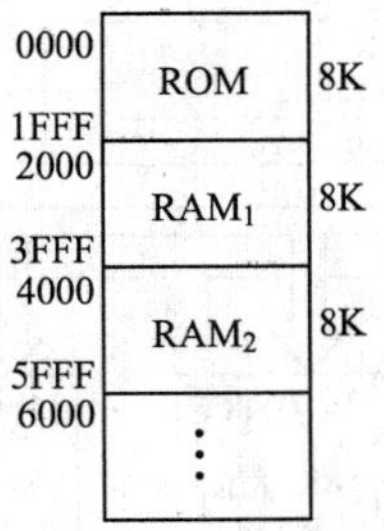

图 6.32 例 6.1 的存储器地址空间分布

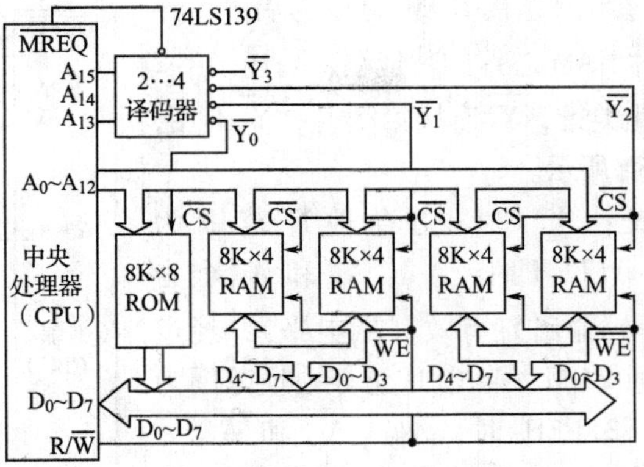

图 6.33 例 6.1 的存储器—CPU 连接逻辑框图

例 6.2 某计算机的主存地址空间中，地址 0000H ~ 3FFFH 为 ROM 存储区域，4000H ~ 5FFFH 为保留地址区域，暂时不用，6000H ~ FFFFH 为 RAM 存储区域。RAM 的控制信号为 $\overline{CS}$ 和 $\overline{WE}$，CPU 的地址线为 $A_0 \sim A_{15}$，数据线为 8 位 $D_0 \sim D_7$，控制信号有读/写控制 $R/\overline{W}$ 和访存请求 $\overline{MREQ}$，ROM 存储器芯片为 16K 字 ×8 位，RAM 存储器芯片为 8K 字 ×8 位，使用 3 线—8 线译码器 74LS138 以及必要的基本逻辑门电路，试画出存储器与 CPU 的连接图。

解 地址线总共有 16 条，寻址空间为 $2^{16} = 64K$。第一步，根据地址范围写出相应的二进制地址码，如表 6.3 所示。

表 6.3 例 6.2 的地址空间分配表

十六进制地址	A_{15}	A_{14}	A_{13}	A_{12}	A_{11}	A_{10}	A_9	A_8	A_7	A_6	A_5	A_4	A_3	A_2	A_1	A_0	容量用途
0000	0	0	0	0	0	0	0	0	0	0	0	0	0	0	0	0	
…								…									16KROM
3FFF	0	0	1	1	1	1	1	1	1	1	1	1	1	1	1	1	
4000	0	1	0	0	0	0	0	0	0	0	0	0	0	0	0	0	
…								…									8K 保留
5FFF	0	1	0	1	1	1	1	1	1	1	1	1	1	1	1	1	
6000	0	1	1	0	0	0	0	0	0	0	0	0	0	0	0	0	
…								…									40KRAM
FFFF	1	1	1	1	1	1	1	1	1	1	1	1	1	1	1	1	

第二步，根据地址范围、容量及其作用，可以确定 ROM 存储区域选用一片 16K 字 ×8 位的芯片，RAM 存储区域选用 5 片 8K 字 ×8 位的芯片。

第三步，分配 CPU 地址线，ROM 芯片为 16K，需要 14 条地址线 $A_0 \sim A_{13}$，RAM 芯片为 8K，需要 13 条地址线 $A_0 \sim A_{12}$，故 CPU、ROM 以及 5 片 RAM 的 $A_0 \sim A_{12}$ 连接，而 CPU 的 A_{13} 则与 ROM 的 A_{13} 连接。剩余的 3 条 CPU 地址线 $A_{13} \sim A_{15}$ 需要形成片选信号。

第四步，形成片选信号。将 74LS138 的控制端 S_1 接 +5V 电源，另外两个控制端 $\overline{S_2}$ 和 $\overline{S_3}$ 接 CPU 的 $\overline{MREQ}$，以保证译码器正常工作。CPU 的地址线 $A_{13} \sim A_{15}$ 输入到译码器，译码器输出 $\overline{Y_0}$

与$\overline{Y_1}$通过与门连接 ROM 的片选端，$\overline{Y_3}$连接第 1 片 RAM 芯片的片选端，$\overline{Y_4}$连接第 2 片，依此类推，$\overline{Y_7}$连接第 5 片，$\overline{Y_2}$不用，如图 6.34 所示。

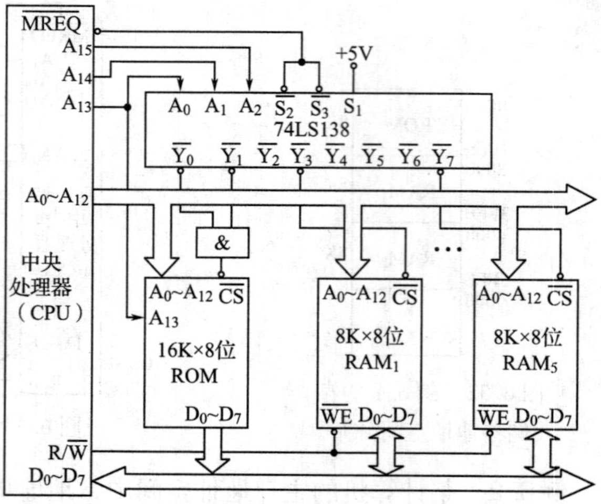

图 6.34　例 6.2 的存储器与 CPU 连接框图

验证：当 CPU 访存地址范围为 0000H ~ 1FFFH 时，A_{15}、A_{14}和 A_{13}全为“0”，译码输出$\overline{Y_0}$有效（低电平），经过与门选通 ROM。当 CPU 访存地址范围为 2000H ~ 3FFFH 时，A_{15}、A_{14} 和 A_{13} 为“001”，译码输出$\overline{Y_1}$有效，经过与门同样选通 ROM。当 CPU 访存地址范围为 4000H ~ 5FFFH 时，A_{15}、A_{14} 和 A_{13} 为“010”，译码输出$\overline{Y_2}$有效，没有选通任何芯片。当 CPU 访存地址范围为 6000H ~ 7FFFH 时，A_{15}、A_{14}和 A_{13}为“011”，译码输出$\overline{Y_3}$有效，选通第 1 片 RAM 芯片。当 CPU 访存地址范围为 8000H ~ 9FFFH 时，A_{15}、A_{14}和 A_{13}为“100”，译码输出$\overline{Y_4}$有效，选通第 2 片 RAM 芯片。以下依次选通第 3、4 和 5 片 RAM。

6.3.3　Pentium CPU 的存储器组织

Pentium、Pentium MMX、Pentium pro、Pentium Ⅱ及 Pentium Ⅲ的外部数据总线均为 64 位，由于 64 位外部数据总线微处理器要保持与 32 位微处理器兼容，就要求存储器系统必须满足单字节、双字节、4 字节以及 8 字节数据位的访问。单字节数据的地址可以是任意地址；双字节数据常以偶地址作为低 8 位数据的地址；4 字节数据常以低 2 位地址为 0 为低 8 位数据的地址，而 8 字节数据常以低 3 位地址为 0 作为低 8 位数据的地址。

Pentium 系列微处理器外部有 64 位数据线，将内存分为 8 个体，每个存储体数据宽度仍然为 8 位（1 字节），因此，有 8 个字节选择信号$\overline{BE_7}$ ~ $\overline{BE_0}$，分别用于控制 8 个存储体。Pentium CPU 地址总线宽度为 32 位，可寻址的最大主存空间是 2^{32} = 4GB。实际最大可配置的主存空间要受到存储控制芯片最大支持能力的限制，而实际使用的主存容量取决于用户的要求。如果实际主存容量采用 4GB，则每个存储体只有 512MB，而 Pentium pro、Pentium Ⅱ及 Pentium Ⅲ要寻址的最大存储空间为 64GB，则每个存储体 8GB。64 位内存组织的示意图如图 6.35 所示。

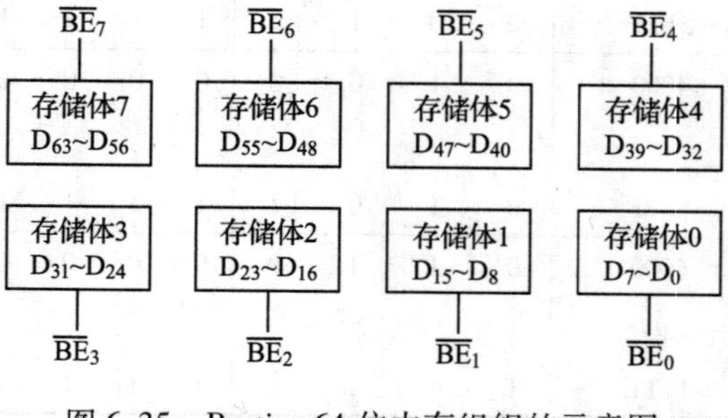

图 6.35　Pentium64 位内存组织的示意图

6.3.4　高级 DRAM

1. EDRAM 存储器芯片

EDRAM 存储器芯片是增强型 DRAM 芯片，它是在 DRAM 芯片的基础上集成了一个小容量的用SRAM实现的高速缓冲存储器（Cache），使DRAM芯片的性能得到显著改进。图6.36所示为1M×4位EDRAM芯片逻辑结构图

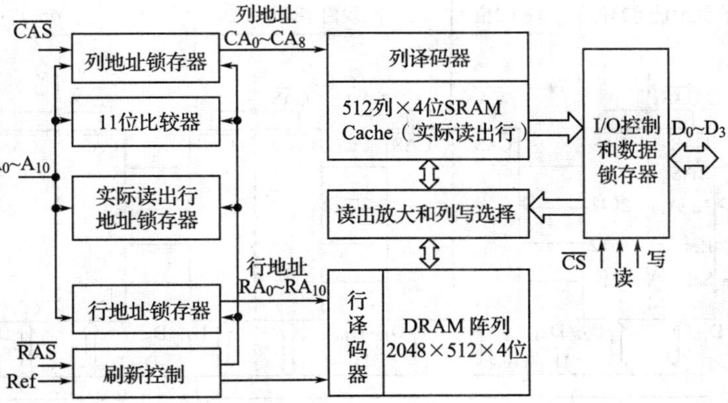

图6.36　1M×4位EDRAM芯片逻辑结构图

该芯片存储阵列被组织成2048行×512列×4位，即行列交叉处为4位存储单元，只有11条地址线，20位地址分为高11位和低9位，从地址线A_0～A_{10}分两次送入芯片。第一次读取数据时，首先送入行选通信号$\overline{RAS}$和高11位地址，该地址保存在行地址锁存器和实际读出行地址锁存器中。由该地址从2048行中选中一行，选中行的512×4位数据被读出到SRAM中。然后，送入列选通信号$\overline{CAS}$和低9位列地址，并存入列地址锁存器。之后在读命令的作用下，从SRAM的512×4位数据中选中一列，共4位数据，从数据线输出。

以后每次读取数据时，输入的行地址首先和实际读出行地址锁存器的11位地址进行比较。如果比较结果相符合，则SRAM命中，再由输入的列地址从SRAM选中某一列（4位）数据即可输出，而省略了第一次读取时的访问DRAM阵列的过程。由此可见，如果连续地访存针对同一行，即高11位地址相同，那么通过连续变动的低9位地址就可以直接从SRAM中读出数据，无需访问DRAM阵列，这称为猝发式读取。猝发式读取极大地提高了读取数据的速度，例如连续访问同一行的512×4位数据，除了第一次需要访问DRAM阵列之外，其他511次访问只需从SRAM中读取数据即可。当然，如果连续访存不是同一行，即SRAM不命中，则需要根据行地址和列地址重新访问DRAM阵列，更新SRAM中的数据和实际读出行地址锁存器的地址，并送出指定的4位数据。

这种EDRAM的结构还有两个特点：由于使用了高速缓存技术，访问Cache命中率很高，在读SRAM期间可同时对DRAM阵列进行刷新；由于芯片内部4位二进制数的输出路径与输入路径是分开的，所以在写操作完成的同时允许启动同一行的读操作。

利用8片这种1M×4位EDRAM存储芯片构成1M×32位的EDRAM模块如图6.37所示。

（1）数据线的连接。

该EDRAM模块共有4组芯片，每组由两片2048×512×4位EDRAM芯片组成，每组构成了1M×8位的存储容量。从左到右，4个组的8位数据线依次接到系统数据总线上的D_{31}～D_{24}、D_{23}～D_{16}、D_{15}～D_8、D_7～D_0，由4个列选通信号$\overline{CAS_3}$～$\overline{CAS_0}$分别选中每个组，另外$\overline{CAS_3}$～$\overline{CAS_0}$分别与CPU送出的4个字节允许信号BE_3～BE_0相对应。这样，可以存取任何一组芯片的8位字节数据，当进行32位数据存取时，BE_3～BE_0全部有效。

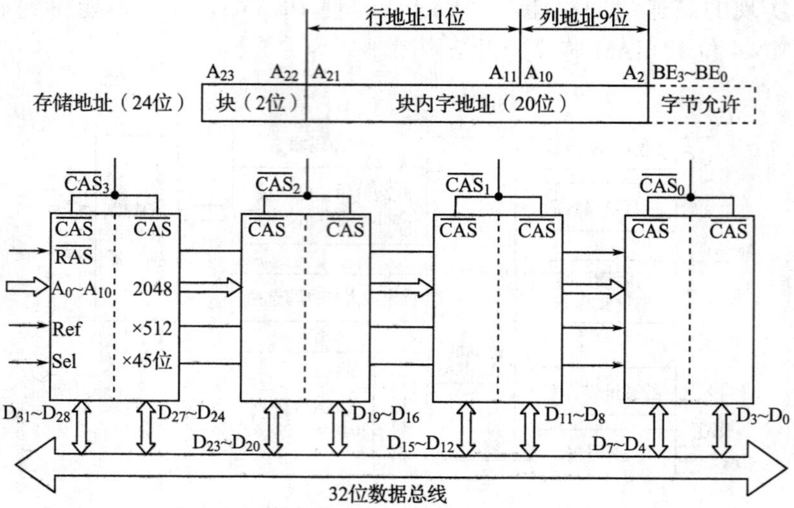

图 6.37　1M × 32 位的 EDRAM 模块构成图

（2）地址线的连接。

8 个芯片的片选共用一个片选信号 Sel、行选通信号$\overline{RAS}$、刷新信号 Ref 和地址输入信号 $A_0 \sim A_{10}$，其中 Sel 实际上是模块选择信号，由 CPU 地址总线上的高位地址 $A_{23}A_{22}$ 译码产生，两位地址译码可以产生 4 个模块选择信号，4 个模块选择信号共可选择 4 个 1M × 32 位的 EDRAM 模块。

CPU 发出的 $A_{21} \sim A_2$ 共 20 位地址送给 DRAM 的控制器，该控制器将 $A_{21} \sim A_{11}$ 共 11 位地址经行选择信号$\overline{RAS}$作用锁存到 EDRAM 芯片内部的行地址锁存器中，DRAM 的控制器再将 $A_2 \sim A_{10}$ 共 9 位地址经列选择信号$\overline{CAS}$作用锁存到 EDRAM 芯片内部的列地址锁存器中。因此，EDRAM 芯片上的地址线 $A_{10} \sim A_0$ 对应接至控制电路的地址输出线上。

（3）控制信号的连接。

EDRAM 中的$\overline{CAS}$、$\overline{RAS}$以及刷新信号 Ref 等均接至 DRAM 控制器对应的输出端上，由 DRAM 控制器来控制 DRAM 的读/写操作。

当模块被选中时，8 个 EDRAM 芯片同时动作，8 个 4 位数据端口 $D_3 \sim D_0$ 同时与 32 位数据总线交换数据，完成一次 32 位数据的访存操作。这样的模块具有高速成块数据存取能力。如果连续访存的高 13 位地址保持不变，即访问同一模块的 8 个芯片的同一行，那么只有在第一次存取 32 位数据时需要一个完整的存取周期（例如 6 个总线时钟周期），而后续的 32 位数据存取，因为已经在 SRAM 中，故存取周期大为缩短（例如两个总线时钟周期）。于是，假如读取 4 个 32 位的字，仅使用了 6-2-2-2 个总线时钟周期，而不是 6-6-6-6 个周期。

在对 EDRAM 的写入操作过程中，速度也相应地有所提高，但往往每个字的写入增加一个总线时钟周期的延时。

这种模块使用了 Cache 技术，Cache 以猝发式的存取方式来实现对内存块数据的存取，在高档微机中获得了广泛的应用。32 位机通常是将这种由若干 EDRAM 芯片组成的模块制作成小电路插件板标准形式，称之为内存条，主板上有相应的插座，以便扩充存储器容量和模块更换。一般有两种规格：72 线的单排直插式存储模块（Single In-line

Memory Module, SIMM）和168线的双排直插式存储模块（Double In-line Memory Module, DIMM）。72线内存条是32位数据线，如果应用在64位的Pentium机上，则需要同时插入两条或4条。168线内存条为64位数据线，在Pentium机主板上仅插入一条便可以工作。

2. FPM DRAM 和 EDO DRAM

FPM DRAM（Fast Page Mode DRAM，快速页面模式随机存取存储器），这是486机和早期Pentium时代普遍使用的内存，它每隔3个时钟脉冲周期传送一次数据，有72条引脚线，采用5V电压，32位数据宽度，速度都在60ns以上。这种内存基本上已经淘汰。

由于输入/输出引脚数的限制，大多数DRAM的地址线（引脚）仍是复用的，这样则潜在地限制了DRAM的速度。在采用快速页模式的DRAM中，每一个存储单元采用行和列来编号。“页”是指具有相同行地址的存储区域。采用快速页模式的动态存储器，在读出同一页中不同列的数据时，能保持行地址信号不变，从而加快了连续存取存放在DRAM中同一页的数据的速度。

EDO DRAM（Extended Data Output DRAM，扩展数据输出随机存取存储器），EDO内存取消了主板和内存两个存储周期的时间间隔，它每隔两个时钟脉冲周期传输一次数据，大大缩短了存取时间，使存取速度提高了30%。这种内存有72线和168线两种，速度达到了60ns，32位数据宽度。这种内存多用于早期的Pentium主板，现在也基本淘汰。

EDO DRAM是对FPM DRAM的改进，有时称为超页模式（Hyper-page Mode）。扩展数据输出在DRAM的读出放大电路和输出引脚之间增加了一个寄存器（Latch），从而构成二级输出缓冲单元，用以存放数据并一直保持到数据被可靠地读取时为止，这样就扩展了数据输出的有效时间，提高了DRAM的性能。由于该寄存器的存在，使得即使列地址信号变为无效时，仍可保持读出数据有效。与快速页模式相比，采用扩展数据输出技术的DRAM允许CPU或存储控制器以超过快速页模式10%~20%的速度进行存取。早期的IS41C16256芯片是512×512×16bit（4Mbit即0.5MB）的EDO DRAM芯片，允许用每字（16位）10ns的访问周期随机访问512行中的一行。在读或写周期内，每次通过18位地址唯一地编址，行地址通过$\overline{RAS}$锁存，列地址通过$\overline{CAS}$锁存。该芯片适用于16位和32位总线的系统和图形、数字信号处理系统、计算机系统及其外围电路等方面的应用。

3. SDRAM 和 DDR SDRAM 存储器芯片

SDRAM（Synchronous DRAM，同步动态随机存取存储器）曾经是动态存储器系列中使用最广泛的高速、高容量存储器，它是现行主流动态存储器DDR SDRAM系列的前身。

通常，CPU或存储控制器以异步的方式对快速页模式和扩展数据输出结构的动态存储器进行控制。而另一种方式是对DRAM接口进行同步控制，以便DRAM在同一时钟周期内向CPU或存储控制器提供或接收信息。同步控制提供了快速的连续读写能力。与传统的DRAM相比，在SDRAM标准动态存储器中加入同步控制逻辑，并利用单一的系统时钟同步所有的地址、数据和控制信号，因此SDRAM的工作速度与系统总线速度是同步的，每个时钟脉冲周期传送一次数据。处理器访问SDRAM时，SDRAM的地址信号、数据信号以及控制信号大都是系统时钟CLK的上升沿采样或驱动的。这样做是为了使SDRAM的操作在系统时钟CLK的控制下，与系统的高速操作严格同步进行。在SDRAM进行响应（如行列选择、地址译码、数据读出或写入、数据放大）期间，因对SDRAM的操作时序都是确定的，处理器或其他主控器可照常安全地进行其他操作，不必单纯地等待，从而提高了对存储器访问时的并行操作。SDRAM 按标准运行工作频率分为 PC66、PC100、PC133、PC150 等。这里的 66、100、133、150 指的是系统总线的频率，如 PC133 的内存适用于系统总线频率为 133MHz 的微机。SDRAM 内存的工作电压为 3.3V、168 线，工作速度为 7~10ns，64 位的数据宽度，在速度及性能上较 EDO 有很大的提高。因此对 SDRAM 而言，时钟周期是其速度快慢的主要因素，常用时钟频率来度量 SDRAM 的速度，比如 66MHz、100MHz 等。

早期 SDRAM 内部采用的是一种双存储体结构，内含两个交错的存储阵列，后来发展为内含 4 个存储阵列，这在 SDRAM 的规范中是最高的存储阵列数量。而 RDRAM 则达到了 32 个，在 DDR-ⅡSDRAM 标准中，存储阵列的数量也提高到了 8 个。这样，在进行寻址时除了要确定片选控制外，还要确定是哪个存储阵列，然后再在这个选定的存储阵列中选择相应的行与列进行寻址。可见对内存的访问，一次只能是对一个存储阵列进行读/写。交错存取时也是如此，但其他存储阵列可被提前启动或进入预备工作状态。在 CPU 对一个存储体或阵列访问数据的同时，其他阵列已准备好读/写数据。通过两个或多个存储阵列的紧密切换，读取效率得到成倍的提高。另外，SDRAM 对这些存储阵列的读/写访问采用了流水线处理方式，当指定一个特定的地址时，SDRAM 就可读出多个数据，即实现突发传送。

与 DRAM 的不同之处还有 SDRAM 存储单元中的电容容量很小，所以信号要经过高倍放大来保证其有效的逻辑电平。

DDR（Double Data Rate）SDRAM 称为双速率的 SDRAM。它在 SDRAM 的基础上，采用延时锁定环技术对数据进行精确定位，在时钟脉冲的上升和下降沿都可传输数据，因此和普通的 SDRAM 相比，DDR SDRAM 在不提高时钟频率的情况下，使数据传输率提高了一倍。相对于 SDRAM，DDR Ⅰ采用两位预取架构，也就是 2∶1 的数据预取，允许内部工作频率仅为外部数据传输频率的一半，可以同时存取两个单元的数据，使内部数据总线的带宽提高两倍，因此内存的输出端可以分别在时钟信号的上升沿和下降沿传输数据，DDR 的数据传输率是实际工作频率的两倍。实际上，DDR SDRAM 通过两个 DDR 内存控制器同时工作，即双通道内存技术，从而获得双倍的内存带宽，大幅度地提高了整体性能。此技术除了要求内存芯片本身具有两个独立的数据总线 P-bank，还要对内存控制器加以改进。双通道内存技术的精髓就在于让北桥芯片同时集成两个内存控制器，这样等于让内存带宽在现有的基础上加倍。DDR 内存的多通道技术研究也在蓬勃兴起。

在数字传输时，常用带宽来衡量传输数据的能力。用它来表示单位时间内传输字节数的大小。如果 B 表示带宽，F 表示存储器时钟频率，D 表示存储器数据总线位数，则带宽为 $B = F \times D/8$，单位为 B/s。例如，PC-100 的 SDRAM 带宽计算如下：

$100\text{MHz} \times 64\text{bit}/8 = 800\text{MB/s}$

对于上升沿和下降沿都传输数据的 DDR Ⅰ，因为它的传输效率是双倍的，所以带宽应为 $B = 2 \times F \times D/8$。例如在 100MHz 下，DDR SDRAM 可提供 $100\text{MHz} \times 2 \times 8\text{Byte} = 1.6\text{GB/s}$ 的数据传输率，133MHz 下可达到 2.1GB/s。DDR SDRAM 内存采用 2.5V 工作电压，184 线，内存接口为 64 位。DDR SDRAM 适用于大型的应用程序和复杂的 3D。在速度的区分方面，DDR 内存问世之初是根据其工作频率来标记，比如工作在 100MHz 或 133MHz 的分别被称为 PC200、PC266（100×2、133×2），后来改用理论上的最大数据传输率作为速度标记，比如 133MHz 的 DDR 内存的理论最大带宽为 2.1GB/s，就将其标记为 PC2100。DDR 内存沿袭了 SDRAM 内存的制造体系，其制造成本只比普通 SDRAM 稍高，远远小于 RDRAM。对于制造商来说，只要对生成设备稍加改动就能生产 DDR 内存，而且也不存在专利方面的问题，因此几乎所有的内存生产商都支持 DDR 内存，而由于价格的原因，消费者对 DDR 内存的接受程度也相当高。

如前所述，DDR SDRAM 每时钟周期传输两次数据，它在时钟信号的上升沿和下降沿各传输数据一次。但是加倍的数据从何而来，采用的设计技巧是，使内存的存储单元工作在相同的时钟频率下，加宽芯片内部总线，以这种方式推进内存条的速度。即从内部阵列到 I/O 缓存之间的总线宽度是外部总线（I/O 缓冲存储器到控制器）的 2 倍（DDR Ⅰ）或者 4 倍（DDRⅡ），甚至 8 倍（DDRⅢ）。结果就使得缓存到控制器的数据传输率达到内部存储单元工作频率的 2 倍或者 4 倍甚至 8 倍。也就是说，存储单元矩阵内部使用一个很宽但较慢的总线，但是当数据从外部数据总线传输到内存控制器时使用了一个较窄但是快速的总线。

DDRⅡ通过使用 4 位预取架构来提高数据传输率，降低对内部存储单元阵列的频率要求。允许内部工作频率为外部数据传输频率的 1/4，但内部每次存取 4 个单元（原始位宽）的数据，然后在高速时钟的上升沿、下降沿连续不断地高速传送，实现了 4 倍速的传输率，因此它的带宽应为 $B = 4 \times F \times D/8$。

早在 2002 年 6 月 8 日，JEDEC 就宣布开始开发 DDR Ⅲ内存标准，但是当时由于缺乏处理器厂商的支持，DDR Ⅲ内存只停留在概念产品阶段。直到 Intel 于 2007 年推出支持 DDR Ⅲ内存的芯片组产品，另一个桌面处理器巨头 AMD 也明确表示支持 DDR Ⅲ内存，各内存厂商才陆续生产 DDR Ⅲ内存。

DDR Ⅲ内存比 DDRⅡ内存有更低的工作电压，从 DDRⅡ的 1.8V 降到 1.5V，从而更加省电，性能更好；预取机制从 DDR Ⅱ 的 4 位预取升级为 8 位预取，这样，DDR Ⅲ 内存 DRAM 内核的频率只有接口频率的 1/8。

4. RDRAM 存储器芯片

RDRAM（Rambus DRAM）存储器原为 Rambus 公司为电视游戏机提出的一种内存规格，能达到更高的时钟频率。1996 年它由 Intel 联合 Micron 等 10 余家半导体厂商发布，并正式命名为 Direct Rambus DRAM，简称为 RDRAM。

由于其矩阵结构对基本速度的限制，SDRAM 的频率很难超越 133MHz。而由 Rambus 公司开发的 Rambus DRAM 技术打破了上述频率屏障。Rambus DRAM 的设计较为复杂，有点类似于系统级设计。在 RDRAM 内部，类似 SRAM 的高速缓冲存储器页提供了快速的数据流。出于提高高速缓冲存储器页的效率和交叉轮换的因素，每一个 RDRAM 器件包括 2 ~4 个存储器阵列。

RDRAM 的内存接口为 16 位。RDRAM 内存条也被称为 RIMM，引脚为 184 针，板载一块 SPD ROM，在系统开启时提供初始化信息。根据内存的速度有 600MHz、700MHz 与 800MHz 三个版本，RDRAM 将数据封包后使用特殊的协议传输数据，与 SDRAM 采用$\overline{CAS}$、$\overline{RAS}$信号进行的传输不同，RDRAM 可以在单个时钟周期内的上升沿和下降沿内各传输一次数据。Intel i820 芯片组支持 PC800（400MHz），但是，PC600 的产品只能提供 9.6Gb/s 的带宽（数据传输率），并不比 PC133SDRAM 提供的 8.48Gb/s 大多少。PC133SDRAM 提供的有效带宽略低，但比 RDRAM 的成本低。RDRAM 内存片延迟周期要比 SDRAM 的高，它采取的是单向数据流的方式处理数据，而不同于 SDRAM 的并行式结构。读取内存中分散的数据时，没有 SDRAM 的效率高。目前，许多厂商都推出了 RDRAM 产品，由于 RIMM 内存条的发热量较大，其外部都加装了散热片，这也是其特点之一。

RDRAM 的特点是把行缓冲器作为高速暂存来利用。在普通的 DRAM 中，行缓冲器的信息在写回存储器后便不再保留，而 RDRAM 则将这一信息继续保持，在进行存储器访问时，如果缓冲器已有目标数据，则可利用它，从而实现了高速访问。它的另一特点是用所谓的“随机通道”这样特殊的高速总线来传送数据，即把数据集中起来以分组的形式进行传送。指定地址的命令也以分组的形式传送。RDRAM 只有在连续读出数据时才能发挥出高效的性能，如果数据在存储器中随机地分布，访问起来就非常慢了。

与 SDRAM 和 DDR SDRAM 相比，RDRAM 最大的特点是高速。但是由于 Rambus 结构复杂，生产 Rambus 内存必须投入大量的资金兴建全新生产线，同时还必须获得 Rambus 授权，支付相关的专利费用。而 DDR 作为一个开放的技术，不存在专利费用的问题，加上 DDR SDRAM 仍然沿用现有的 SDRAM 生产体系，制造成本只比 SDRAM 略高。在与 DDR 内存的竞争中，RDRAM 虽然性能优良但却不能为大多数的普通用户接受的主要原因是，在速度上的优势不能弥补其在价格上的过于昂贵。然而，RDRAM 的出现是对 SDRAM 时钟频率限制的革新，即使与 DDR SDRAM 相比，它在速度方面仍具有一定的优势，加上随着 Rambus 技术的完善，它的价格也在不断下跌。因而在高端产品方面 RDRAM 将仍有光明前景，如高性能 PC 和工作站服务器，或某些高速的应用，如在线音频和视频、三维图像处理、数据采集等。另一个值得引起注意的应用方面是嵌入式系统。在嵌入式系统中，由于空间、功耗及散热约束等方面的要求比普通 PC 的要求更高，因而采用 RDRAM 比 SDRAM 或 DDR DRAM 更为合适。

5. 其他存储器芯片

（1）SL DRAM（SyncLink DRAM，同步链动态存储器），它也许是在速度上最接近 RDRAM 的竞争者。SL DRAM 是一种增强和扩展的 SDRAM 架构，它将当前的 4 体（Bank）结构扩展到 16 体，并增加了新接口和控制逻辑电路。SL DRAM 像 SDRAM 一样使用每个脉冲的边沿传送数据。SL DRAM 是在原 DDR SDRAM 的基础上发展起来的，但 Intel 公司不支持这种标准，故发展缓慢。

（2）VCM SRDRAM（Virtual Channel Memory SRDRAM，虚拟通道存储器），它由 NEC 公司开发，是一种新兴的“缓冲式 DRAM”。其原理是在一般的 DRAM 中加入一块 SRAM 作为数据缓存，以此维持数据的快速访问，相当于一种具有缓存的存储器。VCM SRDRAM 由高速寄存器进行配置和控制，在实现高速数据传输的同时，保持与传统 SDRAM 的高度兼容性。

VCM 的“虚拟通道”即指它的高速数据缓存。该缓存加装在内存单元与主控芯片上的内存控制部分之间。使用“虚拟通道”技术后，当外部对内存进行读写操作时，将不再直接对内存芯片中的各个单元进行读写操作，而改由“虚拟通道”代理。“虚拟通道”先把数据从内存单元中移动到高速的虚拟通道中，再由外部进行读写，这一结构特点很适于突发式存取和提高内存的整体速度；而且在必要时，还可以把多个“虚拟通道”捆绑在一起，以对应某个占用带宽特别大的内存主控设备，因此，在多任务同时执行的情况下，也能保证持续地进行高效率的数据传输。

VCM SRDRAM 的特点是内存单元与通道缓冲器间的数据传输，与内存单元的预充电和刷新等内部操作可以并行进行。VCM SDRAM 还有一个特点是保持与传统型 SDRAM 的管脚兼容，厂家不需要重新进行主板布线设计就能够使主板支持它。不过，由于它与传统型SDRAM控制方式不同，因此，还需要得到控制芯片组的支持才能使用。

（3）FCRAM（快速循环动态存储器），它的数据吞吐率比普通DRAM/SDRAM快4倍。其特点是行列地址同时（并行）访问，而不是以顺序方式访问（先访问行数据，后访问列数据）。

6.4 高速缓冲存储器

近十多年来，CPU的性能提高得很快，据统计CPU的速度平均每年改进60%，而组成主存的DRAM速度平均每年只改进7%，主存速度的提高始终跟不上CPU的发展，结果是CPU和DRAM之间的速度差距平均每年增大50%。因此现代计算机都采用高速缓存（Cache）来解决主存与CPU的不匹配问题。

另外，从多体交叉存储器中可知，I/O向主存请求的级别高于CPU访存，这就出现了CPU等待I/O访存的现象，致使CPU空等一段时间，甚至可能等待几个主存周期，从而降低了CPU的工作效率。为了避免CPU与I/O争抢访存，可在CPU与主存之间加一级缓存，这样，主存可将CPU要取的信息提前送至缓存，而CPU可直接从缓存中读取所需信息，不必空等而影响效率，除非需要的信息不在缓存中，才访问主存。

Cache的作用主要是使得CPU不直接访问主存，只与高速Cache交换信息。那么，这种方法是否可行呢？通过大量典型程序的分析，发现在一定时间内，CPU从主存取指令或取数据，只是对主存局部地址区域的访问。这是由于指令和数据在主存内都是连续存放的，并且有些指令和数据往往会被多次调用（如子程序循环程序和一些常数），也即指令和数据在主存的地址分布不是随机的，而是相对的簇聚，使得CPU在执行程序时，访存具有相对的局部性，这就叫程序访问的局部性原理。

程序的局部性原理是指程序总是趋向于使用最近使用过的指令和数据，也就是说程序执行时访问存储器地址的分布不是随机的，而是相对地簇聚。这种簇聚包括指令和数据两部分。程序局部性包括程序的时间局部性和空间局部性。程序的时间局部性是指程序即将用到的信息很可能就是目前正在使用的信息。程序的空间局部性是指程序即将用到的信息很可能与目前正在使用的信息在空间上相邻或者相近。

根据这一原理，只要将CPU近期要用到的程序和数据，提前从主存送到Cache，那么就可以使CPU大大减少访问主存的次数。一般Cache采用高速的SRAM制作，其价格比主存贵，但因其容量远小于主存，因此能很好地解决速度和成本的矛盾。

6.4.1 Cache的基本原理

1. Cache的功能

如前所述，为了填补CPU和主存在速度上的巨大差距，现代计算机都在CPU和主存之间设置一个高速、小容量的Cache。Cache对于提高整个计算机系统的性能有重要的意义，几乎是一个不可缺少的部件。从功能上看，它是主存的缓冲存储器，由高速SRAM构成，为了追求速度，全部功能由硬件实现，因而对程序员来说是透明的。随着半导体集成度的进一步提高，Cache已经集成到CPU芯片内，工作速度接近于CPU的速度。

Cache 是按块进行管理的。Cache 和主存均被分割成大小相同的块。信息以块为单位调入 Cache。相应地，CPU 的访存地址被分割成两部分：块地址和块内位移，如图 6.38 所示。

图 6.38　CPU 访存地址结构

主存块地址用于查找该块在 Cache 中的位置。块内位移用于确定所访问的数据在该块中的位置。

2. Cache 的工作原理

（1）映像规则。

一般来说，主存容量远大于 Cache 的容量。因此，当把一个块从主存调入 Cache 时，就有一个如何放置的问题。这就是映像规则所要解决的。映像规则有以下三种。

1）全相联映像。全相联是指主存中的任一块可以被放置到 Cache 中的任意一个位置的方法，如图 6.39 所示。图中，主存的第 9 块可以放入 Cache 中任意一个位置（带阴影）。作为一个例子，图中 Cache 只有 8 块，主存只有 16 块。实际的 Cache 常包含几百个块，而主存则一般包含上百万个块。

2）直接映像。直接映像是指主存中的每一个块只能被放置到 Cache 中唯一的一个位置，如图 6.40 所示。图中带箭头的虚线表示映像关系。例如，主存的第 9 块只能放入 Cache 的第 1 块（9 mod 8 = 1）的位置。一般地，对于主存的第 i 块（即块地址为 i），设它映像到 Cache 的第 j 块，则 j = i mod（M）。

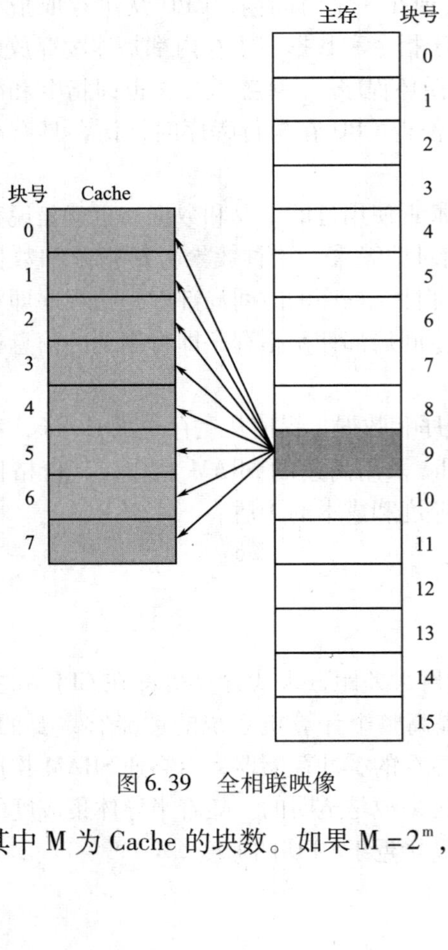

图 6.39　全相联映像

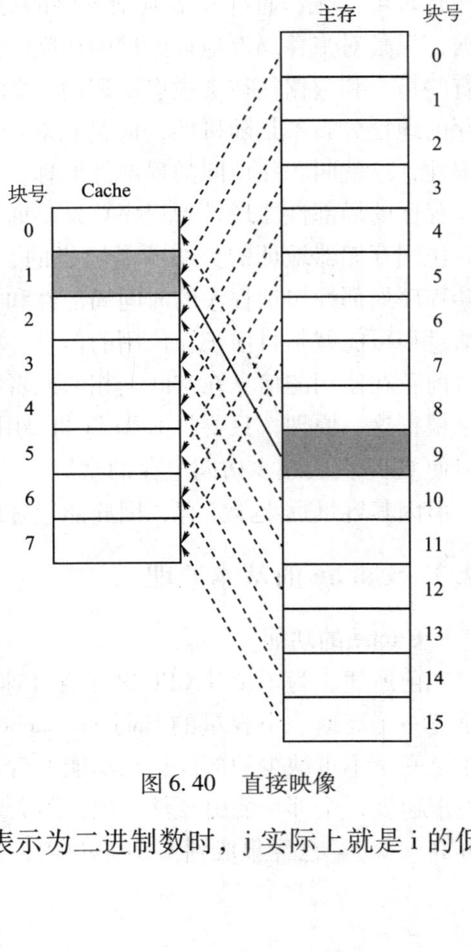

图 6.40　直接映像

其中 M 为 Cache 的块数。如果 $M = 2^m$，则当表示为二进制数时，j 实际上就是 i 的低 m

位，如图6.41所示。

因此，可以直接用主存块地址的低m位去选择直接映像Cache中的相应块。

图6.41 直接映像的主存块地址结构

3）组相联映像。组相联是指主存中的每一块可以被放置到Cache中唯一的一个组中的任何一个位置（Cache被等分为若干组，每组由若干个块构成），如图6.42所示。

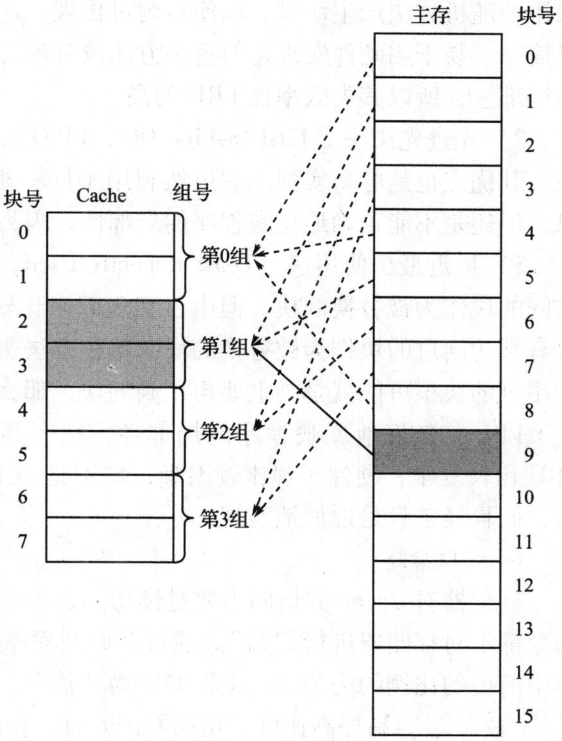

图6.42 组相联映像

图6.42中主存的第9块映像到Cache第1组的任何一个块位置。组相联是直接映像和全相联的一种折中：一个主存块首先映像到唯一的一个组上（直接映像的特征），然后这个块可以被放入这个组中的任何一个位置（全相联的特征）。组的选择常采用位选择算法，即若主存第i块映像到Cache的第k组，则

$$k = i \bmod (G)$$

其中G为Cache的组数。设$G = 2^g$，则当表示为二进制数时，k实际上就是i的低g位，如图6.43所示。因此，可以直接用主存块地址的低g位去选择组相联Cache中的相应组。这里的低g位以及上述直接映像中的低m位通常称为索引。

图6.43 组相联映像的主存块地址结构

如果每组中有n个块（n = M/G），则称该映像规则为n路组相联。n的不同取值构成了一系列不同相联度的组相联。直接映像和全相联实际上是组相联的两种极端情况。

（2）Cache数据的查找。

作为主存的缓冲存储器，Cache的容量比主存小很多，其中存储的信息是主存的副本。通常，在Cache中保存有主存块地址和对应块地址的主存中的数据，其中主存块地址指出了该块中存放的数据是哪个主存块的。CPU访存时，向Cache发出访存地址，该地址与Cache中存储的主存块地址进行比较，如果找到匹配的地址，则说明CPU需要的数据在Cache中，这称为CPU访问Cache命中（hit）。这时，只要读出Cache中与该块地址对应的数据即可。如果比较没有找到匹配的地址，则说明CPU需要的数据不在Cache中，这种情况称为CPU访问Cache不命中（miss），或者失效。

（3）Cache数据的替换。

由于主存中的块比Cache中的块多，所以当要从主存调入一个块到Cache中时，会出现该块所映像到的一组（或一个）Cache块已全被占用的情况。这时，需强迫腾出其中的某一块，以接纳新调入的块。那么应该替换哪一块呢？这就是替换算法所要解决的问题。

直接映像 Cache 中的替换很简单，因为只有一个块，别无选择。而在组相联和全相联 Cache 中，则有多个块供选择，我们当然希望应尽可能避免替换掉马上就要用到的信息。主要的替换算法有以下三种。

1）随机法。为了均匀使用一组中的各块，这种方法随机地选择被替换的块。有些系统采用伪随机数法产生块号，以使行为可再现。这对于调试硬件是很有用的。这种方法的优点是简单、易于用硬件实现，但这种方法没有考虑 Cache 块过去被使用的情况，反映不了程序的局部性，所以其失效率比 LRU 的高。

2）先进先出法（First-In-First-Out，FIFO）。这种方法选择最早调入的块作为被替换的块。其优点也是容易实现。它虽然利用了同一组中各块进入 Cache 的顺序这一“历史”信息，但还是不能正确地反映程序的局部性。因为最先进入的块，很可能是经常要用到的块。

3）最近最少使用法（Least Recently Used，LRU）。这种方法本来是指选择近期最少被访问的块作为被替换的块。但由于实现起来比较困难，实际上实现的 LRU 都只是选择最久没有被访问过的块作为被替换的块。这种方法所依据的是局部性原理的一个推论：如果最近刚用过的块很可能就是马上要再用到的块，那么最久没用过的块就是最佳的被替换者。

LRU 能较好地反映程序的局部性，因而其失效率在上述三种方法中是最低的。但是 LRU 比较复杂，硬件实现比较困难，特别是当组的大小增加时，LRU 的实现代价会越来越高，而且经常只是近似地实现。

（4）写策略。

处理器对 Cache 的访问主要是读访问，因为所有对指令的访问都是“读”，而且大多数指令都不对存储器进行“写”。通过对典型程序运行的统计分析，表明“写”在所有访存操作中所占的比例约为 7%，其余 93% 为“读”。

“读”最容易提高速度，访问 Cache 时，在读出块地址进行比较的同时，可以把相应的 Cache 数据块也读出。如果命中，则把该块中所请求的数据立即送给 CPU；若为失效，则所读出的块没有用处，但也没有坏处，可以置之不理。

然而，对于“写”却不是如此。只有在读出块地址并进行比较，确认是命中后，才可对 Cache 块进行写入。由于比较块地址不能与写入 Cache 数据块并行进行，“写”一般比“读”花费更多的时间。

按照存储层次的要求，Cache 内容应是主存部分内容的一个副本。但是“写”访问却有可能导致它们内容的不一致。例如，当处理机进行“写”访问，向 Cache 写入新的数据后，则 Cache 中相应单元的内容已发生变化，而主存中该单元的内容却仍然是旧的。这就产生了所谓的 Cache 与主存内容的不一致问题。显然，为了保证正确性，主存的内容也必须更新。至于何时更新，这正是写策略所要解决的问题。

写策略是区分不同 Cache 设计方案的一个重要标志。写策略主要有两种。

1）写直达法。写直达法也称为存直达法。它是指在执行“写”操作时，不仅把信息写入 Cache 中相应的块，而且也写入下一级存储器（例如主存）中相应的块。

2）写回法。写回法也称为拷回法。它只把信息写入 Cache 中相应的块，并不立即把信息写入主存。只有在该块被替换时，才被写回主存。

为了减少在替换时块的写回，常采用污染位标志。即为 Cache 中的每一块设置一个“污染位”，用于指出该块是“脏”的（被修改过）还是“干净”的（没被修改过）。替换时，若被替换的块是“干净”的，则不必写回下一级存储器，因为这时下一级存储器中相应块的内容与 Cache 中的一致。

写回法和写直达法各有特色。两者相比，写回法的优点是速度快，“写”操作能以 Cache 存储器的速度进行，而且对于同一单元的多个写最后只需一次写回下一级存储器。有些“写”只到达 Cache，不到达主存，因而所使用的存储器频带较低。这使得写回法对于多处理机很有吸引力。写直达法的优点是易于实现，而且下一级存储器中的数据总是最新的。后一个优点对于 I/O 和多处理机来说是重要的。

6.4.2 Cache 的组织结构

Cache 的组织结构如图 6.44 所示，它由 Cache 存储体、地址映像变换机构、Cache 替换机构几大模块组成。

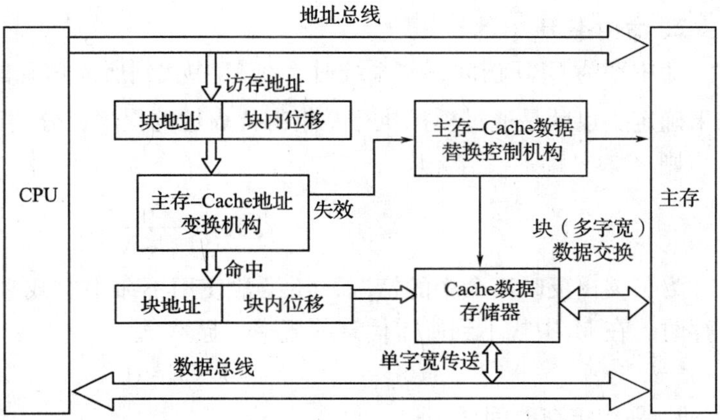

图 6.44 Cache 的组织结构

(1) Cache 存储体。Cache 存储体以块为单位与主存交换信息，块大小通常为多个存储字长。为加速 Cache 与主存之间的调动，主存大多采用多体结构，且 Cache 访存的优先级最高。

(2) 地址映像变换机构。它是将 CPU 送来的主存地址转换为 Cache 地址。由于主存和 Cache 的块大小相同，块内地址都是相对于块的起始地址的偏移量（即低位地址相同），因此地址变换主要是主存的块地址（高位地址）与 Cache 块地址间的转换。

CPU 访存时向 Cache 存储体发出访存地址，地址映像变换机构根据得到的访存地址判断该单元内容是否在 Cache 中有副本，如果有，则命中，反之，则不命中（失效）。由于 Cache 存储体以字为单位与 CPU 交换信息，所以，如果是读命中，CPU 从 Cache 存储体读出一个字；如果是写命中，CPU 向 Cache 存储体写入一个字。如果失效，CPU 访问 Cache 的下一级存储器（即主存），不仅将该字从主存取出，同时将它所在的主存块一并调入 Cache，供 CPU 使用。当然，此刻能将主存块调入 Cache 内，也是由于 Cache 原来处于未被装满的状态。反之，倘若 Cache 原来已被装满，即已无法将主存块调入 Cache 内时，就得采用替换策略。

(3) 替换机构。当 Cache 内容已满，无法接收来自主存块的信息时，就由 Cache 内的替换机构由按一定的替换算法来确定应从 Cache 内移出哪个块返回主存，而把新的主存块调入 Cache。

需要特别指出的是，Cache 对用户是透明的，即用户编程时所用到的地址是主存地址，用户根本不知道这些主存块是否已调入 Cache 内。因为，将主存块调入 Cache 的任务全由机器硬件自动完成。

6.4.3 Cache 的性能分析

为简单起见，仅考虑由 M_1 和 M_2 两个存储器构成的两级存储层次结构，如 M_1 为 Cache，M_2 为主存。假设 M_1 的容量、访问时间和每位价格分别为 S_1、T_{A1} 和 C_1，M_2 的参数为 S_2、T_{A2} 和 C_2。

1. 存储层次的平均每位价格 C

$$C = \frac{C_1 S_1 + C_2 S_2}{S_1 + S_2}$$

显然，当 $S_1 << S_2$ 时，$C \approx C_2$。即如果 Cache 容量比主存容量小得多，可以认为整个存储系统的平均每位价格近似等于主存的每位价格。

2. 命中率 H

命中率为 CPU 访问存储系统时，在 M_1 中找到所需信息的概率。命中率一般用模拟的方法来确定，也就是通过模拟执行一组有代表性的程序，分别记录下访问 M_1 和 M_2 的次数 N_1 和 N_2，则

$$H = \frac{N_1}{N_1 + N_2}$$

为了突出反映不命中的情况，还经常使用不命中率或失效率 F 这个参数。它是指 CPU 访存时，在 M_1 中找不到所需信息的概率。显然

$$F = 1 - H$$

3. 平均访存时间 T_A

CPU 访存有两种可能：第 1 种为在 M_1 命中，需要时间 T_{A1}，T_{A1} 称为命中时间（Hit-time）。第 2 种可能为失效，对于两级存储器，如果访问的信息不在 M_1 中，就必须从 M_2 中把包含所请求的字的信息块传送到 M_1，之后 CPU 才能在 M_1 中访问到该字。如果传送一个信息块的时间为 T_B，则失效时的访问时间为

$$T_{A2} + T_B + T_{A1} = T_{A1} + T_M$$

其中 $T_M = T_{A2} + T_B$，它是指从向 M_2 发出访问请求开始到把整个数据块调入 M_1 中所需要的时间。T_M 称为失效开销（Miss Penalty）。

所以

$$\begin{aligned} T_A &= HT_{A1} + (1-H)(T_{A1} + T_M) \\ &= T_{A1} + (1-H)T_M \end{aligned} \qquad (6.1)$$

或者

$$T_A = T_{A1} + FT_M$$

式中，T_{A1} 是 CPU 访问 M_1 命中的时间；F 是 CPU 访问 M_1 的失效率；T_M 是失效开销。

失效率 F 与硬件速度无关，用它来评价存储系统的性能非常方便，所以人们经常使用它。但是，它也容易产生一些误导。一种更好的评测存储系统性能的指标是上述的平均访存时间 T_A。对于两级存储层次，从上面的公式可知

平均访存时间 = 命中时间 + 失效率 × 失效开销

平均访存时间的两个组成部分既可以用绝对时间（如命中时间为 2ns），也可以用时钟周期数（如失效开销为 50 个时钟周期）来衡量。平均访存时间仍然是衡量性能的一个间接指标，尽管它是一个比失效率更好的指标，但并不能代替程序执行时间。

6.4.4 改进 Cache 性能的方法

CPU 和主存之间在速度上越来越大的差距已引起了许多体系结构设计人员的关注。根据平均访存时间公式（6.1）可知，可以从以下三个方面改进 Cache 的性能。

（1）降低失效率。

（2）减少失效开销。

（3）减少 Cache 命中时间。

1. 降低 Cache 的失效率

按照产生失效的原因不同，我们可以把失效分为以下三类（简称为 3C）。

（1）强制性失效。

当第一次访问一个块时，该块不在 Cache 中，需从下一级存储器中调入 Cache，这就是强制性失效。强制性失效（Compulsory Miss）也称为冷启动失效或首次访问失效。

（2）容量失效。

如果程序执行时所需的块不能全部调入 Cache 中，则当某些块被替换后，若又重新被访问，就会发生失效。这种失效称为容量失效（Capacity Miss）。

（3）冲突失效。

在组相联或直接映像 Cache 中，若太多的块映像到同一组（块）中，则会出现该组中某个块被别的块替换（即使别的组或块有空闲位置），然后又被重新访问的情况。这就是发生了冲突失效（Conflict Miss）。这种失效也称为碰撞失效或干扰失效。

表 6.4 针对 SPEC92 典型程序给出了上述三种失效所占的比例（这些数据是在 DECstation 5000 上测得的。假设 Cache 的块大小为 32 字节，并采用 LRU 算法）。为了说明高相联度的好处，表中列出了在直接映像、两路组相联、四路组相联和八路组相联的情况下，冲突失效的值。

表 6.4 在不同容量不同相联度的情况下，Cache 的总失效率以及“3C”所占的比例

Cache 容量	相联度	总失效率	失效率组成（相对百分比）					
			强制性失效		容量失效		冲突失效	
1KB	1 路	0.133	0.002	1%	0.080	60%	0.052	39%
1KB	2 路	0.105	0.002	2%	0.080	76%	0.023	22%
1KB	4 路	0.095	0.002	2%	0.080	84%	0.013	14%
1KB	8 路	0.087	0.002	2%	0.080	92%	0.005	6%
2KB	1 路	0.098	0.002	2%	0.044	45%	0.052	53%
2KB	2 路	0.076	0.002	2%	0.044	58%	0.030	39%
2KB	4 路	0.064	0.002	3%	0.044	69%	0.018	28%
2KB	8 路	0.054	0.002	4%	0.044	82%	0.008	14%
4KB	1 路	0.072	0.002	3%	0.031	43%	0.039	54%
4KB	2 路	0.057	0.002	3%	0.031	55%	0.024	42%
4KB	4 路	0.049	0.002	4%	0.031	64%	0.016	32%
4KB	8 路	0.039	0.002	5%	0.031	80%	0.006	15%

从表 6.4 中可以看出：

1）相联度越高，冲突失效就越少。

2）强制性失效和容量失效不受相联度的影响。

3）强制性失效不受 Cache 容量的影响，但容量失效却随着容量的增加而减少。

4）表中的数据符合 2：1 的 Cache 经验规则，即大小为 N 的直接映像 Cache 的失效率约等于大小为 N/2 的两路组相联 Cache 的失效率。

下面介绍 7 种降低失效率的方法。需要强调的是，许多降低失效率的方法会增加命中时间或失效开销。因此，在具体使用时要综合考虑，保证降低失效率确实能使整个系统的速度提高。

（1）增加 Cache 块大小。

降低失效率最简单的方法是增加块大小。图 6.45 中对于一组不同的 Cache 容量，给出了失效率和块大小的关系。表 6.5 列出了图 6.45 的具体数据。从表 6.5 中可以看出：

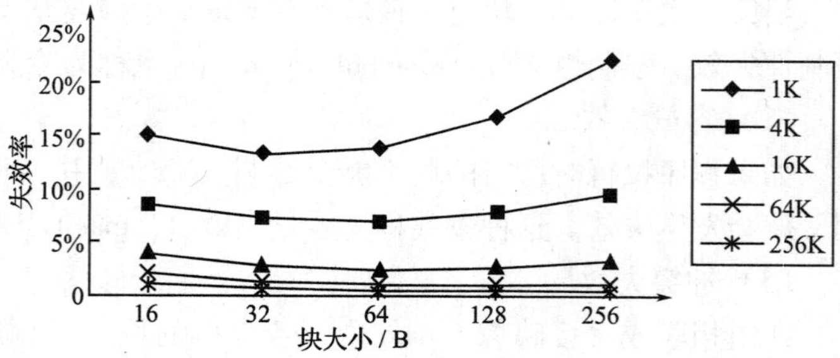

图 6.45　失效率随块大小变化的曲线

1）对于给定的 Cache 容量，当块大小增加（从 16 字节开始）时，失效率开始是下降，后来反而上升了。

2）Cache 容量越大，使失效率达到最低的块大小就越大。

导致上述失效率先下降后上升的原因，在于增加块大小会产生双重作用。一方面它减少了强制性失效，因为局部性原理有两方面的含义：时间局部性和空间局部性，增加块大小利用了空间局部性；另一方面，由于增加块大小会减少 Cache 中块的数目，所以有可能会增加冲突失效。在 Cache 容量较小时，甚至还会增加容量失效。刚开始增加块大小时，由于块大小还不是很大，上述的第一种作用超过第二种作用，从而使失效率下降。但等到块大小较大时，第二种作用超过第一种作用，使失效率上升。

表 6.5　各种容量及各种块大小情况下 Cache 的失效率

块大小/B	Cache 容量/B				
	1K	4K	16K	64K	256K
16	15.05%	8.57%	3.94%	2.04%	1.09%
32	13.34%	7.24%	2.87%	1.35%	0.70%
64	13.76%	7.00%	2.64%	1.06%	0.51%
128	16.64%	7.78%	2.77%	1.02%	0.49%
256	22.01%	9.51%	3.29%	1.15%	0.49%

（2）提高相联度。

表 6.4 已经说明了提高相联度会使失效率下降。从中可以得出两条经验规则。第一条规则，对于表中所列出的 Cache 容量，从实际应用的角度来看，8 路组相联在降低失效率方面

的作用已经和全相联一样有效。也就是说，采用相联度超过8的方法实际意义不大。第二条规则叫做2：1Cache经验规则，它是指容量为N的直接映像Cache的失效率和容量为N/2的两路组相联Cache的失效率差不多相同。

许多例子都说明，改进平均访存时间的某一方面是以损失另一方面为代价的。增加块大小的方法会在降低失效率的同时增加失效开销，而提高相联度则是以增加命中时间为代价。Hill曾发现，当分别采用直接映像和两路组相联时，对于TTL或ECL板级Cache，命中时间相差10%；而对于定制的CMOS Cache，命中时间相差2%。所以，为了实现很高的处理器时钟频率，就需要设计结构简单的Cache；但时钟频率越高，失效开销就越大（所需的时钟周期数越多）。而为减少失效开销，又要求提高相联度。

（3）Victim Cache。

增加Cache块大小和提高相联度是从Cache一出现就被体系结构设计者们用来降低失效率的两种经典方法。

第3种能减少冲突失效次数而又不影响时钟频率的方法是：在Cache和它与下一级存储器的数据通路之间增设一个全相联的小Cache，称为Victim Cache。Victim Cache中存放由于失效而被丢弃（替换）的那些块（即Victim）。每当发生失效时，在访问下一级存储器之前，先检查Victim Cache中是否含有所需的块。如果有，就将该块与Cache中某个块做交换。Jouppi于1990年发现，含1~5项的Victim Cache对减少冲突失效很有效，尤其是对于那些小型的直接映像数据Cache更是如此。对于不同的程序，一个项数为4的Victim Cache能使一个4KB直接映像数据Cache的冲突失效减少20%~90%。

从Cache的层次来看，Victim Cache可以看成位于Cache和存储器之间的又一级Cache，采用命中率较高的全相联策略，容量小，而且仅在替换时发生作用。

（4）伪相联Cache。

采用这种方法时，在命中的情况下，访问Cache的过程和直接映像Cache中的情况相同；而发生失效时，在访问下一级存储器之前，会先检查Cache的另一个位置（块），查看是否匹配。确定这个另一块的一种简单的方法是将索引字段的最高位取反，然后按照新索引去寻找伪相联组中的对应块。如果这一块的标识匹配，则称发生了伪命中。否则，就只能访问下一级存储器。

伪相联Cache具有一快一慢两种命中时间，它们分别对应于正常命中和伪命中的情况。图6.46中绘出了它们的相对关系。使用伪相联技术存在一定的危险：如果直接映像Cache里的许多快速命中在伪相联Cache中变成慢速命中，那么这种优化措施反而会降低整体性能。所以，要能够指出同一组中的两个块哪个为快速命中，哪个为慢速命中，这是很重要的。一种简单的解决方法就是交换两个块的内容。尽管从理论上来说，伪相联是一种很有吸引力的方法，但它的多种命中时间会使CPU流水线的设计复杂化。因此伪相联技术往往应用在离处理器比较远的Cache上，如二级Cache。

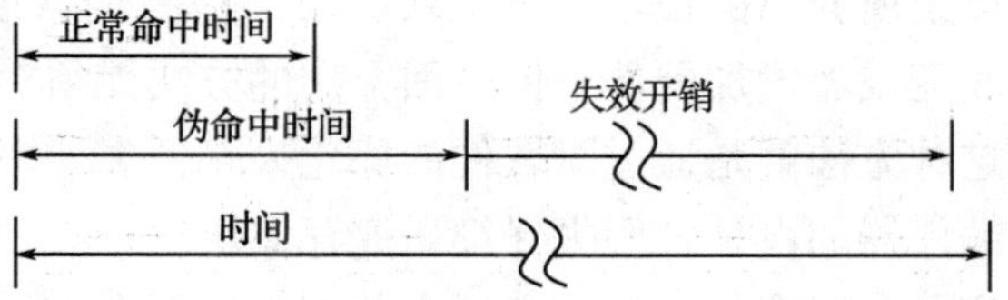

图6.46　正常命中、伪命中时间和失效开销之间的关系

（5）硬件预取技术。

Victim Cache和伪相联Cache都能在不影响处理器时钟频率的前提下降低失效率，预取

技术也能够实现这一点，即指令和数据都可在处理器提出访问请求之前进行预取。预取内容可以直接放入 Cache，也可以放在一个访问速度比主存快的外部缓冲器中。

指令预取通常由 Cache 之外的硬件完成。例如，Alpha AXP 21064 微处理器在发生指令失效时取两个块：被请求指令块和顺序的下一指令块。被请求指令块返回时放入 Cache，而预取指令块则放在指令流缓冲器中。如果某次被请求的指令块正好在指令流缓冲器里，则取消对该块的访存请求，直接从指令流缓冲器中读出这一块，同时发出对下一指令块的预取访存请求。

可以用相似的技术预取数据。经 Jouppi 统计，一个数据流缓冲器大约可以捕获 4KB 直接映像 Cache 的 25% 的失效。对于数据 Cache，可以采用多个数据流缓冲器，分别从不同的地址预取数据。Jouppi 发现，用 4 个数据流缓冲器可以将命中率提高到 43% 。

Palacharla 和 Kessler 于 1994 年针对一组科学计算程序，研究了既能预取指令又能预取数据的流缓冲器。他们发现，对于一个具有两个 64KB 四路组相联 Cache（一个用于指令，一个用于数据）的处理器来说，8 个流缓冲器能够捕获其 50% ~70% 的失效。

（6）由编译器控制的预取。

硬件预取的一种替代方法是在编译时加入预取指令，在数据被用到之前发出预取请求。预取有以下两种类型：①寄存器预取，把数据取到寄存器中。② Cache 预取，只将数据取到 Cache 中，不放入寄存器。

只有在预取数据的同时处理器还能继续执行的情况下，预取才是有意义的。这就要求 Cache 在等待预取数据返回的同时还能继续提供指令和数据。这种灵活的 Cache 称为非阻塞 Cache 或非锁定 Cache。

和硬件控制的预取一样，编译器控制预取的目的也是要使执行指令和读取数据能重叠执行。循环是预取优化的主要目标，因为它们易于进行预取优化。如果失效开销较小，编译器只要简单地将循环体展开一次或两次，并调度好预取和执行的重叠就可以了。如果失效开销较大，编译器就将循环体展开许多次，以便为后面较远的循环预取数据。

然而，发出预取指令需要花费一条指令的开销，因此，要注意保证这种开销不超过预取所带来的收益。编译器可以通过把重点放在那些可能会导致失效的访问，使程序避免不必要的预取，改善平均访存时间。

（7）编译器优化。

以上所介绍的技术（增加块大小、提高相联度、伪相联、硬件预取以及预取指令）都需要改变或者增加硬件，但下面介绍的方法无须对硬件作任何改动就可以降低失效率。

这种方法就是通过对软件的优化来降低失效率。处理器和主存之间越来越大的性能差距促使编译器的设计者们去仔细研究存储层次行为，以期能通过编译时的优化来改进性能。这项研究分为减少指令失效和减少数据失效两个方面。

我们能很容易地重新组织程序而不影响程序的正确性。例如，把一个程序中的几个过程重新排序，就可能会减少冲突失效，从而降低指令失效率。McFarling 研究了如何使用记录信息来判断指令组之间可能发生的冲突，并将指令重新排序以减少失效。他发现，这样可将容量为 2KB、块大小为 4 字节的直接映像指令 Cache 的失效率降低 50%；对于容量为 8KB 的 Cache，可将失效率降低 75% 。他还发现，当能够使某些指令根本就不进入 Cache 时，可以得到最佳性能。但即使不这么做，优化后的程序在直接映像 Cache 中的失效率也低于未优化程序在同样大小的 8 路组相联 Cache 中的失效率。

数据对存储位置的限制比指令对存储位置的限制还要少，因此更便于调整顺序。对数据进行变换的目的是改善数据的空间局部性和时间局部性。例如，可以把对数组的运算改为对存放在同一 Cache 块中的所有数据进行操作，而不是按照程序员原来随意书写的顺序访问数组元素。

2. 减少 Cache 的失效开销

以往对 Cache 的研究一直把重点放在减少失效次数上。但是 Cache 性能公式却表明，减少 Cache 失效开销可以与降低 Cache 失效率一样带来性能上的提高。此外，随着技术的发展，处理器速度的提高要快于 DRAM 速度的提高，这使得 Cache 失效开销的相对代价随时间不断增加。下面将给出解决这一问题的 5 种优化措施。其中最后一种是通过增加另一级 Cache 来减少失效开销，这也许是最令人感兴趣的方法。

（1）让读失效优先于写。

提高写直达 Cache 性能最重要的方法是使用一个大小适中的写缓冲器。然而，写缓冲器却导致对存储器的访问复杂化，因为在读失效时，写缓冲器中可能保存所读单元的最新值。

例 6.3 考虑以下指令序列：

```
SW 512 (R0), R3   ;    M [512] ←R3      (Cache 索引为 0)
LWR1, 1024 (R0);       R1←M [1024]      (Cache 索引为 0)
LWR2, 512 (R0)    ;    R2←M [512]       (Cache 索引为 0)
```

假设 Cache 采用写直达法和直接映像，并且地址 512 和 1024 映射到同一块，写缓冲器为 4 个字，试问寄存器 R2 的值总等于 R3 的值吗?

解：根据前面的术语，这是一个存储器写后读数据相关。下面通过分析对 Cache 的访问来看看会发生什么错误。在执行 Store 指令之后，R3 中的数据被放入写缓冲器。接下来的第一条 Load 指令使用相同的 Cache 索引，因而产生一次失效。第二条 Load 指令欲把地址为 512 的存储单元的值读入寄存器 R2 中，这也会造成一次失效。如果此时写缓冲器还未将数据写入存储单元 512 中，那么第二条 Load 指令将把错误的旧值读入 Cache 和寄存器 R2。如果不采取适当的预防措施，R2 的值就不会等于 R3 的值。解决这一问题最简单的方法是推迟对读失效的处理，直至写缓冲器清空。在写直达 Cache 中，一个大小只有几个字的写缓冲器在发生读失效时几乎总有数据，这就增加了读失效的开销。据 MIPSM/1000 的设计者估计，等待一个大小为 4 个字的缓冲器清空，会使读失效的平均开销增加 50%。另一种方法是在读失效时检查写缓冲器的内容，如果没有冲突而且存储器可访问，就可继续处理读失效。

在写回法 Cache 中，也能够减少处理器写操作的实现开销。假定读失效将替换一个“脏”的存储块。我们可以不像往常那样先把“脏”块写回存储器，然后再读存储器，而是先把被替换的“脏”块拷入一个缓冲器，然后读存储器，最后再写存储器。这样 CPU 的读访问就能更快地完成。和上面的情况类似，发生读失效时，处理器既可以采用等待缓冲区清空的方法，也可以采用检查缓冲区中各字的地址查看是否有冲突的方法。

（2）子块放置技术。

假如用户正在设计一种要封装在 CPU 芯片中的 Cache。用户可能会发现标识太长，在芯片上放不下，或者访问速度太慢。解决这个问题最简单的方法是增加块大小。它可以在不减少存放在 Cache 中的信息量的前提下减少标识所占的存储空间。此外，它还可能会使失效率有所下降。但是，失效开销的增大可能会使之成为一种糟糕的选择。

比较好的解决方法叫做子块放置技术。把一个 Cache 块划分为若干个小块，称之为子块。为每一个子块赋一位有效位，用于说明该子块中的数据是否有效。因此，标识匹配并不意味着这个字一定在 Cache 中，只有当与该字对应的有效位也为“1”时才是。失效时只需从下一级存储器调入一个子块。这样，一个 Cache 中就可能出现有的子块有效，有的子块无效。显然子块的失效开销小于完整 Cache 块的失效开销。子块可以被看做是地址标识之外的又一级寻址。

图 6.47 给出了一个例子。这里，每一个块中含有 4 个子块，每一个子块中含有一个单元。在第一个 Cache 块（最上方）中，所有子块的有效位都为 1，这等价于普通 Cache 中一个块的有效位为 1 的情况。最后一个 Cache 块（最下方）的情况正好相反，所有子块的有效位都是 0。在第二块中，单元 300 和 301 所在的子块有效，访问它们会命中；而访问单元 302 和 303 则会发生失效。在第三块中，访问单元 201 和 203 都将命中。如果不采用这种划分子块的组织方式，当块大小与这里的子块大小相同时，就会有 16 个块，需要 16 个地址标识，而不是 4 个。注意，对于采用子块放置技术的 Cache 来说，块不再是在 Cache 和存储器之间传送数据的最小单位。对于这样的 Cache 而言，块被定义为和地址标识相关的信息单位。

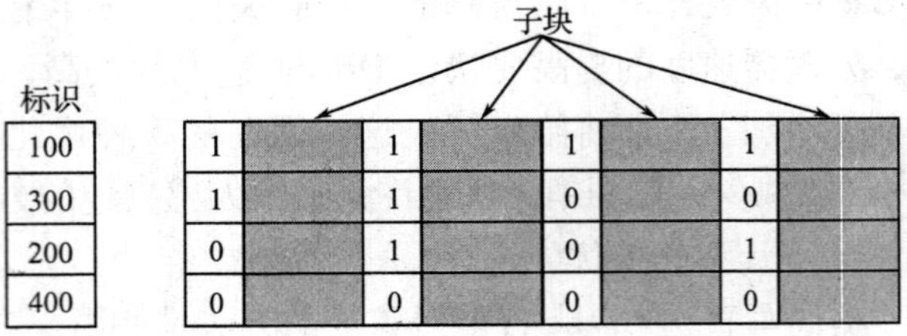

图 6.47　直接映像 Cache 中的子块

图 6.47 说明了使用子块可以减少标识所占的存储空间。如果图中的有效位都用完整的标识来替代，标识所占用的空间将大得多。这也正是采用子块放置技术的原因。

（3）请求字处理技术。

上面两种技术需要额外的硬件来减少失效开销，而请求字处理技术则不必。当从存储器向 CPU 调入一块时，块中往往只有一个字是 CPU 立即需要的，这个字称为请求字。

请求字处理技术正是着眼于这种每次调块时 CPU 只用到请求字的特性。当 CPU 所请求的字到达后，不等整个块都调入 Cache，就可把该字发送给 CPU 并重启动 CPU。有两种具体的方案。

1）尽早重启动：在请求字没有到达时，CPU 处于等待状态。一旦请求字到达，就立即发送给 CPU，让等待的 CPU 尽早重启动，继续执行。

2）请求字优先：调块时，首先向存储器请求 CPU 所要的请求字。请求字一旦到达，就立刻送往 CPU，让 CPU 继续执行，同时从存储器调入该块的其余部分。请求字优先也称为回绕读取或关键字优先。

一般说来，这些技术仅当 Cache 块很大时才有效。因为当 Cache 块较小时，用不用这些技术，失效开销的差别都不大。此外，在采用这些方法时，若下一条指令正好访问 Cache 块的另一部分（以请求字为界，Cache 被分为上下两部分，请求字属于其中一部分），则只能节省一个时钟周期，因为只有得到请求字的指令在流水线中才可以前进，下一条指令必须停下来等待所需的数据。

（4）非阻塞 Cache 技术。

采用尽早重启动技术时，CPU 在继续执行之前仍需等待请求字到达。有些流水方式的机器采用计分牌或 Tomasulo 类控制方法，允许指令乱序执行（后面的指令可以跨越前面的指令先执行），CPU 无须在 Cache 失效时停顿。例如，失效发生后，CPU 在等待数据 Cache 给出数据的同时可以进行从指令 Cache 中取指令等工作。如果采用非阻塞 Cache 或非锁定 Cache 技术，就可能把 CPU 的性能提高得更多，因为这种 Cache 在失效时仍允许 CPU 进行其他的命中访问。这种失效下命中的优化措施在 Cache 失效时，不是完全拒绝 CPU 的访问，而是能处理部分访问，从而减少了实际失效开销。如果更进一步，让 Cache 允许多个失效重叠，即支持多重失效下的命中和失效下的失效，则可进一步减少实际失效开销。不过，这种方法只有在存储器能处理多个失效的情况下才能带来好处。注意，“失效下命中”措施大大增加了 Cache 控制器的复杂度，因为这时可能有多个访存同时进行。可以同时处理的失效个数越多，所能带来的性能上的提高就越大。

（5）采用两级 Cache。

前面 4 种降低失效开销的技术都与 CPU 关系密切。这里介绍的二级 Cache 技术则不考虑 CPU，而把重点放在 Cache 和主存的接口上。

CPU 和主存之间的性能差距给体系结构设计者们提出了以下问题：为了克服这个越来越大的性能差距，使存储器和 CPU 的性能匹配，是应该把 Cache 做得更快，还是应该把 Cache 做得更大？一种答案是：二者兼顾。通过在原有 Cache 和存储器之间增加另一级 Cache，构成两级 Cache，可以把第一级 Cache 做得足够小，使其速度和快速 CPU 的时钟周期相匹配，而把第二级 Cache 做得足够大，使它能捕获更多本来需要到主存去的访问，从而降低实际失效开销。

尽管增加一级存储层次在概念上直观、简单，但性能分析却变得复杂。有关第二级 Cache 的定义有些不太好理解。用下标 L_1 和 L_2 分别表示第一级和第二级 Cache，原有的公式就变为

$$平均访存时间 = 命中时间_{L1} + 失效率_{L1} \times 失效开销_{L1}$$

$$失效开销_{L1} = 命中时间_{L2} + 失效率_{L2} \times 失效开销_{L2}$$

所以

$$平均访存时间 = 命中时间_{L1} + 失效率_{L1} \times (命中时间_{L2} + 失效率_{L2} \times 失效开销_{L2})$$

在这个公式里，第二级 Cache 的失效率是以在第一级 Cache 中不命中而到达第二级 Cache 的访存次数为分母来计算的。为避免二义性，下面对二级 Cache 系统采用以下术语。

1）局部失效率。对于某一级 Cache 来说

局部失效率 = 该级 Cache 的失效次数/到达该级 Cache 的访存次数

对于第二级 Cache 来说，就是上面的$失效率_{L2}$。

2）全局失效率。对于某一级 Cache 来说

全局失效率 = 该级 Cache 的失效次数/CPU 发出的访存总次数

使用上面公式中的变量，第二级 Cache 的全局失效率就是

$$全局失效率_{L2} = 失效率_{L1} \times 失效率_{L2}$$

因为访存都要经过第一级 Cache，所以它的局部失效率比较大。对于两级 Cache，全局失效率是一种比局部失效率更有用的衡量指标，它指出了在 CPU 发出的访存中，究竟有多大比例是穿过各级 Cache 最终到达存储器的。

例6.4 假设在1000次访存中，第一级Cache失效40次，第二级Cache失效20次。试问：在这种情况下，该Cache系统的局部失效率和全局失效率各是多少？

解：第一级Cache的失效率（全局和局部）是40/1000，即4%；第二级Cache的局部失效率是20/40，即50%，第二级Cache的全局失效率是20/1000，即2%。

注意，上述公式是针对读写混合操作而言，而且假设第一级Cache采用写回法。当采用写直达法时，第一级Cache将不仅把失效而且还把所有的写访问送往第二级Cache。另外还要使用一个写缓冲器。

对于第二级Cache，有以下结论：

1）在第二级Cache比第一级Cache大得多的情况下，两级Cache的全局失效率和容量与第二级Cache相同的单级Cache的失效率非常接近。这时可以利用前面关于单级Cache的分析和知识。

2）局部失效率不是衡量第二级Cache的一个好指标，因为它是第一级Cache失效率的函数，可以通过改变第一级Cache而使之变化，而且不能全面反映两级Cache体系的性能。因此，在评价第二级Cache时，应用全局失效率这个指标。

下面考虑第二级Cache的参数。第一级Cache和第二级Cache之间的首要区别是第一级Cache的速度会影响CPU的时钟频率，而第二级Cache的速度只影响第一级Cache的失效开销。因此，对于第二级Cache，在设计时可以有更多的考虑空间，许多不适合于第一级Cache的方案对于第二级Cache却可以使用。第二级Cache的设计只有两个问题需要权衡：它能否降低CPI中的平均访存时间部分，它的成本是多少。

首先，研究第二级Cache的容量。因为第一级Cache中的所有信息都会出现在第二级Cache中，第二级Cache的容量应比第一级的大得多。如果第二级Cache只是稍大一点，局部失效率将很高。因此，第二级Cache的容量一般很大（和过去计算机的主存一样大）。大容量意味着第二级Cache可能实际上没有容量失效，只剩下一些强制性失效和冲突失效。现在的问题是，相联度（组相联中的路数n）对第二级Cache的作用是否会更大。

可以利用前面介绍的技术来减少第二级Cache的失效率，从而达到减少失效开销的目的。提高相联度和伪相联方法都值得考虑，因为它们对第二级的命中时间影响很小，而且平均访存时间中很大一部分是由于第二级Cache的失效产生的。虽然较大容量的第二级Cache通过把数据分布到更多的Cache中消除了一些冲突失效，但它同时也减少了容量失效，所以在直接映像的第二级Cache中，冲突失效所占的比例依然很大。

同样可以采用增加第二级Cache块大小的方法来减少失效。前面已经得出这样的结论：增加Cache块的大小也增加了小容量Cache的冲突失效次数（因为可能没有足够的位置来存放数据），导致失效率上升。但对于大容量的第二级Cache来说，这一点并不成为问题。而且由于访存时间相对来说较长，所以64B、128B，甚至256B的块大小都是第二级Cache经常使用的。

需要考虑的另一个问题是，第一级Cache中的数据是否总是同时存在于第二级Cache中。如果是，就说明第二级Cache具有多级包容性。多级包容性是我们所希望的，因为它便于实现I/O和Cache之间内容一致性的检测。

为了减少平均访存时间，可以让容量较小的第一级Cache采用较小的块，而让容量较大的第二级Cache采用较大的块。在这种情况下，仍可实现包容性，但在处理第二级Cache失效时要做更多的工作：替换第二级 Cache 中的块时，必须作废所有映像到该块的第一级 Cache 中的块。这样不但会使第一级 Cache 的失效率有所增加，而且会造成不必要的作废。如果结合使用其他一些性能优化技术（如非阻塞的第二级 Cache），包容性会进一步增加复杂度。

综合上述考虑，Cache 设计的本质是在快速命中和减少失效次数这两个方面进行权衡。大部分优化措施都是在改进一方的同时损害另一方。对于第二级 Cache 而言，由于它的命中次数比第一级 Cache 少得多，所以重点就转移到了减少失效次数上。这就导致了更大容量、更高相联度和更大块大小的 Cache 的出现。

3. 减少命中时间

到目前为止，已经介绍了通过减少失效次数和减少失效开销来改进 Cache 性能的方法，现在来介绍减少命中时间的技术，它也是平均访存时间的三个组成部分之一。

命中时间的重要性在于它影响到处理器的时钟频率。在当今的许多机器中，往往是 Cache 的访问时间限制了处理器的时钟频率，即使在把访问 Cache 分为几个时钟周期来完成的机器中也是如此。因此减少命中时间不仅对减小平均访存时间很重要，而且对其他许多方面也是非常重要的。下面先介绍两种减少命中时间的通用技术，然后论述一个适用于写命中的优化措施。

（1）容量小、结构简单的 Cache。

采用容量小而且结构简单的 Cache，可以有效地提高 Cache 的访问速度。用地址的索引部分访问标识存储器，读出标识并与地址进行比较，是 Cache 命中过程中最耗时的部分。我们知道，硬件越简单，速度就越快。小容量 Cache 对减少命中时间有益，而且应使 Cache 足够小，以便可以与处理器做在同一芯片上，以避免因芯片外访问而增加时间开销。这一点是非常重要的。某些设计采用了一种折中方案：把 Cache 的标识放在片内，而把 Cache 的数据存储器放在片外，这样既可以实现快速标识检测，又能利用独立的存储芯片来提供更大的容量。另一个建议是要保持 Cache 结构简单，例如采用直接映像 Cache。直接映像 Cache 的主要优点是可以让标识检测和数据传送重叠进行，这样可以有效地减少命中时间。所以，为了得到高速的时钟频率，第一级 Cache 应选用容量小且结构简单的设计方案。

（2）虚拟 Cache。

在采用虚拟存储器的机器中，每次访存都必须进行虚地址到实地址变换，即将 CPU 发出的虚地址转换为物理地址。即便是容量小、结构简单的 Cache，也必须解决这个问题。

和失效相比，Cache 命中发生的频度高得多。按照"快速实现常见事件"的指导思想，应在 Cache 中使用虚拟地址，这样的 Cache 称为虚拟 Cache，而物理 Cache 则是指那些使用物理地址的传统 Cache。直接用虚拟地址访问 Cache，在命中时消除了用于地址转换的时间。然而人们在设计时并非都采用虚拟 Cache。其原因之一，是每当进行进程切换时，由于新进程的虚拟地址（有可能与原进程的相同）所指向的物理空间与原进程的不同，故需要清空 Cache。解决这个问题的一种办法是在地址标识中增加一个进程标识符字段（PID），这样多个进程的数据可以混和存放于一个 Cache 中，由 PID 指出 Cache 中各块的数据是属于哪个程序的。为减少 PID 的位数，PID 经常是由操作系统指定的。对于一个进程，操作系统从循环使用的几个数字中指定一个作为其 PID。进程切换时，仅当某个 PID 被重用（即该 PID 以前已被分配给了某个进程，现在又把它分配给另一个进程）时，才需清空 Cache。

虚拟 Cache 没有流行起来的一个原因是，操作系统和用户程序对于同一个物理地址可能采用两种以上不同形式的虚拟地址来访问，这些地址称为同义或别名。它们可能会导致同一个数据在虚拟 Cache 中存在两个副本。如果其中一个被修改，那么再使用另一个的数据就是错误的。这种情况在物理 Cache 中是不会发生的，因为这些访问首先会把虚拟地址转换到同一物理地址，从而找到同一个物理 Cache 块。有一种用硬件解决这个问题的方法，叫做反别名法，它保证每一个 Cache 块对应于唯一的一个物理地址。

如果强行要求别名的某些地址位相同，就可以用软件很容易地解决这一问题。例如，SUN 公司的 UNIX 要求所有使用别名的地址最后 18 位都相同。这种限制被称为页着色。这一限制使得容量不超过 2^{18}B（256KB）的直接映像 Cache 中不可能出现 Cache 块有重复物理地址的情况。所有别名将被映像到同一 Cache 块位置。

另一种实现快速命中的技术是，把地址转换和访问 Cache 这两个过程分别安排到流水的不同级中，从而使时钟周期加快，但这同时也增加了命中所需的时间。这种方法增加了访存的流水线级数，增加了分支预测错误时的开销，而且使得从 Load 指令流出到数据可用之间所需的时钟周期数增加。

还有一种方法，既能得到虚拟 Cache 的好处，又能得到物理 Cache 的优点。它直接用虚地址中的页内位移（页内位移在虚→实地址的变换中保持不变）作为访问 Cache 的索引，但标识却是物理地址。CPU 发出访存请求后，在进行虚→实地址变换的同时，可并行进行标识的读取。在完成地址变换之后，再把得到的物理地址与标识进行比较。

这种虚拟索引、物理标识方法的局限性，在于直接映像 Cache 的容量不能超过页的大小。Alpha AXP 21064 采用了这种方法，其 Cache 容量为 8KB，最小页大小为 8KB，所以可以直接从虚地址的页内位移部分中得到 8 位的索引（块大小为 32B）。

为了既能实现大容量的 Cache，又能使索引位数比较少，以便能直接从虚拟地址的页内位移部分得到，可以采用提高相联度的办法。这一点可以从下面的公式中看出

$$2^{\text{index}}=\frac{\text{Cache 容量}}{\text{块大小}\times\text{相联度}}$$

例如，IBM 3033 的 Cache 采用了 16 路组相联，其主要好处是可以采用更大的 Cache。尽管 IBM 体系结构限制了页的大小为 4KB，但 16 路组相联却可以用物理索引对 64KB（16 ×4KB）的 Cache 进行寻址。

（3）写操作流水化。

写命中通常比读命中花费更多的时间，因为在写入数据之前必须先检测标识，否则就有可能将数据写到错误的单元中。可以通过把写操作流水化来提高写命中的速度。Alpha AXP 21064 和其他一些机器采用了这种技术。图 6.48 为说明流水化“写”的硬件结构框图。这里，标识和数据是分开存放的，因而能分别独立地访问。每个写操作的工作被分为两个阶段来完成：第一阶段进行标识比较，并把标识和数据存入延迟写缓冲器中；第二阶段再进行数据的写入（若命中的话）。这两个阶段按流

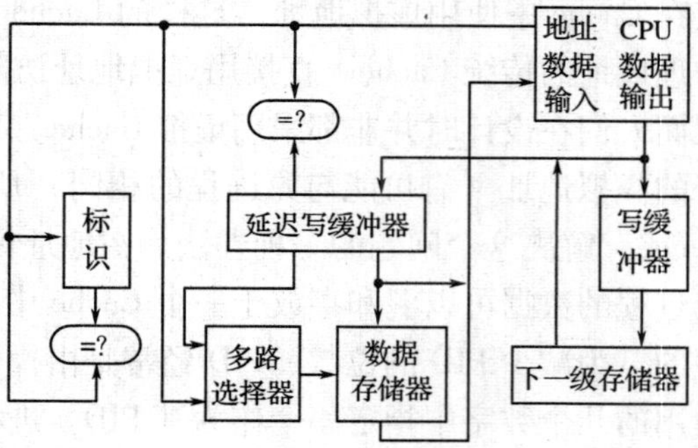

图 6.48　流水化“写”的硬件结构框图

水方式工作。这样，当前“写”的标识比较就可以和上一个“写”的数据写入并行起来，实现每个时钟周期完成一个写操作（从 CPU 的角度）。该流水线与读操作无关，因为读操作的标识比较与数据读出本来就可以并行进行，所以无须专门的硬件支持。

6.4.5 Pentium Ⅱ CPU 的 Cache 组织结构

Pentium Ⅱ CPU 采用两级 Cache 结构。安装在主板上的第 2 级 Cache（L_2），容量为 512KB，采用 2 路组相联映像方式，集成在 CPU 芯片内的第 1 级 Cache（L_1），容量为 16KB，也采用 2 路组相联映像方式。L_1是 L_2的子集，从而使 L_1的失效开销大大缩短。

Pentium Ⅱ CPU Cache 的另一个特点是，CPU 中的 L_1 分设成各为 8KB 的指令 Cache 和数据 Cache，这种指令和数据 Cache 分离的体系结构有利于 CPU 高速执行程序。指令 Cache 是只读的，用单端口 256 位向指令预取缓冲器提供指令代码；数据 Cache 是随机读/写的，用双端口（每个端口 32 位）向两条流水线的 ALU 部件和寄存器提供数据或接收数据。两个 Cache 与 CPU 的数据总线和地址总线相连接。

数据 Cache 采用 2 路组相联结构，共 128 组，每组 2 块，每块 32 字节。所以容量为 128 ×2 ×32B = 8KB。物理地址为 32 位。每块有一个 20 位的标识和 2 位额外的 M/E/S/I 的状态位，这 22 位构成一块的目录项，7 位为索引（index），用于寻址 128 个组；剩下 5 位为块内位移，可以寻址 32 个字节。采用 LRU 替换算法，一组两块共用一个 LRU 二进制位。这样，数据 Cache 呈现出如图 6.49 所示的两个存储体逻辑结构。

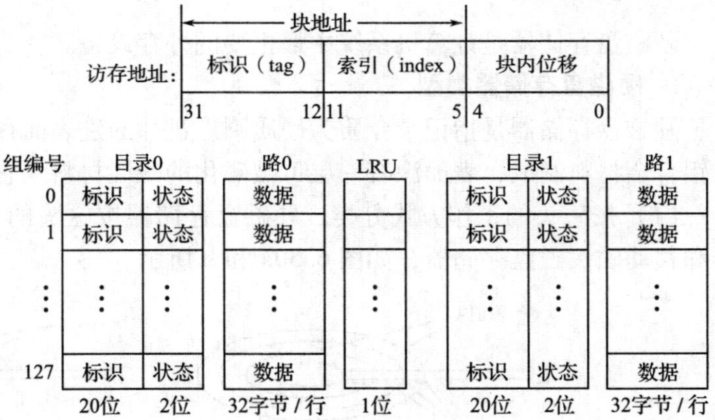

图 6.49 Pentium Ⅱ CPU 片内数据 Cache 结构

由于数据 Cache 是双端口，它可以在一个 CPU 时钟周期内同时读或写两个数据。每个数据可以是字节（8 位）、半字（16 位）或者字（32 位）。这两个数据分别通过两个 32 位端口同时被 ALU 单元、寄存器所存取。

数据 Cache 的工作方式受 CPU 控制寄存器 CR0 中 CD 和 NW 位组合状态控制，如表 6.6 所示。

表 6.6 Pentium Ⅱ CPU 片内数据 Cache 工作方式

CD	NW	新行写入	全写法	使无效
0	0	允许	允许	允许
1	0	禁止	允许	允许
1	1	禁止	禁止	禁止

CPU 与外部数据交换时，存储器读写总线周期主要有两类。

一类是 256 位卒发式传送，用于 L_1 的行填入和行写出。CPU 外部总线的数据宽度是 64

位，当数据 Cache 行填入或写出时，启动的是猝发式内存读写周期，一次完成 256 位的并—串方式传送，即一次完成整行的填入或写出。

另一类是不经 L_1 的 64 位传送，称为非超高速缓存式传送。

L_2 级 Cache 采用的是写回法，L_1 级数据 Cache 采用的是写直达法。为了维护 Cache 的一致性，L_1 和 L_2 均采用 MESI 协议，即要求每个 Cache 行有两个状态位，用以描述该行当前是处于修改态、专有态、共享态或者无效态中的哪种状态，从而决定对它的读/写操作行为。

总之，L_2 级 Cache 的内容是主存的子集，而 L_1 级 Cache 又是 L_2 级 Cache 的子集。L_2 负责整个系统的 Cache/主存一致性，L_1 负责响应 L_2，与 L_2 一起维护 L_1/L_2 两个 Cache 的一致性，从而保证三级存储系统的一致性。

6.5 外部存储器

外部存储器有硬磁盘存储器、U 盘存储器、光盘存储器和磁带存储器等。

6.5.1 硬磁盘存储器

硬磁盘存储器是计算机系统中最主要的外存设备。

1. 硬磁盘存储器类型

硬磁盘存储器是指记录介质为硬质圆形盘片的磁表面存储器，硬磁盘存储器的盘片由硬质铝合金材料制成，表面涂有一层可被磁化的磁性材料。它可以按以下几种方式分类。

（1）按磁头的工作方式分类。硬磁盘存储器按磁头的工作方式分为固定磁头磁盘存储器和移动磁头磁盘存储器，如图 6.50a 和 b 所示。

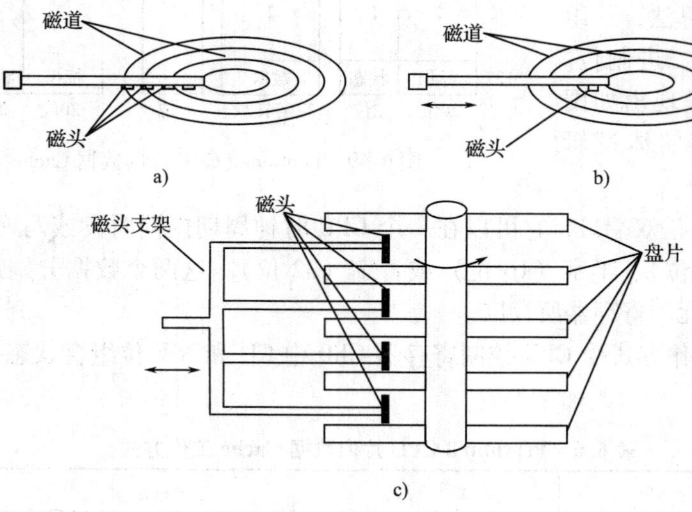

图 6.50　硬磁盘存储器的类型

a）固定磁头　b）移动磁头　c）移动磁头硬盘机

固定磁头的磁盘存储器，其磁头位置固定不动，磁盘上的每一个磁道都对应一个磁头，盘片不可更换。其优点是省去了磁头沿盘片径向运动所需寻找磁道的时间，存取速度快，只要磁头进入工作状态即可进行读写操作；缺点是结构复杂。

移动磁头的磁盘存储器在存取数据时，磁头在盘面上作径向运动，这类存储器可以由一个盘片组成，也可由多个盘片装在一个同心主轴上，每个记录面各有一个磁头，除上下两外侧为保护面外，其余的盘面均可作为记录面，并对应多个磁头，如图 6. 50c 所示。这类结构的硬磁盘存储器，目前应用最广泛。最典型的就是温彻斯特磁盘。

温彻斯特磁盘简称温盘，是一种采用先进技术研制的可移动磁头固定盘片的磁盘机。它是一种密封组合式的硬磁盘，即磁头、盘片、电动机等驱动部件甚至读写电路等组装成一个不可随意拆卸的整体。工作时，高速旋转在盘面上形成的气垫将磁头平稳浮起。它的优点是防尘性能好，可靠性高，对使用环境要求不高。目前，微型计算机普遍使用温盘作为外部存储设备。

（2）按磁盘是否具有可换性分类。硬磁盘存储器按磁盘是否具有可换性可分为可换盘磁盘存储器和固定盘磁盘存储器。

可换盘磁盘存储器是指盘片可以更换。这种磁盘可以在互为兼容的磁盘存储器之间交换数据，便于扩大存储容量。盘片可以只换单片，如在 4 片盒式磁盘存储器中，三片磁盘固定，只有一片可换。也可以将整个磁盘组（如 6 片、11 片、12 片等）换下。

固定盘磁盘存储器是指磁盘不能从驱动器中取下，更换时要把整个磁盘机一起更换。

2. 硬磁盘存储器的结构

硬磁盘存储器是由磁盘驱动器、磁盘控制器和盘片三大部分组成。

（1）磁盘驱动器。磁盘驱动器是主机外的一个独立装置，又称磁盘机。大型磁盘驱动器要占用一个或几个机柜，温盘只是一个比砖还小的小匣子。对于温盘驱动器，还要求在超净环境下组装。各类磁盘驱动器的具体结构虽然有差别，但基本结构相同，主要由定位驱动系统、主轴系统和数据转换系统组成。磁盘驱动器结构示意图如图 6. 51 所示。

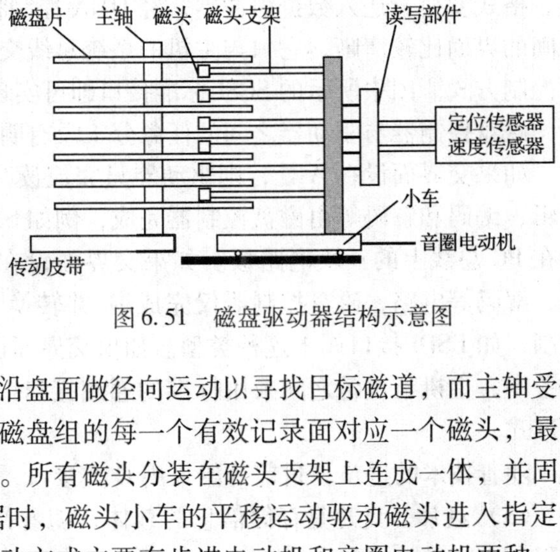

图 6. 51　磁盘驱动器结构示意图

在可移动磁头磁盘驱动器中，驱动磁头沿盘面做径向运动以寻找目标磁道，而主轴受传动机构控制，可使磁盘组作高速旋转运动。磁盘组的每一个有效记录面对应一个磁头，最顶端和最底端的盘面不能读写，为无效记录面。所有磁头分装在磁头支架上连成一体，并固定在小车上，就像一把梳子。当磁盘存取数据时，磁头小车的平移运动驱动磁头进入指定磁道，并精确跟踪该磁道。目前磁头小车的驱动方式主要有步进电动机和音圈电动机两种。步进电动机由脉冲信号驱动，控制简单，但定位精度低，一般用于软磁盘驱动器和道密度不高的硬磁盘驱动器；音圈电动机是线性电动机，可以驱动磁头作直线运动，定位精度高。

整个驱动定位系统是一个带有速度和位置反馈的闭环调节自控系统。由位置检测电路测得磁头的位置，并与磁盘控制器送来的目标磁道位置进行比较，找出位差；再根据磁头平移的速度求出磁头正确运动的方向和速度，经放大送回线性音圈电动机，以改变小车的移动方向和速度，直到找到目标磁道为止。

主轴系统的作用是安装和固定盘片，并驱动它们以额定转速稳定旋转，包括主轴电动机和有关控制电路。数据控制部分主要完成数据转换及读/写控制操作，包括磁头、磁头选择电路、读写电路以及索引电路等。读操作时，首先要接收磁头选址信号，然后通过读放大器以及译码电路，将数据脉冲分离出来。在写操作时，先接收磁头选址信号，用以确定道地址和扇区地址。再根据写命令和写数据选定的磁记录方式，将其转化为按一定变化规律的驱动电流注入磁头的写线圈中。按照前面讲述过的磁头工作原理，便可将数据写入到指定磁道上。

（2）磁盘控制器。磁盘控制器是主机与磁盘驱动器之间的接口。由于磁盘存储器是高速外存设备，故与主机之间采用成批交换数据方式。作为主机与驱动器之间的控制器，它需要有两个方面的接口：一个是与主机的接口，控制外存与主机总线之间交换数据；另一个是与设备的接口，根据主机命令控制设备的操作。前者称为系统级接口，后者称为设备级接口。磁盘控制器通常制作成一块电路板，插在主机总线插槽中。一个磁盘控制器可以控制一台或几台驱动器。磁盘控制器的接口示意图如图 6.52 所示。

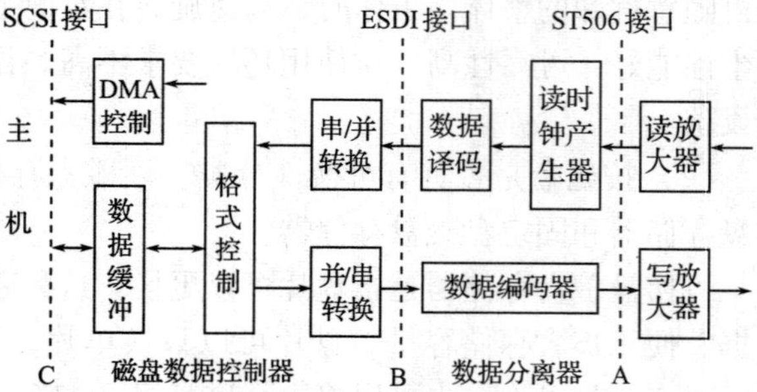

图 6.52　磁盘控制器的接口示意图

磁盘信息经磁头读出以后送到读放大器，然后经过数据与时钟的分离，再进行串/并转换、格式变换，送入数据缓冲器，经 DMA 控制将数据传送到主机总线。磁盘控制器与主机之间的界面比较清晰，它只与主机的系统总线交换信息，并且采用直接存储器访问（DMA）的控制方式。图中所示的 SCSI 标准接口即可实现与系统总线的连接。

磁盘控制器与驱动器之间的任务分工没有明确的界限，两者之间的交界面划分有几种方式。如果交界面设在 A 处，则驱动器只完成读写和放大，其他功能如数据分离以后的控制逻辑、编码和解码等由磁盘控制器完成，例如 ST506 接口属于这一类。ST506 磁盘控制器是插在 PC 总线上的一块电路板。如果交界面设在 B 处，则在驱动器中包含数据分离器和编码、解码等电路，磁盘控制器仅完成串/并转换（或并/串转换）、格式控制和 DMA 等逻辑控制，如 ESDI 接口属于这种类型。如果交界面设在 C 处，则磁盘控制器的全部功能转移到设备中，主机与设备之间采用标准的通用接口，例如 SCSI（小型计算机系统接口）属于这种形式。

随着技术的进步，目前开始采用 C 类接口，以增强设备的功能，使设备相对独立。

（3）盘片。盘片是存储信息的载体，随着计算机系统的不断小型化，硬盘也在朝着小体积和大容量的方向发展。

3. 硬磁盘的信息分布

每张盘片的两面都可以记录信息，盘片表面称为记录面。记录面上的一系列同心圆称为磁道。每个盘片表面通常有几十到几百个磁道，每个磁道又分为若干个扇区，如图 6.53 所示。磁盘存储器的每个扇区记录定长的数据，因此读/写操作是以扇区为单位一位一位串行进行的。每一个扇区记录一个记录块。

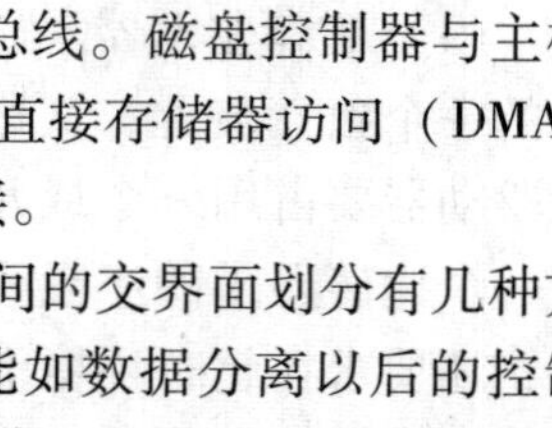

图 6.53　磁盘扇区示意图

磁道的编址是从外向内依次编号，最外一个同心圆称为 0 磁道，最里面的一个同心圆称为n磁道，n磁道里面的圆形区域并不用来记录信息。扇区的编号有多种方法，可以连续编号，也可间隔编号。磁盘记录面经这样编址后，就可用n磁道m扇区的磁盘地址找到实际磁盘上与之相对应的记录区。除了磁道号和扇区号之外，还有记录面的面号，以说明本次处理是在哪一个记录面上。例如，对活动头磁盘组来说，磁盘地址是由记录面号（也称磁头号）、磁道号和扇区号三部分组成。

为了便于寻址，数据块在盘面上的分布遵循一定的规律，这称为磁道记录格式。常见的有定长记录格式和不定长记录格式两种。

(1) 定长记录格式。一个有n个盘片的磁盘组，可将所有记录面上同一半径的磁道看成一个圆柱面。在移动磁头组合盘中，磁头定位机构一次定位的磁道集合称为一个柱面。信息的交换通常在圆柱面上进行，柱面个数等于磁道数，故柱面号就是磁道号，而磁头号则是盘面号。

在磁道上，信息是按扇区存放的，每个扇区中存放一定数量的字或字节，各个扇区存放的字或字节数是相同的。为进行读/写操作，要求定出磁道的起始位置，这个起始位置称为索引。索引标志在传感器检索下可产生脉冲信号，再通过磁盘控制器处理，便可定出磁道起始位置。硬磁盘磁道记录格式如图6.54所示。

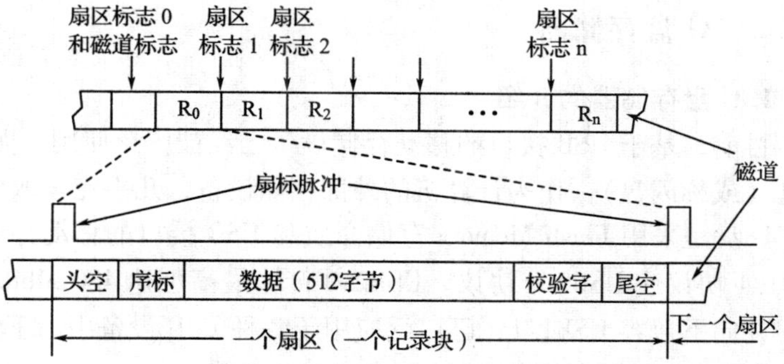

图6.54 硬磁盘磁道记录格式

每个扇区开始处由磁盘控制器产生一个扇标脉冲。扇标脉冲的出现即标志一个扇区的开始，0扇区标志处再增加一个磁道标志，指明是起始扇区。两个扇标脉冲之间的一段磁道区域即为一个扇区（一个记录块）。每个记录块由头部空白段、序标段、数据段、校验字段及尾部空白段组成。其中空白段用来留出一定的时间作为磁盘控制器的读写准备时间，序标被用来作为磁盘控制器的同步定时信号，以某种约定代码作为数据块的引导。序标之后即为本扇区所记录的数据，数据段可写入512字节，若不满512字节，该扇区余下部分为空白；若超过512字节，则可占用几个扇区。数据之后是校验字，常用循环冗余码（CRC）检验，它用来校验磁盘读出的数据是否正确。

这种记录格式结构简单，可按柱面号（磁道号）、盘面号、扇区号进行直接寻址，但记录区的利用率不高。

(2) 不定长记录格式。在实际应用中，信息常以文件的形式存入磁盘。若文件长度不是定长记录的整数倍时，往往造成记录块的浪费。不定长记录格式可根据需要来决定记录块的长度。如IBM2311、2314等磁盘驱动器采用不定长记录格式。

4. 硬磁盘存储器的发展动向

磁盘容量的提高通常用面密度来衡量。面密度为单位面积可以记录的数据位数，即

$$面密度 = 磁盘面的磁道密度 \times 磁道的位密度$$

1988年以前，磁盘面密度平均每年提高29%，约为每3年提高两倍。1989—1996年，

磁盘面密度平均每年提高60%，约为每3年提高4倍。1997年以后，磁盘面密度平均每年提高100%，即每年翻一番。

磁盘面密度的提高必然会导致磁盘价格的下降，同时，小尺寸硬盘日益成为市场的主流磁盘产品。而小物体容易旋转，磁盘的转速也在不断提高。从最初的2400r/min（转/分钟），提高到15000r/min。转速和位密度的提高使得磁盘控制器内部数据传输率每年提高40%。相比之下，磁盘寻道时间降低得比较缓慢，平均每年小于10%。

磁盘在后备存储器上的地位曾受到过多次考验，主要原因就是所谓的“访问时间差距”问题。磁盘和DRAM、SRAM的访问时间差距达到10^5倍。为了弥补这个时间差距，许多人希望能够找到磁盘和DRAM的替代品。虽然历史上也曾经出现过一些新技术，如，EPROM和EEPROM和Flash Memory等，但由于硬磁盘的性能不断改进和价格持续下降，使得硬磁盘至今仍然是计算机系统的主流外存设备。

6.5.2 U盘存储器

1. U盘存储器的介绍

目前，基于USB接口的移动存储设备已经被广泛使用，尤其是采用USB-FLASH技术的U盘（或称闪盘），作为计算机的外部存储设备，几乎完全取代了软盘。

U盘是采用Flash Memory存储介质和USB接口的移动存储设备，常用的U盘一般基于USB1.1协议或USB2.0协议。USB2.0传输最高可达480 Mbit/s，基本满足了数据传输的需要，并向下兼容USB1.1，已广泛应用于各种USB设备中。下面介绍Flash Memory的存储技术，有关USB接口的详细内容请参考7.8.2节。

2. 闪速存储器

如前文所述，闪速存储器（Flash Memory）是一类非易失性存储器（Non-Volatile Memory，NVM），即使在供电电源关闭后仍能保持片内信息；而诸如DRAM、SRAM这类易失性存储器，当供电电源关闭时片内信息随即丢失。Flash Memory集成了其他类非易失性存储器的特点：与EPROM相比较，闪速存储器具有明显的优势——在线电可擦除和可重复编程，而不需要特殊的高电压（某些第一代闪速存储器也要求高电压来完成擦除或编程操作）；与EEPROM相比较，闪速存储器具有成本低、密度大的特点。其独特的性能使其广泛地运用于各个领域，包括嵌入式系统，如PC及外设、电信交换机、蜂窝电话、网络互联设备、仪器仪表和汽车器件，同时还包括新兴的语音、图像、数据存储类产品，如数字相机、数字录音机和个人数字助理（PDA）。

目前闪速存储器主要有几种不同的技术。

（1）NOR技术。

NOR技术（亦称为Linear技术）闪速存储器是最早出现的Flash Memory，目前仍有很多供应商支持这种技术架构。它源于传统的EPROM器件，与其他Flash Memory技术相比，具有可靠性高、随机读取速度快的优势，在擦除和编程操作较少而直接执行代码的场合，尤其是纯代码存储的应用中广泛使用，如PC的BIOS固件、移动电话、硬盘驱动器的控制存储器等。

NOR技术Flash Memory可以单字节或单字编程，但不能单字节擦除，必须以块为单位或对整片执行擦除操作，在对存储器进行重新编程之前需要对块或整片进行预编程和擦除操作。由于 NOR 技术 Flash Memory 的擦除和编程速度较慢，而块尺寸又较大，因此擦除和编程操作所花费的时间很长。

DINOR（Divided bit-line NOR）技术是 Mitsubishi 与 Hitachi 公司发展的专利技术，从一定程度上改善了 NOR 技术在写性能上的不足。DINOR 技术 Flash Memory 和 NOR 技术一样具有快速随机读取的功能，按字节随机编程的速度略低于 NOR，而块擦除速度快于 NOR。这是因为 NOR 技术 Flash Memory 编程时，存储单元内部电荷向晶体管阵列的浮栅极移动，电荷聚集，从而使电位从 1 变为 0；擦除时，将浮栅极上聚集的电荷移开，使电位从 0 变为 1。而 DINOR 技术 Flash Memory 在编程和擦除操作时电荷移动方向与前者相反。DINOR 技术 Flash Memory 在执行擦除操作时无须对页进行预编程，且编程操作所需电压低于擦除操作所需电压，这与 NOR 技术相反。

（2）NAND 技术。

Samsung、TOSHIBA 和 Fujistu 支持 NAND 技术 Flash Memory。这种结构的闪速存储器适合于纯数据存储和文件存储，主要作为 SmartMedia 卡、Compact Flash 卡、PCMCIAATA 卡、固态盘的存储介质，并正成为闪速磁盘技术的核心。

NAND 技术 Flash Memory 具有以下特点：① 以页为单位进行读和编程操作，一页为 256 或 512B（字节）；以块为单位进行擦除操作，一块为 4K、8K 或 16KB。具有快编程和快擦除的功能，其块擦除时间是 2ms；而 NOR 技术的块擦除时间达到几百 ms。② 数据、地址采用同一总线，实现串行读取。随机读取速度慢且不能按字节随机编程。③ 芯片尺寸小，引脚少，是位成本最低的固态存储器。④ 芯片包含有失效块，其数目最大可达到 3 ~ 35 块（取决于存储器密度）。失效块不会影响有效块的性能，但设计者需要将失效块在地址映射表中屏蔽起来。

AMD 与 Fujistu 共同推出的 Ultra-NAND 技术，被称为先进的 NAND 闪速存储器技术。它与 NAND 标准兼容，拥有比 NAND 技术更高等级的可靠性；可用来存储代码，从而首次在代码存储的应用中体现出 NAND 技术的成本优势；它没有失效块，因此不用系统级的查错和校正功能，能更有效地利用存储器容量。尽管 DINOR 和 Ultra-NAND 具有技术优势，但在当前的市场上仍以 NAND 技术为主流。

（3）AND 技术。

AND 技术是 Hitachi 公司的专利技术。Hitachi 和 Mitsubishi 共同支持 AND 技术的 Flash Memory。AND 技术与 NAND 技术一样，在目前数据和文档存储领域中是一种占重要地位的闪速存储技术。

（4）由 EEPROM 派生的闪速存储器。

EEPROM 具有很高的灵活性，可以单字节读写（不需要擦除，可直接改写数据），但存储密度小，单位成本高。这类器件具有 EEPROM 与 NOR 技术 Flash Memory 二者折中的性能特点。① 读写的灵活性逊于 EEPROM，不能直接改写数据。在编程之前需要先进行页擦除，但与 NOR 技术 Flash Memory 的块结构相比其页尺寸小，具有快速随机读取和快编程、快擦除的特点。② 与 EEPROM 比较，具有明显的低成本优势。③ 存储密度比 EEPROM 大，但比 NOR 技术 Flash Memory 小，如 Small Sector Flash Memory 的存储密度可达到 4Mb，而 32Mb 的 Data Flash Memory 芯片有试用样品提供。正因为这类器件在性能上的灵活性和成本上的优势，使其在如今闪速存储器市场上仍占有一席之地。

6.5.3 光盘存储器

1. DVD 光盘

除了前文介绍的 CD-ROM（Compact Disc-Read Only Memory，只读光盘）、WORM（Write Once Read Many，一次写多次读光盘）和可擦写型光盘外，DVD（Digital Versatile Disc）数字通用光盘是近年来出现的新型光盘。DVD 光盘从外形、尺寸规格、读写原理、存储功能等方面与 CD 很相似。不同种类的 CD 光盘在 DVD 中都有相应的品种，比如 DVD-ROM 对应 CD-ROM，DVD-Recordable 对应 CD-R，DVD-RAM 对应 CD-MO 等。DVD 在速度、容量、技术和性能等方面都超越了 CD 光盘，并且向下兼容 CD。特别是存储容量方面，DVD 比 CD 大很多，例如，单面单层 DVD-ROM 可以达到 4.7GB，而双面双层 DVD-ROM 可以达到 17GB。之所以 DVD 光盘有这样大的容量，主要原因如下。

（1）DVD 光盘的物理结构有单面单层、单面双层、双面单层、双面双层。CD 光盘只有一个面，而且面上只有一个记录层记录信息。DVD 光盘既可以单面记录信息，也可以双面记录信息。双层 DVD 光盘在一个记录面上有两层记录层，其中一个记录层采用半透明薄膜涂层，激光束可以穿透该层到达里面的一个记录层，两层都可以记录信息。

（2）DVD 光盘光道间距由 CD 的 1.6μm 减少到 0.6μm，记录信息的凹坑长度由 CD 的 0.83μm 缩小到 0.4μm，大大提高了信息记录密度。

（3）激光波长从 CD 的 780 ~ 790nm 缩短到 630 ~ 650nm，而光学读出头的孔径由 0.45 加大到 0.6。短波长和大孔径更利于产生直径比较小的聚焦激光束。

（4）盘面有效记录区面积从 CD 盘的 $86cm^2$ 提高到 $87.6\ cm^2$。

（5）改进了数据编码、调制方式，进一步提高了存储精度。

2. 光盘存储器的组成

无论哪种光盘存储器，尽管它们的盘面存储介质的材料不尽相同，但是由于光盘存储器都通过激光读写信息，所以光盘存储器一般都由光学、电气和机械部件组成。光盘存储器与磁盘存储器很相似，包括盘片、驱动器和控制器等组成部分。驱动器同样有读/写头、寻道定位机构、主轴驱动机构等。除了机械电子机构外，还有光学机构。激光器产生的光束经分离器分离后，分别用作记录光束和读出光束。记录光束经调制器，由聚焦系统向光盘记录信息。读出光束经几个反射镜射到光盘盘片，读出光信号再经光敏二极管输出。

CD-ROM 驱动器有内置式和外置式两种。内置式可安装在 PC 机箱内 5.25 英寸软驱位置上，工作电源由机箱内电源提供。外置式 CD-ROM 驱动器需用数据线与主机相连，电源也是独立的。由于 CD-ROM 光盘的存储容量都是一致的，因此衡量驱动器的性能指标主要有如下三项。

（1）数据传输率。

早期的 CD-ROM 数据传输率只有 150KB/s（即单倍速）。之后陆续推出双速（2×）、4 速（4×）、…、16 速（16×）、甚至 24 速（24×）的 CD-ROM 驱动器。高数据传输率的驱动器运行速度快，但要求很高的容错性和纠错性能。从性能价格比考虑，16 速的 CD-ROM 驱动器较为适宜，其数据传输率为 2400KB/s，已是软驱的 4 ~ 8 倍。

（2）数据缓冲器容量。

CD-ROM 驱动器内有 64 ~ 256KB 的数据缓冲器，用于暂存读出的数据，减少读取盘片的次数。

（3）接口类型。

CD-ROM 驱动器中包含有控制器，其接口类型有 IDE、EIDE、SCSI、SCSI-2 等。目前普遍选用 IDE 或 EIDE 接口。其原因在于大多数 PC 具有 IDE 或 EIDE 接口插座。只要使用 40 芯电缆将 CD-ROM 驱动器背面的 40 芯插座与主板或多功能适配器卡上的 IDE 或 EIDE 接口的插座相连即可。此外，CD-ROM 驱动器背面还有音频输出插座，将左、右声道信号线和地线的音频输出线与声卡的音频输入插座相连。

3. 光盘的扇区数据结构

信息记录的轨迹称为光道。光道上划分出一个个扇区，它是光盘的最小可寻址单位。扇区的数据结构如图 6.55 所示。

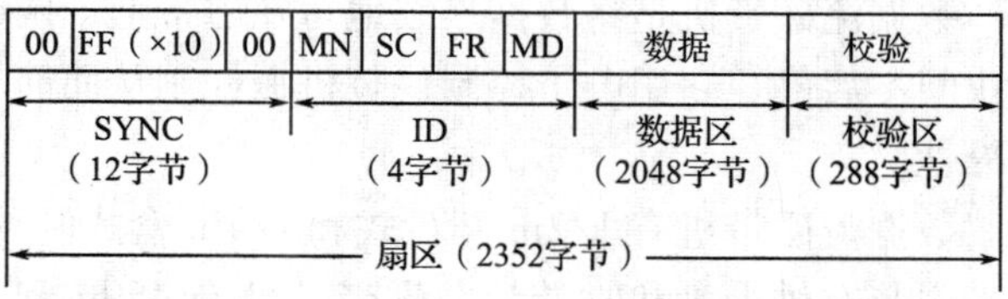

图 6.55 光盘的扇区数据结构

光盘扇区分为 4 个区域。两个全 0 字节和 10 个全 1 字节组成同步（SYNC）区，标志着扇区的开始。4 字节的扇区标识（ID）区用于说明此扇区的地址和工作模式。光盘的扇区地址编码不同于磁盘，它是以分（MN）、秒（SC）和分数秒（FR，1/75s）时间值作为地址。由于光盘的恒定线速度是每秒钟读出 75 个扇区，故 FR 的值实际上就是秒内的扇区号（0 ~ 74）。

ID 区的 MD 为模式控制，用于控制数据区和校验区的使用。它共有三种模式：模式 0 规定数据区和校验区的全部 2336 个字节都是 0，这种扇区不用于记录数据，而是用于光盘的导入区和导出区；模式 1 规定 288 字节的校验区为 4 字节的检测码（EDC）、8 字节的保留域（未定义）和 276 字节的纠错码（ECC），这种扇区模式有 2048 字节的数据并有很强的检测和纠错能力，适合于保存计算机的程序和数据；模式 2 规定 288 字节的校验区也用于存放数据，用于保存声音、图像等对误码率要求不高的数据。

6.5.4 磁带存储器

1. 磁带存储器的介绍

磁带属于磁表面存储器，其记录原理和记录方式与磁盘存储器是相同的，但存取方式不同。磁盘属于直接存取设备，只要知道信息所在盘面、磁道和扇区的位置，磁头便可直接定位并访问。但是磁带绕在转轴上，只能按顺序进行存取，即磁带上的文件是按磁带头尾顺序存放的。访问文件时，通常磁带要前绕或回绕，直到磁头定位到该文件，才能读取，因此磁带存取时间比磁盘长。但由于磁带容量比较大，位价格也比磁盘低，而且格式统一便于互换，因此，磁带存储器仍然是一种用于脱机存储的后备存储器。

磁带存储器由磁带和磁带机两部分组成。磁带按长度分有 2400ft、1200ft、600ft 等；按磁带宽度分有 1/4in、1/2in、1in、3in 等；按记录密度分有 800bit/in、1600bit/in、6250bit/in等几种；按磁带表面并行记录信息的磁道数分有 7 道、9 道、16 道等；按磁带外形分有开盘式磁带和盒式磁带两种。现在计算机系统较广泛使用的两种标准磁带为 1/2in 开盘式和 1/4in 盒式。

磁带机又有很多种类，按磁带机规模分为标准半英寸磁带机、海量宽带磁带机（Mass

Storage）和盒式磁带机三种。按磁带机走带速度分，有高速磁带机（4～5m/s）、中速磁带机（2～3m/s）和低速磁带机（2m/s 以下）。磁带机的数据传输率取决于记录密度和走带速度。在记录密度相同的情况下，带速越快，传输率就越高。按装卸磁带机构分，有手动装卸式和自动装卸式；按磁带传动缓冲机构分，有摆杆式和真空式；按磁带的记录格式分，有启停式和数据流式。数据流磁带机已成为现代计算机系统中主要的后备存储器，其位密度可达 8000bit/in，它用于资料保存，文件复制，作为脱机后备存储装置，特别是当温盘出现故障时，用以恢复系统。

2. 数据流磁带机

数据流磁带机是将数据连续地写在磁带上，两个数据块间插入记录间隙，使磁带机在数据块间不启停。它用电子控制代替机械控制从而简化了磁带机的结构，降低了成本，提高了可靠性。

数据流磁带机有 1/2in 开盘式和 1/4in 盒式两种。盒式磁带的结构类似录音带和录相带。盒带内装有供带盘和收带盘，磁带长度有 450ft 和 600ft 两种，容量分别为 45MB 和 60MB。近年来，容量高达 1GB 和 1.35GB 的 1/4in 盒式数据流磁带机也已问世。当采用数据压缩技术时，1/4in 盒式数据流磁带机容量可达 2GB 或 2.7GB。

数据流磁带机的读写机构和启停式磁带机不同，后者是多位并行读写，而前者是类似于磁盘的串行读写方式，因而决定了两者的记录格式不同。

以 4 道数据流磁带机为例，4 个磁道的 1/4in 磁带记录方式如图 6.56 所示。在记录信息时，先在第 0 道上从磁带首端 BOT 记到磁带末端 EOT，然后在第 1 道上反向记录，即从 EOT 到 BOT，第 2 道又从 BOT 到 EOT，第 3 道又从 EOT 到 BOT。读出信息时，也是这个顺序。这种方式叫做蛇形（Serpentine）记录。9 道 1/4in 数据流磁带记录格式也与此相同，偶数磁道从 BOT 到 EOT，奇数磁道从 EOT 到 BOT，依次首尾相接。

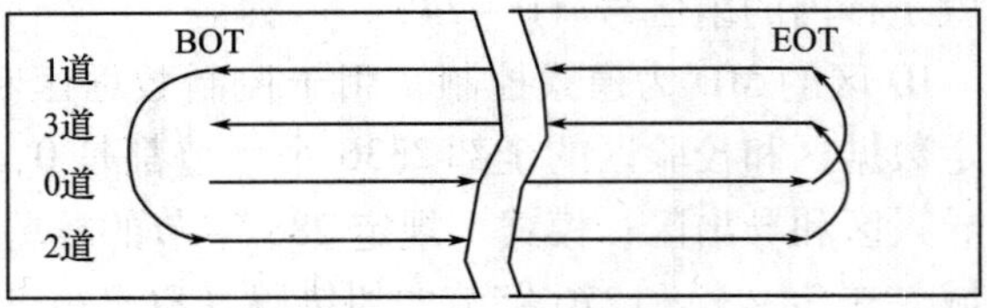

图 6.56　4 个磁道的 1/4in 磁带记录方式

盒式数据流磁带机与主机的接口是标准的通用接口，可用小型计算机系统接口 SCSI 与主机相连，也可以通过磁带控制器与主机相连。磁带控制器的作用类似于磁盘控制器，控制主机与磁带机之间进行信息交换。

3. 磁带的记录格式

1/2in9 道启停式磁带是一种国际上通用的标准磁带，其记录格式如图 6.57a 所示。每盘磁带均设有始端标记 BOT 和末端标记 EOT。标记用一块矩形金属反光薄膜制成，光电检测元件可得到这两个标记，表示记录的开始和结束，磁带上留有间隙 G(3.75in) 或 g(0.6in)，后者为数据块间的间隙，它们取决于磁带机的快启停性能。

信息有两种形式存储。一种是文件形式，一盘磁带可记录若干个文件，一个文件又分为若干数据块 B_i。每个文件始末有文件头标和文件尾标。第二种是数据块形式，磁带可在数据块之间启停，进行数据传输。在 9 道磁带中，8 位是数据磁道，存储一个字节，另一位是这一字节的奇偶校验位，叫做横向奇偶校验码。在每一数据块 B_i 内部，沿纵向（即走带方向）每一磁道还配有 CRC 校验码。此外，对每一磁道上的信息（包括 CRC 在内），又有一个纵向奇偶校验码。纠错的原理是用循环冗余码的规律和专门线路，指出出错的磁道（CRC

可发现一个磁道上的多个错误码），然后用横向校验码检测每一行是否有错，纵横交叉点就是出错的数据位。

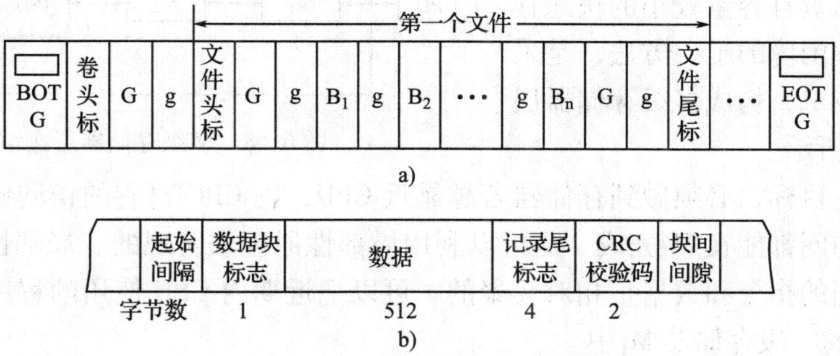

图 6.57　磁带记录格式

a）1/2in 磁带标准格式　b）1/4in 数据流九道磁带格式

磁带机与主机之间进行信息传送的最小单位是数据块或叫做记录块（Block），记录块的长度可以是固定的，也可以是变化的，由操作系统决定。记录块之间有空白间隙，作为磁头停靠的地方，并保证磁带机停止或启动时有足够的惯性缓冲。记录块尾部有几行特殊的标记，表示数据块结束，接着便是校验区。以 1/4in 盒式数据流磁带为例，其中 9 道磁带记录格式包括起始间隔、数据块标志（1 字节）、用户数据（512 字节）、记录尾标志（4 字节）、CRC 校验码（2 字节）和块间间隙，如图 6.57b 所示。

6.6　物理存储系统的组织

到目前为止，已介绍了主存、高速缓冲存储器和外部存储器（硬磁盘、软磁盘、光盘和磁带）等物理存储器。这些存储器构成了计算机系统的存储系统，它们通过硬件/软件联系在一起，是一个有机的整体。

存储器是计算机的核心部件之一，其性能直接关系到整个计算机系统性能的高低。如何以合理的价格，设计出容量和速度满足计算机系统要求的存储器系统，始终是计算机体系结构设计中的关键问题之一。计算机软件设计者和计算机用户希望存储器的容量越大越好，而且速度还要快，价格要便宜。仅用单一的一种存储器是很难达到这一目标的。较好的方法是采用存储层次，用多种存储器构成存储器的层次结构。

6.6.1　存储系统的层次结构

从用户的角度来看，存储器的三个主要指标是容量、速度和每位价格。然而，人们对于存储器的容量大、速度快、价格低的三个要求是相互矛盾的。综合考虑不同的存储器实现技术，可以发现：

（1）速度越快，每位价格就越高。

（2）容量越大，每位价格就越低。

（3）容量越大，速度越慢。

如果只采用其中的一种技术，存储器设计者就会陷入困境：从实现“容量大、价格低”

的要求来看，应采用能提供大容量的存储器技术；但从满足性能需求的角度来看，又应采用昂贵且容量较小的快速存储器。走出这种困境的唯一方法，是采用多种存储器技术，构成多级存储器层次，如图 6.58 所示。

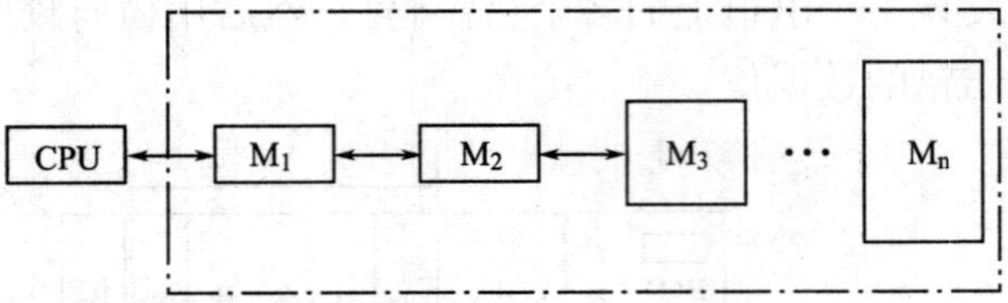

图 6.58　多级存储器层次结构

要实现上述目标，必须做到存储器若越靠近 CPU，则 CPU 对它的访问频度越高，而且最好大多数的访问都能在 M_1 完成。这可以利用局部性原理来实现的。局部性原理指出，绝大多数程序访问的指令和数据是相对簇聚的。可以把近期内 CPU 使用的程序和数据放在尽可能靠近 CPU 的一级存储器 M_1 中。

“Cache-主存”和“主存-辅存”层次是常见的两种层次结构，几乎现在的所有计算机都同时具有这两种层次。我们知道，程序在执行前需先调入主存（在虚拟存储器中也是如此，只是不必一次全部调入，而是调入一部分执行一部分）。因此，下面将从主存的角度来介绍这两个存储层次。

1. “Cache-主存”层次

由于 CPU 和主存之间在性能上的差距越来越大，现代计算机都采用 Cache 来解决这个问题。即在 CPU 和主存之间增加一级速度快，但容量较小且每位价格较高的高速缓冲存储器。借助于辅助硬件，它与主存构成一个有机的整体，以弥补主存速度的不足。这个层次的工作主要由硬件实现，如图 6.59a 所示。

2. “主存-辅存”层次

“主存-辅存”层次的目的是为了弥补主存容量的不足。它是在主存外面增加一个容量更大、每位价格更低，但速度更慢的存储器（称为辅存，一般是硬盘）。它们依靠辅助软硬件的作用，构成一个整体，如图 6.59b 所示。“主存-辅存”层次常被用来实现虚拟存储器，向编程人员提供大量的程序空间。

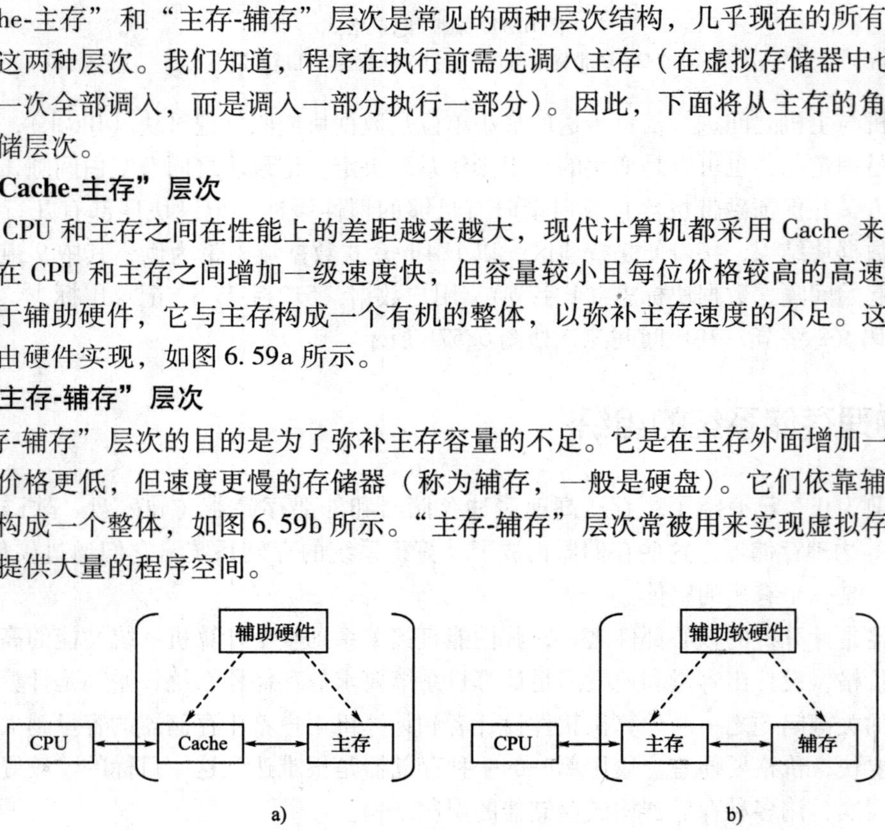

图 6.59　两种存储层次结构

a）“Cache-主存”层次　b）“主存-辅存”层次

表 6.7 对“Cache-主存”和“主存-辅存”层次作了一个简单的比较。

表 6.7 “Cache-主存”和“主存-辅存”层次的区别

比较项目 \ 存储层次	“Cache-主存”层次	“主存-辅存”层次
目　的	弥补主存速度的不足	弥补主存容量的不足
存储管理实现	主要由专用硬件实现	主要由软件实现

（续）

比较项目 \ 存储层次	“Cache-主存”层次	“主存-辅存”层次
访问速度的比值（第1级比第2级）	几比一	几万比一
典型的块（页）大小	几十个字节	几百到几千个字节
CPU对第2级的访问方式	可直接访问	均通过第1级
失效时CPU是否切换	不切换	切换到其他进程

6.6.2 磁盘冗余阵列

盘阵列（Redundant Array of Inexpensive Disks，RAID），即廉价磁盘冗余阵列，简称盘阵列技术。1988年，美国加州大学Berkeley分校的Patterson教授等人提出了廉价磁盘冗余阵列的概念。以此作为盘阵列技术发展的起点，在不到10年的时间里，盘阵列技术已经完成了从高速发展到逐步成熟的过程。它是目前解决计算机I/O瓶颈的有效方法之一，有着广阔的发展前景。计算机及其相关技术的发展和计算机应用的日益普及，对计算机存储技术提出了越来越高的要求。因此，盘阵列这种容量大、速度快、可靠性高、造价低廉的存储技术越来越被人们所重视。

磁盘阵列技术通过使用多个磁盘驱动器，而不是使用一个大容量的磁盘来提高磁盘的吞吐率。使用磁盘阵列可以简单地将数据分布到多个磁盘上（称为数据分块技术），这样使得一个数据的访问将导致对多个磁盘的同时访问。需要注意的是，虽然磁盘阵列可以提高吞吐率，但是数据访问延迟并没有得到改进。

磁盘阵列的一个问题是，由于使用了多个磁盘，其可靠性会下降。例如，如果使用了N个磁盘构成磁盘阵列，那么整个阵列的可靠性将降低为单个磁盘的1/N。当每个磁盘具有相同的可靠性时，磁盘阵列发生的故障可能比单个磁盘发生的故障更多。但是，通过在磁盘阵列中增加冗余信息盘来容错，可以提高磁盘阵列的可靠性。即单个磁盘失效时，丢失的信息可以通过冗余盘中的信息重新构建。

在RAID中增加冗余信息盘有几种不同的方法，它们构成了不同的RAID级别，如表6.8所示。各级RAID的代价和性能各不相同，表6.8中给出了8个数据盘在不同的RAID级下需要的检测磁盘数以及正常工作条件下允许失效的最大数据盘数。

表6.8 RAID盘阵列分级

RAID级	数据磁盘数	可正常工作的最多失效盘数	检测磁盘数
0 非冗余	8	0	0
1 镜像	8	1	8
2 存储器式ECC	8	1	4
3 位交叉奇偶校验	8	1	1
4 块交叉奇偶校验	8	1	1
5 块交叉分布奇偶校验	8	1	1
6 P+Q冗余	8	2	2
7 Cache +异步	8	2	2

RAID 的这些级别不是简单地表示层次关系，而是具有如下共性的不同结构。

（1）RAID 由一组物理磁盘驱动器组成，操作系统视之为一个逻辑驱动器。

（2）数据分布在一组物理磁盘上。

（3）冗余信息被存储在冗余磁盘空间中，保证磁盘在损坏时可以恢复数据。

其中第 2、3 个特性在不同的 RAID 级别中的表现不同，RAID 0 不支持第 3 个特性。下面介绍各级 RAID 的结构特点。

1. RAID 0

RAID 0 亦称数据分块，即采用数据分块技术，把数据分布在多个盘上，实际上是非冗余阵列，没有冗余信息，如图 6.60 所示。严格地说，它不属于 RAID 系列。数据分块简化了磁盘管理，并且由于多个磁盘可以同时工作，从而提高了大量数据访问时的磁盘性能。例如，视频剪辑系统通常需要采用这种数据分块技术。数据分块的优点使得 RAID 0 作为 RAID 的一个级别被广泛使用。

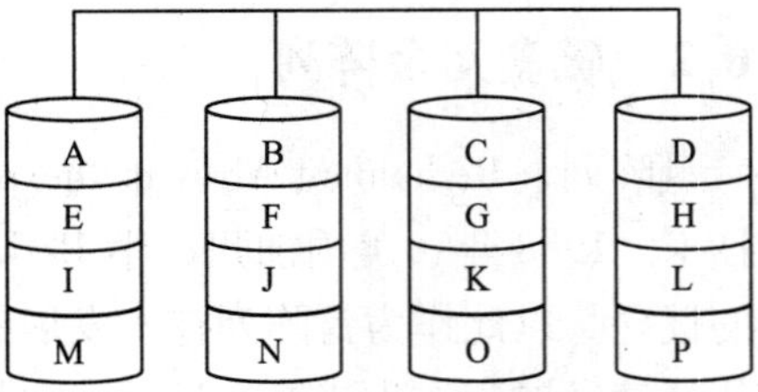

图 6.60　RAID 0 中的数据分块

2. RAID 1

RAID 1 为磁盘容错技术的最原始机制，亦称镜像盘，如图 6.61 所示。

RAID 1 的磁盘数量是 RAID 0 的两倍，使用双备份磁盘。每当数据写入一个磁盘时，将该数据也写到另一个冗余盘（镜像盘），这样形成信息的两份复制品（数据镜像）。如果一个磁盘失效，系统可以到镜像盘中获得所需要的信息。RAID1 的优点如下：

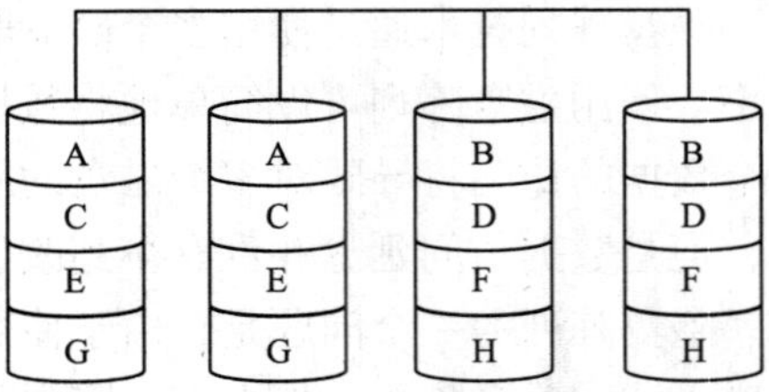

图 6.61　RAID 1 中的数据镜像

（1）一个读请求可由包含请求数据的两个物理磁盘中的某一个提供，只要它的寻道时间加旋转延迟较小。这样 RAID 1 的读性能由镜像盘中读性能最好的磁盘决定。

（2）一个写请求需要更新两个对应的磁盘，但这可以并行完成。这样，RAID 1 的写性能由镜像盘中写性能最差的磁盘决定。

（3）恢复一个损坏的磁盘内容很简单，当一个磁盘损坏时数据仍能从镜像盘中读出，故 RAID 1 的可靠性很高。

镜像是 RAID 级别中最昂贵的解决方法，它要求物理磁盘空间是逻辑磁盘空间的两倍。因此，RAID 1 一般适用于关键数据的存储。此时，RAID 1 对所有的数据提供实时备份，单个磁盘损坏时，数据仍然立即可用。

3. RAID 2

RAID 2 为位交叉式海明编码阵列。假定存放的数据信息为 4 位，其阵列如图 6.62 所示。

RAID 2 采用了并行存取技术，当对磁盘阵列进行存取时，所有的磁盘均参加每个 I/O 请求的执行。一般情况下，各个磁盘驱动器是同步工作的，即任意时刻每个磁盘上的磁头所处的磁道号是相同的。

RAID 2 中，通过各个数据盘上的相应位计算海明校验码，编码位被存放在多个校验

(Ecc) 磁盘的对应位上。如图 6.62 所示，数据字的每一位分别记录在 4 个磁盘上。每个数

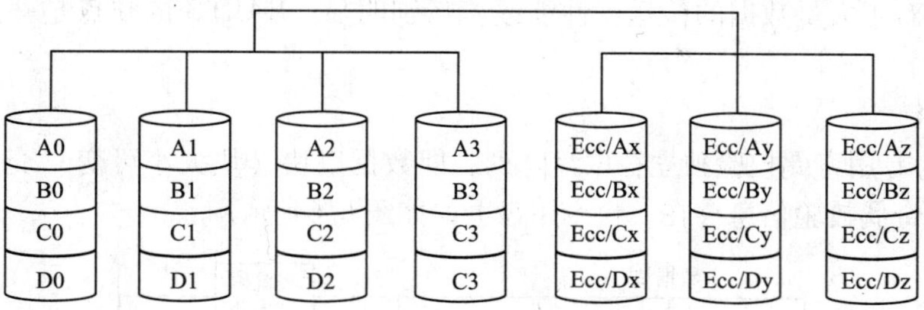

图 6.62 RAID 2，位交叉海明编码阵列

据字的海明校验码被记录在 Ecc 盘中。RAID 2 的优点是使用海明校验码来进行错误检测和纠正，数据传输率高。海明校验码可以检测磁盘的两位错误，并纠正一位错误。RAID 2 的缺点是需要多个磁盘来存放海明校验码信息，冗余磁盘数量与数据磁盘数量的对数成正比。这样，尽管 RAID 2 比 RAID 1 需要的磁盘少，RAID 2 存储容量的利用率仍然不高，尤其是在数据字长较短的情况下。RAID 2 在原理上比较优越，但冗余信息的开销太大，因此未被广泛应用。

4. RAID 3

RAID 3 为位交叉奇偶校验盘阵列，是单盘容错并行传输的阵列。和 RAID 2 一样，RAID 3 也采用了并行存储技术，但是 RAID 3 只有一个冗余盘，如图 6.63 所示。

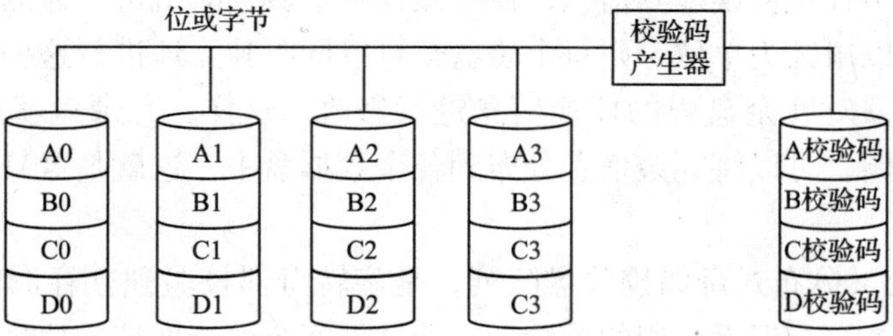

图 6.63 RAID 3，位交叉奇偶校验盘阵列

RAID 3 中，数据以位或字节交叉的方式存于各盘，冗余的奇偶校验信息存储在一台专用的冗余盘上。存储数据的数据盘和冗余盘构成一个保护组（Protect Group）。在 RAID 3 中将磁盘分组，读写要访问组中所有盘，每组中有一个盘作为校验盘。校验盘一般采用奇偶校验法，当一个磁盘出故障时，可以通过奇偶校验磁盘中的校验和来恢复出错数据。较小的冗余代价使得 RAID 3 在具有大量数据的场合应用得比较广泛。在这种组织中，不是将全部数据备份，而是存储足够的冗余信息，能够在磁盘出故障时使数据得到恢复。对磁盘阵列读写时，保护组中所有的磁盘都需要进行操作，冗余盘只存放校验信息以防止磁盘出错。

对于这种结构，可以简单地理解为先将分布在各个数据盘上的一组数据加起来，再将和存放在冗余盘上。一旦某一个盘出错，只要将冗余盘上的和减去所有正确盘上的数据，得到的差就是出错的盘上的数据。RAID 3 奇偶校验和通常是模 2 和。这种方法的缺点是恢复时间较长，但由于磁盘出错很少，因此人们可以接受。镜像方法其实是 RAID 3 的一种特殊情况，即一个组中只有两个盘，一个做数据盘，一个做奇偶校验磁盘，并且奇偶校验是通过复制数据来实现的。

RAID 3 的特点是可以获得非常高的数据传输率，所有的 I/O 请求都将涉及所有的数据盘和冗余盘，对于大量数据的传送，性能改善特别明显。RAID 3 的缺点是一次只能执行一次 I/O 请求。

5. RAID 4

RAID 4 为专用奇偶校验独立存取盘阵列，即数据以块（块大小可变）交叉的方式存于各盘，冗余的奇偶校验信息存在一台专用盘上，如图 6.64 所示。

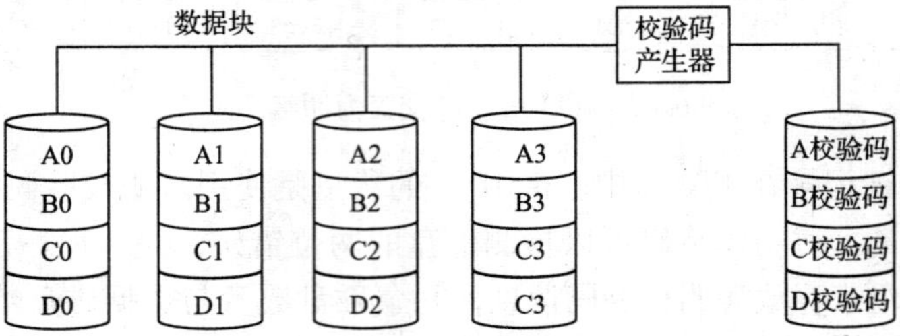

图 6.64　RAID 4，专用奇偶校验独立存取盘阵列

RAID 4 采用和 RAID 3 相同的冗余代价，但是访问数据的方法不同。在 RAID 3 中，一次磁盘访问将对磁盘阵列中的所有磁盘进行操作。但是有些应用希望使用较少的磁盘参与操作，以使磁盘阵列可以并行进行多个数据的磁盘操作，这就是 RAID 4 出现的原因。

由于磁盘扇区中存在错误检测信息，使得磁盘在读数据时就可以检测数据是否正确，因此只要访问的数据以扇区为单位，则每个磁盘都可以同时独立地进行这种操作。但是在对磁盘进行写操作时必须对冗余盘中的校验信息进行修改，这样，冗余盘就成为盘阵列中的瓶颈。为解决这个问题，可以将冗余信息分布到各个数据盘中，这就是 RAID 5。

6. RAID 5

RAID 5 为块交叉分布式奇偶校验盘阵列，是旋转奇偶校验独立存取的阵列。即数据以块交叉的方式存于各盘，但无专用的校验盘，而是把冗余的奇偶校验信息均匀地分布在所有磁盘上，如图 6.65 所示。

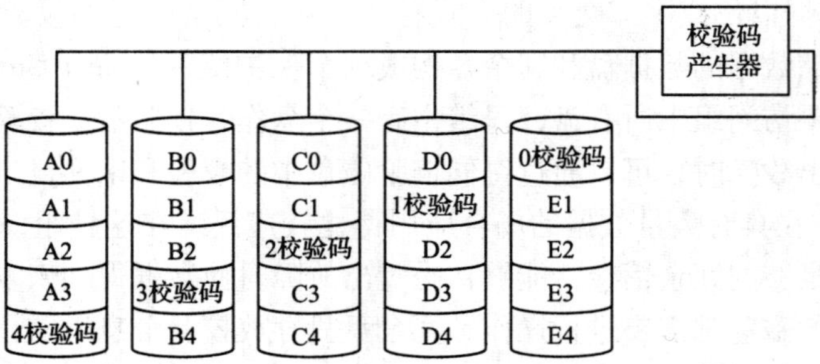

图 6.65　RAID 5，块交叉分布式奇偶校验盘阵列

与 RAID 4 一样，RAID 5 的冗余代价和 RAID 3 的也相同。RAID 5 通过将校验信息分布到多个磁盘中，这样就不会出现 RAID 4 中冗余磁盘成为写操作的瓶颈这个问题。只要需要访问的块单元不位于同一个磁盘内，这种组织方法就可以支持多个写操作同时执行。

7. RAID 6

RAID 6 为双维奇偶校验独立存取盘阵列，即数据以块（块大小可变）交叉的方式存于各盘，冗余的检、纠错信息均匀地分布在所有磁盘上，如图 6.66 所示。

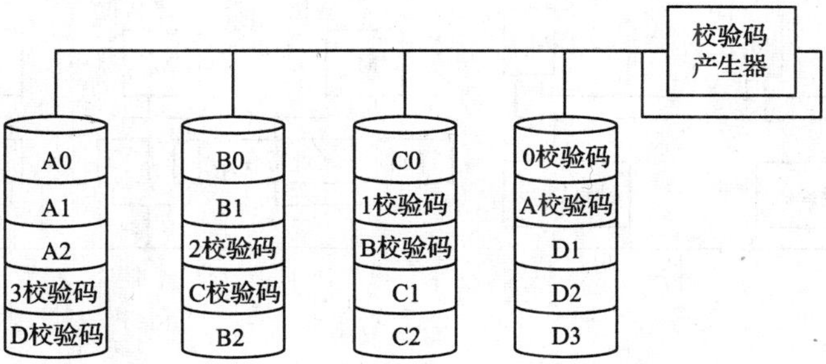

图 6.66 RAID 6，双维奇偶校验独立存取盘阵列

RAID 6 是 RAID 5 的扩展，RAID 6 每次写入数据都要访问一个数据盘和两个冗余盘，因此可容忍双盘出错。但是 RAID 6 的存储开销是 RAID 5 的两倍，并且 RAID 6 的写过程需要 6 次磁盘操作。

8. RAID 7

RAID 7 是采用 Cache 和异步技术的 RAID 6，使响应速度和传输速率有了较大提高。

RAID 7 可以达到每秒几十兆字节的吞吐率，同时又能从故障中恢复数据，具有很高的可用性，所以非常受欢迎，RAID 7 在外存储系统中所起的作用将不断增强，并会获得广泛应用。

6.6.3 并行存储技术

主存是存储层次中紧接着 Cache 下面的一个层次。主存是数据输入的目的地，也是数据输出的源发地，它既被用来满足 Cache 的请求，也被用作 I/O 接口。主存的性能主要用延迟和带宽来衡量。提高主存储器的带宽有多种措施，其中的一种方法是增加一次访问主存读出的信息量，从一个单元增加到多个单元。这就要将存储器分成多个模块，才能并行地读出多个单元，这种存储器结构就是并行存储器（Parallel Memory）。

1. 单体多字方式与多体并行方式

并行主存系统有两种组成方式：单体多字方式和多体交叉并行方式。虽然每个半导体存储芯片内部已经有译码、读写和放大电路，但在用多存储器来组织并行存储系统时仍需外加地址译码，以作为地址锁存和片选等功能。当并行的存储器共用一套地址寄存器和译码电路时称为单体方式，如图 6.67a 所示。

多个并行存储器与同一个地址寄存器连接，所以同时被一个单元地址驱动，一次访问读出的是沿 n 个存储器顺序排列的 n 个字，故也称为单体多字方式。若 n 个并行工作的存储器具有各自的地址寄存器和地址译码、驱动、读放和时序电路，能各自以同等的方式与 CPU 交换信息，形成可以同时工作又独立编址且容量相同的 n 个独立存储体，这就是多体方式，如图 6.67b 所示。多体主存系统能够实现多个分体并行存取，一次访存并行读出的 n 个字不像单体方式那样一定是沿存储器顺序排列的存储单元内容，而是分别由各分体的地址寄存器指示的存储单元信息。多体比单体方式控制线路复杂，但地址设置灵活，被大多数中、大型计算机所采用。

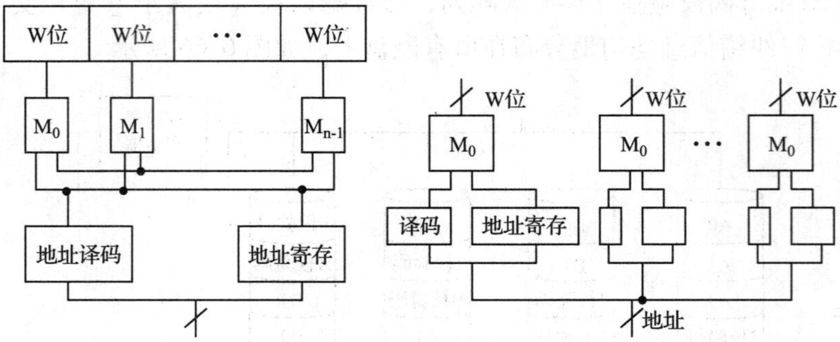

a)　　　　b)

图 6.67　并行主存系统

a）单体多字并行主存系统　b）多体并行主存系统

2. 多体交叉编址

并行主存系统是指包含多个能够独立编址的多体并行主存系统，各分体间的地址编码采用交叉方式。现以具有 4 个分存储体的主存为例说明常用的编址方法。4 个分体 M_0、M_1、M_2和 M_3的编址如图 6.68 所示。框内序号表示存储单元的地址编号 j = 0，1，2，……。

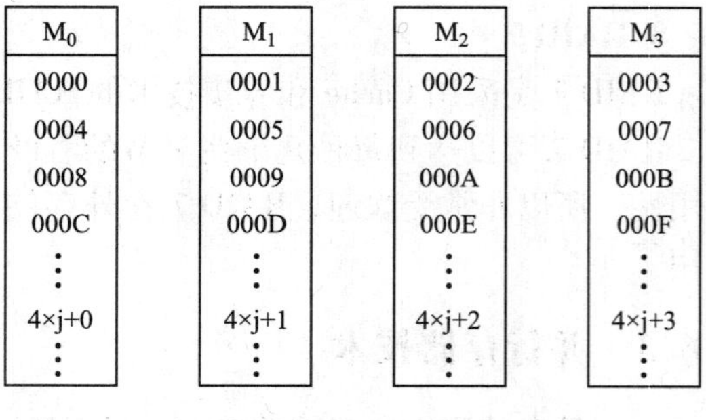

图 6.68　多体存储器交叉编址

地址编号规则如下。

（1）地址按并行分体横向顺序编号。地址序号连续的两个存储单元依次分布在相邻的两个存储体中，而不是在一个体内排序，故称为多体交叉编址。

（2）同一体内相邻存储单元地址编号相差 4。

（3）M_0体每个单元地址的二进制编码最后两位都是“00”，M_1体地址的最后两位是“01”，M_2体地址的最后两位是“10”，M_3体地址的最后两位是“11”。任何一个存储单元二进制地址编号的末两位正好指示该单元所属分体的序号，这两位称为内存体号，访问主存时只需判断地址的体号就能够决定访问的是哪一个存储体了。

（4）同一分体内每一个单元地址除去体号后的高位地址码称为体内地址，它正好是体内单元的顺序号，通过体内地址就能够决定访问单元在分体里的位置。

地址交叉排列的目的是为了便于分体同时工作。假设有 4 条顺序执行的指令，一条指令一个字长，地址编码是 0、1、A、B，分配在不同的存储器上。并行主存工作时，对于单体的并行系统，一个存储周期 T_M只能读取 4 个地址连续的存储单元内容，比如 0 ~ 3 号体单元内容，只能获得 0 和 1 单元内两条有用指令，实际带宽不高；对于多体交叉存储器，由于 4 条指令分别存储在 4 个分体，4 个地址寄存器可以指示 4 个不连续的地址，这 4 条指令能够在一个存储周期里读出。可见，多体和单体并行主存系统虽然最大带宽可能相同，但多体情况下可以灵活设置地址，只要访存不是针对同一个体，就能够得到比单体更高的带宽。因为程序常有转移指令，使得实际访存地址不一定均匀分布在交叉分体上，以致带宽有所降低。统计表明，采用多体并行主存结构的计算机系统获得的实际带宽大约是最大理想带宽的1/3。此外，工艺设计不完善时引起的传输线延时增加会降低实际存取速度，所以离理想带宽还有一定差距。

3. 多体交叉存储体分时工作原理

主存与 CPU 交换信息的通道只有一个字的宽度，为了在一个存储周期里访问 n 个信息字，在多体并行主存系统中采用了分时工作的方法，目前普遍采用的是分时读出法。假设多体交叉存储器由 4 个分体组成，每个存储体一次读、写一个字。各个体分时启动，即每隔 1/4 存储周期启动一个分体，如图 6.69 所示。

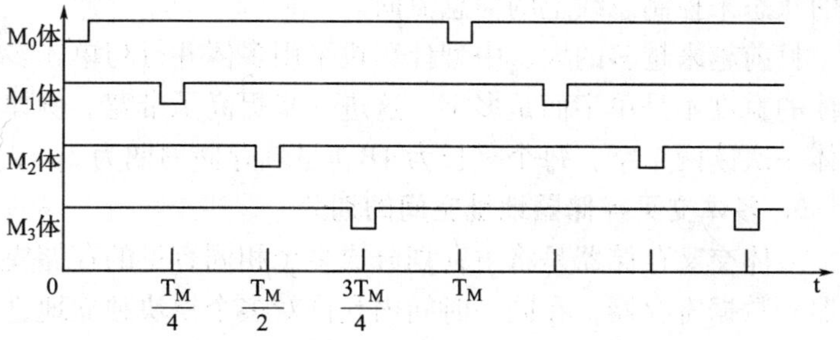

图 6.69 4 体并行分时工作

M_0体在第 1 个主存周期首先开始读、写，经过 $T_M/4$ 启动 M_1 体，M_2 和 M_3 体分别在$T_M/2$、$3T_M/4$ 时刻开始它们各自的读写操作，4 个体以 $T_M/4$ 的时间间隔进入并行工作状态。假定 $T_M = 2\mu s$，普通存储器只能读、写一个字，4 个体并行工作时，$2\mu s$ 内 CPU 依次发出 4 个读、写命令，访问到 4 个字。对 CPU 来说，相当于每 $0.5\mu s$ 读取一个字，虽然每个存储体仍以 $2\mu s$ 速度存取。这对主存系统来说，仿佛是有一串地址流以 1/4 存储周期速度流入，同时有一串信息流以同样的速度流出主存系统，这种流水工作方式适合于同样以流水方式工作的处理机。

另一种并行存、取的处理方法是同时启动 4 个分体，使 4 个分体在一个存储周期 T_M 内同时被访问，一次读出 4 个字，然后以一定顺序分时使用总线向外传送 4 个字。

4. 多体交叉存储器的组成

多体交叉存储器的组成框图如图 6.70 所示，主要由存储体、存储器控制器（简称存控）和总线控制三部分构成。存控用于组织多体并行工作，实现分时读出的工作方式，管理信息流动次序和流动方向。

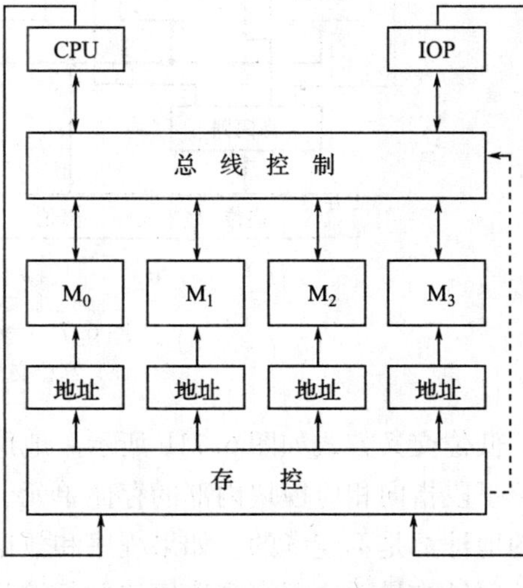

图 6.70 多体交叉存储器的组成框图

当 CPU 或通过 IOP 的外设向主存系统重叠发出访问请求时，存控首先对这些访问源进行排队，设计人员事先已经根据所有访问源的性质区分轻重缓急，排出优先级别。比如，高速通道中实时性很强的信息、突发故障时需要紧急处理的信息等优先级别较高，排在优先访问的位置。存控选择其中优先级别最高的先访问，并向它所访问的分体发出启动信号以及访问地址。如果被访问的存储体正处于工作状态，无法接收访问，则取消这次访问，让给优先级别稍低的访问源访问其他存储体。每个存储体不但有自己的读写控制线路、数据缓存设备，而且都有忙闲状态触发器。当存储体接收到存控的启动命令时，如果忙闲状态触发器处于“0”状态，表示空闲，存储体按存控命令操作，忙闲状态触发器置“1”直到存储体的一个读写操作完毕才重新置“0”；在忙闲状态触发器为“1”期间，不接收新的访问命令。存控通过检测忙闲触发器的状态来控制总线上的信息流向。

目前越来越多的大、中型计算机采用多体并行与单体多字相结合的并行主存系统，每个分体的宽度不是单字而是多字，这进一步提高了带宽。例如，有的机器4个分体并行，每个分体一次读两个字，每个字长为4B，虽然存储周期为2μs，但其最大带宽可以达到16B/μs。

5. 多体交叉存储器地址空间的划分

多体交叉存储器是将主存划分成多个相同容量的存储模块，每个模块都有自己的地址寄存器和数据寄存器，在同一时间内允许对多个模块独立地进行访问。地址空间的划分有三种方式：高位交叉方式、低位交叉方式和混合方式。

高位交叉方式如图6.71a所示。如果主存高位地址有n位，则可以把主存划分成$m=2^n$个模块。访问主存时，高n位地址字段经过译码选择存储器模块，剩余的低位地址部分直接送到各个存储器模块的地址寄存器，指向相应模块的某一个单元。这种划分方法适合于把程序和数据分开存放在不同的模块内，对于流水执行的指令可以避免取指令和取操作数的访存冲突。也可以把不同用户的程序和数据放在不同的模块内，由处理机分时操作。这种划分方法实现简单，但不能充分发挥并行存储器提高信息吞吐率的优点，实际应用中较少采用。

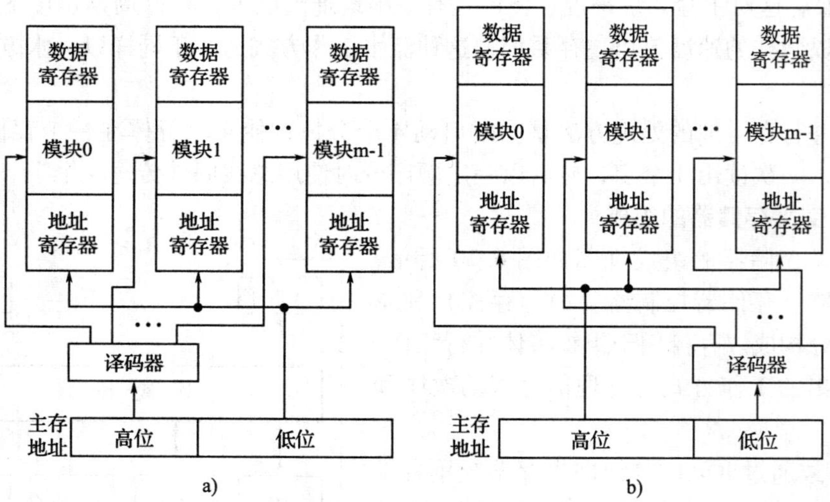

图6.71 多体交叉存储器地址划分
a）高位交叉方式 b）低位交叉方式

低位交叉方式如图6.71b所示。地址码的低位字段经过译码选择不同的存储器模块，而高位字段指向相应模块内部的存储单元。这样，连续地址分布在相邻的模块内，而同一模块内的地址都是不连续的。如果程序和数据按连续地址在主存中存储和访问，则采用低位交叉存储器结构最适合于实现多模块并行访问，可以成倍地提高主存的有效访问速度。但是，如果发生程序转移或者个别数据访问，地址不一定连续均匀分布在多个交叉存储器模块内，模块的使用率将降低。一般认为，并行的模块数量 m 取超过 16 的数值意义不大，大多取2～8。

低位交叉方式需要多个模块才能构成连续的地址空间，假设主存地址低位为 n 位，则模块数量 $m = 2^n$。低位交叉方式需要考虑两个问题，一是模块数量必须为 2^n，这样就不能以一个模块作为增减主存容量的最小单位。例如，原来主存地址低 2 位用来选择模块，则共有 4 个模块，如要扩展主存容量，主存地址低 3 位用来选择模块，则需要 8 个模块，即增加了 4 个模块。第 2 个问题是任一模块失效会造成地址空间缺陷，从而导致整个程序无法运行。

上述两种方法的结合，就是混合方式，即先按高位交叉方式分成几个模块，而模块内部再按低位交叉方式划分。

6.7 虚拟存储系统的组织

6.7.1 虚拟存储器

早在 1961 年，英国曼彻斯特大学的 Kilburn 等人就已提出了虚拟存储器的概念。经过 20 世纪 60 年代初到 70 年代初的发展完善，虚拟存储器已广泛应用于大、中型计算机系统。目前几乎所有的计算机都采用了虚拟存储技术。

虚拟存储器只是一个容量非常大的存储器的逻辑模型，不是任何实际的物理存储器。它借助于磁盘等辅助存储器来扩大主存容量，使之为更大或更多的程序所使用。

虚拟存储器指的是“主存-辅存”层次，它以透明的方式给用户提供了一个比实际主存空间大得多的程序地址空间。虚拟存储器是“主存-辅存”层次进一步发展的结果。它由价格较贵、速度较快、容量较小的主存储器 M_1 和一个价格低廉、速度较慢、容量很大的辅助存储器 M_2（通常是硬盘）组成，在系统软件和辅助硬件的管理下，就像一个单一的、可直接访问的大容量主存储器。应用程序员可以用机器指令的地址码对整个程序统一编址，就如同应用程序员具有对应于这个地址码宽度的存储空间（称为程序空间）一样，而不必考虑实际主存空间的大小。

此时程序的逻辑地址称为虚拟地址（虚地址），程序的逻辑地址空间称为虚拟地址空间。而物理地址（实地址）由 CPU 地址引脚送出，是用于访问主存的地址。如果 CPU 地址总线的宽度为 m 位，那么物理地址空间的大小为 2^m。虚拟地址由编译生成。工作在虚拟地址模式下的 CPU 识别这些虚拟地址，并将它们转换成物理地址。设虚拟地址字长为 n 位，则虚拟地址空间的大小为 2^n。但是，虚拟存储器的部分内容实际上保存在磁盘上，故虚拟地址空间的大小受到主存和磁盘容量的限制。

比较“主存-辅存”层次和“Cache-主存”层次，它们在原理上有很多相似之处，它们采用相同的地址变换映像方法和替换策略，而且都基于程序局部性原理。它们遵循相同的原则：

（1）把程序中最近常用的部分驻留在高速的存储器中。

（2）一旦这部分变得不常用了，把它们送回到低速的下一级存储器中。

（3）这种换入换出是由硬件或操作系统完成的，对用户是透明的。

（4）力图使存储系统的性能接近高速存储器，价格接近低速存储器。

当然，两种存储层次的设备性能不同，管理方案的实施细节也有所差异。两种存储系统的主要区别在于：主存的存取时间是 Cache 存取时间的 5～10 倍，而磁盘的存取时间是主存存取时间的上千倍。另外，虚拟存储器每次传送的信息单位（段或者页）也很大，可以达到几十个甚至几千个字节。所以，虚拟存储器访问失效（即访问的内容不在主存，而在磁盘上）时，需要从磁盘把一个段或页的信息传送到主存；而在“Cache-主存”层次中如果访问 Cache 失效，只需从主存调入一个块到 Cache 中。所以访问虚拟存储器失效时，失效开销远远大于访问 Cache 的失效开销。

6.7.2 虚拟存储器的组织方式

“主存-辅存”层次的基本信息传送单位可采用几种不同的方案，如段、页或段页相结合的方式。采用不同的方案，虚拟存储器就有不同的组织方式。

段是按照程序的逻辑结构划分成的多个相对独立部分，例如，过程、子程序、数据表等。段作为独立的逻辑单位可以被其他程序段调用，通过这种方式形成段间连接，产生规模更大的程序。因此，把段作为基本信息单位在主存和辅存之间传送和定位是比较合理的选择。每一段都有名称（用户名或数据结构名或段名）、起始位置、段长等信息，这些信息一般保存在称为段表的数据结构里。所以段表用来指明各段在主存中的位置，而段表本身也是一个主存中的段。

把主存按段分配的存储管理方式称为段式管理。段式管理系统的优点是段的分界与程序的自然分界对应；而段的逻辑独立性使它易于编译、管理、修改和保护，也便于多道程序共享；某些类型的段具有动态可变长度，允许自由调度以便有效利用主存空间。但是，正因为段的长度各不相同，段的起点和终点不定，从而给主存空间分配带来麻烦，而且容易在段间留下许多空余的零碎存储空间，造成浪费。

页式管理系统的基本信息传送单位是固定长度的页。主存物理空间被划分为等长的固定区域，称为页面。当需要从辅存调入信息时，把整页调入。由于页长固定，便于管理，只要主存有空白页面就可以容纳。唯一可能造成浪费的是程序最后一页的剩余空间。页式管理的缺点和段式管理相反，由于页不是逻辑上独立的单位，所以处理、保护和共享都不及段式方便。

页式和段式各有优缺点，如表 6.9 所示。由于在段式中实现替换很复杂，现代计算机中很少采用纯粹的段式管理系统。有些机器采用段式和页式的组合——段页式。段页式兼有两者的优点。在段页式中，程序按模块分段，段内再分页，进入主存以页为基本信息传送单位，用段表和页表进行两级定位管理。这样既保持了段作为逻辑单位的优点，又简化了替换的实现，而且段不必作为整体全部一次调入主存，而是可以以页面为单位部分调入。

表 6.9 页式和段式虚拟存储系统的比较

	页式系统	段式系统
地址大小（字）	1	2（段号和段内位移各 1 个字）
对程序员是否透明	透明	透明
替换一个块	容易（所有块大小相同）	困难（必须在主存中找到连续、大小可变的空闲空间）
存储空间浪费	内部碎片（页内未用部分）	外部碎片（主存中未用部分）
磁盘传送效率	高（为平衡访问时间和传送时间，需调整页面大小）	不一定（比较小的段可能　只需传送几个字节）

1. 页式虚拟存储器

在页式虚拟存储系统中，虚拟空间被划分成相同大小的页，称为逻辑页；主存空间也被分成同样大小的页，称为物理页。显然，逻辑页数大于物理页数。由于页的大小一般都取2的整数幂个字，所以，页的起始点都处于低位部分为“0”的地址上。

虚拟地址分为两部分：高位部分为逻辑页号（或者叫虚页号），低位部分为页内位移（或者叫页内地址）。同样，主存物理地址也分为两部分，高位部分为物理页号，低位部分为页内位移。由于两者页大小相同，所以，页内位移部分是相同的。

访存时，虚拟地址需要转换为主存物理地址，转换的过程由保存在主存的页表来实现。页表中每一个虚存逻辑页号对应一个页表项，每个页表项内容包含该逻辑页所在的主存页面地址（物理页号）。该物理页号与虚拟地址的页内位移拼接，产生完整的实主存地址，再据此来访问主存。页式管理的地址变换如图6.72所示。

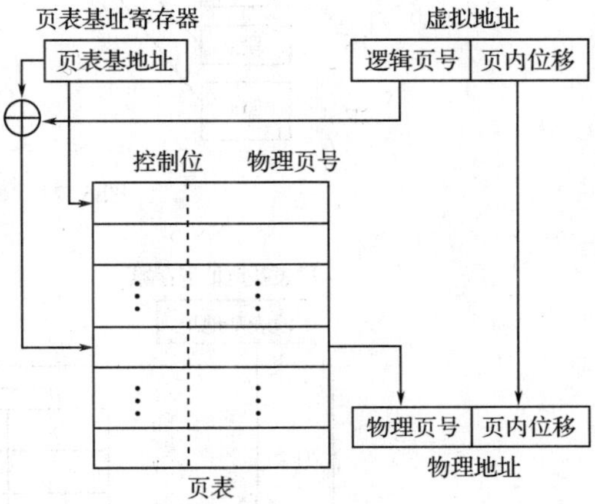

图6.72 页式虚拟存储器的地址变换

图6.72中控制位包含有效位、修改位、替换控制位及其他保护位等。如有效位为“1”，表示该逻辑页已经从辅存调入主存。如为“0”，则表示尚未装入主存，对该页的访问将导致页面失效中断，进而启动输入输出子程序，根据页表项中查得的辅存地址，从磁盘等辅存中读出该页到主存。修改位指出主存页面内容是否被修改过，以决定替换时是否要写回主存。替换控制位指出需替换的页等。

页表一般都很大，都存放在主存中（有时页表本身也是按页存储的）。因此，每次访存都要引起对主存的两次访问：第一次是读取页表项，以获得所要访问数据的物理地址；第二次才是访问数据本身。显然，这在实际应用中是无法忍受的，性能所受影响太大。

一般采用快表（Translation Look-aside Buffer，TLB）来解决这个问题。TLB是一个专用的高速缓冲器，用于存放近期经常使用的页表项，其内容是页表部分内容的一个副本。这样，进行地址变换时，一般直接查TLB就可以了。只有偶尔在TLB不命中时，才需要去访问内存中的页表。TLB也利用了局部性原理：如果访存具有局部性，则这些访存中的地址变换也具有局部性，即所使用的页表项是相对簇聚的。TLB中的项与Cache中的项类似，也是由两部分构成：标识和数据。标识中存放的是虚地址的一部分，包括逻辑页号等；而数据部分中则存放物理页号、有效位、存储保护信息以及其他一些辅助信息。为了使TLB中的内容与页表保持一致，当修改页表中的某一项时，操作系统必须保证TLB中没有该页表项的副本。

2. 段式虚拟存储器

在段式虚拟存储器中，段是按照程序的逻辑结构划分的，各个段的长度因程序而异。虚拟地址由段号和段内地址组成。为了把虚拟地址变换成实主存地址，需要一个段表，如图6.73所示。装入位为“1”表示该段已调入主存；为“0”则表示该段不在主存中。由于段的长度不定，所以，段表中需要有段长度指示。如果段内地址值超过段的长度，则发生地址越界中断。段表本身也是一个段，可以驻留在辅存中，需要时再调入主存，但一般驻留在主存中。虚拟地址向主存物理地址的变换过程如图 6.74 所示。

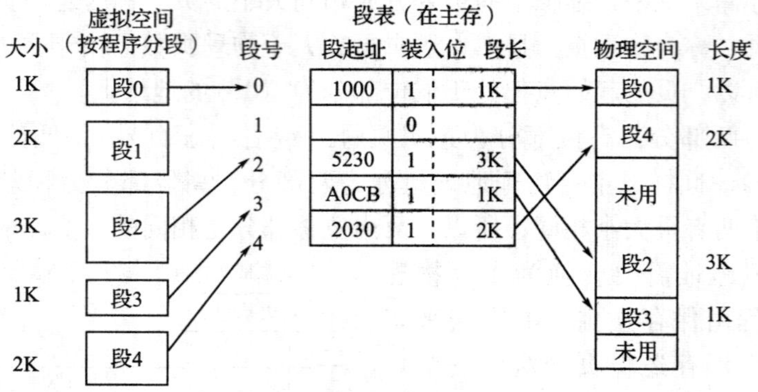

图 6.73　段表结构示意图

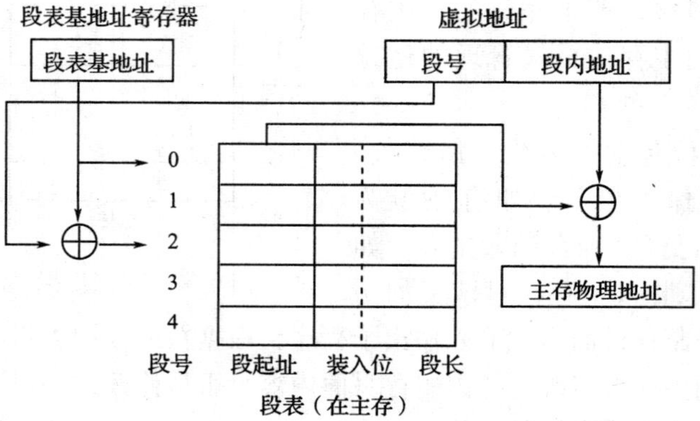

图 6.74　段式虚拟存储器地址变换

3. 段页式虚拟存储器

段页式虚拟存储器是段式虚拟存储器和页式虚拟存储器的结合。这种方式把程序按逻辑单位分段以后，再把每段分成固定大小的页。程序对主存的调入调出是按页面进行的，但它又可以按段实现共享和保护。因此，它兼备页式和段式的优点。其缺点是在映像过程中需要多次查表。在段页式虚拟存储系统中，每道程序通过一个段表和一组页表来进行定位。段表中的每一项对应一个段，每项有一个指向该段的页表起始地址及该段的控制保护信息。由页表指明该段各页在主存中的位置以及是否已装入、已修改等状态信息。现代计算机中一般都采用这种段页式存储管理方式。

如果有多个用户在机器上运行，即为多道程序。多道程序的每一道（每个用户）需要一个用户号，用户号指明该道程序的段表起始地址。这时虚拟地址包括用户号、段号、页号及页内位移，其地址格式如下。

虚拟地址：

用户号	段号	页号	页内位移

多道程序的每道程序可由若干段组成，每段又由若干页组成，由段表指明本段页表的起始地址，再由页表指明各页在主存中的位置，以及是否已装入主存等控制信息。

4. 映像规则

在处理虚存失效时，需要访问磁盘存储设备，因此虚存失效开销非常大。如果要在低失效率和简单的映像规则之间进行选择，操作系统的设计者总是选择低失效率，因为失效开销实在是太大。因此，操作系统允许将块（段或者页）放在主存的任一位置，即采用全相联映像。

5. 替换算法

当CPU要用到的指令或数据不在主存时，就会产生页面失效，此时需要从辅存装入包含该指令或数据的页面。如果主存页面已经全部被占用，那么就要采取适当的规则来替换主存的某一页以接纳新的页面。操作系统的主要指导思想是尽可能减少页失效。和这个指导思想相一致，几乎所有的操作系统都设法替换最近最少使用（即LRU）的页，因为这个页可能是最没有用的。为了帮助操作系统寻找LRU页，许多机器为主存中的每个页面设置了一个使用位，也称为访问位。每当主存中的一个页面被访问时，其相应的使用位就被置“1”。操作系统定期地使所有使用位复位。这样，在每次复位之前，使用位的值就反映出了从上次复位到现在的这段时间中哪些页曾被访问过。通过用这种方法跟踪各个页被访问的情况，操作系统就能选择一个最近最少使用的页。

6. 写策略

主存的下一级是磁盘，磁盘的访问时间非常长，需要几十万至上百万个时钟周期。正是由于这两级存储器之间访问时间的巨大差距，所以目前还没有一个虚存操作系统能在CPU执行Store操作时将数据穿过主存直接写入磁盘，而且也不应该这么处理。因此，虚拟存储器总是采用写回策略，即数据只写到主存。由于访问下一级存储器的开销非常大，虚拟存储器通常使用“脏”位来保证只有被修改过的块才被写回磁盘，这样就可避免对下一级存储器的不必要访问。

6.7.3 Pentium CPU支持的虚拟存储器

1. Pentium PC的虚地址模式

Pentium PC的存储管理部件（MMU）包括分段部件（SU）和分页部件（PU）两部分，可允许SU、PU单独工作或同时工作。因此MMU支持三种受保护的虚拟地址模式（简称保护模式）。

（1）分段不分页模式：虚拟地址由一个16位的段参照和一个32位的偏移组成。段参照的最低2位与保护机构打交道，高14位为段号，用于指定某一段。因此，最大虚拟地址空间为$2^{14+32}=2^{46}=64TB$。分段部件将二维的分段虚拟地址转换成一维的32位线性地址，该地址即主存的物理地址。

这种模式的优点是无须访问页目录和页表，地址转换速度快。对段提供的一些保护定义可以一直贯通到段的单个字节。

（2）分段分页模式：这是一种在分段基础上增加分页存储管理的模式。即将SU转换后的32位线性地址看成由页目录、页表、页内偏移三个字段组成，再由PU完成两级页表的查找，将其转换成32位物理地址。最大虚拟地址空间也是64TB。这种模式兼顾了分段和分页两种方式的优点。

（3）不分段分页模式：在这种模式下SU不工作，只是PU工作。程序也不提供段参照，寄存器提供的32位地址被看成是由页目录、页表、页内偏移三个字段组成。由PU完成虚拟地址到物理地址的转换。最大虚拟地址空间是$2^{32}=4GB$。

这种模式减少了虚拟空间，但能提供保护机制，比分段模式具有更大的灵活性。

2. 保护模式的分页地址转换

Pentium PC 有两种分页方式：一种是 4KB 的页，使用二级页表（页目录表、页表）进行地址转换，这是从 80486 继承下来的分页方式。另一种是新增加的方式，采用 4MB 的页，使用单级页表进行地址转换。以 4MB 分页方式为例，其地址转换过程如图 6.75 所示。

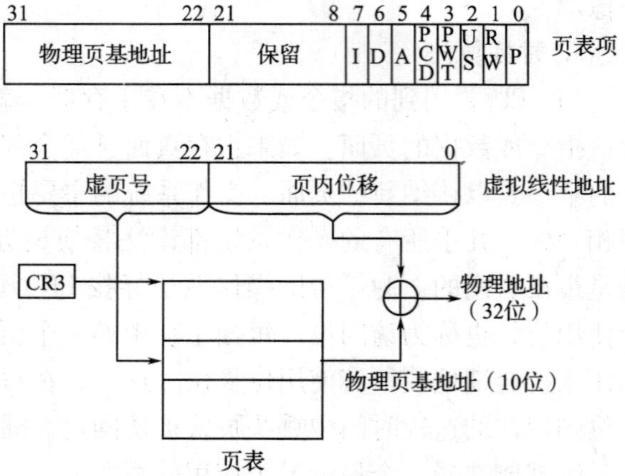

图 6.75　Pentium PC 4MB 分页方式地址转换

在这种方式下，32 位虚拟线性地址分为高 10 位的虚页号和低 22 位的页内位移两个字段。在 32 位地址模式下，系统只有一张页表，由控制寄存器 CR3 保存页表基地址。页表共有 1K 项，每项 4 字节（32 位）。

页表项的 I 位指示页面大小，I = 1，表示页大小为 4MB；I = 0 表示页大小为 4KB。P 位指示该页是否装入主存，P = 1，表示已装入主存；P = 0 表示没有装入，对此页的访问将导致失效。A 位指示该页是否被访问过，该页装入主存后被访问过，则置 A = 1；否则置 A = 0。D 位指示该页是否被修改，该页装入主存后被修改过，则置 D = 1；否则置 D = 0。因此，该页被替换时，如果 D = 1，需将其写回磁盘；如果 D = 0，不必写回磁盘，弃之不用即可。RW 位用于读/写控制；US 位用于用户/监督控制；PCD 位用于页 Cache 禁止的控制。

思考题与习题

1. 解释下列概念：

主存、辅存、Cache、RAM、SRAM、DRAM、ROM、PROM、EPROM、EEPROM、CDROM、Flash Memory、存取周期、存储器带宽、存储层次、直接映像、全相联映像、组相联映像、LRU、失效率、磁盘阵列、虚拟存储器

2. 说明存储器的存取时间与存取周期之间的联系与区别。
3. 什么是存储器的带宽，如果存储器总线宽度为 32 位，存取周期为 250ns，则该存储器带宽为多少？
4. 指出下列存储器哪些是易失性的，哪些是非易失性的，哪些是读出破坏性，哪些不是。

   DRAM、SRAM、ROM、Cache、磁盘、光盘
5. ROM 和 RAM 两者的差别是什么？
6. 简述“Cache-主存”和“主存-辅存”层次的区别。
7. 单级存储器的主要矛盾是什么？通常采取什么方法来解决？
8. 在存储层次中应解决哪 4 个问题？
9. 地址映像方法有哪几种？它们各有什么优缺点？
10. 存储系统采用层次结构的目的是什么？实现存储器层次结构的先决条件是什么？
11. 某计算机字长为 32 位，主存以字节编址，试画出存储器中字地址和字节地址的分配情况。
12. 某机字长 32 位，其存储容量为 4MB，若按字编址，它的寻址范围是多少？

13. 设有一个具有24位地址和8位字长的存储器，问：

（1）该存储器能够存储多少字节的信息？

（2）如果存储器由4M×1位的RAM芯片组成，需要多少片？

（3）需要多少位作芯片选择？

14. 设某计算机采用1K×4位DRAM芯片组成2K×8位的存储器，请回答：

（1）设计该存储器共需要多少片DRAM芯片？

（2）画出芯片连接图。

15. 下面关于存储器的描述，请指出哪些是正确的，哪些是错误的。

（1）CPU访问主存储器的时间是由存储器的容量决定的，存储容量越大，访问时间越长。

（2）因为DRAM是破坏性读出，所以必须不断刷新。

（3）RAM中的任何一个单元都可以随机访问。

（4）ROM中的任何一个单元都不能随机访问。

（5）一般情况下，ROM和RAM在存储器中是统一编址的。

（6）EPROM中存储的信息断电后会消失。

16. 设CPU有16根地址线，8根数据线，并用$\overline{MREQ}$作为访存控制信号（低电平有效），用$\overline{WR}$作为读写控制信号（高电平为读，低电平为写）。现有下列存储芯片：1K×4位RAM、4K×8位RAM、8K×8位RAM、2K×8位ROM、4K×8位ROM、8K×8位ROM及74LS138译码器和各种门电路，试画出CPU与存储器的连接图，要求：

（1）主存地址空间分配，6000H～67FFH为系统程序区，6800H～6BFFH为用户程序区。

（2）合理选择上述存储芯片，说明各选几片。

（3）详细画出存储芯片的片选逻辑图。

17. CPU及其他芯片的假设同上题，画出CPU与存储器的连接图，要求主存的地址空间满足下列条件：最低8K地址为系统程序区，与其相邻的16K地址为用户程序区，最大4K地址空间为系统程序工作区。详细画出存储芯片的片选逻辑并指出存储芯片的种类及片数。

18. 某DRAM芯片内部的存储单元为128×128结构。该芯片每隔2ms必须刷新一次，且刷新是通过顺序对所有128行的存储单元进行内部读操作和写操作实现的。设存储器周期为500ns，求其刷新的开销（即2ms时间内进行刷新操作的时间所占的百分比）。

19. 某SRAM芯片有17位地址线和4位数据线，用这种芯片为32位字长的处理器构成1M×32位的存储器，并采用模块板结构。问：

（1）若每个模块板为256K×32位，共需要几块板？

（2）每块板内共需要多少片这样的芯片？

（3）所构成的存储器需要多少片这样的芯片？

（4）共需要多少位地址线，各完成什么功能？

20. 在虚拟存储器中，物理空间和逻辑空间有何联系和区别？

21. 设主存容量为4MB，虚拟存储器容量为1GB，则虚拟地址和物理地址各为多少位？根据寻址方式计算出来的有效地址是虚拟地址还是物理地址？

22. 已知某程序中一条指令的逻辑地址为01FE0H，该系统使用页式虚拟存储器，虚拟地址为18位，页面大小为1KB，该程序的页表起始地址为0011B。已知主存中页表的页表项低4位为物理页号，并且已知3个主存单元低4位的内容如下：

主存地址	低4位内容	主存地址	低4位内容
0007H	0001	0307H	1100
0300H	0011		

求该指令的物理地址。

23. 欲将“10011101”写入磁表面存储器中：

（1）分别画出归零制、不归零制、调相制、调频制的写入电流波形。

（2）改进不归零制（NRZ_1）的记录原则是见“1”就翻，即当记录为“1”时写电流要改变方向；记录为“0”时不改变，画出电流波形。

（3）改进调频制（MFM）与调频制（FM）的区别在于，FM 在信息元交界处写电流总要改变一次方向；而 MFM 仅当连续记录两个“0”时，信息交界处翻转一次，其他情况不翻转，画出 MFM 的写电流波形。

第 7 章　输入/输出系统

在计算机中，除了 CPU 和存储器两大模块外，第三大模块就是输入/输出系统。输入/输出系统是整个计算机系统中最具有多样性和复杂性的部分。

7.1　I/O 系统概述

计算机的 I/O 系统，主要用于解决主机与外部设备间的信息通信，提供信息通路，使外部设备与主机能够协调一致地工作。

7.1.1　I/O 系统的组成

输入/输出系统由 I/O 硬件和 I/O 软件两部分组成。

1. I/O 硬件

输入/输出系统中的 I/O 硬件包括系统总线、I/O 接口、I/O 设备及设备控制器。

系统总线是指 CPU、主存、I/O 设备（通过 I/O 接口）各大部件之间的信息传输线。按传输信息的不同，又可分为数据总线、地址总线和控制总线三类。

I/O 接口通常是指主机与 I/O 设备之间设置的一个硬件电路及其相应的控制软件。

I/O 设备是指计算机系统除主机外的大部分硬件设备，I/O 设备又称为外部设备或外围设备，简称外设。计算机主机通过 I/O 设备和外部世界打交道。最常用的 I/O 设备有键盘、鼠标、显示器、打印机等。

设备控制器用来控制 I/O 设备的具体动作，不同的 I/O 设备需要完成的控制功能不同。

2. I/O 软件

输入/输出系统中的 I/O 软件包括用户的 I/O 程序、设备驱动程序、设备控制程序。

用户 I/O 程序是指用户利用操作系统提供的调用界面编写的具体 I/O 设备的输入/输出程序。例如，用户编写的用打印机输出文本的程序。

设备驱动程序是一种可以使计算机和设备通信的特殊程序。可以说相当于硬件的接口，操作系统只有通过这个接口，才能控制硬件设备的工作，假如某设备的驱动程序未能正确安装，便不能正常工作。在操作系统中，包含了若干个 I/O 设备驱动程序，操作系统还负责提供安装这些驱动程序的接口，为系统扩充新的 I/O 设备提供了方便。

设备控制程序就是驱动程序中具体对设备进行控制的程序。设备控制程序通过接口控制逻辑电路，发出控制命令字。命令字代码各位表达了要求 I/O 设备执行操作的控制代码，由硬件逻辑解释执行，发出控制外设的有关控制信号。

7.1.2　设计 I/O 系统应考虑的三个要素

设计 I/O 系统应该考虑如下三个要素。

（1）数据定位：设备选择，找到设备中数据的地址。

I/O 系统必须能够根据主机提出的要求进行设备的选择，并按照数据在设备中的地址找到相应的数据。I/O 设备的数据定位完全不同于主存，主存中的存储单元地址由一个无符号整数指定，而对于 I/O 设备，首先要指定一个设备，然后根据设备类型的不同，指定地址的方式也会不同，例如磁盘，必须要指定磁盘面号、磁道号及扇区号。

（2）数据传输：传送数据的数量、速率及方向。

I/O 系统必须对数据传送的数量、速率及方向进行控制。CPU 和内存之间一次能传输一个字节、半字、字及双字，而 I/O 设备一次可以传输一位（鼠标按下）到 4096 个字节（一个磁盘数据块）。I/O 设备的数据传输速率依赖于机械部件的移动速度。例如，打印机的速度要依赖于打印头的机械移动速度；键盘的速度要依赖于人类按键的速度；磁盘的速度要依赖于磁头移动的速度及盘片旋转的速度。数据传输的方向相对于 CPU 分为输入和输出两个方向。

（3）同步：仅当设备准备好时输出数据；当数据可用时输入数据。

I/O 系统必须保证主机与外设间的同步，或称为协调工作。只有当设备准备好接收数据时，CPU 才能将数据输出给设备，否则设备来不及响应，就会造成数据的丢失。同样，在输入时只有当设备已经将数据准备好时，CPU 才能做输入操作，将数据输入到 CPU 的寄存器中。

7.1.3 主机与 I/O 设备间的连接方式

主机与 I/O 设备间的连接方式主要有总线型方式、通道方式及 I/O 处理机方式。

1. 总线型连接方式

CPU 通过系统总线与主存储器、I/O 接口电路相连接，通过 I/O 接口电路进一步实现对外设的控制。系统总线可分为地址总线、数据总线和控制总线三大类，分别用于传送地址信号、数据信号和控制信号（如读/写信号、中断申请及应答信号等）。

如果计算机系统只采用一组系统总线，称为单总线结构。当然还有多总线结构的系统，主要是为了提高系统的数据传输效率。总线型方式是主机与 I/O 设备间连接的最基本的方式，目前微机系统中广泛采用这种方式。

总线连接的优点：结构简单、标准化、I/O 接口扩充方便。

总线连接的缺点：系统中部件之间的信息交换均依赖于总线，总线成为系统中的速度瓶颈，因而对于配置大量外设的系统不适合。

2. 通道方式

输入/输出通道是一个独立于 CPU 的、专门管理 I/O 的处理机，它控制设备与主存直接进行数据交换。它有自己的通道指令，这些通道指令由 CPU 启动，并在操作结束时向 CPU 发出中断信号。在通道方式中，数据的传送方向、存放数据的内存起始地址，以及传送的数据块长度等都由通道来进行控制。

另外，通道控制方式可以做到一个通道控制多台设备与主存进行数据交换。因而，通道方式进一步减轻了 CPU 的工作负担，增加了计算机系统的并行工作程度。通道方式主要用于大型主机（Mainframe）系统中，一般用在所连接外设数量多、类型多，以及速度差异大的系统中。

按照信息交换方式和所连接的设备种类不同，通道可以分为三种类型：字节多路通道、选择通道和成组多路通道。

3. I/O 处理机方式

I/O 处理机是通道的进一步发展，它独立于主机工作，在结构上接近于一般的处理机，但其专用性更适于 I/O 处理。在一个系统中可设置多台 I/O 处理机，分别承担 I/O 控制、通信、维护诊断等任务，形式上类似于一个多机系统。

I/O 处理机有自己的指令系统，可编写完整的 I/O 管理程序和预处理程序。

I/O 处理机方式与通道方式相比，基本上把原来 CPU 管理 I/O 的这部分功能全部接管过来了，这样使得 I/O 处理与 CPU 的操作完全并行起来。

通用 CPU 可用作 I/O 处理机使用，在大型机和巨型机中，也可将完整的计算机作为 I/O 处理机使用，称为前端处理机或外围处理机。例如，在巨型机 CRAY—1 中用超级小型机 VAX—11/780 作前端处理机。

7.2 I/O 接口

I/O 接口通常是指主机与 I/O 设备之间设置的一个硬件电路。它用于在系统总线和外设之间传输信号，并起缓冲作用，以满足接口两边的时序要求。

7.2.1 I/O 接口的功能和组成

1. I/O 接口的功能

由于外设的多样性和复杂性，不同的外设接口其功能不尽相同。但一般讲，接口应具备如下的基本功能。

（1）识别设备地址，选择指定设备。

通常，一个计算机系统中有许多 I/O 设备，相应地就有许多 I/O 接口，而每一个 I/O 接口中还有多个寄存器，CPU 和 I/O 设备间的信息传递都要使用这些寄存器。那么，CPU 如何来选中某一个接口及相应的寄存器，这就要求接口必须具备选址功能，能够对地址总线上传来的设备地址信息进行译码，从而选中相应的寄存器。

（2）传送控制命令及返回状态信息。

CPU 和 I/O 设备之间为了协调配合工作，CPU 必须给 I/O 设备发送控制命令，CPU 还必须知道 I/O 设备的工作状态。也就是说 I/O 设备必须把设备的状态信息反映给 CPU，这样就要求接口必须具备传送控制命令及返回状态信息的功能。

（3）数据传送和数据缓冲。

主机和 I/O 设备间要进行数据的输入/输出，因此接口必须具备数据传送功能。另外，由于主机和外设之间在速度上是不匹配的，这就要求接口必须具备数据缓冲的功能，用于数据的暂存，以免因速度不一致而造成数据的丢失。

（4）数据格式转换。

由于外设的数据格式与主机的数据格式不同，这就要求接口具备主机与外设交换数据的格式转换功能，例如，正负逻辑的转换、串—并转换、并—串转换、数—模转换或模—数转换等。

（5）其他功能。

I/O 接口除了以上功能外，还应具备检错纠错功能、中断功能、DMA 功能、时序控制功能等。

2. I/O 接口的组成

通过上面 I/O 接口功能的分析，可以知道完成什么样的功能就应该具备什么样的功能部件。现可以归纳如下。

由于 I/O 接口具有识别设备地址，选择指定设备的功能，那么就应该具有相应的设备选择电路。

由于 I/O 接口具有传输控制命令及返回状态信息的功能，那么就必须有相应的寄存器保存这些信息，即控制命令寄存器及状态寄存器，还必须要有控制命令的译码器。

由于 I/O 接口具有数据传送及数据缓冲的功能，那么就必须有相应的数据缓冲寄存器。

由于 I/O 接口具有数据格式转换功能，那么就必须有相应的控制电路。

对于检错纠错、中断、DMA、时序控制等都需要相应的控制逻辑及寄存器。

根据以上归纳，现画出接口的基本组成框图，如图 7.1 所示。

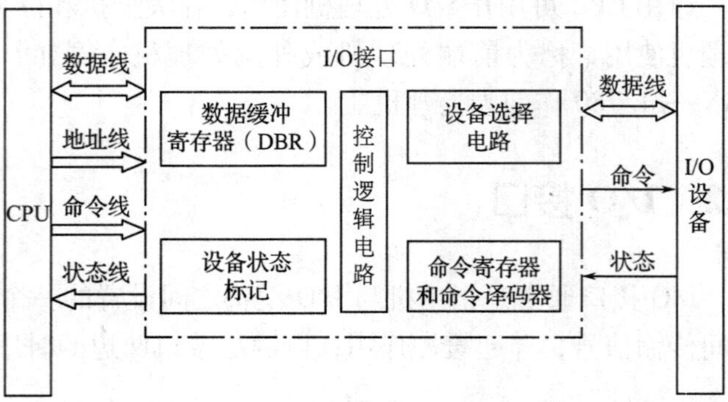

图 7.1　I/O 接口的基本组成框图

7.2.2　I/O 端口的编址方式

为了能在众多的外设中寻找或挑选出需要与主机进行信息交换的设备，就必须对外设进行编址。对外设的编址就涉及端口的概念及端口的编址。

1. 端口的概念

从上面讲的 I/O 接口的基本组成可以看出，I/O 接口中包含有命令寄存器、数据缓冲寄存器及状态标记寄存器等多个寄存器。CPU 与 I/O 设备之间的通信实际上是通过这些寄存器进行的，这样 CPU 对接口的访问实际上就变成了对这些寄存器的访问，要访问到接口中的寄存器就必须对这些寄存器进行编址。

接口中的这些寄存器还称为端口，相应地，命令寄存器就称为命令端口，数据缓冲寄存器就称为数据端口，状态标记寄存器就称为状态端口，在计算机系统中，这些端口都有相应的地址供访问。

2. I/O 端口的编址方式

I/O 端口的编址方式有两种，一种是独立编址方式，也称为专用的 I/O 端口编址方式；另一种是存储器映射编址方式，也称为统一编址方式。下面分别讲述这两种方式。

（1）独立编址方式（专用 I/O 端口编址方式）。

这种编址方式的特点是 I/O 端口和存储器在两个独立的地址空间中进行编址，如图 7.2 所示。I/O 端口的读/写操作由专用的控制信号（如 IOR 和 IOW）来实现，在指令系统中需要有专用的 I/O 指令（如 IN 指令

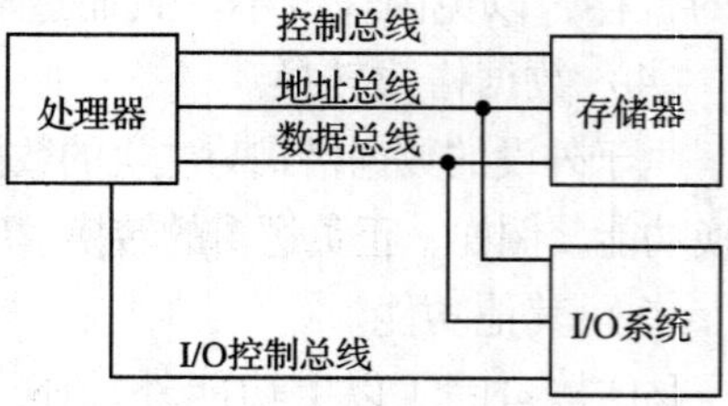

图 7.2　独立编址方式的 I/O 总线结构

和 OUT 指令）实现对 I/O 端口的访问。

独立编址方式的优点：I/O 端口具有独立的地址空间，不占用内存空间；存储器同 I/O 端口的操作指令不同，程序比较清晰；I/O 端口的地址码较短，译码电路比较简单，也可以节省指令存储空间和指令执行时间；存储器和 I/O 端口的控制相互独立，可以分别设计。

独立编址方式的缺点：需要有专用的 I/O 指令，而这些 I/O 指令的功能一般不如访问存储器的指令丰富，设计程序不够方便。

（2）存储器映射编址方式（统一编址方式）。

这种编址方式的特点是 I/O 端口和存储器共用统一的地址空间，一旦地址空间分配给I/O端口后，存储器就不能再占有这一部分的地址空间。在这种方式下，I/O 端口的读/写操作同样由访存的控制信号（如 MEMR 和 MEMW）来实现，所有访问存储器的指令（包括数据传送指令、算术逻辑运算指令）都可以用于访问 I/O 端口。

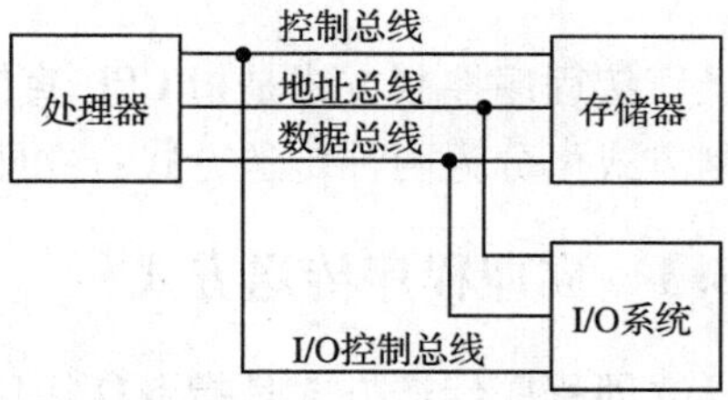

图 7.3 存储器映射编址方式的 I/O 总线结构

存储器映射编址方式的优点：CPU 可使用所有存储器操作指令对 I/O 端口中的数据进行操作，这样十分灵活和方便；不需要用专门的指令及控制信号区分是存储器还是 I/O 操作，使得系统相对简单。

存储器映射编址方式的缺点：I/O 端口占用了内存单元的部分地址空间，使内存容量减小。

由于在程序中不易分清指令访问的是存储器还是 I/O 端口，所以采用这种方式编制的程序不易阅读；访问 I/O 端口和访问内存一样，由于访问内存时的地址长，指令的机器码也长，执行时间明显增加。

7.2.3 接口的分类

I/O 接口可以按照多种不同的方式进行分类。

1. 按通用性分类

按通用性可以将 I/O 接口分为通用接口与专用接口。通用接口是可供多种外部设备使用的标准接口，它可以连接各种不同的外设而不必增加附加电路，如 Intel 8255、Intel 8212 等。专用接口是为某种用途或某类外设专门设计的接口电路，如 Intel 8279 键盘/显示器接口、Intel 8275CRT 控制器接口、Intel 8237DMA 控制器接口等。

2. 按可编程性分类

按可编程性可以将 I/O 接口分为可编程接口和不可编程接口。可编程接口是指在不改动硬件的情况下，用户只要修改初始化程序就可以改变接口的工作方式，大大增加了接口的灵活性和可扩充性，如 Intel 8255、Intel 8251 等。不可编程接口不能由程序改变其工作方式，但可通过硬连线逻辑来实现不同的功能，如 Intel 8212。

3. 按数据传送方式分类

按数据传送方式可以将 I/O 接口分为并行 I/O 接口和串行 I/O 接口。并行 I/O 接口与外设的数据传送按字长来传送（即 8 位或 16 位二进制数同时传送），如 Intel 8255。串行接口与外设的数据传送是一位一位传送，如 Intel 8251。

4. 按数据传送的控制方式分类

按数据传送的控制方式可以将 I/O 接口分为程序型接口和 DMA 型接口。程序型接口用于连接慢速外部设备，如显示终端、键盘、打印机等。程序型接口通常采用程序中断方式实现主机与外设间的信息交换，Intel 8259 是这种类型的接口芯片。DMA 型接口用于连接高速外部设备，如磁盘等，Intel 8257 是这种类型的接口芯片。

7.3 直接程序控制方式

直接程序控制方式是指 CPU 直接利用 I/O 指令编程，实现数据的输入/输出。直接程序控制方式可分为两种传送方式：立即程序传送方式和程序查询方式。

7.3.1 立即程序传送方式

立即程序传送方式是指 I/O 接口总是准备好接收来自主机的数据，或准备随时向主机输入数据，CPU 无需查看接口的状态，就可以执行 I/O 指令进行数据传送。这种传送方式又称为无条件传送或同步传送。立即程序传送方式接口框图如图 7.4 所示。

立即程序传送方式的操作步骤一般如下。

(1) CPU 把一个设备地址送到地址总线上，经地址译码电路选中一台特定的设备。

(2) 若为输出操作，则 CPU 向数据线送出数据并通过命令线发出写命令，将数据通过数据总线写入到外设接口的数据缓冲寄存器。若为输入操作，则 CPU 发出读命令，通过数据总线将数据缓冲区中的数据读入到 CPU 中的寄存器。

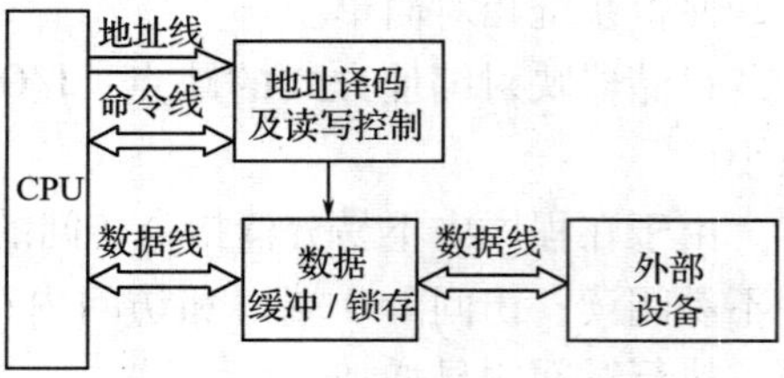

图 7.4 立即程序传送方式接口框图

立即程序传送方式一般适合于对采样点的定时采样或对控制点的定时控制等场合。例如，CPU 直接送数给信号灯、D/A 转换器、控制电动机等，直接读取开关状态，启动高速 A/D 转换器后立即取回结果等。

7.3.2 程序查询方式

程序查询方式是指 CPU 在进行输入/输出操作之前，先查询外设的状态，只有当外设准备就绪时，才进行数据传送。这种传送方式也称为条件传送方式。

当有关操作的时间未知或不定时，往往采用程序查询方式。例如，用户按键的时间，打印机接收数据的时间等都是不定的。

1. 程序查询方式接口电路举例

下面举一个打印机或 CRT 终端输出接口的例子，如图 7.5 所示。

这个输出接口的工作过程如下。

(1) CPU 通过执行输入指令读取“准备好状态”。首先 CPU 会将相应的端口地址通过地址线送至各设备的地址译码器，只有地址相符的设备的状态线才能被激活。同时，CPU 通过读状态控制线送读信号，读信号与地址译码器输出的状态线相与后开启“准备好”触发器的三态门，读出“准备好状态”。若打印机未准备好，CPU 只能等待，继续读取“准备好状态”，直至这个“准备好状态”为1时才进入第（2）步。

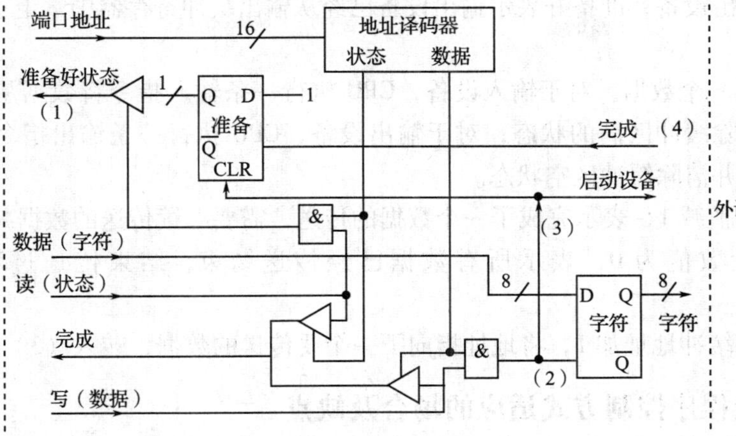

图7.5　字符输出接口框图

（2）CPU通过执行输出指令将一个字符送至数据寄存器（字符）。首先CPU将数据寄存器的端口地址送至地址译码器以激活相应的数据状态线，然后CPU将要输出的字符放在数据总线上，并且发出写控制信号，写信号与地址译码器输出的数据状态线相与后将输出字符打入数据寄存器（字符）。

（3）由写信号与地址译码器输出的数据状态线相与后的信号启动打印机打印该字符，同时清除“准备好状态”触发器。

（4）打印机打印完一个字符后，发出“完成”信号，置“准备好”触发器为“1”，表示打印机可以接收下一个字符。

2. 程序查询方式接口设备驱动程序流程

设备驱动程序用来管理CPU和外设间数据与控制信息的通信，它包括数据初始化、控制数据传输、结束数据传输及处理意外事件（如缺纸、未准备好等）。设备驱动程序也称为设备处理程序。

图7.6是程序查询方式接口设备驱动程序流程图。

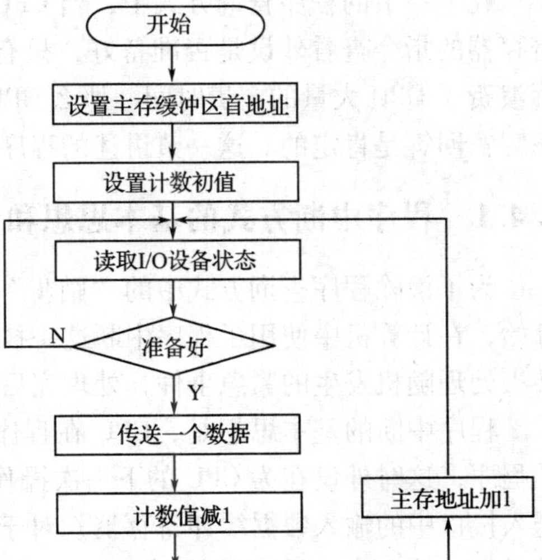

图7.6　程序查询方式接口设备驱动程序流程图

程序查询方式接口设备驱动程序流程的各步骤解释如下。

（1）设置要传送的数据在内存缓冲区中的首地址。

（2）设置计数初值，用来控制程序的循环，也代表了要传送这一批数据的多少。

（3）执行一条读状态寄存器的指令，读取设备的准备状态。

（4）若设备准备好，就进入（5），否则转到（3）。对于输入设备，准备好表示输入设备已经把数据放入输入缓冲寄存器，输入缓冲区满；对于输出设备，准备好表示输出设备已经从输出缓冲寄存器中拿走了数据，输出缓冲区空。

（5）传送一个数据。对于输入设备，CPU 执行一条输入指令将数据从输入缓冲寄存器中取走，并清除缓冲区满的状态；对于输出设备，CPU 执行一条输出指令将数据写入输出缓冲寄存器，并清除缓冲区空状态。

（6）计数值减 1，表示完成了一个数据的传送，需要继续传送的数据减少了一个。

（7）若计数值为 0，表示所有数据已经传送结束，结束传送过程，否则进入第（8）步。

（8）内存缓冲地址加 1，将地址指向下一个要传送的数据，转入（3）。

7.3.3 直接程序控制方式适应的场合及缺点

直接程序控制方式适用于如下场合。

（1）CPU 速度不高。

（2）CPU 工作效率问题不是很重要。

（3）需要调试或诊断 I/O 接口及设备的时候。

直接程序控制方式的缺点如下。

（1）CPU 与外部设备无法并行工作，CPU 效率很低。

（2）无法发现和处理异常情况，不能响应来自外部的随机请求。

7.4 程序中断方式

在上一节的程序查询方式中，当 CPU 要和外设传送数据时，必须通过反复执行读状态寄存器的指令查看外设是否准备好，只有当外设准备好时才能传送数据，这个“踏步”过程浪费了 CPU 大量的宝贵时间。那么 CPU 能否不用浪费这么多时间并且还能了解设备的状态呢？回答是肯定的。这一节讲述的程序中断方式就能解决这个问题。

7.4.1 程序中断方式的基本思想和作用

为了消除程序查询方式中的“踏步”现象，提高 CPU 的工作效率，从 20 世纪 50 年代开始，在计算机中使用了程序中断这一技术。程序中断是指 CPU 暂时中止现行程序的执行，转去处理随机发生的紧急事件，处理完后自动返回原被中止的程序继续执行的功能和技术。

程序中断的基本思想是，CPU 在程序中某一时刻启动某一外设后，CPU 继续执行原来的程序，这时外设在为 CPU 的下一次操作作准备（对于输入设备，外设需将数据准备好并送入接口中的输入数据缓冲寄存器；对于输出设备，外设需从接口中的输出数据缓冲寄存器中将数据取走），CPU 和外设在这段时间是属于并行工作的，一旦外设准备好，便主动向 CPU 发出一个中断请求信号，请求 CPU 为自己服务，如图 7.7 所示。

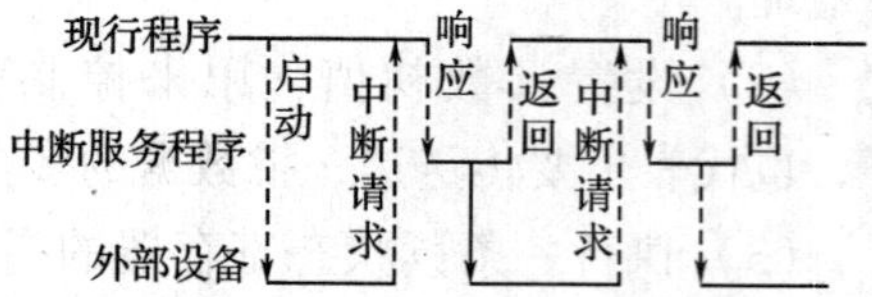

图 7.7　程序中断方式示意图

程序中断方式的作用归纳如下。

（1）实现主机和外设的并行工作。从程序中断方式的示意图可以看出，外设在作准备时，CPU返回现行程序执行，这一段时间CPU和外设的工作是并行的，从而消除了程序查询方式时的“踏步”现象。

（2）处理故障。计算机运行过程中，如果系统发生某些故障，机器中的中断系统会发出中断请求，CPU响应后会处理这些故障。

（3）实现多道程序和分时操作。现代计算机一般都能运行多道程序，多道程序间的切换需借助中断系统。例如，为每道程序分配一个固定的时间片，利用时钟定时发出中断的方法来进行程序切换。

（4）实时控制。实时控制中的实时指的是及时的意思。如在某个计算机过程控制系统中，对压力、温度等参数进行控制必须做到及时，否则温度过高或过低、压力过大或过小都可能给生产过程带来无法挽回的损失。由于这些参数值的变化是随机的，程序本身不能预见，因此必须采用程序中断技术。

（5）实现人机联系。例如，用户要通过键盘、鼠标等输入设备给计算机系统输入临时命令、回答计算机的询问、了解系统的运行情况等，这些都属于人机联系的内容，通常都采用中断的方法来实现。

7.4.2 I/O接口中的中断逻辑及中断驱动程序流程

1. I/O接口中的中断逻辑

图7.8说明了一个I/O接口中的中断逻辑电路。

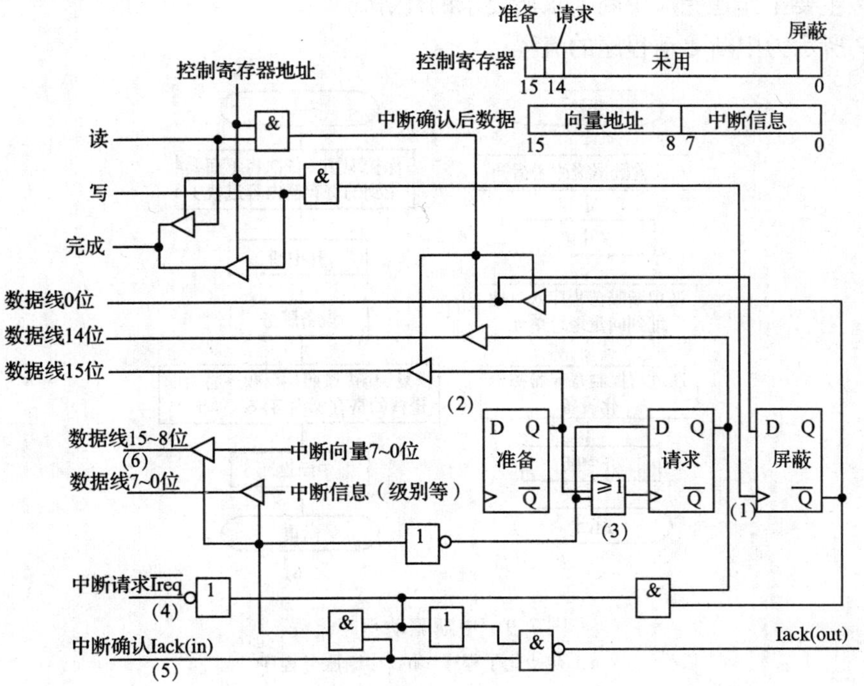

图7.8 I/O接口中的中断逻辑电路

这个图未画出向量地址形成电路、地址译码电路、数据传输电路及准备信号的设置部分电路，除了向量地址形成电路外，其他几部分同程序查询相似。

下面叙述 I/O 接口中的中断逻辑操作过程。

（1）首先设备驱动程序初始化接口中的控制寄存器，将中断服务程序入口地址送入中断向量地址单元，通过开中断置中断允许触发器为“1”，启动相应的外部设备作准备。然后 CPU 返回原程序继续执行。

（2）当外部设备准备好后，将准备触发器置“1”。

（3）由准备好信号将中断确认（此时为“0”）反相后的信号打入中断请求触发器，从而置“1”中断请求触发器。

（4）中断请求触发器的输出和中断允许触发器的输出相与后，向 CPU 发出中断请求 Ireq 信号。

（5）CPU 在每一条指令执行结束后，查询中断请求信号，若有中断请求，则发出中断响应 Iack 信号。

（6）中断响应信号经过中断判优电路传至指定接口和中断请求信号相与后，打开两个三态门，将中断向量地址及中断信息通过数据总线送 CPU。

（7）CPU 进入中断周期，执行中断隐指令（这部分电路图中未画出），将程序断点进栈、关中断、向量地址送 PC。

2. 中断驱动程序流程

中断方式驱动程序分为两部分。第一部分是一个初始化子程序，主要工作是通过设置控制寄存器初始化设备、初始化数据缓冲区、初始化完成标志，还要开中断。第二部分是中断服务程序，主要工作是完成中断请求所要求的任务。

图 7.9 所示为中断驱动程序的流程。

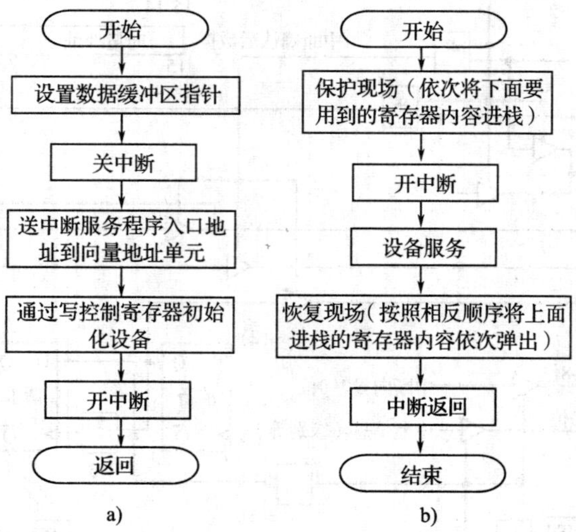

图 7.9　中断驱动程序流程
a）初始化子程序　b）中断服务程序

说明：此中断驱动程序流程图属于多重中断的流程，若是单重中断，将“开中断”移至恢复现场之后，中断返回之前即可。

7.4.3 中断请求和中断判优

1. 中断源与中断请求

中断源是指中断请求的来源，它是引起计算机中断的事件。通常，一台计算机有许多个中断源。从图 7.8 中可以看到，当中断请求触发器为“1”，并且中断屏蔽触发器为“0”时，该设备就可以发出中断请求信号给 CPU。

2. 中断优先级和判优方法

当多个中断源同时发出中断请求时，CPU 在任何时刻只能响应一个中断源的请求，这就要求对每个中断源安排一个优先级，并进行排队，按排队的结果进行响应。

确定中断优先级有一定的原则，通常在提出请求后必须立即处理，对于会造成严重后果的中断源给予最高的优先级；而对提出请求后允许延缓处理的中断源给予较低的优先级。

中断判优的方法有两种，一种是硬件判优，另一种是软件判优。

(1) 硬件判优电路。

采用硬件判优电路速度快，但与软件判优相比成本高。

硬件判优又分为两种，一种是将判优电路分散在各个接口中，每个接口中都设有一个非门和一个与门，如图 7.8 中“中断确认 Iack（in）”和“Iack（out）”信号所连接的电路所示，它们犹如链条一样串接起来。另一种排队器集中设在 CPU 内，如图 7.10 所示。

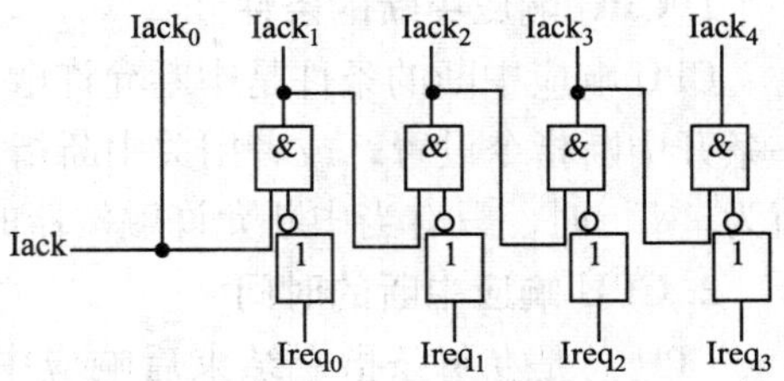

图 7.10 集中在 CPU 中的排队器

另外，在中断源较多的系统中，属于同一类的多个外部设备往往有同样的优先级，这样可以按优先级将设备分为多个组。将优先级相同的设备分在同一组，通过线或的方法共用一根请求线，不同优先级的组有不同的请求线。同样，中断确认信号如图 7.10，将同一组设备接口串接起来，如图 7.11 所示。

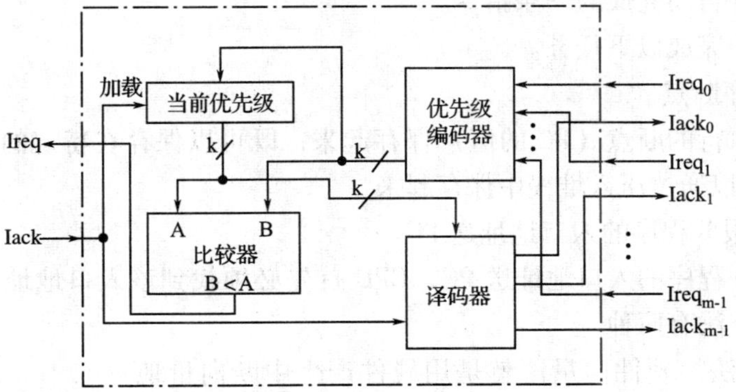

图 7.11 中断源分组请求排队

(2) 软件判优。

所谓软件判优是指用查询程序来实现判优的，如图 7.12 所示。查询程序按照中断源的优先级从高到低逐级进行查询，首先查到有请求的就可首先获得服务。

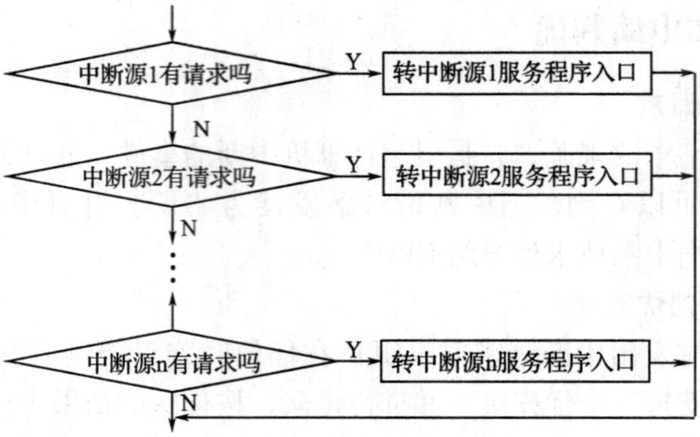

图 7.12　软件判优流程

7.4.4　中断响应

1. CPU 响应中断的条件

CPU 响应中断的条件是中断允许触发器为“1”。这个中断允许触发器可以由 CPU 执行一条开中断指令设置，或者用关中断指令清零。从图 7.8 中可以看到，当中断请求触发器的值为“1”时，只有当中断允许触发器的值也为“1”时，才能提出中断请求。

2. CPU 响应中断的时间

CPU 总是在每条指令结束后响应中断源的请求，当然每条指令的执行时间差别较大，简单指令需要的执行时间较短，而复杂指令却需要很长的执行时间，这样如果固定在每条指令的结束后响应中断，可能会对有些中断源因不能及时响应而出现差错。为了解决这个问题，可以在指令的执行过程中设置几个查询点来查询中断请求信号。

3. 中断周期

CPU 响应中断后，即进入中断周期。在中断周期内，CPU 通过执行一条中断隐指令自动完成一系列操作。所谓中断隐指令是指在机器指令系统中没有的一条指令，它是 CPU 在中断周期内由硬件自动完成的一条指令。

在中断周期中完成以下任务。

（1）保护程序断点。

将当前程序执行的断点（PC 的值）保存起来，既可以保存在特定的内存单元（例如 0 地址单元），也可以通过压入堆栈中保存起来。

（2）将中断服务程序的入口地址送 PC。

要将中断服务程序的入口地址送 PC，CPU 首先必须找到该入口地址。寻找中断服务程序的入口地址的方法有两种。

1）硬件向量法。硬件向量法就是用硬件产生中断向量地址，再由向量地址找到中断服务程序的入口地址。通常使用一个编码器电路来做向量地址形成部件。它的输入为排队器的输出，它的输出为相应中断源的向量地址，如图 7.13 所示。

图 7.13　向量地址形成部件

向量地址单元可以存放一条直接转入指定中断服务程序入口的无条件转移指令，这样只要将向量地址送 PC 就可以自动转入相应的中断服务程序，如图 7. 14 所示。向量地址单元也可以存放相应中断源服务程序的入口地址，这叫做向量地址表。CPU 可以通过将向量地址单元的内容送入 PC 的方法转入相应中断服务程序，如图 7. 15 所示。

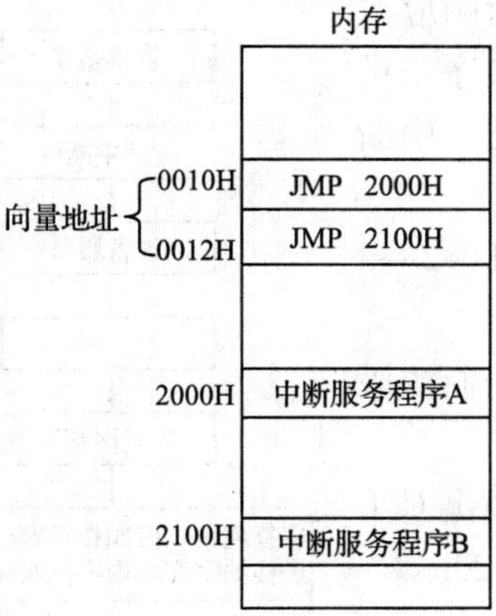

图 7. 14 通过向量地址寻址入口方式 1

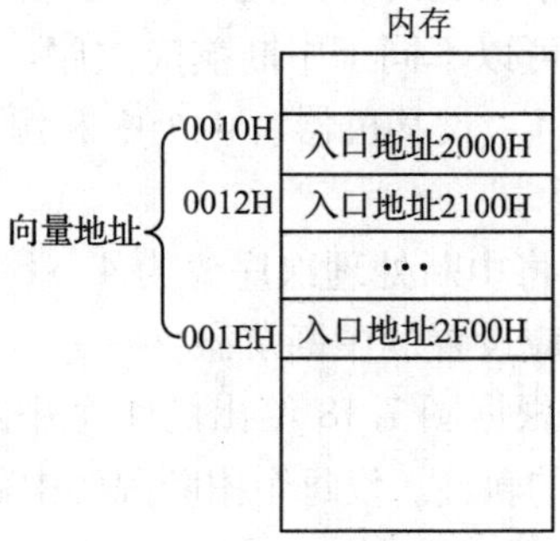

图 7. 15 通过向量地址寻址入口方式 2

2）软件查询法。软件查询法是通过执行软件来寻找中断服务程序入口地址并转入中断服务程序执行的方法，它的流程框图同图 7. 12。这种方法方便、灵活，硬件极简单，但效率比较低。

7. 4. 5 多重中断与中断屏蔽

1. 多重中断

当 CPU 正在执行一个中断源的中断服务程序时，又被另一个中断请求中断，这时 CPU 不得不暂停正在执行的中断服务程序，转至另一个中断服务程序去执行，这就叫多重中断，也称为中断嵌套，如图 7. 16 所示。多重中断通常只允许高优先级的中断源中断低优先级的中断服务程序，而不允许低优先级的中断源中断高优先级的中断服务程序。

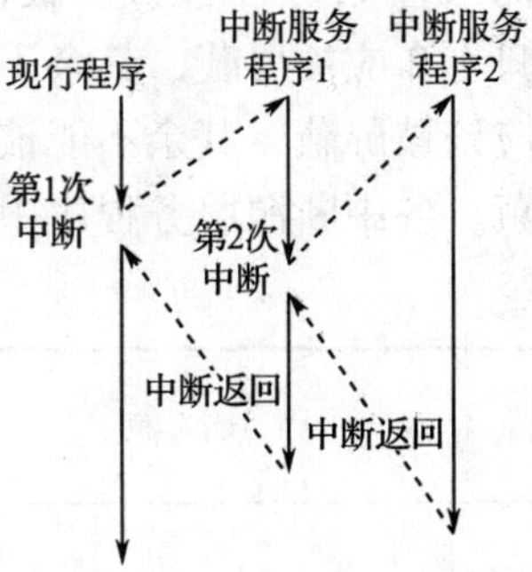

图 7. 16 多重中断

2. 中断屏蔽

在图 7. 8 中，有一个中断屏蔽触发器，当它的值为“1”时，中断请求触发器的信号会被屏蔽。如果将一台机器的所有外设的中断屏蔽触发器都组合在一起，就构成了一个中断屏蔽寄存器。屏蔽寄存器的内容称为屏蔽字。

屏蔽字与中断源的优先级别是一一对应的。如一个系统有 16 个中断源，则对每一个中断源都会分别赋予一个屏蔽字。如表 7. 1 所示，其中“0”表示对该级中断源不屏蔽，“1”表示对该级中断源屏蔽。

表 7. 1 中断源的屏蔽字

中断源的优先级	屏蔽字（16 位）
1	1111111111111111
2	0111111111111111
3	0011111111111111
⋮	⋮
15	0000000000000011
16	0000000000000001

从图 7. 17 中可以看出，在多重中断服务程序中，通过设置适当的屏蔽字，可以对不同级别的中

断源起到屏蔽作用。所说的适当，不仅仅限于设置表 7.1 中列出的屏蔽字，而且还可以根据需要通过修改屏蔽字达到改变中断优先次序的目的。所说的优先次序是指改变中断的处理次序。中断处理次序和中断响应次序是两个不同的概念，中断响应次序是由硬件排队电路决定的，无法改变，而中断处理次序是可以由屏蔽字改变的，因此可以把屏蔽字看成是软排队器。中断处理次序可以不同于中断响应次序。

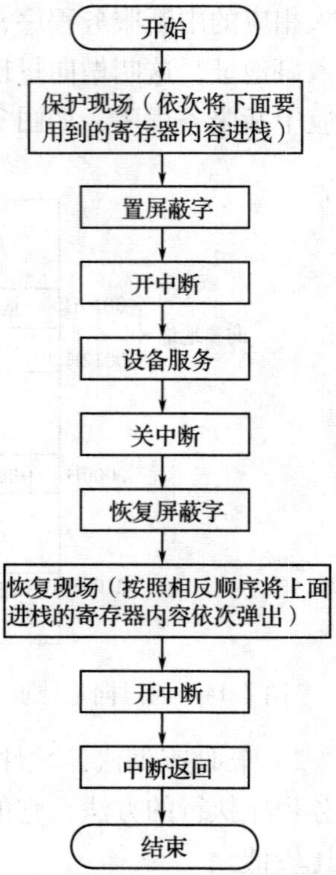

图 7.17　多重中断服务程序

例 7.1　设某机器有 4 个中断源，其响应优先级为 1→2→3→4。现要求：

（1）将中断处理次序改为 4→1→3→2，请写出各中断源服务程序中应设置的中断屏蔽字。

（2）根据图 7.18 给出的 4 个中断源的请求时刻，画出 CPU 执行程序的轨迹。设每个中断源的中断服务程序时间均为 20μs。

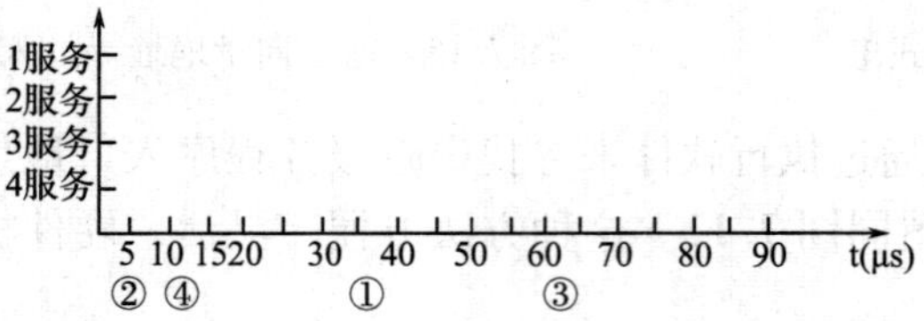

图 7.18　例 7.1 的中断源请求时刻图

解：（1）题目要求处理次序改为 4→1→3→2，那么对于中断服务程序 1 来讲，比 1 高的只有 4，4 不能被屏蔽，其余应被屏蔽；对于中断服务程序 2 来讲，其他 3 个都比 2 高，只有 2 应被屏蔽，其余不能被屏蔽；对于中断服务程序 3 来讲，只有 2 比 3 低，所以 2 和 3 应该被屏蔽，其余不能被屏蔽；对于中断服务程序 4 来讲，4 为最高，所以全部都应该被屏蔽。各中断源服务程序中应设置的中断屏蔽字如表 7.2 所示。

表 7.2　例 7.1 中断源的屏蔽字

中断源	屏蔽字（4 位）			
	1	2	3	4
1	1	1	1	0
2	0	1	0	0
3	0	1	1	0
4	1	1	1	1

（2）根据题目要求，CPU 执行程序的轨迹图如图 7.19 所示。

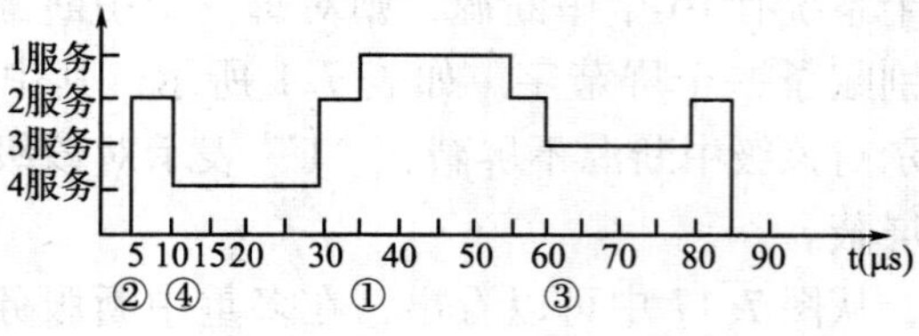

图 7.19　例 7.1CPU 执行程序轨迹图

在 5μs 时刻，只有②一个请求，所以 CPU 响应②的请求，执行②的中断服务程序。由于在②执行时，④未被屏蔽，所以在 10μs 时刻④的请求被响应，CPU 暂停②的执行，转去为④服务。直到30μs时刻中断服务程序④执行完成，返回到②继续执行到35μs时刻，中断源①发出请求。由于在②执行时，①未被屏蔽，所以在35μs时刻①的请求被响应，CPU暂停②的执行，转去为①服务。直到55μs时刻中断服务程序①执行完成，返回到②继续执行到60μs时刻，中断源③发出请求。由于在②执行时，③未被屏蔽，所以在60μs时刻③的请求被响应，CPU暂停②的执行，转去为③服务。直到80μs时刻中断服务程序③执行完成，返回到②继续执行到85μs时刻，完成中断服务程序②的执行，返回到CPU。

7.5 DMA方式

DMA即直接内存访问。它是一种完全由硬件执行I/O设备与主存储器间数据交换的工作方式。这种方式一般用于高速I/O设备与主存储器间的成组数据传送。

7.5.1 DMA接口组成

利用DMA方式传送数据时，数据的传送过程完全由DMA接口电路控制，故DMA接口又称为DMA控制器，如图7.20所示。

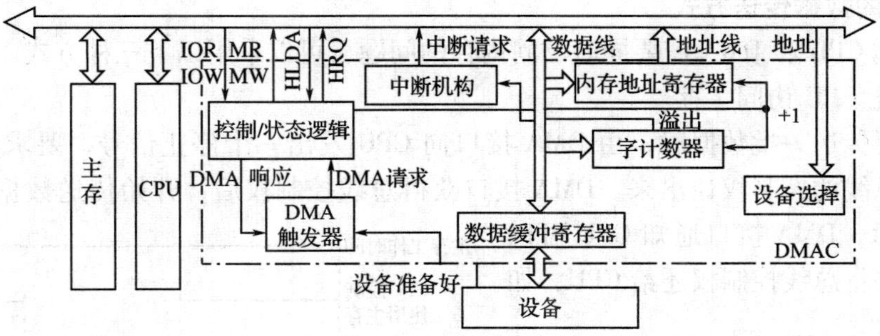

图7.20 DMA接口框图

从图7.20中可以看出，DMA接口主要由以下几个部分组成。

(1) 主存地址寄存器。

主存地址寄存器用于指示要交换数据的内存地址。在DMA传送前，通过程序将要交换数据的内存数据缓冲区首地址存入该寄存器。在数据传送时，每交换一个数据，将该地址寄存器的内容加1，以便指向下一个要交换的数据。

(2) 字计数器。

字计数器用于记录要传送数据块的长度，即字数。在DMA传送前，通过程序将要传送的字数以负数补码的形式存入该计数器。在数据传送时，每交换一个数据，同样将该计数器的内容加1，当计数器溢出（全0）时，向中断机构发出数据传送完成的信号。

(3) 中断机构。

中断机构接收字计数器的溢出信号，通过中断向CPU报告DMA传送的一组数据交换完毕。CPU响应此中断信号后，暂停正在执行的程序，转入服务程序做一些DMA的结束处理工作。

(4) 数据缓冲寄存器。

数据缓冲寄存器用于暂存每次传送时的一个数据字。

（5）DMA 请求触发器。

DMA 请求触发器接收设备发来的“设备准备好”信号，向“控制/状态逻辑”发“DMA 请求”信号，再由控制/状态逻辑向 CPU 发出总线使用权的请求信号 HRQ。CPU 响应后发回确认信号 HLDA，再由这个信号复位 DMA 请求触发器，为下一个字的交换作准备。

（6）控制/状态逻辑。

控制/状态逻辑接收 DMA 请求触发器发来的 DMA 请求信号，向 CPU 发出总线使用权的请求信号 HRQ，并接收 CPU 发回的总线使用权的响应信号 HLDA，复位 DMA 请求触发器，对 DMA 请求信号和 CPU 响应信号进行协调和同步；用于控制传送参数的修改（内存地址及字计数）等。

7.5.2 DMA 的数据传送方式与传送过程

DMA 的使用，进一步减轻了 CPU 在输入/输出管理上的负担，提高了外设与 CPU 的并行工作的程度。但 CPU 工作需要访问内存，DMA 工作也需要访问内存，怎样协调好两者访问内存的关系呢？这是本节要介绍的内容。另外本节还要介绍 DMA 在工作时的数据传送过程。

1. DMA 的数据传送方式

为了协调 CPU 和 DMA 需要同时访问内存的问题，可以采用以下三种方式。

（1）停止 CPU 访问主存。

当外设要传送一批数据时，由 DMA 接口向 CPU 发出一个停止信号，要求 CPU 停止使用主存，把总线的控制权让出来。DMA 接口获得总线控制权后，开始传送数据，当一批数据传送完毕后，DMA 接口通知 CPU 可以使用主存，并将总线控制权还给 CPU，如图 7.21a 所示。

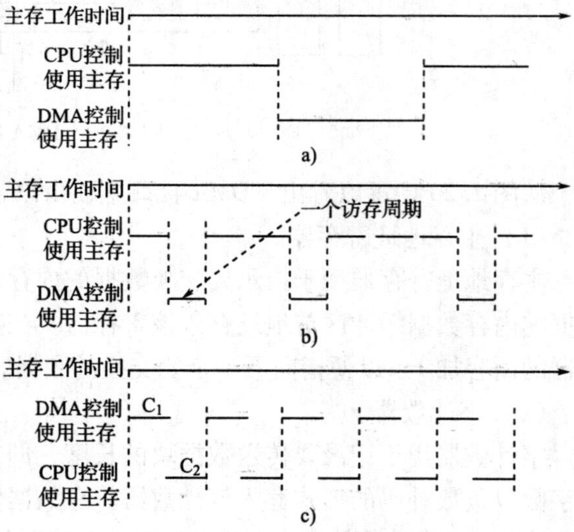

图 7.21　DMA 的数据传送方式
a）停止 CPU 访问主存　b）周期挪用
c）DMA 和 CPU 交替访问主存

优点：控制简单，适用于数据传输速率很高的输入/输出设备进行数据的成组传送。

缺点：在 DMA 传送期间，CPU 基本处于不工作状态或保持原状态，降低了 CPU 与外设的并行性，也降低了内存的使用率。通常外设在两次数据传送之间的时间间隔远远大于主存的存取周期，如软盘读一个字节数据需 32μs 左右，而半导体存储器的存取周期小于0.2μs。这样在 DMA 传送数据期间，主存有大量的空闲不能被 CPU 利用。

（2）周期挪用。

当外设有 DMA 请求时，CPU 让出一个主存周期的总线控制权（这叫周期挪用或周期窃取），外设获得总线控制权后和主存交换一个字的数据，然后将总线控制权交回 CPU，CPU 可继续访问主存，如图 7.21b 所示。

优点：提高了 CPU 与外设的并行性，提高了主存的利用率。

缺点：DMA 接口每一次周期挪用都要经过申请总线控制权、建立总线控制权和归还总线控制权的过程，这个过程一般耗时 2～5 个主存周期。

（3）DMA 与 CPU 交替访问主存。

这种方式将一个 CPU 周期分为 C_1 和 C_2 两个分周期，在 C_1 分周期内 DMA 访问主存，在 C_2 分周期内 CPU 访问主存，DMA 和 CPU 在各自不同的时间段访问主存，互不干扰，如图 7.21c 所示。由于这种 DMA 传送对 CPU 来说，如同透明的玻璃一样，没有任何影响或感觉，故又称为“透明 DMA”方式。采用这种方式的基础是一个 CPU 周期至少是一个访存周期的两倍长。

优点：不需要总线控制权的申请、建立和归还过程，只需用 C_1 和 C_2 控制一个多路转换器，使总线的控制权在 DMA 和 CPU 之间切换，而这种切换几乎不需要什么时间，使 DMA 传送和 CPU 同时发挥最高效率，进一步提高了系统的并行性。

缺点：需要增加相应的硬件逻辑。

2. DMA 的数据传送过程

DMA 的数据传送过程分为三个阶段：预处理（初始化）、数据传送及后处理，如图 7.22a 所示。

（1）预处理。

在 DMA 传送数据前，CPU 通过执行几条输入/输出指令完成以下初始化工作。

1）向 DMA 控制逻辑发送读/写（IOR/IOW）控制信号，以指明数据传送的方向。

2）向 DMA 设备地址寄存器发送设备地址，启动指定的设备。

3）向 DMA 主存地址寄存器发送需传送数据的主存缓冲区起始地址。

4）向 DMA 字计数器发送需传送的字数。

（2）数据传送。

DMA 传送数据是以数据块为单位的，现以周期挪用方式为例，讲述 DMA 数据传送的过程，如图 7.22b 所示。

若为输入数据，数据传送过程如下。

1）当输入设备准备好后，将一个字或一个字节送到 DMA 数据缓冲寄存器，对于字节数据还需要组装成一个字。同时设备向 DMA 请求触发器发出 DMA 请求信号。

2）“控制/状态逻辑”接收到 DMA 请求信号后，向 CPU 发出总线控制权的请求信号（HRQ）。

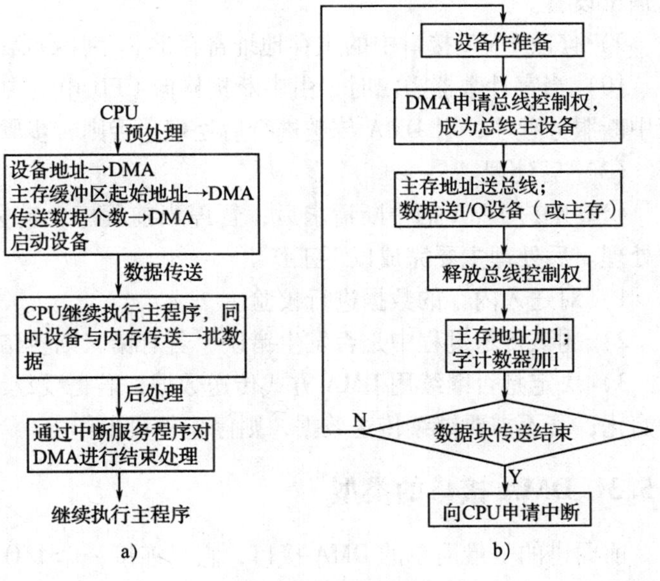

图 7.22　数据传送过程

a）DMA 传送的三个阶段　b）DMA 的数据传送阶段

3）CPU 发回总线控制权的确认信号 HLDA，将总线控制权交给 DMA 接口，DMA 接口成为总线主设备。

4）“控制/状态逻辑”通过 DMA 响应信号将 DMA 请求触发器复位。

5）将 DMA 接口中数据缓冲寄存器的内容送数据总线。

6）将 DMA 接口中主存地址寄存器的内容送地址总线，发存储器写命令，将数据写入主存。

7）放弃总线的控制权，以便 CPU 或其他的 DMA 接口控制总线。

8）修改 DMA 接口中的主存地址寄存器和字计数器的值（加 1）。

9）当字计数器溢出时，由中断机构向 CPU 申请中断，表示数据传送结束，由 CPU 执行中断服务程序，对 DMA 传送进行后处理；否则转步骤 1）循环执行。

若为输出数据，操作如下。

1）当输出设备从 DMA 数据缓冲寄存器取走数据后，表示数据缓冲寄存器空，设备向 DMA 请求触发器发出 DMA 请求信号。

2）“控制/状态逻辑”接收到 DMA 请求信号后，向 CPU 发出总线控制权的请求信号（HRQ）。

3）CPU 发回总线控制权的确认信号 HLDA，将总线控制权交给 DMA 接口，DMA 接口成为总线主设备。

4）“控制/状态逻辑”通过 DMA 响应信号将 DMA 请求触发器复位。

5）将 DMA 接口中主存地址寄存器的内容送地址总线，发存储器读命令。

6）主存将相应地址单元的数据通过数据线送 DMA 数据缓冲寄存器。

7）放弃总线的控制权，以便 CPU 或其他的 DMA 接口控制总线。

8）将 DMA 数据缓冲寄存器的内容送设备，若为字符设备，还需将字数据拆成字节后送输出设备。

9）修改 DMA 接口中的主存地址寄存器和字计数器的值（加 1）。

10）当字计数器溢出时，由中断机构向 CPU 申请中断，表示数据传送结束，由 CPU 执行中断服务程序，对 DMA 传送进行后处理；否则转步骤 1）循环执行。

（3）后处理。

CPU 响应 DMA 的中断请求后，暂停当前程序，转去执行中断服务程序，进行 DMA 的后处理。后处理主要完成以下工作。

1）对送入内存的数据进行校验。

2）测试传送过程中是否发生错误，若有错，则转错误诊断和处理程序进行处理。

3）决定是否继续用 DMA 方式传送数据，若需要继续传送数据，则要继续对 DMA 进行初始化；若不需要继续传送数据，则停止外设工作。

7.5.3 DMA 接口的类型

前面讲的是最简单的 DMA 接口，它只连接一个 I/O 设备，而实际中经常使用的是可以连接多个 I/O 设备的 DMA 接口，这种 DMA 接口已经被做成集成电路芯片。

1. 选择型 DMA 接口

选择型 DMA 接口在物理上与多个设备相连，但在逻辑上只允许连接一个设备。也就是说，同一时间段内只能为一个设备服务，不同的设备在不同的时间段获得服务，如图 7.23 所示。

选择型 DMA 接口与前面讲的简单 DMA 接口相比，增加了一个设备地址寄存器，并要求在预处理阶段将 I/O 指令所指定的设备号送入 DMA 接口中的设备地址寄存器，以便选择指定的设备。一旦选定了设备，DMA 接口就在一段时间内只传送这个设备的数据块，等到传送完毕，才能再根据 I/O 指令指定的设备号选择下一个设备。

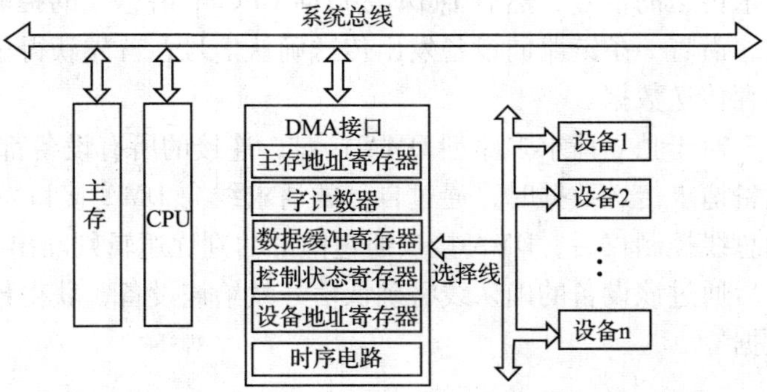

图 7.23 选择型 DMA 接口

选择型 DMA 接口特别适用于数据传输速率很高的设备。

2. 多路型 DMA 接口

多路型 DMA 接口在物理上与多个设备相连，在逻辑上同样与多个设备相连。也就是说，在同一时间段内可以同时为多个设备服务。这种接口适合于同时为多个慢速设备服务。

多路型 DMA 接口采用字节交叉方式为多个设备服务。为了能同时为多个设备服务，在多路型 DMA 接口中为每个连接的设备设置了一套寄存器，分别存放各自的传送参数。图 7.24a是链式多路型 DMA 接口，7.24b 是独立请求多路型 DMA 接口。

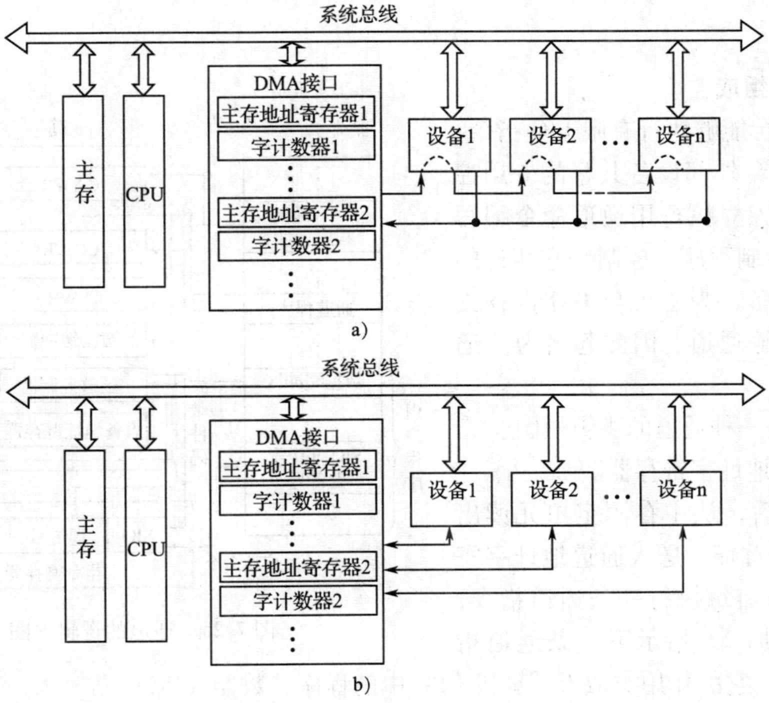

图 7.24 多路型 DMA 接口

a）链式多路型 DMA 接口 b）独立请求多路型 DMA 接口

对于链式多路型DMA接口，连接的所有设备通过一条公用的请求线向DMA接口发出请求传送的信号，然后DMA接口向CPU申请总线的控制权。当DMA接口获得总线控制权后，沿着一条链路向设备发出传送确认信号，首先获得传送确认信号且有请求的设备即可与内存传送数据。

对于独立请求多路型DMA接口，连接的所有设备都有自己独立的请求线和响应线。当设备请求传送数据时，通过自己的请求线向DMA接口发送请求。当DMA接口向CPU申请到总线控制权后，DMA接口通过内部的判优逻辑判断出当前所有请求中优先级最高的设备，然后通过该设备的确认线将确认信号发给该设备，获得传送确认信号的设备即可与内存传送数据。

7.6 通道与IOP

在大、中型计算机中，外设配置多，数据交换频繁，如仍采用DMA方式处理高速外设的输入/输出，则会明显存在下述问题。

（1）DMA方式的预处理和后处理都要由CPU执行程序来完成，再加上频繁的周期挪用，会使CPU的效率大打折扣。

（2）外设众多，需要配置许多DMA接口，一方面会增加硬件，另一方面会使控制复杂。

为了解决以上问题，通常在大、中型计算机中使用通道和I/O处理机来管理输入/输出。

7.6.1 通道

1. 通道的组成

通道是一台能够执行有限I/O指令，并且能够被多台外部设备共享的专用控制器。它能够独立执行用通道命令编写的输入/输出控制程序，控制与它相连的多种不同的设备，为主机与I/O设备提供一种数据传输通道，因此起名为“通道”。

图7.25是一种通道的逻辑框图。

（1）通道地址字寄存器。

启动通道后，从主存固定单元读出CAW通道程序首址，送入通道地址字寄存器（CAWR）。每执行一条通道指令，CAWR的内容加2，指示下一条通道指令所在的地址，它的作用类似于计算机CPU中的程序计数器（PC）。

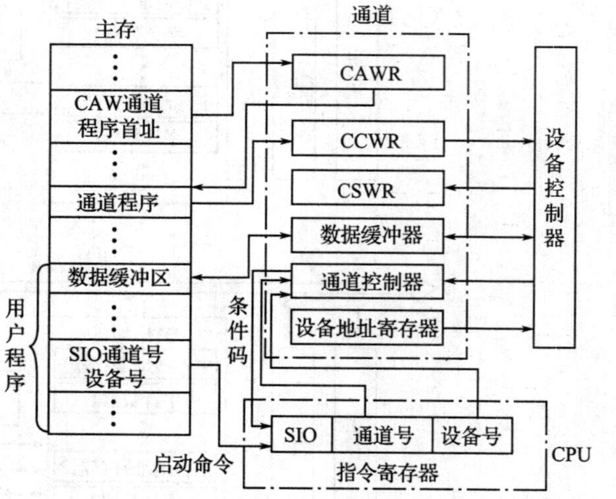

图7.25　通道的逻辑框图

（2）通道指令字寄存器。

从主存中读出的通道指令送入通道指令字寄存器（CCWR），由此向设备控制器发出控制信号，它的作用类似于计算机CPU中的指令寄存器（IR）。

（3）通道状态字寄存器。

通道状态字寄存器（CSWR）用来存放通道及设备的状态信息，供 CPU 指令查询。

（4）数据缓冲器。

数据缓冲器用于暂存每次传送的数据。通常通道与主存间采用字传送，而通道与设备间可能是字节或位传送。因此，通道的数据缓冲器还应有数据组装和拆分的功能。

（5）通道控制器。

通道控制器相当于一个专门执行通道指令的小型处理机。

（6）设备地址寄存器。

设备地址寄存器用于接收 CPU 的 I/O 指令送来的设备号，经总线送至设备控制器，用于选择指定的设备。

（7）时序系统。

时序系统用于 I/O 操作中有关的时序控制。

2. 通道的工作过程

在编制通道程序时，必须将通道程序的首地址写入主存某固定单元（IBM4300 为 77 号单元）。

当 CPU 执行 SIO 指令启动指定的通道后，该通道从主存 77 号单元取出通道程序首地址送入通道地址字寄存器，并将 SIO 指令中的设备号送入设备地址寄存器，然后通道通过总线将设备号送到设备控制器，用于选中指定的设备。当设备启动成功后，通道按照 CAWR 所指的地址从主存中取出一条通道指令，送入通道指令字寄存器，CAWR 的内容加 2，以便指向下一条通道指令。然后通道控制器对 CCWR 中的命令码进行译码，产生相应的控制信号，以控制设备与主存间的数据传送。当一条通道指令执行完后，通道按 CAWR 的内容取出下一条通道指令，继续执行下去。

通道程序执行完成后，一方面通道向设备发出结束命令，另一方面向 CPU 发出中断请求，并将通道状态字（CSW）写入主存某固定单元，以便中断服务程序分析，做结束处理。

3. 通道的功能和分类

用通道方式组织 I/O 系统，通常使用主机—通道—设备控制器—I/O 设备四级连接方式。一个主机可以连接多个通道，一个通道可以连接多个设备控制器，一个设备控制器可以连接多台不同种类的 I/O 设备。这种 I/O 系统，增强了主机与通道操作的并行能力及各通道间、同一通道各设备间的并行操作能力，同时也提高了外设增减的灵活性。

一般来讲，通道应具有以下功能。

（1）根据 CPU 的要求，选择某一外设与系统相连，并向该外设发送操作命令。

（2）指出外设读写信息的位置，同时指出与外设交换信息的主存缓冲区地址。

（3）控制外设与主存间的数据交换，不但提供数据缓冲，还要完成数据交换时的组装与拆分。

（4）指定数据传送结束的操作内容，并检查外设的状态（良好或故障）。

通道具有与 DMA 相类似的硬件结构，但通道与 DMA 有着重要的区别。

（1）DMA 是借助硬件完成数据交换的，而通道是通过执行通道程序来完成数据交换的。

（2）一台外设有一个 DMA 控制器，若一个 DMA 控制器连接多台同类外设，则它们只能串行工作。而一个通道可连接多台不同类型的外设，它们可在通道控制下同时工作。

(3) 采用 DMA 传送数据时要由 CPU 进行初始化，而通道代替 CPU 控制外设，CPU 仅通过 I/O 指令启动通道，通道本身可进行各外设的初始化。

根据多台设备共享通道的不同情况，可将通道分为三类：字节多路通道、选择通道和数据多路通道。IBM4300 系统 I/O 结构，如图 7.26 所示。

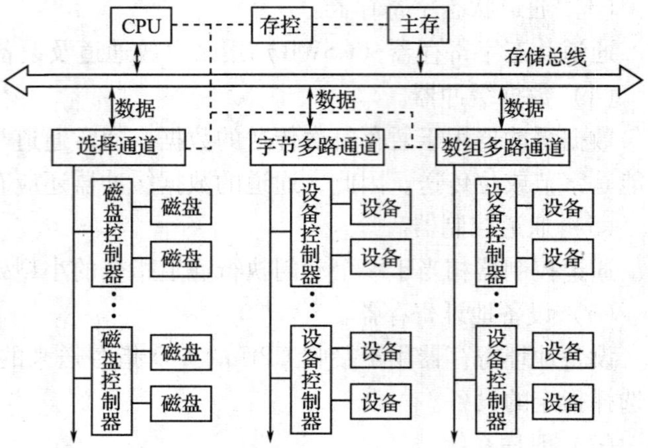

图 7.26　IBM4300 系统 I/O 结构

(1) 字节多路通道。

连接控制多台慢速外设，以字节方式交叉传送数据的通道称为字节多路通道（Byte Multiplexer Channel）。这种通道是一种简单的共享通道，可以依靠通道与 CPU 之间的高速数据通路分时地为多台设备服务。

在字节多路通道中，一个通道包含有多个子通道，每个子通道连接一个设备控制器，一个设备控制器可连接多台设备，设备采用字节交叉模式分时交替地使用通道进行数据传送。

通道在单位时间内传送的位数或字节数叫做通道的数据传输率或流量，它标志着计算机系统的吞吐量及通道对外设的控制能力和效率。在单位时间内允许传送的最大字节数或位数叫做通道的最大数据传输率或通道极限流量。

(2) 选择通道。

在数据传送期间，只能控制一台高速外设以成组方式传送数据，而在不同的时间段可以选择不同设备的通道称为选择通道（Select Channel）。选择通道只有一套完整的硬件，以独占的方式工作，逐个轮流地为物理上连接的几台高速外设服务。

(3) 数组多路通道。

数组多路通道（Block Multiplexer Channel）是把字节多路通道和选择通道的特点结合起来的一种通道。它既可以执行多路通道程序，像字节多路通道那样，所有子通道分时共享总通道，又可以像选择通道那样成组地传送数据。它既具有多路并行操作的能力，又具有很高的数据传输率。因此它是一种能连接控制多台高速外设以成组交叉方式传送数据的通道。

4. 通道指令

在采用通道结构的系统中，与输入/输出有关的指令如下。

(1) CPU 执行的 I/O 指令。

这种 I/O 指令不直接控制具体的 I/O 操作，只负责启动、停止、查询通道和外设，控制通道完成 I/O 操作。例如，IBM4300 机有 8 种 I/O 指令，即 SIO 启动 I/O、SIOF 启动 I/O 并快速释放、TCH 查询通道、TIO 查询 I/O、HDV 停止设备、HID 停止 I/O、CLRIO 清除 I/O、STDIDC 存通道标志。

(2) 通道执行的通道指令。

通道指令也称为通道控制字（CCW），用它编写完成具体 I/O 操作的通道程序，由通道解释执行。例如，IBM4300 的通道指令包括 4 个字段，即命令字段（读、反读、写、控制命令、通道转移、取状态字等）、数据地址字段、计数值字段和特征位字段。

7.6.2 IOP 与外围处理机

通道结构的进一步发展，出现了两种计算机 I/O 系统结构。一种是通道结构的 IO 处理机（IOP），另一种是基本上独立于主机工作的外围处理机（PPU）。

1. IO 处理机

IOP 是通道的进一步发展，与传统意义上的通道相比，IOP 更通用、功能更强、指令系统更丰富；IOP 的结构接近常规 CPU，它可以有局部存储器，独立性更强；除了能够完成传统通道的输入/输出功能外，还能做较复杂的预处理，如格式转换、码制转换、错误检测与纠错、字节与字的装配与拆分等。

Intel 80386 CPU 有一个配套的 IOP——Intel 8089，用以承担 CPU 的 I/O 处理、控制和实现高速数据传送任务。它的主要功能是预置和管理外设及支持通常的 DMA 操作，还可实现数据的变换、装配与拆分等功能，如图 7.27 所示。

Intel 8089 有两个 I/O 通道，这两个通道提供了两个 I/O 数据通路，它不同于上节所讲的通道概念，它们可独立地编程和工作，同时共享公共的控制逻辑和 ALU。每个通道都有一套相同的寄存器，每套寄存器根据其长度可分为两组。指示器组由长度为 20 位的寄存器组成（GA、GB、GC、TP 和 PP），寄存器组由 16 位的寄存器组成（IX、BC、MC 和 CC）。每一个通道都能独立执行指令，控制 DMA 传送，对系统存储器的寻址能力为 1MB，对 I/O 寻址能力为 64KB。

总线控制和仲裁线路是与系统总线或局部总线的接口，它和多总线系统兼容。

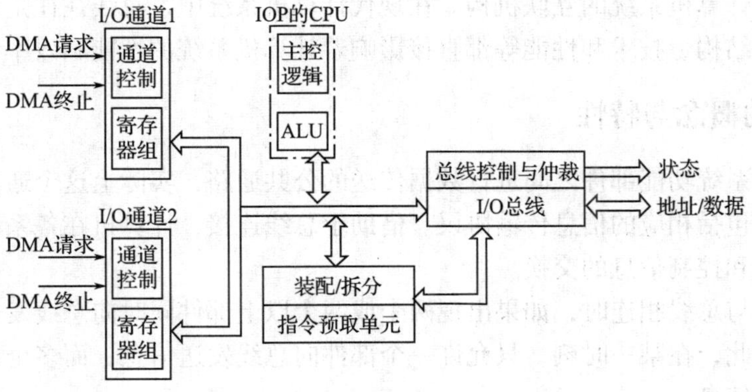

图 7.27 8089 IOP 的基本结构框图

8089 IOP 与系统的连接方式分为本地方式和远程方式。

在本地方式中，8089 IOP 与主机共享系统总线和主存。主机 CPU 是系统总线的主控者，当 8089 IOP 需要使用总线访问主存或 I/O 接口时，必须向主 CPU 提出申请，由主 CPU 裁决。主机 CPU 和 IOP 之间的通信原则上是通过共享主存储器来实现的，主机 CPU 将通道程序放入 8089 使用的存储器空间，并由硬件产生一个通道注意信号，使 8089 执行该程序。当 CPU 与 8089 IOP 间需要交换数据时，也是通过共享主存来实现的。CPU 可以在必要时终止或重新启动通道程序的执行。

在远程方式中，8089 IOP 与主 CPU 之间的通信仍通过共享主存来实现。但 IOP 有自己的局部总线和局部存储器，它的程序存在自己的局部存储器中，通过自己的局部总线读取

IOP 程序或访问 I/O 设备。仅当需要与共享主存交换数据时，IOP 才使用系统总线。因此，降低了使用系统总线的冲突，提高了系统的并行性。

2. 外围处理机

外围处理机应用于大型计算机系统中，它的结构更接近于一般的处理机，有时干脆就采用一般的通用机。它有较丰富的指令系统，功能更强，有利于简化设备控制器，甚至还可以承担起诊断、检错纠错、系统工作状态显示、改善人机界面的功能。

外围处理机基本上是独立于主机异步工作的，它可以与主 CPU 共享主存，也可以不共享主存。

CDC—CYBER、ASC、B6700 等都是与主 CPU 共享主存的，这些外围处理机的局部存储器容量很小，需要执行的程序通常放在主存中与其他外围处理器共享，只有当需要时才通过加载或更换覆盖等方式把程序从主存调入外围处理机的局部存储器中。在这种共享主存的方式中，B6700 的各外围处理机具有独立的运算部件与主存相连，而 CDC—CYBER、ASC 的各外围处理机则合用同一运算部件和指令处理部件，并通过公用部件与主存相连。这可以降低外围处理机子系统的造价，但控制较复杂。

STAR—100 不与主 CPU 共享主存，各外围处理机独立性更强，但却需要很大的局部存储器容量。

7.7 系统总线

总线是构成计算机系统的互联机构。在现代计算机系统中，总线往往是计算机数据交换的中心，总线的结构、技术和性能等都直接影响着计算机系统的性能和效率。

7.7.1 总线的概念与特性

总线是多个系统功能部件之间进行数据传送的公共通路，实际上这个通路不但包括许多根传输线，而且包括相应的信息传输协议。借助于总线连接，计算机在各系统功能部件之间实现地址、数据和控制信息的交换。

当多个部件与总线相连时，如果出现两个或两个以上部件同时向总线发送信息，势必导致信号冲突。因此，在某一时刻，只允许一个部件向总线发送信息，而多个部件可以同时从总线接收相同的信息。

归纳起来，总线有以下特性。

(1) 物理特性。

总线的物理特性指总线的物理连接方式，包括总线的根数，总线的插头、插座的大小和形状，引脚线的排列方式等。

(2) 功能特性。

总线的功能特性指总线中每根线的功能。按总线的功能特性可以将总线分成 4 组，即地址线、数据线、控制线和电源线。

1) 地址线。地址线常被称为地址总线，地址总线是单向的，用于传送地址信号，以指定存储器单元的地址或外设接口的端口地址。地址总线一般有 16 位、20 位、24 位、32 位等几种宽度标准，地址线的根数反映了计算机的寻址能力，例如，32 位地址线的计算机，

它的寻址范围是 $2^{32}=4G$。

2）数据线。数据线常被称为数据总线，数据总线是双向的，用于在计算机的各部件之间传送数据信号。通常用数据总线的宽度来表示总线的宽度。数据总线的宽度一般有 8 位、16 位、32 位、64 位等。

3）控制线。控制线常被称为控制总线，通常控制总线的每一根是单向的，用它来传送控制/状态信息。

4）电源线。电源线通常包括逻辑电源线、逻辑电源地线、辅助电源线、辅助电源地线等。

（3）电气特性。

总线电气特性是指总线的每一根线上传输信号的方向和有效电平范围。通常，方向的规定是相对于 CPU 来讲的，送入 CPU 的信号为输入信号，从 CPU 送出的信号为输出信号。例如，地址线是输出线，数据线是双向传输线，控制线中的每一根都是单向的，但有的是输入线，有的是输出线。总线的电平通常都符合 TTL 的电平定义。

（4）时间特性。

总线的时间特性定义了总线上每根线在什么时间有效。只有规定好总线上各信号的时序关系，计算机系统才能正常运行。

7.7.2 总线的分类

对于总线，可以从不同的角度进行分类。

1. 按总线承担的任务分类

按总线承担的任务可以分为内部总线和外部总线。

内部总线是指计算机系统内部各功能部件间的总线，通常指连接 CPU、主存、I/O 接口等部件的总线。内总线按其结构又可分为单总线结构和多总线结构（包括二总线结构、三总线结构及四总线结构等）。对于多总线结构，通常又有系统总线、存储器总线、I/O 总线之分。内部总线连接距离短，传输速度快。

外部总线是指多台计算机系统之间或计算机系统和一些智能设备间的连接总线。外部总线一般传输距离较远，传输速度较慢。例如 RS-232 总线、IEEE 488 总线等。

2. 按总线所处的物理位置分类

按总线所处的物理位置可以分为（芯）片内总线、功能模块（板）内总线、功能模块（板）间总线和外部总线。

（芯）片内总线指的是集成电路芯片内部各部件之间的总线，例如 CPU 芯片内部寄存器之间、ALU、控制单元等之间的总线。

功能模块（板）内总线是指插件板内各芯片之间的总线，又称片级总线。例如显示适配卡、多功能卡等插件板内各芯片之间的总线。

功能模块（板）间总线是指计算机系统内各功能部件（CPU、主存、I/O 接口）之间的总线，也称为系统总线。例如微机总线 ISA、PCI 等总线。

外部总线前面已讲过。

3. 按总线一次传送数据的位数分类

按总线一次传送数据的位数可以分为串行总线和并行总线。

串行总线一次传送一位数据，一个字节或一个字的数据需要逐位多次传输才能完成。串行总线又分为单工传输、半双工传输和双工传输。单工传输和半双工传输只需一根数据线，单工传输只能在一个方向上传输，半双工传输同一时刻在一个方向上传输，不同时间可以在两个方向上传输。而双工传输需要两根数据线，可以同时在两个方向上传输。串行总线传输速度慢，适合于远距离传送。

并行总线一次传送多位数据，通常为一个字节或一个字。这样就需要在并行总线中设置多根数据线。并行总线传输速度快，适合于近距离传送。

4. 按总线的控制方式分类

按总线的控制方式可以分为同步总线和异步总线。

同步总线在传送数据时，严格按照时钟进行同步，在什么时刻做什么操作都是事先规定好的。

异步总线在传送数据时，没有固定的时钟周期同步，而是采用应答方式进行通信，操作时间长度根据需要变化。

7.7.3 总线的性能指标与总线标准

1. 总线的性能指标

总线的性能指标主要包括以下几个方面。

（1）总线宽度。

总线宽度指总线中数据线的位数，即数据信号线的根数。人们常说的 32 位总线、64 位总线就是指数据信号线的根数，而不是总线所有线的根数。数据线的宽度是决定系统性能的关键因素。总线的宽度越大，每秒的数据传输速率就越大，即总线的带宽越高。

（2）总线时钟频率。

总线时钟频率指总线同步工作时的时钟脉冲频率，以 MHz 为单位。总线的时钟频率越高，总线的数据传输速率就越大，即总线的带宽越高。

（3）总线带宽。

总线带宽指单位时间内总线能传输的最大数据量。通常以 MB/s 来表示。通常总线带宽的大小是由总线宽度和总线时钟频率两个因素决定的。

（4）总线数据传输频率。

由于总线技术的发展，在一个时钟周期内，往往可以多次传输数据，甚至在内存总线中，出现了多通道传输的结构，这样就使得总线数据传输频率和总线时钟频率的不一致。在 Pentium Ⅲ以前的微机中，总线数据传输频率和总线时钟频率是一致的。总线数据传输频率有时也称为总线频率，以 MHz 或 GHz 为单位。

（5）总线负载能力。

总线负载能力指总线上能连接模块的最大数量。是否超出负载能力的大小通常看接上负载后，输入/输出逻辑电平是否能保持在正常范围内。

2. 总线标准

总线的标准实际上是由它的物理规范、功能规范、电气规范和时序规范所确定的。有了总线标准可以为计算机接口的软硬件设计提供方便。对硬件设计而言，可以使各模块接口芯片的设计相对独立；对软件设计而言，更有利于接口软件的模块化设计。计算机厂商在设计计算机时要遵守总线标准，设备厂商和插件厂商在生产各种插件及配套设备时也要遵守总线标准，用户在组装计算机系统时还要按照总线标准来选购所需的组件。

总线标准的制定通常有两种途径，一种途径是由权威性的标准化组织制定并推荐使用的，这些标准化组织包括国际标准化组织（ISO）、电气电子工程师协会（IEEE）、美国国家标准协会（ANSI）等。另一种途径是由某个或某几个在业界具有很大影响力的设备制造商提出，又被业内其他厂家认可并被广泛使用的标准，这种标准称为事实标准。

常用的标准如下。

（1）ISA 总线。

1981 年，第一台 IBM PC 中引入了 8 位的 XT 总线，以后这种总线被扩充为 16 位，并且成为一种工业标准结构总线（Industrial Standard Architecture，ISA），这种总线又称为 AT 总线，它使用独立于 CPU 的总线时钟。ISA 总线的时钟频率为 8MHz，最大数据传输率为 16MB/s，地址线为 24 位，数据线为 16 位。实际上，在采用 80386CPU 以上的 32 位微机系统中，仍采用 ISA 总线作为外围总线。

（2）EISA 总线。

EISA（Extended Industrial Standard Architecture，扩展工业标准总线）是 ISA 总线的扩展，是与 ISA 总线完全向上兼容的扩展总线。EISA 总线支持多个总线控制器，增加了突发式传送（Burst transfer），是一种支持多处理器的高性能的 32 位标准总线。EISA 的总线时钟频率为 8MHz，最大传输速率为 33MB/s，地址总线为 32 位，数据总线为 32 位。

（3）VESA（VL-BUS）总线。

1992 年 5 月，视频电子标准委员会（Video Electronic Standard Association，VESA）制定了 VESA（VL-BUS，Local BUS）总线规范。它是一种局部总线，局部总线是指在系统外为两个以上的模块提供高速传输信息通道。它可以通过局部总线控制器，将高速 I/O 设备直接挂接在 CPU 上。VESA 的总线时钟频率为 66MHz，最大传输速率为 266MB/s，数据总线为 32 位，可扩展到 64 位。

（4）PCI 总线。

1991 年下半年，Intel 公司首先提出了 PCI（Peripheral Component Interconnect）总线的概念，并与 IBM、Compaq、AST、HP、DEC 等公司联合，于 1993 年推出 PCI 总线。

PCI 总线是目前微机上的主流总线，是先进的高性能局部总线。它的主要特点是突出的高性能；良好的兼容性；支持即插即用、支持多主设备系统；优良的软件兼容性；定义了 5V 和 3.3V 两种信号环境；相对的低成本。

PCI 总线的时钟频率为 33/66MHz，最大传输速率为 133/266MB/s，地址线为 32 位，数据线为 32/64 位。

（5）AGP 总线。

1996 年 7 月，Intel 推出了 AGP（Accelerated Graphics Port，加速图形端口）总线，这是一个高性能显示卡专用的局部总线。AGP 的发展经历了 AGP1X、AGP2X、AGP3X、AGP4X、AGP8X 等多个阶段，其传输速度也从最早的 AGP1X 的 266MB/s 的带宽发展到了 AGP8X 的 2.1GB/s。

另外，用于外部的总线标准有串行总线 RS232 - C、RS422、RS485、IEEE1394（即火线）与 USB 等。

7.7.4 总线使用的控制

总线上连接着许多部件，部件之间怎样通过总线进行通信，这涉及总线的控制权问题及其通信过程的协调问题。

1. 总线控制权的仲裁

对连接在总线上的设备，按其是否具有对总线的控制权分为总线主设备（Bus Master）和总线从设备（Bus Slave）。每次总线操作，只有一个设备能成为主设备，它占用总线控制权，启动一个总线周期，而从设备只能响应主设备发出的命令。

总线上可能连接一个或多个 CPU，也可能连接一个或多个 DMA 控制器，它们都有可能提出总线请求，这必然导致总线使用的冲突。为了解决多个设备同时申请总线控制权的问题，必须有一个仲裁部件按照某种规则来分配总线的使用权。

按照仲裁部件所处的位置不同，可以分为集中式仲裁和分布式仲裁。集中式仲裁将控制逻辑集中在一处，而分布式仲裁将控制逻辑分布在各个具有总线申请功能的模块内。

集中式仲裁有以下三种判优方式。

（1）链式查询方式。

如图 7.28a 所示，链式查询使用总线请求（BR）、总线忙（BS）和总线批准（BG）三根控制线。

当一个或多个设备通过公共的 BR 线发出总线请求信号，只有当 BS 信号为“0”时，总线仲裁部件才能响应总线请求，并送出 BG 信号。BG 信号串行地通过每个设备，当 BG 信号到达某个设备时，该设备如果没有发请求，就将 BG 信号传给下一个设备。若该设备有请求，就停止 BG 信号的传递，使 BS 信号置“1”，表示总线已被占用，该设备获得总线控制权，成为主设备。

在链式查询方式中，离仲裁部件越近，优先级越高。

链式查询方式的优点是只用很少几根控制线就能实现总线控制权的分配，并很容易扩充；缺点是对查询链的故障很敏感。

（2）计数器定时查询方式。

如图 7.28b 所示，计数器定时查询使用总线请求（BR）、总线忙（BS）和计数器查询三种控制线。其中计数器查询线的根数为 $\log_2 n$ 根。

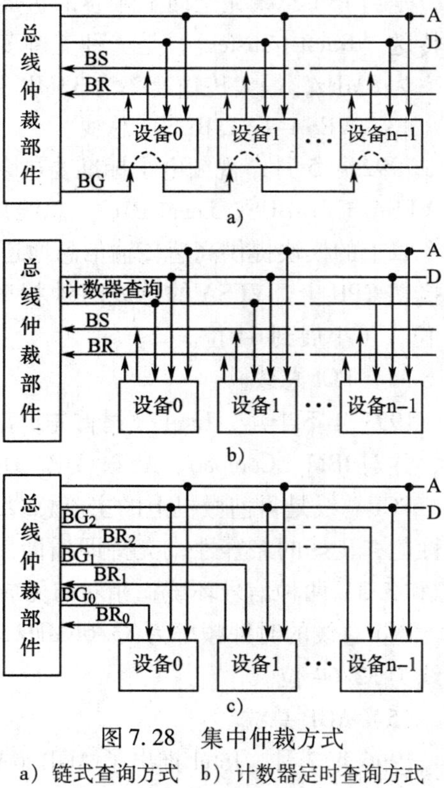

图 7.28 集中仲裁方式
a）链式查询方式 b）计数器定时查询方式
c）独立请求方式

当一个或多个设备通过公共的 BR 线发出总线请求信号，只有当 BS 信号为“0”时，总线仲裁部件才能响应总线请求，启动计数器开始计数。计数器定时查询线直接与各设备相连，只有当计数器的值等于某个设备的设备号时，该设备才使 BS 信号置“1”，中止计数器计数，表示总线已被占用，该设备获得总线控制权，成为主设备。

在计数器定时查询方式中，设备的优先级随启动计数器时计数的开始值的不同而不同。如果每次启动计数器的开始值都为0，那么这种方式的设备优先级同链式查询方式；如果每次启动计数器的开始值都从上次中止点后开始，那么各个部件的优先级是相同的。另外，计数器的初始值还可以由程序设置。

（3）独立请求方式。

如图7.28c所示，在独立请求方式中，每个设备各有一根自己的总线请求线（BR_i）和一根自己的总线批准线（BG_i），这样对于n个设备，就需要2n条控制线。

当多个设备通过自己的总线请求线发出请求时，总线仲裁部件内有一个排队电路，能根据一定的规则判断出优先级最高的设备，并将通过该设备的批准线送回总线批准信号。这样该设备就获得了总线控制权，成为总线主设备。

独立请求方式的优点是响应时间快，缺点是增加了控制线数和硬件电路。

2. 总线通信的定时

通常将完成一次总线操作的时间称为总线周期，大致可分为总线申请分配、寻址从设备、数据传送、结束操作4个阶段。

为了协调主设备和从设备之间的操作，必须制订总线通信的定时协议，以确定这些操作的时序关系。通常可分为同步定时方式和异步定时方式。

（1）同步定时方式。

在同步定时方式中，事件出现在总线上的时刻是由总线时钟确定的，如图7.29所示的数据同步输入时序。CPU在T_1上升沿发出地址信息；在T_2的上升沿发出读命令信号；被地址信息选中的输入设备进行一系列准备数据的操作后，在T_3的上升沿到来之前将数据送到数据总线上；CPU在T_3时钟周期内，将数据线上的数据送到CPU内部的寄存器中；CPU在T_4的上升沿撤消读命令信号，从设备撤消数据。

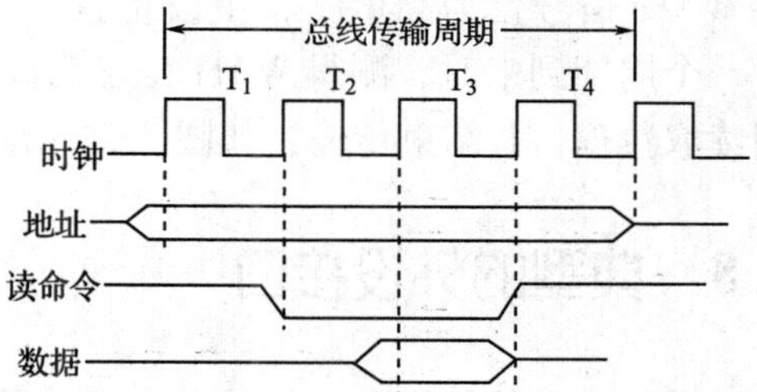

图7.29 数据同步输入时序

同步定时方式的优点是时序规整、控制简单、较易实现。它的缺点是为了在主从设备之间采用统一的同步时序，在设计数据传送周期时必须照顾到最慢的设备。这样就降低了快速设备的传输效率。

（2）异步定时方式。

异步定时方式也称为应答方式。它没有统一的公共时钟信号，完全依靠主从设备双方相互制约的“握手”信号来实现定时控制，如图7.30所示的数据异步输入时序。CPU发出地址信号和读命令信号，从设备接收到读命令信号后，开始准备数据，这可能需要较长时间。等到从设备准备好数据并送到数据总线后，通过应答线给主设备送回应答信号，主设备在收到应答信号后，从数据线上读取数据，并撤消读命令和地址信号。当从设备发现主设备撤消读命令后，撤消应答信号及数据线上的数据信号。这是一种全

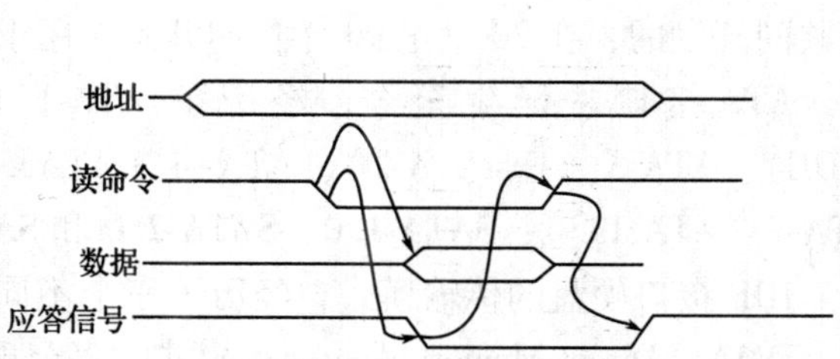

图7.30 数据异步输入时序

互锁的应答方式。

异步方式的优点是总线周期长度可变，不会把响应时间强加到各个主从设备上。它的缺点是增加了总线的复杂性和成本。

（3）同步、异步结合方式。

为了克服同步定时方式的缺点，人们在同步方式中引入了异步方式的思想，将二者结合起来，充分利用了同步方式和异步方式的优点。

仍参考图 7.29 所示的数据同步输入时序，在同步定时方式中，本来在 T_3 的上升沿到来之前，从设备应将数据送到数据总线上，但现在由于从设备速率慢，未能在 T_3 的上升沿到来之前将数据准备好。为了解决这个问题，在同步、异步结合方式中，增加了一根等待线 WAIT，由从设备将这根等待线在 T_3 的上升沿到来之前设为低电平。若主设备在 T_3 的上升沿测得 WAIT 为低电平，就插入一个与时钟周期宽度相等的等待周期 T_W，若主设备在下一个周期的上升沿还测得 WAIT 为低电平，就再插入一个等待周期 T_W。直到从设备将数据送到数据总线上，并将 WAIT 信号置为高电平，主设备在下一个周期到来时，测得 WAIT 信号为高电平，就把这个周期当做正常的 T_3 周期，在这个周期读取数据，T_4 结束传输，如图 7.31 所示。

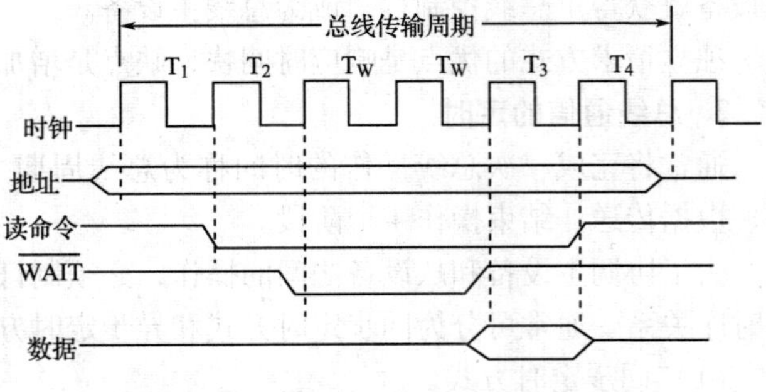

图 7.31　同步、异步结合输入时序

7.8　典型的外设接口

计算机的外部设备，如键盘、显示器、打印机、鼠标、磁盘驱动器等，都是独立的物理设备，它们必须通过相应的外设接口才能和主机相连。

7.8.1　ATA 接口

ATA（Advanced Technology Attachment，高级技术附加装置），ATA 接口就是常说的 IDE 接口（Intergrated Drive Electronics）。ATA 接口最早是在 1986 年由康柏、西部数据等几家公司共同开发的，在 20 世纪 90 年代初开始应用于台式机系统。

ATA 接口从诞生至今，经历了 ATA-1（IDE）、ATA-2（Enhanced IDE/Fast ATA，EIDE）、ATA-3（FastATA-2）、ATA-4（ATA33）、ATA-5（ATA66）、ATA-6（ATA100）、ATA-7（ATA 133）、SATA-1.0、SATA-2.0 和 SATA-3.0 等多个版本。

IDE 接口硬盘的传输模式，经历了三个不同的技术变化，由 PIO（Programmed I/O）模式、DMA（Direct Memory Access）模式，直至现在的 Ultra DMA 模式（简称 UDMA）。

ATA-1 在主板上有一个插口，支持一个主设备和一个从设备，每个设备的最大容量为 504MB。ATA-1 支持的 PIO 模式包括 PIO-0、PIO-1 和 PIO-2 模式，其中 PIO-0 模式传输速率只有 3.3MB/s。

ATA-2 是对 ATA-1 的扩展，习惯上也称为 EIDE（Enhanced IDE）或 Fast ATA。它在

ATA 的基础上增加了两种 PIO 和两种 DMA 模式，不仅将硬盘的最高传输率提高到 16.6MB/s，还同时引进了 LBA 地址转换方式，突破了固有的504MB 的限制，可以支持最高达 8.1GB 的硬盘。

ATA-3 的最高速度仍为 16.6MB/s。它在电源管理方面进行了改进，引入了简单的密码保护安全方案。另外还引入了 S.M.A.R.T（Self-Monitoring Analysis and Reporting Technology，自监测、分析和报告技术），它会对磁头、盘片、电机、电路等硬盘部件进行监测，把其运行状况和历史记录同预设的安全值进行分析、比较，当超出了安全值的范围，会自动向用户发出警告，进而对硬盘潜在故障作出有效预测，提高了数据存储的安全性。

从 ATA-4 接口标准开始正式支持 Ultra DMA 数据传输模式，因此也习惯称 ATA-4 为 Ultra DMA 33 或 ATA33。首次在 ATA 接口中采用了 Double Data Rate（双倍数据传输）技术，让接口在一个时钟周期内传输数据两次，时钟上升和下降期各有一次数据传输，这样数据传输率便从 16MB/s 提升至 33MB/s。Ultra DMA 33 还引入了冗余校验技术（CRC），对于高速传输数据的安全性有着极有力的保障。

ATA-5 也就是“Ultra DMA 66”，也叫 ATA66，Ultra DMA 66 的数据传输速率达到 66.6 MB/s，是 U-DMA33 的两倍。它保留了上代 Ultra DMA 33 的核心技术冗余校验技术（CRC）。Ultra DMA 66 接口开始使用 40 针脚 80 芯的电缆，40 针脚是为了兼容以往的 ATA 插槽，降低成本的增加。80 芯中新增的都是地线，与原有的数据线一一对应，这种设计可以降低相邻信号线之间的电磁干扰。

ATA6 也叫 ATA100，ATA100 接口也是使用 40 针 80 芯的数据传输电缆，并且 ATA100 接口完全向下兼容，支持 ATA33、ATA66 接口的设备完全可以继续在 ATA100 接口中使用。ATA100 接口的数据传输速率达到 100MB/s。

ATA-7 也叫 ATA133。只有迈拓公司推出了一系列采用 ATA133 标准的硬盘，这是第一种在接口速度上超过 100MB/s 的 IDE 硬盘。

SATA1.0 的数据传输速率达到 150MB/s。SATA 总线使用嵌入式时钟信号，具备了更强的纠错能力，能对传输指令（不仅仅是数据）进行检查，如果发现错误会自动矫正，这在很大程度上提高了数据传输的可靠性。串行接口还具有结构简单、支持热插拔的优点。

SATA 2.0 包括 6 个规范，即数据传输速率达到 3Gb/s、NCQ（原生命令排序，即可以重新排列硬盘接收到的指令以改进性能）、Staggered Spin-up（交错启动）、Hot Plug（热插拔）、Port Multiplier（端口复用技术）及 eSATA（外部 SATA）。

Intel 在 2008 年秋季的 IDF 论坛上展示了 SATA 3.0 规范，它的数据传输速率为 6Gb/s。AMD 新一代南桥芯片 SB800 将支持 SATA 3.0。

7.8.2 USB 接口

USB（Universal Serial Bus，通用串行总线），它不是一种新的总线标准，而是应用在 PC 领域的接口技术。USB 是在 1994 年底由 Intel、康柏、IBM、Microsoft 等多家公司联合提出的。

目前主板中主要是采用 USB1.1 和 USB2.0，各 USB 版本间能很好的兼容。USB 用一个 4 针插头作为标准插头，采用菊花链形式可以把所有的外设连接起来，最多可以连接 127 个外部设备，并且不会损失带宽。

USB 具有传输速度快（USB1.1 是 12Mbps，USB2.0 是 480Mbps）、使用方便、支持热插

拔、连接灵活、独立供电等优点，可以连接鼠标、键盘、打印机、扫描仪、摄像头、闪存盘、MP3、手机、数码相机、移动硬盘、外置光驱、USB 网卡、ADSL Modem、Cable Modem 等，几乎所有的外部设备。

USB 目前有两个规范，即 USB1.0/1.1 和 USB2.0。

USB1.0/1.1 规范，其高速方式的传输速率为 12Mbps，低速方式的传输速率为 1.5Mbps，最多支持 127 台设备，具有热插拔和即插即用能力，可同步和异步数据传输，线缆最长 5m，内置电源/低压配电装置。

USB2.0 规范是由 USB1.1 规范演变而来的。它含有 USB 1.0 和 1.1 的所有功能，完全向后兼容 USB 1.0 和 1.1。它的传输速率达到了 480Mbps，足以满足大多数外设的速率要求。USB 2.0 接口标准是由 COMPAQ、Hewlett Packard、Intel、Lucent、Microsoft、NEC 和 PHILIPS 这 7 家厂商联合制定的。

Intel 在旧金山 IDF（Intel Developer Forum，英特尔开发者论坛）2008 上展示了 SuperSpeed USB 3.0 技术，并第一次亮出了其真正的传输速度，已经达到 307MB/s。USB 3.0 的理论最大速度是 USB 2.0 High-Speed 的 10 倍，也就是 600MB/s。Intel 宣称借助它可以在 60 ~ 70s内传输一部 27GB 的高清电影。

思考题与习题

1. 计算机 I/O 系统的功能是什么？它由哪几个部分组成？
2. I/O 硬件包括哪几个部分？各部分的作用是什么？
3. 什么是用户 I/O 程序？什么是设备驱动程序？什么是设备控制程序？
4. 说明设计 I/O 系统的三个要素的具体内容。
5. 说明主机与 I/O 设备间的三种连接方式：总线型方式、通道方式及 I/O 处理机方式的优缺点。
6. 什么是 I/O 接口？I/O 接口有哪些功能？接口有哪些类型？
7. 什么是 I/O 端口？I/O 端口有哪些编址方式？各自的特点是什么？
8. 程序查询方式、程序中断方式和 DMA 方式各适用于什么范围？
9. 什么是程序查询 I/O 传送方式？以图 7.5 为例说明其工作过程。
10. 简述中断处理的过程，指出其中哪些工作是由硬件实现的，哪些是由软件实现的。
11. 程序中断方式的作用可以归纳为哪几个方面。
12. 以图 7.8 为例，说明程序中断方式的操作过程。
13. 说明中断向量地址和中断服务程序入口地址之间的关系。
14. 在什么条件下，I/O 设备可以向 CPU 提出中断请求？
15. 在什么条件和什么时间，CPU 可以响应 I/O 的中断请求？
16. 什么叫中断隐指令？中断隐指令有哪些功能？
17. 现有 A、B、C、D 4 个中断源，其优先级由高向低按 A、B、C、D 顺序排列。若中断服务程序的执行时间为 20μs，根据图 7.32 所示的时间轴给出的中断源请求中断时刻，画出 CPU 执行程序的轨迹。

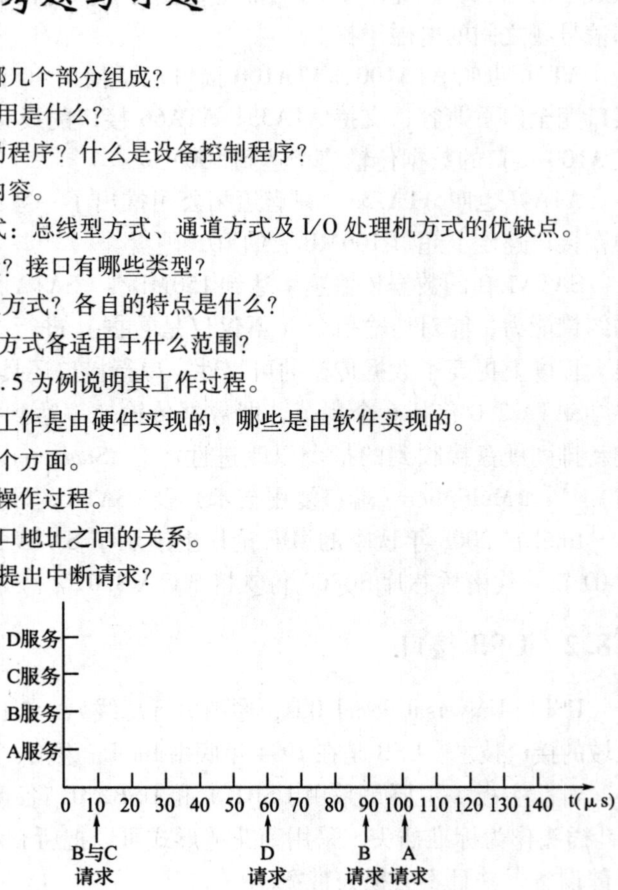

图 7.32 中断请求时间轴

18. 在向量方式的中断系统中，为什么外设接口将中断向量放在数据总线上，而不放在地址总线上？

19. 什么是多重中断？实现多重中断的必要条件是什么？

20. 假设某外设向 CPU 传送信息的最高频率为 40kHz，而相应的中断处理程序的执行时间为 40μs，问该外设是否可以采用中断方式工作，为什么？

21. 设某机有 5 级中断：L_0、L_1、L_2、L_3、L_4，其中断响应的优先次序从高到低依次为 $L_0 \to L_1 \to L_2 \to L_3 \to L_4$，现在要将其中断处理次序改为 $L_1 \to L_0 \to L_3 \to L_2 \to L_4$，试问：

（1）表 7.3 中各级中断处理程序的各中断级屏蔽值如何设置（每级对应一位，该位为“0”表示允许中断，该位为“1”表示屏蔽中断）。

（2）若这 5 级中断同时都发出中断请求，按更改后的次序画出进入各级中断处理程序的过程示意图。

表 7.3 各级中断程序的各中断级屏蔽位

中断处理程序	中断处理级屏蔽位				
	L_0级	L_1级	L_2级	L_3级	L_4级
L_0中断处理程序					
L_1中断处理程序					
L_2中断处理程序					
L_3中断处理程序					
L_4中断处理程序					

22. DMA 接口由哪些逻辑电路组成？各逻辑电路的作用是什么？

23. 简述 DMA 传送的工作过程。

24. 什么是 DMA 传送方式？试比较常用的三种 DMA 传送方式的优缺点。

25. 有一磁盘存储器，转速为 3000r/min，每个磁道分 8 个扇区，每个扇区存储 1KB 数据。主存与磁盘传送数据的宽度为 16 位，假如一条指令的最长执行时间为 32μs，是否可以采用指令结束时响应 DMA 请求的方案，为什么？假如不行，应采用什么方案？

26. 用多路 DMA 控制器控制磁盘、磁带、打印机同时工作。磁盘、磁带、打印机分别每隔 30μs、40μs、120μs 向 DMA 接口发出 DMA 请求。它们的优先级依次为磁盘→磁带→打印机。请画出多路 DMA 控制的工作时序图。

27. 说明通道的功能及工作过程。

28. 通道有哪些基本类型？各有何特点？

29. 什么是通道指令？它与 CPU 指令有何区别？它们的执行过程相同吗？

30. 在通道控制方式下，I/O 操作由通道控制，以达到 CPU 和 I/O 设备的并行操作，试问：

（1）当通道正在进行 I/O 操作时，CPU 能否响应其他中断请求？

（2）若 CPU 能响应其他中断请求，是否会影响正在进行的 I/O 操作？

31. I/O 处理机和外围处理机的功能有何差别？

32. 什么叫总线？它有什么用途？试举例说明。

33. 总线具有哪些特性？

34. 总线具有哪些性能指标？

35. 为什么要制定总线标准？目前，在微机上使用的总线标准有哪些？

36. 按总线所处的物理位置将总线分为哪几类？

37. 总线使用的控制包括哪些内容？

38. 集中式总线仲裁有哪几种？各自的特点是什么？

39. 总线周期包括哪几个阶段？

40. 总线同步定时方式与异步定时方式的主要区别是什么？

41. 在一个16位的总线系统中，若时钟频率为100MHz，总线周期为5个时钟周期传输一个字。试计算总线的数据传输率。

42. ATA接口的功能是什么？请上网搜索目前ATA接口的性能指标。

43. USB接口的功能是什么？请上网搜索目前USB接口的性能指标。

第8章 I/O设备

I/O设备是计算机系统与外界交换信息的装置，没有它们，人们就无法向计算机输入信息，也无法从计算机获得信息。因此I/O设备是计算机系统中的一个非常重要的组成部分。在整个计算机系统中，由于集成电路的发展，CPU和主存的造价降低，而I/O设备的造价在硬件系统中所占的比例却越来越大，已经超过80%，而且这一趋势还将继续下去。本章主要介绍几种常用I/O设备的逻辑结构及操作过程。

8.1 概述

随着计算机应用的不断普及，不同的应用场合需要不同种类的I/O设备，不同的应用特点需要不同智能的I/O设备，这就使得I/O设备的种类呈现出多样化、智能化的发展方向。

8.1.1 I/O设备的分类

按I/O设备的功能及作用可以将它们划分为以下5类。

1. 输入设备

输入设备能将人们所熟悉的外部信息输入到计算机的主机中，变成计算机能够识别和处理的信息形式。

目前常用的输入设备有键盘、鼠标、扫描器、数字化仪、操纵杆、条形码扫描器、磁卡输入设备、语音输入设备、摄像机、图形输入板等。

2. 输出设备

输出设备将计算机处理后的结果，以人们所熟悉的信息形式呈现出来。

目前常用的输出设备有显示器、打印机、绘图机、语音输出设备等。

3. 外存

外存是计算机主机之外的存储器，主要有磁盘、磁带、光盘、U盘等。

4. 终端设备

终端设备是通过通信线路与主机相连的设备，它通常由输入设备、输出设备和终端控制器组成。用户通过终端设备在一定距离之外操作计算机，输入信息，获得结果。利用终端设备，可使多个用户同时共享计算机系统资源。

按是否有数据处理能力将终端分为哑终端和智能终端。哑终端是只负责输入输出的终端，没有数据处理能力；智能终端有自己的控制器、运算器和存储器，对数据具有处理能力。

按与主机距离的远近将终端分为远程终端和本地终端。远程终端是与主机距离较远的终端，它往往要通过公共通信线路与主机交换信息；本地终端是与主机距离较近的终端，如在一个计算中心的机房中的终端。

按通用性将终端分为专用终端和通用终端。专用终端是指专门用于某一领域的终端，它仅能完成该领域所要求的功能；通用终端则适用于各个领域。

5. 其他外部设备

由于计算机应用领域十分广泛，因此外部设备也多种多样。除了上述4种外部设备外，其他都属于这一类。例如，应用于过程控制的智能仪表、传感器、A/D和D/A转换器等，还有应用于其他领域的专用设备等。

8.1.2 主机对I/O控制的4个层次

主机对I/O设备的控制可通过以下4个层次来进行。

1. 调用I/O设备的用户界面

用户界面一般由操作系统提供。操作系统屏蔽了各类外设的控制细节，提供了统一且方便的操作界面，便于用户编写I/O程序。例如，早期的DOS系统设置了一组系统功能调用，其中包括对I/O设备的调用，编程时可用软中断指令INT n进行调用。目前使用的Windows系统则提供了一组API（Application Programming Interface，应用程序接口——Windows系统提供给用户进行系统编程和外设控制的强大的函数库）函数对I/O设备进行操作。

2. 设备驱动程序

设备驱动程序是管理某个外围设备的一段代码，它负责传送数据、控制特定类型的物理设备的操作，包括开始和完成I/O操作，处理中断和执行设备要求的任何错误处理。

在计算机系统中，与外围硬件设备紧密相关的软件就是设备驱动程序。它是用来扩展操作系统功能的一类软件，通常工作于操作系统的核心层，直接操作硬件。设备驱动程序增强了操作系统的安全性和应用程序设计的灵活性。

DOS操作系统中的BIOS（Basic Input-Output System，基本输入/输出系统）包含了一组常规I/O设备的驱动程序。在系统的发展中又扩展了一些I/O设备，这些设备的驱动程序以磁盘文件的形式存在磁盘中，需要时可由磁盘装入主存。由于Windows操作系统支持即插即用（Plug-and-Play），设备驱动程序都可以在系统启动后安装加载。

3. 设备控制程序

设备控制程序就是驱动程序中的具体的对设备进行控制的程序。设备控制程序通过接口控制逻辑电路，发出控制命令字。命令字代码各位表达了要求I/O设备执行操作的控制代码，由硬件逻辑解释执行，发出控制外设的有关控制信号。

目前，在一些I/O设备控制器中，采用了微处理器和半导体存储器，并将控制程序固化在ROM中，由微处理器执行。这样的设备控制器称为智能控制器。

4. I/O设备的具体操作

I/O设备接收到控制器的控制信号后，根据控制信号执行有关操作。

8.2 键盘

键盘是计算机系统中不可缺少的输入设备，人们通过它可以向计算机输入多种信息。

8.2.1 键开关与键盘类型

键盘上有许多按键，曾出现过83键、93键、96键、101键、102键、104键、107键等。其中每个按键起一个开关的作用，所以又称为键开关。键开关分为接触式和非接触式两大类。

最常见的接触式键开关是机械式的，它是靠按键的机械动作控制开关的开启。当键被按下时，触点接通；当键被释放时，触点断开。这种键开关结构简单、成本低、但开关通断会产生抖动。早期的键盘几乎都是采用接触式开关的机械式键盘，这种键盘按键行程长、按键阻力变化快捷清脆，手感很接近打字机键盘，但机械弹簧很容易损坏，而且电触点会在长时间使用后氧化，导致按键失灵。

非接触式键开关内部没有机械接触，它们不依靠导电触点的机械式连通来获得按键信号，而是依靠按键本身的电参数变化来获得按键信号。主要的非接触式键盘有电阻式键盘和电容式键盘。其中电容式键盘由于工艺更加简单成本更低，所以更得到普遍应用。与机械式键盘相比，它最大的两个特点是使用弹性橡胶制作的弹簧取代了机械金属弹簧，同时由机械键盘的电连通转为通过按键底部和键盘底部的两个电容极板距离的变化带来的电容量变化来获得按键的信号。

按照键码的识别方法可将键盘分为编码键盘和非编码键盘。

编码键盘是用硬件电路识别按键代码的键盘。当某个键被按下时，硬件电路会产生对应的按键代码（如 ASCII 码）送主机识别和处理。编码键盘的优点是响应速度快，缺点是结构复杂。

非编码键盘利用较简单的硬件和专门的键盘扫描程序来识别按键的位置，然后由 CPU 将位置码经由查表程序转换成相应的编码信息。这种方法响应速度不如编码键盘快，但结构简单。它通过软件编程可为键盘中某些键的重新定义提供更大的灵活性，因此得到广泛的应用。

8.2.2 编码键盘的工作原理

下面以 8×8 键盘为例，说明硬件编码键盘法的工作原理，如图 8.1 所示。

编码键盘的工作过程如下。

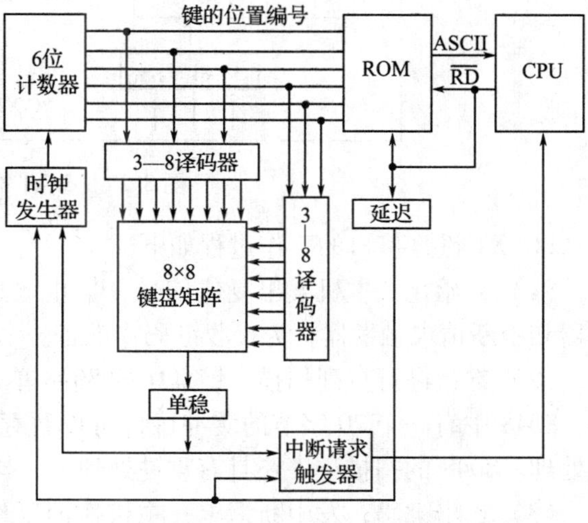

图 8.1 硬件编码键盘原理框图

6 位循环计数器的输出通过两个 3 变量输入译码器反复对 8×8 键盘矩阵中的所有键逐个进行扫描，当扫描到某个被按下的键时，电信号通过接通的触点传到单稳电路，产生一个脉冲信号。该信号有两个作用，一是通过时钟发生器去停止计数器，此时计数器的输出就是所按下键的位置编号，用这个编号作为只读存储器（ROM）的地址，选中单元的内容就是按下键字符对应的 ASCII 码。实际上，只读存储器中存储的就是对应各个键字符的 ASCII 码。二是通过中断请求触发器向 CPU 发出中断请求，CPU 响应中断请求后，在中断服务程序中通过一条读命令将只读存储器当前选中单元的内容读出，送入 CPU 的寄存器。CPU 的读入命令即可作为读出 ROM 内容的片选信号，并且经一段延迟后，又可用来复位中断请求触发器，并重新启动6位循环计数器继续进行扫描。

8.2.3 非编码键盘的工作原理

非编码键盘是通过执行键盘扫描程序对键盘矩阵进行扫描，以识别按键的行列位置。若对主机工作速度要求不高，可由CPU自己执行键盘扫描程序。按键时，键盘向主机提出中断请求，CPU响应后转去执行键盘中断服务程序，由键盘服务程序完成键盘扫描、键码转换及预处理等。若对主机的工作速度要求较高，希望尽量少占用CPU处理时间，可在键盘中设置一个单片机，由它负责执行键盘扫描程序、预处理程序，再向CPU申请中断送出扫描码。现代计算机的通用键盘，大多采用此种方案。

软件扫描通常采用行扫描和行列扫描两种方法。

行扫描是指CPU通过数据线输出代码，送往行线。从第0行开始，逐行为0，其余各行为1进行扫描，将列线输出取回至CPU，判别其中是否有一位为0，是哪一位为0。假定按下的键将第2行第3列接通，则当第2行行线为0时，第3列列线也为0，其余各列线为1。由此可知按键位置，即位置码（扫描码），再查表转换为对应的键码。

行列扫描指的是CPU通过数据线输出代码，先逐列为1地步进扫描，读入行线的状态，测试是哪一列为1时行线输出为1，从而判别按键的列号，记录列号。再逐行为1地步进扫描，判别按键的行号，记录行号。将行号和列号组合，即可得到按键的位置编码。

下面以PC/XT键盘为例，说明非编码键盘的工作原理，如图8.2所示。

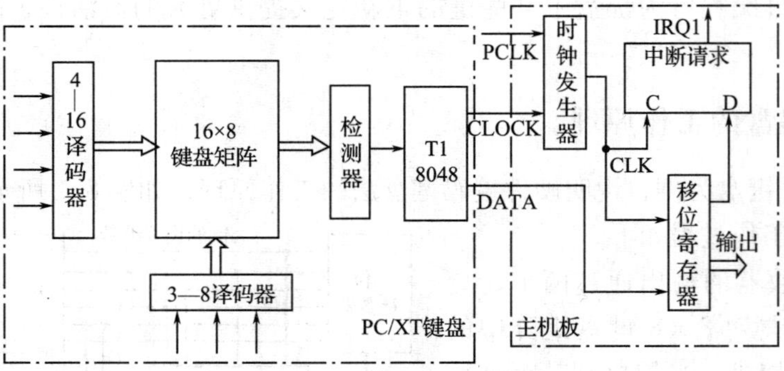

图8.2 PC/XT键盘接口框图

PC/XT键盘接口的工作过程如下。

（1）初始化：主机发出复位信号，禁止键盘送出键码，同时复位键盘接口中的移位寄存器和中断请求触发器，为接收键码作准备。

（2）键盘进行行列扫描：键盘中的8048单片机执行行列扫描程序，获取按键的扫描键码。8048中有一个20字节的缓冲区，可以暂存20个扫描键码，以免高速按键时主机来不及处理。8048的扫描程序还具有重键处理、去抖动、延时自动连发等功能。

（3）送出键码，发中断请求：主机撤消复位信号后，8048单片机送出键码。键码由一个标志位和8个数据位组成，在键盘时钟信号控制下串行输出。接口收到键码后发出中断请求信号。

（4）主机执行中断服务程序：主CPU在中断服务程序中取出键码，然后发出键盘复位信号对接口进行初始化，允许键盘送来下一个键码，存入键盘缓冲队列。最后，通过查表将扫描键码转换为 ASCII 码，完成后返回主程序。

在扫描键盘过程中，应注意解决以下问题。

（1）键抖动。

在键被按下或抬起的瞬间会产生机械抖动，一般持续几毫秒到十几毫秒。在扫描键盘的过程中，必须想办法消除这种抖动。消除这种抖动的最简单的办法是用软件延时，当发现键被按下时，延时 20ms 后再去检测按键的状态。

（2）防止按一次键而进行多次处理。

为了防止这种情况的发生，必须保证按一次键，CPU 只对该键处理一次。这样，就必须要求键扫描程序不但要检测键被按下，还要检测按下的键是否被释放，只有当按下的键被释放后，程序才能继续往下执行。

8.3 显示器

显示器是将电信号转换成视觉信号的一种输出设备。由于显示器输出的内容不能长期保存，当关掉显示器电源或显示别的内容时，原有显示内容会立即消失，所以常将显示器显示的内容叫软拷贝。按显示器件的不同，将常用的显示器分为阴极射线管（CRT）显示器、液晶显示器（LCD）和等离子显示器（PD）。本节主要讲述这三类显示器的工作原理。

8.3.1 CRT 显示器

随着计算机技术的不断发展，CRT 显示器技术也在飞速发展，从 20 世纪 80 年代到现在，CRT 显示器的分辨率已从 320×200 像素发展到现在的 1920×1440 像素；点距从 0.6mm 以上发展到现在的 0.2mm；显示尺寸从 12in 发展到现在的 20in 以上；显示屏幕也越来越平面化。目前的 CRT 显示器已朝着高分辨率、高亮度、平面化、低辐射、大屏幕等方向发展。

1. CRT 显示原理

CRT 是一个漏斗形的电真空器件，由电子枪、荧光屏及偏转装置组成，如图 8.3 所示。

电子枪由灯丝、阴极、控制栅极、第一阳极（加速阳极）、第二阳极（聚焦极）和第三阳极组成。当灯丝加热后，阴极受热而发射电子，控制栅极控制着电子的发射量及发射速度。电子经第一阳极加速，第二阳极聚焦而形成电子束，在第三阳极的均匀空间电位作用下，使电子束高速射到荧光屏上，荧光粉受电子束的轰击而发出亮点。程序通过控制偏转装置达到控制电子束的轰击点，从而在屏幕上形成所需的字符、图形或图像。

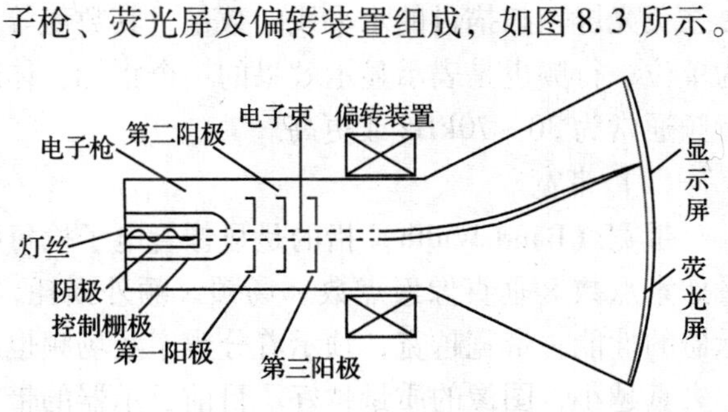

图 8.3 CRT 结构示意图

2. CRT 显示器的技术指标

（1）点距。

点距（Dot Pitch）是最常见的显示器术语之一。它是指显示器的显像管上，相邻的两个同色荧光像素点之间的间距。对于采用柱面显像管的显示器，用栅距来表示。从某种意义上讲，点距决定了一台显示器的显示效果。点距越小，显示效果越好。目前 CRT 显示器的点距通常为 0.26mm、0.25mm、0.24mm、0.21mm 和 0.2mm。

（2）分辨率。

分辨率（Resolution）是显示器的显像管上所有像素点的一个量化指标，它定义了显示器的画面解析度，其通常用水平方向的像素点数与垂直方向的像素点数的乘积来表示。每台显示器通常都有多种分辨率模式，如 640×480 像素、800×600 像素、1024×768 像素等，但其最大分辨率是由点距和显像管面积决定的。目前最大分辨率有 1280×1024 像素、1600×1200像素、1920×1440 像素等。

（3）扫描方式。

CRT 显示器的扫描方式有隔行扫描和逐行扫描两种。前者多出现在早期产品中，指显像管在显示一幅图像时，电子枪先扫描奇数行，全部完成后再扫描偶数行，因此每幅画面需扫描两次才能完成，造成画面闪烁较大，现已基本淘汰。而逐行扫描是从屏幕左上角的第一行起逐行扫描，显示一幅图像只需扫描一次，显示效果好，现已成为技术主流。

（4）显示器大小。

人们习惯用多少英寸来表示显示器的大小，实际上指的是显像管的对角线长度。目前常用的有 17in、19in 等。

（5）场频。

场频（Vertical Scanning Frequency）也称为垂直扫描频率或刷新频率，指显示器每秒钟所能显示的图像次数，以 Hz 作为单位。场频是表示显示器性能的一个重要指标，场频越大，图像刷新的次数越多，带给视觉的闪烁感就越小。目前典型的场频为 50～160 Hz，但它还与分辨率密切相关，如当分辨率为 640×480 像素时，某显示器的场频为 100 Hz，而当分辨率为 1024×768 像素时，某显示器的场频降为 60 Hz。

（6）行频。

行频（Horizontal Scanning Frequency）也称为水平扫描频率，指的是显像管的电子枪每秒在荧光屏上扫描过的水平线的数量，其数值等于垂直方向像素点数与场频的乘积，以 kHz 为单位。行频也是表示显示效果的一个指标，体现了显示器的最大分辨率和刷新速度。目前行频通常为 30～70kHz 或更高。

（7）带宽。

带宽（Band Width）指的是显像管电子枪每秒钟所扫描的像素点的数量，其数值等于水平像素点数×垂直像素点数×场频×额外损耗，以 MHz 作为单位。带宽比行频更能反映显示器的性能，带宽越宽，预示着分辨率及场频也越大，即表示它所能处理的频率越高，图像的失真越小，图像的质量越好。目前显示器的带宽为 110～360MHz 或更高。

（8）控制方式。

所谓的数控彩显或模拟彩显，指的是显示器的亮度、对比度、上下、左右等的调节所采用的方式。数控方式指的是上述这些调节按钮是用数字控制的，而模拟方式则是用手动来调节。

3. 字符显示器

字符显示器显示字符的方法是以点阵为基础的。点阵是由 m×n 个点组成的阵列，并以此来构造字符。如图 8.4 所示，有点表示“1”，无点表示“0”，则字符“F”的点阵用二进制表示出来为 9 个字节的数据，即 1111111、0100000、0100000、0100000、0111110、0100000、0100000、0100000、0100000。将所有字符的点阵存入由 ROM 构成的字符发生器中，在 CRT 进行光栅扫描的过程中，从字符发生器中依次读出某个字符的点阵，按照点阵中 0 和 1 代码的不同控制扫描电子束的开或关，从而在屏幕上显示出字符。

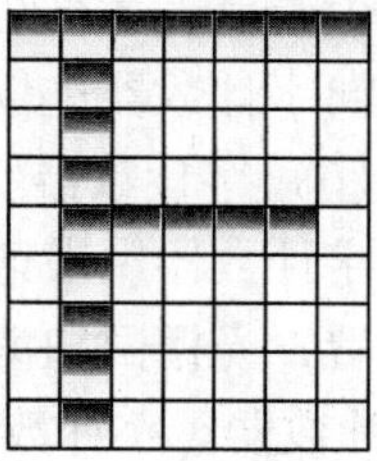

图 8.4 “F”的 7×9 点阵字形

图 8.5 为字符显示器原理图，其中主要组成部分如下。

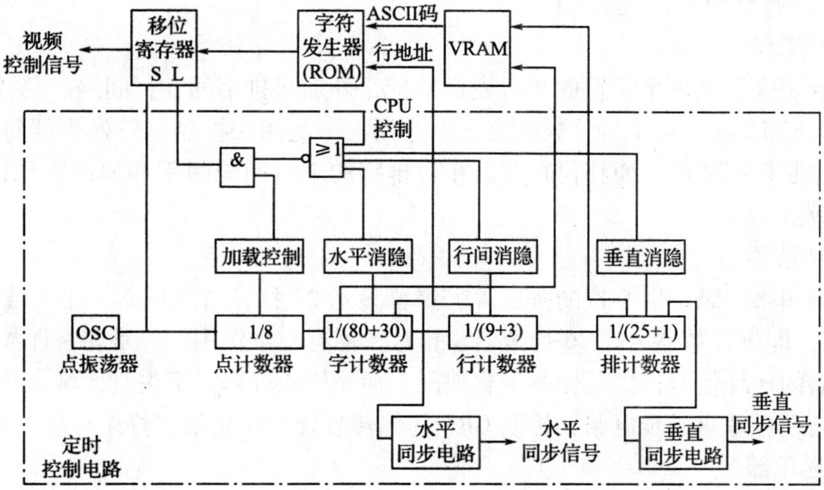

图 8.5 字符显示器原理图

（1）显示存储器（刷新存储器）。

显示存储器（VRAM）存放欲显示的一屏字符的 ASCII 码。如显示器一屏最多能显示 80 列×25 行=2000 个字符，那么显示存储器的容量就是 2000 个字节（字符编码 7 位，闪烁 1 位构成一个字节），每个字符所在存储单元的地址与字符在荧光屏上的位置一一对应。它受字计数器及排计数器的控制。

（2）字符发生器。

字符发生器（ROM）中存放的是所有字符的 7×9 点阵字形码。它的单元地址为所存点阵字符的 ASCII 码及行计数器值的组合。所存内容为对应字符对应行的点阵。它的输出为一行点阵信息。

（3）移位寄存器。

移位寄存器在点计数器的控制下，与点脉冲同步，对字符发生器送来的一行点阵信息进行左移，产生视频点控制信号。同时，移位寄存器还要受到水平消隐、行间消隐、垂直消隐及 CPU 的控制。

（4）点振荡器。

点振荡器用于产生点脉冲，用于同步点计数器的计数、移位寄存器的移位等。

（5）点计数器。

点计数器记录每个字符的横向光点，用于控制移位计数器及字计数器。因每个字符横向占7个光点，字符间留一个光点作间隙，共占8个光点，故点计数器为模8计数器，计满8个点向字计数器进位，字计数器增1。点计数器每计数一次，控制移位计数器左移一位。

（6）字计数器。

字计数器用来记录屏幕上每排的字符数。若每排显示80个字符，两边失真各占5个字符位置，光栅回扫消隐占20个字符的显示时间，总计80+10+20=110，则字计数器为模110计数器。字计数器有4个作用：一是在计数过程中要控制从显示存储器向字符发生器输出ASCII码；二是要控制水平消隐，使移位寄存器在屏幕两边失真区及光栅回扫时不移位；三是要通过水平同步电路控制CRT的偏转装置，使字符在屏幕的指定位置显示；四是计满110就归零，向行计数器进位。

（7）行计数器。

行计数器用来记录每个字符的9行光栅地址，外加每排字的3行间隔，总计9+3=12，则行计数器为模12计数器。行计数器有三个作用：一是用来控制字符发生器每个字符的行地址；二是控制行间消隐，使移位寄存器在每排字的3行间隔间不移位；三是计满12后归零，向排计数器进位。

（8）排计数器。

排计数器用来记录每屏字符的排数。若屏幕显示25排，考虑屏幕上下失真空一排，加起来共26排，即排计数器为模26计数器。排计数器有三个作用：一是和字计数器一起，作为显示存储器的地址信号；二是控制垂直消隐，使光栅在屏幕上下失真区域，禁止移位寄存器移位；三是通过垂直同步电路，控制CRT的偏转装置，使显示字符在屏幕上垂直定位。

4. 图形显示器

下面以某彩色图形显示器为例，讲述图形显示器的基本原理。设该彩色显示器的分辨率为640×480像素，可显示的颜色数量为16种。

在彩色图形显示器中，经常用彩色位平面的存储结构表示点的颜色信息。在一个彩色位平面中，屏幕中的每一个点只用一位来表示，这样对于分辨率为640×480像素的显示器，一个彩色位平面就应该包含640×480位。一个彩色位平面无法表示出点的颜色来，要表示16种颜色就必须要用4位来表示一个点，这样就需要同样大小的4个彩色位平面才行。使用4个彩色位平面的同一位（共4位）表示该位置指定点的16种颜色。

对于分辨率为640×480像素、颜色数量为16种的显示器，要存储屏幕上每一点的彩色信号需要VRAM的容量为4×640×480bit，即4×80×480B。

图8.6为彩色CRT控制逻辑框图。

点脉冲发生器产生的点脉冲一方面用来同步移位寄存器；另一方面经8分频后产生字节脉冲，控制列计数器的计数。

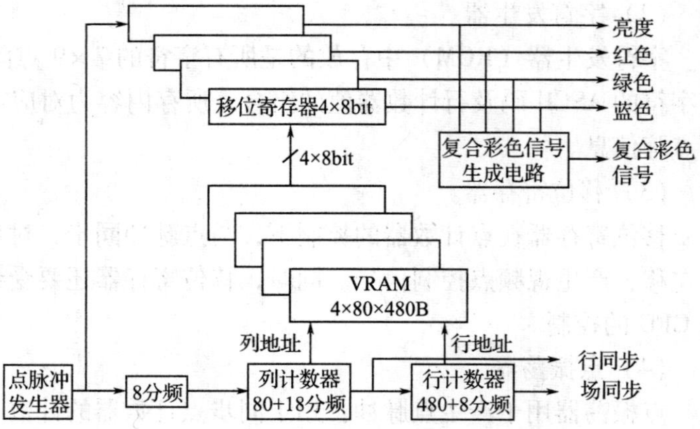

图8.6 彩色CRT控制逻辑框图

列计数器又称为字节计数器，它每计数一次，作为 VRAM 的列地址就访问 VRAM 一次，从 4 个位平面中各读出一个字节（8 个点），送往移位寄存器。在点脉冲信号的同步控制下，串行输出形成亮度信号与红、绿、蓝三色信号，它们组合起来形成 16 种颜色之一。列计数器为模 98 计数器，计满 98 次向行计数器送行脉冲及行同步信号，然后归零。它从 0 计数到 79，光栅从左到右扫描屏幕一行，正好显示 640 个点，另外 18 次计数作为行线逆程回扫时间，作消隐处理。

行计数器为模 488 计数器，它的计数值作为 VRAM 的行地址。行计数器的值从 0 变化到 479，正好对应显示满屏幕的 480 行。另外 8 次计数对应于场逆程回扫，作消隐处理。行计数器计满 488 次产生一个场同步信号。

VRAM 的地址由列计数器的列号和行计数器的行号决定，即 VRAM 的地址 = 行号 × 80 + 列号。

8.3.2 液晶显示器

液晶显示器（Liquid Crystal Display，LCD），它是一种采用了液晶控制透光度技术来实现色彩的显示器。与传统的 CRT 显示器相比，液晶显示器具有轻薄短小、耗电量低、无辐射、影像稳定不闪烁等优点。目前，液晶显示器正在逐渐取代 CRT 显示器的主流地位。

1. 液晶的物理特性

液晶的物理特性是当通电时排列变得有秩序，使光线容易通过；不通电时排列混乱，阻止光线通过。这样液晶就如闸门般地阻隔或让光线穿透。从技术上简单地说，液晶面板包含了两片相当精致的无钠玻璃素材，称为 Substrates，中间夹着一层液晶。当光束通过这层液晶时，液晶本身会排排站立或扭转呈不规则状，因而阻隔或使光束顺利通过。

2. 单色液晶显示器的原理

从液晶显示器的结构来看，无论是笔记本电脑还是桌面系统，采用的 LCD 显示屏都是由不同部分组成的分层结构。LCD 由两块玻璃板构成，厚约 1mm，中间由 5μm 的液晶（LC）材料隔开。因为液晶材料本身并不发光，所以在显示屏两边都设有作为光源的灯管，而在液晶显示屏背面有一块背光板（或称匀光板）和反光膜。背光板是由荧光物质组成的可以发射光线，其作用主要是提供均匀的背景光源。背光板发出的光线在穿过第一层偏振过滤层之后进入包含成千上万水晶液滴的液晶层。液晶层中的水晶液滴都被包含在细小的单元格结构中，由一个或多个单元格构成屏幕上的一个像素。在玻璃板与液晶材料之间是透明的电极，电极分为行和列，在行与列的交叉点上，通过改变电压而改变液晶的旋光状态，液晶材料的作用类似于一个个小的光阀。在液晶材料周边是控制电路部分和驱动电路部分。当 LCD 中的电极产生电场时，液晶分子就会产生扭曲，从而将穿越其中的光线进行有规则的折射，然后经过第二层过滤层的过滤在屏幕上显示出来。

LCD 技术是把液晶灌入两个列有细槽的平面之间。这两个平面上的槽互相垂直（相交成 90°）。也就是说，若一个平面上的分子南北向排列，则另一平面上的分子东西向排列，而位于两个平面之间的分子被强迫进入一种 90°扭转的状态。由于光线顺着分子的排列方向传播，所以光线经过液晶时也被扭转 90°。但当液晶上加一个电压时，分子便会重新垂直排列，使光线能直射出去，而不发生任何扭转。

LCD 依赖于极化滤光器（片）和光线本身。自然光线是朝四面八方随机发散的。极化滤光器实际是一系列越来越细的平行线。这些线形成一张网，阻断不与这些线平行的所有光线。极化滤光器的线正好与第一个垂直，所以能完全阻断那些已经极化的光线。只有两个滤光器的线完全平行，或者光线本身已扭转到与第二个极化滤光器相匹配，光线才得以穿透。

LCD 正是由这样两个相互垂直的极化滤光器构成，所以在正常情况下应该阻断所有试图穿透的光线。但是，由于两个滤光器之间充满了扭曲液晶，所以在光线穿出第一个滤光器后，会被液晶分子扭转 90°，最后从第二个滤光器中穿出。另一方面，若为液晶加一个电压，分子又会重新排列并完全平行，使光线不再扭转，所以正好被第二个滤光器挡住。总之，加电将光线阻断，不加电则使光线射出。

然而，改变 LCD 中的液晶排列，可以使光线在加电时射出，在不加电时被阻断。但由于计算机屏幕几乎总是亮着的，所以只有“加电将光线阻断”的方案才能达到最省电的目的。

3. 彩色 LCD 的工作原理

对于笔记本电脑或者桌面型 LCD 需要采用更加复杂的彩色显示器而言，还要具备专门处理彩色显示的色彩过滤层。通常，在彩色 LCD 面板中，每一个像素都是由三个液晶单元格构成的，其中每一个单元格前面都分别有红色、绿色或蓝色的过滤器。这样，通过不同单元格的光线就可以在屏幕上显示出不同的颜色。

4. 应用于液晶显示器的新技术

（1）采用 TFT 型 Active 素子进行驱动。

为了创造更优质的画面，新技术采用了独有的 TFT 型 Active 素子进行驱动。大家都知道，异常复杂的液晶显示屏幕中最重要的组成部分除了液晶之外，就要数直接关系到液晶显示亮度的背光屏以及负责产生颜色的色滤光镜。在每一个液晶像素上加装上了 Active 素子来进行点对点控制，使得显示屏幕与传统的 CRT 显示屏相比有天壤之别，这种控制模式在显示的精度上，会比以往的控制方式高得多。所以在 CRT 显示屏上会出现图像的品质不良、色渗以及严重抖动的现象，但在加入了新技术的 LCD 显示屏上观看时其画面品质却是相当赏心悦目。

（2）利用色滤光镜制作工艺创造色彩斑斓的画面。

在色滤光镜本体还没被制作成型以前，就先把构成其主体的材料加以染色，之后再加以灌膜制造。这种工艺要求有非常高的制造水准。但与其他普通的 LCD 显示屏相比，用这种工艺制造出来的 LCD，无论在解析度、色彩特性还是使用的寿命方面，都有着非常优异的表现，从而使 LCD 能在高分辨率环境下创造色彩斑斓的画面。

（3）低反射液晶显示技术。

众所周知，外界光线对液晶显示屏幕具有非常大的干扰，一些 LCD 显示屏，在外界光线比较强的时候，因为它表面的玻璃板产生反射，而干扰到它的正常显示。因此在室外一些明亮的公共场所使用时，其性能和可观性会大大降低。目前很多 LCD 即使分辨率再高，其反射技术没处理好，因此对实际工作中的应用都是不实用的。单凭一些纯粹的数据来进行说明，其实是一种有偏差地去引导用户的行为。而新款的 LCD 采用的“低反射液晶显示屏幕”技术是在液晶显示屏的最外层施以反射防止涂装技术（AR coat），有了这一层涂料，液晶显示屏幕所发出的光泽感、液晶显示屏幕本身的透光率、液晶显示屏幕的分辨率、防止反射等这 4 个方面都达到了更好的改善。

（4）先进的“连续料界结晶矽”液晶显示方式。

在一些LCD产品中，在观看动态影片的时候会出现画面的延迟现象，这是由于整个液晶显示屏幕的像素反应速度显得不足所造成的。为了提高像素反应速度，新技术的LCD采用目前最先进的Si TFT液晶显示方式，具有比旧式LCD屏快600倍的像素反应速度。先进的“连续料界结晶矽”技术是利用特殊的制造方式，把原有的非结晶型透明矽电极，在以平常速率600倍的速度下进行移动，从而大大加快了液晶屏幕的像素反应速度，减少了画面出现的延缓现象。

5. 液晶显示器的技术指标

（1）尺寸和显示屏。

现在流行的LCD屏幕的对角线尺寸有15in、17in、19in、22in、24in等。

现在的LCD显示屏均采用薄膜晶体管有源矩阵显示屏（TFT Active Matrix Panel），所有R、G、B像素中的每一个颜色的像素均由一个TFT（薄膜晶体管）来控制，数百万个TFT构成一个有源矩阵，成为LCD显示屏。

（2）点距。

LCD也有这一指标，也直接影响LCD的分辨率。现在主流的LCD的点距为0.27mm、0.282mm、0.283mm等。

（3）分辨率。

LCD屏的分辨率是指液晶屏制造所固有的像素的列数和行数，一般不能任意修改。分辨率越高，清晰度越好。现在市场中的LCD最佳分辨率可达到1920×1200像素。

（4）亮度。

亮度是表现LCD屏幕发光程度的重要指标，亮度越高，对周围环境的适应能力就越强。亮度的测量单位为cd/m^2（坎德拉/平方米），一般在200～500cd/m^2之间，越大越好。

（5）对比度。

对比度通常指开状态与关状态像素亮度的比值，现在LCD的对比度有800：1、2000：1、3000：1、5000：1等，越大越好。

（6）显示色彩。

LCD的色彩显示数目越高，对色彩的分辨力和表现力就越强，这是由LCD内部的彩色数字信号的位数（bit）所决定的。现在市场中的LCD的色彩数有16.2M、16.7M等。

（7）响应时间。

由于液晶材料具有粘滞性，对显示有延迟，响应时间就反映了液晶显示器各像素点的发光对输入信号的反应速度。它由两部分构成，一个是像素点由亮转暗时对信号的延迟时间tr（又称为上升时间），另一个是像素点由暗转亮时对信号的延迟时间tf（又称为下降时间），而响应时间为两者之和。现在市场中的LCD的响应时间为5ms。

（8）可视角度。

可视角度是指站在距LCD屏表面垂线的一定角度内仍可清晰看见图像的最大角度，这个角度越大越好。现在市场中的LCD的可视角度有160°、170°等。

8.3.3 等离子显示器

等离子显示器又称电浆显示器，是继CRT（阴极射线管）、LCD（液晶显示器）后的最新一代显示器，其特点是厚度极薄，分辨率佳。

等离子体显示技术（Plasma Display）的基本原理是，显示屏上排列有上千个密封的小低压气体室（一般都是 Xe 和 Ne 的混合物），电流激发气体，使其发出肉眼看不见的紫外光，紫外光击打到后面玻璃上的红、绿、蓝三色荧光体，荧光体就会发出人们所需的彩色光点。

换句话说，就是利用惰性气体（Ne、He、Xe 等）放电时所产生的紫外光来激发彩色荧光粉发光，然后将这种光转换成人眼可见的光。等离子显示器采用等离子管作为发光元器件，大量的等离子管排列在一起构成屏幕，每个等离子管对应的每个小室内都充有 Ne、Xe 气体。在等离子管电极间加上高压后，封在两层玻璃之间的等离子管小室中的气体会产生紫外光激发平板显示屏上的红、绿、蓝三原色荧光粉发出可见光。每个等离子管作为一个像素，由这些像素的明暗和颜色变化组合使之产生各种灰度和彩色的图像，与显像管发光很相似。从工作原理上讲，等离子体技术同其他显示方式相比存在明显的差别，在结构和组成方面领先一步。其工作原理类似普通日光灯和电视彩色图像，由各个独立的荧光粉像素发光组合而成，因此图像鲜艳、明亮、干净而清晰。另外，等离子体显示设备最突出的特点是可做到超薄，可轻易做到 40in 以上的完全平面大屏幕，而厚度不到 100mm（实际上这也是它的一个弱点，即不能做得较小。目前成品最小只有 42in，只能面向大屏幕需求的用户和家庭影院等方面）。依据电流工作方式的不同，等离子显示器可以分为直流型（DC）和交流型（AC）两种，而目前研究的多以交流型为主，并可依照电极的安排区分为二电极对向放电（Column Discharge）和三电极表面放电（Surface Discharge）两种结构。

8.4 打印机

打印机是计算机系统中主要的输出设备之一，人们使用打印机将计算机的输出信息打印在纸上，便于阅读和保存。通常将能产生永久性记录的设备称为硬拷贝设备。

计算机的打印机种类繁多，按印字原理可以分为击打式和非击打式两类。击打式打印机是利用机械作用使印字机构与色带和纸相撞击而打印信息。针式打印机就是击打式打印机。非击打式打印机是采用电、磁、光、喷墨等物理、化学方法印刷信息。如激光打印机、喷墨打印机、静电印字机等都属于非击打式打印机。

按工作方式可将打印机分为串行打印机和行式打印机两类。串行打印机是逐字进行打印，而行式打印机一次可以打印一行。可见行式打印机比串行打印机快。

按打印纸的宽度可将打印机分为宽行打印机和窄行打印机两类。

目前流行的打印机主要有针式打印机、激光打印机和喷墨打印机。本节将分别讲述这三种打印机的工作原理。

8.4.1 针式打印机

针式打印机的特点是结构简单、体积小、质量轻、价格低，既可以打印字符，又可以打印图形，特别适合于打印需要复写的表格、凭证等。缺点是噪声大、速度慢。

针式打印机由打印头与字车、输纸机构、色带机构及控制器 4 部分组成。图 8.7 为针式打印机的打印机构原理图。

打印头是针式打印机的关键部件。它由打印针、磁铁、衔铁等组成。打印针是钢针或由钨铼合金材料制成。打印头的钢针数与打印机型号有关，有单列7针、单列9针，也有双列14（2×7）针或双列24（2×12）针。在打印时，铁心线圈通上驱动电流，铁心产生磁力，衔铁在磁力的推动下，击打打印针撞击色带及打印纸，将点印在打印纸上。每根针都是可以单独驱动的。打印头固定在托架上，通过托架的横向移动带动打印头作横向移动。打印纸被压在滚筒上，打印机的输纸机构控制滚筒的转动，由滚筒的转动带动打印纸作纵向移动，在打印过程中，受程序控制可以移一行或多行、一页或多页等，也可以在脱机状态下，手动转动滚筒，调整纸的打印位置。

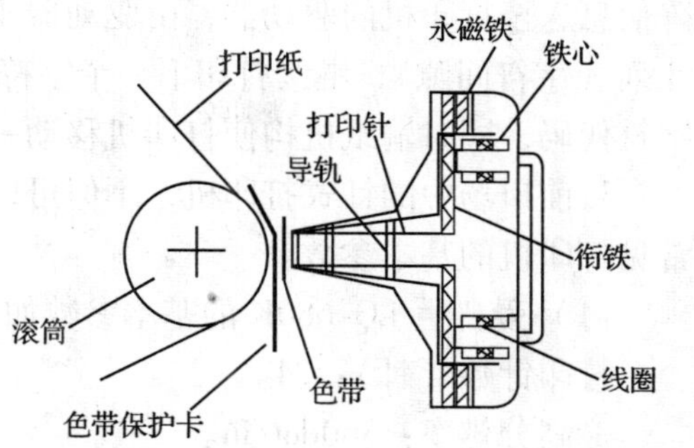

图8.7　针式打印机的打印机构原理图

单色针式打印机的色带是黑色的，彩色针式打印机利用三基色混色原理，使用的色带上除了有一条黑色带外，还有红、蓝、黄3条色带，其他的颜色都是用红、蓝、黄三色混合多次打印组合而成的。在打印过程中，色带在色带机构的控制下循环移动，这样就可使打印针击打到色带上的位置是均匀的，避免固定击打一个位置而使色带被击穿。

针式打印机的控制电路如图8.8所示。

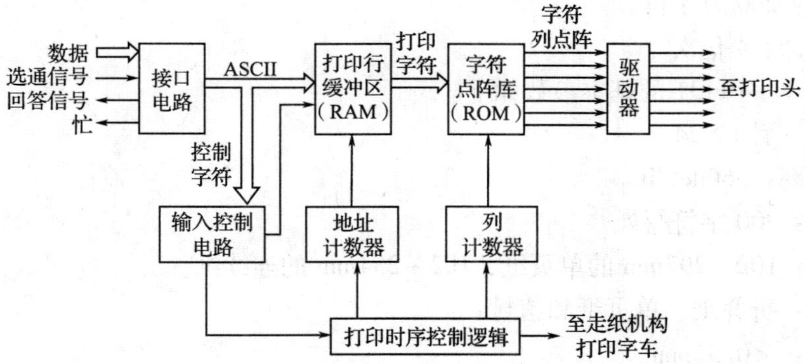

图8.8　针式打印机的控制电路

CPU输出打印信息时，首先检查打印机状态。当打印机“不忙”时，允许打印机接收信息。打印机开始接收从主机送来的字符代码（ASCII码），先判断该字符是打印字符还是控制功能码（如回车、换行、换页等）。若是打印字符，则送至打印行缓冲区（RAM）中，接口电路产生“不忙”的信号，通知主机可以发送下一个字符，如此重复，直到打印行缓冲区装满一行字符后，向主机发送“忙”信号，停止接收，转入打印。若是控制功能码，打印机控制电路通过接口电路向主机发送“忙”信号，通知主机不能发送下一个字符，打印机转入打印状态。

打印时首先启动打印时序控制逻辑，在它的控制下，通过地址计数器产生的地址从打印行缓冲区中取出打印字符码，再以该字符码作为字符点阵库（ROM）的地址码，从中选出对应的字符点阵信息。然后在列计数器产生的列同步脉冲的控制下，按顺序逐列读出字符点阵信息送至打印机的驱动器，由驱动器驱动打印头进行打印。一个字符打印完后，字车移动几列（字符间隙），继续打印下一个字符，直到一行打印完后，再请求主机送来下一行打印字符代码，同时输纸机构使打印机移动一个行距。

目前市场中的针式打印机，不但可以打印字符，还可以打印中文及图形。下面介绍几种常见打印机的基本参数。

（1）爱普生 LQ-680K 的基本参数如下。

打印针数（针）：24。

最高分辨率：360dot/in。

打印速度：231 字/秒。

打印宽度：90 ~ 304.8mm 的单页纸；101.6 ~ 304.8mm 的连续纸。

纸张种类：单页纸、单页拷贝纸、连续纸（单层纸和多层纸）、信封、明信片、带标签的连续纸、卷纸。

纸张厚度：0.065 ~ 0.84mm。

供纸方式：后部供连续纸；前部供单页纸。

字体：中文（宋体、黑体），英文（4 种平滑变倍字体、4 种点阵字体），条码字体。

接口类型：IEEE-1284 双向并行接口。

内存：64KB。

色带类型：黑色色带。

色带寿命：200 万字符。

打印针寿命：4 亿次。

（2）松下 KX-P1131 的基本参数如下。

打印针数（针）：24。

最高分辨率：360dot/in。

打印速度：300 字符/秒。

打印宽度：102 ~ 297mm 的单页纸，102 ~ 254mm 的连续纸。

纸张种类：折叠纸、单页纸和信封。

纸张厚度：<0.36mm。

供纸方式：摩擦式/推动式拖纸器。

字体：3 种草体，7 种信函质量字体，6 种向量字体。

接口类型：Centronics（并口），RS-232C（串口）。

内存：39KB。

色带类型：黑色色带 KX-P181。

色带寿命：600 万字符。

打印针寿命：2 亿次。

8.4.2 激光打印机

激光打印机采用将激光技术和照相技术相结合的方式进行打印。其印字速度快、质量好、分辨率高、噪声小，能打印各种字符、图形、汉字、图表，在各种计算机系统中被广泛采用。

激光打印机的原理框图如图 8.9 所示。

激光打印机主要由接口控制器、字符发生器、激光扫描系统及电子照像系统 4 部分组成。

接口控制器是激光打印机与计算机主机的接口电路，主要负责计算机主机与激光打印机信息交换的控制任务及提供一个信息通路。

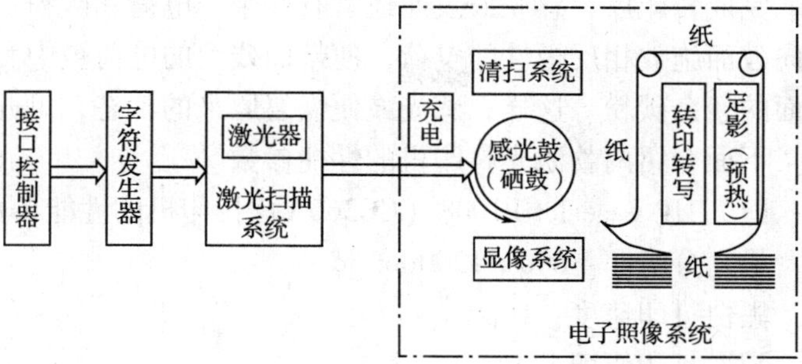

图 8.9 激光打印机的原理框图

字符发生器将主机通过接口控制器传过来的字符编码转换成点阵脉冲信号。

激光扫描系统中的主要部件是半导体激光器，它产生的激光束从感光鼓表面的左边缘向右边缘扫描。在扫描过程中，半导体激光器受点阵脉冲信号的控制，在需要打印点的地方开通（产生光束），在不需要打印点的地方关闭（不产生光束）。激光束扫完一行后，感光鼓旋转一个步距，激光束又回到鼓面的左边缘，开始新一行扫描。

电子照像系统由感光鼓、充电系统、清扫系统、显影定影装置和输纸机构组成。其作用是将静电潜像变成可见的输出。

激光打印机的印字过程可分为以下 6 个步骤。

（1）充电

打印开始时，首先在暗处由充电电晕靠近感光鼓放电，使鼓面充以 -600V 的均匀负电荷。通常情况下在感光鼓的外表面上所涂的感光层是良好的绝缘体，内部铝筒接地，如果鼓的外表面带上负电荷，这种电荷会停留不动。

（2）曝光

受点阵脉冲控制的激光束，通过扫描反射镜反射到感光鼓上，使受光照射（曝光）部分的感光层变为导体，将其表面所带的 -600V 电荷向地泄放，减少到 -100V，使感光鼓表面上写下带有 -100V 电压的像点（不可见的静电潜像点）。

（3）显像（显影）

显影就是让感光鼓上已感光的部分沾上碳粉，变成可见像点。当感光鼓在转动过程中，被感光的点与已附着上一层均匀碳粉的显影轧辊相遇时，碳粉会被感光点吸引而附着在感光鼓的感光点上，而未被感光的部分不吸引碳粉，这时鼓上 -100V 的潜像点就变成了可见像点。

（4）转印

碳粉图像随鼓面转到转印处，在纸的背面用转印电晕放电，使纸面带上与碳粉极性相反的正静电荷，于是碳粉便靠静电吸引而粘附到纸上，完成图像的转印。

（5）定影（固定）

图像从感光鼓转印到打印纸上之后，要通过定影器进行定影。定影器由定影上轧辊和定影下轧辊组成，上轧辊装有一个定影灯，当打印纸通过时，定影灯发出的热量将碳粉熔化，两个轧辊之间的压力又迫使熔化后的碳粉进入纸的纤维中，形成永久保存的图像。

（6）消电、清洁

完成转印后，感光鼓表面还留有残余的电荷和碳粉。当鼓面转到消电电晕处时，利用电晕向鼓面施放相反极性的电荷，使鼓面残留的电荷被中和掉。感光鼓再转到清扫刷处，刷去鼓面的残余碳粉。这样，感光鼓便恢复原来的状态，可开始新的一次打印过程。

下面介绍两款激光打印机的性能参数。

（1）HP LaserJet P1008（CC366A）打印机的性能参数

最高分辨率：600×1200dot/in。

黑白打印速度：16ppm。

最大打印幅面：A4。

供纸方式：自动。

纸张容量：160 张。

打印负荷：高达 5000 页。

首页出纸时间：8s。

支持双面打印：手动。

其他打印介质：普通纸、相纸、糙纸、羊皮纸、存档纸、信封、标签、卡片、透明胶片。

（2）三星 CLP—315 打印机性能参数

最高分辨率：2400×600dot/in。

黑白打印速度：16ppm。

彩色打印速度：4ppm。

最大打印幅面：A4。

供纸方式：自动。

纸张容量：150 张。

打印负荷：20000 页。

首页出纸时间：14s。

支持双面打印：手动。

其他打印介质：透明胶片、标签、卡片、信封。

8.4.3 喷墨打印机

喷墨打印机是将墨滴喷射到打印介质上来形成文字或图像的输出设备。它具有以下优点：

（1）结构简单，设备体积小，可靠性高，价格便宜。

（2）工作噪声小，较为安静。

（3）打印速度很高，每秒钟可达到 150～400 字。

（4）分辨率高，图像、字迹清晰。

（5）可实现高品质彩色照片打印，彩色效果逼真。

它的缺点如下：

（1）对纸张要求较高，一般要选用稍厚并有一定硬度的纸，太薄的纸在打印机中容易起皱。

（2）喷墨打印机耗材较贵，如墨盒、纸张。要想打印质量高，就应选用较好的产品。

（3）喷墨打印机的喷嘴容易堵塞，这就需要定期对喷嘴进行清洗。

喷墨打印机按墨水滴形成的方法可分为滴落式、高频振荡断裂式、喷雾式和电脉冲加热式。

喷墨打印机按墨水滴的偏转控制方式可分为电场偏转式、磁场偏转式、机械偏转式。

喷墨打印机按控制墨水的方式可分为电荷控制式（又称充电控制式）、电场控制方式（又称静电发射式）、压电喷墨式（又称脉冲控制式）、气泡喷墨式。

1. 电荷控制式喷墨打印机的工作原理

图8.10是电荷控制式喷墨打印机的印刷原理。该打印机主要由喷墨头、充电电极、偏转电极、墨水供应系统、过滤回收系统及控制电路等组成。

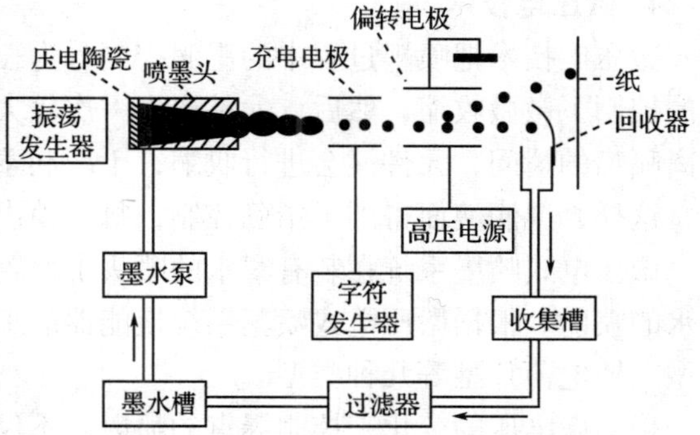

图8.10　电荷控制式喷墨打印机的印刷原理

图8.10中，压电陶瓷受振荡发生器的电脉冲激励产生电致伸缩，使墨水断裂形成墨滴而喷射出来，只要电脉冲存在，墨滴就会连续喷射。当不带电荷的墨水滴通过充电电极时，根据印字点的位置不同，由字符发生器控制充电电极为墨水滴充不同电量的电荷。充电电荷越多，经偏转电极墨水滴偏移距离就越大，落在纸上的位置也就越高。当然，充电电荷越少，墨水滴落在纸上的位置也就越低。不参与记录信息的墨水滴通过充电电极时，字符发生器控制充电电极不充电，这样不带电的墨水滴通过偏转电极时就不会偏转，而直接射入回收器中，通过收集槽、过滤器，再流回墨水槽中，可以再次使用。该图采用一对偏转电极，墨水滴只能在垂直方向移动，而墨水滴的横向移动要靠喷头相对于记录纸作横向移动来完成。

对偏转电极而言，有的系统采用两对互相垂直的偏转电极，对墨水滴打印位置进行二维偏转，即二维偏转型；有的系统对偏转电极采用多维控制，即多维偏转型。

这种连续循环的喷墨系统能生成高速墨水滴，所以打印速度高，可以使用普通纸。不同的打印介质皆可获得高质量的打印效果，还易于实现彩色打印。但是，这种喷墨打印机的结构与后面讲的其他方式相比，对墨水需要加压装置，终端要有回收装置回收不参与记录的墨滴，所以比较复杂，并且工作效率不够高，不太精确。现在采用这种技术的喷墨打印机已经极少见到。

2. 电场控制式喷墨打印机

电场控制式打印机是在静电场中用滴落法来形成墨滴的。

作用在墨水射流上的静压力使墨水在喷嘴孔口处形成一个凸出的新月形面。墨水不会流出，墨水的表面张力和静压力处于平衡状态。如果在凸出的新月形面和位于喷嘴前面的加速电极之间加上一个高电压（一般为2000V），就会形成一个轴向电场力作用于新月形面上，使其发生变形，形成一滴墨水。墨水滴在电场方向加速，其速度正比于加速电压，反比于墨滴直径。墨水形成，喷嘴随即又从墨水容器中得到补充，这样就形成一串墨水滴链。被充电的墨滴形成后，在不同的偏转电场电压作用下，在X和Y方向进行偏转，落在记录纸上相应位置而形成字符。

3. 热气泡式喷墨技术

喷墨打印机一般多采用热气泡喷墨技术，通过墨水在短时间内的加热、膨胀、压缩，将墨水喷射到打印纸上形成墨点，增加墨滴色彩的稳定性，实现高速度、高质量打印。由于除了墨滴的大小以外，墨滴的形状、浓度的一致性都会对图像质量产生重大影响，而墨水在高温下产生的墨点方向和形状均不容易控制，所以高精度的墨滴控制十分重要。热泡式喷墨打印的原理是将墨水装入到一个非常微小的毛细管中，通过一个微型的加热垫迅速将墨水加热到沸点。这样就生成了一个非常微小的蒸汽泡，蒸汽泡扩张就将一滴墨水喷射到毛细管的顶端。停止加热，墨水冷却，导致蒸汽凝结收缩，从而停止墨水流动，直到下一次再产生蒸汽并生成一个墨滴。

4. 微压电技术

微压电技术把喷墨过程中的墨滴控制分为三个阶段：在喷墨操作前，压电元件首先在信号的控制下微微收缩；然后，元件产生一次较大的延伸，把墨滴推出喷嘴；在墨滴马上就要飞离喷嘴的瞬间，元件又会进行收缩，干净利索地把墨水液面从喷嘴收缩。

这样，墨滴液面得到了精确控制，每次喷出的墨滴都有完美的形状和正确的飞行方向。

微压电式喷墨系统在装有墨水的喷头上设置换能器，换能器受打印信号的控制从而控制墨水的喷射。根据微压电式喷墨系统换能器的工作原理及排列结构可分为压电管型、压电薄膜型、压电薄片型等几种类型。

采用微电压的变化来控制墨点的喷射，不仅避免了热气泡喷墨技术的缺点，而且能够精确控制墨点的喷射方向和形状。压电式喷墨打印头在微型墨水存储器的后部采用了一块压电晶体。对晶体施加电流，就会使它向内弹压。当电流中断时，晶体反弹回原来的位置，同时将一滴微量的墨水通过喷嘴射出去。当电流恢复时，晶体又向外延伸，进入喷射下一滴墨水的准备状态。

热泡式打印头由于墨水在高温下易发生化学变化，性质不稳定，所以打出的色彩真实性就会受到一定程度的影响；另一方面由于墨水是通过气泡喷出的，墨水微粒的方向性与体积大小不好掌握，打印线条边缘容易参差不齐，在一定程度上影响了打印质量，这都是它的不足之处。而微压电打印头技术是利用晶体加压时放电的特性，在常温状态下稳定地将墨水喷出。它对墨滴的控制能力较强，还将色点缩小许多，产生的墨点也没有慧尾，从而使打印的图像更清晰。它容易实现高达1440像素的高精度打印质量，且微压电喷墨时无须加热，墨水就不会因受热而发生化学变化，故大大降低了对墨水的要求。另外，压电式打印头被固定在打印机中，因此只需要更换墨盒就可以了。热泡式喷墨打印机需要在每个墨盒中安装喷墨嘴，这样会增加墨盒的成本。压电式喷墨打印机的缺点是，如果压电打印头被损坏或者阻塞了，整台打印机都需要维修。

喷墨打印机的机械结构由喷头和墨盒、清洁单元、小车单元、送纸单元和传感器单元等组成。

（1）喷头和墨盒

1）喷头和墨盒一体化：包括喷头和墨盒，墨盒本身为消耗品。

2）喷头和墨盒分离：更换墨盒即可解决墨水用尽或打印质量不好的问题。

喷嘴由30个增加到64个或更多，墨盒中加入适当的墨水，可多次使用。

（2）清洁单元

清洁单元对喷头的维护包括盖帽和清洁等。

（3）小车单元

小车单元沿着打印机的引导丝杆往复移动。不同的喷墨打印机小车单元的结构稍有不同，它用来固定墨盒和打印喷头，并能实现喷头与逻辑板之间的电信号连接。

（4）送纸单元

送纸单元与小车的移动、喷嘴喷墨等动作同步，以完成打印过程。送纸单元的组成结构包括携带纸辊、压纸辊、输送辊、排纸辊、纸释放杆、送纸电动机、装纸托架以及纸引导板等。

（5）传感器单元

传感器单元检测打印机内部各部件的工作状态，并控制打印机机械部分的自动工作。

1）光电传感器：包括拾纸传感器、纸张传感器、纸尽传感器、初始位置传感器、墨盒传感器等。

2）温度传感器：包括打印头温度传感器和内部温度传感器。

3）薄膜式压力传感器：如墨水传感器。

（6）供电单元

供电单元包括逻辑部分和电源部分。

1）逻辑部分：解释和处理来自接口的数据和打印命令，检测打印机的工作状态以操纵打印机的机械结构。

2）电源部分：由市电输入及其变换电路、主电源、5V 电源和保护电路构成。喷墨打印机电源部分有两种设计思路，一种是内置电源，直接用电源线将打印机和电源插座连接即可供电；另一种设计采用外接电源，即打印机本身没有电源，靠外接直流稳压电源工作。

下面介绍两款喷墨打印机的技术参数。

（1）HP Deskjet D2468（CB612D）打印机的性能参数

支持双面打印。

最高分辨率：4800×1200 dot/in。

黑白打印速度：20.00 ppm。

彩色打印速度：14.00 ppm。

最大打印幅面：A4。

供纸方式：手动/自动。

纸张容量：80 张。

打印负荷：高达 1000 页。

其他打印介质：普通纸、相纸、信封、投影胶片、标签、卡片、惠普（HP）高级打印介质、转印纸。

（2）爱普生 Stylus Photo R270 打印机的性能参数

最高分辨率：5760×1440dot/in。

黑白打印速度：30ppm。

彩色打印速度：30ppm。

最大打印幅面：A4。

供纸方式：自动/手动。

纸张容量：120 张。

支持网络打印：不支持。

其他打印介质：高质量光泽照片纸、光泽照片纸、高质量亚光照片纸、超级光泽照片纸、重磅粗面纸、双面粗面纸、T 恤转印纸、照片质量喷墨纸。

思考题与习题

1. 按功能分类，可以将外部设备分为哪几类？
2. 输入和输出设备通常通过什么与主机相连？
3. 解释下列名词：调用界面、设备驱动程序、设备控制程序。
4. 键盘上的按键起一个开关的作用，所以又称为键开关。键开关分为哪几类？
5. 以图 8.2 为例，描述非编码键盘的工作过程。
6. 从网上搜索最新键盘的性能参数。
7. 按显示器件的不同将显示器分为哪几类？
8. 解释下列与显示器相关的名词：点距、分辨率、扫描方式、场频、行频、带宽、显示存储器、字符发生器、水平消隐。
9. 简述 CRT 的显示原理。
10. 简述分辨率、灰度的概念以及它们对显示器性能的影响。
11. 某 CRT 显示器可显示 64 种 ASCII 字符，每帧可显示 80 字 ×25 排；每个字符采用 7×8 点阵，即横向 7 点，字间间隔 1 点，纵向 8 点，排间间隔 6 点；帧频 50Hz，采用逐行扫描方式。问：

（1）缓存容量需多大？

（2）字符发生器（ROM）容量需多大？

（3）缓存中存放的是 ASCII 码还是点阵信息？

（4）缓存地址与屏幕显示位置如何对应？

（5）设置哪些计数器以控制缓存访问与屏幕扫描之间的同步？它们的分频关系如何？

12. 设某光栅扫描显示器的分辨率为 1024×768 像素，帧频为 50 帧/秒（逐行扫描），回扫和水平回扫时间忽略不计，则此显示器的行频是多少？每一像素允许读出时间是多少？
13. 从网上搜索目前最新一款液晶显示器，并说明其性能指标。
14. 按印字原理将打印机分为哪几种？说明各种打印机的特点。
15. 针式打印机由哪几个部分组成？
16. 从网上搜索目前最新一款针式打印机，并说明其性能指标。
17. 以图 8.9 为例，说明激光打印机的印字过程。
18. 从网上搜索目前最新一款激光打印机，并说明其性能指标。
19. 喷墨打印机按控制墨水的方式分为哪几种？
20. 以图 8.10 为例，说明喷墨打印机的印字原理。
21. 从网上搜索目前最新一款喷墨打印机，并说明其性能指标。

第4篇

计算机系统部件设计

本篇包含现代计算机设计技术介绍、超大规模集成电路的可编程芯片及应用技术、计算机组成部件设计及计算机系统设计等内容。

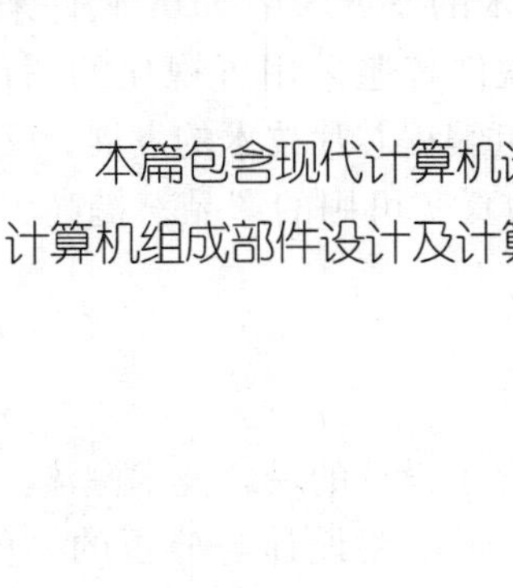

第 9 章　现代计算机系统部件设计

随着科学技术的发展，计算机的核心技术已经逐渐集中在集成电路芯片和软件这两项中，其中 CPU 和 OS 设计技术是最核心的两项技术。特别是高性能计算机技术一直是衡量国家实力的一个重要标志。

9.1　现代计算机设计技术

近年来，随着 EDA（Electronic Design Automation）技术的发展，用 EDA 软件来设计计算机部件，乃至整个计算机系统逐渐为人们接受。EDA 软件普遍采用可视化的图形界面，使得电子设计、仿真变得更加简单快捷。而微电子技术中可编程芯片技术的发展，又使得通过 EDA 软件设计的计算机部件很容易下载到芯片上，成为真实可用的产品，提高了设计效率，缩短了电子设计的开发周期，降低了成本。

9.1.1　EDA 技术

EDA 技术是 20 世纪 90 年代迅速发展起来的，是现代电子设计的最新技术潮流。它综合了现代电子技术和计算机技术的最新研究成果，是从事电子电路设计与分析的一门技术。EDA 技术作为现代电子设计技术的核心，它依赖于功能强大的计算机，在 EDA 工具软件平台上，对以硬件描述语言为系统逻辑描述手段完成的设计文件，自动地完成逻辑编译、逻辑化简、逻辑分割、逻辑综合、结构综合（布局布线），以及逻辑优化和仿真测试，直至下载到可编程逻辑器件 CPLD/FPGA 或专用集成电路 ASIC 芯片中，实现既定的电子电路系统功能。除了硬件描述语言之外，EDA 软件还可以采用原理图和波形图作为输入，进行电子电路乃至系统设计。

传统的电子产品的设计必须经过设计方案的提出、电路原理图设计、初步验证、样机制作、小批量试制、大批量生产等几个过程。传统的电路设计方法都是自底向上的，而基于 EDA 技术的设计方法则完全相反，即自顶向下。

（1）采用可以完全独立于目标器件芯片物理结构的硬件描述语言，在系统的基本功能或行为级上对设计的产品进行描述和定义，结合多层次的仿真技术，在确保设计的可行性与正确性的前提下，完成功能确认。

（2）利用 EDA 工具的逻辑综合功能，把功能描述转换成某一具体目标芯片的网表文件，并将它输出到该器件厂商的布局布线适配器，进行逻辑映射及布局布线。

（3）利用产生的仿真文件进行功能和时序验证，以确保实际系统的性能。

EDA 技术在设计的最初阶段，设计人员可不受芯片结构的约束，集中精力对产品进行最适应市场需求的设计，从而避免了传统设计方法中的再设计风险，缩短了产品的上市周期。另外，EDA 技术在选择目标器件的类型、规模、硬件结构等方面具有更大的自由度。

一般情况下，利用 EDA 技术进行电子系统设计，最后的目标是完成专用集成电路

(Application Specific Integrated Circuit，ASIC）的实现。ASIC 作为最终的物理平台，集中容纳了用户通过 EDA 技术将电子应用系统的既定功能和技术指标具体实现的硬件实体。而专用集成电路可以通过超大规模可编程逻辑器件，如 FPGA（Field Programmable Gate Array）和 CPLD（Complex Programmable Logic Device）来实现。

EDA 设计流程如图 9.1 所示。

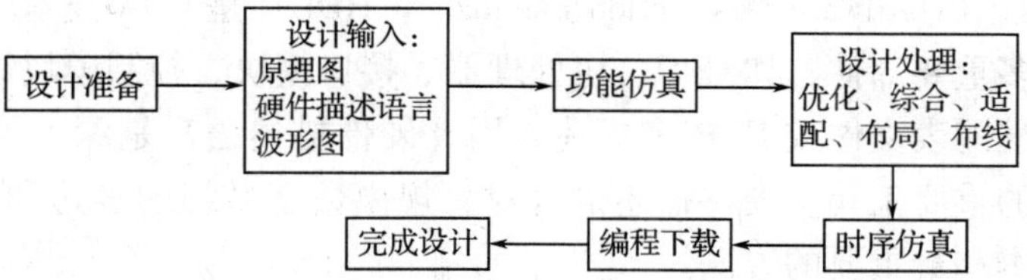

图 9.1 EDA 设计流程

9.1.2 可编程逻辑器件

可编程逻辑器件 FPGA 和 CPLD 使用方便、灵活，并且具有通用性，硬件测试和实现快捷，开发效率高，成本低，上市时间短，技术维护简单等特点，作为 EDA 软件设计下载的载体得到广泛应用。

可编程逻辑器件的历史可以追溯到早期的 PROM（Programmable Read Only Memory）、PLA（Programmable Logic Array）等。最初，人们只是想设计一种逻辑可再重构的器件，即所谓可编程器件，不过由于受到当时集成电路工艺技术的限制，一直未能如愿。直到 20 世纪后期，集成电路技术有了飞速的发展，可编程逻辑器件才得以实现。早期的 PLD（Programmable Logic Device，可编程逻辑器件）功能比较简单。此后，人们又从 ROM 工作原理、地址信号与输出数据间的关系，以及 ASIC 的门阵列法中获得启发，构造出另外一种可编程的逻辑结构，就是 SRAM 查找表的逻辑形成方法。它的逻辑函数发生采用 RAM“数据”查找的方式，并使用多个查找表构成了一个查找表阵列，称为可编程门阵列（Programmable Gate Array）。后来采用大规模集成电路技术实现了 EPLD，直至 CPLD 和 FPGA 器件，即现场可编程门阵列器件。进入 20 世纪 90 年代后，可编程逻辑集成电路技术进入飞速发展时期。器件的可用逻辑门数超过了百万门乃至千万门，并出现了内嵌复杂功能模块（如加法器、乘法器、RAM、CPU 核、DSP 核、PLL 等）的大规模 FPGA。

目前大部分常用的 FPGA 器件都采用 SRAM 查找表结构的编程工艺。如 Xilinx 和 Altera 的 FPGA 器件都采用 SRAM 编程方式。这种编程方式在编程速度、编程要求上要优于 CPLD 器件，不过 SRAM 型 FPGA 的编程信息是存放在 RAM 中，在断电后就会丢失，再次上电需要再次编程（配置），因而需要专用器件来完成这类配置操作。如 Xilinx 的 SPARTAN 系列、Altera 的 FLEX10K、ACEX1K、Cyclone、Cyclone Ⅱ、Stratix 等系列都属于此类器件。

Cyclone 与 Cyclone Ⅱ 系列器件是 Altera 公司推出的两个 FPGA 系列，它们包含了最新发展的 FPGA 技术，除了通信领域外，在 CPU 设计、DSP 处理器设计及嵌入式系统构建方面都有明显的优势。例如，此系列 FPGA 中包含有丰富的逻辑宏单元（LE），一片中等规模的 FPGA 就能同时容下数个 32 位嵌入式处理器。此外，还含有多种类型的硬核模块，如嵌入式锁相环 PLL（可用于 CPU 时钟倍频或混合时钟模式等），大量 DSP 模块（可用于 CPU 加速器)，高速嵌入式存储器（Embedded Memory）或嵌入式阵列块（EAB 或 M4K 等，可配置成不同的功能模块，如用作 CPU 内部的 RAM、ROM、FIFO 或 Cache 等)，支持最高达 640Mbit/s 的数据传输速度的 LVDS（低压差分串行）口等。

9.1.3 硬件描述语言

硬件描述语言（Hardware Description Language，HDL）是 EDA 技术的重要组成部分。现代计算机中的许多重要部件，如 CPU、协处理器、接口模块、控制模块等都可以用硬件描述语言及对应的标准网表文件或 IP 核来描述，因此硬件描述语言是深入了解现代计算机组成原理和设计方法的重要工具。硬件描述语言对大规模数字系统的表达和设计是 EDA 建模和实现技术中最基本和最重要的方法。

常见的 HDL 有 VHDL、Verilog HDL、SystemVerilog、SystemC 等。其中 VHDL（Very High Speed Integrated Circuit Hardware Description Language）和 Verilog HDL 是电子设计主流硬件描述语言，被广泛应用于 EDA 设计中。

VHDL 是 1983 年由美国国防部（DOD）发起创建，由 IEEE（The Institute of Electrical and Electronics Engineers）进一步完善并在 1987 年作为“IEEE 标准 1076”发布。从此，VHDL 成为硬件描述语言的业界标准之一，各 EDA 软件公司相继推出了自己的 VHDL 设计环境，或宣布自己的设计工具支持 VHDL。此后 VHDL 在电子设计领域得到了广泛应用，并逐步取代了原有的非标准硬件描述语言。1993 年，IEEE 再次对 VHDL 进行了修订，从更高的抽象层次和系统描述能力上扩展了 VHDL 的内容，公布了新版本的 VHDL，即 IEEE 标准的 1076-1993 版本，而最新公布的 VHDL 标准版本是 IEEE 1076-2002。现在 VHDL 和 Verilog HDL 作为 IEEE 的工业标准硬件描述语言，得到众多 EDA 公司的支持，在电子工程领域已成为事实上的通用硬件描述语言。

VHDL 语言具有很强的电路行为描述、结构描述和建模能力，能从多个层次对数字系统进行建模和描述，从而大大简化了硬件设计任务，提高了设计效率和可靠性。VHDL 具有与具体硬件电路无关和与设计平台无关的特性，并在语言易读性和层次化结构化设计方面，表现了强大的生命力和应用潜力。因此，VHDL 在支持各种模式的设计方法、自顶向下与自底向上或混合方法方面，在面对当今许多电子产品生命周期的缩短，需要多次重新设计以融入最新技术，改变工艺等方面都表现了良好的适应性。

9.2 计算机组成部件设计

本节介绍利用 Altera 公司的 QuartusⅡ 8.0 版软件设计计算机部件，采用图形输入设计方法。Quartus 软件可以在 Altera 公司的网站 http://www.altera.com 上免费下载，下载后安装即可。

9.2.1 算术逻辑运算部件的设计

设计一个 4 位算术逻辑运算部件（ALU），可以完成两个 4 位二进制数据的加、减、逻辑与和逻辑或运算。首先启动 Quartus，界面如图 9.2 所示。

由图 9.2 可见，QuartusⅡ 8.0 界面主要由菜单栏、工具栏、工作区和各种辅助窗口组成。中间空白的地方为工作区，左边为“Task”窗口，用于项目任务的管理，底部为

"Messages"窗口，用于显示编译信息。这些窗口的打开/关闭可以通过菜单来控制，选择 View | Utility Windows，再选择相应的选项即可打开或关闭对应的窗口。

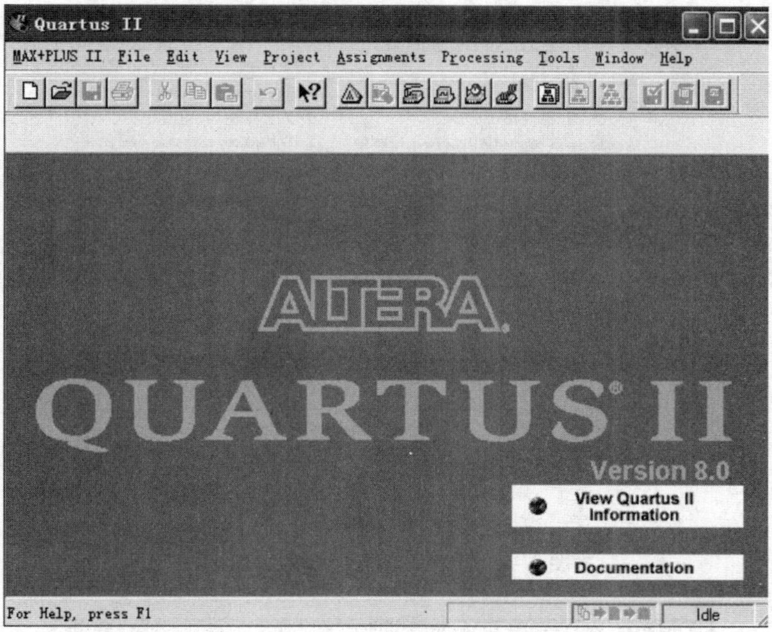

图 9.2 Quartus Ⅱ启动界面

依次按照下列步骤完成 ALU 部件的设计并进行功能仿真。

1. 建立项目

项目是一个逻辑单位，用于管理设计文件。由于每个设计都会产生大量文件，所以应该为每个项目设置专门的文件夹。建立项目及其对应文件夹的方法是选择菜单中 File | New Project Wizard 选项，弹出如图 9.3 所示对话框。在第 1 栏中输入项目所在文件夹，在第 2 栏输入项目名称 ALU，系统会自动在第 3 栏输入项目顶层文件名称 ALU。

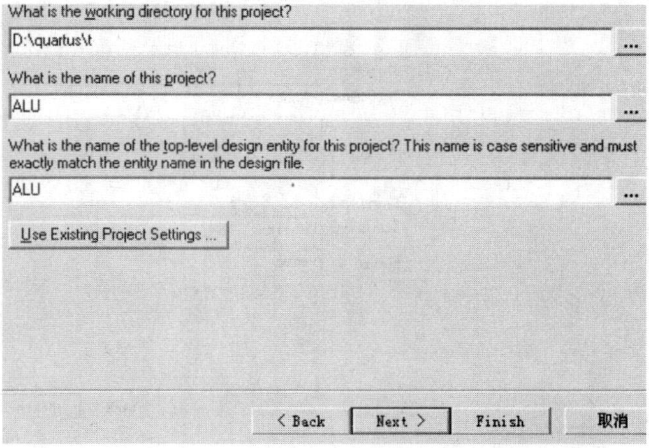

图 9.3 新建项目对话框

单击"Next"按钮，如果输入的文件夹不存在，系统会提示是否创建，单击"是"按钮，即可建立文件夹。接着系统弹出添加文件窗口，一般情况下不需要给新建项目添加文件，直接单击"Next"按钮即可。随后系统弹出如图 9.4 所示的选择目标器件及参数窗口。

目标器件的参数包括器件封装型号、引脚数和速度级别。此处按照软件默认设置即可。单击"Next"按钮后，系统弹出如图 9.5 所示 EDA 工具设置对话框，按照图中提示进行选择，单击"Next"按钮。

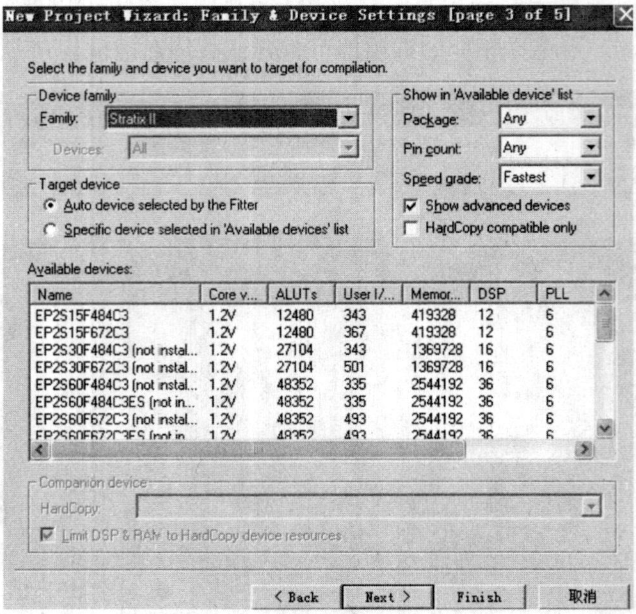

图 9.4　选择目标器件及参数对话框

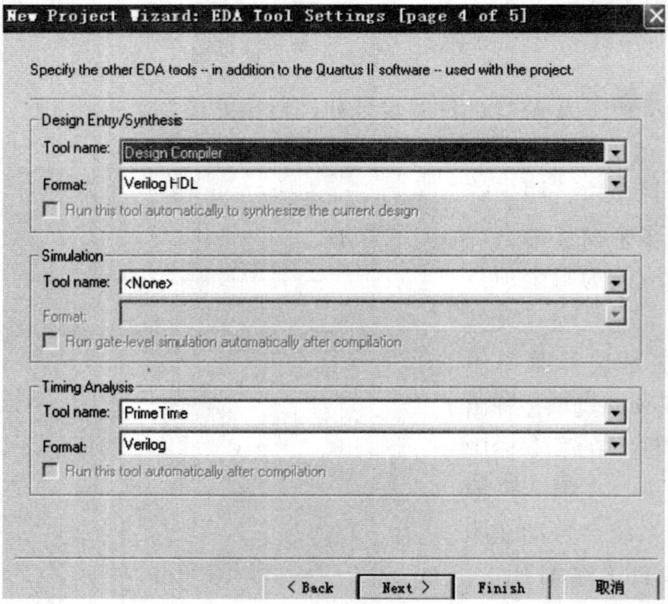

图 9.5　EDA 工具设置对话框

系统弹出如图 9.6 所示的对话框，对之前的设置进行汇总。单击“Finish”按钮，即完成了当前项目的建立。

2. 建立各层逻辑电路图形文件

Quartus Ⅱ软件采用层次化设计方法，分层设计电路的各个组成部分，分别封装成模块，最后由顶层模块调用。顶层模块由各层子模块及必要的逻辑电路组成。本设计中 4 位 ALU 部件为顶层模块，它由 4 个一位 ALU 单元组成。每个一位 ALU 单元由加减法器和逻辑运算元件构成，下面分步进行设计。

（1）一位全加器的设计。

一位全加器实现两个一位二进制数的加法运算，其逻辑表达式为

$$C_i = A_iB_i + A_iC_{i-1} + B_iC_{i-1}$$

$$S_i = A_i \oplus B_i \oplus C_i$$

其中，A_i和 B_i是两个一位二进制数，C_i表示向高位的进位，C_{i-1}表示低位来的进位，S_i表示本位和。在菜单栏中选择 File | New 命令，弹出如图 9.7 所示的对话框。

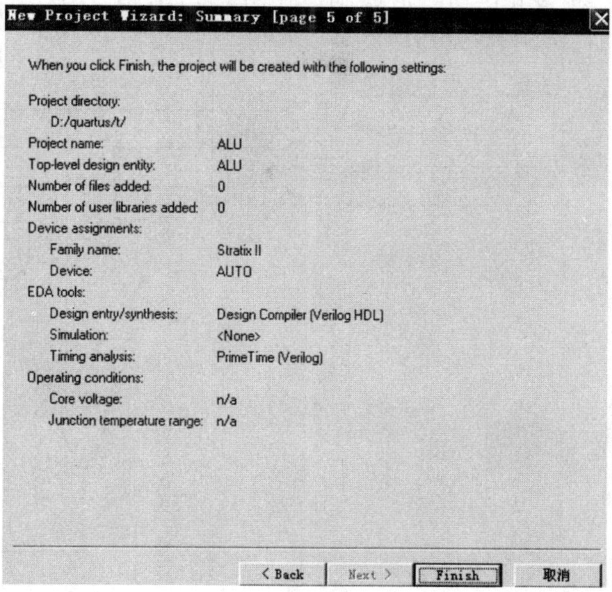

图 9.6　项目信息汇总

在图 9.7 中选择 Design Files 的 Block Diagram/Schematic File 项，单击“OK”按钮，弹出如图 9.8 所示的设计界面。图中空白区域为工作区，文件名是默认的 Block1. bdf，保存时可以修改。左边为绘图工具栏，在其中单击按钮，选择 Symbol Tool，弹出 Symbol 对话框，在 Libraries 栏中选择 primitives 目录下的 logic 目录。logic 目录中包含基本逻辑元件，如与门、或门、异或门等。primitives 目录下的 pin 目录则包含输入/输出引脚；primitives 目录下的 buffer 目录中的 tri 为三态门；primitives 目录下的 storage 目录中则包含各种触发器。工作区背景中的点可以通过选择菜单 View/Show Guidelines 选项来显示或隐去。

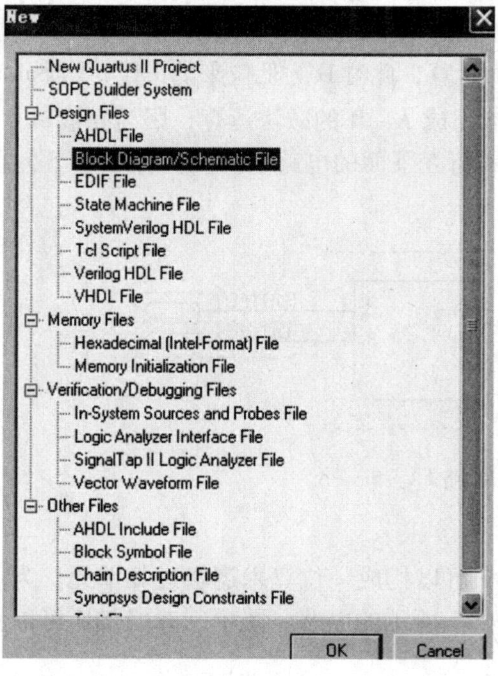

图 9.7　新建原理图文件对话框

图 9.8　图形文件编辑窗口

选择相应的门电路和输入及输出引脚，组成如图 9.9 所示的一位全加器 FA 逻辑电路图。

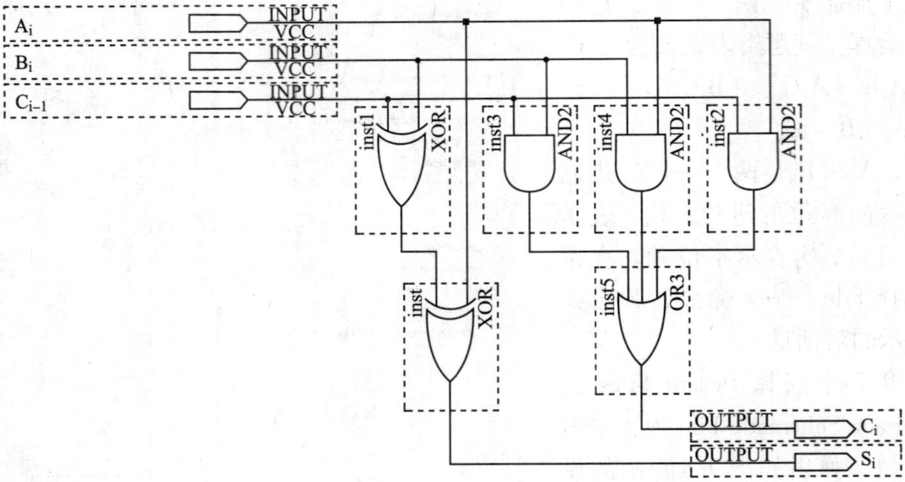

图 9.9　一位全加器 FA 逻辑电路图

图中输入/输出引脚的名称可以通过双击引脚来修改，一位全加器保存为 FA. bdf 图形文件，再封装为模块。封装方法是选择菜单栏中的 File | Create/Update | Create Symbol Files for Current File 命令，系统弹出 Create Symbol File 对话框，单击"确定"按钮即可。封装后，在本项目范围内就可以从 Libraries 栏的 Project 目录找到 FA 模块并能引用。

（2）一位加减法器的设计。

一位加减法器在一位全加器的基础上增加一些控制逻辑电路构成，既能做加法运算，又能做减法运算。新建图形文件 FA_ S. bdf，设计如图 9.10 所示的电路。从图中可知，当控制端 Sub =0 时，$B_i = B \oplus 0 = B$，电路完成一位全加运算，此时 D 为低位来的进位；当 Sub = 1 时，$B_i = B \oplus 1 = \overline{B}$，电路完成 $A + \overline{B}$ 运算，还不能完成 A − B 的减法运算，因为完成 A − B 的减法运算需要做 A 加 B 的补码的运算，这个问题将在下面的电路中解决。将 FA_ S 封装为模块。

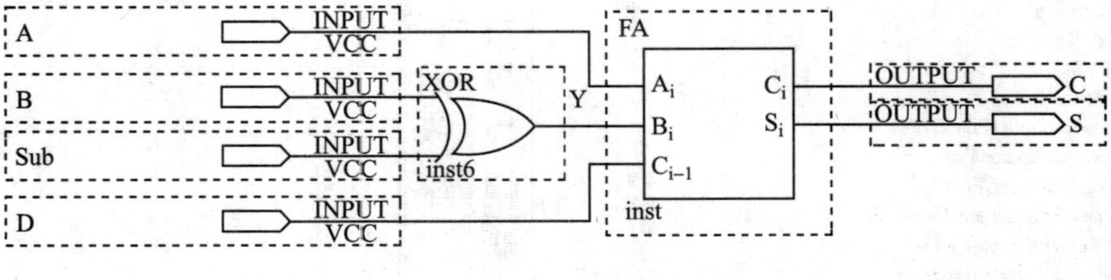

图 9.10　一位加减法电路 FA_ S

（3）一位算术逻辑运算单元的设计。

在 FA_ S 的基础上增加逻辑与和或运算功能，可以构成一位算术逻辑运算单元。为了控制的方便，增加两个输入控制引脚，建立如图 9.11 所示的电路。图中三态门 TRI 可以在 primitives 目录下的 buffer 目录中找到。

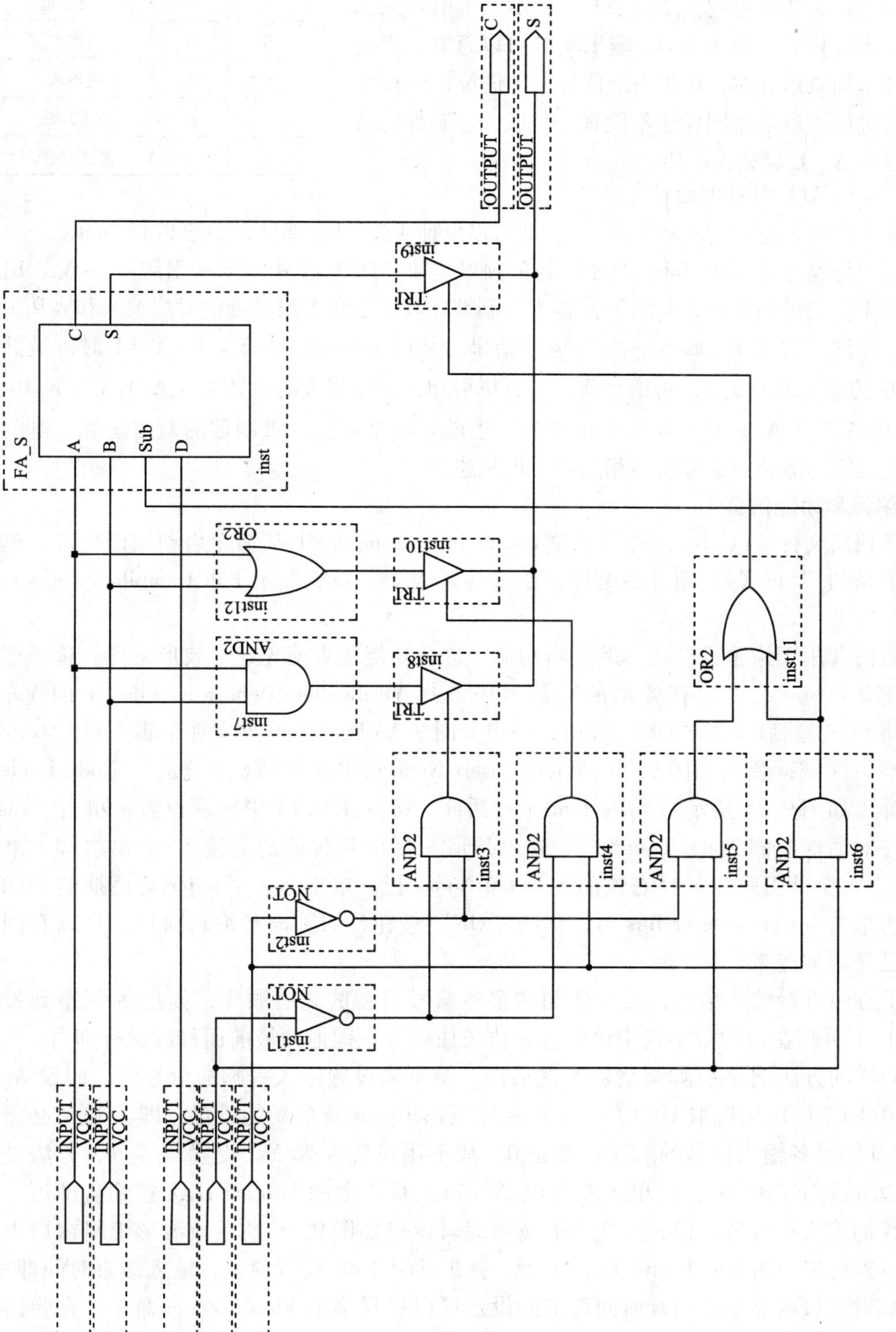

图9.11 一位算术逻辑运算单元A_L

从图 9. 11 中可知，X 和 Y 实际是该电路的控制引脚，其取值和电路功能的对应关系如表 9. 1 所示。当电路完成逻辑与和或运算时，输入端 D、输出端 C 可以忽略。当电路完成算术加减运算时，D 相当于低位来的进位，而 C 为向高位的进位。该电路同样还不能真正完成二进制数的减法运算，将 A_ L 封装为模块。

表 9. 1　X、Y 引脚与电路功能

X	Y	电路功能
0	0	逻辑与
0	1	逻辑或
1	0	算术加法
1	1	算术减法

（4）4 位 ALU 部件的设计。

有了一位算术逻辑运算单元 A_ L，就可以设计 4 位 ALU 部件，如图 9. 12 所示。

图示文件保存为 ALU. bdf，是本项目的顶层模块。图 9. 12 中输入端引脚 $A_3 \sim A_0$、$B_3 \sim B_0$为两个 4 位二进制数据，X 和 Y 同样为控制端，其取值和电路功能的对应关系和表 9. 1 所示的完全相同。输出端引脚 $S_3 \sim S_0$为运算结果。从图中可知，当 X = 1、Y = 1 时，最低位 A_ L模块的输入端 D 为 1，再结合前面的分析可知，电路完成的运算为 $A_3A_2A_1A_0 + \overline{B_3}\,\overline{B_2}\,\overline{B_1}\,\overline{B_0} + 1$，即 $A_3A_2A_1A_0$加上 $B_3B_2B_1B_0$的补码，也就是两个 4 位二进制数的减法运算。电路完成的其他运算功能和前面分析的相同，不再赘述。

3. 编译和功能仿真

编译顶层文件 ALU. bdf，选择菜单 Processing | Compiler Tool 命令启动编译窗口，单击窗口左下角的“Start”按钮开始编译，如果编译成功，系统提示 Full Compilation was successful。

功能仿真用于检验设计项目的逻辑功能，进行功能仿真前先建立波形文件。选择菜单栏中的 File | New 命令，在弹出的对话框中选择 Verification/Debugging Files 下的 Vector Waveform File，然后单击“OK”按钮，弹出如图 9. 13 所示的波形文件编辑窗口。双击窗口左侧空白区域，弹出如图 9. 14 所示的 Insert Node or Bus 对话框，单击“Node Finder”按钮，弹出如图 9. 15 所示的 Node Finder 对话框。按照图 9. 15 中所示设置，单击“List”按钮。在对话框左侧 Nodes Found 栏会列出顶层文件所包含的所有输入/输出引脚。单击 >> 按钮，将全部引脚添加到右侧的 Selected Nodes 栏。单击 Node Finder 对话框的“OK”按钮，再单击 Insert Node or Bus 对话框的“OK”按钮，回到波形编辑窗口，可以看到信号引脚已经添加进来。

为了方便查看仿真结果，需要适当调整各信号引脚的先后顺序，如把 X 调整到最前面，单击 X 引脚左边的数字选中该引脚，再按住鼠标左键拖到最前面释放鼠标即可。

用同样的方法把 Y 引脚调整到 X 的后面。接下来设置输入引脚的信号值。假设 $A_3A_2A_1A_0$取 0110，$B_3B_2B_1B_0$取 1011。首先按照完成逻辑与运算的功能设置，即 X 和 Y 必须为 0。由于开始时各输入信号的默认值都是 0，故不用设置 X 和 Y。设置 A_1为 1，方法是单击 A_1左边的数字选中 A_1，再单击左侧波形编辑工具栏中的 Forcing High 按钮 ⊥ 即可。同样设置其他输入信号值，设置完成后的波形编辑窗口如图 9. 16 所示。波形编辑窗口中仿真时间设置可以单击 Edit | End Time 命令，弹出 End Time 设置窗口，输入结束时间即可。而波形编辑窗口内显示的仿真时间范围的设定可以选择菜单 View | Zoom 命令，在弹出的 Zoom 窗口中选中 Show range 选项，分别在 Start time 和 End time 中输入时间值即可。把该波形文件保存为 and. vwf，关闭波形文件。

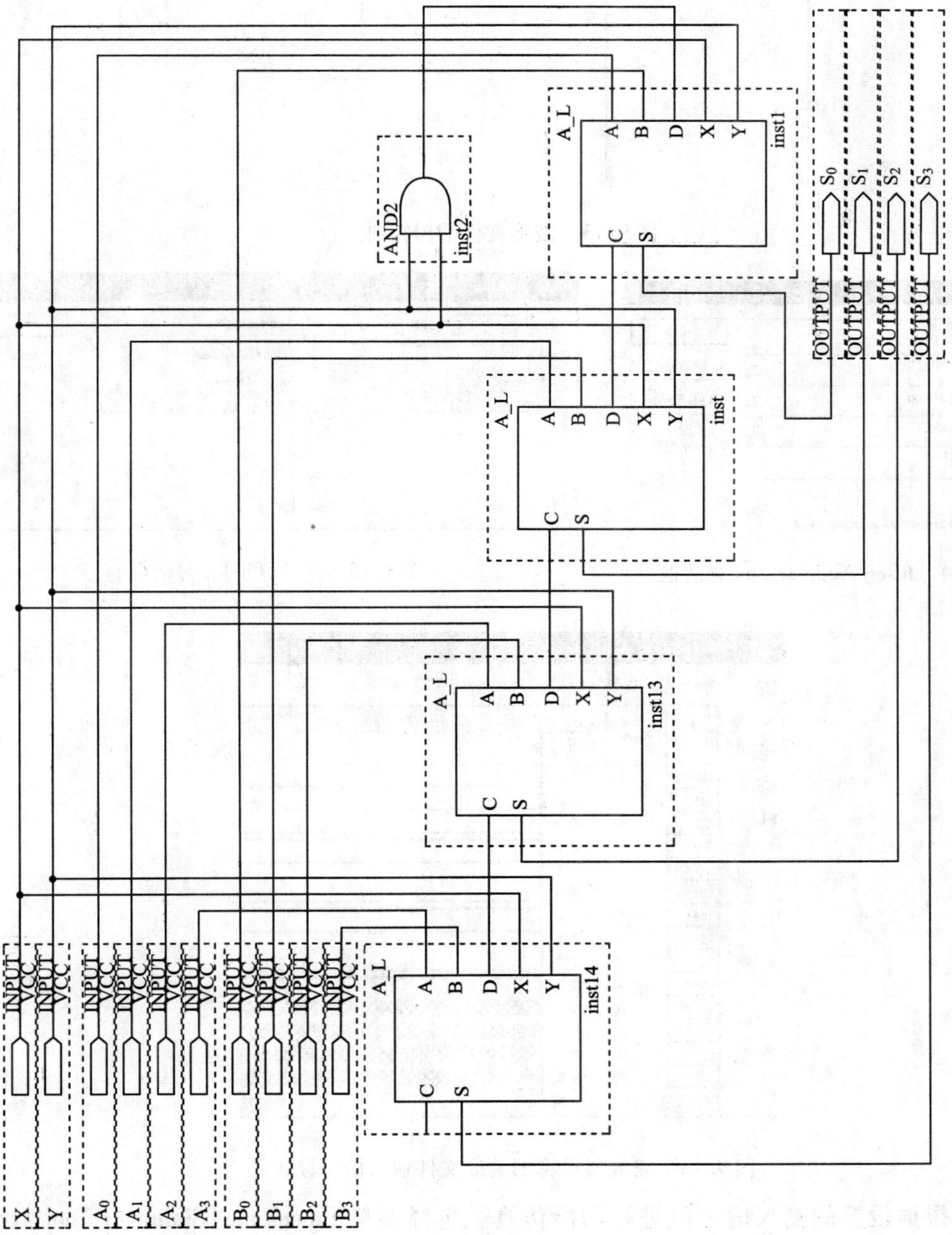

图9.12 4位ALU部件

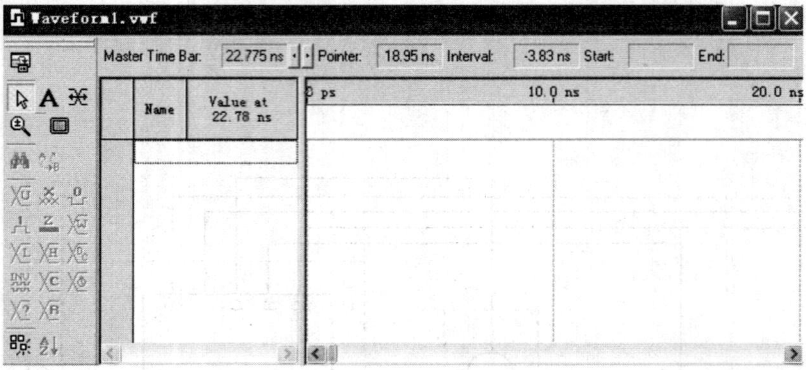

图 9.13　波形文件编辑窗口

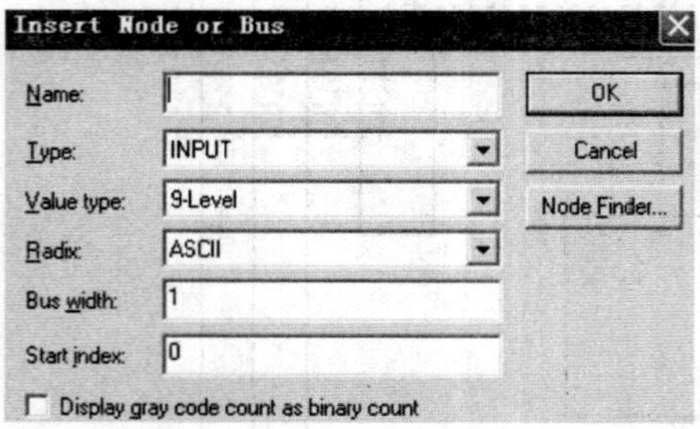

图 9.14　Insert Node or Bus 对话框

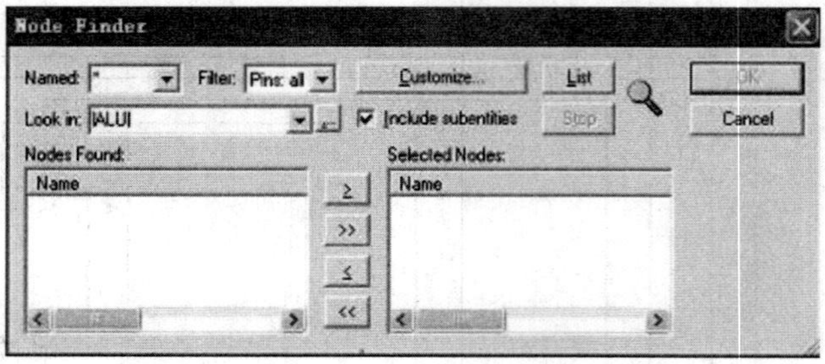

图 9.15　Node Finder 对话框

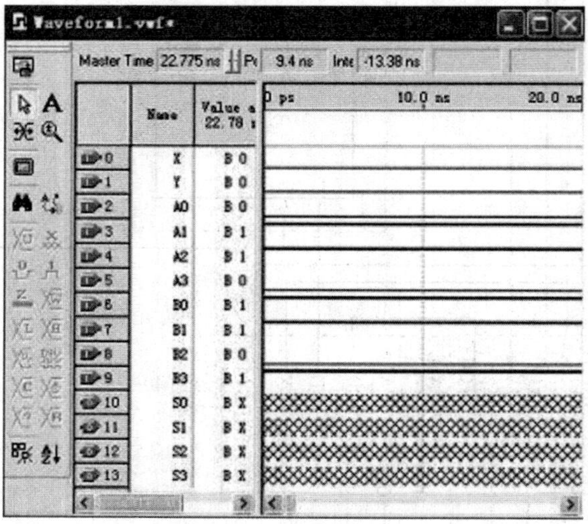

图 9.16　完成与运算的波形文件输入信号设置

下面根据设置的输入信号值进行功能仿真。选择菜单 Processing | Simulator Tool 命令，弹出如图 9.17 所示的仿真窗口。在 Simulation mode 文本框中选择 Functional，即功能仿真，在 Simulation input 文本框中单击…按钮，在弹出的 Select File 窗口找到波形文件 and.vwf，单击打开按钮。

回到仿真窗口后，单击“Generate Functional Simulation Netlist”按钮，在系统提示 Functional Simulation Netlist Generation was successful 后，单击确定按钮，回到仿真窗口，单

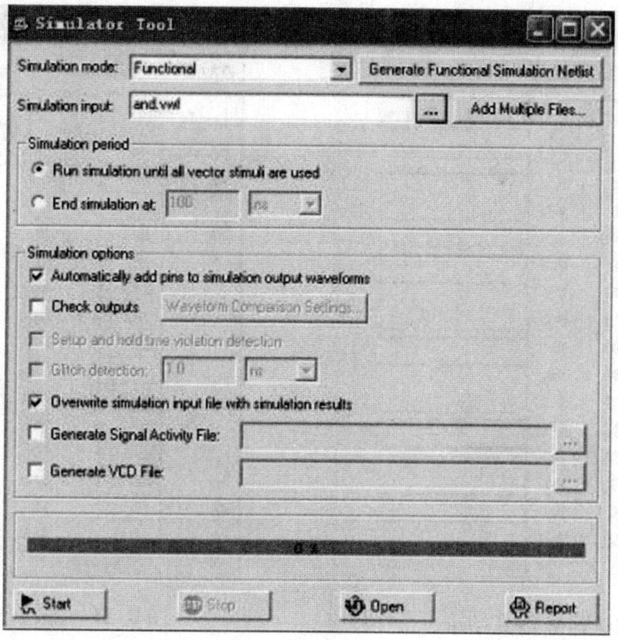

图 9.17　仿真窗口

击“Start”按钮开始仿真。如果仿真成功，系统提示 Simulation was successful。再单击仿真窗口下面的“Open”按钮，可以打开仿真波形文件，与运算仿真结果如图 9.18 所示。图中可以看到 $A_3A_2A_1A_0$（0110）和 $B_3B_2B_1B_0$（1011）逻辑与运算结果为 $S_3S_2S_1S_0$（0010），仿真结果正确。

保持 $A_3A_2A_1A_0$ 和 $B_3B_2B_1B_0$ 的取值不变，分别设置 X、Y 为 01、10 和 11，进行或运算、加法和减法运算，按照上述步骤分别建立各自的波形文件并进行仿真，得到如图 9.19 ~ 图 9.21 所示结果。从图中可知，所有功能仿真结果正确。

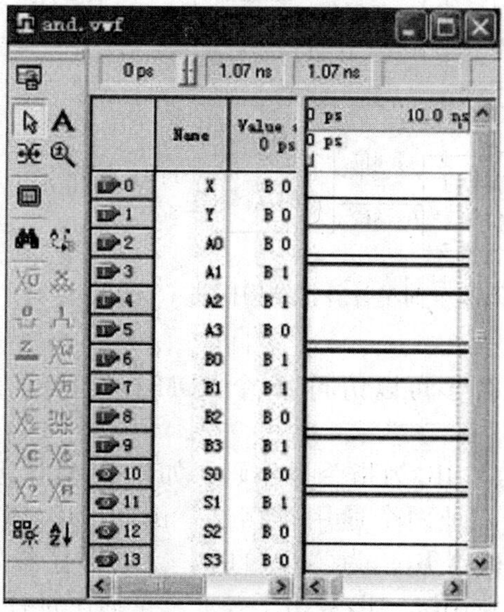

图 9.18　与运算仿真结果

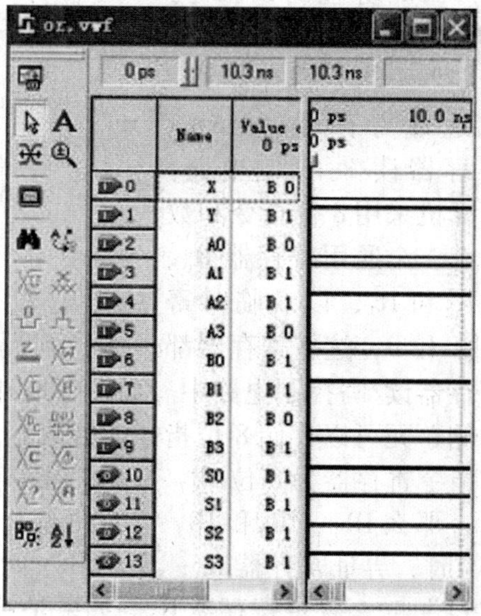

图 9.19　或运算仿真结果

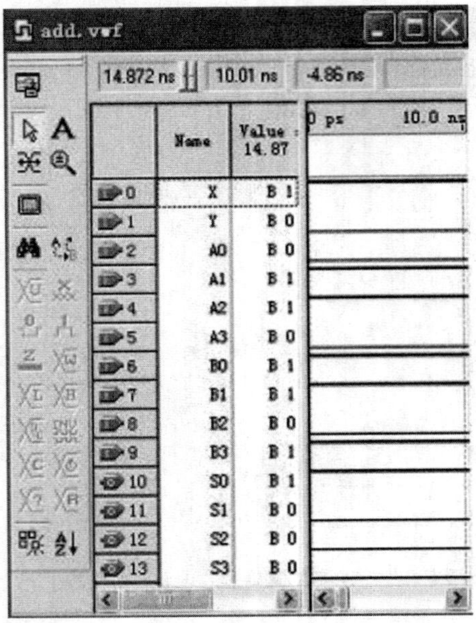

图 9. 20　加法运算仿真结果

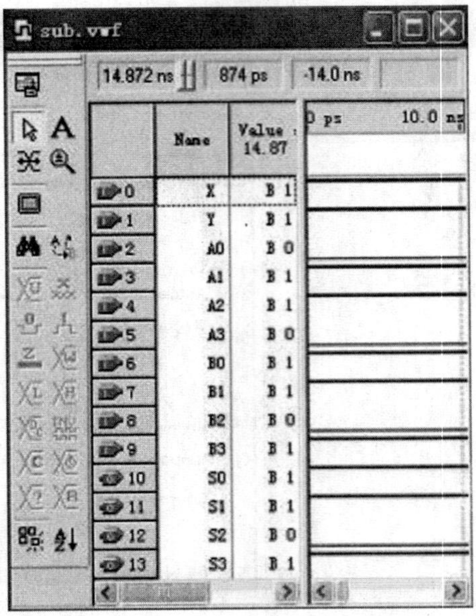

图 9. 21　减法运算仿真结果

9. 2. 2　简单计算机结构设计

1. 计算机结构

要设计的简单计算机结构框图，如图 9. 22 所示。

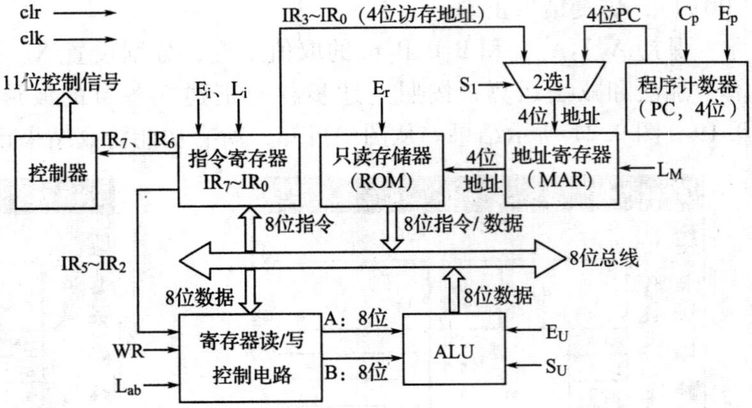

图 9. 22　简单计算机结构框图

图 9. 22 中 clr 为复位信号，为 0 时复位，为 1 时计算机正常工作，该信号输入到控制器和程序计数器（PC）。clr 复位时，PC 为“0000”。时钟信号 clk 输入到控制器、指令寄存器 IR、PC、地址寄存器（MAR）和寄存器读/写控制电路。该计算机采用 8 位指令和数据，有 4 个通用寄存器 R_0、R_1、R_2和 R_3，以及临时寄存器 A 和 B，这些寄存器都在寄存器读/写控制电路中。而访存地址为 4 位，最多可以访问 16 个 ROM 存储单元，每个存储单元可以存储 8 位指令或者数据。

指令寄存器为 8 位 IR_7 ~ IR_0，其中高 2 位 IR_7和 IR_6为指令操作码；如果是 ALU 运算指令，那么 IR_5、IR_4和 IR_3、IR_2的组合分别用于寻址两个通用寄存器。例如，IR_5IR_4为“00”时，寻址寄存器 R_0；为“01”时，寻址寄存器 R_1；为“10”时，寻址寄存器 R_2；为“11”时，寻址寄存器 R_3。如果是访存指令，则 IR_5、IR_4被用于寻址一个通用寄存器，而 IR_3 ~ IR_0为 4 位访存地址。控制端 L_i 为 1 时，在时钟信号 clk 上升沿作用下把 8 位总线的指令读入 IR，为 0 时，IR 内容不变；E_i 为 1 时，输出 $IR_5 \sim IR_0$，为 0 时，不输出。指令操作码 IR_7 和 IR_6 的输出不受 E_i 端控制，直接输出到控制器。

只读存储器（ROM）中共有 16 个存储单元，每个单元存储预先输入的 8 位指令或者数据，由 4 位输入地址寻址，内含地址译码电路，其输出受 E_r 端控制，只有当 E_r 为 1 时才输出。

地址寄存器（MAR）用于暂存访存地址，为 4 位。控制端 L_M 为 1 时，在时钟信号 clk 上升沿作用下把 4 位地址读入 MAR。

多路选择器"2 选 1"用于从 4 位 PC 和 $IR_3 \sim IR_0$ 两路输入中选择一路地址输出到 MAR，控制端 S_1 为 0 时，选择 PC，为 1 时选择 $IR_3 \sim IR_0$。

程序计数器（PC）为 4 位，当控制端 C_p 为 1 时，在时钟信号 clk 上升沿作用下计数，否则计数值不变。控制端 E_p 为 1 时，向多路选择器输出 4 位 PC 值，为 0 时不输出。

ALU 完成两个 8 位二进制数据的加法或者减法运算，并且当控制端 E_U 为 1 时向总线输出结果。另一个控制端 S_U 为 0 时，ALU 完成加法运算，为 1 时，完成减法运算。

寄存器读/写控制电路如图 9.23 所示。

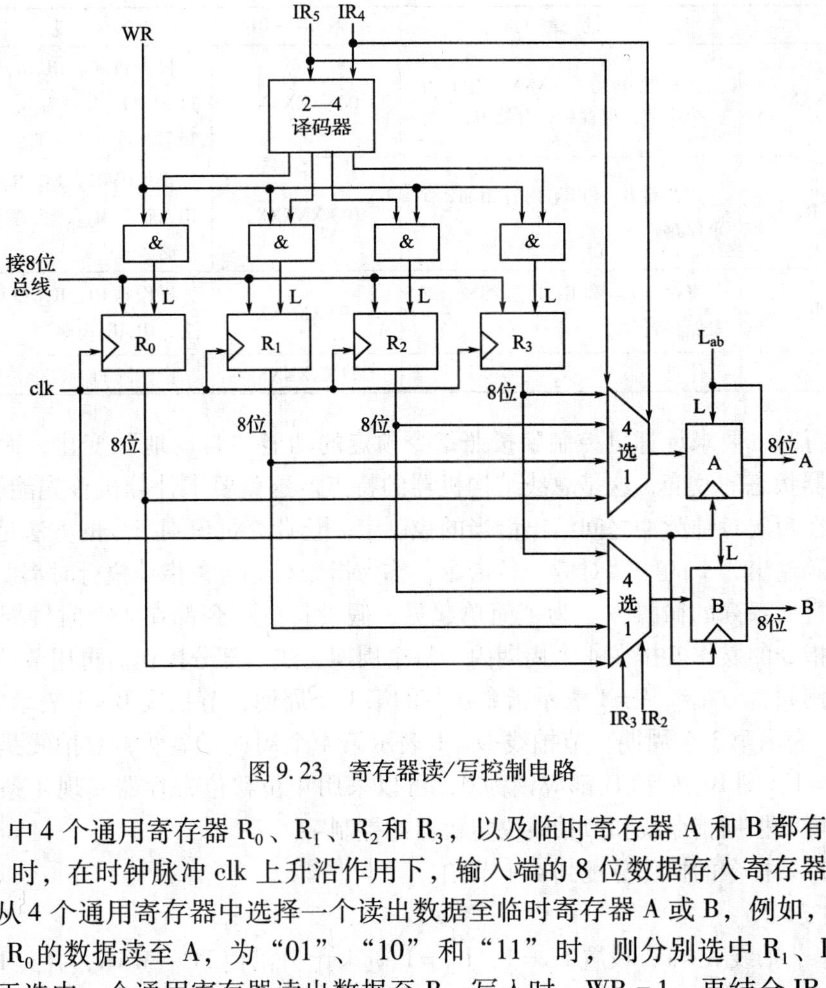

图 9.23　寄存器读/写控制电路

图 9.23 中 4 个通用寄存器 R_0、R_1、R_2 和 R_3，以及临时寄存器 A 和 B 都有输入控制端 L，当 L 为 1 时，在时钟脉冲 clk 上升沿作用下，输入端的 8 位数据存入寄存器。多路选择器用于控制从 4 个通用寄存器中选择一个读出数据至临时寄存器 A 或 B，例如，当 IR_5IR_4 为"00"，选中 R_0 的数据读至 A，为"01"、"10"和"11"时，则分别选中 R_1、R_2 和 R_3。同样 IR_3IR_2 用于选中一个通用寄存器读出数据至 B。写入时，WR = 1，再结合 IR_5IR_4 的取值，选中一个通用寄存器，在时钟脉冲 clk 上升沿作用下，输入端的 8 位数据写入该寄存器。之所以采取这种设计，是因为指令执行时，有可能同时读出两个通用寄存器的数据至 A 和 B，

而把结果写入寄存器时，只能写一个寄存器，不会同时向两个寄存器写入数据。

从上述分析中可知，除了复位信号 clr 和时钟信号 clk 之外，计算机共需要 11 个控制信号，即 C_p、E_p、L_M、E_r、E_i、L_i、WR、L_{ab}、S_U、E_U 和 S_1，每个信号都有 0 和 1 两种取值，11 个信号的各种取值构成了计算机的控制字。所以，计算机控制字的每种取值都确定计算机的一种状态，即控制计算机的一个微操作，计算机控制字取值的变化，就决定了计算机的不同动作。控制器就是产生这些控制信号的部件。

2. 指令系统与指令执行逻辑

设想该计算机可以从存储器 ROM 中取出指令执行，如果是访存指令，能够从 ROM 中读出数据至通用寄存器；如果是 ALU 指令，可以从通用寄存器中读出两个数据进行加法或减法运算，并把结果保存到通用寄存器；如果是停机指令，计算机停止运行。为了简单起见，设该计算机的指令系统有 4 种指令，指令编码为 8 位，最高两位为指令操作码，各指令编码如表 9.2 所示。

表 9.2　指令功能及其编码规则

指　令	功　能	编码 $IR_7 \sim IR_0$	说　明
LB R_X，[XXXX]	从存储单元［XXXX］中读出一个字节，保存到寄存器 R_X	00XXXXXX	操作码 00，IR_5IR_4 为 00、01、10、11 时，R_X 分别为 R_0、R_1、R_2、R_3，最后 4 位为访存地址
ADD R_{X1}，R_{X2}	寄存器 R_{X1} 和 R_{X2} 内容相加，结果保存到 R_{X1}	01XXXXXX	操作码 01，IR_5IR_4 确定 R_{X1}，IR_3IR_2 确定 R_{X2}，方法同上，IR_1IR_0 忽略
SUB R_{X1}，R_{X2}	寄存器 R_{X1} 和 R_{X2} 内容相减，结果保存到 R_{X1}	10XXXXXX	操作码 10，R_{X1} 和 R_{X2} 确定方法同上，IR_1IR_0 忽略
STP	停机	11XXXXXX	操作码 11，其他位忽略

指令执行时，要求计算机控制字按照指令预定的功能“自动地”变化，而控制字的改变决定了机器状态的改变，这是总线结构机器的特点。这就要求计算机首先能够识别指令，其次，能够在两次时钟脉冲之间给出恰当的控制字。让计算机识别指令的方法是对指令操作码译码，译码输出为 1 的一端对应一条指令，称为指令线。每条指令执行时都要求计算机按一定顺序进行一系列的微操作。为了简单起见，假设每条指令都在 4 个时钟周期内执行完毕，把各条指令的操作安排在 4 个周期内，每个周期完成一部分操作。再用节拍线来表示不同的周期，例如，节拍线 A = 1 表示指令执行的第 1 个周期，节拍线 B = 1 表示第 2 个周期，节拍线 C = 1 表示第 3 个周期，节拍线 D = 1 表示第 4 个周期。显然，节拍线是互斥的，例如，如果 A = 1，则 B、C 和 D 都应该为 0，可以采用 4 位移位寄存器实现 4 条互斥的节拍线。最后，可以根据指令线和节拍线决定机器的控制字。

下面把每条指令的操作分配到 4 个节拍。

(1) LB 指令。

节拍 1：节拍线 A = 1，设置 E_P = 1，L_M = 1，clk 上升沿使 PC→MAR，并且 B = 1；即 PC 发出访存地址并进入第 2 拍。

节拍 2：节拍线 B = 1，设置 E_r = 1，L_i = 1，C_P = 1，clk 上升沿使 ROM→IR，PC + 1→PC，并且 C = 1；即从 ROM 中读出指令到 IR，PC 加 1 计数，并进入第 3 拍。由于指令操作

码输出没有控制，此时，操作码进入控制器经译码产生指令线 LB = 1。

节拍 3：节拍线 C = 1，指令线 LB = 1，设置 $E_i = 1$，$L_M = 1$，$S_1 = 1$，clk 上升沿使指令编码 $IR_3 \sim IR_0 \to MAR$，并且 D = 1，即把 $IR_3 \sim IR_0$ 作为访存地址送入 MAR 并进入第 4 拍。

节拍 4：节拍线 D = 1，指令线 LB = 1，设置 $E_i = 1$，$E_r = 1$，WR = 1，clk 上升沿把从 ROM 中读出的 8 位数据送入一个通用寄存器（由 IR_5IR_4 和 WR 共同决定），并且 A = 1，即回到第 1 拍，进入下一条指令的执行周期。

至此 LB 指令执行完毕，其中第 1 和 2 拍为取指令，后面两拍为执行。每条指令的取指令操作都一样，仅执行操作不同，所以下面的指令不再重复前两拍，只写出后两拍的操作。

（2）ADD R_{X1}，R_{X2} 指令。

节拍 3：节拍线 C = 1，指令线 ADD = 1，设置 $E_i = 1$，$L_{ab} = 1$，clk 上升沿使 $R_{X1} \to A$，$R_{X2} \to B$，并且 D = 1，即通用寄存器内容读出至临时寄存器并进入第 4 拍，注意到此时加法运算同时完成。

节拍 4：节拍线 D = 1，指令线 ADD = 1，设置 $E_U = 1$，$E_i = 1$，WR = 1，clk 上升沿把加法运算结果送入一个通用寄存器（由 IR_5IR_4 和 WR 共同决定），并且 A = 1，即回到第 1 拍，进入下一条指令的执行周期。

（3）SUB R_{X1}，R_{X2} 指令。

节拍 3：节拍线 C = 1，指令线 SUB = 1，设置 $E_i = 1$，$L_{ab} = 1$，clk 上升沿使 $R_{X1} \to A$，$R_{X2} \to B$，并且 D = 1，即通用寄存器内容读出至临时寄存器并进入第 4 拍。

节拍 4：节拍线 D = 1，指令线 SUB = 1，设置 $S_U = 1$，$E_U = 1$，$E_i = 1$，WR = 1，clk 上升沿把减法运算结果送入一个通用寄存器（由 IR_5IR_4 和 WR 共同决定），并且 A = 1，即回到第 1 拍，进入下一条指令的执行周期。

最后，由于 STP 指令的作用仅仅是终止计算机的运行，不影响计算机控制字，可以在取出指令译码出 STP 指令线后封锁节拍线，使计算机不再输出节拍即可。

3. 控制器设计

根据各条指令在各节拍要完成的操作可以看出，计算机控制字是节拍线和指令线的函数，如表 9.3 所示。为了书写方便，表中用符号 E 表示 LB 指令，F 表示 ADD 指令，G 表示 SUB 指令，而 STP 不影响控制字，所以不用设置。另外，每条指令的取指令操作相同，所以表中只列出一个。

表 9.3　控制字真值表

对应指令	clk↑到来的微操作	A	B	C	D	E	F	G	C_p	E_p	L_M	E_r	E_i	L_i	WR	L_{ab}	S_U	E_U	S_1
取指令	$PC \to MAR$	1	0	0	0	X	X	X	0	1	1	0	0	0	0	0	0	0	0
	$ROM \to IRPC + 1$	0	1	0	0	X	X	X	1	0	0	1	0	1	0	0	0	0	0
LB	$IR_3 \sim IR_0 \to MAR$	0	0	1	0	1	0	0	0	0	1	0	1	0	0	0	0	0	1
	$ROM \to R_X$	0	0	0	1	1	0	0	0	0	0	1	1	0	1	0	0	0	0
ADD	$R_{X1} \to A$　$R_{X2} \to B$	0	0	1	0	0	1	0	0	0	0	0	1	0	0	1	0	0	0
	$A + B \to R_{X1}$	0	0	0	1	0	1	0	0	0	0	0	1	0	1	0	0	1	0
SUB	$R_{X1} \to A$　$R_{X2} \to B$	0	0	1	0	0	0	1	0	0	0	0	1	0	0	1	0	0	0
	$A - B \to R_{X1}$	0	0	0	1	0	0	1	0	0	0	0	1	0	1	0	1	1	0

根据上表，可以列出计算机控制字的逻辑函数表达式。

$C_p = \overline{A}B\overline{C}\,\overline{D}$　$E_p = A\overline{B}\,\overline{C}\,\overline{D}$　$L_M = A\overline{B}\,\overline{C}\,\overline{D} + \overline{A}\,\overline{B}C\overline{D}E\overline{F}\,\overline{G}$　$E_r = \overline{A}B\overline{C}\,\overline{D} + \overline{A}\,\overline{B}\,\overline{C}DE\overline{F}\,\overline{G}$

$E_i = \overline{A}\,\overline{B}C\overline{D}E\overline{F}\,\overline{G} + \overline{A}\,\overline{B}\,\overline{C}DE\overline{F}\,\overline{G} + \overline{A}\,\overline{B}C\overline{D}\,\overline{E}F\overline{G} + \overline{A}\,\overline{B}\,\overline{C}D\overline{E}F\overline{G} + \overline{A}\,\overline{B}C\overline{D}\,\overline{E}\,\overline{F}G + \overline{A}\,\overline{B}\,\overline{C}D\overline{E}\,\overline{F}G$

$L_i = \overline{A}B\overline{C}\,\overline{D}$　$WR = \overline{A}\,\overline{B}\,\overline{C}DE\overline{F}\,\overline{G} + \overline{A}\,\overline{B}\,\overline{C}D\overline{E}F\overline{G} + \overline{A}\,\overline{B}\,\overline{C}D\overline{E}\,\overline{F}G$

$L_{ab} = \overline{A}\,\overline{B}C\overline{D}\,\overline{E}F\overline{G} + \overline{A}\,\overline{B}C\overline{D}\,\overline{E}\,\overline{F}G$　$S_U = \overline{A}\,\overline{B}\,\overline{C}D\overline{E}\,\overline{F}G$

$E_U = \overline{A}\,\overline{B}\,\overline{C}D\overline{E}F\overline{G} + \overline{A}\,\overline{B}\,\overline{C}D\overline{E}\,\overline{F}G$　$S_1 = \overline{A}\,\overline{B}C\overline{D}E\overline{F}\,\overline{G}$

注意到指令线和节拍线都是互斥的，例如，若 $A=1$，则 $B=C=D=0$，从而 $A\overline{B}\,\overline{C}\,\overline{D} = 1$，而当 $A=0$ 时，不论 B、C、D 取什么值，都有 $A\overline{B}\,\overline{C}\,\overline{D}=0$，于是有 $A\overline{B}\,\overline{C}\,\overline{D}=A$。同理有

$\overline{A}B\overline{C}\,\overline{D}=B$　$\overline{A}\,\overline{B}C\overline{D}=C$　$\overline{A}\,\overline{B}\,\overline{C}D=D$　$E\overline{F}\,\overline{G}=E$　$\overline{E}F\overline{G}=F$　$\overline{E}\,\overline{F}G=G$

这样，控制字的逻辑表达式可以简化为

$C_p = B$　$E_p = A$　$L_M = A + C\cdot E$　$E_r = B + D\cdot E$　$E_i = (C+D)\cdot(E+F+G)$

$L_i = B$　$WR = D\cdot(E+F+G)$　$L_{ab} = C\cdot(F+G)$　$S_U = D\cdot G$

$E_U = D\cdot(F+G)$　$S_1 = C\cdot E$

根据上述表达式，可以得到产生控制字的逻辑电路如图 9.24 所示。图中，A、B、C 和 D 4 条节拍线由 4 位移位寄存器在时钟信号 clk 的控制下产生，指令线 E、F 和 G 通过对指令操作码译码产生，限于篇幅，不再给出它们的电路图。控制器由这三个逻辑电路组成，输入信号为 clr、clk 以及指令操作码 IR_7、IR_6，输出信号为 11 位的控制字。这些控制字连接到相应部件，在时钟信号 clk 上升沿作用下控制计算机各个部件的动作。其他部件的逻辑电路图将在后面的仿真时给出。至此，完成了整个计算机系统及其指令系统设计。

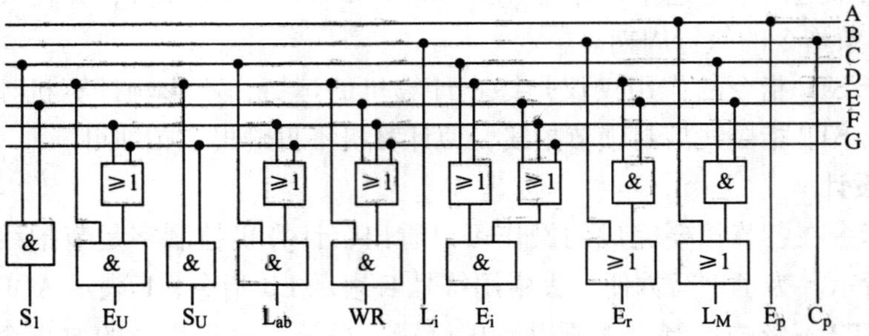

图 9.24　计算机控制字的产生

4. 程序设计

根据计算机的指令系统，设计一段程序如表 9.4 所示。

表 9.4　计算机源程序

源　程　序	功　　能	指 令 编 码
LB　R1，[1011]	从 ROM 中 [1011] 单元读出数据到 R1	0001 1011
LB　R2，[1100]	从 ROM 中 [1100] 单元读出数据到 R2	0010 1100
ADD　R1，R2	R1 和 R2 中数据相加，结果写回 R1	0101 10XX
LB　R3，[1101]	从 ROM 中 [1101] 单元读出数据到 R3	0011 1101
SUB　R1，R3	R1 和 R3 中数据相减，结果写回 R1	1001 11XX
STP	停机	11XXXXXX

把程序指令和有关的数据预先写入 ROM，其中指令从［0000］单元开始存放，数据放置到预定的存储单元，存储器分配如图 9.25 所示。

计算机复位时，程序计数器（PC）值为 0000，即从［0000］单元取出第 1 条指令执行，在时钟脉冲 clk 的作用下，依次执行后面的指令，直至停机指令而停止。可以看出，该程序完成 3 + 2 − 1 = 4 的运算，最后结果保存在寄存器 R_1。

	地址	内容
指令代码区	0000	0001 1011
	0001	0010 1100
	0010	0101 10XX
	0011	0011 1101
	0100	1001 11XX
	0101	11XX XXXX
	⋮	⋮
数据区	1011	0000 0011
	1100	0000 0010
	1101	0000 0001
	1110	
	1111	

图 9.25　ROM 存储器分配图

5. Quartus Ⅱ 设计和仿真

在 Quartus Ⅱ 环境下设计该计算机，并进行功能仿真。建立名称为 CMPTR 的项目，顶层设计文件名也是 CMPTR。

（1）设计寄存器 R。

建立文件 R. bdf，如图 9.26 所示，该寄存器为 8 位，带 L 门输入控制，封装为模块。

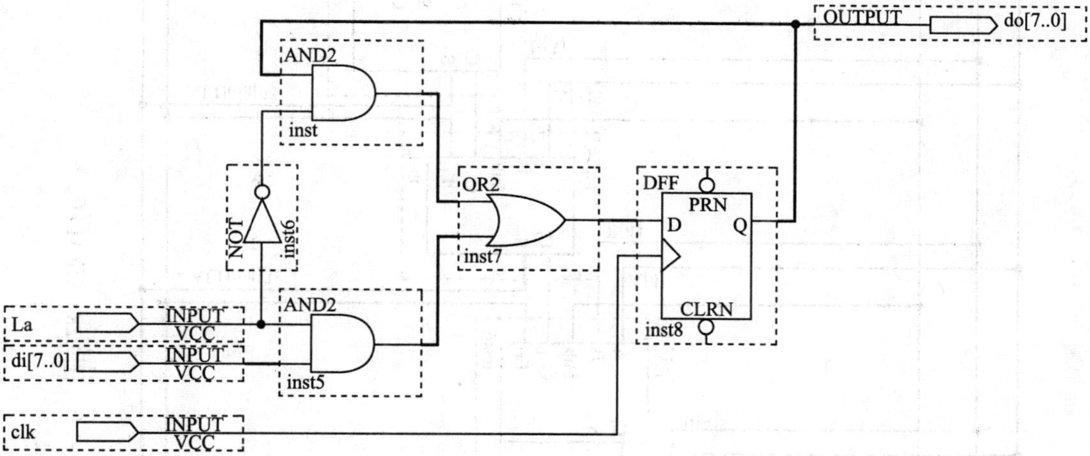

图 9.26　寄存器 R

（2）设计运算器 ALU。

对前面设计的 4 位 ALU 作一些修改，一位加减法电路如图 9.27 所示。

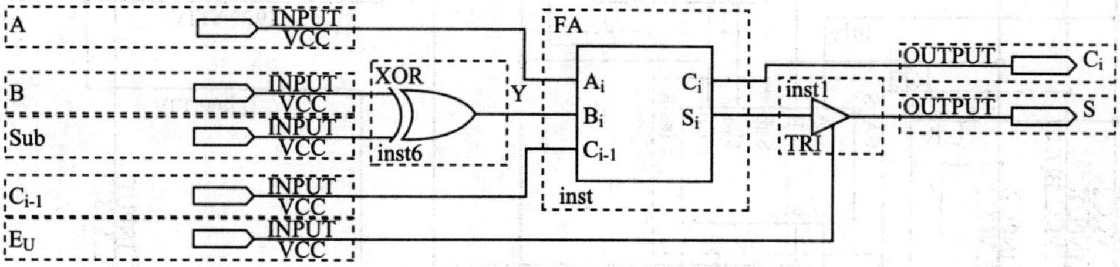

图 9.27　一位加减法电路 FA_ S

图中一位全加器模块 FA 同前。该设计增加了输出控制，减少了逻辑运算功能，只完成加减法运算，封装为模块 FA_ S。

8 位 ALU 运算单元如图 9.28 所示，封装为模块 ALU。

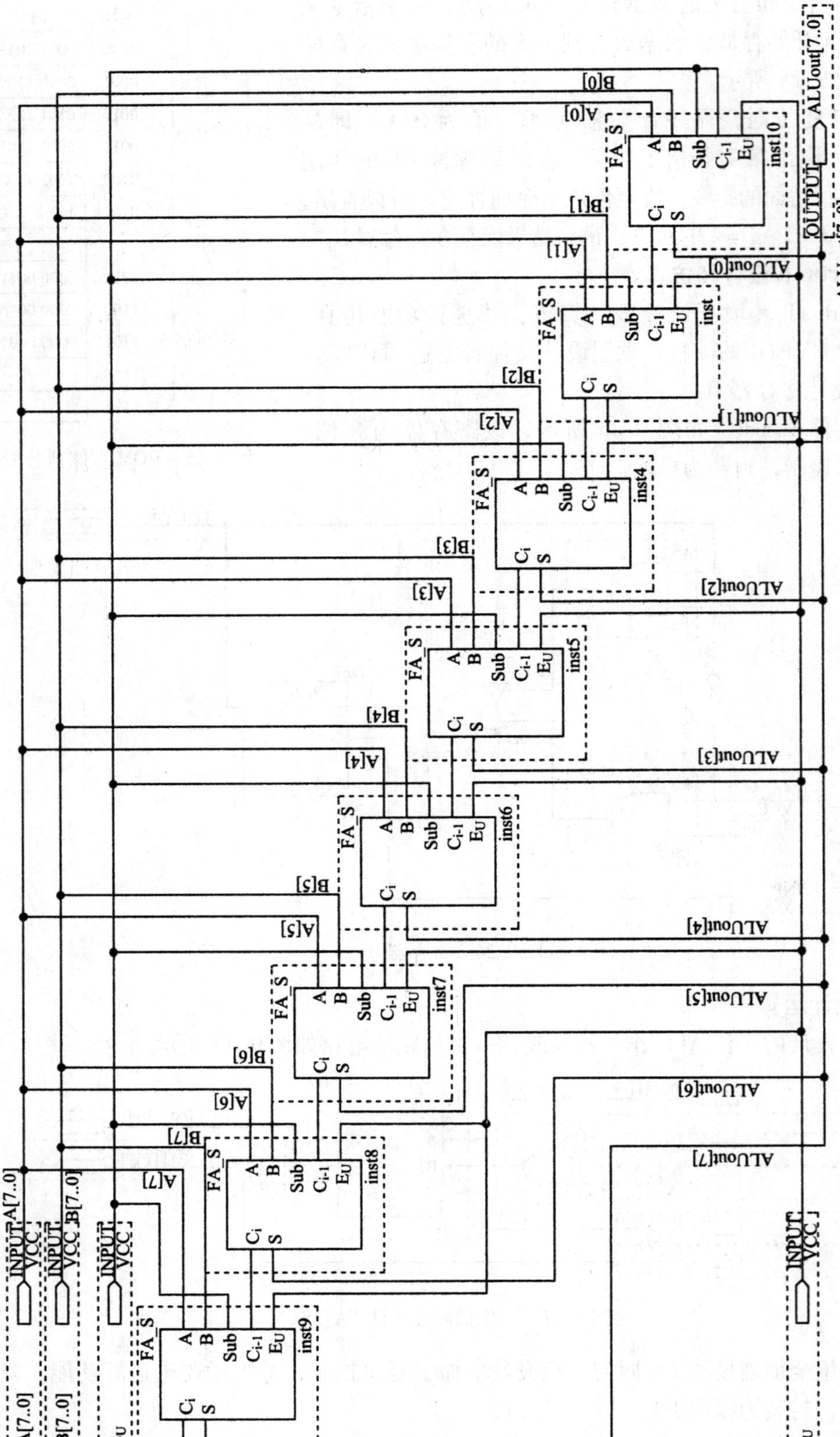
A[7..0]
B[7..0]
S_U
E_U
INPUT
VCC
OUTPUT
ALUout[7..0]
FA_S
A
B
Sub
C_{i-1}
E_U
C_i
S
inst
inst4
inst5
inst6
inst7
inst8
inst9
inst10
A[0]
B[0]
A[1]
B[1]
A[2]
B[2]
A[3]
B[3]
A[4]
B[4]
A[5]
B[5]
A[6]
B[6]
A[7]
B[7]
ALUout[0]
ALUout[1]
ALUout[2]
ALUout[3]
ALUout[4]
ALUout[5]
ALUout[6]
ALUout[7]

图9.28 8位ALU

(3) 设计4位地址寄存器MAR。

设计如图9.29所示的4位地址寄存器，封装为模块MAR。

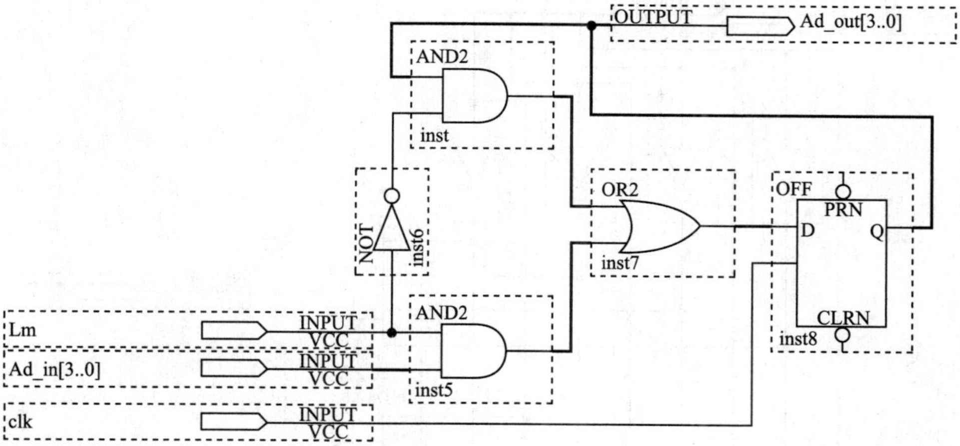

图9.29 4位地址寄存器MAR

(4) 设计ROM。

首先设计4位地址译码器dec4.bdf，如图9.30所示，限于篇幅，这里只给出前面和后面部分电路图，封装为模块dec4。

接下来设计8位只读存储器rom8，有16个存储单元，根据图9.25所示的存储器分配，可以得到如图9.31所示的存储器图，封装为模块，这里只给出前、后两部分电路。

在译码器和只读存储器基础上，建立文件ROM，如图9.32所示，封装为模块。

(5) 设计指令寄存器IR。

8位指令寄存器IR如图9.33所示，按照前面的假设，IR_7和IR_6可以直接输出，不受控制，而$IR_5 \sim IR_0$的输出受E_i端控制，图中只给出前半部分，后半部分各位的电路连接和IR_5完全相同，封装为模块IR。

(6) 设计4位程序计数器（PC）。

首先设计一位程序计数器pc1.bdf，如图9.34所示。由图可知，当pc_ in端为1时，计数器进行加1运算，为0时，触发器dff保持原来的数据，封装为模块。

再设计4位计数器如图9.35所示，封装为模块PC。

(7) 设计寄存器读写控制电路R_ rw。

寄存器读写控制电路完成的功能是，对于仿存指令，把从ROM中读出的8位数据写入一个通用寄存器；对于ALU运算指令，先从通用寄存器读出两个操作数，送至临时寄存器A和B，完成运算后，再把结果写入一个通用寄存器。

先设计2-4译码器dec2-4，其作用是与WR信号配合选择一个通用寄存器，把数据写入。如图9.36所示，封装为模块。

再设计一个4选1多路选择器mux1-4，如图9.37所示，封装为模块。图中每一路都是8位。

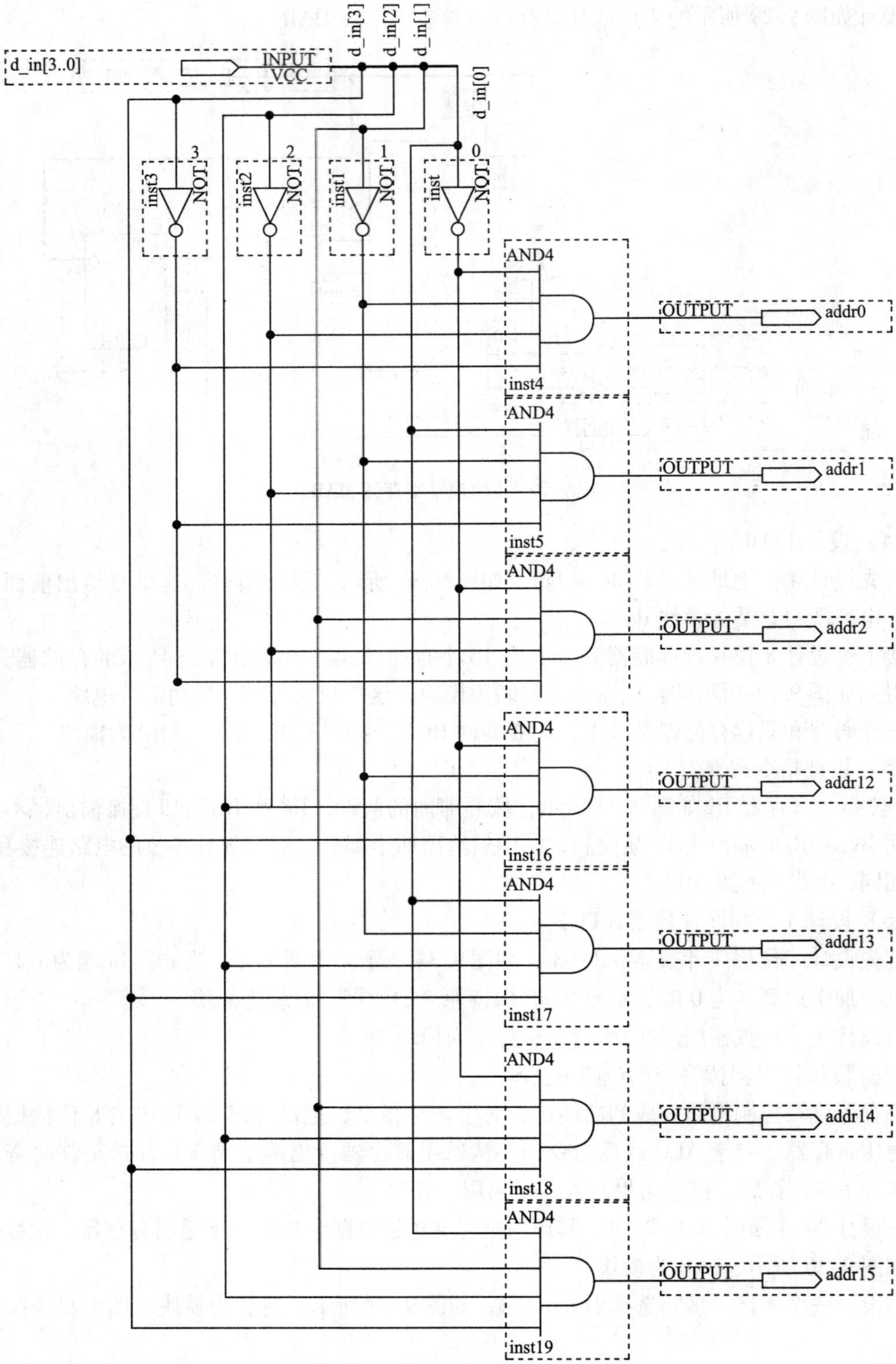

图 9.30　4 位地址译码器电路 dec4

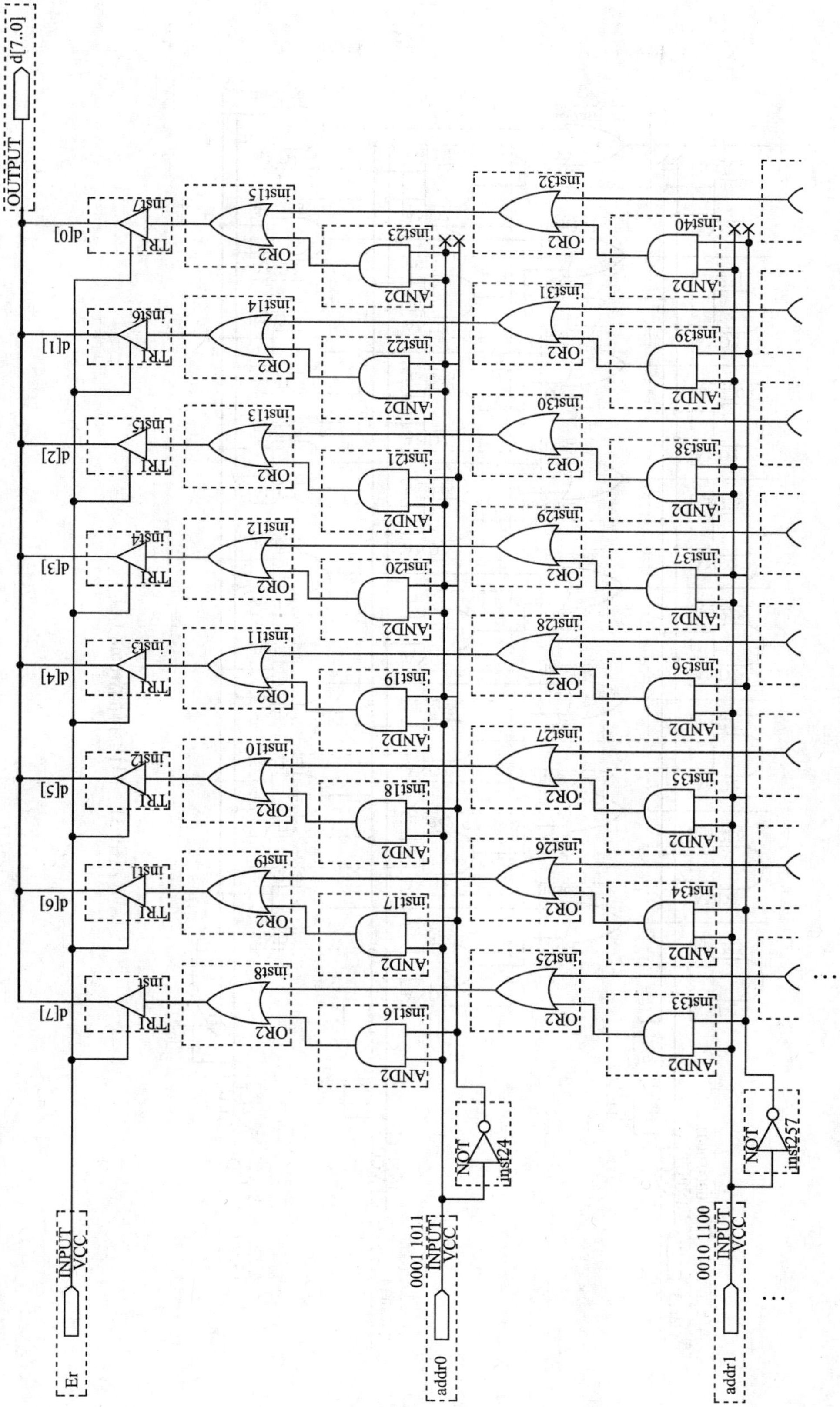

图9.31　只读存储器rom8

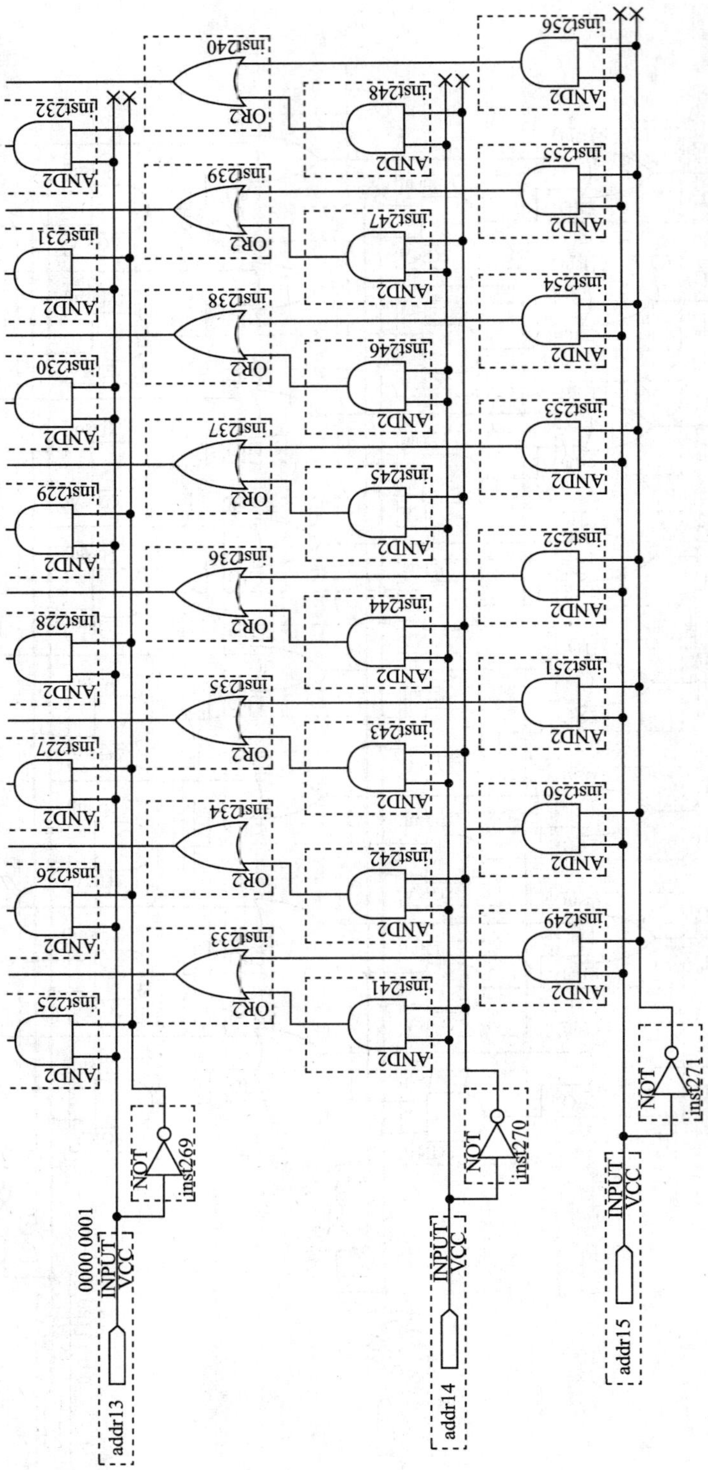

图9.31　只读存储器rom8（续）

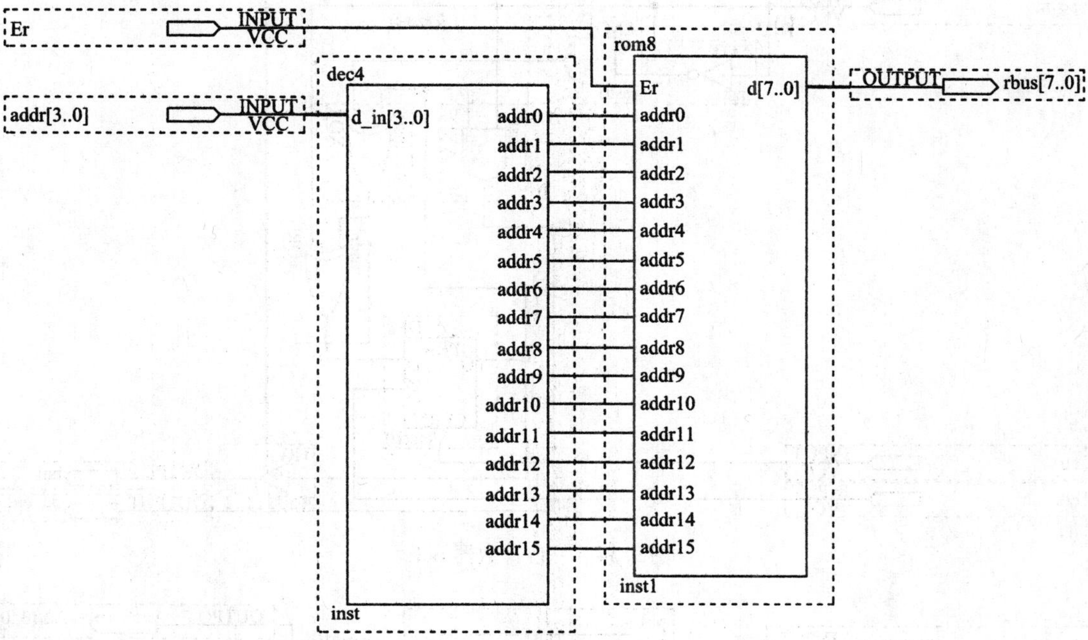

图 9.32 完成后的 ROM

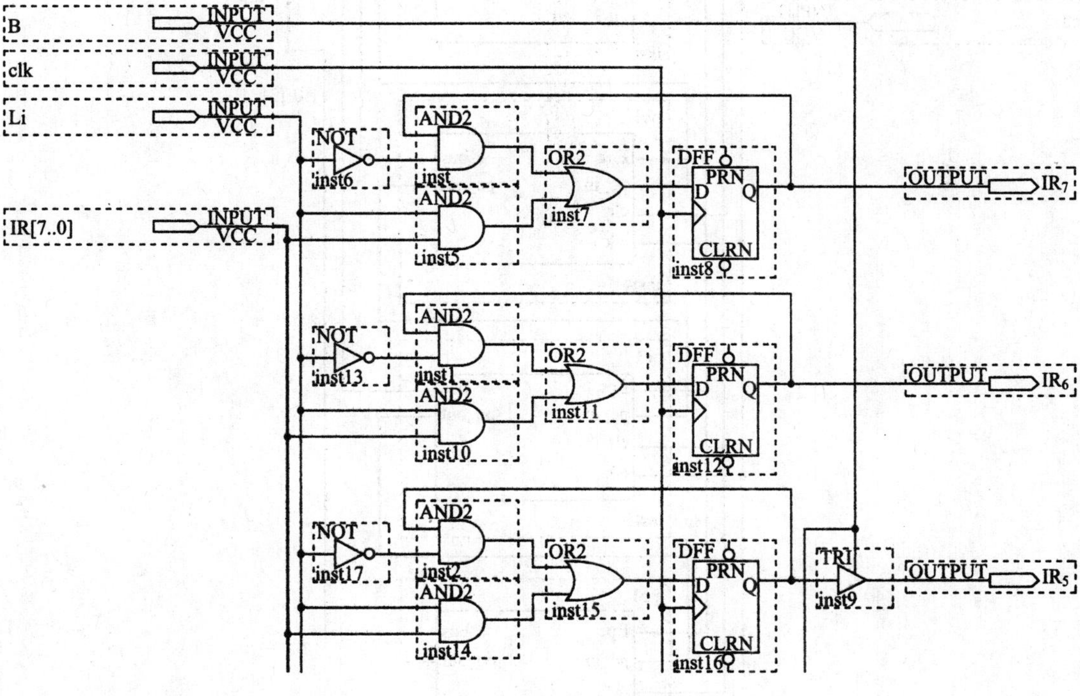

图 9.33 指令寄存器 IR

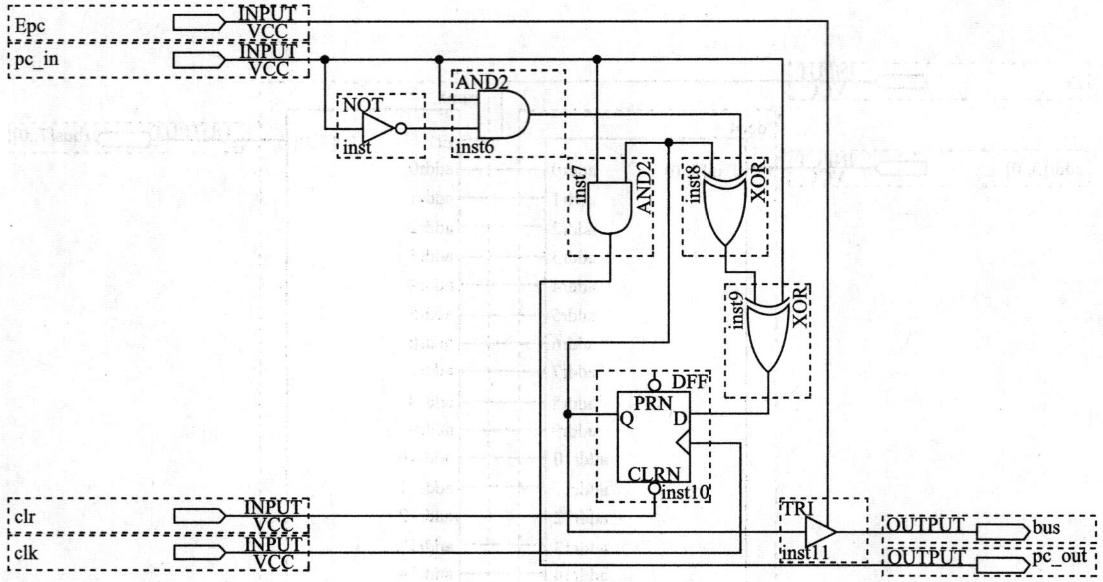

图 9. 34　一位计数器 pc1

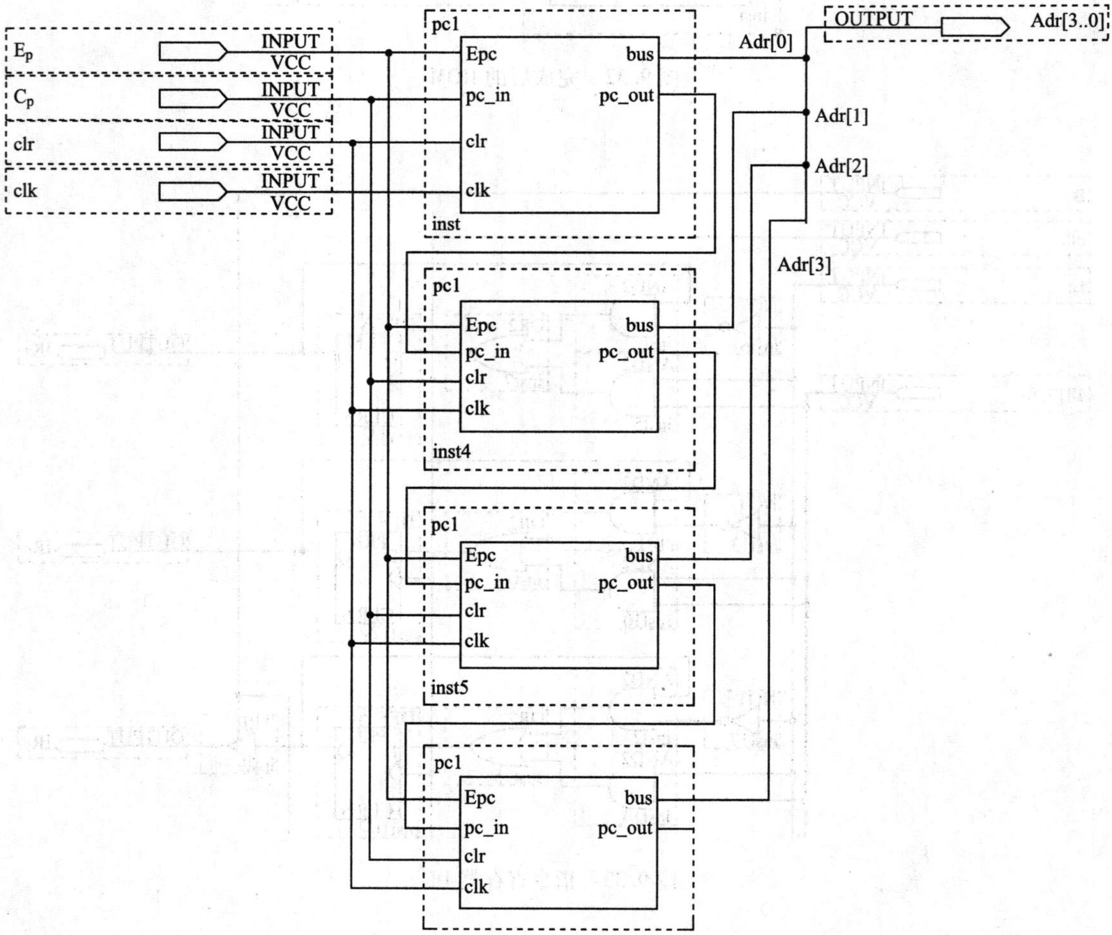

图 9. 35　程序计数器 PC

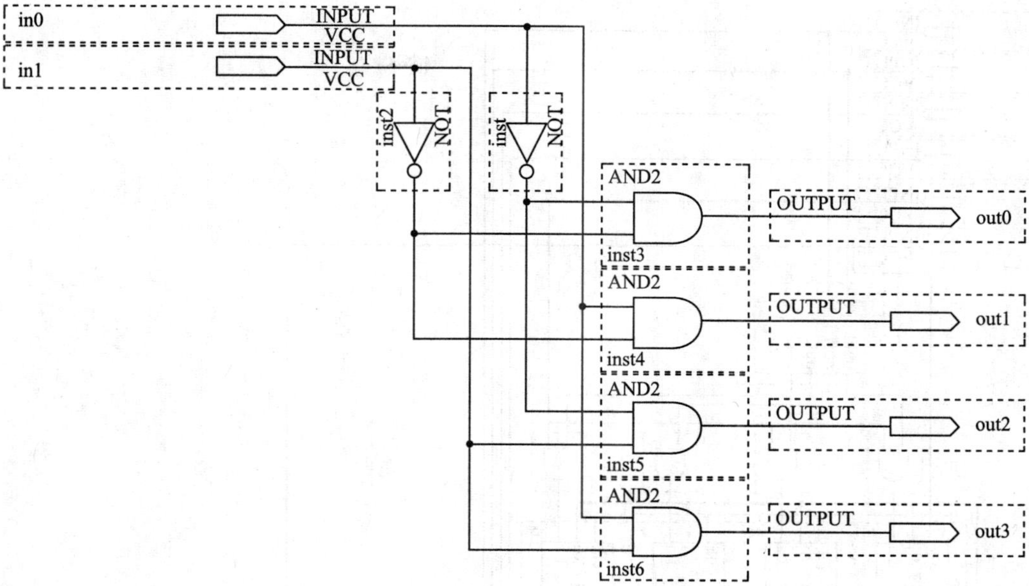

图 9.36　2-4 译码器 dec2-4

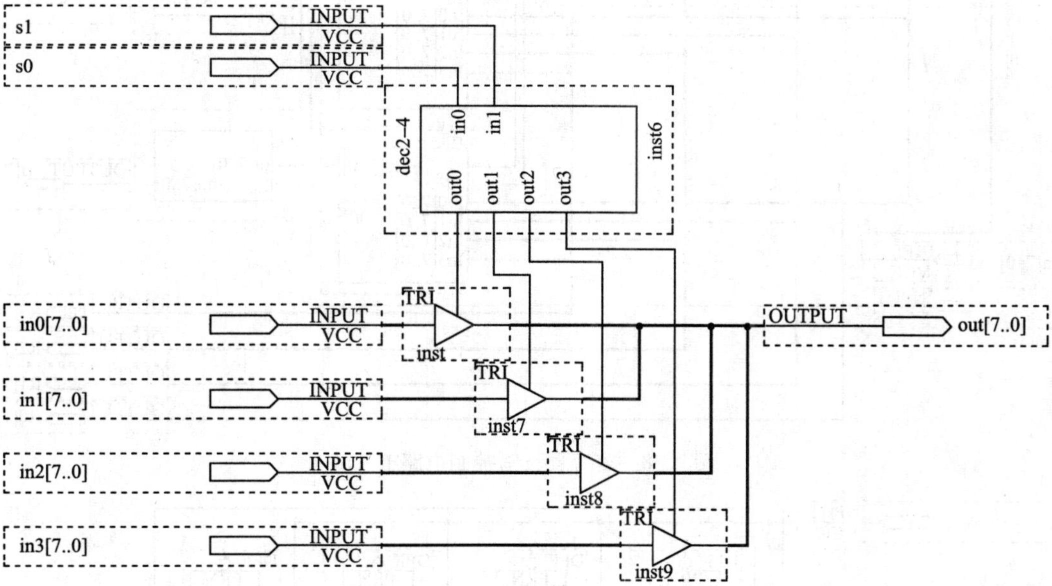

图 9.37　4 选 1 多路选择器 mux1-4

最后设计寄存器读写控制电路 R_rw，如图 9.38 所示，封装为模块。

图中左上 6 个输入信号分别是 IR_5、IR_4、IR_3、IR_2、WR 和 clk，左下 2 个输入信号分别为 Din［7..0］和 L_{ab}，右边 6 个输出信号分别是 A［7..0］、B［7..0］、R3［7..0］、R2［7..0］、R1［7..0］和 R0［7..0］。

（8）设计控制器 CNTR。

控制器由节拍发生器、指令译码器和控制字产生电路三部分组成。指令译码器仍然采用 2-4 译码器 dec2-4，节拍发生器 mtrnm 如图 9.39 所示，封装为模块。

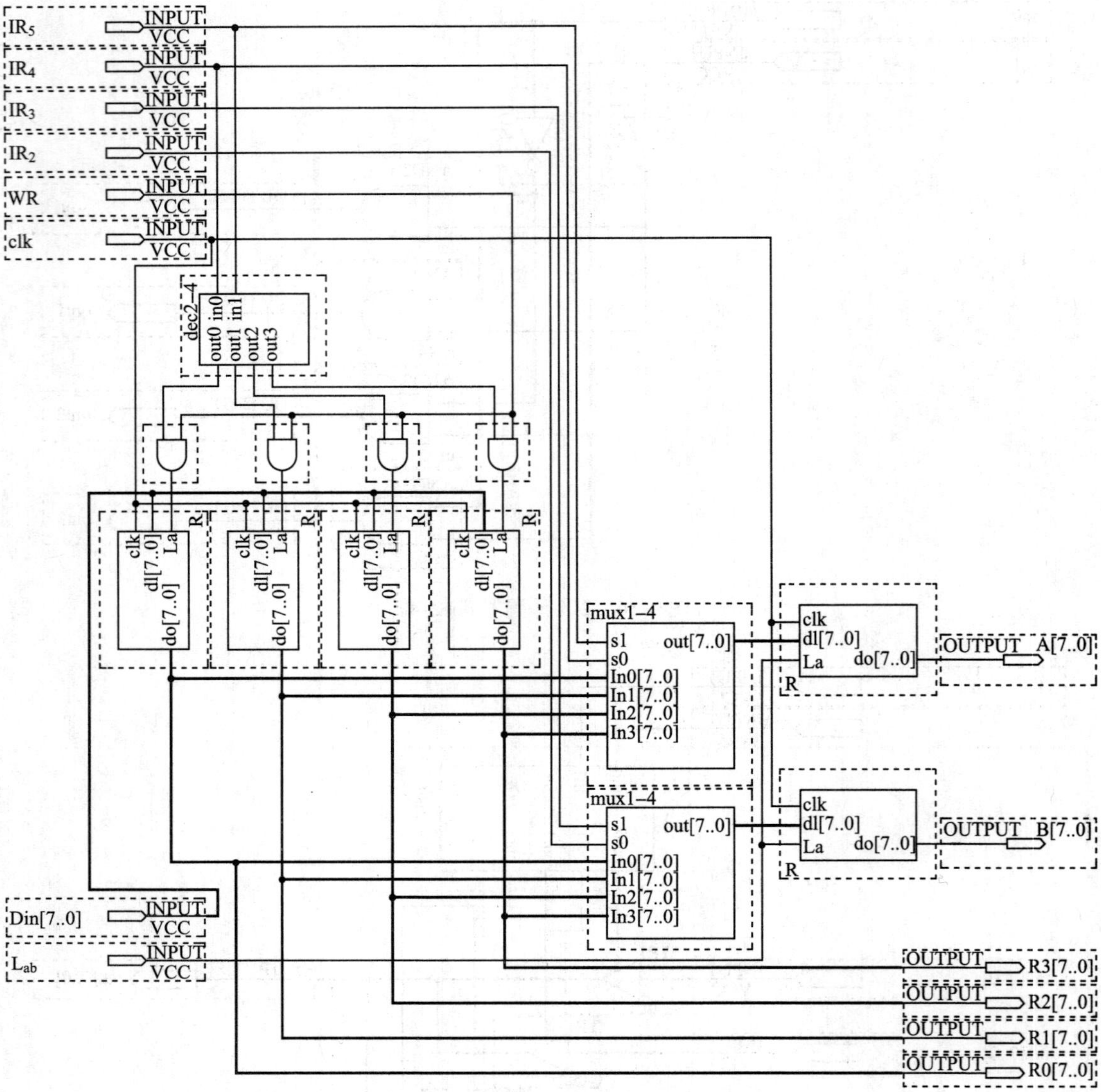

图 9.38　寄存器读写控制电路 R_ rw

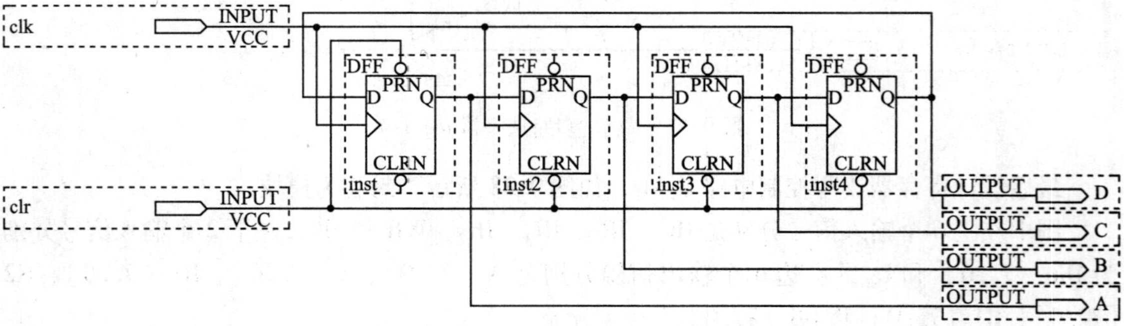

图 9.39　节拍发生器 mtrnm

控制字产生电路 ctrl 如图 9.40 所示，输入信号为 4 个节拍线和 3 条指令线，输出信号为 11 个控制信号，封装为模块。

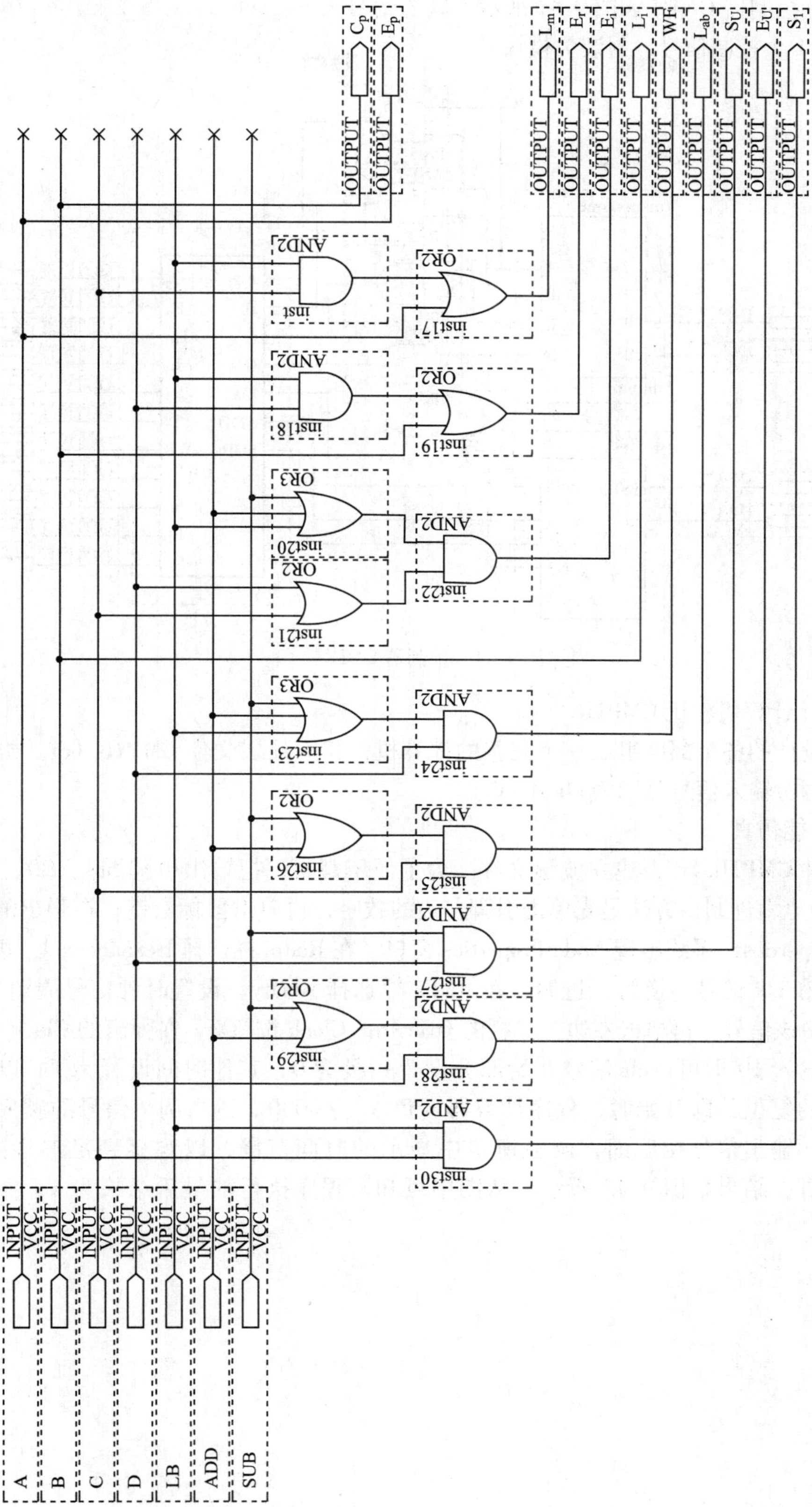

图9.40 控制字产生电路ctrl

然后设计控制器 CNTR 如图 9.41 所示，输入信号为 clr、clk 以及指令操作码 IR_7、IR_6，输出信号为 11 个控制信号，封装为模块。

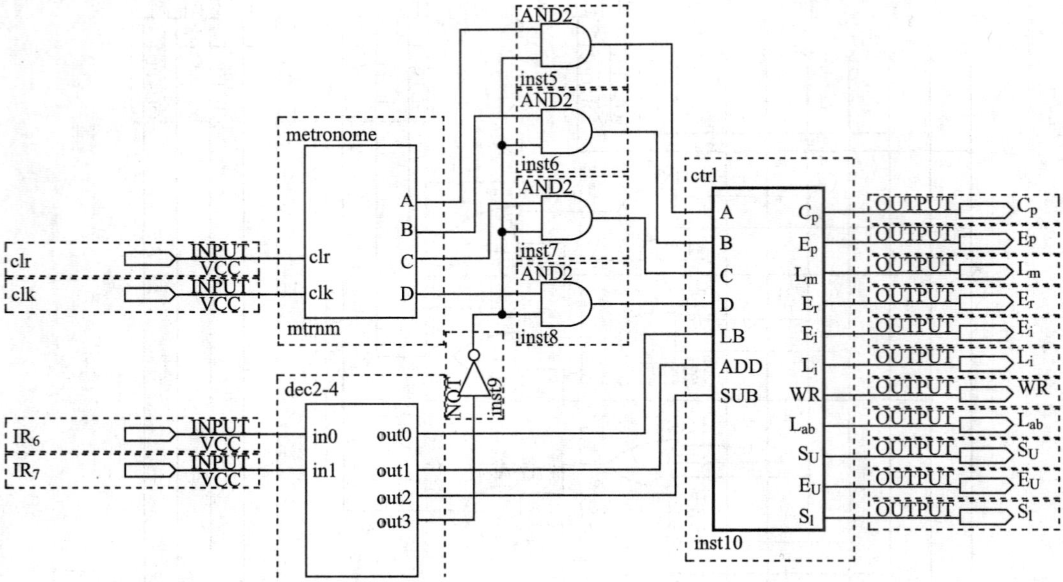

图 9.41　控制器 CNTR

（9）设计计算机整机 CMPTR。

用前面设计的各个部件组成一个完整的计算机，建立顶层文件 CMPTR. bdf，如图 9.42 所示。图中两个输入信号分别为 clr 和 clk。

（10）功能仿真。

编译文件 CMPTR. bdf，建立波形文件。为了便于观察，把输出引脚 bus、R0、R1、R2 和 R3 转换为十六进制，方法是先单击引脚左边的数字，再单击鼠标右键，在弹出的快捷菜单中选择 Properties，系统出现 Node Properties 窗口，在 Radix 栏选择 Hexadecimal，再单击确定按钮。clr 和 clk 信号转换为二进制，在 Radix 栏选择 Binary。设置时钟信号周期为 10ns，方法是先选中该信号，再单击左边工具栏的 Overwrite Clock 按钮，在弹出的 Clock 窗口中，在 Period 栏输入 10 即可。clr 信号开始部分设置一段为 0，其他时间设置为 1，以模拟计算机启动时的复位，即开始时，程序计数器（PC）为 0000。适当调整信号的顺序，输入信号在前面，输出信号在后面，调整窗口中显示的时间范围，以观察到足够多的周期。最后进行仿真，结果如图 9.43 所示。从图中可知，程序执行的最后结果为 4，保存在寄存器 R_1 中。

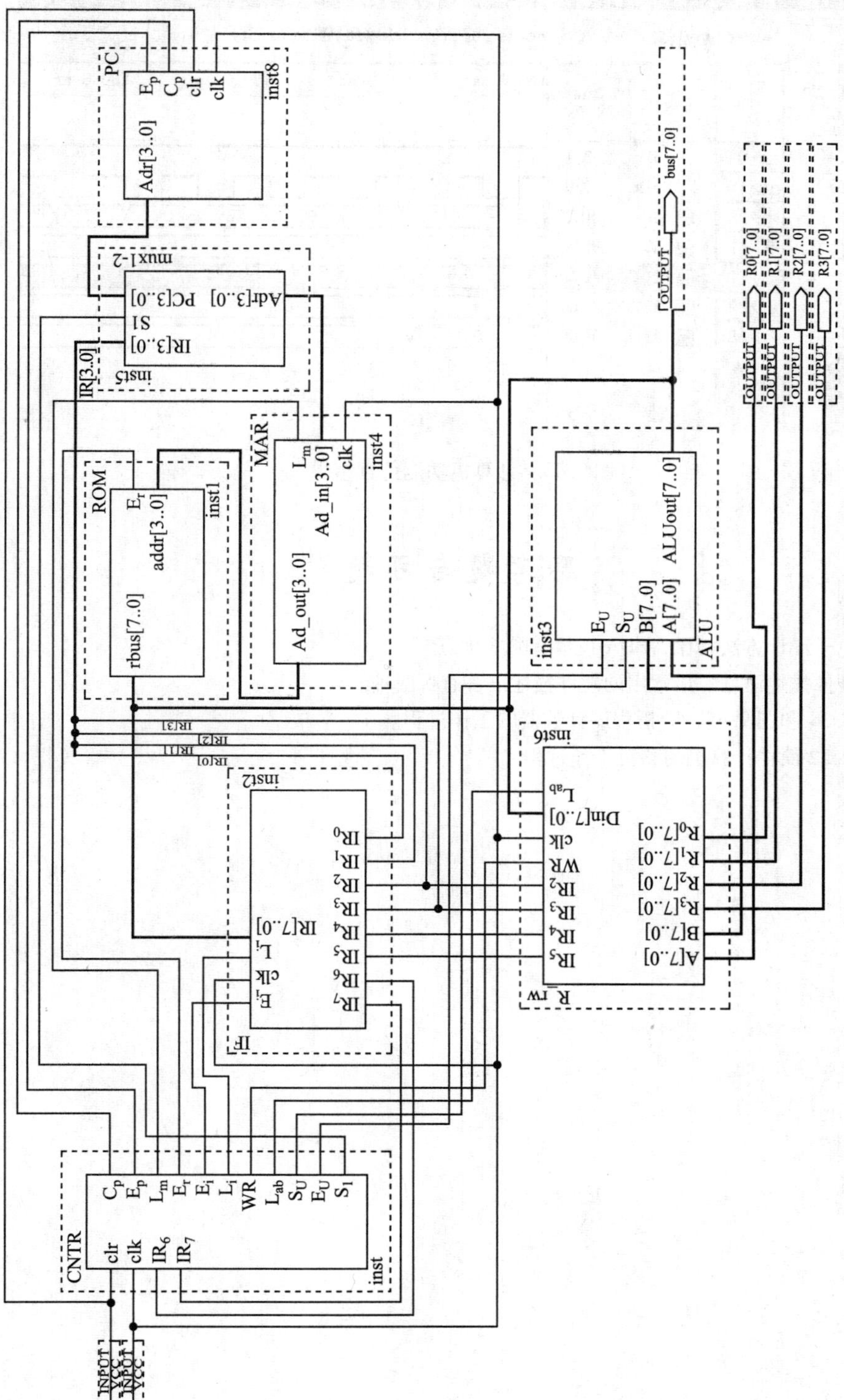

图9.42 完整的计算机CMPTR

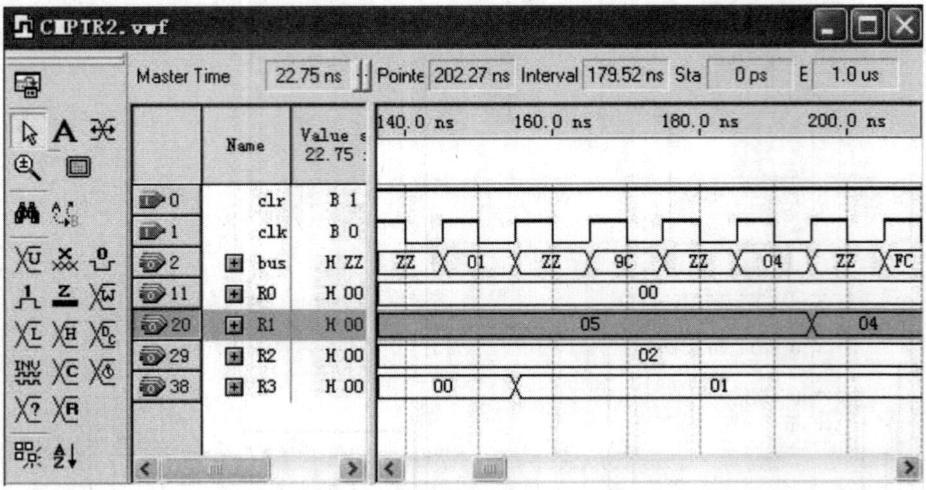

图 9.43 计算机功能仿真结果

思考题与习题

1. 与传统电子设计方法相比，EDA 技术有哪些优点？
2. 什么是硬件描述语言？最常用的硬件描述语言有哪两种。
3. 结合图 9.34 和图 9.35，分析程序计数器的工作过程。
4. 结合图 9.22 简述计算机的整机工作过程。

参考文献

[1] 唐朔飞．计算机组成原理［M］.2 版．北京：高等教育出版社，2008.
[2] 徐建民，等．汇编语言程序设计［M］．北京：电子工业出版社，2004.
[3] 徐洁，俸远祯．计算机组成原理与汇编语言程序设计［M］．北京：电子工业出版社，2006.
[4] 张晨曦，王志英，张春元，等．计算机体系结构［M］.2 版．北京：高等教育出版社，2000.
[5] 沈美明，温冬婵．汇编语言程序设计［M］．北京：清华大学出版社，2001.
[6] 白中英．计算机组成原理［M］.4 版．北京：科学出版社，2008.
[7] William Stallings. 计算机组织与结构——性能设计［M］.5 版．北京：高等教育出版社，2001.
[8] John L Hennessy，David A Patternson. Computer Organization & Design：The Hardware/Software Interface［M］. 2nd ed. San Francisco：Morgan Kaufmann Publishers，Inc. 1998，北京：机械工业出版社，1999.
[9] 潘松，潘明．现代计算机组成原理［M］．北京：科学出版社，2006.
[10] 白中英．计算机组织与体系结构［M］.4 版．北京：清华大学出版社，2008.
[11] 王金矿，李心广，张晶．电路与电子技术基础［M］．北京：机械工业出版社，2008.
[12] 潘松，黄继业．EDA 技术实用教程［M］.3 版．北京：科学出版社，2006.
[13] Vincent P Heuring，Harry F Jordan. 计算机系统设计与结构［M］.2 版．北京：电子工业出版社，2004.
[14] Mostafa Abd-EI-Barr，Hesham EI-Rewini. 计算机组成与体系结构［M］．陆鑫达，等译．北京：电子工业出版社，2005.
[15] 蒋本珊．计算机组成原理［M］．北京：清华大学出版社，2004.
[16] 王爱英．计算机组成与结构［M］.3 版．北京：清华大学出版社，2001.
[17] 张功萱．计算机组成原理［M］．北京：清华大学出版社，2005.
[18] Barry B Brey. Intel 微处理器［M］.7 版．北京：机械工业出版社，2006.
[19] John L Hennessy，David A Patterson. Computer Architecture：A Quantitative Approach［M］. 4th ed. Morgan Kaufmann Publishers，2007.
[20] Linda Null，Julia Lobur. 计算机组成与体系结构［M］．英文版．北京：机械工业出版社，2004.
[21] John D Carpinelli. 计算机系统组成与体系结构［M］．英文版．北京：人民邮电出版社，2002.
[22] 仇玉章．32 位微型计算机原理与接口技术［M］．北京：清华大学出版社，2000.
[23] 孙德文．微型计算机技术［M］．北京：高等教育出版社，2001.
[24] Muhammad Ali Mazidi，Janice Gillispie Mazidi. 80x86 IBM PC 及兼容计算机［M］.3 版．北京：清华大学出版社，2002.
[25] Kip R Irvine. Intel 汇编语言程序设计［M］.5 版．北京：电子工业出版社，2007.
[26] William Ford，William Topp. 数据结构 C++语言描述［M］．北京：清华大学出版社，1997.
[27] 李学干．计算机系统结构［M］.3 版．西安：西安电子科技大学出版社，2000.
[28] 徐炜民，严允中．计算机系统结构［M］.2 版．北京：电子工业出版社，2003.
[29] 侯炳辉，曹慈惠，耒珠，等．计算机原理与系统结构［M］.2 版．北京：清华大学出版社，2002.
[30] 李亚民．计算机组成与系统结构［M］．北京：清华大学出版社，2000.
[31] 姜咏江，冯海燕，闫桂柱．计算机原理教程实验指导［M］．北京：清华大学出版社，2007.